환경재해

위기평가와 재난저감

ENVIRONMENTAL HAZARDS

ASSESSING RISK
AND
REDUCING DISASTER

초판 1쇄 발행 · 2015년 6월 25일

지은이 · 키스 스미스(Keith Smith)

옮긴이 · 이승호·장동호·조창현·허인혜

펴낸이 · 김선기

펴낸곳 · (주)푸른길

출판등록 · 1996년 4월 12일 제16-1292호

주소 · (152-847) 서울특별시 구로구 디지털로 33길 48 대륭포스트타워 7차 1008호

전화 · 02-523-2907, 6942-9570~2

팩스 · 02-523-2951

이메일 · purungilbook@naver.com

홈페이지 · www.purungil.co.kr

ISBN · 978-89-6291-288-3 93980

*이 역서는 2013년 정부(교육부)의 재원으로 한국연구재단의 지원을 받아 수행된 연구임(NRF-2013S1A3A2052995).

ENVIRONMENTAL HAZARDS
ASSESSING RISK AND REDUCING DISASTER

환경재해
위기평가와 재난저감

키스 스미스(KEITH SMITH)
이승호 · 장동호 · 조창현 · 허인혜
옮김

푸른길

역자 서문

21세기의 시작과 더불어 환경재난의 서막이라도 알리듯, 과거에는 상상하기조차 힘들었던 대규모 환경재해가 국내외 곳곳을 강타하였다. 2004년 동남아시아를 휩쓴 쓰나미, 2005년 미국 남부를 덮친 허리케인 '카트리나', 2011년 일본 동북지방을 덮친 쓰나미와 그로 인하여 발생한 원전사고가 대표적 예이다. 이런 대규모 환경재해는 전 지구인에게 재난에 대한 경각심은 물론 미래에 누구도 환경재난에서 자유로울 수 없다는 인식을 심어 주기에 충분하였다.

한국에서도 2002년과 2003년 연이어 발생한 태풍 '루사'와 '매미'는 과거 국내에서 경험한 수준으로는 상상할 수 없는 인명과 재산피해를 가져왔다. 특히 '루사'는 단 하루 만에 일 년 치에 가까운 물 폭탄을 쏟아 붓는 수준의 강수량을 기록하였다. 2000년과 2005년에는 인간의 작은 실수로 동해안에서 대형 산불이 발생하여 소중한 문화재와 광대한 면적의 산림을 태우고 이재민을 발생시켰다. 한국에서는 거의 매년 크고 작은 환경재해로 적지 않은 규모의 재산 혹은 인명피해를 겪고 있다. 그럼에도 불구하고 재해가 발생하면 관련 당국자나 지역주민, 피해 당사자들이 적절하게 대응하지 못하고 당황하는 모습을 보이기도 한다. 이에 역자들은 언제든지 발생할 수 있는 환경재해를 파악하여 그 원인과 피해를 최소화할 수 있는 대응방법이 무엇인가를 찾고자 하였다.

이 책은 수십 년 동안 환경재해에 관심을 갖고 연구와 강의를 맡아 온 키스 스미스(Keith Smith, 스털링대학 명예교수)가 집필한 *Environmental Hazards* 제6판을 번역한 것이다. 이 책에서는 재해 특성을 설명하고, 언제든지 직면할 가능성이 높은 재해 요인과 재해로부터 인명과 재산을 보호하거나 완화할 수 있는 방법과 적응 방안을 설명하고 있다. 즉 지진, 화산과 같은 지각판의 이동, 산사태 등 지형변화와 관련된 재해, 극한기상에 의해 발생하는 홍수, 가뭄, 산불 등의 기상재해, 인간이 발전시킨 기술 이용 중 실수로 발생하는 기술재해 등 다양한 분야를 설명하였다. 특히 구체적이고 다양한 사례를 들어 재해를 효과적으로 이해할 수 있게 하였다. 또한 사례 이해에 직접적으로 도움을 주는 200여 개의 도표와 생동감 넘치는 사진, 다양한 문헌 등을 소개하고 있다. 이런 점이 역자들이 '환경재해'란 이름으로 이 번역서를 출간하게 된 배경이다. 이 번역서가 빛을 보아, 환경재해와 관련된 일에 종사하거나 관련된 분야에서 공부하고 연구하는 후학들에게 작은 도움이라도 되어 주길 간절하게 희망한다.

다른 언어로 된 책을 한국어로 옮기는 것은 쉬운 일이 아니다. 역자들은 이 책의 문장 하나하나가 영어가 아닌 한국어로 표현될 수 있게 노력하였으나, 능력 제한으로 부족한 부분이 많이 발견될 것이라 생각된다. 독자들의 채찍과 넓은 아량을 기대한다. 이 책에서는 국제기구 등의 명칭이 약자로 사용된 경우가 많다. 이해를 돕기 위하여 본문 뒤에 약자를 정리하였다. 이 책에서는 다양한 국가 화폐단위가 사용되었다. 미국 달러($)와 영국 파운드(£), 유로(€)는 국가 명을 생략하고 화폐단위만 사용하였으며, 그 외 화폐는 구별할 수 있게 국가 명을 표시하였다.

이 번역서 출판에는 한국연구재단 SSK사업의 도움이 컸다. 역자들은 SSK사업 1단계에서 '기후변화와 위기관리'팀에 속한 연구자들이다. 번역 원고를 정리하고 교정하는 단계에서 기상과학원의 김선영 박사와 임수정을 비롯한 기후연구소 소속 학생들의 도움이 컸다. 이 자리를 빌려 한국연구재단을 포함하여 도움을 준 이들에게 감사의 뜻을 표한다. 또한 기꺼이 출판을 맡아 준 푸른길 출판사 김선기 사장과 편집을 맡은 이선주 씨에게도 감사의 뜻을 표한다.

2015년 6월
역자 일동

제6판 머리말

『환경재해』제1판이 출간된 지 20년이 지났다. 그 후로 환경과 환경재해에 대한 이해가 높아졌다. 이론적 기반이 강화되었으며, 재해 감시와 위기 완화를 위한 보다 높은 수준의 도구 사용이 가능해졌다. 비교적 작은 하위분야부터 주류 혹은 활성화된 정책 중심 관련 분야까지 전체적으로 연구가 발전하였다. 항상 긍정적인 결과만 따르는 것은 아니다. 효과적인 재해 감소를 위한 재정자원과 정치 의지는 종종 부족할 수 있다. 서로 멀리 떨어진 인도양 쓰나미(2004), 허리케인 '카트리나'(2005)와 일본 지진(2011)이 이들 지역에 죽음과 파괴를 가했을 당시 일반적인 반응은 여전히 '놀라움'이었다. 환경재해는 간단히 해결되지 않는 중요한—심지어 증가하는—위협을 초래한다. 세계화, 기후변화, 인구증가, 자원고갈, 물질적 풍요의 증가 등과 같이 복잡하게 진행 중인 과정이 재해가 유발하는 사망과 파괴에 영향을 미친다. 빈곤국과 사회적으로 혜택받지 못하는 사람이 가장 많은 고통을 받지만, 다른 모든 국가에도 적용된다.

『환경재해』에서는 재해 요인과 재난손실을 줄일 수 있는 방법을 설명하려고 노력하였다. 시작부터 제한된 '자연'의 힘만으로 설명하는 것은 불충분하며 항상 기술재해가 포함되어 있다. 최근 연구와 적용의 역학적 틀 속에서 새로운 소재가 적절하게 차지하는 것을 반영하여 책의 범위를 확대하였다. 이 판은 종합적인 자료를 바탕으로 최신의 균형적인 전망을 다루고 있다. 구조는 기존 독자들에게 익숙하지만, 내용은 많은 부분에서 다시 서술되고 확대되었다. 더 많은 사례연구들이 포함되었으며, 실제 세계의 상황을 묘사하기 위해 모든 도표와 사진은 컬러로 구성하였고, 종합적인 최신 참고문헌으로 뒷받침하였다.

수년에 걸쳐 재해와 재난에 관한 정보에 접근하기가 점점 더 어려워지고 있다. 독자들이 지속적으로 이 책의 경계를 넘어 탐구할 때 방향을 제시해 줄 수 있는 유용한 지도로서 역할을 하여 주기 바란다.

키스 스미스

브레이코(Braco), 퍼드셔(Perthshire)

2012년 4월

제1판 머리말

이 책은 일차적으로 대학에서 지리학, 환경과학 및 연관된 전공을 공부하는 학생들에게 환경재해에 대한 입문서로서 지식을 전달하려는 목적으로 쓰여졌다. 이 책의 집필은 필자가 몇 년간 이런 분야의 강의를 진행하면서 경험한 것과 필자의 우선순위와 입장에 적합한 관련 서적을 찾지 못했다는 점에서부터 시작하였다. 그러므로 필자는 이 책이 영국과 북아메리카, 오스트레일리아, 뉴질랜드의 고등교육기관에서 더 심화된 학부 공부를 위한 중간단계에서 유용한 기초자료가 되기를 희망한다. 필자는 이 책이 학생들에게 보다 심화된 공부에 뜻을 갖게 한다거나 정책 입안자나 일반 시민과 같은 다른 독자들이 '재해'라는 분야에 대하여 잘 알 수 있는 기회가 될 수 있다면 매우 만족스러울 것이다. UN이 1990년대를 자연재해경감을 위한 국제적 시대(International Decade for Natural Disaster Reduction; IDNDR)로 지정한 것의 기반이 된 요인들에 대한 폭넓은 공감 없이는 인간의 안전과 복지를 증진시킨다는 이 10개년 계획의 실질적 목적은 달성되기 어려울 것이다.

'환경재해'라는 용어는 명확한 정의를 내리는 것이 거의 불가능하다. 그러므로 소재나 자연/사회과학 개념 간의 균형이라는 측면에서 모든 사람들이 필자의 선택을 옳다고 하지 않을 것이다. 이 책에서는 기원이 자연이든, 기술이든 간에 공동체 규모에서 인간의 삶을 위협하고 극심한 물리적, 화학적 트라우마를 남기면서 급격하게 발생하는 사건에 초점을 맞추었다. 그런 사건들은 종종 경제손실과 생태계 파괴를 동반한다. 대부분의 재해 충격은 자연재해로 발생하며, 주로 세계에서 가장 빈곤한 사람들이 고통을 받는다. 이런 맥락에서 필자의 의도는 부제에 나타난 것처럼 전체적으로 환경재해에 의한 위협에 대해 접근하고 재해 가능성을 감소시키는 데 필요한 행동의 개요를 서술하는 것이다.

이 책의 구성은 재해의 일반 원리와 각 사례 연구의 적용으로 나누었다. 제1부 '재해의 속성'은 자연재해의 다양한 원인과 영향에도 불구하고 비슷한 종류의 위기와 모든 장소에서 사람들이 재해를 감소시키기 위해 어떤 행동을 하는지를 보여주고자 하였다. 여기서 강조점은 재해의 인지와 인식, 영향, 사람이 할 수 있는 완화의 범위이다. 이런 손실 공유, 손실 경감 적응은 이 책 전체에 걸쳐 반복적으로 등장한다. 제2부 '재해의 발생과 저감'에서는 개별 환경 위협들이 다섯 가지의 일반적인 주제하에서 다루어졌다(지진재해, 산사태 재해, 기상재해, 수문재해, 기술재해). 이 부분에서 특정 재해에 대한 접근과 재해로부터 인명손실과 재산피해를 막기 위해 지금까지 만들어지고, 앞으로 만들어질 특정 완화전략의 기여에 관심을 두었다.

키스 스미스
브레이코, 퍼드셔
1990년 7월

차 례

ENVIRONMENTAL
HAZARDS

ASSESSING RISK
AND
REDUCING DISASTER

Part One

THE NATURE OF HAZARD

제1부

자연재해

"We have met the enemy and it is us."

"우리의 적은 우리다."

Walter Kelly

환경에서 재해

1

A. 서론

오늘날 지구 상에는 전례 없이 많고, 건강하며 부유한 인구가 살고 있다. 그와 동시에 인류와 인류가 중요하게 여기는 것들이 과거와 다른 위기상황에 직면하고 있다. 이런 것은 지진이나 홍수와 같은 '자연재해'에 의한 사망이나 파괴와 관련되어 있다. 또 다른 걱정거리는 '인류가 만든' 산업재해나 기술 오류와 같은 인공환경에 의한 위기와 관련된 것이다. 더욱이 기후변화, 해수면 상승, 생물 다양성 훼손 등 파악하기 어렵지만 지속적인 위험에 대한 공포심이 널리 퍼져 있다.

이런 불안감과 물질적 진보 사이에 모순이 있다. 이는 경제발전과 환경재해가 모두 전구적 변화라는 현재 진행 과정에 있다는 점에 기인한다. 세계인구가 증가하면서 더 많은 사람들이 재해에 노출되고 있다. 인간의 삶이 더욱 풍요로워지면서 농업이 집약화하고 도시화가 확산되고 더 복잡하고 값비싼 기반시설이 위험한 상황에 노출된다. 이런 경향으로 대규모 손실 가능성이 있으며, 소비수준 향상으로 토지와 삼림, 물 등 자연 자산에 점점 더 악영향을 미치게 된다. 환경 질, 핵심 자원의 가용성, 미래 지속가능성 등에

대한 불확실성이 커지고 있다. 저개발국 대부분은 자연재해와 기타 위협에 대해 취약한 가난과 행정미비, 자원감소 등으로 이미 안전하지 못한 삶을 살고 있다.

상시 뉴스, 휴대전화와 인터넷을 이용한 소셜네트워크 등 현대 커뮤니케이션에 의해 그래픽을 포함한 최신 재해 정보가 신속하게 전파될 수 있다. 이런 지속적인 정보 흐름에도 불구하고(혹은 이 때문에) 전체 상황 속에 개인의 재난을 옳게 평가하고 위험을 전반적으로 평가하는 것이 쉽지 않다. 세계는 점점 더 위험한 장소로 바뀌고 있는가? 그렇다면, 그 원인은 무엇인가? 무엇이 재난인가? 왜 선진국은 아직도 몇몇 자연적 프로세스에 취약한가? 왜 재난으로 부유한 국가보다 빈곤국 사람들이 더 많이 사망하는가? 재난은 경제발전에 어떤 영향을 미치는가? 왜 어떤 재난은 그 사건 자체의 물리적 규모가 미치는 예상보다 훨씬 더 큰 손실을 초래할까? 기후변화는 환경재해인가? 미래에 재난과 재해의 영향을 줄이는 가장 좋은 방법은 무엇인가?

대부분 사람들은 위기가 전혀 없는 환경에서 사는 것은 불가능하다고 여긴다. 우리 모두는 늘 어느 정도 위기에 직면하고 있다. 교통사고로 생명이 위험할 수 있고, 도둑에게 재산이 위험할 수 있고, 소음이나 오염 등으로 개인 공간이

위험할 수도 있다. 어떤 경우는 개인 '생활양식'의 선택으로 위기를 받아들이기도 한다. 흡연, 과식, 위험한 스포츠 등이 그런 예이다. 흡연이나 운전 등과 같이 스스로 자초한 위기로 인한 조기 사망과 여러 가지 손실 규모가 상당하다. 그러나 이런 것들은 전체 인구에 퍼져 있는 익숙한 일상적 위기이다. 이들은 시공간적으로 집중되어 대규모 사망자와 손실을 초래하여 전체 공동체를 교란시키는 재난과 구별된다.

B. 환경재해란?

이 책은 보다 극단적으로 발생하는 사건에 초점을 두며, 비교적 규모가 극심한 물리적 혹은 화학적 외상으로 인해 인간 생명이나 재산에 직접적인 위협을 줄 수 있는 사건에 논의의 초점을 두었다. 그런 손실은 정상적인 기준보다 상당히 집중된 에너지와 급격하게 방출되는 물질에 의해 발생한다. 이 책에서 환경재해라는 용어는 자연과 인위적 환경에서 발생하여 인간 사망과 경제손실, 기타 사전에 정의된 임계치를 넘어서는 손실 등을 초래하는 사건을 의미한다. 실제로 재난을 정의하기 위해 손실 임계치가 사용된다

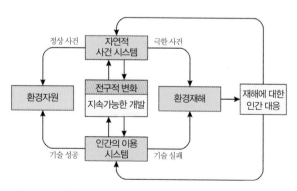

그림 1.1. 환경 위험은 자연 사건 시스템(극한 사건)과 인간 이용 시스템(기술적 실패) 간의 접점에 있음. 그들은 세계변화 및 지속가능한 개발과 상호작용하며, 재해를 줄이기 위한 사회적 반응의 영향을 받음(Ian Burton et al., 1978).

표 1.1. 환경재해 주요 유형

자연재해(극한의 지물리적, 생물학적 사건)
• 지질: 지진, 화산폭발, 산사태, 눈사태
• 대기: 열대성 저기압, 토네이도, 우박, 빙설
• 수문: 하천범람, 해안범람, 가뭄
• 생물: 전염성 질병, 자연화재

기술재해(주요 사고)
• 교통사고: 항공사고, 열차추돌, 선박난파
• 산업 실패: 폭발과 화재, 독성 혹은 방사능 물질 유출
• 위험한 공공건물과 시설: 구조적 붕괴, 화재
• 위험한 물질: 물질 보관, 운송, 오용

주: 가뭄은 느리게 시작되는 자연재해임. 일부 재해는 자연과 기술의 복합 사건임.

(23쪽 참조). 재해와 재난은 동전 양면과 같다. 이 둘을 구분하는 것은 쉽지 않으며, 이들 모두 자연과학이나 사회과학 어느 하나의 관점으로 전체적 상황을 이해하는 것은 불가능하다. 그림 1.1에서 보듯, 이들은 지구 환경변화와 미래 지속가능한 발전 전망을 결정하면서 서로 상호작용하는 여러 요인과 같은 더 광범위한 이슈와 연결되어 있다.

환경재해의 두 가지 주요 유형은 표 1.1과 같다.

1. 자연재해

가장 중요한 재해 사건 범주는 보통 '자연적'이라고 분류되는 것들이다. UN/ISDR(United Nations International Strategy for Disaster Reduction; 재해저감을 위한 UN국제전략, 2009)은 자연재해를 다음과 같이 정의하였다.

인명 손실, 부상 혹은 기타 건강에 위해, 재산피해, 생계와 서비스 상실, 사회 경제 붕괴 혹은 환경손실 등을 초래할 수 있는 모든 자연과정이나 현상.

이런 설명은 문헌에 근거하지만, 손실 규모를 설명하기에는 부족하다. 지진과 화산폭발과 같은 재해가 적절한 예이다. 이런 위해 프로세스가 인간행동의 영향을 받지 않으므로 그 기원이 실로 '자연적'이다.

그러나 지표면과 대기는 점차 인위적 변화의 영향을 받는다. 이는 자연재해가 물리적 힘으로 촉발되지만, 어떤 사건과 결과는 의도된 것이건 아니건 간에 인간행위의 영향을 받을 수 있다는 것을 의미한다. 즉 어떤 자연재해는 유사 자연재해가 될 수 있다. 예를 들어, 하천범람에 의한 재난은 모르는 사이에 배후지에서 벌채로 더 심해질 수 있으며, 간혹 의도적으로 댐이 건설되면서 약화될 수 있다. 토양악화나 자원 과다이용에 의해서 재난 빈도와 강도가 증가한 지역에서는 사회−자연재해라는 용어도 종종 쓰인다.

일부 재해는 복합적 성격을 갖는다. 이는 '자연−기술(na-tech)재해'라는 것으로 극한적인 자연 프로세스가 산업구조물이나 인위적 환경에서 다른 자산에 실패가 야기될 때 나타난다. 자연 힘에 의해 촉발되긴 하지만, 예기치 않은 위험한 물질방출로 발생하는 대기나 지표수 오염으로 큰 위협이 초래되기도 한다(Showalter and Myers, 1994). 도호쿠 지진과 쓰나미에 의한 2011년 3월 후쿠시마 핵발전소 손상으로 발생한 방사능 오염이 예이다(Box 1.1). 이탈리아에서는 2003년 9월에 스위스에서 발생한 폭풍으로 전력을 수입하는 송전선이 손상되면서 공급되던 전기 1/4 이상이 갑자기 끊겼다. 홍수와 지진은 댐을 파괴하고 저장된 물을 넘치게 하여 하류에 피해를 초래한다. 종종 기반시설에 문제가 없어도 자연−기술 홍수재해가 발생한다. 1963년에 이탈리아 바욘트(Vajont) 댐의 둑은 멀쩡하였지만, 물이 둑을 넘치면서 산사태가 발생하여 많은 인명피해가 발생하였다.

2. 기술재해

또 하나의 재해위협 주요 그룹이 인위적 환경에서 발생하며, UN은 다음과 같이 정의하고 있다.

사고, 위험한 절차, 기반시설 작동 불능 혹은 특정한 인간활동 등과 같은 기술 혹은 산업조건에서 유래하여, 생명을 앗아 가거나 상해, 질병 혹은 기타 건강에 악영향, 재산손실, 생계와 서비스 손실, 사회 경제 교란 혹은 환경파괴 등을 초래할 수 있는 위험.

이 범주에 있는 대부분 위협은 설계나 인공구조물이나 산업 규모의 프로세스 등의 기능 오류로 인한 인간 실수에 의한 것이다. 이 정의에서는 손실의 수치 규모에 대해서는 전혀 언급하지 않았다.

환경재해 원인은 자연적이건 기술적이건 간에 비교적 잘 이해되고 있다. 제2장에서 언급할 내용과 같이 재난의 시공간 패턴을 보여 주는 상세한 데이터베이스가 있다. 그러나 명백한 국지적 위협이 더 큰 규모 프로세스와 연계되어 있다는 인식이 커지고 있다. 예를 들어, 사면 약화로 산사태가 일어나거나 폭풍우로 하천이 범람하는 것 등은 각각 판구조와 해양−대기 메커니즘의 상호작용으로 일어날 수 있으며, 이는 충격이 발생한 산이나 계곡 범위를 크게 벗어나 영향을 미칠 것이다. 지각과 대기에서 일어나는 수많은 자연과정은 반구 혹은 전구규모로 작용하면서 엄청난 양의 에너지와 물질을 이동시키는 힘에 의해 진행된다. 소행성 지구충돌과 같은 특정 사건들은 인류 역사상 경험하지 못한 전구적인 재앙을 만들어 낼 가능성이 크다. 반대로 어떤 위험 프로세스는 국지적, 지역적 규모에서 전구 환경변화(global environmental change; GEC)의 영향을 받는다. 어떤 변화는 기후의 자연 변동에 기인하지만, 인간이 유도

Box 1.1. 2011년 도호쿠: 대표적인 자연-기술재해

도호쿠 대지진은 고전적 자연-기술재해 사례이다. 지진으로 연쇄반응이 촉발되어 곧바로 쓰나미가 발생하여 핵발전 설비에 심각한 손상을 초래하고 엄청난 양의 방사능 물질이 방출되었다.

1단계: 2011년 3월 11일, 일본에 영향을 미친 지진 중 가장 강력하였던 진도 9.0 지진이 일본 북동부를 강타하였다. 진앙지는 도호쿠 지방 오시카 반도에서 약 70km 동쪽인 산리쿠 해안이었으며, 진원지는 해수면 30km 아래에 있었다. 지진은 태평양과 인도-오스트레일리아-피지 판 사이 경계 충상단층에서 발생하였다(그림 6.1 참조). 이 지점에서 태평양판은 연간 83mm 비율로 서쪽으로 이동한다. 이 경계는 태평양판이 일본해구에서 일본 아래로 내려가는 섭입수역이다(USGS, 2011). 이곳에서는 20세기 동안 1973년 이래 진도 8.0 이상의 지진은 없었지만, 진도 7.0 이상 지진이 아홉 차례 발생하였다.

2단계: 지진이 곧바로 쓰나미를 촉발하면서 몇 분 후 약 40m의 파도가 해안을 강타하였다. 그중 일부는 내륙 10km까지 밀려들었다. 산리쿠 해안에는 여러 개 깊은 만이 있어서 접근하는 쓰나미 파를 더욱 증폭시켰다. 역사적으로 보면, 1611년, 1854년, 1896년, 1933년에도 유사한 재난이 있었다. 해안은 약 12m 높이 단단한 방파제로 보호되었지만, 대부분 쓰나미 파가 방파제를 넘었다.
지진과 쓰나미로 인한 사망자는 최소 20,000명이며, 14,000채 주택이 전파되고 10만 채가 피해를 입었다. 일본 적십자사는 230개 대응팀을 보냈고, 북동부에 2,000개 이상 대피센터를 세웠다. 일본 역사상 가장 값비싼 재난이었다. 경제적 피해는 3,660억$로 추정되었으며, 보험손실은 2~300억$였다. 닛케이 255주식시장에서 약 4조$가 빠져나가면서 초기에 주가 6% 하락하였다.

3단계: 쓰나미에 의해 도쿄전력에서 운영하던 해안 후쿠시마 1 원자력발전소가 침수되었다. 발전소는 40년 된 것으로 전력 4,696MW를 생산하였다. 6개 비등수 원자로로 구성되었으며, 진도 8.2 내진설계와 5.7m 쓰나미에 견딜 수 있게 설계되었다. 지진은 자동폐쇄 시스템을 작동시켜 응급 발전기가 원자로 냉각을 위해 해수펌프를 작동하게 하였다. 그러나 디젤발전소 건물을 포함한 전체 발전소가 14m 쓰나미에 부딪혔다. 발전기 파손으로 4개 원자로가 과열되기 시작하여 결국 4개가 녹아 버렸다. 외부 저장건물에 있던 수소가스가 축적되면서 폭발이 일어나 방사능 물질이 유출되었고, 4번 원자로에서 400mSu 수준이 방사능이 기록되었다. 이는 체르노빌에서 피난을 위해 적용하였던 350mSu와 비교되는 수준이다. 후쿠시마 1 원자력발전소 주변 20km까지 폭발지대가 선포되었고, 후쿠시마 2 원자력발전소 주변 10km까지 폭발지대가 선포되었다. 전체적으로 약 80,000명 주민이 소개되었다. 최초 사건은 7단계의 국제 핵사고 규모 중 5단계로 평가되었지만, 후에 최고 수준으로 재평가되었다. 이는 1986년 체르노빌 재해 이래 최초로 일어난 7단계 수준의 핵사고로 냉각수 유출과 해양수 오염에 의한 인류건강과 환경오염에 위기를 초래하였다.
최우선 과제는 재순환하는 물을 이용하여 원자로를 안전온도인 100℃ 이하로 냉각시키는 것이었다. 최초 대응으로 헬리콥터가 제한된 양의 해수를 낙하시켰지만, 비상 발전기가 없어서 현장에서 전기발전에 실패하여 방사능 스팀이 수동으로 유출되었다. 결국 대량 해수가 해안에서 펌프되어, 2011년 12월 발전소가 '냉각 폐쇄'되었다고 발표하였다. 그러나 수년간 원자로에 물 냉각이 필요할 것이며, 그동안 원자로의 방사능 연료가 서서히 감소할 것이다. 심각하게 파손된 3개 원자로에서 연료를 제거하는 것은 앞으로 10년 이상 걸릴 것으로 보인다. 완전한 발전소 해체를 위해서는 2,000km²에 이르는 지역 정화와 90,000t에 이를 것으로 추정되는 오염된 해수 매립, 수백만 m²의 표토제거 등이 이루어져야 한다. 이 모든 과정을 위해서는 500억$의 비용과 40년 이상의 시간이 필요할 것이다.

한 지구-대기 시스템 변조도 점차 더 큰 역할을 할 것이다.

전구적 상호작용과 환경변화 그 자체가 재해의 필수요소는 아니다. 이런 것은 종종 기회와 동시에 위기를 초래하며, 기존의 자연, 기술재해 가능성을 키우고 있다. 이런 상황으로 범세계적인 인간-환경 연계 시스템(coupled human-environment system; CHES)에 대한 보다 진전된 이해가 필요하다. 보다 광범위한 관점에서 보면, 재해와 재난이 전구적 변화와 지속가능성을 포함하는 틀 속에서 포괄적인 복잡한 이슈로 인식될 필요가 있다(그림 1.2).

재해와 재난은 더 이상 일회성이거나 특정 지역에 제한된 국지적 대응으로 통제할 수 있는 사건으로 볼 수 없다. 간혹 연계성이 보다 넓고 결과가 명확한 경우가 있다. 예를 들어, 지구 온난화가 해수면을 상승시키고, 이것이 다시 해안범람 위기를 키운다. 또 다른 의문점은 경제발전이나 미래 식량과 물 공급 안전에 대한 자연재해의 부정적 영향이 그리 명확하지 않다는 것이다. 이런 전통적 자연재해와 달리 최근 수많은 복잡한 상호관련성이 중요하게 되었고, 이에 대한 이해에 도움을 줄 수 있는 역사적 경험과 과학적 기록이 부족하다. 그 결과로 환경재해에 대한 기후변화 영향과 같은 몇몇 중요한 이슈가 과학적, 정치적 논의 속에 논쟁거리로 남아 있다(제14장 참조).

대부분 환경재해는 적절한 규모의 원인이 있으며, 범위는 전적으로 자연적인 것에서부터 인간 영향까지 매우 다

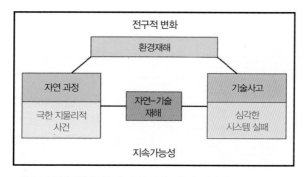

그림 1.2. 전구적 변화와 지속가능성 틀 내의 극한 지물리적 사건과 심각한 시스템 실패.

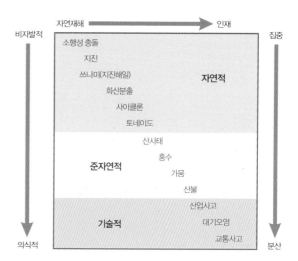

그림 1.3. 자연적·인적 원인에 의한 환경재해의 일반화된 스펙트럼. 인적 원인이 큰 위기는 재난 영향이 분산되며 기꺼이 받아들여짐.

양하다(그림 1.3). 그림에서 소행성 충돌이나 지진과 같이 빈도가 높지 않지만 통제하기 어려운 자연사건에서부터 산사태, 산불과 같은 준자연재해, 그리고 교통사고와 대기오염과 같은 보다 일반적인 기술재해로 가면서 그 영향이 특정 공동체 내에 국한되지 않는 경향이 있다. 인간이 원인인 사례가 증가하면서 위기도 더 확산되고 있으며, 점차 주민들이 그런 손실을 받아들이는 경향이 있다. 흡연이나 등산과 같이 전적으로 자발적인 생활방식에 의한 재해는 인간 스스로가 자초한 위기이므로 이 책에서 다루지 않는다. 마찬가지로 범죄, 전쟁, 테러 등은 인간이 인간에게 행하는 의도적 가해행위이므로 대규모 폭력위험도 이 책에서 배제되었다. 반면 어떤 사회 특성이 재해충격에 직간접적으로 영향을 미칠 수 있다. 예를 들어, 어떤 전염성 질병 전파는 재난 사망의 주 원인일 뿐 아니라 환경조건과 관련이 있어 이 책에 포함하였다. 빈곤, 병약, 환경악화와 같은 요소들은 자체가 재해는 아니지만, 위험스런 사건에 대한 인간 취약성을 키우면서 간접적인 효과를 갖게 된다(제3장 62쪽 참조).

환경재해의 중요 특성은 다음과 같이 요약할 수 있다.

- 사건의 원인이 명확하며, 인간 생명이나 행복에 대해 잘 알려진 위협을 가져온다(폭풍은 익사로 사망을 초래하는 홍수를 만들어 낸다).
- 일반적으로 경고시간이 짧다(일반적으로 사건은 갑자기 시작된다).
- 직접 손실은 생명이든 재산이든 대부분 사건 직후에 발생한다.
- 인간의 재해에 대한 노출은 대부분 비자발적이며, 대개는 위험지역에 있던 사람들에게 발생한다.
- 결과로 나타나는 재난은 응급대응을 정당화하며, 국제 규모의 인도적 구호가 되기도 한다.
- 해마다 다르게 나타나는 손실의 큰 변동성과 불확실성이 위기추정과 손실저감을 어렵게 한다.

통계분포를 보면, 수많은 위험한 사건 원인들이 상황에 따라서 자연자원으로 간주될 수 있을 정도로 극단적이다(Kates, 1971). 예를 들어, 정상적인 강물의 흐름은 수력을 공급하고 식수와 쾌적성을 제공하여 공동체에 이익이 되지만, 과도한 강물은 홍수재해를 초래한다. 제방, 교량, 댐 등 강물을 통제하는 기술개발로 다양한 방법으로 유익하게 물을 이용할 수 있다. 인간이 통제할 수 있는 저수지의 물은 자원으로 간주되지만, 기술적으로 실패하면 댐이 무너지면서 홍수재난이 발생한다. 환경재해가 복수심에 불타는 신이나 적대적 환경에서 비롯되는 것이 아니라는 것을 깨닫는 것이 중요하다. 오히려 환경재해는 중립적이다. 인간 인식을 통해서 무엇이 자원인지 위험인지를 규정하는 것은 자연적, 인공적 환경에 대한 인간의 이용에 달렸다.

환경재해에 대한 인간의 민감성은 사람들과 자산의 잠재적 손실의 물리적 노출 정도와 손실에 대한 인간 취약성(혹은 회복력) 정도에 의해 결정된다. 이런 요인은 동적이어서 공간과 시간에 따라 바뀐다. 일반적으로 노출과 취약성은

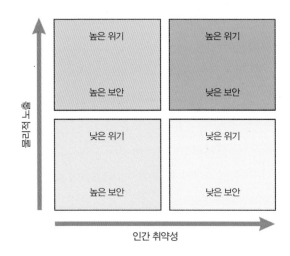

그림 1.4. 위험에 대한 물리적 노출과 위기와 보안에 대한 인간 취약성의 가능한 조합을 보여 주는 행렬.

하천 범람원과 같은 특정 장소에 한정된 재해이지만, 복잡한 관계를 단순한 행렬로서 나타낼 수 있다(그림 1.4). 산업화된 국가에서는 환경 안전성을 향상시키면서 노출과 취약성을 저감시키기 위해 많은 투자를 하였다. 예를 들어, 일본은 산지국가로 인구의 3/4이 충적평야와 평균 해수면 이하 해안을 따라 거주한다. 지진, 쓰나미, 열대성 저기압, 눈폭풍 등 다양한 재해에 노출되어 있으나, 다양한 방어 구조물과 안전 전략을 수립하여 재난손실을 줄이고 있다. 반면 위기에 노출이 심한 빈곤국의 경우는 재해방지를 위한 비용 마련과 노출 저감에 어려움을 겪는다. 이와 같이 빈곤국은 높은 취약성 때문에 자원 부국이 받는 것에 비하여 비정상적으로 높은 수준의 손실을 겪는다. 특히 이런 빈국들은 출현 빈도는 높지만 다른 국가라면 덜 위험하고 비교적 덜 극한 사건으로 고통받기도 한다.

모든 자연, 인공 시스템은 어느 정도 변동성이 있다. 그러나 대부분 사회 경제적 활동은 '평균적인' 환경조건에 맞추어져 있다. 그림 1.5의 가운데 노란 부분은 수용 가능한 변동 폭으로 인간생존이나 행복에 필수적인 모든 '요소'에도 적용된다. 그런 요소는 강우와 같은 자연과정일 수도 있고

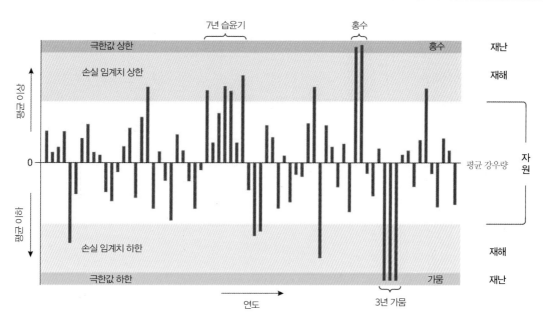

그림 1.5. 환경 위험에 대한 민감도를 연간 강우와 사회적 내성의 함수로 표현. 내성의 노란 띠 안의 변동이 자원으로 간주됨. 손실 임계치를 넘어설 때 그들은 위험 혹은 재해라고 인식됨(Hewitt and Ian Burton, 1971).

화학물질 생산과 같은 기술과정일 수도 있다. 이런 부분에 해당하는 요소값은 유익한 자원이라고 인식될 수 있다. 그러나 그 변동이 수용 한계를 넘어서 '정상' 범위 임계치를 초과하면 재해가 된다. 따라서 너무 많거나 적은 강우는 홍수나 가뭄을 초래하고, 공장에서 발생하는 많은 가스는 대기오염으로 인식된다. 재해 규모는 임계치를 넘는 최대 변동을 Y축에, 임계치를 초과한 시간길이를 재해 지속시간으로 X축에 표시하여 결정할 수 있다. 이런 가능한 지속시간 범위는 최소한 7개 서열척도로 나타낼 수 있다. 즉 지진을 경험하는 땅 진동 측정의 초나 분 단위부터 수십 년을 지속하는 가뭄상황까지 다양한 시간 범위가 있다.

환경재해와 자원 간—위기와 보상 간—지속적으로 변화하는 균형은 여러 가지 방법으로 표현할 수 있다. 예를 들어, 지중해 연안은 관광수입에 크게 의존하는 지역이다. 관광 방문자들은 건조하고 일광이 좋은 여름과 따뜻한 바다에 매력을 느낀다. 에트나, 베수비오, 산토리니와 같은 일

사진 1.1. 카나리 섬 란사로테(Lanzarote)의 티만파야 국립공원은 1730~1736년 사이 화산분출로 만들어진 50,000km²의 생태학적으로 중요한 토지를 포함한다. 관광객의 활동은 제한되는데, 이는 경제적 이득이 자연적 위험으로부터 흘러들 수 있음을 보여 준다(사진: Keith Smith).

부 화산은 특별한 경관자원이다. 이런 장소는 위기를 안고 있지만, 수증기 발산과 소규모 화산재 분출 등 제한된 화산활동은 관광 가능성을 더 높일 수 있다. 그런 자연자산은 생태계 서비스라고 불린다. 그러나 화산이 대규모로 분출하

거나 예측되면, 주변지역이 폐쇄되면서 관광수입이 붕괴된다. 장기적으로 보면, 더 따뜻하고 건조한 여름으로 가는 기후경향은 물 부족과 산불을 야기할 수 있으며, 관광객들의 기대감을 변화시킬 것이다.

인류는 재해의 수용한계에 위기를 안고 있다. 아건조지역 농업에서 강우량 변동과 같은 작은 자연변화가 대규모 사회 경제적 영향을 가져오는 것이 그런 예이다. 장기적으로 볼 때, 예측하기 어렵지만 빈번한 중요 임계치 가까이 작은 변동성도 가끔 나타나는 극한적인 사건만큼이나 중요할 수 있다. 갑작스런 변화는 모든 자연 시스템의 일부이지만, 그런 드문 사건들은 위협으로 인지되지 않을 수 있다. 그런 변화가 인간에 의해 관찰되고 위협으로 인식될 때에 한하여 재해로 인지된다. 다시 말해, 재해는 개인 경험 속에서 극한적이거나 드문 사건이기 때문에 인간이 재해로 해석하는 것이다. 대부분 사람들은 홍수가 위험하다는 것을 알게 되지만, 운석의 지구충돌은 역사상 매우 드물기 때문에 재해라고 여기는 사람이 많지 않을 것이다.

난 발생 후 사망자 수와 금전적 손실 산출로 가능할 수 있다. 일반적으로 이 두 측정치가 재난에서 재해 영향을 계산하는 기초가 된다. 환경 질에 대한 가치가 인간에 의해 결정되지만, 재난 추산에서는 덜 중요하게 여겨진다. 현재 심각한 환경오염이나 점진적 생태계 질 저하와 사망을 연결하는 경우는 거의 없다. 전통적인 금전 척도로 환경자원 가치를 계산하는 것도 쉽지 않다.

재해와 재난은 영향 정도에 따라 순위를 정할 수 있으며, 위험한 사건 가능성을 0에서부터 1까지 확실성 정도로 측정할 수 있다. 이것을 이용하여 그림 1.6에 나타낸 것과 같이 재해와 그 가능성 간의 관계를 전체적인 위기수준을 결정하는 데 사용할 수 있다. 위기는 가끔 재해와 같은 의미로 사용되지만, 위기는 특정 재해가 발생할 통계적 가능성이라는 의미를 포함한다. 재해는 자연적으로 발생하거나 인간에 의해 야기될 손실 가능성이 있는 과정이나 사건으로 미래 위험의 근원이다. 위기는 재해에 대해서 실제로 노출된 인간의 가치이며 손실과 가능성의 곱으로 측정된다. 따

C. 재해와 위기, 재난

환경재해는 영향의 심각성 순으로 아래 위협을 만들 수 있다.

• 인간에 대한 영향: 사망, 부상, 질병, 정신적 스트레스
• 물건에 대한 영향: 재산손실, 경제손실
• 환경에 대한 영향: 동식물 손실, 오염, 쾌적성 상실

일반적으로 인간생명에 대한 위험이 가장 심각하게 보이며, 물질 손실은 그다음으로 여겨진다. 대부분 재난은 최소 사망자 수로 특징지어진다. 치사율과 경제적 피해는 재

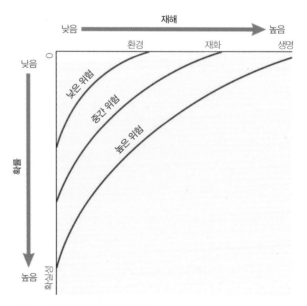

그림 1.6. 위험, 확률과 재해 심각성 관계. 인간 생명에 대한 재해들은 경제 자산과 환경 피해보다 높게 평가됨(Moore, 1983).

라서 재해―그 원인―를 다음과 같이 정의할 수 있다.

인간과 인간 복지에 대한 잠재적 위협으로 생명손실, 부상, 재산손실, 기타 공공손실이나 손괴를 초래하는 위해한 현상이나 물질로부터 만들어지는 것.

그리고 위기―있음직한 결과로서―는 다음과 같이 정의할 수 있다.

위험한 사건 가능성과 그것의 부정적 결과의 결합.

재해와 위기의 차이는 바다를 건너는 두 사람으로 표현할 수 있다. 하나는 거대한 배로, 다른 하나는 노를 젓는 보트로 건너는 경우이다(Okrent, 1980). 재해(깊은 물과 큰 파도)는 두 경우 모두 동일하게 영향을 미치지만, 위기(전복과 익사)는 노를 젓는 보트로 건너는 사람에게 훨씬 더 큰 영향을 미친다. 이 예를 보면, 전 세계적으로 지진에 의한 위험 유형이 비슷하더라도 가난하고 덜 개발된 국가에 사는 사람들이 부유하고 개발된 국가에 사는 사람들보다 취약하며 더 큰 위기에 처해 있다는 것을 보여 준다. 많은 사람들이 사망하거나 부상당하거나 악영향을 받을 때 그 사건을 재난(disaster)이라고 한다. 재해나 위기와 달리, 재난은 잠재적 위험이 아니라 실제 일어난 것이다. 따라서 재난―그 실제 결과로서―은 다음과 같이 더 광의로 정의할 수 있다.

공동체나 한 사회 기능의 심각한 붕괴로 해당 공동체나 사회가 자신의 자원을 이용하여 감당할 능력을 넘어서는 인간, 물질, 경제, 환경의 광범위한 손실이나 충격을 포함하는 것.　　　　　　　　　　　　　　UN/ISDR(2009)

환경재해는 자연사건에 기반을 두지만, 재난은 공동체가 극단적 수준의 붕괴와 손실로 고통 받을 때 나타나는 사회현상이다. 비록 위험한 사건이 사람이 살지 않는 곳에서 일어날 수 있지만, 위기와 재난은 인간과 그들 소유물이 있는 지역에서만 일어난다. 재난에 이르는 사건의 연쇄과정은 다음과 같이 나타낼 수 있다.

사건 발생
⋮
재해 위협
⋮
위기에 처한 공동체
⋮
위기 수준
⋮
취약한 자산
⋮
재난 발생

극한 사건으로 공동체가 위협받을 때, 위기를 최소화할 수 있지만 인명이나 기반시설이 보호받지 못하면 재해가 발생할 수 있다. 인간이 환경을 비현실적으로 이용하거나 잘못 이용하여 좋지 않은 결과를 초래할 수 있는 기술을 선택할 때 일련의 끔찍한 사건이 발생할 수 있다. 그림 1.7은 가뭄재난의 연쇄과정을 나타낸 것으로, 위에는 인과적 단계를, 아래에는 취할 수 있는 통제단계를 나타내었다. 통제수단이 잘못되었을 때, 기근 관련 사망이 발생할 수 있다. 실제로 직접적인 인과관계가 자주 발생하지 않으며, 그보다는 복잡한 응급상황이 전개된다. 예를 들어, 1906년 샌프란시스코 지진에서 가스관 파손으로 화재와 폭발이 발생했을 때, 1차적 재해는 강력한 지표면 진동, 2차는 토양 용해, 3차가 화재와 폭발이었다.

이런 틀에서 볼 때, 환경재해로부터 재난위기는 무엇인

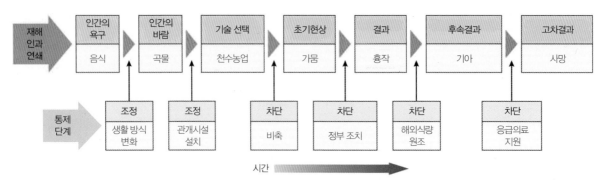

그림 1.7. 가뭄 재해 전개의 도식. 사건의 연쇄는 각 상자의 위쪽에, 재해 결과는 아래쪽 부분에 보임. 재해를 줄이도록 고안된 6개의 잠재적 개입 단계는 수직 화살표에 의해 위험 단계들 간의 경로와 연결되어 있음(Hohenemser et al., 1983). AAAS 허가하에 재구성.

가? 일반적으로 언론에서 언급되는 재난손실 특성은 실제로 발생한 사망, 손실과 잘 맞지 않는다. 언론의 머리기사는 의미상 아주 특별하며 자주 일어나지 않는 것이다. 예를 들어, Mileti et al.(1999)은 미국에서 매년 자연재해로 1,250명의 사망자와 5,000명의 부상자가 발생한다고 하였지만, 실제로 치사의 1/4, 부상의 1/2만이 재난 결과이다. 대부분 사망은 낙뢰, 안개에 의한 교통사고, 국지적 산사태 등과 같은 작고 빈번한 사건의 결과이다. 산업화된 국가 중 일본 다음으로 산사태 위기가 높은 이탈리아에서는 교통사고 사망률이 산사태에 비해 200배 높지만 전체 인구 대비로는 낮은 편이다(Guzzetti, 2000). Fritzsche(1992)에 의하면, 미국 인구의 0.01%만 자연재난으로 사망한다. 마찬가지로 미국에서 자연재해가 규칙적으로 도로 등 공공시설을 파괴하지만, 그 손실은 국가 기반시설 자본가치의 0.5%에 불과하다. 평균 재난 복구비용은 전체 연방 예산의 1%에 못 미친다(Burby et al., 1991).

Sagan(1984)에 의하면, 재난으로 인한 사망과 부상은 위기를 싫어하는 문화가 있는 개발된 국가에서 종종 안전이슈로 보고된다. 이런 사고 사망은 지속적인 건강문제로 간주되는 만성 질병과는 다르게 받아들여진다. 선진국에서는 모든 원인에 의한 사망이 연령과 높은 관련이 있다. 사망률은 생애 첫 몇 년간 높지만 곧 급감한다. 그 후 유아 사망률을 초과하는 70세 이상이 될 때까지 꾸준히 증가한다. 이런 패턴은 모든 사망의 90% 정도가 심장병, 암, 호흡기질환 등에 기인하는 서구 세계에서 생애주기 요인과 퇴행성 질병의 중요성을 반영한 것이다. 담배 소비도 사망의 주요 인으로 세계적으로 매년 약 300만 명이 흡연으로 조기사망한다.

선진국에서 사고에 의한 사망은 전체 사망의 3%를 넘지 않는다. 저개발국 상황은 다소 차이가 있어서 1인당 재난 관련 사망 위기가 산업화된 나라보다 4배에서 12배가량 높은 것으로 추정된다. Strömberg(2007)는 전 세계 저소득 국가 인구의 1/3은 모든 재난 관련 사망의 거의 2/3에 이를 정도로 큰 고통을 받고 있다고 추정하였다. 표 1.2는 국가별 인구규모와 재난노출 정도를 표준화한 후 소득에 따라 국가 간 정부 유형과 국가 부에 따른 차이로 발생하는 사망률 차이를 나타낸 것이다. 다시 한 번, 저개발국에서 질병의 전파나 무력충돌과 같은 큰 위기를 고려할 때, 환경재해가 유일한 사망 원인이 아니라는 것을 보여 준다.

요약하면, '머리기사 재난'에 의한 누적 손실은 선진국에서 다른 원인에 의한 조기사망이나 손실과 비교하면 낮은 편이다. 재난과 사고 손실은 그 영향이 시간적, 공간적으로

표 1.2. 1980~2004년 사이 고소득/저소득 국가의 재해 관련 사망

국가 범주	재해 빈도	평균 인구(100만)	노출인구(100만)	재해 시 사망자 수	1인당 GDP	민주주의 지수
고소득	1,476	828	440	75,425	23,021	9.5
저소득	1,533	869	496	907,810	1,345	3.2

출처: Strömberg(2007).
주: 노출인구란 화산활동, 지진, 홍수, 산사태, 가뭄 등에 노출된 정도가 상위 30%인 지역에 사는 각국 인구를 해당 소득에 대해 모든 국가를 통틀어 더한 인구.

한정되어 있기 때문에 뉴스를 타게 되지만, 종종 충격적인 사진과 TV 리포트를 내보내기도 한다. 재난보도에 대한 언론의 영향은 제2장에서 다루어진다.

D. 과거 관점

역사를 통해 재해와 재난에 대한 이해 수준이 변해 왔다. 고대부터 지진과 기근에 대한 걱정이 있다(Covello and Mumpower, 1985). 대재앙은 도덕적으로 잘못된 행위에 대해 내려지는 신성한 징벌인 '신의 행위'로 간주되고 재해에 취약한 토지이용 결과로 여기지 않았다. 이런 관점은 재난을 외적이고 피할 수 없는 사건으로 받아들이도록 하였다. 결국 공동체는 잦은 홍수피해가 있는 토지와 같은 위험한 장소를 피하게 되었다. 그 후로도 자연재해의 파괴효과를 줄이려고 조직적으로 노력하였으며, 표 1.3에서 보는 바와 같이 4개 재해 패러다임을 발전시켰다.

공학적 패러다임은 4,000년 전 중동에 건설된 최초의 하천 댐에서 시작되었으며, 최소한 2,000년 전에 내진건축을 시도하였다. 이런 방법은 대부분 재해 압박을 극복하기 위해 건축 구조물을 '강화'하는 데 기초하며, 응급조치로 인명을 재난에서 대피시키려는 것이다. 그 후 지구과학과 도시공학의 발달로 수 세기 동안 특정 자연과정의 파괴효과를 통제할 수 있게 고안된 구조적 대응방법을 더 효과적으로

만들어 갔다. 19세기 말부터 날씨예보와 혹독한 폭풍 경고 등과 같은 새로운 방법도 이용되었다. 이는 대부분 과학에 기반을 둔 정부기관의 도움으로 가능한 일이었으며, 오늘날에도 필요하고 중요한 전략이다.

20세기 중반 이전까지는 환경재해와 사람들 간 상호작용에 대한 이해가 부족하였다. 행태적 패러다임은 미국의 지리학자 White(1936; 1945)부터 비롯되었다. 그는 자연재해는 사회 밖에 있는 순전히 지물리적 현상이 아니라 재해에 취약한 토지를 경제적 이유로 정착, 개발하려는 사회적 의사결정과 관련 있다고 보았다. White는 미국에서 홍수와 그 밖의 재해를 조절하기 위하여 지나치게 공학적 구조물에 의존하는 것을 비판하고, 인간생태학이라는 사회적 관점을 도입하였다. 이런 해석은 1920년대의 앞선 연구에서 유래하였고, 이 분야에 이름을 날린 Harlan H. Borrows는 상호연결성, 공간조직, 시스템 행태 등 생태학 개념을 인간 공동체 기능에 적용하였다. 인간-환경 관계 상호작용의 본질이 양자의 안녕을 정의한다는 것이 기본 개념이다. 달리 표현하면, 인간생태학은 자연과학과 사회과학을 연결하는 균형적인 접근법으로 인간의 필요와 환경의 지속가능성 간에 발생하는 충돌을 해소하려는 것이다.

White는 최초로 '진정으로 자연재해가 존재하는가?'에 대한 질문을 던졌다. 그는 홍수와 같이 자연의 극한적인 사건을 조절하려는 대신, 인간이 자연과정 규모와 빈도로 제기되는 불확실성에 행동을 적응시켜야 한다고 제안하였다.

표 1.3. 환경재해 패러다임의 변천

시기	패러다임 이름	주요 이슈	주요 대응
1950년 이전	공학적	특정 지점 자연재해의 규모와 빈도에 대한 물리적 원인은 무엇이며, 그것에 어떻게 대비할 수 있는가?	과학적 날씨 예보와 특히 수문기상학적 원인에 의한 자연재해를 막기 위해 설계된 거대 구조물을 건설함.
1950~ 1970년	행태적	자연재해는 선진국에서 왜 인명과 재산피해를 초래하며, 어떻게 하면 인간 행태의 변화가 위기를 최소화할 수 있는가?	단기 경고를 개선하고 더 나은 장기 토지계획으로 인간이 자연재해에 취약한 지점을 수정하고 회피할 수 있도록 함.
1970~ 1990년	발전	저개발국 사람들은 왜 자연재난에서 심각하게 고통받으며, 이런 상황의 역사 및 현대 사회 경제적 원인은 무엇인가?	재난에서 인간 취약성에 대한 더 큰 인식과, 저발전과 의존성이 어떻게 재난에 관련되는지를 이해함.
1990~ 현재	복잡성	재난 영향을 미래 지속가능한, 특히 불평등하고 신속하게 변화하고 있는 세계에서 가장 가난한 사람들을 위해서 어떻게 줄일 수 있을까?	자연과 인간 시스템 간 복잡한 상호작용을 강조하여, 국지적 필요에 따라 장기적 재해 관리를 향상시킴.

당시에는 혁명적이었으며, 이런 관점은 하나의 혼합된 접근법을 낳았다. 엔지니어들은 지속적으로 자연의 힘에 맞서기 위해 고안된 규범을 만들었다. 과학자들은 재해 모니터링과 경고체제와 같은 기타 기술적인 진보를 받아들였다. 동시에 사회과학자들은 재난이 보험이나 보다 나은 토지계획과 같은 인간 조정으로 저감될 수 있는지를 탐구하였다. 이런 복합적인 재해기반 관점이 넓게 받아들여졌으며, 북아메리카 연구학파에 의해 몇 권의 책으로 요약되었다(White, 1974; Burton, Kates and White, 1978, rev. 1993).

발전 패러다임은 더욱 이론적이고 급진적 대안으로서 1970년대에 등장하였다(Box 1.2). 이 패러다임은 산업화가 덜 진행된 지역의 경험에 기초하였다. 그런 지역에서는 자연재난이 더욱 심각한 영향을 낳고 많은 생명손실을 가져온다. 장기적, 근원적 원인에서 해답을 찾게 되며, 연구 초점은 재해에서 재난기반 관점으로, 선진국에서 저개발국으로 옮겨졌다. 저개발과 재난 간 관계가 상세히 조사되어 경제적 의존성이 자연재해 빈도와 영향을 키운다고 결론지었다. 가장 빈곤한 사람들의 특성이면서 사회적으로 가장 혜택받지 못한 사람들의 특성인 취약성은 재해 영향을 이해하는 데 중요한 개념이 되었다(Blaikie et al., 1994; Wisner et al., 2004).

20세기 후반에도 여전히 이 두 관점의 차이가 분명하다(Mileti et al., 1995). 도시공학자와 기상학자를 포함한 자연과학자들의 연구는 인간생태학에서 도출된 일정 적응 수단을 포함한 기술적 해답을 이용하는 특정 에이전트와 재난 기반 행태적 패러다임과 연관되어 있다. 반대로 사회학자나 인류학자와 같은 사회과학자들은 발전 패러다임에 의존하여 복합적인 재해와 재난 기반 관점을 수용하며, 정치적, 사회적 시스템 내에서 실수를 강조한다. 또한 모든 유형의 대규모 응급상황에 대한 인간 반응의 효율성을 향상시키려는 요구도 강조한다(Quarantelli, 1998).

McEntire(2004)는 행태적 패러다임과 발전 패러다임 모두 재해와 재난 연구를 강화하였으나, 각 접근법마다 치명적인 단점이 있다고 주장했다. 그는 재난을 자연, 기술, 사회, 제도 등 많은 변수 간 복합적인 상호작용의 결과로 보는 광범위한 통합적 관점을 제안하였다. 마찬가지로 Dynes(2004)는 도시 공동체를 광범위하게 위협하며, 급속히 시작되는 재해를 중시하는 서구식 초점을 넘어, 저개발국 농촌 빈곤인구에 영향을 미치는 다층적인 응급사건에서 아직도 선진국의 가장 부유한 거대도시에서 벌어지는 재난에 이르기까지 오늘날 위협을 포괄하는 비전을 주장하였다.

E. 오늘날 관점: 복합적 패러다임

두 허리케인 사례에서 새로운 패러다임의 필요성이 제시되었다(Petley, 2009). 1998년 10월 28일, 허리케인 '미치(Mitch)'가 온두라스 해안에 열대성 저기압으로는 가장 강력한 5등급 폭풍으로 상륙하였다. 허리케인은 그 후 3일 동안 온두라스, 니카라과, 과테말라를 지나면서 중앙아메리카의 광대한 지역을 파괴하였다(그림 1.8a). 11월 2일까지 최소 11,000명의 목숨을 앗아갔고 비슷한 수의 실종자가 기록되었으며, 돌발홍수로 진흙이 무너지면서 대부분 사망사고가 발생하였다. 경제 피해는 50억$를 넘어서는 것으로 추정되었다. 9년 뒤인 2007년 9월 2일, 또 다른 5등급 폭풍인 허리케인 '펠릭스(Felix)'가 '미치'와 거의 비슷한 지역인 온두라스와 니카라과 사이로 상륙하였다(그림1.8b). 이 역시 온두라스, 니카라과, 과테말라를 통과하면서 강력한 바람과 집중호우를 동반하였다. 그러나 이번에는 손실이 훨씬 적었다. 인명손실이 135명으로 추정되어 허리케인 '미치'에 비하면 사망자가 1%도 안 되었으며, 경제피해는 과거 기록의 일부 규모였다.

두 개 폭풍은 유사한 규모와 강도이며 유사한 경로를 가졌으나 다른 영향을 미쳤다. 왜 그런가? 행태적 패러다임

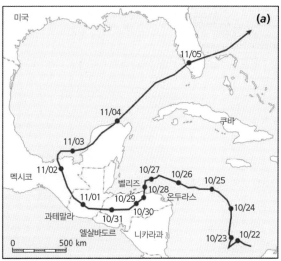

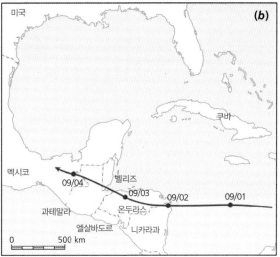

그림 1.8. 중앙아메리카를 지나는 두 개의 5등급 허리케인 궤적. (a)는 1998년 10~11월 허리케인 '미치'를, (b)는 2007년 9월의 허리케인 펠릭스를 보여 준다(Petley, 2009).

은 자연의 힘을 강조한다. 강우 강도와 지속시간이 허리케인 '미치'가 '펠릭스'보다 훨씬 더 컸을 것이다. 이런 생각이 가능한 것은 허리케인 강도 측정이 강우보다 최대풍속을 따르기 때문이며, 실제 허리케인 '미치'로 인한 인명손실 대부분이 이로 인한 것이었다. 발전 패러다임은 지역의 인구 취약성을 강조할 것이다. 허리케인 '미치' 이후, 가장 위험한 지역에서 사람들을 이주시키고 응급계획을 개선하는 등

사진 1.2. 1998년 10월 26일 20.28 UTC에 허리케인 '미치'의 컬러 위성 영상. 기록적으로 치명적이었던 이 5등급 대서양 폭풍은 저기압 중심에서 155km/h의 바람을 일으켰다(사진: NCDC/NOAA).

재난저감 수단이 새롭게 실행되어서 '펠릭스'의 충격을 어느 정도 감소시켰을 것이라는 것이다.

오늘날 재해 연구자들과 재난 관리자들은 자연과학과 사회과학을 보다 쉬운 방법으로 통합하였다. Mileti and Myers(1997)에 의해 지속가능한 재해저감이라 불리는 복합적 패러다임은 국지적이고 단기적 손실 저감을 넘어 더욱 지속가능한 미래를 보장하는 현실적 개발 어젠다를 동반하는 재난저감을 지향한다. 새로운 재해 패러다임은 기존 생각을 완전히 부정하는 것이 아니라, 강조점의 변화를 보여 준다. 대부분 성공적인 패러다임은 과거 가장 좋은 실행 사례를 살리고 그런 경험을 새로운 접근법에 포함한다. 여기서 초점은 준비와 응급대응에서 장기적인 회복과 개선, 그리고 취약성과 복구와 같은 사회적 이슈들을 포함하는 재해저감을 지향한다(Wegner, 2006). 그러나 아직도 과거 전략이 유효하다. 세상에서 재난저감에는 잘 계획된 공학적 작업과 좋은 토지계획, 효과적인 인도주의적 지원 등이 항상 중요한 역할을 한다.

복합적인 접근법은 재해와 재난을 기후변화와 지속가능성 등 전구적 이슈 안에 포함하고 있다(제3장 참조). 인간은 단순히 재해 희생자가 아니라 스스로 위험한 프로세스와

Box 1.2. 20세기 패러다임 논쟁

환경재해는 많은 해석이 가능하다. 과거에는 수많은 정부단체가 받아들인 기술에 기초한 행태적 패러다임과 이론에 기초하고 일부 사회과학자들이 선호한 발전 패러다임 간에 차이가 있었다.

행태적 패러다임

환경재해에 대한 공학적 대응은 오래전으로 거슬러 올라가지만, 현대적 접근법은 미국에서 시작되었다. 1936년 홍수통제법에 따라 미 육군 엔지니어부대가 전국에 댐과 제방을 축조하는 중요한 홍수통제 작업을 시행하였다. 이 전략은 기상학, 수문학과 같은 관련 과학분야에서 높아지는 확신과 자연자원 개발에 대한 정치적 요구, 공공사업에 필요한 자본 가용성 등에 힘입어 1930년대와 1940년대에 걸쳐 합리적으로 보였다.

White는 처음에는 혼자서 홍수통제 사업은 더욱 확실한 범람원 관리를 위하여 토지이용 계획과 같은 비구조적 방법과 통합되어야 한다고 주장하였다. 그의 관점은 재해를 만들어 내는 인간행위 역할을 인지하는 것이다. 홍수에 취약한 토지의 도시개발은 '행태적' 혹은 문화적 오류로 개발업자나 주택 소유자 모두에 의해 위험한 토지가 경제적 이익을 위해 활용될 때 발생하는 위기/보상 간의 잘못된 균형 인식을 포함한다. 개발도상국에서 삼림벌채나 과도한 토지이용과 같은 행동은 비합리적인 것으로 간주되고 재난을 초래한다고 여겨진다. 일반적인 재난감소 목적은 일시적인 '정상' 생활 붕괴를 막는 것이었다.

White의 사고가 약간 주목을 끌기는 했으나, '기술적 해답'이 우세하였다. 시간이 충분하면 현대화 과정의 일부로 발전한 세계에서 발전 중인 기술 세계로 이전하는 것이 문제를 풀어 줄 것이라 믿어졌다. 수많은 중앙 집중화된 조직이 만들어졌으며, 이는 정부가 지원하는 단체만 요구되는 규모로 과학과 공학을 적용하는 데 필요한 금융자원과 전문가가 있었기 때문이다. 특히 UN은 이 시기 국제 재난완화에 책임을 지는 많은 기구를 창설하였다.

Hewitt(1983)에 따르면, 행태적 패러다임은 다음 3개의 축을 갖는다.

• 재해에 취약한 토지이용에서 인간행동의 역할에 대한 인식에도 불구하고, 최우선 목적은 공학적 사업을 통해 자연을 조절하는 것이다. 여기에는 홍수방지 제방, 내진 빌딩, 토지이용 조절 등이 포함된다.
• 다른 방법은 현장 모니터링, 지물리적 과정의 과학적 설명과 통계적 평가를 포함한다. 파괴적 사건의 모델링과 예측은 원격탐사나 원격측정 등 진보한 기술도구 도입을 필요로 한다.
• 재난계획과 응급대응을 위한 행정 강화에 우선권이 주어지며, 대부분 군에 의해 움직인다. 정부 입장에서는 재난지역에서 군사조직만이 역할을 할 수 있다는 생각이 매력적이며, 이는 명령을 내릴 때 국가 권위가 강조되기 때문이다.

이 패러다임은 문화적 측면을 강조하지만 손실감소에 대한 실용적 방법도 포함된다. 이는 본질적으로 서구식 재난해석법으로 설명되고 있지만, 여전히 중요한 부분으로 남아 있다. 이런 접근법은 물질주의적이라는 비판을 받기도 하며, 신속한 조정방안을 지향하는 자본주의와 기술에 대한 과도한 믿음을 반영한 것이다. 이는 또한 홍수 저감방안으로 통제 틀과 습지 배수시설 건설에서 환경 질을 무시하거나 재난에서 인간 취약성을 경시하기 위하여 재해 관련 의사결정에서 금융단체와 기타 제도의 힘보다는 개인 선택의 역할을 지나치게 강조하는 잘못을 범해 왔다.

발전 패러다임

이 철학은 빈곤한 국가에서 재난 손실저감이 더디게 진행되는 이유로 등장하였다. 이는 사회과학자들에 의해 시작되었고, 이들은 원천적으로 제3세계 재난이 세계 경제활동과 혜택받지 못하는 사람들의 소외에서 발생한다고 믿었다. 극한 자연사건은 뿌리가 깊은 오래된 문제로 빈곤의 '방아쇠'로 여겨졌다. 이런 급진적인 재난해석은 경제, 사회, 정치 시스템의 근본적 변화를 제안하였다. 이 패러다임은 행태적 패러다임에 반해 재난의 장기적인 공통 특성에 착안하였으며, 강력한 금융과 정치적 이해에 의해 개인행동에 가해지는 한계를 강조하고 있다.

발전 패러다임은 Wisner et al.(2004)의 연구로 요약될 수 있다. 그들은 재난을 인간 취약성을 만들어 내는 사회 경제적 프로세스와 지물리적 재해를 만들어 내는 자연 프로세스 간 직접적인 충돌 결과로 보았다. 거기에는 다음과 같은 몇 가지 핵심적인 것이 있다.

- 재난은 대부분 자연 혹은 기술과정보다 인간의 부당한 이용으로 발생한다. 대규모 취약성의 근본 원인은 국가적, 전 세계적으로 권력과 영향력을 행사하는 경제적, 정치적 시스템에 있으며, 그 결과로 가난한 사람들이 소외된다.
- 만성 영양부족, 질병, 군사적 충돌과 같은 지속적인 압력은 가장 취약한 사람들을 농촌의 토지가 없는 무산자로서나 판자촌으로 쫓겨난 도시 무산자로서 엉성한 주택, 경사지나 홍수에 취약한 지역 등 안전하지 못한 환경으로 내몬다. 재해에 대한 효과적이면서 국지적인 대응은 모든 수준에서 자원 부족 때문에 어렵게 된다.
- 서구적 감각에서 '정상'은 환상이다. 빈번한 재난은 하나의 특성이며, 사회 경제적 불평등을 강화한다. 가난한 나라에서 재난저감은 부와 권력의 근본적인 변화와 재분배에 달려 있다. 수입된 기술과 신속한 조정 방안에 의존하는 현대화는 부적절하다. 대신에 전통적 지식을 이용하여 스스로 돕고 국지적으로 합의되는 대응이 앞으로 나아가야 하는 길로 보인다.

요약하면 발전 관점은 '재난은 부유한 나라와 빈곤한 나라 간 정치적 의존과 불평등한 무역제도에서 초래된 저개발에서 발생한다'라는 이론에 기초한다. 사회의 가장 빈곤한 부분에서는 토지와 그 밖의 자원을 과다하게 사용할 수밖에 없으며, 이런 행동은 '비합리적'이라 여겨질 수 없다. 특히 농촌의 과밀, 토지의 무소유, 무계획적인 재해에 취약한 도시로 이주 등은 자본주의의 불가피한 결과이며, 환경재난의 근본 이유이다.

머지않은 미래에 세계 정치적 경제는 발전 로비에 의해 선호하는 방향으로 충분히 변화할 것 같지 않다. 그러나 이 패러다임은 빈곤의 중요성과 모든 곳에서 사회적으로 혜택받지 못하는 사람들 사이 취약성 등 몇몇 주요 개념을 개선하는 데 도움이 되어 왔다. 지물리적 프로세스가 재난 영향의 유일한 요인은 아니다. 인도주의적 구호는 빈곤국에서 사회 경제적으로 깊이 뿌리내린 문제에 대한 영구적인 해법이 될 수 없다. 사회 경제적 조건에 대한 보다 나은 이해가 분명히 필요하며, 재난감소를 계획할 때 인간 취약성 분석과 지도화는 이제 지물리적 위기평가와 함께 일상적으로 취해지고 있다.

재난 결과에 영향을 미친다. 인간행위는 삼림벌채와 지구온난화와 같은 프로세스를 통해 자연자원을 과도하게 착취하고 퇴화시키며, 이로 인해 하천범람과 해수면 상승과 같은 자연재해 위기를 증폭시키고 있다. 오늘날 '전통적 재난'과 '복잡한 응급상황' 간, 그리고 이런 재난과 전구적 환경 변화 요인 간 관계는 명확하지 않다. 이는 우리가 지구생태 시스템에 대한 인간의 지배범위와 극한사건에 대한 사회 취약성에 영향을 미치는 범위 등을 이제야 막 이해하기 시작했기 때문이다(Messerli et al., 2000).

만성적인 불확실성은 전구적 중요성을 갖는 재앙위협에 대한 공포에 불을 붙였다. 예를 들어, 2001년 9월 11일 뉴욕에서 테러공격은 허리케인 '카트리나(Katrina)'가 발생할 때까지 미국 역사상 가장 값비싼 재앙으로 구호와 반테러 조치에 최소 200억$가 쓰였다. 이 사건은 대규모 폭력재해를 최우선 과제로 올려놓아 미국에 '국토 안전'이라는 개념을 선사했다. 또한 보험산업에 기타 '특급' 재해의 위협에 대한 경각심을 갖게 하였다. 미래 재난은 과거에 비해 그 규모가 더 클 것으로 예상된다. 이는 인간사회가 더욱 복잡해지고 사람들이 도시에 더욱 집중되기 때문이다. 지역 경계와 기존 사회 경제 시스템을 초월하는 대규모 재난을 고려해야 한다. 이런 것에는 세계적 전염병, 인간 정주지역에 운석충돌 등과 같은 위협이 포함된다. 어떤 위협은 기후변화와 같이 이미 전구를 포함한다.

F. 관련 기구의 입장

정책 입안자들은 재해와 재난의 세계화를 점차 인식하게 되었다. 미국은 재난저감을 위한 국제적 기구를 책임 있게 만들어 왔다. 그런 프로세스는 1990년 자연재해 저감을 위한 국제적 시대(IDNDR)로부터 시작되었다. 이 프로그램은 개발도상국에서 미래 인구성장과 부 창출의 지속가능성이 재난손실로 위협받는다는 염려에서 출발하였다. 이것은 1994년 일본 요코하마에서 자연재난 저감에 관한 국제학회에서 받아들여졌다. 이 학회는 과학적 해법에 대한 지나친 강조와 빈곤국에 대한 재해저감 기술 이전에 대한 의존, 재난의 사회적, 경제적, 정치적 차원에 대한 상대적인 무시 등 몇몇 정책 실패를 강조하였다. 실제로 요코하마 학회는 인간 취약성이 재난손실에 심각하게 영향을 미친다는 것을 인식하는 첫 번째 국제포럼이 되었다.

더욱 최근에는 기후변화에 대한 우려를 반영하는 노력을 함께하고 있다. 기후변화에 관한 UN기본협약(United Nations Framework Convention on Climate Change; UNFCCC)는 1992년에 시작된 국제협약으로, 대기 중 온실가스 농도를 현재와 미래 세대 기후 시스템을 보호하는

수준에서 안정화하기 위해 만들어졌다. 특히 이 협약은 선진국이 가난한 나라들을 도와 기후변화 악영향을 조절할 수 있도록 권고하고 있다. 1997년에 만들어진 교토의정서는 2005년 2월에 발효되어 2008~2012년 기간 동안 개발된 국가에서 1990년 수준 유해가스의 최소 5%에 해당하는 온실가스를 줄이도록 법적으로 규정하였다. 또 하나의 재난 관련 노력은 2000년 9월의 새천년선언으로 세계 지도자들이 빈곤을 줄이고 생활을 개선하도록 하는 18개의 신세기 개발 목표를 의욕적인 어젠다로 규정하였다. 이런 모든 노력은 빈곤과 재난 간의 관련성에 주의를 환기시켰다. 그들은 신세기 개발 목표를 무력화시키는 환경재해에 대한 우려와 재난 위기저감이 미래 지속가능한 발전을 추진하는 데 핵심적인 역할을 한다는 점을 부각하였다.

2000년에는 IDNDR에 대한 정책적 후속 조치로서 UN 회원 국가들이 ISDR을 자연적, 인공적 재난을 감소시키는 정치적 노력을 촉진하기 위한 제1의 메커니즘으로 받아들였다(UN/ISDR, 2004). ISDR의 의무규정은 UN 시스템 내에서 재난저감 협력을 위한 중심점 역할을 하며 재난저감이 모든 지속가능한 발전, 환경보호, 인도주의 정책에 통합되는 것을 보장하는 것이다. 실제로 ISDR은 정부 및 정부 간 기구와 비정부 기구, 금융기관, 과학과 기술단체, 민간부문과 시민사회 등으로 광범위하게 구성된 파트너십이다. ISDR 사무국은 제네바에 있으며 뉴욕에 연락사무소를 두고 있다. 이 기구는 방콕, 카이로, 브뤼셀, 나이로비, 파나마에 5개 지역사무소를 두고 관련된 기능을 두산베, 수바, 본, 고베 등에 배치하였다.

2005년 일본 고베에서 열린 재난저감에 대한 효고 세계학회에서 추가적인 진전이 있었다. 이 학회에서는 효고행동강령(Hyogo Framework for Action; HFA)을 만들었으며 2005~2015년 동안 168개 국가가 받아들였다. 다시 한 번, 미래 지속가능한 발전을 달성하기 위해 재난에 대처

하는 복구 능력이 더욱 큰 공동체를 만들어야 할 필요성이 인식되었다. HFA는 구체적으로 다음과 같은 것을 도모하고 있다.

- 재난 위기저감은 중앙과 지방의 최우선 과제이며 강력한 기구의 지원을 받는다.
- 재난위기를 확인하고 평가하며 모니터링하고, 조기경보 제공을 확대시킨다.
- 모든 수준에서 안전과 재해 복구 문화를 만드는 능력과 지식과 혁신을 증진한다.
- 준비, 완화, 취약성 감소 프로그램 등 모든 재난저감 방안을 지속가능한 발전 정책에 통합한다.
- 위기저감을 재난 응급대응, 복구, 재건 프로그램의 디자인과 수행에 추가한다.

HFA의 문건은 중앙과 지방정부, 지역 공동체를 포함하는 협력적 전략을 권장하고 있다. 이는 교토의정서와 달리 법적인 지위가 없다. 재난위기는 기후변화 악영향과 다르며 그보다 덜 심각하게 다루어진다고 결론지을 수 있다. 이는 잘못이다. 과거에는 재난에 대한 대응이 단기의 응급상황 행위였다면, 기후변화는 천천히 시작되는 다중 생산적인 문제라고 여겨졌다. 사실, 재난 위기저감과 기후변화 적응은 상호 목표를 공유하며 동일한 방법으로 달성되기도 한다. 지금 해답이 필요하다. 이런 보완성이 제대로 인식되어 시너지가 형성되어 모든 원천으로부터 환경위험을 더욱 철저하고 지속가능한 방법으로 줄이는 것이 미래를 위해 중요하다.

더 읽을거리

Degg, M.R. and Chester, D.K. (2005) Seismic and volcanic hazards in Peru: changing attitudes to disaster mitigation. *The Geographical Journal* 171; 125-45. An example of how hazard paradigm shifts can be applied to disaster reduction.

McEntire, D.A. (2004) Development, disasters and vulnerability: a discussion of divergent theories and the need for their integration. *Disaster Prevention and Management* 13: 193-8. A thoughtful critique of the behavioural and development paradigms.

Montz, B.E. and Tobin, G.A. (2011) Natural hazards: an evolving tradition in applied geography. *Applied Geography* 31: 1-4. A short update on the geographical contribution.

Strömberg, D. (2007) Natural disasters, economic development and humanitarian aid. *Journal of Economic Perspectives* 21: 199-222. This paper takes a global view of the differential impacts of, and the human responses to, disaster.

UN/ISDR (2004) *Living with Risk: A Global Review of Disaster Reduction Initiatives*. United Nations, Geneva. Sets out the general direction of inter - national action for disaster reduction.

Wisner, B. *et al.* (2004*) At Risk: Natural Hazards, People's Vulnerability and Disasters*. Routledge, London and New York. An overview of hazards and disasters with a focus firmly on human vulnerability.

웹사이트

Aon Benfield UCL Hazard Research Centre, London www.abuhc.org

Natural Hazards Research and Applications Information Center, Colorado www.colorado.edu/hazards

Overseas Development Institute, London www.odi.org.uk

UN International Strategy for Disaster Reduction www.unisdr.org

Chapter Two

Dimensions of disaster

재난의 차원

2

A. 서론

지난 30년간(1974~2003) 6,350건 이상의 자연재난으로 200만 명 이상이 사망하였다(Guha-Sapir *et al.*, 2004). 51억 명이 재난의 직접적인 영향을 받았으며, 이로 인해 이재민 1억 8,200만 명과 1조 4,000억$의 경제비용이 발생하였다. 이는 심각한 손실이지만, 모든 재난 자료는 주의 깊게 해석되어야 한다. 재난의 영향과 경향, 패턴은 복잡하고 논쟁거리가 되기도 한다. 이는 정책 관련 질문이 극한적인 지물리적 사건 빈도와 강도 및 부정적인 사회 결과 등 명백한 증가에 관해서 제기될 때 더욱 그렇다.

대부분 재난손실은 소수의 대규모 사건으로 발생한다. 표 2.1은 서기 1000년 이후 10만 명 이상이 사망했던 모든 재난기록을 정리한 것이다. 지진과 열대성 저기압, 홍수, 가뭄 등 네 종류 재해유형을 포함하며, 2,000만 명 사망을 초래하였다. 표에서 아시아 국가의 잦은 출현이 눈에 띈다. 실제 이런 재난 중 70% 이상이 아시아에서 발생하였으며, 중국이 거의 40%를 차지한다. 이는 아시아의 지리적 규모와 높은 인구비율, 중국의 오랜 문자기록, 위험한 자연환경 특성 등을 반영한 것이다. 기근은 가뭄과 관련되지만, 표 2.1에서 제외되었다. 가뭄과 기근은 수년간 지속될 수 있다. 예를 들어, 1932~1933년 사이 소련에서는 700만 명이 기근으로 죽었고, 1959~1962년 사이 중국에서 2,900만 명이 기근으로 죽었다.

정책수립에 도움이 될 수 있는 재난의 시공간적 패턴을 확인하기 위해서는 믿을 만한 재난자료를 축적하는 것이 중요하다. 이 분야의 표준화된 자료수집 방법 부재와 주요 영향을 정의하고 평가하는 것에 일관성이 없다는 것 등이 문제이다. 자료구축에 책임있는 기구가 분명하고 일관성 있는 정의를 갖고 있고 정보처리에 투명한 방법론을 사용한다 해도 정보의 원제공자가 그렇게 하지 않을 수도 있다(Guha-Sapir and Below, 2006). 합의된 방법론의 부재는 정보 오해나 불신을 초래할 수 있다.

B. 재난 정의

1. 재난기록

사건의 중요성은 표 2.1에서 쉽게 알 수 있다. 그러나 무

표 2.1. 서기 1000년 이후 10만 명 이상 사망자를 낸 재난

연도	국가	재난 유형	사망자 수
1931	중국	홍수	3,700,000
1928	중국	가뭄	3,000,000
1971	소련	전염병	2,500,000
1920	인도	전염병	2,000,000
1909	중국	전염병	1,500,000
1942	인도	가뭄	1,500,000
1921	소련	가뭄	1,200,000
1887	중국	홍수	900,000
1556	중국	지진	830,000
1918	방글라데시	전염병	393,000
2010	아이티	지진	316,000
1737	인도	열대성 저기압	300,000
1850	중국	지진	300,000
1881	베트남	열대성 저기압	300,000
1970	방글라데시	열대성 저기압	300,000
1984	에티오피아	가뭄	300,000
1976	중국	지진	290,000
1920	중국	지진	235,000
2004	인도	쓰나미	230,210
1876	방글라데시	열대성 저기압	215,000
1303	중국	지진	200,000
1901	우간다	전염병	200,000
1622	중국	지진	150,000
1984	수단	가뭄	150,000
1923	일본	지진	143,000
1991	방글라데시	열대성 저기압	139,000
2008	미얀마	열대성 저기압	138,000
1948	소련	지진	110,000
1290	중국	지진	100,000
1786	중국	산사태	100,000
1362	독일	홍수	100,000
1421	네덜란드	홍수	100,000
1731	중국	지진	100,000
1852	중국	홍수	100,000
1882	인도	열대성 저기압	100,000
1922	중국	열대성 저기압	100,000
1923	니제르	전염병	100,000
1985	모잠비크	가뭄	100,000

출처: Munich Re(1999), CRED 데이터베이스 및 기타 자원 인용.
주: 이 수치들은 근사치임. 목록은 최근 것에 집중되어 있는데, 초기 기록의 부재에 기인함.

엇이 '재난'을 구성하는지에 대한 국제적으로 합의된 정의가 없다. 분명한 특징은 공동체 기능을 스스로 수습할 능력 이상으로 파괴할 만큼 손실이 충분히 거대해야 한다는 것이다. 그러나 그런 파괴가 충분할 만큼 정확한 충격 임계치를 계량화하는 것은 사망이든 경제적 피해든 기타 손실이든 어려운 일이다. 보통 인간생명 손실이 가장 중요한 지표이다. 이는 이미 가용한 통계치이지만, 인구자료가 부정확한 국가에서는 그렇지 않을 수 있다. 개인 상해와 질병, 주택파괴 등 다른 인간에 대한 충격정보는 행정조직이 잘 갖추어진 나라에서도 얻기가 어렵다. 조사와 평가에 대한 표준화된 방법이 없는 상황에서 재산손실과 덜 직접적인 경제손실에 대한 믿을 만한 정보를 얻기 더욱 어렵다.

수많은 재난이 복합적인 사건들이어서 즉각적인 분류가 어렵다. 영향의 중복인정을 피하기 위해서 사망이나 피해 등 손실 범주가 한 번만 기록되고 특정한 원인에 할당되게 해야 하지만, 실제적 문제가 생길 수 있다. 예를 들어, 지진이 산사태를 촉발하였을 때, 사망은 지진(遠因)에 의한 것인가 아니면 산사태(近因)에 의한 것인가? 산사태에 의한 부상 이후 며칠 혹은 몇 주가 지난 후 사망이 기록되어야 하는 것인가? 일반적으로 대규모 사망의 경우 최초 촉발 원인에 기록된다. 이는 위에서 산사태와 같은 2차 재해효과는 저평가된다는 것을 의미한다(제8장 참조). 가뭄과 같이 장시간 지속되는 재난은 정확한 날짜가 의문이다. 정확한 재난 위치도 확인하기 어려울 수 있다. 특히 홍수나 가뭄과 같이 행정경계를 넘는 경우 더욱 그렇다. 따라서 *Peduzzi et al.*(2005)은 자동화된 GIS를 재난전염병연구센터(Center for Research on the Epidemiology of Disarsters; CRED) 재난자료에 연계시켜 홍수, 지진, 저기압, 화산 등의 상황을 신속하게 지도화하게 하였다. 이 분석틀로 이런 사건의 80% 이상이 지리적 도움을 성공적으로 얻을 수 있도록 하였다.

파괴적인 극한사건들이 자연적이거나 기술적 원인으로 분류될 수 있지만, 재난으로 기록되기 전에 반드시 특정한 인간의 영향 임계치를 초과해야 한다. 적은 규모의 재난은 잘 보고되지 않는 경향이 있다. 이는 저개발 국가에서 일반적이며, 정확한 손실 기록을 제공하기 위해 필요한 믿을만한 최신 인구, 사회 경제적 통계가 부족하기 때문이다. 자주 생기는 예로 사망자 수의 범위가 넓게 주어지거나 사망자 수가 '수천 명에 달하는 것으로' 가늠될 때 어떤 숫자가 쓰여야 하는가? 실종되거나 부상 이후에 사망하거나 기근이나 질병과 같이 2차 효과로 사망한 사람들은 자료에 어떻게 포함시켜야 하는가? 또한 재난과 관련된 부상의 범위는 합의된 정의가 없다.

이런 한계가 있지만, 재난 사망자료는 금전적 피해와 같은 다른 손실정보에 비해 정확하다. Munich Re(2005)는 1980~1990년 기간 경제손실이 제대로 보고된 자연재앙 비율이 대략 10%였다고 했다. 2005년에 이르러 이 숫자가 약 30%까지 상승하였으나, 자연재난의 약 2/3는 아직도 정확한 정보가 없다. 문제는 자료수집의 일관성 부재, 특히 간접적 경제손실 자료에서 발생한다. 예를 들어, 홍수가 교량을 파괴하여 농부가 상품을 시장으로 운송하지 못할 경우, 판매 손실을 계산에 포함시켜야 하는가? 당연히 그래야 하지만 자료를 얻기 힘들다. 마찬가지로 이런 재원은 다른 공동체의 수요를 위해 사용될 수 없지만 현재 진행형의 재난준비상 재정적 부담은 거의 고려되지 않는다.

요약하면, 대부분 재난 회계감사는 직접적인 사망, 부상, 즉각적인 파괴 추정에 국한하며, 전체 영향의 일부분만 포함한다(Box 2.1). 수많은 재난 생존자들은 간접적인 충격으로 고통을 받으며, 친지 상실, 영양실조, 신체 혹은 정신적 질병, 실직, 빚, 강제이주 등이 그런 예이다. 어떤 사후 결과는 사건 이후 수년간 지속되지만 후속 조사는 거의 이루어지지 않는다. 재난 직후 이재(罹災)의 범위는 충분히 믿을 만한 통계치가 있는 간접 손실로 제한된다.

Box 2.1. 재난충격 유형

재난보도는 직접적이고 가시적인 영향을 넘어서는 어떤 손실이라도 포함한다(그림 2.1). 직접적 효과는 1차 결과로 사건 직후에 발생한다. 예를 들어, 지진에 의한 건물붕괴로 발생한 사망과 경제손실을 들 수 있다. 간접적 효과는 나중에 나타나며 사건과 관련짓기 더 어렵다. 여기에는 쇼크로 인한 정신적 질병, 가족과 친지 사망, 이주 등의 요소들이 포함된다. 가시적 효과는 금전적 가치를 매길 수 있는 것으로, 파괴된 재산 교체와 같은 것이 포함된다. 비가시적 효과는 발생하였다고 해도 금전적으로 적절하게 평가할 수 없다. 예를 들어, 이탈리아의 많은 고고학적 유적지가 산사태, 홍수, 토양침식으로 위기에 있는 것 등이다(Canuti et al., 2000).

- 직접적 손실: 건물붕괴와 같은 즉각적인 파괴로 인한 재난이 가장 가시적인 결과이다. 방법론이 표준화되지 않았고 조사가 불완전하지만 이 경우는 비교적 측정하기 쉽다. 예를 들어, 보험 목적의 손실추정도 어떤 현장 조사보다 정확할 것이다. 그러나 보험청구는 의도적으로 부풀려질 수 있으며, 빈곤한 나라에서는 보험을 들지 않은 경우가 많다.
- 직접적 이득: 다양한 형태의 구호로 재난 이후 생존자에게 돌아가는 이익을 의미한다. 건설사업에 기술이 있는 사람들은 사건 후 복구기간에 고액의 고용을 얻을 수도 있으며, 때로는 장기적으로 환경이 개선될 수 있다. 아이슬란드 헤이마에이에서는 1973년 화산분출

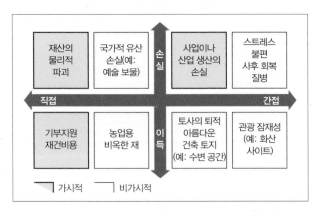

그림 2.1. 재난에서 가능한 손실과 이득. 직접과 간접을 포함하고, 가시적 및 비가시적 효과의 견본 샘플 포함.

로 발생한 화산재가 공항 활주로 확장에 기초물자로 쓰였으며, 지열난방도 화산에서 얻었다.

- 간접적 손실: 재난의 2차 결과로 경제적, 사회적 활동 붕괴가 포함된다. 재산 가치가 떨어지면서, 소비자는 소비보다 저축을 더 하게 되고, 사업은 점점 이윤이 적어져 실업이 증가한다. 역시 자료가 불충분하다. 예를 들어, 활동적인 근로자의 조기사망으로 노동력과 생산성의 불가피한 손실을 가져오지만, 전염병에 대해 금융손실이 보고되지는 않는다. 건강에 대한 악영향은 종종 다른 손실보다 오래 간다. 재난 피해자에게 직접적으로 심리적 스트레스가 영향을 미치며, 가족 구성원 및 구호 노동자도 간접적인 영향을 받는다. 그 증상은 쇼크와 불안, 스트레스, 무관심 등이며, 수면장애, 호전성, 과음 등을 통해 표출된다. 책망, 분개, 적개감 등의 태도도 나타날 수 있다.
- 간접적 이득: 잘 이해하기 어려운 것으로 재해에 취약한 입지로 공동체가 누리는 장기적인 이득이다. 체계적 연구가 거의 이루어지지 않았다. 예를 들어, 강변 입지의 지속적인 혜택(편평한 건축 부지, 좋은 통신, 물 공급, 쾌적성)과 홍수로 인한 일시적 손실 간의 균형에 대한 연구가 가능할 것이다.

2. 재난보도

언론은 재난인식을 제고하는 데 중요한 역할을 하고, 재

난자료 수집기관에 1차적인 정보원 역할을 한다. 뉴스 조직은 위기순간에도 지속적으로 정보를 수집하고 전파하는 일을 할 수 있도록 잘 갖추어져 있으며, 재난정보가 재해지

역에서 세계 청취자들에게 신속하게 전파된다(그림 2.2). 이런 정보 흐름은 사건에 대한 시민 관심을 불러일으킬 수 있고 재난구호 흐름에 영향을 줄 수 있다. Eisensee and Strömberg(2007)는 미 연방정부의 응급구호 결정이 자연재난에 대한 언론보도의 영향을 크게 받고 있음을 밝혔다. 재난은 다른 중요한 사건에 의해 밀리지 않고 헤드라인에 실렸을 때 더 많은 구호가 이루어진다. 예를 들어, 올림픽 기간 중에 발생한 재난의 경우는 동일한 수준의 구호기금을 모으기 위해서 재난에 의한 사상자 숫자가 세 배에 달해야 한다.

응급상황 초기단계에서의 언론보도는 불확실성 때문에 양적으로도 적고 내용도 믿을 만하지 않다. 불행하게도 관심 수준이 떨어지거나 다른 기사들이 대신 들어올 때까지는 그런 보도에 대한 정정도 거의 없다. Ploughman(1995)이 설명한 것처럼 미국의 경우, 지방언론에서는 상세한 양질의 보도제공이 가능한데도, 중앙신문에는 자연재난에 대한 균형을 잃은 보도가 오랫동안 남아 있기도 한다(Rashid, 2011). Ross(2004)는 구호기구의 재난대응에 대한 언론보도의 한 리뷰에서 기자들은 인도주의적 이슈에 대한 지식이 없고 위험 피로로 고통받는다고 말한다. 뉴스 편집자들은 총 사망자 수와 그래픽 비디오 자료 가용성에

따라 기사 우선순위를 정한다. 상업적 TV 채널에서 재난보도는 부분적으로 뉴스이고 부분적으로 오락이다. 지진이나 화산과 같은 단기적이고 급격한 재난은 뉴스 보도의 상당 양을 차지하지만, 가뭄과 같은 장기적이고 반복적인 이슈는 훨씬 시간이 흐른 후에 다루어진다. 광고수입에 의존하는 경우, 언론은 상업적 후원자들에게 각광받는 목표 시장에 집중하는 경향이 있다. 이로 인해 사회적으로 혜택받지 못하는 지역의 빈곤한 사회적 집단에서 발생한 재난영향이 과소 보도될 가능성이 있다(Rodrigue and Rovai, 1995).

Miller and Goidel(2009)은 뉴스의 편파보도 특성을 정리하였다. 우선 재난보도는 일과성으로 일관된 설명보다 서로 관련 없는 여러 사건의 나열이라는 인상을 심어준다. 보도 초점이 전형적인 희생자에 맞춰진다. 오스트레일리아에서 '재의 수요일(Ash Wednesday)', 삼림화재 기간 동안 언론은 주민들을 불쌍한 희생자로 비추면서 조기경보나 응급대응과 같은 긍정적인 측면은 거의 언급하지 않았다(McKay, 1983). 언론은 재난 배경을 심층적으로 탐색하거나 왜 그렇게 많은 미국인이 허리케인에 취약한 해안에 가깝게 사는지, 왜 그렇게 많은 오스트레일리아인들이 삼림화재에 취약한 교외에 사는지 등과 같은 심도 있는 질문을 던지지 않는다. 사전에 결정된 내용에 의존하는 또 다른 언론 사례는 사건 규모를 부풀리고 가뭄과 같은 장기 재난 대신에 급속히 진행되는 사건을 강조한다. 둘째로, 언론은 피해 주민을 잘못 가리키는 편파적 오류를 범할 수 있다. 미국 언론에 2005년 뉴올리언스를 강타한 허리케인 '카트리나' 피해 시 그런 편파보도가 있었다. 희생자는 주로 가난한 흑인으로 묘사되고, 공공지원이 불필요한 것처럼 묘사되기도 하였다. 약탈과 무법상황, 범죄적 파괴 등은 드문 사례였지만 압도적으로 자주 등장하였다(Tierney et al., 2006). 흑인이 음식을 구하려고 가게에 침입하였을 때는 '약탈'로 보도되었지만, 흑인이 아닌 사람들이 동일한 행동을 하면 생

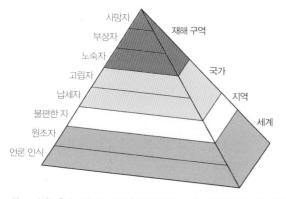

그림 2.2. 영향-충격 피라미드. 사건의 결과와 인지는 위험 지역에서 직접적인 영향을 받은 소수의 사람들로부터 대중매체를 통해 지구적으로 퍼져나간다.

존을 위한 것으로 보도되었다. 당시 뉴올리언스에는 흑인이 훨씬 더 많이 거주하고 더 큰 손해로 고통을 받았지만, TV 인터뷰에는 백인 피해자들이 흑인만큼 많이 나왔다.

TV 뉴스채널의 재난보도는 영상보도의 가시적 효과에 크게 영향을 받는다(Greenberg et al., 1989; Wrathall, 1988). Garner and Huff(1997)에 따르면, 언론보도는 피해자의 충격적인 이미지 등 재난 응급상황에 과도하게 집중된다. 또한 집 근처에서 발생한 사건에 과도하게 집중되는 경향이 있다. Adams(1986)는 미국 TV에서 보도된 전 세계적으로 300명 이상 사망자를 낸 35개 자연재난을 연구하여 지리적 위치별로 우선 순위를 매겼다. 서유럽에서 사망 1명, 동유럽 3명, 남아메리카 9명, 중동 11명, 아시아 12명 등과 같다. 요약하면, 공포에 싸인 주민들과 무기력한 희생자, 재산 약탈 등에 대한 습관적인 보도보다 재난의 근본 원인을 더 많이 다루는 보도가 언론 균형 제고에 도움이 될 것이다.

C. 재난 측정: 보관 기록물

국제기구, 중앙정부 기관, 보험회사, 학술 연구기관 등 여러 기관에서 재난 관련 기록을 갖고 있다. 이런 기관들은 다른 출처와 이유로 자료를 수집하고 있어서 정보 내용과 질이 상이하다. Guha-Sapir and Below(2002)는 하나의 대학연구센터에서 개발한 긴급사건 데이터베이스(EM-DAT)를 갖고 있는 유럽의 두 재보험회사가 구축한 재난 자료를 비교하였다. 그 결과 중요한 비일관성이 나타났다(표 2.2). EM-DAT 기록에는 사망자 수가 많았지만, 두 재보험회사는 경제손실을 더 높게 평가하였다. 이는 해당 기구의 우선순위를 반영한 것이다. 재보험회사는 주로 경제손실에 관심이 있으며, CRED는 재난의 인도적 측면을 강조한다.

자료는 다양한 시간대를 다룬다. 어떤 경우 수집기간이 짧아 유효한 표본을 제공하지 못하며, 어떤 자료는 재보험회사 사례와 같이 손실이 특정 유형에 집중되기도 한다. 어떤 자료는 화산(Witham, 2005), 산사태(Petley, Durham University Database) 등 세계적 규모의 특정 유형 재해에 국한되기도 하고, 또 다른 경우는 스위스 홍수와 매스무브먼트(Hilker et al., 2009)와 같은 지역 규모에 한정되기도 한다. Tschoegl et al.(2006)은 31개 자연재난과 기술재난 데이터베이스 고찰에서 표준화된 정의의 부재와 재난분류의 상이성, 방법론의 부적절한 고려, 자료출처 가득성의 변동 등이 정보 효용성을 약화시킨다고 결론지었다.

Below et al.(2010)이 재난 데이터베이스 질을 위한 틀을 추천하였으며, 주요 특성은 다음과 같다.

- 전제조건과 지속가능성. 자료를 축적하기 위해서는 대표적인 시기 동안 자료세트를 유지하기 위하여 충분한 제도적 지원과 그 밖의 지원이 있어야 한다.
- 자료의 정확성과 신뢰성. 정보는 가능한 완벽해야 하며 지리적 범위가 충분해야 한다. 편파적이거나 그 외 오류를 거르는 절차가 있어야 한다.
- 방법론. 원정보는 목록 기준과 저장, 백업 등 이슈와 관련된 분명한 개념과 정의에 따라 처리되어야 한다.
- 신뢰성. 투명성과 품질통제 절차를 보장하는 축적된 자료 전문성과 불편 부당성 증거가 있어야 한다.
- 편리성. 정보는 유용하고 편리하며 해석에 용이하고, 알맞은 내용이 시의적절하게 전파될 수 있어야 한다.
- 접근성. 자료는 광범위하면서 다양하고 이용자가 즉각적으로 접근할 수 있어야 하며, 추가적인 정보를 찾는 사람들을 위해 상세한 연락처가 제공되어야 한다.

UN 기관에서 사용되는 것이면서 이 책에서 채택한 가

표 2.2. 네 국가에 대한 서로 다른 세 가지 데이터베이스에서 기록된 재난 건수, 사망자, 경제손실 비교

	CRED	Munich Re	Swiss Re
온두라스			
재난 건수	14	34	7
사망자 수	15,121	15,184	9,760
피해자 수	2,982,107	4,888,806	0
전체 손실(100만$)	2,145	3,982	5,560
인도			
재난 건수	147	23	1,220
사망자 수	58,609	877	65,058
피해자 수	706,722,177	2,993,281	16,188,723
전체 손실(100만$)	17,850	112	68,854
모잠비크			
재난 건수	16	23	4
사망자 수	106,745	877	233
피해자 수	9,952,500	2,993,281	6,500
전체 손실(100만$)	27	112	2,085
베트남			
재난 건수	55	101	36
사망자 수	10,350	11,114	9,618
피해자 수	36,572,845	20,869,877	2,840,748
전체 손실(100만$)	1,915	3,402	2,681
전체			
재난 건수	232	387	167
사망자 수	189,825	96,418	84,669
피해자 수	756,139,629	277,490,405	19,035,971
전체 손실(100만$)	21,937	29,629	79,180

출처: Guha-Sapir and Below(2009).

장 완벽한 재난기록은 벨기에 루뱅 대학 CRED에 의해 관리되는 자료이다. 표 2.3에 기술된 바와 같이 EM-DAT는 1900년 이후 자연재난과 기술재난을 포괄하고 있다(Sapir and Misson, 1992; Guha-Sapir et al., 2004). 1988년 이전 정보는 OFDA(Office of Foreign Disaster Assistance; 미국 해외재난지원사무국) 기록에서 추출하였으나 덜 완벽

하다. CRED 정보는 매일 업데이트되며, 3개월과 1년 간격으로 다양한 방법을 사용하여 점검하고 수정된다. 그런 질 관리가 응급재난 이후의 손실이 적절한지를 확인할 수 있게 보장한다.

EM-DAT에는 10명 이상 사망 혹은 100명 이상 피해가 있는 재난만 기록한다. 국제지원에 대한 요청이나 중앙정

표 2.3. EM-DAT에 기록된 재난 유형과 세부유형 목록

자연 재난		기술적 재난	
재난 유형	재난 세부 유형	재난 유형	재난 세부 유형
가뭄		산업 재난	화학물질 유출
지진			폭발
전염병			방사능 누출
			붕괴
극한 기온	한파		가스 유출
	열파		중독
기근	작물 실패		화재
	식량 부족		기타
	충돌		
	가뭄	기타 사고	폭발
			붕괴
사태	눈사태		화재
	산사태		기타
화산			
너울/해일	쓰나미	교통사고	항공
	해일		배
			철로
자연 화재	산불		길
	관목화재		
폭풍	사이클론	충돌	국내
	허리케인		국제
	폭풍		
	토네이도		
	열대성 폭풍		
	태풍		
	겨울 폭풍		

출처: CRED http://www.cred.be (2010년 2월 16일 접속).
주: 사이클론, 허리케인, 태풍은 같은 현상이나 지역별로 다르게 불리는 것임. 일부 자연재난의 주요 유형(가뭄, 지진, 홍수)이 세부 유형화되지 않았으나 기술재난은 세부 유형화되었음.

부 재난선포는 다른 기준을 우선시한다. 이주한 사람들이나 가뭄과 기근으로 등록되기 위해서는 2,000명 이상의 피해자가 있어야 한다. 경제손실이나 환경파괴보다 인간의 영향과 사망, 붕괴를 분명히 강조하고 있다. 또 다른 중요 자원은 보험그룹 Munich Re가 관리하고 있는 'Great Natural Catastrophes'의 카탈로그 NATCAT이다. NAT-CAT의 자료세트는 UN의 광범위한 재난 정의를 따르지만, 사망과 그 외의 충격을 관리하는(이런 기준들이 늘 정확히 언급되지는 않으나) 더 높은 임계치를 사용한다. 실질적인 결과의 하나로 NATCAT 목록에는 EM-DAT에 비해 훨씬 적은 수의 사건이 등재된다는 것이다.

재난자료의 질은 이용자가 정보 한계를 이해할 수 있게

지속적으로 조사받도록 되어 있다. Gall *et al.*(2009)은 이와 관련된 몇 가지 문제점을 아래와 같이 지적하였다.

- 재해 편향. 이용자는 모든 재해가 표현된다고 가정한다. 실제로는 기관의 우선순위에 따라 선택적으로 재해보고가 이루어진다.
- 시간 편향. 이용자는 손실이 서로 다른 시간 간 비교가 가능하다고 가정한다. 실제로는 인구와 부 증가로 기록 처리 과정에 변화가 발생한다.
- 임계치 편향. 이용자는 모든 손실이 산출된다고 가정한다. 실제로는 규모가 작은 것은 배제될 수 있다.
- 평가 편향. 이용자는 인간, 경제, 직접, 보험손실 등 모든 유형이 포함된다고 가정한다. 실제로는 재난손실 평가 방법이 매우 다양하다.
- 지리적 편향. 이용자는 손실을 지리적 단위나 지역 간 비교가 가능한 것으로 가정한다. 실제로는 정치적, 행정적 경계와 내적 변동 때문에 불가능하다.
- 시스템 편향. 이용자는 손실이 균일하게 계산된다고 가정한다. 실제로는 경제손실 규모가 물가변동에 따라 조정될 수도 있다. 일정 범위의 손실을 평가하는 기관은 가장 높거나 혹은 낮은 평균적인 추정치를 선택하여 등록할 수 있다.

최고급 자료일지라도 완벽한 결론을 내리기 어렵다. 다양한 절대적 영향 임계치를 사용하는 것이 국가 간 혹은 국가 내에서 재난의 상대적 영향 차이를 불분명하게 한다. 예를 들어, 1억$의 손실이 방글라데시에서보다 캘리포니아에서 규모는 작지만 빈도가 잦은 사건에 의해 발생할 수 있다. 일반적으로 재보험산업에서 만들어지는 것과 같은 재정손실 자료세트는 노출된 재산이 많고 자료 관리자에게 더 중요하게 여겨지는 선진국이 강조되는 경향이 있다. 반

대로, 취약한 사람들이 모여 사는 저개발 국가에서는 사망에 우선순위를 두는 자료세트로 편향되는 경향이 있다. 전구 자료세트는 각 국가 정보로 통합되지만, 국가통계는 빈곤하거나 소수 민족과 같이 취약한 집단에 대한 국지적 영향을 반영하지 못할 수 있다. 규모가 작고 고립된 공동체는 무시당할 위험성이 크다. 멀리 떨어진 어촌에서 10명의 인명손실이 대도시에서 100명의 인명손실에 비해 공동체 생존에 매우 치명적일 수 있다.

이상적으로는 재난 영향이 지역이나 국지적인 인구규모, 경제 기능, 공공과 민간 부문 모두의 복구를 위한 금융자원의 가용성에 따라 측정되어야 한다. CRED는 사건당 100명 이상 사망자가 발생하거나 피해액이 매년 GDP의 1% 이상 피해를 입은 인명이 총인구의 1%가 넘는 경우를 소위 '심대한 자연재난'이라고 주장해 왔으나, 이런 경우는 쉽게 발생하지 않는다. 이런 상대적 측정은 경제적으로 취약하면서 인구가 적고 가난한 나라에 대한 재난효과를 절대적인 국가 총계보다 더 정확하게 나타낸다.

D. 재난 설명: 시간추이

1. 재난 경향

CRED 자료는 1900년으로 거슬러 올라가지만, 전구적 차원에서 체계적인 재난기록은 1964년에 이르러서야 시작되었다고 할 수 있다. 1965년 이전에는 연평균 50회를 넘지 않던 자연재난 숫자가 1990년대에 연 약 250회로 증가하였다. 기술재난 숫자는 이보다 적지만, 전반적인 증가율은 비슷하다. Munich Re(2005)는 1950~1999년 사이에 발생한 '대자연재앙'에 대한 연구에서 1990년대 보고된 사건 숫자가 1950년대의 4.5배이고 전체 손실은 2005년 비용가치로

환산하여 1950~1959년 사이 480억$에서 1990~1999년
동안 5,750억$로 증가하였다고 밝혔다. 이런 증가 대부분
은 기후와 관련된 재난에 의한 것이다.

　20세기 마지막 45년간 보고된 자연재난은 지속적으로
증가하였다(그림 2.3a). 기술재난도 비슷한 경향이다(그
림 2.3b). 높아진 자료수집 기준으로 1950~2009년 사이
NATCAT '대자연재앙' 수가 줄었으며, 이는 연도별 편차가
있고 1980년대와 1990년대에 다소 불명확한 피크가 있었
음을 보여 준다(그림 2.4). 폭풍과 홍수, 매스무브먼트, 극
한 기온, 가뭄, 산불 등과 같은 기후 관련 사건의 중요성이
명확해졌다. CRED 자료에서 사망자 수의 시간추이는 좀
다르다. 1975~2009년 사이의 EM-DAT 사망률에서 해에
따른 변동성이 있지만, 2000년 이후 전반적으로 감소하는
경향이다(그림 2.5a). 역으로 표본 크기가 매우 적은 기술재
난 관련 사망 건수는 21세기 초까지 지속적으로 증가하였
다(그림 2.5b). 이런 차이는 전체적으로 환경재해와 자연재
해에 의한 사망은 안정적이거나 때로는 감소하였다는 것을
말하며, 재난저감 조치가 점차 성공적으로 이루어졌기 때
문일 것이다.

　재난손실의 형태별로 다른 경향이 있다. 예를 들어, 자연
재난 피해를 입은 사람 수와 보고된 사건 수가 1980년대 중
반 이후 증가하였다(Guha-Sapir *et al.*, 2004). 금전적 손
실에 관한 정보가 보다 자세하다. 그림 2.6은 CRED 자료
에서 자연재난에 의한 1980~2011년 사이 연간 총 경제손
실을 2011년 가치 기준으로 나타낸 것이다(CRED, 2012).
모든 비용의 정점은 지난 20년간 보고된 이례적인 재난과
관련 있으며, 특히 1995년 일본 고베 지진, 2005년 미국 허
리케인 '카트리나', 2011년 일본 도호쿠 지진과 쓰나미 등
이 그 예이다. Munich Re가 제시한 NATCAT 자료도 비슷
한 내용을 보여 주며, 전반적으로 보험이 적용되는 경제손
실에서 1950~2009년 사이 뚜렷한 상승추세가 있다(그림

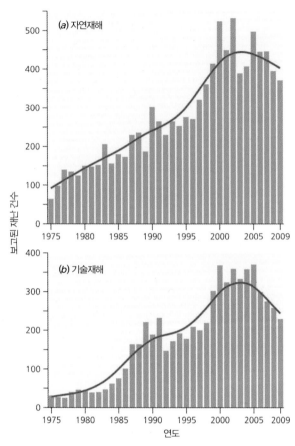

그림 2.3. (a) 1975~2009년 사이에 보고된 자연재해의 연간 건수와 경향면 (b)
1975~2009년 사이에 보고된 기술재해의 건수와 경향면(CRED EM-DAT, 2009).
© CRED

2.7). 대부분 고비용 해에 사망자 수는 비교적 적지만, 재정
적 영향 증가가 보험산업에 경고를 주었다. 특히 대서양 허
리케인 영향이 두드러졌다. 2005년에는 '카트리나' 하나만
으로 450억$가 지불되었으며, 그해에 전 세계적으로 보험
처리되는 손실이 1,000억$에 이르렀다. 큰 손실이 몇 가지
겹치는 해에는 재난비용이 전 세계적으로 개발원조에 드는
국제적 비용보다 더 많다.

　정책 입안자를 포함한 많은 사람들은 재난손실이 증가할
때 시간에 따른 추이에 관심을 갖는다. 재난손실이 꾸준히
증가하는 이유는 세 가지로 설명할 수 있다. 즉 자료 기록
방법 변화(자료수집 개선)와 자연환경 변화(재해사건 빈도

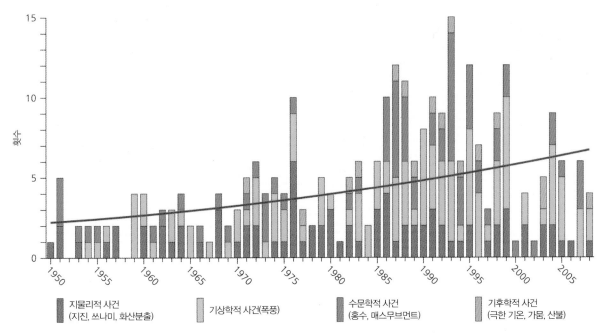

그림 2.4. 1950~2009년 사이에 기록된 사건 유형별 대자연재앙의 연간 건수와 경향면(Munich Re NATCATSERVICE, 2010).

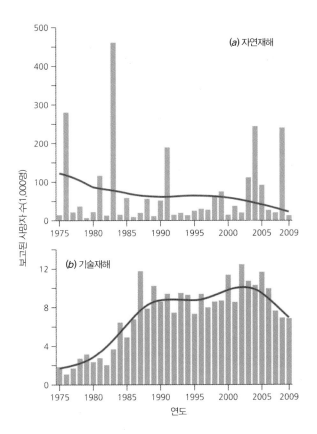

와 강도 증가), 사회환경 변화(위험에 대한 더 많은 사람의 노출과 취약성 증가) 등이다. 이런 요소들은 상호 배타적이 아니며, 적합한 정책반응을 고안하기 위해서 추이의 주 동력원이 어떤 것인지 알아내는 것이 중요하다.

2. 자료 기록방법 변화

자료수집과 기록방법의 변화로 더 많은 사건을 포함하게 되면서 재난빈도와 재난손실 규모가 분명히 증가하였다. 그런 변화는 기관 내의 정책 변화나 더욱 다양해진 영향에 의한 것일 것이다. 예를 들어, 1964년 OFDA가 창설된 직후와 1973년 CRED 설립 직후 등의 기간에 EM-DAT 연간 재난총수가 갑자기 증가하였다. 제도효과로 그런 '인위적'

그림 2.5. (a) 1975~2009년 사이 보고된 자연재해로 인한 연간 사망자 수와 경향면 (b) 1975~2009년 사이 보고된 기술재해로 인한 연간 사망자 수와 경향면 (CRED EM-DAT, 2009). © CRED

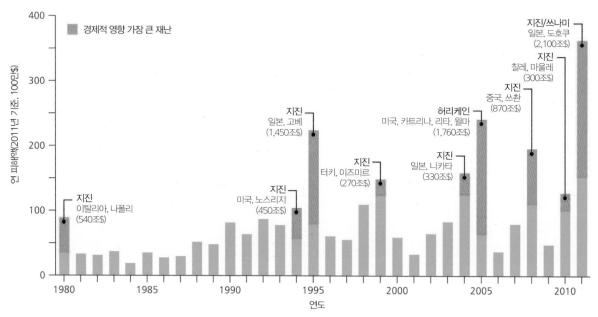

그림 2.6. 1980~2011년 사이 보고된 자연재해로 인한 경제손실의 연간 총액. 개별적인 고-영향재해에서 비롯된 손실이 확인되었다. 숫자는 2011년 가치로 환산된 10억$
이다(CRED, 2012; UNISDR).

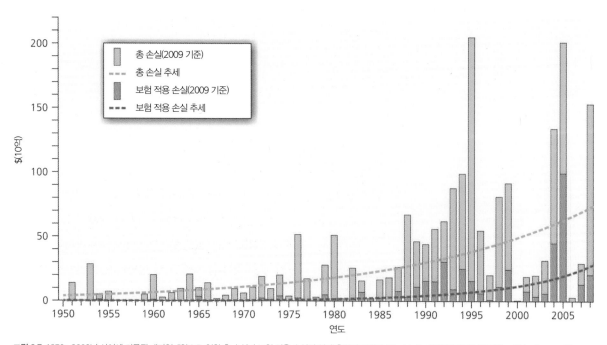

그림 2.7. 1950~2009년 사이에 기록된 대자연재앙으로 인한 총 손실과 보험 적용 손실의 연간 총액과 경향면. Munich Re NATCATSERVICE (Geo Risks Research) www.
munichere.com (2011년 4월 16일 접속).

증가를 설명할 수 있지만, 데이터베이스가 보다 다양한 영향을 반영하는 '잘못된' 추세를 보일 수 있다.

그림 2.8 위쪽은 1790~1990년 사이 200년 동안 전구적인 화산활동이 증가했다는 물리적 증거는 없지만, 장기적으로 연간 화산폭발이 증가 추세임을 보여 준다. 실제로 그림 2.8 아래를 보면, 가장 잘 보고되고 기록된 대규모 화산폭발 빈도는 상당히 일정하다. 따라서 분명한 증가 추세는 해당 기간 동안 화산재해 인식, 향상된 감시, 보고 등에 의한 것이다. 지구가 전쟁, 불황 등으로 넘친다면, 화산은 그만큼 뉴스거리가 덜 될 것이다. 그러나 일부 거대한 화산사건은 폭발 후 수년 동안 언론을 자극하였다. 마찬가지로 유명한 2004년 아시아의 쓰나미는 과거에 별 관심이 없던 이런 유형의 사건에 관심을 키웠다.

민주주의를 향한 정치변화와 보다 개방된 사회도 자료기록에 기여한다. 과거 소련이나 중국처럼 전체주의 정권은 내부 재난에 대한 정보를 습관적으로 숨겼다. 가뭄 관련 재난에서 더욱 두드러졌다. 이는 대부분 기근이 식량공급

을 관장하고 수송할 정부의 능력부족으로 초래되었기 때문이다. 오늘날 디지털 기술과 인터넷, 트위터, 페이스북과 같은 미디어를 통한 소셜네트워크 확산으로 재난정보 확산을 통제하는 것이 어려워졌다. 휴대전화는 가입자들이 국지적인 재난의 영향을 기록하고 그 정보를 전 세계로 전파하는 데 사용된다. 오늘날에는 멀리 떨어진 지역에서 디지털 자료수집과 전파가 가능하다. 구호기관은 정지사진과 비디오, 오디오 레코드를 수집하고 전파하여 해당 지역을 방문하지 못하는 기자들에게 정보를 제공한다. 고해상도의 비디오가 좁은 주파수 대역 위성전화를 통해 세계 청취자로 전달된다.

3. 자연환경 변화

지질자료나 역사자료가 지진, 화산폭발, 홍수 등의 시간범위를 확대하는 데 사용될 수는 있지만, 실제로 장기적인 분석에 적절한 기록을 보유하는 데이터베이스는 흔치 않다. 짧은 기간에 파괴적인 지물리적 현상은 다양한 이유로 변동하고 변화한다. 구조적인 활동은 거의 전적으로 자연적이다. 예를 들어, 지진은 인간활동 영향 없이 무작위로 발생한다. 그러나 허리케인과 같이 기후와 관련된 극한기상은 해마다 혹은 10년마다 자연적인 시간범위 변동을 보여 준다. 더욱이 허리케인이나 홍수 등 기후 관련 재해는 여러 가지 인간의 영향을 받기도 한다. 그러므로 극한 지물리적 사건의 시간추이와 특성 및 원인 등을 밝히는 것이 어렵다. 보다 빈번하고 심각한 사건으로 추이가 확인된다 하여도 재난발생 가능성과 규모를 직접적이고 일대 일의 관련성으로 설명하는 것은 불가능하다. 이는 재난이 위험스러운 자연과정과 인간 공동체 간 상호작용으로 나타나기 때문이다. 따라서 재난영향 증가에 대한 어떤 보고도 자연환경 변화에 느슨하게 관련될 수밖에 없다. 이는 최소한 어느

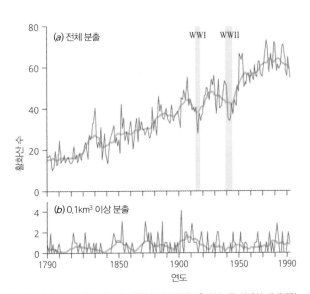

그림 2.8. (a) 1790~1990년 동안 기록된 연간 화산분출 건수. 두 차례의 세계대전을 제외하고 전 구간에 걸쳐 상승하는 추세를 보여 준다(Siebert, Simkin & Kimberly, 2011). ⓒ Smithsonian Institution (b) 1790~1990년 동안 기록된 연간 0.1km³ 이상 규모 화산분출 건수. 거대 분출만 보면, 전반적인 경향이 보이지 않는다.

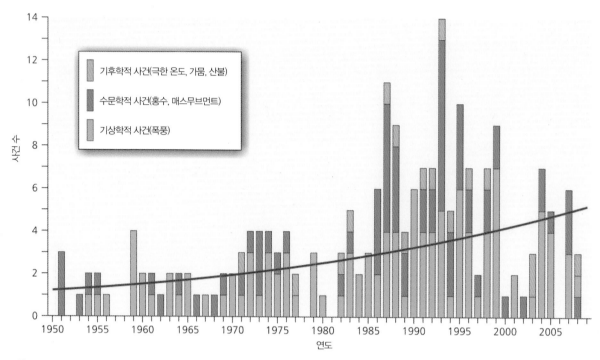

그림 2.9. 1950~2009년 사이에 기록된 기상학적, 수문학적, 기후학적 범주의 대기후재난의 연간 건수와 경향면. Munich Re NATCASTSERVICE (Geo Risks Research) www.munichre.com (2011년 4월 16일 접속).

추세 일부라도 인간의 노출과 취약성 변화에 의해 설명될 수 있기 때문이다. 이는 인간-환경 복합 시스템(Coupled Human-Environment System; CHES)의 맥락 내에서 재난을 바라볼 필요성이 있다는 것을 보여 준다.

재난자료세트에서 모든 사건의 약 2/3는 기후와 관련 있다. 따라서 이런 사건 빈도에 어떤 의미 있는 변화라도 모든 재난발생에 영향을 미칠 것이다. 그림 2.9는 1950~ 2009년 사이 NATCAT 기록된 연간 폭풍, 홍수, 매스무브먼트, 극한 기온, 가뭄, 산불 등 모든 기후 관련 재난빈도를 나타낸 것이다. 앞에서 언급한 바와 같이 이 자료세트는 큰 사건만 기록한 것이다. 표본이 제한된 시간범위를 대상으로 하지만, 대부분 파괴적인 재난이어서 중요하다. 전반적으로 20세기에 가까울수록 뚜렷한 상승 추이를 보이며, 이 기간 동안에 세 번의 재난발생 증가를 보여 준다. 이런 경향은 그 밖의 자료세트에서도 광범위하게 반복되어 흥미를 끈다.

수많은 수문기상학적 사건들은 최근 수십 년간 인공변조 확대에 따르는 지표면 부근의 물리적 과정의 영향을 받는다. 경제손실 증가에 대한 염려와 달리 극한기후 빈도와 강도 증가는 지구 온난화의 결과이다. 당연하게도 어떤 관찰자는 인간행위로 인한 것이든 아니든 기후변화의 영향이 이들 자료에 포함되어 있다고 결론지었다(제14장 섹션 F 참조). 그러나 주의가 필요하다. 이미 언급하였듯이 사회경제적 조건 변화의 비율이 보통 대규모 자연 시스템 변화에 비해 더 빠르기 때문에 재난손실 추이는 자연적 요소만으로 추동되지 않는다.

4. 사회 경제 환경 변화

인구증가로 더 많은 사람들이 위기에 직면하면서 재난에 의한 사망자도 증가할 것으로 예상된다. 세계 경제규모 증가로 물가 인플레이션이 지속되어 재난의 재정적 영향도 확대될 것이다. 일부 인구 집단은 재난을 줄이기 위해 노력하고 있지만, 최근 몇 년 동안 재해에 더 취약해졌다. 믿을 만한 결론을 얻기 위해서는 시간에 따른 인구증가를 보상하는 측면에서 위기에 의한 조기 사망을 표준화하는 것이 필요하며, 시간에 따른 금전가치 변화를 보상하기 위해서 물가에 따른 경제손실을 표준화하는 것이 필요하다.

표준화라 불리는 이런 프로세스는 사회 경제적 자료를 특정 연도 가치로 환산하여 일관성 있는 시계열로 변환시키는 것이다. 실제로 이런 보정으로 모든 재난이 그해에 발생한 것처럼 손실을 평가할 수 있다. 물가 인플레이션을 상쇄할 수 있게 경제손실을 기준연도 비용에 맞추어 높이거나 낮춘다. 마찬가지로 조정은 다른 인간 관련 변수에도 적용된다. 예를 들어, 사망 자료의 경우 편평한 해안과 같은 지정된 재해지대 내에 거주하는 인구규모 변화에 맞추어 조정될 수 있다. 재산파손은 시간에 따른 주택 수나 가치 증가를 반영할 수 있게 조정된다. 보다 빈번한 수문기상학적 극한기상의 어떤 기간에 대해 손실을 표준화하고 증가하는 경향이 거의 없다면, 개선된 홍수방지 작업과 같은 재난저감 척도가 가장 성공적인 설명이 될 것이다.

예를 들어, 20세기 미국 허리케인 관련 손실에서 자료표준화 실험이 적용되었다(Pielke and Landsea, 1998). 원정보는 파손 규모와 경제손실의 증가 추이를 나타내었지만, 해안의 인구증가와 노출된 부의 증가를 고려한다면, 1970년대와 1980년대 손실은 과거 수십 년의 것보다 적다(9장 참조). 재난추이에 대한 보다 최근 연구에서는 미국 지진(Vranes and Pielke, 2009), 유럽 폭풍(Barredo, 2010), 오스트레일리아 기상재해(Crompton and McAneney, 2008) 등을 포함하고 있다. Bouwer(2011)는 30년 이상의 수문기상 재난에 의한 경제손실 자료 22개 연구를 고찰하여 놀라운 결과를 얻었다. 표준화된 14개 사례 자료는 어떤

한 추이도 보여 주지 않았다. 8개 연구에서 어느 정도 상향 추이가 있었으나, 이 경우에도 지속적인 상승은 아니었다.

오늘날 대부분 재난 전문가들의 결론은 기후 관련 재난 빈도는 최근 수십 년간 증가하였으나, 사회 변화를 고려하면 재난손실 추이와 관련된 증거는 전혀 없다는 것이다. 대부분 손실 증가에 대한 보고는 인간 취약성을 증가시키는 경제적, 인구학적, 정치적, 사회적 영향에 의한 것이라 믿는다. 특히 아직까지 재난손실과 기후변화 간의 관련성에 관한 명확한 증거가 거의 없다. 기후변화의 영향이 명확하다면, 재난자료는 역사적이며, 현재 자료는 더 이상 유용하지 않을 수도 있다. 최신 자료와 Neumayer and Barthel(2011)이 제안한 표준화 방법과 같은 새로운 기법이 미래에 이런 결론을 바꿀 수 있을 것이다.

E. 재난 설명: 공간 패턴

세계은행의 연구는 세계인구 절반 이상이 하나 이상 자연재난에 노출되어 있다고 결론지었다(Dilley et al., 2005). 이들 대부분은 신흥 산업국에서 중-저 정도 인간개발 수준과 경제수준으로 살고 있다. 일평균 200여 명의 재난과 관련된 사망자 중 대부분은 이런 국가에서 일어난다. 흔히 말하는 '재난에서 빈자는 생명을 잃고 부자는 돈을 잃는다'는 것이 어느 정도 사실이다. 전 세계적으로 낮은 인간개발 수준 국가에 사는 사람들은 물리적으로 환경재해에 노출된 10%에 불과하지만, 재난 관련 사망자 절반 이상을 차지한다. 반대로 부유한 국가 사람들은 재해에 15% 정도 노출되어 있지만, 사망은 2%가 채 안 된다. Kim(2012)에 의하면, 하루에 2$ 이하로 살아가는 가난한 사람들은 다른 사람들에 비해 자연재난에 거의 두 배 가까이 노출되어 있으며, 가난하지 않은 사람들보다 약 1/5 이상 더 많은 재난을 경험

한다.

표 2.4는 2000~2010년 사이 가장 많은 인명피해와 가장 큰 재산손실을 가져온 재난 5개씩의 서로 다른 영향을 보여 준다. 사망과 파손이 서로 상관성이 없는 것이 명확하다. 2008년 중국 지진재난 하나만 양쪽 목록에 올라 있다. 이는 사망사고가 가장 많은 재난은 저개발국에서, 손실이 큰 재난은 선진국에서 일어나기 때문이다. 사망사고가 많은 재난은 평균 15만 명의 사망과 2,200만$의 손실을 초래했고, 5대 손실재난은 사망 평균 17,000명과 손실 600억$ 이상을 초래했다. 이 표는 부유한 국가와 빈곤한 국가에서 재난영향 차이가 클 뿐만 아니라, 부유한 사람들과 빈곤한 곳에 사는 사람들 간에 존재하는 보험혜택의 차이가 크다는 것을 보여 준다.

분명히 재난위기와 재난손실이 같은 지리적 공간을 차지하지는 않으며, 빈곤과 자원고갈, 소외, 저개발, 미약한 행정 등이 주된 재난의 원인들이다. Bankoff et al.(2004)에 따르면, 인간 취약성이 재난의 핵심적 요소이다(제3장 F 참조). 모든 사망의 90% 이상이 폭풍, 지진, 홍수, 가뭄으로 발생한 것이지만, 지역적 관계가 강하다. 열대성 저기압과 홍수로 가장 많은 사망자를 기록한 지역은 절대 숫자로나 인구 대비로 보아 아시아─태평양 지역이며, 가뭄에 의한 사망은 아프리카에 집중되어 있다. 각 국가별로 특별한 재해에 취약하다는 것을 보여 준다. 즉 이란, 아프가니스탄, 인도는 지진에, 방글라데시, 온두라스, 니카라과는 열대성 저기압에 취약하다. 중국에서는 일반적으로 큰 사망률이 기록되고, 미국에서는 보통 대규모 파손이 기록된다. 따라서 재난은 각각 다른 방식으로 발생하며, 이는 취약한 인구가 가장 큰 재해인지 혹은 물질적 자산이 가장 큰 재해인지에 따라 결정된다.

EM-DAT 기록은 1991~2005년 사이에 2005년 물가 수준으로 15억$ 이상 경제적 파손을 일으킨 자연재난이 47회였음을 보여 준다. 이들 사건에 의한 총 경제손실은 1조 1,800$이다. 이 중 2/3(60%)가 세 국가에서 발생하였다. 미국 31%, 일본 18%, 중국 15%이고, 그 외 36%는 기타 47개국에서 발생했다. 분명 대규모 재정손실은 선진국에서 발생하였지만, 총손실이 국가경제에 대한 상대적 영향이나 미래 발전에 대해 시사하는 바는 거의 없다. 사실 고소득 국가는 부에 비해 최소의 손실을 본 것이며, 재난으로 인한 가장 큰 경제적 부담은 중간수준 소득을 갖는 국가에 집중된다. GDP로 표현한 2001~2006년 사이 평균 재난비용은 저소득 국가 0.3%, 중간소득 국가 1%, 고소득 국가에서 0.1% 미만이었다(Cummins and Mahul, 2009). 중간소득 국가에서 상대적으로 높은 손실은 신흥경제에서 재해에 노출되는 급속한 자산 성장에 기인한다고 할 수 있다. 더욱 국지적인 수준에서 보면, 재난이 선진국에서 발생하였을 때, 효과적인 정부 구호계획은 빈곤한 사람들이 반드시 가장 큰 고통을 받지 않게 하는 것이다. 오히려 중간소득 수준 사람들이 더 큰 고통을 받는다. 이는 이들이 스스로 구호를 잘하지 못하지만, 응급구호를 받을 정도의 저소득층도 아니기 때문이다.

이런 관계는 각 개별 재난에 적용된다. 그림 2.10은 1991~2005년 사이 상위 10개의 재난 파손에 대한 절대적 수치(왼쪽)와 오른쪽의 전년도 GDP에 대한 비율(%)을 나타낸 것이다. 허리케인 '카트리나'와 고베 지진 등 두 개의 큰 손실을 입힌 재난이 겨우 미국과 일본 GDP의 각각 0.1%와 1.92%를 기록한 것이 주목된다. 사실 선진국에서 GDP의 5% 이상 손실을 입는 경우는 거의 없지만, 저개발국에서는 10% 정도 손실이 빈번하다. 허리케인 피해가 중앙아메리카와 카리브 해 국가의 경제적 생산을 심각하게 떨어뜨려 왔다(Strobl, 2012). 극단적 사례로 북한의 1995년 홍수에서 GDP의 150%를 넘는 재난손실과 지속적인 영향이 이어졌다. 그러나 도쿄 대도시권에서 거대 지진이 일

사진 2.1. 필리핀 마닐라의 오염된 물길을 넘어 기둥 위의 슬럼 거주지 밖에서 한 여성이 음식을 요리하고 있다. 해당 지역의 다른 국가들과 비교해서, 빈곤은 넓게 퍼진 채로 남아 있으며, 부의 거대한 불평등에 의해 악화되고 있다(사진: Panos/Robin Hammond RHM02116PHI).

표 2.4. 2000~2010년 기간 동안 가장 치명적인 5개 재난과 가장 큰 손해를 가져온 5개 재난으로 기록된 사망자 수와 경제손실

연도	사건 유형	주요 영향 지역	사망자 수	전반적 경제손실 백만$(원래 가치)	보험 적용되는 손실의 백분율
5대 치명적 재난					
2010	지진	아이티	222,570	8,000	2
2004	지진, 쓰나미	인도양 동아시아	220,000	10,000	10
2008	열대성 저기압	미얀마	140,000	4,000	0
2005	지진	파키스탄	88,000	5,200	<1
2008	지진	중국	84,000	85,000	<1
5대 손실 재난					
2005	허리케인	미국	1,300	125,000	50
2008	지진	중국	84,000	85,000	<1
2008	허리케인	미국, 카리브 해	170	38,000	49
2010	지진, 쓰나미	칠레	520	30,000	27
2004	지진	일본	50	28,000	3

출처: Munich Re NATCATSERVICE (Geo Risks Research), www.munichere.com (2011년 6월 12일 접속).

본 GDP의 25~75%에 해당하는 3조$의 손실을 초래한다는 것이 불가능하지만은 않다.

일반적으로 경제적, 사회적 조건이 적도에서 멀어질수록 좋아지기 때문에 전구적인 재난 영향 패턴이 나타난다. Kummu and Varis(2010)는 인간에 의한 자연자원에 대한 압력은 북위 5°~50°에서 가장 크며, 여기에는 사회 경제적 발전수준이 매우 다양하고 다양한 재해에 노출된 세계인구의 20%가 산다. 이 위도대의 특징이 인간개발지수(Human Development Index; HDI)라는 단일한 척도에 반영된다. 이 복합적인 국가 단위 통계는 기대수명, 식자율, 교육, 생활수준 등 사회적 변수에 따른 인간 복지 수준을 표현한다. 그림 2.11에서, HDI는 네 개의 발전 범주(매우 높음, 높음, 중간, 낮음)로 국가를 구분한다. 높은 수준의 두 개 범주는 남반구와 북반구 모두 극지에 가까운 곳에서 나타난다. 아프리카는 심각한 저개발 상태이다. 개발도상

의 가장 큰 집단이 아시아에 있으며, 이는 급속한 변화를 경험하고 있는 나라에서 재난에 대한 취약성이 높아지기 때문일 것이다.

각 국가별 재난규모 순위를 정하기 위한 위기지표에 대한 연구가 있다(Mosquera-Machado and Dilley, 2009). 재난위기지수(Disaster Risk Index; DRI)는 각 나라를 1980~2000년 사이 재난 관련 사망 위기 순위에 따라 0~7의 8점 척도로 평가하는 것이다. 사망률이 전체 위기척도로 사용된다. 이 지수는 지진, 열대성 저기압, 홍수, 가뭄 등 네 가지 유형의 재해에 한정되며, 이들이 모든 재난 사망의 90% 이상을 차지한다(Peduzzi, 2006). 그림 2.12에서 보면, 가장 극한 위기국가는 작은 섬나라와 방글라데시, 필리핀 등이며, 그 외 아시아 대륙과 아프리카 일부 국가도 상당히 위기에 노출되어 있다.

그림 2.11과 2.12를 비교하여 보면, 북아메리카, 유럽, 오

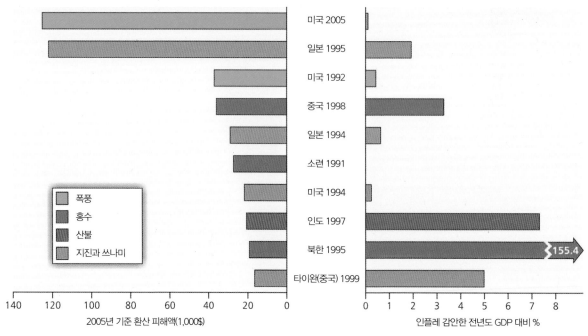

그림 2.10. 1991~2005년 사이 기록된 10대 고비용 자연재해에 대한 국가별 경제적 손해와 재해 유형. 손실은 2005년 가치 환산 10억$ 총액 및 인플레를 감안하여 전년도 국가 GDP 백분율로 표현하였다. CRED EM-DAT로부터 UNISDR 재구성.

스트레일리아 등에서 높은 수준의 인간개발(HHD)이 낮은 재난위기와 관련이 있으며, 특히 동남아시아와 같은 중-저 수준의 인간개발이 재난위기를 크게 한다. 포괄적으로 보면 다음과 같은 전구적 패턴이 있다.

- 재난 50% 이상이 중간 수준의 인간개발 국가에서 발생한다.
- 재난사망 50% 이상 낮은 인간개발 국가에서 발생한다.
- 재난피해를 입은 사람들 75% 이상이 중간 수준의 인간개발 국가에 산다.
- 경제손실 50% 이상은 높은 수준의 인간개발 국가에서 발생한다.

원인이 항상 명확한 것은 아니다. 예를 들어, 높은 인간개발지수 평가를 받는 국가들은 재난 영향을 줄이는 데 필요한 재정적 자원과 민주적 시스템을 갖고 있는 경향이 있는 반면, 중간 수준 인간개발 국가들은 보통 생각하는 것보다 더 큰 위기에 놓여 있다. 이는 급격히 변화하는 사회 경제적 조건 때문이다. 급격한 물질적 성장으로 부가 빠르게 노출되면서 더 큰 사회적 불평등을 만들어 냈지만, 건강과 안전 이슈에는 별 관심을 기울이지 않았다.

Davis et al.(2009)은 가구 재산에 관한 조사에서 서유럽 및 북아메리카와 일부 아시아-태평양 국가의 합이 전구 자산의 90% 정도를 갖고 있다고 하였다. 가장 빈곤한 국가인 인도, 파키스탄, 인도네시아와 중앙아프리카와 서아프리카 대부분 나라가 세계에서 가장 재난에 취약한 국가이다. 전반적으로 최근 수십 년간 소득이 증가하였으나 OECD 국가, 중국, 러시아와 신규 유럽연합국가 등 신흥 경제국에서

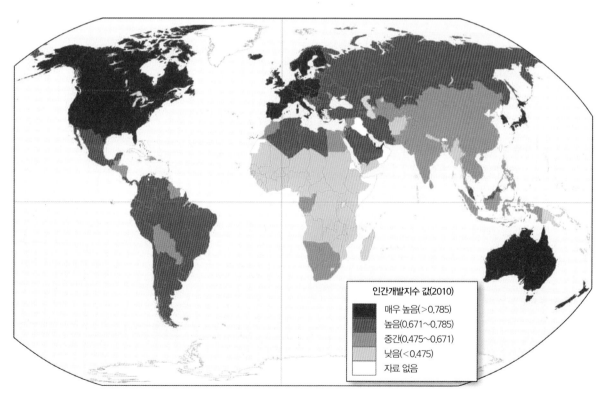

그림 2.11. 2010년 개별 국가별로 도출한 UN 인간개발지수의 지구적 패턴. UN개발 프로그램. hdr.undp.org 허가하에 재구성.

인간개발지수 값(2010)
- 매우 높음(>0.785)
- 높음(0.671~0.785)
- 중간(0.475~0.671)
- 낮음(<0.475)
- 자료 없음

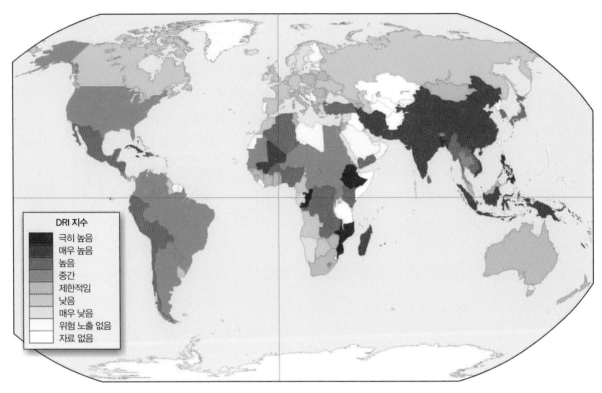

그림 2.12. UN 재난위기지수(DRI) 의 전구적 패턴. Peduzzi의 허가하에 재구성.

는 부의 불평등이 증가하였다. 예를 들어, 영국 내에서 부의 불평등이 지속되어 상위 10%의 부자들이 가장 빈곤한 층의 12배를 벌어들인다. 미래추이를 예측하기 어렵지만, 중국과 인도의 경제성장으로 세계 부의 더 많은 부분을 차지하게 되면서 아프리카와 남아메리카, 아시아—태평양 지역의 가난한 국가들은 재난저감 노력에 필요한 투자자원이 계속 부족할 것임을 시사한다.

F. 재난관리

재난관리는 사건의 응급상황, 즉 언론이나 다른 사람들에 의해 무질서나 급변사태 발생 시에 국한된 활동으로 보인다. 실제로 효과적인 재난관리는 여러 해 동안에 걸쳐서 신중하게 계획된 재난의 사전예방과 사후복구를 포괄하는 다양한 활동의 실행으로 결정된다(그림 2.13). 이런 활동은 하나의 순환을 이룬다. 각 개별 단계는 서로 중첩될 수 있으나, 이들은 경험과 재난 사후 피드백에 의해 이익을 얻기 위해 하나의 완결된 고리로써 작동해야 한다.

1. 사전 재난방어

이 4단계의 프로세스는 재난의 영향을 최소화하기 위한 것이다.

• 위기 평가: 직면한 재해 확인, 역사, 통계 자료와 기타 자

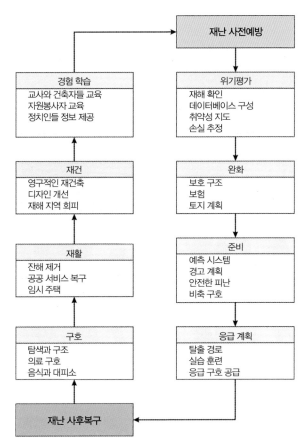

그림 2.13. 재난 사전 예방과 사후복구 활동을 통한 위기 저감. 조치에 필요한 시간 범위는 수시간(응급 소개)에서 수십 년(손상된 도시 인프라 재건)일 수 있음.

료 축적, 손실 추정 준비를 한다.

• 완화: 재난이 진행되는 단계로 손실을 줄이거나 제거하는 데 목적이 있다. 공학적 작업, 보험, 토지이용 계획 등과 같은 다양한 장기적 방법이 사용된다.

• 준비: 공동체가 재난위험에 대해 경고받는 범위를 반영하며, 재해경고, 응급 피난처 제공, 공급비축 등을 포함한다.

• 응급 계획: 단기 응급절차를 다루며, 임시 탈출과 의료공급을 포함한다.

2. 재난 사후복구

이 단계는 공동체의 정상화를 돕는 단계로 다음과 같은 과정을 통해서 재난이 발생할 경우 손실을 최소화하기 위한 것이다.

• 구호: 이 시기는 재난 후 최초 골든아워에 해당한다. 생존자 구조와 음식, 물, 옷, 피난처, 의료 등 기본적인 서비스를 제공하여 더 이상의 생명손실을 막도록 한다.

• 재활: 최초 몇 주나 몇 달 동안에 해당한다. 공동체가 다시 작동하기 시작하는 것이 가장 중요하다. 초기 고비용 작업은 재난잔해 제거이다. 예를 들어, 건물잔해가 도로를 막고 있거나 전력공급이 안 되어 음식이 썩는 것 등이 해당한다.

• 재건: 이는 훨씬 긴 기간의 활동으로 큰 피해 이후 '정상화'를 위한 계획이다. 여기에는 재난에 견딜 수 있는 건물과 보다 나은 토지이용 계획 등 미래 회복을 위해 개선된 재난 준비를 포함한다.

• 경험 학습: 이 프로세스는 공동체 모든 이해 당사자들이 보다 나은 재난인식을 확산할 수 있도록 하고 미래 응급 노동자를 교육하는 것이다.

관리자가 위험에 처한 사람들의 교육을 통하여 모든 수준에서 재난저감 순환을 완결 짓는 것이 필수적이다. 모든 공동체 수준에서 재해완화 능력과 한계를 이해하는 것이 필요하다. 이는 안내책자와 지도, 비디오 이용 및 재난대응을 개선시키기 위한 세미나, 워크숍, 훈련 등을 통해서 시행할 수 있다. 세계적 수준에서 국제조직과 구호기관은 재난관리를 위해서 기술을 지원하고, 미래 재난대처를 위한 자원과 경험을 키울 수 있게 격려하는 것이 필요하다.

실제로 재난저감을 위해서 완벽하게 통합된 방법을 달성

복잡성, 지속가능성, 취약성

A. 서론

현재와 미래 재난저감을 위해서 환경재해 분야 연구자와 실무자 간의 시너지가 중요하다. 최근 수년 동안 지물리적 시스템과 사회 경제적 시스템 간 전구적 연계에 대하여 많은 발전이 있었다. 이런 연계는 복잡성 과학과 지속가능성 과학이라는 두 개의 큰 개념을 포함하고 있다. 복잡성 과학은 재난 결과를 자연 혹은 준 자연 시스템과 인간 시스템 간 상호작용을 재차 강조하여 과거 재해 패러다임 간 구분을 수정하게 한다. 재난은 단순하고 단기적인 국지적 사건이 아니라, 보다 광범위한 원인을 갖고 인간생활을 지지하는 생태 시스템의 기능을 붕괴시킬 수 있다는 것 역시 분명해졌다. 따라서 재난저감은 지속가능성 과학 영향하에 있는 것으로 보는 것이 타당할 것이다. 취약성과 회복에 대한 평가가 재해에 추가된 것이다.

B. 복잡한 과학

복잡성 이론은 1970년대 자연과학 수식에 기반한 접근법에서부터 진화하였다(Petley, 2009). 이 이론은 자연 시스템과 인간 시스템에 적용할 수 있는 일반 모델을 제공하며, 그 둘을 조합하여 재난을 만들어 내는 방법을 제시한다. 기본 아이디어는 하천과 지구 대기, 사회집단 등 어떤 시스템도 특정한 결과를 만들어 내기 위한 일련의 구성요소로 작용한다는 것이다. 과거 그런 시스템을 이해하기 위한 노력 중에서 모델은 단순화하려는 경향이 있었는데, 이는 자연 혹은 사회 시스템을 생산물을 배달하는 기계와 같이 생각하는 방식으로, 키를 입력하고 내부 흐름과 결과 출력을 시뮬레이션하기 위한 것이었다. 따라서 하천은 그 배후지에서 바다로 물을 운반하는 기구로 생각할 수 있다. 유역 내에서 상호작용하는 구성요소는 그 시스템에 들어가거나 빠져나오는 물질의 변화효과를 시뮬레이션하기 위해 조작되었다. 강우량 증가효과(입력 변화)가 그런 예이다.

복잡성 이론은 구성요소를 함께 그룹화하지 않아야 시스템을 잘 이해할 수 있다는 가정에서 시작한다. 이는 실제 세계의 다양한 자연과 사회 시스템을 연구하는 것이 상당히 복잡하다는 것을 시사한다. 이런 시스템은 다양한 개별 요소로 구성되어 있지만, 전체적으로 시스템 수행을 심각하게 변화시킬 수 있는 방식은 거의 없다. 달리 말하면, 중요한 결과는 구성요소 자체보다 요소 간 상호작용에 달려있다. 이런 상호작용이 전체적으로 시스템 상태를 결정하며 모델 결과로 새로운 행동을 만들어 낸다. 그런 결과는 종종 수용할 수 있을 정도의 정확도로 예측될 수 있다. 예측대상에는 전구 기후, 열대우림의 생물다양성, 경제 수행성 등과 같이 매우 복잡한 시스템도 포함된다. 예를 들어, 국가경제는 상업기구, 정부기관, 개인 등에 의해 만들어지는 수많은 의사결정으로 돌아가지만, 그것이 누적된 효과는 일반적으로 공통 가치나 기타 금전적 척도에서 보면, 상대적으로 작은 변화에 불과한 정상적으로 안정된 수준이다.

가장 효과적인 시스템은 규제와 자체 조직화 간 최적의 균형을 제시하는 것이다. 종종 시스템은 주식시장 붕괴와 같이 '혼돈'이라 보이는 예측하지 못한 충격을 겪을 수 있다. 지구의 기후는 과거에 급격하게 변화해 왔다. 사회 시스템 역시 1989년경 동유럽과 소련에서 공산주의 붕괴, 1929년 및 2007~2008년에 각각 시작되었던 경제위기 등 급격한 변화를 겪었다. 복잡성 이론은 이런 사건들을 혼돈 발생으로 설명하기보다 시스템 내 전체 상호작용 변동이 일시적일지라도 새로운 방법으로 작동을 시작하는 원인이 된다고 가정한다. 어떤 경우는 이미 진행 중인 교란을 가속화하고 새로운 질서를 만들어 내는 것이 그 효과라고 할 수 있다. 그러나 작은 변화는 보통 시스템 전체를 통해 전해지지 않는다. 한 부분의 변화가 자체 조직화과정을 거쳐 시스템의 다른 부분으로 번지게 되는 것이 더 일반적이다.

C. 복잡성과 재난

복잡성 패러다임은 모든 재난이 복잡성이라는 특징을 갖는 상호작용이 일어나는 자연이나 준자연 시스템과 인간 시스템 사이 인터페이스상에서 발생하고 있어서 의미가 있

다. 이는 DNA 모델(그림 3.1)로 표현할 수 있는 인간-환경 복합 시스템(Coupled Human-Environment System; CHES)을 만든다. 사회와 자연 시스템은 두 띠가 함께 꼬여서 잘 알려진 이중나선 구조를 형성하는 것으로 보인다. 무수한 상호연결이 띠를 함께 엮고 있으며, DNA 구조가 생명의 빌딩블록을 형성하는 것과 유사한 방법으로 구조를 형성한다. 과거 재해 패러다임은 하나의 띠 혹은 다른 하나의 띠에만 집중되었다. 복잡성 패러다임은 그 둘에 동일한 비중을 두며 서로 연계를 강조한다(Petley, 2009).

재난영향은 사회적, 자연적 띠 패턴과 그들 간 상호작용

인간 시스템
자연 시스템
━━ 상호 연결성

그림 3.1. 재해 인과관계의 복잡성에 응용된 DNA 모델. 두 끈은 꼬여서 2중 나선을 형성하고 있는데, 인간 시스템과 자연 시스템이 서로 연결된 것을 나타낸다. 재해는 두 끈 간의 복잡한 상호작용을 통해 나타난다(Petley, 2009).

으로 발생한다. 허리케인이 지나는 동안, 사회 시스템 내부(피해를 당한 사람들 내부 복잡성), 폭풍 내부(대기 내부 복잡성), 대기와 인간집단 간(짝지은 시스템의 복잡성)에 상호작용이 일어난다. Comfort(1999)는 사회 시스템의 복잡성에 대한 연구에서 위기 동안에 개인과 응급기관, 정부 단체 간 상호작용이 전체적인 재난대응의 효율성에 영향을 미칠 수 있다고 주장하였다. 각각 결정이 자체로는 적절할 수 있지만 사건들의 특별한 동시성으로 다른 결과를 가져올 수 있다. 정보 흐름과 국지적 지식의 적용이 재난관리 구조의 핵심요소로 확인되었으며, 통신연결은 물리적으로 강력하게 해 줄 수 있고 응급 스트레스 상황에서 적절하게 수행할 수 있게 도움을 준다. Pelling(2003)은 최근 그런 기술적 해답은 균형된 접근법의 일부여야 하며, 효율적인 재난대응은 우수한 사회적 연대와 공통 목표를 향한 의지가 있는 공동체에서 가장 적절하다고 주장하였다.

복잡성 패러다임은 학제적 성격의 재난저감을 위한 플랫폼을 제공하였다. 자연과학과 사회과학이 함께하는 것을 권장하고 일부 주제가 제약된 패러다임을 풀어준다. 모든 재난의 상호작용을 자세하게 알 수 없으며, 간혹 재난을 막을 수 없게 되면 복잡성 접근법이 잘못된 것이라 주장하기도 한다. 그러나 그 모델은 재난발생은 사건 재앙 연결고리 때문임을 제시한다. 사건을 막고 이 연결고리를 끊어버리면 커지는 재난 규모를 줄이거나 막을 수 있다.

D. 복잡성 사례: 밤 지진

2003년 12월 26일 오전 5시 26분, 지진이 이란 남부 도시 밤 근처를 강타하였다(그림 3.2). 진도 6.6으로 이 정도 지진은 세계적으로 거의 매주 기록될 만큼 특별하게 강한 지진은 아니었다. 그러나 재난의 영향은 엄청났다. 당시 14만 명 주민 대부분이 잠을 자고 있었으며, 탈출기회가 거의 없었다. 주민 26,000명이 사망한 것으로 추정되었다(Bouchon et al., 2006). 밤의 고대 요새도시가 거의 파괴되었다. 이 요새도시는 세계 최대 어도비 빌딩단지이며, 일부는 2,400년 역사를 자랑한다. 건물 70%가 전파되었으며, 병원 세 개와 소방서 하나도 무너졌다. 도시 빌딩의 90%가 거의 전파되었고, 나머지 빌딩도 거의 반파되었다(EERI, 2004). 무엇이 이런 극단적인 손실을 가져왔을까?

1. 자연적 원인

지진 진앙지는 매우 얕아서 지표 아래 약 7km에 있었으며, 밤 단층선을 15km 가로지르는 균열을 만들었다. 도시는 겨우 15초 동안 흔들렸지만, 도시 내 지진계가 매우 높은 첨두 지표가속을 기록하였다(Ahmadizadeh and Shakib, 2004). 지진 파괴지대가 16km²의 지역으로 한정되었으며, 이것은 진동이 국지적으로 강력하였음을 보여주는 또 하나의 사실이다.

자연적 원인은 땅의 진동 정도에 근거한다. Peyret et al.(2007)은 전부터 알려진 밤 단층에서 균열이 일어난 것

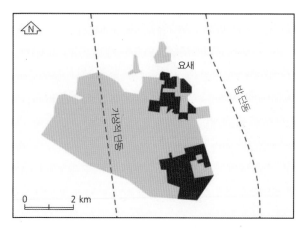

그림 3.2. 이란의 도시 밤의 입지. 도시는 2003년 12월 지진으로 크게 파괴되었다 (Petley, 2009).

사진 3.1. 이란의 고대 요새 밤. 2003년 12월 진도 6.6 지진 이전에는 태양으로 말린 진흙 벽돌로 지어져 있었고(어도비 점토 건축), 높은 곳에 위치해 있었다. 모든 건물의 약 70%가 무너졌다(사진: Panos/Georg Gerster GGR00864IRN).

이 아니라, 약 5km 서쪽으로 떨어진 표면에서 단층작용의 증거가 없는 위치에서 발생하였다고 하였다. 이는 지진파가 거의 도시 바로 아래서 발생하였다는 것을 뜻한다. 반대로 Bouchon *et al.*(2006)은 균열이 도시 남쪽방향 단층에서 시작되었으며, 지진파가 곧바로 도시로 전파되었다고 주장하였다. 어느 프로세스가 우세했든 간에 최종 결과는 땅의 진동이 보통과 달리 매우 강하였다는 것이다.

2. 사회적 원인

이런 파손은 질이 낮은 건물군에 집중되었으며, 여기에는 밤 요새에 광범위하게 분포하는 어도비 건축물이 포함

되었다(EERI, 2004). 그러나 Langenbach(2005)는 이들 오래된 건물 대부분이 무너졌지만, 요새 자체 내부 폐허에 3명만 갇혔다는 점을 주목하였다. 대부분 사망자는 30년 이하 건물에서 발생하였다. 수리하지 않은 전통적인 건축물이 20세기 후반에 건축되었거나 수리된 건물들보다 훨씬 더 제값을 하였다.

일부 전통적인 어도비 건물의 리노베이션은 모래비율이 너무 높은 시멘트를 사용하여 잘못된 것으로 드러났다(Kiyono and Kalantari, 2004). 어도비 건물은 지붕이 무겁고 벽을 강화하는 것이 없어서 벽이 하나라도 무너지면 지붕 전체가 무너진다. 이런 구조는 개미의 활동으로 더욱 약해질 수 있으며, 이런 것이 이란의 내진건축법규 실행과

집행에 더 많은 오류를 낳게 하였다. 바꿔 말하면, 이 지역이 역사적으로 큰 지진을 겪지 않았고 높은 지진위기에 있다고 여겨지지 않았기 때문에 이렇게 방치되었던 것이라 할 수 있다. 즉 법규 집행 실패가 건물 취약성과 지진 메커니즘이 상호작용하면서 큰 재난을 야기한다.

효과적으로 대응하기에는 응급 서비스 준비가 부적절하였으며, 오히려 그 자체가 손실을 입었다. 중요시설이 파괴되어 최초 탐색과 구명작전이 어려움을 겪었다. 핵심시설인 소방서가 무너졌고 소방차가 파괴되었으며, 일부 소방관이 사망했다. 세 지역의 병원과 모든 도시 건강센터, 농촌 건강센터 95%가 파괴되었다(Akbari et al., 2004). 이 지역 건강 전문직 종사자 1/5이 사망하였다. 나머지 대부분도 부상과 외상후스트레스로 의료 서비스 지원이 불가능하였다. 심각한 부상을 입은 수많은 희생자들이 신속하게 필요한 의학적 처방을 받아보지도 못하고 사망하였다. 야간이 되면서 기온이 0℃ 이하로 크게 떨어졌다. 사망자 상당수가 첫날밤 저체온증으로 사망하였다.

최초 구조팀은 첫날 지진 발생 2시간 후인 해질녘까지 도착하지 못했으며, 다음 날 아침 일출까지 적절한 구조활동이 이루어지지 않았다. 대부분 어려움에 빠진 사람들은 맨손으로 일한 다른 생존자에 의해 구조되었다. 실질적으로 국제구조팀의 구조활동은 제한적일 수밖에 없었다. 모두 34개 국제구조팀이 밤에 도착했지만, 모두 합해서 겨우 22명을 구조했다. 반대로 지역주민들은 사건 직후 최초 수시간 내에 파괴된 건물에서 2,000명 이상을 구하였다. 국제구호기관과 이란군 간 협력이 원활하지 않은 것이 상황을 더 복잡하게 하였다. 2003년 통과된 법규는 이란 적신월사가 재난대응에 핵심 역할을 하도록 하고 있다. 이는 항공기 이용 등에서 이란군과 긴장을 야기하였다(IFRCRCS, 2004). 1차 진료를 담당한 간호사는 의료 서비스가 사전훈련 부족과 의료 노동자, 특히 해외 의료팀과의 효율적인 협동 부족

등으로 적절하지 못했다고 주장하였다(Nasrabadi et al., 2007).

복잡성 기반 관점으로는 일련의 사건들이 누적되어야 재난대응이 발전한다고 주장한다. 재난에 관한 스위스치즈 모델이 이것을 표현하는 하나의 방법이다(Box 3.1; 그림 3.3). 밤의 경우 지진 발생시각과 같은 일부 사건들의 연결고리는 인간행위에 의해 수정될 수 없지만, 흰개미 침입과 같은 요소들은 막을 수 있다. 어떤 요소들이 상이한 방법으로 작동한다면, 또는 지진이 하루 중 다른 시간에 발생하였다면, 균열이 북쪽으로부터 전파되었다면, 건물이 지진 스트레스에 더 강하게 저항할 수 있었다면, 야간 기온이 덜 낮았다면, 그 결과는 전혀 달랐을 것이다.

복잡성 이론은 심지어 인간과 자연의 인과관계에 무게를 둔다. 이는 복잡한 재난 특성을 이해하는 데 유용한 수정 도구이지만, 적절한 재난저감 해법을 제공하지 못한다. 더욱이 복잡성 이론은 재난위험에 영향을 주는 전구적 인구증가, 자원고갈, 기후변화 등 기타 중요한 이슈와 더불어 파악되어야 한다.

E. 지속가능성과 재난

지속가능성 과학은 미국 환경학자인 George Perkins Marsh에서 비롯되었으며, 그는 최초로 몇몇 생태 시스템에 대한 인간활동의 파괴효과에 주의를 기울였다(Marsh, 1864). 거의 한 세기 뒤 Gilbert White가 공학적 틀만으로는 홍수손실에 대한 답을 얻을 수 없으며, 보호에 기초한 전략이 일부 역할을 할 수 있다고 밝혔다. 더욱 최근에 White의 제자 중 한 사람의 중요한 논문의 도움으로 지속가능성 과학이 중요하게 부상하였다(Kates et al., 2001). 이 논문은, 서로 연계되어 있지만 불균등하고 점점 더 인간 지배가

Box 3.1. 스위스치즈 모델

재난에 관한 스위스치즈 모델은 Reason(1990)이 기술, 산업사고를 설명하기 위해 제안한 것이다. Reason은 사고를 막기 위해 조직에서 투입한 전략을 검증하고, 그런 전략을 차례로 줄지어 있는 스위스치즈 슬라이스와 같이 생각할 수 있다고 결론지었다(그림 3.3). 각 치즈 조각에 있는 구멍은 각 방어체계의 약점으로 생각할 수 있으며, 모든 구멍이 일치할 때에만 사고가 일어난다고 주장하였다. 만일 구멍 하나라도 선 밖에 있으면, 방어체계가 작동하고 사건 전개가 차단될 수 있다.

이런 사고에 대한 인과모델은 안전의식이 높은 항공산업에서 응용되었다(Petley, 2009). 수많은 장벽이 사고를 막기 위해 준비되어 있어서 원칙적으로는 어느 하나의 구성요소가 시스템을 실패하게 할 수 없다. 판단 기준은 보수적인 항공기 디자인, 파일럿의 신중한 선택과 훈련, 잘 설치된 응급상황 절차 등이다. 이런 접근법은 심지어 하나의 사건이 단일한 실수로 발생할 수 있더라도, 재난을 예방할 수 있는 주변의 다른 틀이 있다는 것을 보여 준다. 환경재난에도 동일한 논리가 적용될 수 있다. 예를 들어, 허리케인이 뉴올리언스에서 떨어진 다른 경로로 이동했거나, 간조에 들어왔더라면, 제방이 적절하게 세워지고 관리되었더라면, 뉴올리언스가 더욱 즉각적으로 소개되었더라면, '카트리나' 재난 영향이 훨씬 적었을 것이다.

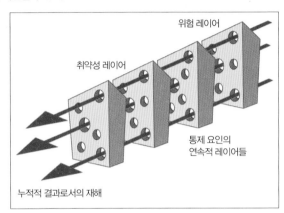

그림 3.3. Reason(1990)이 제안한 재해의 스위스치즈 모델. 재해는 여러 취약한 상황이 동시에 나타날 때에만 발생할 수 있다. 취약성은 치즈의 구멍으로 표현되며, 재해는 그 구멍들이 한 줄로 통할 때 발생한다(Petley, 2009).

강화되는 세계 속에서 지속적으로 증가하는 인구의 욕구를 만족시키려는 노력이 어떻게 지구의 생명지지 시스템을 약화시키는지를 보고한다. 생태 시스템 손실은 다양한 시공간 규모로 확인할 수 있으나, 몇몇 증거에 따르면 기후변화, 생물 다양성, 질소순환 관점에서 인간행위에 의한 영향을 흡수할 수 있는 지구 능력을 이미 넘어섰다고 할 수 있다. 이런 문제들은 자주 정치인 등에 의해 무시되는데, 이는 지나칠 정도로 인간 진보가 경제성장에 기반을 둔 물질적 번영으로 정의되기 때문이다. 미래를 위한 자원에 대해서는 별 생각이 미치지 못한다.

지속가능한 발전 목표는 다음 세대의 요구를 충족시킬 수 있는 자연 생명지지 시스템 능력에 관계없이 현재 세대의 정당한 요구를 채울 수 있게 하는 것이다. 미래 진보는

환경재해나 환경재난으로 자연자원이 퇴화되고 생산능력이 감소하여 개발조건이 불리하게 될 때마다 위협을 받게 된다. 재난은 CHES에 쇼크를 준다. 즉 재난은 생태 시스템 서비스를 파괴하고 삶과 삶다움을 붕괴시키며, 가난한 국가에서 보다 나은 환경과 사회 정의를 찾는 것을 어렵게 한다. 농업생산 손실은 식량안전을 위협할 수 있고, 금융 시스템과 화폐시장 붕괴는 재산과 에너지를 개발 대신에 재난복구에 들어가게 할 것이다. 그러나 그런 일반적인 효과는 일률적이지 않다. 베트남 지방 자료를 이용한 Noy and Vu(2010)의 연구는 사망률이 높은 재난은 더 낮은 생산과 물질적 성장을 가져오지만, 단기적으로 보면 대부분 고비용의 재난은 재건 지원비에 의해 지역경제를 활성화시킬 수 있다고 한다.

Turner(2010)에 따르면, 중요한 연구과제는 어떻게 CHES가 자연재난에 대응하여 회복하는지를 명확하게 하는 것이다. 수많은 관찰자들이 자연과학자와 사회과학자들 간 협력을 더 확대하는 것으로 해법을 찾을 수 있을 것이라 믿는다. 만일 상호작용의 과정을 더 잘 이해할 수 있게 된다면, 자연 시스템 변동성에 관한 불확실성을 줄이고 생태 시스템 서비스의 잠재성을 확장하여 미래 사람들의 복지를 개선하는 방식으로 정책이 고안될 것이다.

F. 취약성과 복원력

1. 취약성

취약성의 개념은 사회과학 연구에서 나왔다. 초기 응용은 자연재해 분야였으나, 취약성 이론은 지물리적 위기에서부터 그 밖의 위협에 대한 인간 대응과 적응까지 확대되었다. 현재 이런 개념은 여러 가지 주제와 관련된 과학과 정책결정 간 접점에 있다. 가장 일반적인 주제는 지구환경과 관련된 것들로 기후변화와 미래 지속가능한 생활에 대하여 인지된 위협 등을 포함한다(Adger, 2006). Bankoff et al.(2004)과 Birkmann(2006)이 주장한 바와 같이 환경재해에 대한 인간 취약성은 자연, 사회 경제 조건들이 복합되어 나타난다. 예를 들어, 빈곤한 사람들이 모두 취약한 것은 아니지만, 취약성에는 빈곤이 공통 요인이다. 실제로 빈곤, 계급, 성, 인종 등 강력한 정치, 사회, 경제 요인들은 재난위기를 증폭시키는 역할을 하며, 특히 재난이 이상(異常)적이거나 드물지 않을 뿐만 아니라 비교적 강력하지 않은 사건 손실이 재발하는 패턴의 일부인 사회 사람들에게 작용한다.

일반적으로 취약성은 위기에 대응하는 사회 능력에 다소 부정적인 면으로 간주된다. 이 용어가 넓게 쓰이는 점을 고려한다면, 그 의미가 어떻게 측정되고 실생활에 적용되는가에 대해서 의견일치가 드물다는 사실이 오히려 놀랍다. Cutter et al.(1996)은 문헌에서 취약성 정의가 18개 이상이라고 하였다. UN/ISDR(2009)은 취약성을 다음과 같이 정의하였다.

공동체나 시스템, 또는 재산이 재해의 파괴적인 효과에 민감하도록 하는 특성이나 상황.

취약한 모든 사람들은 자연 혹은 기술재해에 어느 정도 노출된 지역에 살고 있다. 그러므로 이 용어는 위기의 자연적 특성과 동시에 자원에 접근이 제한되어 사회적으로 혜택받지 못하는 사람들의 특별한 요구도 담고 있어야 한다. 취약성은 지속적인 상태가 아니라 동적인 개념이다. 지물리 프로세스와 사회 프로세스 간 상호작용이 시간과 공간을 통해 변화하고 있어서 취약성은 지속적으로 유동적이다. 이 개념은 무엇보다도 미래 위기 상태와 사회 결과를 예측할 수 있어야 한다.

다음과 같은 환경에서 살고 있는 가장 가난한 사람들 사이에서 취약성 수준이 높게 나타나는 경향이 있다.

- 무허가 주거지와 급속히 팽창하는 도시 내 슬럼지역의 안전하지 못한 급경사지 구조물이나 위험한 산업지대 주변에서 거주하거나 지진, 산사태, 화재 등을 겪기 쉬운 곳에 살고 있는 주민들
- 세계 빈곤 인구의 거의 3/4을 차지하는 황무지에 위치한 농촌 거주민들로서, 점증하는 자연자원의 퇴화와 홍수, 가뭄, 기근 등을 초래하는 기후변동성으로 식량 불안정을 겪는 주민들.

취약성은 모든 국가, 모든 공동체, 모든 시간대에 남아 있

다. 유럽의 무허가 주거지에 5,000만 명의 가난한 사람들이 살고 있을 것이며, 미국 인구 약 20%는 개인적 무능력으로 고통받고 응급상황에서 문제점을 겪고 있다. 취약성은 빈곤, 질병, 자원고갈, 사회적 소외 등 수많은 요인과 관련 있다. 어느 하나의 지표에 의해서 충분한 지침을 줄 수 없다. 취약한 사람들은 사회에서 안전하지 않은 장소로 인해 보다 나은 삶을 위해 사용될 수 있는 정상적인 정보원과 의사결정 프로세스에서 소외된다. 취약성은 전적으로 경제적 조건에 의한 것만은 아니므로 실질적인 개입에 적절한 방법으로 객관적으로 측정하는 것이 어렵다. 현재 많은 지식은 취약성을 줄이거나 회복력을 증가시키기 위해 실시한 서술적인 사례연구에서 얻을 수 있다. 이 중 많은 것이 특정 유형의 재해나 특정 장소에 관한 것이고, 종종 재난 이전 재해에 대한 것이 아니라 재난 발생 이후 손실의 관점에서 취약성을 기술하였다.

　가장 유용한 대안적 대응을 나타내는 데 도움되는 예측 방법에 적용 가능한 취약성 측정 척도를 지속적으로 탐구하고 있다. 취약성 지표는 보통 축적된 정보 자료세트로 구축되며, 이 중 많은 것들이 다른 목적을 위해 수집되고 활용된다. 어떤 척도는 재해 빈도나 위기에 처한 사람들의 연령과 같이 객관적인 단일변수이며, 다른 것들은 국지적 정치 시스템의 투명성이나 식량지원에 대한 국지적 신용도 등 덜 다듬어진 집계용 지표들이다.

　UN 기반 연구자들은 재난전염병연구센터(CRED) 자료에 근거하여 국가 간 취약성의 상대적 수준을 측정할 수 있는 재난위기지수(Disaster Risk Index; DRI)를 개발하고 있다(UNDP, 2004). 30개의 사회 경제, 환경 변수들에 의한 이 지수는 사망자 발생 재난을 근거로 재난예방과 개발 지원 요구가 가장 큰 국가를 찾는 것을 목적으로 한다. 간단히 말해서 물리적 노출은 대표적인 시간대 동안 사망할 위기를 평가하기 위해 위험한 사건 빈도와 결합된 각 국가 인

사진 3.2. 파키스탄령 카슈미르에서 2005년 10월에 있었던 진도 7.6 지진으로 집을 잃은 한 노인이 빈약한 소지품을 들고 무자파라바드 거리를 지나고 있다. 최소 4만 명이 이 재난으로 목숨을 잃었다(사진: Panos/Chris Stowers CST02029PAK).

구수로 표현된다. 인간 취약성평가는 더 복잡하다. 표 3.1은 선택된 지표를 나열한 것이다. 지표는 기존 자료세트에서 추출하여 DRI 모델에 포함시킬 수 있는가를 확인한 것이다. 여기에는 인구밀도, 실업 수준, 병상 수 등 단일 요인과 기대수명, 교육 성취, 소득, 기타 측정치 등의 요소를 포함하는 인간개발지수(HDI)와 같은 지표를 포함한다.

　제2장에서 보았듯이, DRI는 분류된 국가 재난과 관련된 사망 위기에 따라 8점 척도(0~7점)로 분류할 수 있다. 현재 이 방법은 시범단계이지만, 관측된 위기와 모의된 위기 간

표 3.1. UNDP 재난위기지수 사용을 위해 검토된 변수

취약성 범주	지표
경제	1인당 국내총생산(GDP)
	인간빈곤지수(HPI)
	전체 서비스(상품과 서비스의 수출 비율 %)
	인플레이션(식품 물가 연중 %)
	실업(전체 노동인력 중 %)
경제활동 유형	경지 비율
	도시인구 비율
	농경지 비율
	GDP가 농업에 의존하는 비율
	농업 서비스에서 노동력 비율
환경 질	숲과 삼림지역 토지 비율
	관개 토지 비율
	인간이 유도한 토질저하 정도(GLASOD)
인구학 특성	인구성장
	도시성장
	인구밀도
	부양비
건강과 위생	1인당 평균 열량 공급량
	적절한 위생에 접근할 수 있는 인구비율
	안전한 물에 접근할 수 있는 인구비율
	인구 1,000명당 의사 수
	병상 수
	기대수명(남, 여 모두)
	5세 이하 사망률
정치 시스템	투명성의 부패지수(CPI)
조기 경고 능력	인구 1,000명당 라디오 수
교육	문맹률
	학교 수학기간
	중등교육 비율
	1차, 2차 혹은 3차 교육을 받은 노동력
인간 개발 수준	인간개발지수(HDI)

출처: Peduzzi et al.(2009).

비교연구에서 70% 이상 국가에서 취약성 척도 하나 이하의 오차를 보여 주었다(Peduzzi et al., 2009). 하지만, DRI가 짧은 표본기간 동안 큰 사건의 효과에 과도하게 민감하다는 문제점도 있다. 아직까지 재난 관련 사망자 수를 취약성의 대체 척도로 사용하는 것은 제한적이며, 생계나 주거 손실 등 다른 영향은 반영하지 않는다. 화산폭발, 가뭄, 기근과 같은 일부 유형의 재난은 공식에 포함시키기 어렵다. 더욱 복합적인, 다차원 재해 지표를 자료화하는 것은 미래의 과제이다.

수많은 국가, 특히 저개발 국가에서 부와 복지의 분명한 내부적 차이가 공동체와 가구 수준의 재해 취약성에 영향을 미친다. 표 3.2는 가난한 나라에서 가설적인 농촌과 도시 가구에 존재하는 몇 가지 차이를 보여 준다. 그런 불평등은 자연 상황, 사회적 지위, 보건 조건, 기반시설 자산, 지방정부 특성 등의 차이를 반영한다. 이런 유형의 정보를 분석하려는 노력이 있었다. 예를 들어, Cutter et al.(2003)은 미국 카운티 수준에서 사용할 수 있는 사회취약성지표(Social Vulnerability Index; SoVI)를 개발하였다. 40개 이상 사회 경제적 인구학적 변수(표 3.3)를 요인분석하여 11개 요인을 만들었으며, 취약성 변동의 약 75%를 설명할 수 있었다. 그 밖에 Gardoni and Murphy(2010)에 의해 고안된 DII(Disaster Impact Index), Mustafa et al. (2011)에 의한 VCI(Vulnerability and Capacities Index) 등의 취약성 지수도 있다.

현실적인 요구는 강력하지만 유연한 척도로서 공동체 내 가구 간, 지역 내 공동체 간 취약성 비교가 가능해야 한다. 조사 규모가 다르기는 하지만, 다음과 같은 특정 요인이 취약성 수준을 높이는 것으로 알려졌다.

- 연령: 영아와 노인은 이동성에 제약이 있고, 급속한 재난에서 탈출하기 위한 도움이 필요하다.

표 3.2. 저개발국가 내 가구 및 가족 단위 취약성

가구 특성	농촌 토지소유자	농촌 노동력	도시 사무노동자, 교사	무단 점유자
가족 크기	7명	5명	5명	6명
노동자	4남성, 1여성	1 남성, 1 여성, 2 어린이	1 남성, 1 여성	2 여성
학교 수준 교육	3명	0명	5명(부모 2명, 어린이 3명)	0명
직업	농장, 토지 대여, 곡물 거래, 소작	계절적 노동, 소작	사무노동자, 교사	삯빨래
소득	정규	무노동, 무임금	정규, 고정 소득 + 작은 연금	무노동, 무임금
생산적 자산	토지, 소, 구형 트랙터	수공구	작은 저축	없음
신용 출처	은행	대금업자	은행	대금업자
국지 접촉/ 지원 네트워크	다른 농부 및 거래처, 지방 공무원	없음	지방 정치인	없음
주택건설	벽돌 벽과 타일 지붕	진흙벽, 초가지붕, 진흙바닥	벽돌벽과 타일지붕	고철, 판지, 플라스틱 시트
주택 소유	주택 소유	임대	모기지	불법 점유
내부 시설	자분정, 전력 생성기	공동 우물, 구덩이 화장실, 석유 램프	전기, 수도관, 하수도	식수 구입, 공동 목욕 탕과 화장실, 배수시설 없음, 불법 권력 연계
입지	고위평탄면	강변, 가끔 범람	포장도로, 규칙적 쓰레기 수집	저지대나 급경사지, 쓰레기 수집 없음.
시설물 접근	마을학교, 의원, 상점	마을학교, 상점	상점, 학교, 헬스장	응급 시 지방의사

- 성: 여성은 소득이 낮은 경향이 있으며, 큰 가정을 혼자 돌보는 일이 많다.
- 장애: 특별한 요구를 필요로 하는 사람들은 경고 메시지나 기타 정보를 받거나 그에 반응하는 것이 불가능할 수 있다.
- 빈곤: 가난한 사람들은 모든 종류의 자원에 대한 접근이 쉽지 않으며, 재난에 대한 회복능력이 떨어진다.
- 인종: 소수 인종은 언어나 문화적 장벽으로 재난에 부적절하게 반응할 수 있다.
- 기대수명: 만성질환과 공식적인 의료 서비스에 대한 어려움으로 재난복구를 방해할 수 있다.
- 직업: 자영업이나 일시적 근로자는 재난상황에서 그들의 일자리나 기술과 그 외 자원을 잃을 수 있으며 복구에 필요한 자본이 부족하다.
- 정치 시스템: 민주적 프로세스와 정부의 투명성 부재가 의사결정 프로세스에서 주민을 배제시킬 수 있다.
- 교육: 낮은 교육수준은 재난 관련 정보원에 대한 접근이 어렵고 그에 대한 이해도 어렵다.
- 식량원조: 어떤 종류라도 외부 자원에 대한 높은 의존은 재난상황에서 공급사슬과 기반시설이 손상되었을 때 문

표 3.3. 재난 취약성의 사회 경제적 측면

기본 개념	재난 취약성에 대한 영향
사회 경제적 지위: 소득과 권력	가난한 사람들은 재난손실을 극복하고 회복하는 능력이 훨씬 제한되어 있음.
성	여성은 저임금을 받는 경향이 있으며, 가족 돌봄의 의무가 있음.
인종과 민족성	소수 집단은 언어나 문화적 장벽에 의해 재난에 대한 대응에서 피해를 입을 수 있음.
연령	늙거나 어린 사람들은 이동성에 제약이 있어 재해로부터 신속히 벗어나는 데 어려움을 경험할 수 있음.
상공업 발전	건축물 가치와 밀도는 한 지역사회의 경제적 지위를 나타낼 수 있음.
고용 상실	재난으로 일자리를 잃은 사람들은 소득 상실로 고통받음, 대규모 실업은 경제적 복구 과정을 지연시킴.
농촌/도시 복합	농촌 주민들은 소득이 낮은 경향이 있음, 고밀도 도시 지역에서 고강도의 손실은 응급대피 과정의 효율성을 떨어뜨릴 수 있음.
부동산	고가 주택은 대체에 많은 비용과 시간이 들어감, 이동식 주택과 불량 주택은 파괴되기 쉬움.
인프라와 라이프라인	기반시설(수도와 교통 서비스)의 손실은 작은 공동체에게는 회복 기간 동안 감당하기 어려운 부담이 됨.
세입자	세입자들은 재난 이후 자금원이 고갈되고 재정 지원 정보에의 접근이 어려운 경우가 잦음.
직업	자영업자와 이주노동자들은 재난 이후 신속히 일을 재개하는 데 필요한 자본과 물질적 자원이 부족할 수 있음.
가족구조	(노인과 어린이 등) 부양가족이 많은 가정 혹은 편부모 가정은 복구 노력의 의무를 함께해야 함.
교육	교육 수준이 낮으면 소득이 낮은 경향이 있고, 또한 재난에 대한 경고나 복구 정보에 대한 개인적 접근이나 이해가 떨어질 수 있음.
인구성장	공동체의 급속한 성장지역은 특히 그 지역에 새로 이주한 사람들에게 주택 및 (경찰 및 보건의) 필수적인 사회적 서비스의 공급이 제대로 이루어지지 못할 수 있음.
의료서비스	응급상황과 재난 후 복구에서 의료 서비스 가용성과 접근성은 중요함.
사회적 의존	가구나 공동체가 사회적 서비스에 많이 의존한다는 것은 어느 정도의 한계 상황을 뜻하며 추가적인 지원이 필요함.
특별 보호 인구	병약하거나 보호시설에 수용되었거나 단기간 체류하거나 노숙하는 사람들은 재난이나 회복기에서 간과될 위기가 높음.

출처: Cutter *et al.*(2003).

제를 일으킬 수 있다.

취약성지수는 위기가 특정적인 범람원과 같이 자연 맥락이 분명하게 정의되는 상황 외에는 과학적 타당성과 정책 측면의 효용성이 결여된 것으로 비판을 받는다(Hinkel, 2011). 다른 방법으로 현장에서 취약성을 평가하는 기구를 돕는 것이 가능하다는 것도 사실이다. 절차에 대한 의견 일치가 적으며, 지역 수준의 대규모 평가를 위한 방법과 가구 수준의 소규모 평가를 위한 방법의 차이와 같이 상충되는 결과가 있을 수 있다. Darcy and Hofmann(2003)에 따르면, 취약성에 대한 이상적인 판단은 사망률, 질병률, 영양실조 심지어는 정신병 등 객관적인 '결과' 지표에 기초한다(Salcioglu *et al.*, 2007). 불행하게도 이런 유형의 정보는 인도주의적 지원을 위한 의사결정이 신속하게 이루어져야 할 때 잘 다루어지지 않는다.

2. 복원력

취약성 개념과 달리, 복원력 개념은 생물학에서 생태 시스템 내 안정성과 변화를 연구하기 위한 방법으로 시작되었다. 복원력은 취약성과 반대 개념이 아니라 부정적 측면에서 긍정적인 면으로 태도 변화를 반영한 것이다. 즉 피해를 입은 공동체는 스스로를 위해 무엇을 할 수 있으며, 어떻게 그런 능력을 강화시킬 것인가? 두 개념은 일찍이 자연재난 분야에서 응용되었으며, 오늘날에는 더 널리 활용되고 있다. 취약성과 마찬가지로 복원력도 연구가 다양하게 나뉘었으며 서로 합의된 용어의 정의가 없다. Norris *et al.* (2008)은 여러 문헌에서 21개 이상의 복원력 정의를 찾아냈다.

UN/ISDR(2009)은 다음과 같이 복원력을 정의하였다.

재해에 노출된 한 시스템이나 공동체 또는 사회가 핵심적인 기본구조와 기능 보호와 복구를 통해 시의적절하고 효율적인 방법으로 재해효과에 저항하여 그를 흡수하고, 수용하여 재해에서 회복되는 능력.

과거 해석은 복원력과 신뢰성이라는 서로 다른 두 가지를 확인하였다(Timmerman, 1981).

• 복원력은 위험한 사건의 영향을 흡수하고 회복할 수 있는 시스템의 척도로 본다. 전통적인 복원력은 재난이 생활의 일부처럼 빈번하면서 집단의 대응전략이 중요한 저개발국에서 전형적이다. 예를 들어, 반건조지역의 유목

민들은 가뭄에 대비한 보험으로 가축을 좋은 초지에서 수년 동안 키우는 경향이 있다. 그러나 복원력은 주요 도시에서 공공서비스를 보호하는 수단으로 개발되었다. 하나의 예로, 1994년 노스리지의 지진에 이은 로스앤젤레스 전기공급의 신속한 복구가 있다(표 3.4).

• 신뢰성은 재난극복을 위한 보호장비와 같은 시스템이 실패할 가능성이 감소한다는 것을 의미한다. 이와 같은 방법은 중진국에 적용될 수 있으며, 발전된 기술과 건축방법으로 대부분 도시 서비스에 대해 높은 수준의 신뢰성을 보장한다. 그러나 지진에 의한 극한 압박으로 거대 규모의 도시 네트워크가 붕괴될 수 있으며, 건축환경이 미래에 위험한 사건의 압박에 지속적으로 견딜 수 있어야 한다.

Klein *et al.*(2003)은 복원력을 해안 거대도시에서 재해에 적응하기 위한 핵심적인 도구로 보았으며, Adger *et al.*(2005)은 해안에서 생태적 사회적 복원력 사이 잠재적 시너지를 탐구하였다. 예를 들어, 해안에서 홍수위협은 식생보호로 개선될 수 있다. 이는 '재해와 함께 하는 삶'의 전략에 합치하는 것으로, 하천범람에 노출된 사람들을 위한 전략과 유사하다(제11장 참조). 일반적으로 복원성은 보다 사람 중심이며 단기적 영향의 흡수뿐만 아니라 재난 이

표 3.4. 1994년 노스리지 지진 이후 로스앤젤레스의 전력공급 복구

시간	단전된 인구수
최초	2,000,000
일몰까지	1,100,000
24시간 이후	725,000
3일 이후	7,500
10일 이후	거의 모든 전력 복구

출처: Institution of Civil Engineers(1995).

후 회복되는 공동체(혹은 어떤 사회 시스템이라도) 능력에 관심을 둔다. 이런 관점은 Chambers and Conway(1992)가 정리한 지속가능한 생계접근법을 발전시킨 1970년대와 1980년대 농촌개발에 대한 노력을 되돌아볼 수 있게 한다.

복원력은 공동체의 약점보다 장점을 강조한다. 저개발국의 기근대응 연구는 국지적 경험이 가뭄 동안 가구 생존에 필수적이라는 점을 보여 주었다(de Waal, 1989). 복원력에는 가족, 친구, 이웃 간에 상호지원이 이루어지는 사회적 연대와 네트워크가 중요하다. 결국 그런 연계는 성, 종교, 계급, 인종 등에 좌우된다. 자발적인 자립 집단에서는 재난 후유증 때문에 즉각적으로 연대가 발생한다. 예를 들어, Mustafa(2003)는 홍수 이후 파키스탄 라왈핀디에서 성의 중요성을 기술하였다. 여성들은 구호작업에 활동적이며 더 많은 정부의 지원을 촉구하였다. 재난 복원력이 저개발 국가에 한정되는 것은 아니다. McGee and Russel(2003)은 오스트레일리아 빅토리아 농촌 공동체에서 농부와 장기 거주자들이 경험과 준비에 기초한 자립문화가 산불재해에 어떻게 대응할 수 있는 지를 보여 주었다. 실제로 오스트레일리아에서는 재난관리가 취약성 기반 접근법에서 미래에 보다 지속가능한 공동체와 복원력을 구축하기 위해서 지역 공동체와 함께 일하는 쪽으로 이동하였다(Ellemor, 2005).

복원력은 장기적으로 생계를 유지하기 위한 국지적인 자산이나 자본에 좌우된다. 이런 자산은 누군가에게 기대는 것 말고는 할 수 있는 것이 거의 없는 지역에서 중요하며, 다음과 같은 것을 포함한다.

- 자연자본: 토양, 물, 숲, 광물
- 금융자본: 저축, 소득, 연금, 비공식적 신용
- 인간자본: 건강, 지식, 실용적 기술
- 사회자본: 가족관계, 네트워크, 신뢰, 상호 정보교환, 재화
- 물리적 자본: 기반시설, 도로, 대피소, 교통, 위생시설

적응 정책이 재난 이후 충격에 잘 견딜 수 있도록 공동체를 만들기 위하여 수행될 수 있을 때 서로 다른 자산의 조합이 장기간에 걸쳐서 응급 상황에서 재난을 구할 수 있게 한다(Cutter et al., 2008). 이와 같은 자세는 미래에 대한 적응의 핵심 주제인 기후변화 연구에 대한 복원력 적용이 증가하고 있음을 반영한다.

복원력 이론은 수용하고 적응하는 인간 능력이 아직 덜 개발된 자원임을 인지하는 것이다. 이는 재난저감의 우선순위를 검증하게 한다. 예를 들어, 재해를 예견하고 손실을 줄이려는 계획이 좋은 것인가, 아니면 그런 사건에서 사람들이 '평상으로 돌아오는' 능력을 향상시키는 방안을 권장하는 것이 더 좋은 일인가? 두 접근법 모두 일리가 있으며, 국지적인 시도를 권장하기보다 보호와 완화에 훨씬 더 많은 관심을 기울이는 것 같다. 복원력은 포괄적인 접근법이며, 재난이 일부가 아니라 공동체 전체에 영향을 미친다는 것을 인정한다. 이는 취약성과 응급계획에서 멀리 벗어나 국지적 능력과 자원을 키우는 방향으로 움직이는 부분으로 보다 확대된 정치, 사회 참여를 통해서 공동체가 재난 준비의 개선을 위해 자족적일 수 있다.

복원력의 세 가지 기본 틀은 다음과 같다.

- 공동체가 지속가능한 방법으로 흡수할 수 있는 압박 양
- 자기조직의 잠재성과 공동체 내 회복
- 미래를 수용하고 개선하기 위해 국지적 경험과 기술을 사용할 수 있는 능력

재난극복과 관련된 요소에는 경제발전, 사회 자본, 정보, 통신, 공동체 경쟁력 등이 포함된다. 다른 것과 같이 공동체 경쟁력을 구축하기 위해서도 시간이 필요하다. 하나의 방법은 자원권한과 사회 정의의 개선을 통해서 이루어질 수 있다. 사회 정의는 모든 사람들이 공동체 내의 지위와 관

계없이 행복에 영향을 미치는 일에 참여해야 한다는 원칙이다. 토지, 물, 어장 등과 같은 자연자원이 공동체 소유이거나 각 개인의 소유권이 동등하고 투명하다면, 주민들은 이런 자원의 이용에 이해관계가 있음을 깨닫고 참여할 가능성이 크다.

공동체 참여가 환경악화 방지를 돕고 복원력에 기여하는 지속가능한 실행을 권장하여야 한다. 일반적으로 재해는 사회적으로 혜택받지 못한 사람들에게 더 큰 영향을 미친다. 평등하고 정의로운 사회일수록 개인 소유 자원과 빈부 차이가 작을 것이며, 이런 공동체의 유대감 확대가 함께 재난복구에 참여하게 할 것이다.

복원력 지표는 대부분 이론적인 것이지만, 일부는 실제 생활에서 검토되어 보고된다. UN/ISDR(2007)은 공동체의 힘을 강화시킬 수 있는 지방 비정부기구에 의한 실행범위를 보여 주는 16가지 사례연구를 나열하였다. 본질적으로 재해인지와 준비성, 응급조치 훈련 프로그램, 소규모 보험 프로그램, 재해경고 시스템, 강화된 빌딩, 개선된 위생시설, 보다 나은 국지적 의사결정 등 재난저감을 위한 여러 측면에 대한 교육의 역할을 사례로 하는 소규모 행동이 있다. 이들 모두 고유한 지식과 학교, 어린이와 더 나은 미래를 위한 교육의 중요성을 강조하는 것이다. 의심할 여지없이 이런 방법이 도움이 되지만, 보다 큰 규모로 복원력을 실천할 필요가 있다. 복원력 실천은 가구와 공동체 수준에서 시작되지만, 지역, 국가, 국제정책 수립으로 규모가 커져야한다. 복원력은 정치적 진공상태에서 추진될 수 없다. 훌륭한 실행, 검증된 훈련방법, 적절한 기술적 재능 등의 전파가 발전 어젠다에 통합되어야 한다.

지속적으로 취약성과 함께 계량화 가능한 복원력 지표들을 찾고 있다. Cutter et al.(2008)은 특정 장소에서 재난 복원력 평가를 위한 틀을 구축하였으며, DROP 모델을 국지적이거나 공동체 수준에서 사용할 수 있다. 복원력 평가지표는 여섯 개 항목으로 구분된다(표 3.5). 여기서 복원력은 역동적 프로세스로 표현되었으나, 특정 지표들은 구하기 어렵다. Norris et al.(2008)에 의해서 경제 및 사회 자본에

표 3.5. 공동체 복원력 지표

차원	후보 변수들
생태학적	습지면적과 손실
	침식률
	불투수층
	생물 다양성
	해안 방어 구조물 수
사회적	인구 특성(연령, 인종, 계급, 성, 직업)
	소셜네트워크와 사회적 응집력
	공동체 가치/응집력
	신뢰 기반 조직
경제적	고용
	재산가치
	부의 생성
	도시 재정과 수입
제도적	재해감소 프로그램 참여
	재해경감 계획
	응급 서비스
	지역 구획과 건축 기준
	응급 반응 계획
	상호 작동 가능한 공동체
	작동 계획의 지속성
기반시설	라이프라인과 중요 기반시설
	교통 네트워크
	거주용 주택 재고와 주택 연령
	상공업적 토대
공동체의 능력	위기에 대한 지역의 이해
	상담 서비스
	정신병(술, 마약, 배우자 학대) 부재
	건강과 만족(정신질환 및 스트레스 관련 현상의 낮은 비율)
	삶의 질(높은 만족)

출처: Cutter et al.(2008) 인용.

대하여 공적으로 접근할 수 있는 자료에 근거한 모델 개발을 위한 유사한 접근법이 수용되었다. 그 목적은 재난 이후 신체적 및 정신적 건강악화를 줄이는 것이다. Sherrie *et al.*(2010)은 이것을 복원력에 필요한 능력을 평가하는 것으로 발전시켰으나, 재난저감 어젠다에 정보를 주기 위해서는 더 많은 노력이 필요하다.

G. 취약성의 주요인과 재난

1. 경제적 요인: 빈곤과 불평등

인간 취약성은 절대적 빈곤과 빈부 차이와 관련이 크다. 약 14억 명이 국제적 빈곤선인 하루에 1.254$ 이하로 생활하며, 개발도상국 사람들의 1/4 이상이 여기에 포함된다. 세계인구의 거의 절반인 30억 명 이상이 하루에 2.25$ 이하, 최소한 80% 이상이 10$ 이하 생활을 한다. 그림 3.4는 가장 빈곤한 국가에서 인구의 80%까지 하루에 1$ 이하로 생활한다는 것과 이는 부유한 국가에서 2%가 채 안 되는 인구에 해당한다는 것임을 보여 준다. 그림 2.11에서도 인도와 아프리카에서 낮은 인간개발지수(HDI)와 빈곤과 함께 되풀이되고 있음을 보여 준다. 세계 빈곤인구의 절반가량이 남아시아에 거주하며, 25%는 아프리카에 살고 있다. 중국, 동아시아, 태평양 지역에서 절대적 빈곤이 감소한다는 신호가 있지만, 사하라 이남의 아프리카에서는 변화 증거가 거의 없고 총인구의 40%가 빈곤으로 굶주리고 있다.

세계 8억 명의 인구가 가난으로 영양실조에 시달리며, 이들 다수가 5세 이하 어린이다. Friis(2007)는 해마다 500

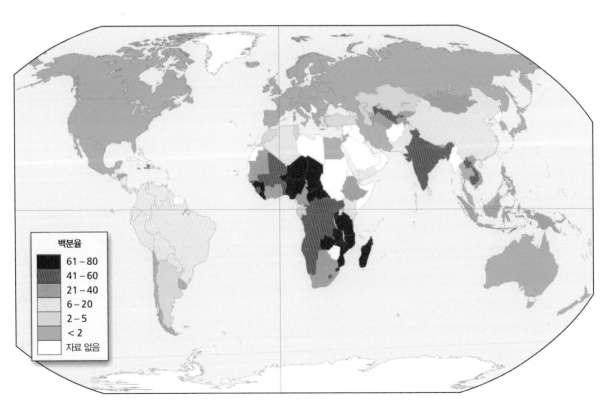

그림 3.4. 전 세계에서 2007~2008년도에 국가별로 하루 1$ 미만으로 살아가는 인구의 비율. 아프리카와 아시아에서 가장 높은 지역적 집중이 있다.

만 명의 어린이들이 영양공급 결핍으로 사망하고 있다 하였다. 극빈한 나라에서는 대부분 사람들이 건강과 생산적인 삶을 유지하기 위한 충분한 음식을 얻지 못한다. 아프리카에서는 인구의 1/4만이 안전한 식수를 사용하고 있다. 전염병이 넓게 퍼져 제대로 건강한 삶을 살지 못한다. 그러나 남부 아시아와 아프리카 사하라 이남의 경우와 같이 노동력 제공으로 가족생계를 이어가고 나이 많은 구성원이 젊은이들의 지원에 의존하는 나라에서는 대가족에 대한 압박이 지속되고 있다.

재난 영향은 큰 빈부 격차로 악화되며, 이런 것이 긴장 요인이 되고 재난 복원력을 떨어뜨린다. 소득증가로 토지와 기타 자연자원에 대한 경쟁이 커지고, 교육, 사회적 서비스, 필요 기반시설 등에 대해 정부가 충분한 돈을 투자할 수 있는 능력이 떨어진다. 부의 수준은 국가 간 혹은 국내에서 차이가 크다. 세계인구 중 가장 가난한 40%는 세계 소득의 단 5%를 차지한다. 세계인구 중 가장 부유한 20%가 소득의 75%를 차지한다. 세계에서 가장 부유한 일곱 명의 총소득이 5억 명 인구를 가진 가장 빚이 많은 국가 총 GDP보다 더 많을 것이다.

지니계수는 가구 불평등을 측정하기 위해 0(모든 이가 동일한 소득을 갖는 것)에서 1(한 사람이 모든 소득을 갖고 있는 것)까지 나타낸 것이다. 대부분 국가는 0.25에서 0.6 사이에 있으며, 중진국의 전형적인 값으로 볼 수 있는 오스트레일리아 0.30, 영국 0.34, 러시아 0.42, 미국 0.45 등이 있다. 가장 낮은 수준인 0.25 이하는 스칸디나비아 국가에서 볼 수 있다. 0.6 이상의 높은 값은 내적 불균등이 심한 것을 나타내며 주로 아프리카 사하라 이남에서 나타난다. 몇몇 부유한 국가에서 최근 수년 간 지니계수가 다소 상승하였으며, 일부 새롭게 성장하는 경제 번영으로 상승하는 국가도 있다. 예를 들어, 1980년대~2000년대 간 중국과 미국의 지니계수는 대략 0.3에서 0.4로 증가하였다. 미래는 예측하기 어렵지만, 일부 빈곤국은 부국에 비해 더 빠르게 성장하고 있으나, 소득과 부의 차이는 지식경제 확산으로 증가할 것이다.

불평등이 재난의 핵심요소라고 말하기는 쉽지만, 그 이유는 불분명하다. 불평등과 관련된 요소는 빈곤 수준, 빈곤국가의 효과적인 보험 시스템 부재, 건축물 설계법령 실행의 어려움 등이다. 자본과 토지, 도구, 설비 등 기타 자산이 부족하고 경제활동이 가능한 건강한 신체를 가진 친척이 적은 사람들이 가장 취약하다. 정보 접근과 가구 밖의 지원을 얻을 수 있는 능력이 중요하다. 가난한 사람들은 잃을 것이 별로 없어 보이지만, 허리케인 '미치(Mitch)'가 1998년 온두라스 농촌을 강타하였을 때, 최저소득 5분위 가구에서는 자산 18%가 감소하였지만, 상위 5분위 가구에서는 3% 손실만을 기록하였다(Morris et al., 2002). 가장 가난한 사람들 대부분은 농촌에 거주하며, 돈을 벌 수 있는 기술과 기회가 거의 없다. 국가적인 부의 차이가 계속 증가하고 있으며 그로 인해 취약성이 악화되고 있다.

반대로 부국에서 경제성장은 재산을 재앙적인 파괴에 노출시키고 있다. 세계 산업생산을 담당하는 부국에서 공장의 복잡성 및 비용과 더불어 개발이 도시 내와 산업 단지에서 위기를 줄이려는 조치가 취해지지 않는다면, 각각 재해가 더 많은 자산을 위협할 것이다. 건축 부지 부족으로 자연재해에 노출된 지역에서 일부 성장이 이루어지고 있으며, 독성 화학물질과 핵발전 등을 포함하는, 인간이 만든 재해가 손실 가능성을 키우고 있다. 여가 시간 증가로 두 번째 집을 산과 해안 등 위험한 장소에 짓고 있다.

2. 사회적 요인: 인구성장과 인구

전반적으로 재해에 노출된 인구가 증가하고 있다. 세계 인구는 2050년에 93억에 이를 것으로 예상된다. 인구증가

분의 약 90%는 개발도상국가에 해당한다. 아프리카에서 12억, 아시아에서 18억이 증가할 것이다. 여기서 인간 취약성은 인구가 안전하지 못한 물리적 구조로 집중되면서 이미 높은 수준을 기록하고 있다. 지속적인 인구증가로 교육과 기타 사회 서비스에 대한 투자를 위한 정부 능력을 벗어나 토지자원과 물, 식량 등을 두고 더 치열한 경쟁을 벌이게 될 것이다.

취약성에는 나이와 성이 중요하다. 영아나 노인 대부분이 위기에 있다. 여성에 대한 보호와 교육은 출산율을 줄이고 많은 가족에게 혜택을 줄 것이다. 방글라데시의 1970년 사이클론 재난에서 사망자 절반 이상이 전체인구의 1/3 밖에 안 되는 10살 이하 어린이였다(Sommer and Mosely, 1972). 지진재난에 대한 연구에서 60세 이상과 여성 생존자는 심각한 신체적 부상을 당할 가능성이 매우 높다는 것을 알 수 있다. 여성은 대부분 정신적 후유장애도 겪는다(Peek-Asa et al., 2002; Chen et al., 2001). 그러나 어린이를 희생자로만 보아서는 안 된다. 개발도상국에서 재난 위기에 대한 어린이들의 반응은 공동체에서 다른 사람들 간에 긍정적인 행동변화를 만들어 낼 수 있다는 것을 보여준다(Tanner, 2010).

세계는 점점 더 고령화되어 간다. 2050년까지 중간수준 개발 국가 인구의 1/3이 60세 이상과 다양한 장애를 갖는 인구가 될 것으로 예측된다. 비슷한 인구추이가 다른 지역에서도 나타난다. 2010년에 중국에서 60세 이상 인구가 전체의 10%에 불과하지만, 2050년에 그 비율이 중간수준 개발국가와 거의 같은 수준으로 증가할 것이 예상된다. 이런 주민들은 응급대피 및 공공 대피소에서 위험할 수 있다(McGuire et al., 2007). 나이가 많을수록 특히 저개발국에서 미망인은 재난 이후 생계를 꾸리는 것에 어려움을 겪는다. 언어와 종교 차이가 소수집단의 안전을 위협할 때에는 인종도 중요한 요소가 될 수 있다. 고령인구는 유행성 전염

병과 같은 감염성 질병에도 취약하다. 미래에 더 확대될 이동성도 위기를 증가시킬 것이며, 이민자들은 종종 말라리아와 같은 질병에 감염되기 쉽다.

주택여건 등 사회 경제 요소도 위기를 증폭시킨다. 1993년 7월 몬순 강우에 의해 발생한 갑작스런 홍수가 네팔 남부 인구밀도가 높은 쌀 재배지역을 강타하여 1,600명 이상을 사망하게 하였다(Pradhan et al., 2007). 40,000명 이상 주민을 조사한 결과, 사망자는 특정 집단에 집중되었다. 모든 주민의 조사망률이 1,000명당 9.9명이었으나, 어린이, 여성, 사회 경제 지위가 낮은 사람들, 초가집에 살고 있는 사람들이 더 많이 사망하였다(그림 3.5). 70% 이상 주택이 초가집이며 대부분 휩쓸려 갔다. 초가집에 살던 사람들은 시멘트집이나 벽돌집에 사는 사람들에 비해 사망할 가능성이 다섯 배나 더 크다.

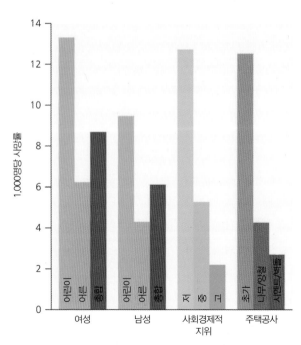

그림 3.5. 1993년 7월 네팔에서의 급작스런 홍수로 인한 사망률과 사회경제적 요인들. 어린이는 2~9세를, 어른은 15세 이상을 가리킨다. 사회경제적 지위는 가구의 토지 소유에 기초한다(Pradhan et al., 2007).

Fothergill and Peek(2004)는 미국에서 사회적으로 혜택받지 못하는 사람을 대상으로 한 연구에서 가난한 사람들은 재해대비나 보험가입 가능성이 낮고, 경고에 반응할 가능성도 낮다는 것을 밝혔다. 그들은 회복과 재건 국면에서 죽거나 부상으로 괴로워하거나 비교적 높은 손실을 보거나 심리적 트라우마도 더 크거나 심각한 문제를 가질 가능성도 높다. Elliott and Pais(2010)는 미국에서 사회적으로 혜택받지 못하는 사람들이 1992년 허리케인 '앤드루(Andrew)' 이후 삶을 재건할 때 어떻게 반응하는지 분석하였다. 마이애미와 같이 개발된 도시지역에서 장기적인 회복노력에는 가난한 주민들을 이주시키려는 경향이 있다. 이는 부유한 사람들이 고가의 부동산을 다시 짓고 가난한 사람들을 쫓아내기 때문일 것이다. 반대로 인구와 재산이 적은 루이지애나 남서부 농촌에서는 사회적으로 취약한 주민들이 폭풍 경로를 따라 피해를 입은 지역에 집중되는 경향이 있다.

3. 정치적 요인: 기관과 행정

중앙정부가 강력하지 못하면, 부족한 경쟁력과 부패가 취약한 조직구조(불량한 도로부터 숙련되지 않은 공무원까지 모든 것)와 잘 짜이지 않은 복지 프로그램(부적절한 주택과 의료제공, 낮은 영양상태 등을 포함)을 초래하므로 대부분 국가에서 정부 능력이 중요하다. 정부는 견고한 조세기반 없이는 수도, 하수처리, 보건 등 기초적인 시설 개선에 필요한 수입을 얻을 수 없다.

일부 재난손실은 다른 것보다 확인하기가 쉽지 않다(Raschky, 2008). 경제발전은 조기경보, 홍수방어 등과 같은 재난완화를 위한 자원을 제공할 뿐만 아니라 거기에 더해 보통 더 나은 정치제도나 행정까지 발전시킨다. 민주주의와 잘 조직화된 사회는 재난에 보다 잘 대처한다(Khan, 2005). 예를 들어, Toya and Skidmore(2007)는 경제 기능이 더 개방적이며 경쟁적이고, 금융 시스템이 완벽하고 정부가 더 작고 교육수준이 높은 국가에서 재난손실이 낮다는 것을 밝혔다. 일반적으로 개선된 의료와 안전에 대한 공공 수요는 1인당 소득이 증가할수록 증가한다. 더 가난한 국가에서는 홍수통제 작업과 내진빌딩과 같은 공학적 해법을 수용하기에는 비용이 너무 많이 든다.

전구적인 맥락에서 보면, 부족 간 전쟁과 인종청소와 같은 내전에 의한 군사적 충돌 혹은 이웃 나라와 국경분쟁이 중요하다. 전쟁은 종종 대규모 피난민을 양산하며, 식량이나 기타 구호품 분배를 어렵게 한다. 1990년 이후 7,000만 명 이상이 자국 내 다른 지역이나 해외로 이주 당하였다. 일부 나라에서는 국가 정부가 수도 외에는 통제하지 못하고, 수도에서 떨어진 도시나 농촌에서는 스스로 알아서 살아가야 한다.

정치불안은 더 큰 취약성을 초래할 수 있다. 동유럽과 구소련이 분명한 예이다. 공산주의 붕괴로 의료, 교육, 사회적 공급 등에서 국가 영향력이 사라졌다. 국가 가부장주의가 이상을 향한 규제가 없는 자유시장의 쟁탈전으로 바뀌었고, 사회의 취약한 구성원들은 경쟁에 충분하게 준비되지 않았다. 동시에 가장 부유한 국가들은 국내 복지와 국제 공동체에 대한 기여를 줄이고 있다. 예를 들어, 많은 서구 국가에서는 1980년 이래로 1인당 의료지출이 실질적으로 줄었으며, 의도적으로 복지국가 역할을 축소시키고 있다. 수년 동안 개발원조 양이 줄었으며, 이로 인해 원조기구가 정부가 포기한 복지 역할을 대신하고 있다. 이는 빚 탕감과 기타 조치에 대해서 기여하는 것과 크게 뒤바뀐 것이다. 그런 약속들은 미래 정치 변동에 따라 가변적이며, 지속적으로 지원이 증가할 것이라는 것은 전혀 보장할 수 없다.

4. 환경적 요인: 생물 다양성과 농업

약 8억 5,000만 명의 사람들이 극심한 환경악화 영향을 받는 지역에서 살고 있다. 생물 다양성 상실은 이제 더 이상 지역이슈가 아니며, 자연 시스템 내 안정성을 떨어뜨리고 있다. 1900년 이래 세계의 습지 절반 이상이 사라졌다. 1700년 이래로 삼림 약 40%가 사라졌다. 지구 생태 시스템 서비스의 약 60%가 지난 50년 만에 악화되었다. 삼림파괴와 토양퇴화로 연간 경제적 비용이 2008년 기준 2조~4조$, 즉 세계 GDP의 3.3~7.5%로 추정된다(World Economic Forum, 2010). 지구의 1인당 담수자원 할당량은 1950년 17,000m³에서 1995년 7,300m³로 떨어졌다. 현재 추이로 가면, 가용자원의 90%는 2030년에 고갈되고 세계 인구의 2/3 이상이 심각한 물 부족을 겪을 것이다. 기존 물 오염으로 10억~15억 인구의 건강이 해를 입을 것이며, 전염병 발생이 5세 이하 어린이 수백만 명의 주요 사망원인이 된다.

일부 나라에서는 인구의 80% 이상이 농업에 의존하지만, 빈곤 때문에 삼림벌채와 토양침식, 지나친 경작 등 지속가능하지 않은 토지이용 방식을 택하고 있다. 식량생산을 늘리려는 정부 노력도 빈번히 실패한다. 열대에서는 자본집약적 플랜테이션 농업으로 농부들이 농토에서 쫓겨났고, 관개용 저수지 건설로 저지대 토지의 계절적 범람이 줄었다. 해안에서는 물고기 양식, 소금생산, 관광개발을 위

사진 3.3. 오늘날 아마존 열대우림의 끝자락이라는 브라질 파라 주에서 2005년 있었던 삼림벌채 지역. 목탄은 매우 이윤이 많이 남는 선철 생산 기업에 팔렸다. 이어진 토지 이용은 아마도 소 사육이나 콩 경작을 포함할 것이다(사진: Panos/Eduardo Martino EMA00024BRA).

해 맹그로브 숲을 제거하여 폭풍에 더욱 취약해졌다. 내륙과 습지의 배수는 어장과 삼림 등 공동 재산 자원을 상실시켰다. 식습관 변화로 전통적인 곡식이 사라지고, 점차 생물 다양성과 유전자원이 사라질 것으로 예상된다.

수많은 농촌의 빈곤인구는 전통적으로 강우에 의존하는 농업생산 시스템을 사용하므로 기후변화에 취약하다. 지속가능하지 않은 자원의 이용도 중요한 문제이다. 예를 들어, 지표 약 30%인 삼림은 모든 동식물 종의 50% 이상을 보유한다. 생태 시스템의 부분적 붕괴도 농업에 중요한 영향을 미칠 수 있다. 예를 들어, 정착농민과 목축업자 간 토지와 물 자원에 대한 무한한 경쟁은 벌목과 노천채굴 등 광범위한 불법행위까지 더해져 극심한 환경악화를 가져온다. 개발도상국가 삼림은 1980~2020년 사이에 20%가량 감소할 것으로 예상되었다(OECD, 2003a). 점차 농업이 강화되면서 나타나는 토양 비옥도와 생물 다양성 상실로 인해, 재난 시 생태 시스템 교란에 대한 회복력이 떨어진다.

전통농업의 감소와 시장가격의 불안정이 계절적인 식량 부족 위협을 키웠다. 10년간 지속된 전쟁과 자연자원의 고갈로 피폐해진 소말리아와 같은 나라에서는 인구의 70% 이상이 영양실조 상태이다. 식량공급이 매우 불안정하다(Hemrich, 2005). 수많은 국가에서 대부분 임대토지가 너무 좁아서 생계유지도 어렵다. 인구 절반 이상이 영양 상태가 좋지 않고 안전한 물을 얻기 어려우며 가정 위생시설도 취약하다. 그런 사람들은 홍수 이후 이질과 같은 수인성 질병으로 고통받는다.

5. 지리적 요인: 도시화와 산개성

21세기 초, 세계인구 절반 이상이 도시에 거주한다. 매해 약 2,000만~3,000만 명의 세계 최빈인구가 농촌에서 도시로 이주한다. 그들은 도시를 대부분 경제적 기회의 장소로 인식하거나 부족 간 충돌이나 토지권리에 대한 분쟁에서 벗어나기 위하여 이동한다. Cross(2001)는 더 적은 자원을 갖고 있으며 중앙정부 지원에서 우선순위가 떨어지는 작은 규모 도시와 농촌 공동체의 위기를 강조했지만, 거대도시에서는 재해에 대한 노출이 점차 커지고 있다(Mitchell, 1999).

빈곤 속에서 살아가는 도시 슬럼주민은 10억 명 이상이다. Duijsens(2010)에 따르면, 슬럼의 90% 이상이 남반구에 있다. 2010년에는 저소득이나 중소득 국가의 도시인구 수가 1950년의 세계인구와 거의 같은 수준이었다(IFRCRCS, 2010). 이 중 일부 도시는 세계에서 가장 큰 규모다. 이들 도시 거주민의 1/3에서 1/2은 비공식적으로 무허가 주거지에 산다. 이는 도시 토지의 높은 가격과 지방 행정부가 팽창률을 조절하지 못하는 것 등에 기인한다. 농촌에서 이민자는 물과 위생시설이 부족한 도시 슬럼에서 안전하지 않은 채 살아가는 가장 빈곤한 도시 거주자이다. 건강하지 못한 식생활은 잦은 풍토병을 초래한다. 특히 거대도시 주변 불량주거지에서 취약성이 높다. 그들은 산사태나 급격한 홍수에 취약한 급경사 지대에 살며, 부실하게 건축된 건물에 거주한다. 이런 지역의 인구밀도는 15만 명/km^{2}에 달한다. 이런 비공식 개발로 인해 높은 수준의 빈곤과 유아 사망률이 초래된다.

건물용 토지면적 부족으로 일부 도시 성장이 자연재해를 노출시키고 있다. 예를 들면, 인도대륙에서는 도농 간 이주의 상당 부분이 지진이나 폭풍위험이 높은 도시로 향해 왔다. 뭄바이, 리우데자네이루, 상하이와 같은 국제도시들은 기후재해에 상당히 노출되어 있다(de Sherbinin et al., 2007). 중진국에서 허리케인에 노출된 해안도시도 급속히 성장하였지만, 폭풍에 의한 위협이나 다른 재해를 거의 고려하지 않고 있다. 그 밖의 미국 서해안과 일본 북동해안과 같이 지진이 활발한 지역에 위치한 곳에서는 고화되지 않은 퇴적물이나 매립지가 지진 압박으로 좋지 않은 방향으로 움직일 수 있다. 중진국에서 거대 지진 여파로 대규모 파괴적인 화재가 발생할 수 있다는 우려가 커져 왔다. 그런 화재는 고베 지진에서 재난이라는 사실이 잘 알려졌으며, 지진에 취약한 수많은 도시들은 이런 위협에 거의 혹은 전혀 준비되지 않았다.

2025년까지 1,000만 이상 거대도시들이 26개에 이를 것으로 추정된다. 그중 일부 도시는 인구 2,000만 명 이상에 이를 것이다. 대부분 경우, 도시는 주거에 편리하고 안전한 환경과 다양한 사회경제적 혜택을 제공한다. 부유한 국가에서는 대부분 사람들이 도시에 살기를 원한다. 태국 GDP의 1/3 이상이 방콕에 사는 10% 인구에 집중되어 있다. 그림 3.6은 1950년 이후 세계 도시인구의 변화를 나타낸 것이다. 2025년까지 모든 미래 인구성장 약 95%가 저소득 혹은 중간수준 소득 국가, 특히 아시아 지역의 도시에서 일어날 것으로 예측된다. 세계에서 가장 빨리 성장하는 도시 대부분은 지진지역에 있다. 2025년까지 세계인구 1/3이 지진이나 화산활동에 취약한 지역에서 살게 될 것이다(OECD, 2003a).

간혹 가장 취약한 사람들이 상대적으로 정부 조사가 어려운 지역에 거주하며, 그런 곳에서는 재난저감이 무시될 수 있다. 히말라야나 안데스의 마을, 군소도서개발도상국(Small Island Developing States; SIDS)에 거주하는 태평양의 고립된 섬 공동체 등이 그런 예이다. 전형적으로 군소도서개발도상국은 100만 명 이하의 인구 규모에서 1,000km² 이하의 영역으로 정의될 수 있다. 이 중 일부는 태평양에서와 같이 수백 개의 저지대 환초로 구성되어 있으며, 또 다른 일부는 카리브 해의 경우처럼 비탈진 화산에 자리한다. 일반적으로 군소도서개발도상국은 자원이 빈곤하며, 다음과 같은 부정적인 요소들을 갖고 있다.

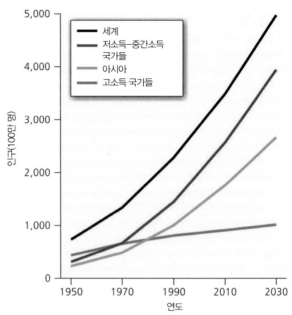

그림 3.6. 전 세계와 지역별 도시인구 성장 예측. 예측에 따르면, 거의 모든 미래인구 증가는 저소득과 중간정도 소득 국가에서 이루어지며, 아시아는 대규모의 도시성장을 경험할 것이다(IFRCRCS, 2010).

- 시장으로부터 멀리 떨어지고 교통비용이 높아서 지리적으로 고립된다.
- 제한된 기술을 가진 작은 인구규모로 규모의 경제가 거의 없으며 밖으로 이주가 일반적이다.
- 좁은 경제적 기초는 종종 목재나 광물 등 자연자원의 착취나 바나나, 설탕 등 열대 수출 농산물과 관련된다.
- 제한된 영역으로 담수가 부족하고 쓰레기가 방출된다.
- 삼림벌채, 토양침식, 물고기 자원고갈, 곡물 전염병, 염분오염 등으로 생물 다양성이 퇴화하기 쉽고 취약하다.
- 외지 관광객 혹은 해외투자와 구호에 의존하며, 관광은 습지와 맹그로브 삼림파괴로 토양을 퇴화시킬 수 있다.

수많은 군소도서개발도상국은 다양한 환경재해에 노출되어 있다. 예를 들어, 코모로 제도의 화산섬인 마요트 섬은 산사태, 홍수, 폭풍, 화산활동 등에 취약하다. 그 섬의 인구는 30년도 채 안 되는 기간에 4배로 증가하였으며, 대부

표 3.6. 태평양 일부 섬나라의 1950~2004년 사이 재난의 경제 및 사회적 충격 추정

국가	보고된 재난 건수	보고된 전체 손실 (2004년 물가 기준, 단위: $)	영향을 받은 인구 비율 평균(%)		GDP에 대한 충격 평균(%)	
			재난 연도	모든 연도	재난 연도	모든 연도
피지	38	1,174.6	10.8	5.1	7.7	2.7
사모아	12	743.4	42.2	6.1	45.6	6.6
바누아투	37	384.4	15.5	4.5	30.0	4.4
통가	16	171.1	42.0	5.3	14.2	1.8
괌	11	3,056.3	3.7	0.5	n/a	n/a

출처: Bettencourt *et al.*(2006).

분 급경사나 하천을 따라서 형성된 슬럼 주택에 살고 있다 (Audru *et al.*, 2010). 1950~2004년 사이 태평양 섬 지역에서 200건 이상의 재난이 기록되었다. 이로 인해 1,700명 이상이 목숨을 잃었으며, 2004년 가격으로 65억 2,600만$의 손실을 입었다(Bettencourt *et al.*, 2006). 규모가 큰 15건의 재난이 총 손실의 약 80%를 차지하였으며, 일부 국가에서 경제, 사회 영향이 표 3.6에 표시되었다. 재난이 있는 해의 경제손실은 사모아 GDP의 약 46%, 바누아투 30%, 통가 14% 등을 기록하였으며, 통가와 사모아 인구의 약 40%가 피해를 입었다. 실제로 재난파괴는 모든 해에 GDP의 2~7%를 차지하며, 이와 같은 각 재난에서 지속가능하게 회복하기 어렵다.

6. 전구적 변화 요인

다양한 형태의 전구적 변화 요인이 있다. 그중 하나는 기술혁신으로, 더 나은 예측과 경보 시스템 및 더 안전한 건설기술로 재난을 완화할 수 있으나, 위기를 초래할 수도 있다. 높이 솟아오른 빌딩, 거대한 댐, 해안과 인공섬에서 빌딩 건축, 원자로 확산, 국제이동 확대 등이 그런 추이의 예

이다. 저개발 국가 산악지역에서 새로운 도로건설과 같은 낮은 수준의 기술도입이 산사태를 증가시킬 수 있으며, 낮은 기준으로 지어진 현대 콘크리트 가옥이 전통적인 구조에 비해 지진에 견디기 어렵다.

정보 흐름과 교통 네트워크로 전구적 교류가 증가하면서 세계의 반대쪽에 혼란을 초해하기도 한다. 최근 몇 년간 사람들의 이동성이 상당히 커졌으며, 혹독한 날씨와 같은 환경적 악조건과 무관하게 최소한의 시간으로 세계를 통행할 수 있게 되고 있다. 많은 사람들과 비즈니스 기업들이 정보기술에 크게 의존하고 있다. 2006년 12월 타이완 남쪽에서 발생한 작은 해저지진이 인터넷망과 전화 서비스를 제공하는 해저 케이블을 파손시켰다. 그로 인해 타이완, 홍콩, 일본, 중국, 싱가폴, 한국의 통신 네트워크가 심각하게 훼손되었다(Petley, 2009). 상업과 공업에서 경쟁이 직원 채용을 감소시키고 운영 이익을 감소시켰다. 이와 같이, 분명한 발전이 환경재해에 대한 협력적 대응 범위를 더 좁게 하는 결과를 초래한 것이다.

전구적 상호의존이 생활의 대부분 측면에 영향을 미친다. 세계 경제 기능이 저개발국가에 반해서 작용한다. 제3세계 수출, 수입 상품은 대부분 1차 상품이며, 시장가격이

종종 떨어진다. 저개발국가는 자급생산을 하고 시장을 구성할 기회가 거의 없으며, 산업화된 국가의 제조업 상품에 의존하게 된다. 이런 상품들은 가격이 높게 책정되며, 구호 패키지와 함께 유입된다. 소규모 농업 생산자의 점진적인 빈곤도 국가의 연간 수출, 수입의 몇 배가 되는 해외부채 부담과 함께 장기적인 발전의 저해 요인이다. 이는 환자에게서 건강한 사람에게로 피를 수혈하는 것처럼 묘사되는 프로세스이다. 자연재난이 국지적 생산을 파괴하고 투자의욕을 꺾을 때 이런 순환이 더욱 강화된다.

더 읽을거리

Byrne, D. (1998) Complexity theory and the social sciences. Routledge, London. A very useful general account.

Comfort, L.K. (1999) *Shared Risk; Complex Systems in Seismic Response*. Pergamon Press, Oxford. A pioneering treatment of social systems complexity and its implications for emergency response.

Cutter, S.L. *et al.* (2008) A place-based model for understanding community resilience to natural disasters. *Global Environmental Change* 18: 598-606. The use of available indicators to provide an objective picture of an elusive concept.

Kates, R.W. *et al.* (2001) Sustainability science. *Science* 292: 641-2. A model overview of this important theme.

Peduzzi, P., Dao, H., Herold, C. and Mouton, F. (2009) Assessing global exposure and vulnerability towards natural hazards: the Disaster Risk Index. *Natural Hazards and Earth System Sciences* 9: 1149-59. An example of the quantitative route to assessing disaster vulnerability.

Turner, B.L. (2010) Vulnerability and resilience: coalescing or paralleling approaches for sustainability science? *Global Environmental Change* 20: 570-6. An up-to-date overview of two key hazard concepts in their wider context.

웹사이트

A non-technical explanation of Chaos and Complexity theory http://complexity.orconhosting.net.nz

Earthquake Engineering Research Institute report on the Bam Earthquake http://www.eeri.org/lfe/iran_bam.html

The United Nations Environment Programme Disaster Risk Index http://www.gridca.grid.unepch/undp

The GINI Index www.data.worldbank.org/indicator/SI.POV.GINI

The Human Development Index www.hdr.undp.org/en/statistics/hdi

Chapter Four
Risk assessment and management

위기평가와 관리

4

A. 위기 특성

위기는 중국어로 '危机(웨이지)'라고 하며 '위험'과 '기회' 두 가지 뜻을 포함하고 있다. '불확실한 순간'이라는 다른 뜻도 있다. 두 가지 해석 모두 위기가 순전히 부정적인 개념이 아니며, 불확실성은 이익과 손실 사이 균형을 포함한다는 것을 보여 준다. 위기 정도는 인간 삶의 거의 모든 면과 관련되어 있다. Adams(1995)에 의해 관찰된 것처럼 불확실성이 없다면, 또는 개인이 미래가 어떨지를 안다면, 그들은 위기를 다루지 않을 것이다.

실제로 사람들은 어떤 위험한 결과를 줄일 목적으로 그들 자신의 위기를 평가하고 관리하기 위해 노력한다. 위기평가는 양적이거나 질적인 의미로 특정한 위협의 중요성을 평가하는 것이다. 결정론은 가능한 결과의 확률로 알려진 피해 측면과 특정 정보를 이용할 수 없는 덜 확실한 결과를 구별한다. 일반적으로 정량평가는 위험한 결과로 알려진 사건 크기와 함께 사건의 확률추정에 기초하며, 종종 다음과 같이 나타낸다.

위기＝재해 확률×위기요소×취약성

정량적 위기평가는 모든 환경재난에서 시도된 것은 아니다. 피해가 정량화된 경우에도 손실추정과 관련된 불확실성 정도가 높을 수 있다. 이는 극소수의 일반 대중이 이해하고 있는 과정이다. 그러므로 피해추정은 명료하고 이해하기 쉬운 방식으로 전해진다.

재난저감에 관한 주요 현실적 목표는 모든 관련된 이익을 극대화하는 동안 천연자원이나 기술자원으로부터 알려진 위협을 줄이는 위기관리이다. 거의 모든 사람과 공동체, 기관은 잠재적으로 위기관리에 기여한다. 그러나 피해와 안전 사이에 최적의 균형을 이루는 것은 논란의 여지가 있는 가치판단을 요구한다. '위기 허용수준이 무엇인가?' '누가 위기평가와 관리에서 유리할까?' '그 과정을 위해 누가 비용을 지불할 것인가?' '위기저감 정책에서 성공과 실패가 의미하는 것은 무엇인가?'와 같은 기본적인 질문에도 답변하기 매우 어렵다.

위기에 철저하게 접근하기 위해서는 적절한 기술과 판단이 필요하다. 위기평가나 위기관리가 선택에서 분리될 수 없다. 이 선택은 개인의 믿음과 재정적 제약을 포함하는 상황과 포괄적인 사회태도에 의해 조절된다. 대부분 사람들은 자신의 위기평가를 기초로 결정하기 때문에 위기인식은 더 과학적인 평가와 함께 위기관리의 유효한 요소로 여겨져야 한다. 간혹 객관적이고 인지된 위기 사이에 차이가 발생한다. 개인적인 위기 정도가 더 객관적으로 평가된 결과와 다르기 때문이다. 비용과 이익 재정모델을 기초로 하는 객관적 위기분석이 인식을 기초로 한 평가보다 항상 옳거나 더 나은 결과를 가져오지만은 않는다는 점에 주의를 기울여야 한다.

개인의 인식을 다룰 때, 위기는 두 개 범주로 구별된다.

• 비자발적 위기는 우리에게 사전 지식이나 동의 없이 발생한다. 그래서 간혹 개인에게 무관한 것으로 보이기도 한다. 벼락이나 운석충돌과 같이 불가항력적인 것은 환경오염 물질에 노출되는 것과 같은 비자발적 위기로 간주된다. 결과적으로 그런 위험은 개인에게 잘 알려져 있지만, 종종 지진과 같이 불가피하거나 통제할 수 없는 것처럼 보인다. 이 책에서 다루고 있는 대부분 재해는 재난에 취약한 장소에서 발생하고 있어서 개인이나 공동체에게 비자발적인 위기로 표현된다.

• 자발적 위기는 차를 운전하거나 담배를 피우는 것과 같이 현대 삶의 일부분으로 우리가 선택한 활동과 관련있다. 각자가 기꺼이 수용하는 이런 위기는 일반적이고 조절할 수 있는 것이다. 각자 개인 차원에서 선택하였으므로 피해 가능성이 적다. 자발적인 위기조절은 개인적인 행동의 수정(금연이나 위험한 스포츠 참여 중단)이나 정부의 개입(오토바이 탑승 시 헬멧 착용 등과 같은 안전법률 도입)으로 이루어진다. 보통 기술에 의한 위기를 포함하는 인간활동으로 유발된 재해가 이 범주에 속한다.

실제로 이 두 가지 위기범주의 구별은 눈에 보이는 것보다 덜 명확하다. 예를 들어, 흡연과 등산은 명백한 자발적 활동 사례이지만, 외딴 지역에 거주하는 사람들에게 필수적인 교통수단인 운전같은 것이라고 말할 수 없다. 위험한 화학공장에서 근무하는 것에 대한 대안은 실업이다. 다시 말해 그 회피가 위기 담당자 측의 더 개인적인 희생과 연관되어 있다면, 이런 위기는 다른 위기보다 더 자발적이다. 일부 범람원에 거주하는 사람들은 마을에서 더 안전한 지역보다 가격이 저렴하기 때문에 강가에 있는 주택을 구입할 것이다. 그런 결정은 자발적이며 경제적으로 합리적일 수 있다. 이 쟁점은 자발적인 실제 위기수준을 가진 대부분 사람들의 지식수준이 낮을수록 훨씬 더 복잡하다. 대부분 위기에 대한 이해 부족은 개인 의사결정이 통계적인 측면에서 합리적이지 않다는 것을 의미한다.

대부분 사람들은 자발적 위기에 대하여 외부에서 가해지는 위기와 다른 반응을 보인다. 다양한 기술에 대한 대중의 태도와 관련된 선행연구에서 Starr(1969)는 특정 재해활동에 노출된 시간당 사망률(P_f)로 표현되는 개인 사망위기와 달러로 환산된 활동의 사회적 이득 추정치 간의 상관관계를 분석하였다. 그림 4.1은 자발적 위기와 비자발적 위기 사이의 큰 차이가 있다는 것을 보여 준다. 사람들은 비자발적 위기보다 약 1,000배 더 큰 P_f 값을 가지는 자발적인 위기를 기꺼이 받아들인다. 운전과 비행, 흡연과 같은 자발적 위기는 10만 명당 1명이 사망하거나 연간 1인당 사망률이 더 높아도 받아들이는 반면, 비자발적 위기는 100만 명당 약 1명이 사망하거나 연평균 사망률이 더 낮다. Fell(1994)은 비자발적인 것으로 인지되는 위기 허용수준이 연간 1,000분의 1에서 10,000분의 1의 빈도 사이에 있는 자발적 위기와 비교하여 연간 10만분의 1에서 100만분의 1의 빈도로 다르다는 것을 밝혔다.

Starr는 주어진 기술에서 위기 수용 가능성은 대략 이득의 세제곱과 같다는 것을 밝혔다. 위험성이 큰 기술은 이득도 많을 수 있다. 이후 Slovic et al.(1991)과 같은 연구자들은 인지된 위기가 인지된 이익보다 훨씬 더 강하게 태도에

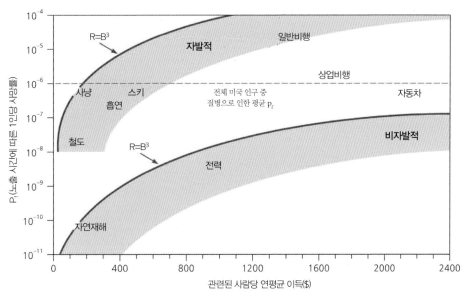

그림 4.1. 위기(P)를 이익과 관련지어 도식화하였으며, 재해에 노출된 것을 포함하는 다양한 자발적이고 비자발적인 활동을 그룹화하였다. 그래프는 위험과 이익 사이에 약 세제곱의 관계가 있음을 보여 준다. 질병으로 인한 사망의 평균 위험도와 비교하여 나타내었다(Starr, 1969). AAAS 허가하에 재구성.

영향을 주기 때문에 위기와 이득 사이에 균형이 항상 유지되는 것은 아니라고 하였다. '두려움'으로 여겨지는 핵 발전과 같은 재해가 이런 상황의 전형이다. 인지된 위기수준이 시간이 지남에 따라 빠르게 바뀔 수 있는 경우이다. 예를 들어, 비록 실제 위기가 전 세계적으로 비교적 낮게 남아 있지만 쓰나미에 의해 제기된 인지된 위기는 2004년 인도양 지진 이후에 크게 증가하였다.

요약하자면, 인지된 위기는 주관적이고 가변적이다. 위협이 자발적인 행동과 연관될 때 개인이 상당히 더 많은 위기를 받아들인다는 사실은 개인적 통제에 대한 비현실적 믿음으로 설명된다. 즉 개인이 그들이 가정하거나 원하던 사건 전체를 통제하는 경우가 거의 없다. Sjöberg et al.(2004)의 연구는 Starr의 자발성 강조에 문제를 제기하였고, 위기인지의 다른 두 가지 가닥인 심리측정 패러다임(심리학과 결정과학에 근간을 둠)과 문화적 이론(사회학과 인류학에 근간을 둠)을 주장하였다. 심리측정 패러다임은 사람들이 어떻게 정보를 처리하는지에 대한 연구에 기

초를 두었다. 핵 발전과 같은 '두려움' 위기를 포함하는 새롭게 발견된 위기는 감지된 위협의 심각성에 따라 크게 증가한다고 주장하였다. 문화적 이론은 Douglas and Wildavsky(1982)에 의해 각 개인의 위기인지는 사회적 기관, 집단의 문화가치, 삶의 의사소통 방법에 의해 조절된다는 전제하에 장려되었다. 재해에 대한 개개인의 인지범위를 제한하는 방법에서 사회적 상황의 영향을 받는다는 것이 비교문화 연구에서 증명되었다고 하지만, 이 접근은 다소 논란의 여지가 있음이 입증되었다. 따라서 위기인식은 국가 간뿐만 아니라 동갑과 동성인 개인 사이에서도 위치, 직업, 생활방식에 따라 다양하다(Rohrmann, 1994).

훨씬 더 광범위한 다른 관점이 있다. Giddens(1990)와 Beck(1992)의 연구는 오늘날 선진국에 있는 사람들이 기존의 자연재해에 노출된 것보다 더욱 새롭고 복잡한 위협에 직면했다는 사실을 강조하였다. 이 위협 중 대부분은 인간활동, 특히 산업화와 계속 진행 중인 현대화과정과 연관된 기술재해에 의해 만들어진다. 그 결과로 위기사회 개념

이 탄생하였다. 무엇보다도 위기사회는 체르노빌과 후쿠시마 핵 사고와 같은 대형 재난이 기술 관점을 강조할 때, 산업적 관행에 대하여 훨씬 더 정치적이고 대중적 염려로 특징지어진다.

사람들은 자신이 많이 안다고 믿을 때, 정보원이나 정보의 신뢰도가 무엇이든 자신을 위해 더 쉽게 위기평가를 시도한다. 결과적으로 인터넷과 다른 미디어를 통한 정보 확산이 산업가, 정치인, 다양한 분야의 전문가와 같은 권력자들에 대한 대중의 신뢰수준을 떨어뜨렸다. 결국 이런 불신이 사전예방원칙(기술적인 위험을 최소화하기 위해 계획됨)과 지속가능한 발전(미래 거주지를 보호하기 위해 계획됨)과 같은 개념을 지지하게 한다. 일반적으로 위기사회에 사는 사람들은 이전 세대보다 안전과 안전한 미래 사회에 대해 더 큰 중요성을 둔다. 사회가 부유해지고 사람들이 건강한 삶을 즐김에 따라, 길어진 삶에 대한 명확한 가치를 인지하고 더 큰 위기를 싫어하게 된다. 대부분 부유한 국가에서 열정적인 건강과 안전한 문화, 일상에서 정부규제의 현저한 증가가 한 예이다.

절대적인 안전을 확보하는 것이 불가능하다는 점을 고려한다면, 어떤 활동이나 상황에 대한 허용수준이 위기단계를 결정할 수 있어서 의미가 크다. 허용 가능한 위기는 위기를 관리할 때 가장 적절한 공동체나 적절한 규제기관에 의해 인지된 손실 정도를 뜻하는 것으로, 오해 소지가 많은 용어이다. 예를 들어, 행복한 사람들의 위기정도인지 가장 낮은 위기 가능성인지 조차도 설명할 수 없다. Fischhoff *et al.*(1981)은 관련 위기가 어떤 절대적 의미에서 실제로 '허용'하지 않기 때문에, 용어는 '최소한 불허'의 선택권을 설명하는 것이라고 결론지었다. 결과적으로 종종 견딜 만한 위기라는 용어가 사용된다. 다시 말하면, 위기정도는 수용된다는 것보다 견딜 만하다는 것이다. 견딜 만한 위기는 실제수준이 광범위한 요소에 따라 다양하기 때문에 움직이

는 개념이다. 이것은 위기 자체의 심각성, 잠재적 영향의 본질, 일반적 위기의 이해수준, 위기 영향을 받은 사람들의 익숙함, 위기와 관련된 이익, 어떤 대체 가능한 시나리오와 관련된 위험요소와 이익을 포함한다.

수용할 수 있는 사람들을 명확히 하는 것은 허용 또는 견딜 수 있는 위기정도를 구체적으로 명시할 때 중요하다. 필연적으로 실제 행동이 최적 조건을 반영할 수 없다. 예를 들면, 자동차를 구매하는 소비자의 구매행동에서 제품이 충분히 안전하다는 것은 필요하지 않다. 다른 형태의 교통수단과 교체가 최선이다. 이 예에서 위기는 수용되는 것보다는 견딜 만한 것이다. 자동차에 대한 소비자 선택에 영향을 미치는 많은 요소가 있다. 놀랍게도 자동차 안전에 대한 통계는 대부분 결정에서 거의 우선순위를 갖지 못하며, 위기 인식은 그 과정에서 하나의 요소일 뿐이다.

요약하자면, 위기결정에서 완벽하게 객관적인 접근방법은 없으며, 재해와 위기를 관리하기 위한 최적 방법에 대한 불확실성 때문에 정량적 분석은 완전한 기능이기보다 차선책으로 보인다.

B. 위기평가

위기평가는 다음의 세 단계를 갖는다.

- 재난으로 야기되기 쉬운 재해인지: 어떤 위험한 사건이 발생할까?
- 그런 사건 가능성에 대한 판단: 그것이 발생할 확률은 얼마인가?
- 재해의 사회적 결과 추정: 각각 사건으로 발생하는 손실이 무엇인가?

실제로 사건 강도와 위기 결과에 어떻게 영향을 미칠지에 대한 추가적인 이해가 필요하기 때문에 과정이 더 복잡하다. 예를 들어, 눈사태 발생확률은 적설량과 관련이 있다. 대규모 눈사태는 발생빈도가 낮고, 개연성이 적다. 그러나 제기된 위협은 빈도와 부피의 관계가 눈사태의 이동속도, 부피와 눈의 특성에 의해 영향을 받을 수 있기 때문에 전체를 이야기하지 않을 수 있다.

이런 문제를 극복할 수 있다고 한다면, 위기의 통계분석은 위기(R)가 확률(p)과 손실(L)의 결과로 발생한 것에 의한 확률이론을 기초로 한다.

$$R = p \times L$$

모든 사건이 같은 결과를 초래한다면, 이것은 발생빈도 계산을 위해서만 필요할지 모른다. 그러나 알려진 것처럼 환경재해는 다양한 영향을 가져온다. 그러므로 피해 결과에 대한 평가가 요구된다(Box 4.1). 많은 위협, 특히 과거 기술재해에 의한 사건의 이용 가능한 자료가 신뢰할 수 있는 통계적 위기평가에 적절하지 않다. 이런 경우는 사건과 결함수(event and fault tree) 기법이 사용된다(그림 4.2).

이것은 재해가 발생하기 전에 일어나는 사건의 연쇄작용으로 알려진 산업재해에서 가장 흔하게 적용되는 귀납 논리학의 과정으로 사용된다.

1. 강도와 빈도의 관계

지진(M_w와 메르칼리 등급), 토네이도(후지타 등급), 허리케인(사피르-심프슨 등급) 등과 같은 대부분 자연재해는 과학적인 등급으로 규모나 강도를 객관적으로 측정할 수 있다. 불행하게도 그런 등급은 재해 충격에 영향을 미치는 하나의 물리적 요소만 측정하는 경향이 있다. 허리케인과 관련된 사피르-심프슨 등급은 오로지 평균최대풍속과 관련이 있는 반면에 대부분 피해는 극한 돌풍, 폭풍해일, 강한 강수로 발생한다(제9장). 과학적 규모가 모든 피해를 통합할 수 있다고 할지라도 단일 사건은 지역환경과 사회조건에 의한 완화효과 때문에 재난의 영향을 설명하기 어렵다. 예를 들어, 해저 단층에서 발생한 지진은 쓰나미를 일으킬 수 있지만, 산맥에서 발생한 지진은 그렇지 않다. 재난 충격의 심각성은 재해 타격을 입는 공동체의 취약성 정도를 반영한다. 시간도 중요할 수 있다. 밤에는 더 많은 사

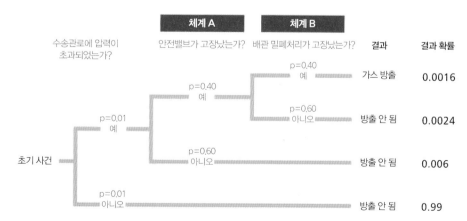

그림 4.2. 가상의 가스수송관로 사고에 대한 확률론적 사건나무. 체계 A와 B의 수행은 초기사건의 결과확률을 결정한다. Keaton 제공.

Box 4.1. 정량적 위기평가

경험적으로 보아 서로 다른 n개의 상호 배타적인 사건 $E_1 \cdots E_n$가 발생할 수 있다. 이 사건은 일련의 홍수나 도시 산사태일 수 있지만, 방법의 효율성은 좋은 데이터베이스의 이용 가능성에 달려 있다. 따라서 강도가 큰 지진과 같은 빈도가 드문 자연재해나 핵시설물에서 방출된 방사성 핵종과 같은 기술재해의 경우 방법이 덜 만족스러울 것이다.

역사적 사건에서 보면, 사건 E_i가 확률 p_i를 가지고 발생하고, $_1 \cdots _n$까지 각각의 숫자가 나타내는 L_i에 손실 상당액을 야기하며, $L_1 \cdots L_n$은 £나 생명손실과 같은 단위로 측정된다. 모든 가능한 사건을 사전에 확인할 수 있다. 그러므로 $p_1+p_2 \cdots p_n = 1$이 된다.

손실 증가순($L_1 < \cdots < L_n$)으로 사건을 정렬한 후, 개개 사건의 누적확률을 $P_j = p_j + \cdots p_n$으로 계산할 수 있다. 이것은 표 4.1에서 볼 수 있는 것과 같이 L_i만큼 손실이 크거나 L_i보다 손실이 큰 사건의 발생확률을 명시한다.

재산손실(£)	확률(p)	초과액의 누적확률(P)
0	0.950	1.000
10,000	0.030	0.050
50,000	0.015	0.020
100,000	0.005	0.005

표 4.1. 양적 위험 분석의 기본 요소

사건	확률	손실*	누적확률(p)
E_1	p_1	L_1	$p_1 = p_1 + \cdots + p_n = 1$
E_j	p_j	L_j	$p_j = p_j + \cdots + p_n$
E_n	p_n	L_n	$p_n = p_n$

자료: Krewski *et al.*(1982).
주: * 증가 순서대로 정렬됨($L_1 \leq \cdots \leq L_n$)

이 이론적인 예는 재산손실이 없는 95% 확률이나 50,000£나 그 이상 재산손실이 있는 2% 확률을 보여 준다.

몇몇 상황에서 위기(R) 척도를 정리하는 것이 필요하거나 기대될 수 있다. 이것은 총예상손실을 계산하는 것으로 끝낼 수 있다.

$$R = p_1 L_1 \cdots + p_n L_n$$

이 예에서 R은 1,550£일 것이다. 그 대신에 최대손실이 계산될 수 있다. 발생확률을 무시하고 최대손실이 위기와 같아지는 상당히 극단적인 예로, 이 경우 10만£일 것이다. 왜곡된 분포 때문에 다른 방법은 손실의 98% 수준의 확률 손실을 초래할 것이다.

같은 방법론은 피해사건이 생명손실을 야기할 때 적용될 수 있다. 위 예에 적절한 표가 제시되어 있다.

사망자 수	확률	누적확률
0	0.99	1.000
1	0.006	0.010
2	0.003	0.004
3	0.001	0.001

Krewski *et al.*(1982).

람들이 실내에 있을 것이고, 강풍과 강수로부터 보호되지만, 건물이 붕괴되는 지진에 취약하다. 취약성은 정적이지 않고, 인구와 물리 환경변화에 따라 시간이 지나면서 변화한다(Meehl *et al.*, 2000).

앞서 언급한 것과 같이, 위험한 과정의 규모(크기 또는 강도)는 보통 발생빈도와 관련이 있다. 예를 들어, 소규모이거나 주요 재난보다 훨씬 발생빈도가 낮은 대규모 지진은 상대적으로 드물지만 큰 사건이다. 25만 명의 사망자를 야기한 2004년 복싱데이 지진 때 방출된 에너지는 74,500명을 사망하게 한 2005년 카슈미르 지진보다 약 100배 더 강했다. 20세기 동안 가장 강했던 5개 사건이 지진과 관련된 전체 사망자 절반 이상의 원인이 되었다. 사건 강도를 빈

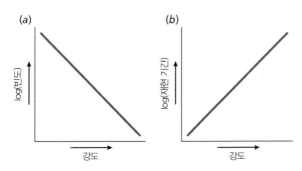

그림 4.3. 강도 (a) 및 빈도 (b)와 재현기간 사이 일반화된 통계 관계. 재난손실 대부분 빈도가 적은 매우 높은 강도의 사건과 관련 있다.

도의 로그 값에 대해 도식화하면, 보통 그림 4.3a에서와 같이 나타난다. 재현기간(또는 재현주기)은 규모가 같거나 그 이상인 두 사건 사이의 평균기간이다. 관련된 강도(그림 4.3b)에 관한 재현기간의 구성은 반대수그래프에서 직선에 근삿값으로 나타난다.

확률에 의한 극한사상 분석은 과거 과정과 사건이 미래를 위한 좋은 지침이라는 동일과정설의 가정에 의한다. 특히 인간활동에 영향을 받지 않은 장기간 기록이 존재하는 재해에 적절하다. 예를 들어, 대규모 지질적 힘에 의해 발생하는 전구적인 지각변화가 상당히 일정한 시간규모로 유지된다고 추정하는 것이 합리적이다. 확률분석은 역사적 시간 동안 변할 수 있는 환경과정에 대해서는 적절하지 않다. 만일 하천유역 전체에서 광대한 변형이 발생한다면, 특정 크기의 홍수에 대한 강도−빈도 관계가 바뀔 수 있다. 그런 제한 외에는 확률−기반 접근방법은 1년에 1번, 10년에 1번, 100년에 1번 발생할 것으로 예상되는 홍수규모를 추정하는 데 사용될 수 있다. 그러나 100년에 1번 발생하는 홍수는 1년에 1번 발생하는 것의 1/100 확률이며, 실제 그런 홍수에서 추정된 100년의 평균 재현기간이 다음 해에 발생할 수 있고, 다음 100년 동안 몇 차례 초과될 수 있으며, 200년 동안에는 발생하지 않을 수도 있다.

그런 제한에도 불구하고, 확률−기반 추정이 공학자들에

게 재해에 취약한 지역에서 핵심방어 구조를 설계하고 건설하는 데 도움이 된다. 홍수조절을 위한 댐과 제방, 폭풍해일로부터 보호되는 핵발전소, 지진대에서 지면 진동으로부터 보강된 병원 등이 예이다. 공학자들은 구조물이 기대수명 동안 재해과정에 견딜 수 있게 계획한다. 설계사건에서 실제 재현기간은 재해의 본질과 위험요소의 취약성에 따라 다양하다. 일례로 주요 하천에 있는 대형 댐의 붕괴로 하류지역 공동체에 큰 재앙을 불러올 수 있기 때문에 10,000년에 1번 발생할 홍수에 견디게 건설된다. 반면에 영국에서는 잠재적 실패의 결과가 훨씬 덜 치명적이기 때문에 철도교가 100년에 1번 발생할 홍수에 견디게 설계된다.

강도−빈도 관계는 재해관리의 다른 분야에서도 이용된다. 예를 들어, 담보 대출기관 또는 보험업자는 평균 30년 담보기간 동안 범람원에 지어진 신축주택을 위한 홍수 위기의 강도−빈도 관계에 대해 알려고 노력한다. 그림 4.4는

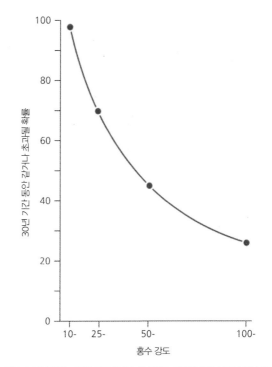

그림 4.4. 30년 동안 다양한 강도의 홍수 발생확률. 이것은 표준 부동산 담보 평균기간이며, 위험 정보는 담보대출 기관과 부동산 보험업자에게 흥미를 줄 것이다.

이 기간 동안 일정 기준 이상 사건의 위기를 보여 준다. 50년에 1번 이상 발생하는 사건은 45%의 발생확률을 가지지만, 100년 재현기간이 선택된다면, 확률은 26%로 떨어진다. 이는 유용한 정보이다. 만일 보험청구 확률이 만들어지고, 청구 예상비용을 알 수 있다면, 보험료가 적절하게 책정될 수 있다. 예상되는 손실 추정액이 너무 높다면, 보험료는 비쌀 것이고, 보험시장에서 경쟁력이 없다는 것이 입증될 것이다. 추정액이 너무 낮다면, 보험회사는 예상하지 않은 지급요구로 손실을 보게 될 것이다.

2. 극한사상 분석

극한사상 분석은 주어진 지역에서 가장 강한 돌풍 또는 대규모 홍수와 같은 최댓값 또는 최솟값의 통계 범위와 관계가 있다. 그 과정은 폭풍피해를 잠재적으로 추정하는 데 사용될 수 있는 연최대풍속의 예를 사용하여 설명할 수 있다. 이런 경우, 1927~1985년의 59년 기간 동안 스코틀랜드 서부지역의 타이리에서 기록된 연최대풍속을 자료로 이용할 수 있다. 첫 번째 단계는 이 사건 동안 순위(m)에서 가장 높게 기록된 돌풍을 m=1로 시작하고, 그다음으로 높게 기록된 돌풍을 m=2로 하여 내림차순으로 순서를 매긴다. 재현기간(연, Tr)은 다음과 같이 계산된다.

$$Tr = (n+1)/m$$

여기서 m은 사건 순위이고 n은 기록기간 동안 사건 수이다. 각 사건 확률은 다음과 같이 나타낼 수 있다.

$$P(\%) = 100/Tr$$

연간 빈도(AF)는 다음과 같이 주어진다.

$$1/Tr = AF$$

그림 4.5는 위에서 설명한 식으로 계산된 재현기간을 사용해서 돌풍확률을 도식화한 것이다. 자료는 선형으로 분포하며, 강도(풍속)와 빈도(확률) 사이 관계를 보여 준다. 어떤 정해진 돌풍 풍속에 대응하는 재현기간과 주어진 재현기간을 가진 풍속을 추정하는 것이 가능하다. 이용 가능한 자료(이 경우는 약 100km/h)를 벗어난 풍속을 추정하는 경우는 범위 밖에 있는 자료의 불확실성 때문에 주의가 필요하다. 때때로 물리적 원리를 사용하여 이론상 최댓값을 추정할 수 있다. 그러나 이 가정은 부적절한 지식, 기후조건 변화 또는 다른 요인에 의해 약화될 수 있다.

자료기간이 표현하기에 너무 짧을 때, 큰 오차 위기가 있을 수 있지만 설계사건을 추정할 필요가 있다. 이런 이유로 측정되지 않은 극한사상의 빈도와 규모를 추정하기 위해 역사문헌과 다른 지시자료를 사용해서 실험자료를 확장시키는 것이 지진공학과 홍수 수문학에서 사용된다. 통계적으로 유효한 자료가 없는 높은 강도의 쓰나미와 같이 매우

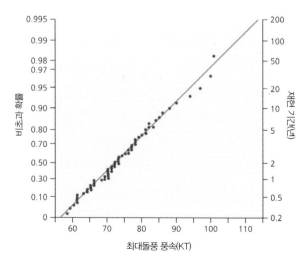

그림 4.5. 스코틀랜드 서부 타이리에서 1927~1985년의 연 최대돌풍 확률과 재현기간을 도식화했다. 이 예는 더 극한사건을 추정하기 위한 제한된 잠재 값을 제공하는 선형 관계를 보여 준다.

드문 재해를 추정하는 것이 가장 어렵다. 이런 경우 실행 가능한 접근법은 그런 사건을 위한 모델링 시나리오를 만들기 위해 프록시 증거를 위한 지질 기록을 조사하는 것이다.

주요 결론은 데이터베이스 품질에 많이 의존하는 확률-기반 분석에서 신뢰성이 있어야 한다는 것이다. 원칙적으로 기록에서 각각 사건은 같은 통계 모집단에서 얻어지며, 알려진 분포곡선을 따르며 각각 독립적이다. 예를 들면, 타이리 자료에서 각 최대돌풍은 독립적이면서 연간 최대돌풍이지만(각각 돌풍이 서로 다른 폭풍에서 산출됨), 모두 중위도 저기압에서 야기된 것이기 때문에 같은 통계 모집단에서 얻어진다. 다른 환경이 반드시 독립적이지는 않다. 지진은 지각에 축적된 압력 에너지의 양에 의존하는 사건 강도로서 시간에 따라 무작위하게 발생하는 것은 아니다. 대규모 지진이 발생할 때, 최소한 압력에너지 일부가 방출된다. 압력 에너지가 다시 쌓일 때까지 단층의 같은 부분에서 다른 대규모 사건이 즉각 발생할 확률은 감소한다. 반면에 압력은 다른 지역 단층으로 이동할 수 있고, 근처 단층에서 지진이 증가할 수 있다.

통계는 정규분포함수로 가장 잘 설명된다고 가정하지만, 항상 그런 것은 아니다. 예를 들면, 일강수 자료가 통계 분포에서는 평균보다 왜곡될 수 있다. 예측에서 과거자료가 결정요인의 변화가 없을 것이라는 가정하에 사용될 때, 이전 절에서 언급한 것과 같이 다른 문제가 발생할 수 있다. 정상성으로 알려진 이 가정은 광범위한 환경변화 가능성을 무시한다. 본질적으로 매우 긴 시간 동안 물리적 체계가 변화할 수 있지만, 인간 활동으로 야기되는 변화가 종종 더 중요하다. 홍수와 같은 지표면 가까이의 지물리적 과정에 관한 적절한 체계가 지난 세기 동안 인간활동에 의해 어느 정도는 영향을 미쳤을 것이다. 기후변화에 대한 전망은 기존 통계분포가 미래 사건 추정에 신뢰 가능성이 더 적다는 것을 의미한다.

그런 변화 결과가 통계용어로 표현될 때는 복잡하다. 재해사상의 빈도변화는 자료에서 대부분 평균과 표준편차의 변화로 간단하게 표현될 수 있다. 그림 4.6은 평균값은 일정하게 유지되지만, 표준편차 변동이 증가하는 기후변화 상황을 보여 준다. 그러므로 가장 '높은'과 '낮은' 사상 모두의 빈도는 적절한 사회적 허용한계 범위로 정의되는 임계치에 비례하여 증가한다. 이것은 기온 범위에서 나타나는 더 추운 겨울과 더운 여름 모두를 야기하는 기후변화를 보여 줄 것이다. 반면에 그림 4.7은 변동의 변화 없이 평균값이 증가한 결과를 보여 준다. 이것은 일기패턴의 큰 변화 없이 순수한 온난화를 경험한 위치에서 기후변화 효과를 모의한다. 이런 경우 가장 높은 빈도는 임계치 상승 영향과 관련 있으며, 가장 낮은 빈도는 감소한다. 평균값이 더 낮아

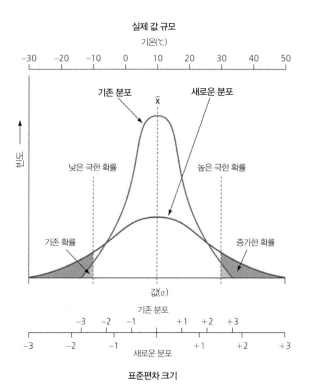

그림 4.6. 극한사상 발생에서 증가된 변동성 변화의 영향. 재해에 영향을 받는 높고 낮은 기준 값 모두 평균은 상수로 유지되지만 증가된 표준편차의 결과로 더 빈번하게 단절된다. 이 예는 기온 단위로 제공된다.

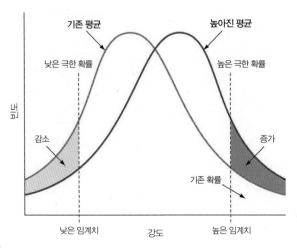

그림 4.7. 극한사상 발생에서 증가된 평균값 변화의 영향. 이동은 높은 강도의 사상으로부터 재해영향의 빈도 증가를 초래한다. 낮은 강도 사상의 빈도는 상응하게 감소한다.

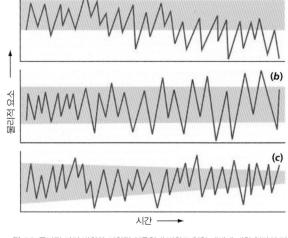

그림 4.8. 물리적 사건 변화와 사회적 허용한계 변화로 인한 재해에 대한 인간의 민감도 변화. 각각 사례에서 재해 강도와 재해 빈도는 시간에 따라 증가한다(de Vries, 1985).

지면 말할 필요도 없이 이 효과는 반대가 될 것이다.

실제로 환경변화는 평균기온과 변동 모두의 변화를 야기할 수 있다. 또한 분포 형태를 바꿀 수 있다. 이런 이유로 재해사건 발생에서 현존 모델로 기후변화 영향을 정확하게 예측하는 것이 어렵다. 복잡성은 해수면온도와 열대성 저기압 형성과 같이 원인과 재해 자체 사이의 비선형 관계 때문이다(제9장 참조). 대부분 재해과정을 위한 확률함수는 평균값 변화에 민감하다(Wigley, 1985). 오직 1 표준편차만큼의 평균값 이동은 20년에 1번 발생할 것으로 예상되는 극한사상을 5배 더 빈번하게 야기할 것이다. 비슷하게 100년에 1번 발생하는 사건의 재현기간은 9배 확률 증가에 따라 11년으로 줄어들 수 있다. 이것이 일부 연구자들이 기후변화로 기상재해 영향이 크게 증가할 것이라고 믿는 이유 중 하나이다.

또 하나의 도전은 재해에 대한 사회 민감도 또는 취약성 변화를 이해하는 것이다. 그림 4.8은 재난에 대하여 증가한 위기를 야기하는 몇 가지 가능성을 보여 준다. 사례 (a)는 문제에서 사회적 허용한계의 일정한 범위와 재해요소의 일정한 변동을 보여 주지만, 해당 요소 평균값 감소도 보여 준다(기온 하강). 사례 (b)는 허용한계의 일정한 범위와 일정한 평균값을 보여 주지만 변동 증가도 보여 준다(연강수량의 큰 변동 경향). 마지막으로 사례 (c)에서 변수는 변하지 않지만, 허용한계 범위가 좁고 취약성이 증가한다(인구증가는 더 많은 사람들을 위험에 처하게 하기 때문).

C. 위험인지와 전달

이미 객관적(통계적) 위기와 주관적(인지된) 위기 간에 차이가 있다. 객관적 위기평가는 과학적 과정으로 나타난다. 객관적 위기평가는 유용하고 재생가능한 결과를 제공하기 위해서 개인의 선호도에 따르는 감정적 요소를 제외하기 위해서 조사하는 체계적인 과정에 의한다. 반면에 주관적 위기평가는 형식화된 과정에 의하지 않는다. 주관적인 관점과 경험에 의존하며, 초래된 인식은 과학적 분별력으로 재생산되지 않는다. 예를 들어, 개인 관점은 특히 사람들이 개인적으로 재해를 경험했을 때 바뀔 수 있다. 그러나 두 가지 접근법은 정반대가 아니다. 인지된 위기는 상당한 양의 과학적 지식을 통합하고 있다. 그러나 '객관적' 위기평가는 다른 영향이 비교되는 방법과 같은 가치판단을 요구한다.

재해분야에서 광범위하게 적용되는 결정모델은 의사결정자가 객관적인 환경관찰로 개인적인 선택 역할을 하는 인지행동을 가정한다. 불완전한 지식기반의 자연과 인간계의 복잡성에 직면한 의사결정자는 이상적인 것보다 최적의 결과를 찾아야 한다. Kates(1962)는 그런 결정은 개인적인 '경험의 감옥'에 기초한다고 강조하였다. 따라서 재해 희생자와 재해 관리자는 다른 방식으로 위기에 반응하는 경향이 있다. 위기에 대한 모든 개인 인식은 동등하게 유효하며, 주어진 어떤 위협에서 각 개인은 자신의 반응을 선택할 권리를 가진다는 것을 고려해야 한다.

전문적인 위기평가와 전문적이지 않은 위기인식 차이가 재해관리에서 문제를 일으킬 수 있다(표 4.2). 통계학자가 자발적이거나 비자발적 위기를 동등하게 평가하는 것은 당연한 일이지만, 대부분 비전문가들은 비자발적 위기에 더 큰 의미를 둔다. 게다가 객관적 시각으로는 많은 생명을 앗아가는 대규모 드문 사건과 시간이 지남에 따라 비슷한 손실규모를 야기하며 한 번에 단 한 사람의 생명을 앗아가는 빈번한 재해를 동일하게 보아야 한다는 점을 제안한다. 반대로 대부분 전문적이지 않은 사람들의 인식에서는 한순간에 많은 생명을 앗아가는 극단적 재해가 더 중요하다. 예를 들면, 영국에서는 평균적으로 하루에 철도사고로 인한 사망보다 교통사고로 더 많은 사람들이 사망하지만, 철도사고가 언론 관심을 더 많이 받는다. 이것은 철도사고가 어느 정도는 비자발적 위험 결과로 간주되고, 이 사건이 인상적인 영상을 만들어 내는 경향 때문이다. 자동차 사고는 자발적 위험 결과로 인지되며, 사고당 사망자 수가 적다.

표 4.2. 위기평가와 위기인식 차이

분석과정 단계	위기평가	위기인식
위기확인	사건 감시 통계 추론	개인 직감 개인 인지
위기추정	강도/빈도 경제 비용	개인의 경험 무형의 손실
위기평가	비용-이익 분석 공동체 정책	개성적 요인 개인 행동

기술적 위기분석과 덜 공식적인 위기인식 사이의 분쟁을 해결하는 것은 재해 관리자들에게 골칫거리이다. 반면 객관적인 분석결과는 위기를 적절하게 비교하고 조절할 수 있게 한다. 이런 방법으로 위기저감을 위한 경제적 소비를 합리적으로 결정할 수 있다. 실제로 어떤 분석가들은 주관적이라는 이유로 위기의 비과학적인 인식을 근거 없는 것으로 간주한다. 다른 사람들은 위기가 사망자 수, 사망률, 손실의 단순한 통계 추정을 넘어 훨씬 더 복잡하다고 주장한다. 오늘날 의사결정에 대하여 인식되는 위기통합은 민주사회에서 정책결정을 위해 중요한 공공의 관점을 줄 수 있다고 믿는다.

후자의 관점은 비전문적인 인식이 개인 경험, 사회적 맥락, 기타요소를 기반으로 한 개인 판단을 갖는 전문가 분석과 조화되는 경향이 있기 때문에 가치 있다는 관점과 일치한다. 대중은 전문가보다 정보이용 가능성이 낮다는 것을 알고 있다(Sjöberg, 2001). 영국에서 다소 세간의 이목을 끄는 공중보건에 대한 두려움은 홍역, 유행성 이하선염, 풍진(MMR)을 위한 세 가지 백신과 관련된 자폐아에 대한 위기와 감염된 쇠고기를 먹고 크로이츠펠트 야코프병(CJD)에 걸린 것 사이의 관계를 포함한다. '위기사회'에서 대중은 재해에 대해 수용된 과학적 관점에 대해 더욱 주의해야 한다. 이것은 자신의 연구비 출처를 보호하기 위해 인위적 지구 온난화(AGW) 위협을 과도하게 강조하는 과학자들이 잘못된 주장을 펼칠 때, 지구 온난화에 대한 논쟁에서 되풀이되는 이슈이다.

논쟁이 분분한 의사결정 동안 위기 관리자와 대중 사이 신뢰에 심각한 와해가 발생할 수 있다. 실제로 균형이 이루어져야 한다. 공동체 관점이 고려되어야 하지만, 객관적인 분석 한계를 뛰어넘은 재해와 위기에 대한 비전문적인 인식의 강조가 사소한 안전 개선을 위해 지나친 공공자원 낭비를 초래할 수 있다. 게다가 위기인식은 매체를 통하거나 정치인에 의해 자주 증폭되는 부당한 편견에 끌려다닐 수 있다. 특히 위기인식이 재해관리를 위해 사용되는 경우에는 사회에서 소외계층이 불리한 처지에 놓이지 않게 큰 관심을 기울여야 한다.

재해와 위기에 대한 기술적 평가자와 대중 사이의 과거 갈등이 두 관심 집단 간 적절한 의사소통의 필요성을 보여준다. 실질적인 입장에서 개선된 의사소통이 비전문적인 사람들에게 위기의 객관적인 분석결과를 이해시킬 수 있어야 하며, 대중에게 가장 큰 관심을 야기하는 위기에 대해 과학자들에게 정보를 줄 수 있어야 한다. 그러나 대중에게 위기에 대한 복잡한 기술적 평가를 전달하는 데 따르는 문제점이 있다(Slovic, 1986).

• 간혹 사람들의 위기에 대한 초기 인식이 부정확하다.
• 위기정보는 종종 대중을 두렵게 하고 좌절하게 한다.
• 강하게 견져 온 사전에 형성된 믿음으로 믿고 있는 정의가 잘못되었을 때도 수정되기 어렵다.

사진 4.1. 독일 하노버 근처 베를린으로 이어지는 고속도로 2/E300에서 발생한 2009년 도로교통 사고에 대한 응급대응. 교통 위험은 도로 사고에서 상대적으로 큰 누적 사망률을 갖지만 공공에게 받아들여지는 경향이 있다(사진: Panos/Martin Roemers MRM01548GER).

• 소박하거나 단순화한 관점이 발표 형식에 의해 쉽게 조정될 수 있다. 사건이 발생할 확률이 10%일 때는 90%일 때보다 의견이 바뀌지 않는다.

온라인에서 얻은 정보 증가는 훨씬 더 문제를 복잡하게 만들었다. 다수의 사람들은 광범위한 정보에 접근하고 인터넷을 통해 독립적인 자신의 연구를 시작할 수 있다. 이것이 허용되고 권한이 강화되는 추세이지만, 접근할 수 있는 정보의 질이 때때로 빈약하고, 자료가 초기의 오판을 초래할 수 있다.

D. 실제 위기인지

위기에 대한 개인 인식은 사람이 살고 있는 지역사회에서 발생하는 일반적인 태도와 문제의 재해를 다루는 개인 경험 사이의 복잡한 상호작용의 결과이다(Garvin, 2001). 문화환경이 위기해석에 영향을 미친다. 예를 들어, 강한 종교적 신념을 가진 공동체에 사는 사람은 인간이 관리할 수 없는 '신의 행동'으로 재해를 바라볼 가능성이 있다. 재해 사건에 대한 개인 지식을 가진 사람이 미래 발생 확률에 대한 보다 정확한 전망을 하는 경향이 있기 때문에 과거 경험이 중요하다. 예를 들어, 대도시 주변 슬럼가에 살기 위해 농촌에서 이주한 사람들은 경사지 위기를 인지하지 못하여 산사태에 취약할 수 있다.

Meltsner(1978)에 의한 초기 연구에서 보여 준 바와 같이 개인 경험이 위기완화를 위한 강력한 자극이 될 수 있다. 1971년 캘리포니아 산페르난도에서 발생한 지진은 산페르난도와 근처 실마르 주민 46%에게 미래 지진재해를 줄이기 위해 재해저감 방법이 적용되었지만, 산페르난도 계곡의 나머지 지역에서는 24%, 로스앤젤레스 분지에서는

11%로 떨어졌다. 어떤 사람은 지진과 같은 한 번의 재난이 발생하면 재현확률이 감소하고, 이후 완화행동을 취할 필요가 적다는 관점을 취할 수 있다. 직접적 재해 경험이 부족한 대부분 사람은 다른 방법으로 인식이 형성된다. 특히 텔레비전과 같은 매체는 강력한 정보 공급원이다. 제2장에서 상세하게 소개한 보고된 재난뉴스에 대한 편견 범위와 인터넷 정보 의존도 증가는 비전문적인 사람들의 재해인식이 보다 객관적인 위기분석 결과와 다르게 형성되기 쉽다. 방송은 과학자가 지역사회의 위기인식에 영향을 미치게 하고, 대중의 위기에 대한 더 나은 과학적 이해의 필요성을 보여 준다.

일부 비전문적인 사람들은 지리적 위치와 개인성향 측면 때문에 기술 전문가와 다르게 재해를 인식할 수 있다. 홍수에 대한 초기 연구는 농촌 거주자가 도시 거주자보다 자연환경에 대한 의존성이 더 크기 때문에 통계적으로 유도한 추정치가 재해인식에 훨씬 더 가깝다는 것을 밝혔다. 개인성향의 영향은 위험한 사건의 영향이 운(외부적으로 조절되는)에 따른다고 믿는 정도나 자신의 행동(내부적으로 조절되는)에 따라 구분된다. 분명히 관점의 범위는 '통재 소재(locus of control)'로 설명되는 주변에 있다. 이 범위 내에서 세 가지 특징적인 인식 형태가 확인된다.

• 결정론: 종종 '도박꾼의 착오'라 불리는 이런 행동 패턴은 비전문적인 사람들이 가장 위험한 사건의 임의 특성을 받아들이기 어렵다는 것을 깨달을 때 나타난다. 이런 인식 형태는 재해가 있지만 규칙적인 시간 간격이나 반복 주기와 관련된 정해진 패턴으로 극한사상이 나타난다는 것을 인정한다. 예를 들어, 영국에서는 이런 관점을 뒷받침하는 근거가 거의 없더라도 미국 동부해안에서 먼저 한파가 영국의 한파와 비슷하게 나타난다는 것이 일반적인 인식이다(Petley, 2009). 일부 지진의 경우에서 이런

필요성이 오류가 있는 관점은 아니지만, 일시적으로 대부분 위협에 대한 임의 패턴에 맞는 것도 아니다.

• 의견충돌: 의견충돌은 다양한 형태로 나타나지만, 거부 또는 위기 최소화를 나타낸다. 일반적으로 사건이 반복되는 것이 아니라 일시적으로 발생하는 것처럼 보인다. 극단적인 경우 지난 사건 존재를 완벽하게 부정할 수 있다. 의견충돌은 주요 재해위기에서 물질적인 부를 가진 사람들과 관련된 상당히 부정적인 인식 형태이다. Jackson and Burton(1978)은 초기 연구에서 지진에 취약성이 높은 지역에 사는 사람들은 실질적으로 대규모 지진의 결과를 다루기 어렵고, 계속되는 막연한 위협과 관련하여 다가오는 심리적 문제 때문에 재해를 골치 아픈 것으로 인식하지 않는다고 주장하였다. 이런 관점에서 의견충돌은 일상적인 기준에서 견딜 수 있는 진행 중인 위기를 다루려는 것이다.

• 개연론: 확률적 인식은 재난이 발생할 것이고 많은 사건이 임의적이라는 것을 받아들이기 때문에 가장 정교한 관점이라 할 수 있다. 위기에 대한 의사결정을 다루는 공무원 관점과 가장 잘 일치한다. 그러나 위기수용의 경우, 그 범위가 정부에서부터 신까지 확대될 만큼 높은 권위로 재해를 다루어야 한다는 것을 전달할 필요성이 있다. 실제로 확률적인 관점은 때로 개인이 재해에 반응하는 책임을 느끼지 않고 어떤 행동이나 피해저감을 위한 지출을 피하려는 '신의 행동' 증후군인 숙명론과 이어진다.

공공 위기인식의 중요한 특징은 사회적으로 증폭되는 것이다. 이런 것은 요인이 과장된 위협의 공포를 만들어 낼 때 발생한다. 위협이 개인에게 새로운 것일 때, 사람이 위기의 실제 강도가 어떤 방법으로 숨겨져 있다고 믿을 때, 재해에 노출된 개인이 취약하다고 판단될 때(만일 그들이 어린이라면), 전문가가 위기를 이해하지 못한다고 느낄 때 사회적 증폭이 발생하기 쉽다. 반면, 위기인식은 개인 또는 단체가 재해에 직접적으로 관련될 수 없을 때, 재해에 대해 보고된 매체 단계가 제한적이거나 단기적일 때, 재해와 관계된 이익이 인지될 때, 재해가 잘 이해되고, 책임감 있는 개인을 신뢰할 때 감소될 수 있다. 예를 들어, 영국에서 철도여행은 사고가 발생할 때 매체의 높은 관심과 철도관리의 효율성에 대한 대중의 낮은 신뢰도 때문에 통계로 제시된 것보다 더 위험하다고 인식된다.

표 4.3에는 대중의 위기인식을 증가시키거나 감소시킬 수 있는 몇몇 요인이 나열되었다. 자신의 삶이 즉각적이거나 직접적으로 위협받는다면, 위기를 더 심각하게 받아들인다. 이것은 지진이 가뭄보다 더 심각하게 평가된다는 것을 의미한다. 위기인식이 순수하게 개인적인 관심으로 제한되지 않기 때문에 잠재적 희생의 종류가 중요할 수 있다. 만일 어린이가 위기에 처해 있거나, 희생자가 쉽게 식별되는 그룹이라면 인지상태가 강화된다. 예를 들어, 학교파티에 대한 위협이 크게 강화될 수 있다. 재해 정보원에 대한 신뢰 정도와 관련해서는 지식 수준이 중요할 수 있다. 이것은 특히 과학적 이해 부족이 기술적인 전문가에 의해 표현된 의견에 대한 불신과 결합될 때, 복잡한 기술적인 위기인식에서 나타나는 공통적 특징이다. 나이도 하나의 요인이다. Fischer et al.(1991)은 노인은 건강과 안전 문제에 관심이 높은 반면, 학생은 상대적으로 환경에 대한 위협에 관심이 크다고 밝혔다. 만일 기술재해가 더 두드러진다면, 대중은 인간이 제어할 수 있는 위기가 증가한다고 볼 것이다. 몇몇 국가에서 중요할 수 있는 도로안전과 같은 공통적인 재해에 대한 중요성이 이미 강조되고 있다. 뉴질랜드의 경우, 매 6개월 동안 도로사망자 수가 국가적으로 기록된 지진에 의한 사망자 수를 초과하고 있다.

표 **4.3.** 상대적으로 안전한 판단의 예를 가진 공공 위기인식의 영향을 받는 요소

위기인식 증가 요인	위기인식 감소 요인
비자발적 재해(방사성 낙진)	자발적 재해(등산)
즉각적인 영향(산불)	지연된 영향(가뭄)
직접적 영향(지진)	간접적 영향(가뭄)
두려운 재해(암)	공공 재해(도로 사고)
사건당 다수의 참사(항공기 충돌)	사건당 소수의 참사(차량 충돌)
시공간상의 많은 사망자(산사태)	시공간상의 임의 사망(가뭄)
동일함을 증명할 수 있는 희생(화학발전소 근로자)	통계적 희생(흡연자)
잘 이해되지 않은 과정(핵 사고)	잘 이해되는 과정(눈보라)
조절될 수 없는 재해(열대성 저기압)	조절될 수 있는 재해(고속도로 위의 결빙)
친숙하지 않은 재해(쓰나미)	친숙한 재해(홍수)
당국에 대한 신뢰 부족(사기업)	당국에 대한 신뢰(대학 과학자)
높은 언론 관심(핵발전)	언론 관심 거의 없음(화학 발전)

출처: Whyte and Burton(1982).

E. 위기관리

위기관리는 재해저감 전략 도입을 쉽게 하기 위해서 위기가 평가되는 과정이다. 어느 정도까지는 기술적 위기관리와 자연재해 사이에 차이점이 있다. 예를 들어, 오류 나무 방법은 기술재해에 더 일반적이지만, 양쪽의 경우에 전체적인 체계를 포함하는 평가가 필요하다. 대부분 나라에서 가장 중요한 위기관리 책임은 보건과 안전 법규를 만드는 정부에 있으며, 이어서 지역기관과 전문기관에 의해 구현되고 적용된다. 행정구조가 무엇이든 간에 성공적인 위기관리는 관련된 지역사회 내에서 이해 관계자에게 효율적인 비용과 수용 가능한 효율적이고 투명한 방법을 사용하여 얻을 수 있다.

관리방법은 인간과 경제발전의 대조적 단계에 있는 국가의 필요성과 위기 종류에 따라 다양하다. 이상적 세계에서 최초로 제시된 가장 높은 위기단계에서 공식적 위기관리를 위해 합의된 명확한 우선순위가 있을 것이다. 그런 우선순위를 개발하기 위해서 모든 관련된 요소와 결과에 대한 정량적 위기평가가 필요하다. 이런 목표는 자료 부족과 높거나 낮은 빈도 사건 사이의 균형적 위기 필요성, 재정 압박과 이미 논의된 것과 같은 위기에 대한 공공인식에 포함된 복잡성 때문에 거의 달성하기 불가능하다. 특히 하향식 접근방식은 저개발국에서 어떤 위기집단의 필요성을 찾는 데 실패할 수 있고, 위기관리와 재해완화를 위한 지역사회에 기반을 둔 참여적 접근에 초점을 두어야 한다.

1. 형식적 접근법

유럽에서는 감소한 재정자원과 결합된 대규모 재난손실에 대한 최근의 경험이 정부를 자극하지만, 스위스에서 자연재해 감소를 위해 제안된 과정에 의해 제시된 것과 같이 다른 곳에서는 위기관리에 대하여 더 엄격하고 체계적인

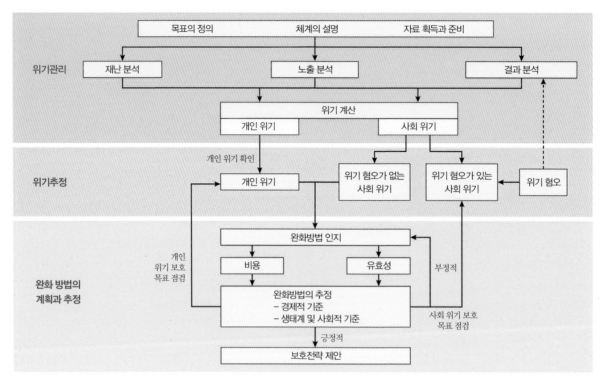

그림 4.9. 스위스에서 채택된 자연재해 위기관리에 대한 순차적인 접근방법. 과정은 개인과 사회적 위기에 대한 분석단계, 평가, 완화를 통해 진행한다(Bründl *et al.*, 2009).

방법을 적용한다(Brundl *et al.*, 2009). 이런 접근은 그림 4.9에 나타낸 것과 같이 위기분석, 위기추정, 위기관리를 포함하는 3단계로 상세하게 구성된다.

- 위기분석은 지도와 지형분석, 항공사진, 위성영상에서 획득한 정보를 사용하여 일반적인 재해평가를 고려하는 첫 단계이다. 노출분석은 사람들이나 다른 지역 자산이 위기에 노출되어 있는 정도를 식별하고 평가한다. 결과 분석은 주어진 사건에 의해 예상되는 피해나 다른 손실을 추정하기 위해 재해와 노출된 결과를 결합하는 것이다. 위기계산은 사람이나 사회 경제적 자산에 대해 예상되는 손실 규모를 결정하기 위해 수행된다.
- 위기평가는 다음과 같이 행한다. 수용할 수 있는 것과 그렇지 않은 것을 결정하기 위하여 사망과 경제적 피해로

표현되는 예상손실을 미리 결정된 안전 목표(말하자면, 사망에 관한)에 대해 평가할 수 있다. 그 후에 조정이 이루어진다.
- 위기관리는 조사가 현재 사용되는 다양한 경제적, 생태적, 사회적 기준에 기반을 둔 가장 적절한 완화전략을 만들 때 평가와 계획의 최종단계이다.

2. 참여적 접근법

공동체의 위기평가에서는 포괄적 방법이 가장 적절하다는 개념이 한동안 사용되었다(Pelling, 2007). 현지인이 직면한 위기를 잘 이해한다. 이는 서부 중앙아프리카 카메룬 산 근처에서 화산위협에 노출된 농촌 지역사회처럼, 재해에 대한 선행 경험을 갖고 있을 때 특히 그렇다(Njome *et al.*, 2010). 이 참여적 접근법은 지역 이해관계자들이 보유한 위기인식을 존중하고, 고유기술과 대처방법을 적용하여 함께 작업하는 것을 목표로 한다. Teka and Vogt(2010)은 서아프리카 베냉의 평평한 해안에서 해안위협에 관한 주민인식 연구를 통해, 위기인식은 나이와 인종과 같은 요소에 따라 다르고, 위기관리 전략이 이런 집단의 특이한 태도를 반영해야 한다고 결론지었다. Krishnamurthy *et al.*(2011)은 멕시코 지역사회에서 GIS를 활용한 방법이 허리케인 위기지역 인식을 재난감소를 위한 정책결정에 반영할 수 있는 방법이라고 설명하였다.

개발도상국의 사례연구가 사회 특성 이해와 지역주민의 활발한 참여를 통해 얻어진 취약성 이해에 의하여 손실을 줄일 수 있는 가능성을 보여 주었다. 재해 직후의 여파에서 지역주민은 첫 번째 반응자이며, 적절하게 훈련된 가족과 지역 공동체에 의존하며, 탐색과 구조단계를 개선하는 역할을 한다. 재해에 이어지는 복구과정은 이 단계가 미래에 더 활발한 공동체를 만들기 위한 기반구조의 취약성과 개발정책에서 오류를 고치기 위해 계획된 주도권을 적용하기 위한 기회의 창을 제공하기 때문에 중요하다. 이런 자산이 종종 외부 세계에 의해 방치된다고 하더라도, 공동체 자체가 이런 작업을 할 수 있는 기술이나 때로는 자원을 가지고 있다.

앞에서 나타낸 것과 같이, 위기관리를 위한 구조는 보통 지방, 지역, 국가, 국제적인 수준에서 작용하는 정부규제로 설정된다. 예를 들어, 영국에서 대부분 일상적 위기는 유럽과 영국의회에서 만들어지고 보건안전관리국(Health and Safety Executive)과 환경청(Environment Agency)과 같은 기관에서 집행되는 법규를 통해 관리된다. 시행은 그런 단체, 정책(고속도로에서 위험을 관리하는 것과 관련된) 또는 지방 자치단체에 의해서 시작된다. 게다가 법률적으로 구속력이 없지만 영국 표준협회가 제공한 직업규약의 구성은 법적 요구사항을 따르기 위한 조직에 권한을 줄 수 있는 적절한 지침이 된다. 마지막으로 일부 전문화된 산업은 스스로 법적 구조와 집행체계를 가지고 있다. 예를 들어, 영국에서 항공산업은 민간항공국에 의해 집행되는 법률, 계약, 구조의 특정 구성에 의한다.

위기관리를 위한 법적 구조는 사람들에게 재해, 법적 구조의 목적과 본질에 대하여 알려 주는 공공정보 프로그램을 사용하는 것과 사람들이 자신의 위기를 최소화할 수 있는 행동과 같은 다른 조치의 범위에서 지원된다. 이 조언은 불이행에 따른 벌금과 함께 이행에 따른 재정 보조금과 세금 혜택과 같은 경제기구에 의해 보완될 수 있다. 예로서, 지진위험이 높은 도시지역에서 관계당국에 의해 위험을 줄일 수 있다.

- 건축법규의 집행은 명시된 지진위기를 잘 견딜 수 있는 모든 새로운 구조를 요구한다. 이상적으로는 입법을 통해 이 건축법규가 집행될 것이며, 불이행 시 높은 벌금(극단의 경우 해체를 포함함)이 부과된다.
- 표준 건축법규를 충족시키기 위한 기존 건물의 개조를 장려하기 위해서 건물 소유주에게 세금혜택과 보조금을 제공한다.
- 건물개조를 위한 적절한 방법과 건축법규에 대해 대중을 교육한다. 지진위기에 대한 대중인식을 키우는 프로그램이 착수될 것이다. 강조되는 점은 사회에서 가장 취약한 사람을 보호하기 위해서 어린이들에게 어떻게 대응해야 할지를 가르치고, 성인에게 정보전달에 대해 조언하는 것이다.

그런 중요성에도 불구하고, 위기관리는 사회의 여러 목표 중 하나이다. 필요한 자원은 다른 가치 있는 요구와 균형을 이루어야 한다. 예를 들어, 많은 저개발국에서 재해

관리는 빈곤 감소, 의료시설 및 낮은 기대수명의 개선, 기초교육을 제공하는 것을 중요시해야 한다. 일반적으로 위기와 관련된 정부지출이 적다. 영국에서 보건과 안전 규정에 대한 직접 공공지출은 총 중앙정부 지출의 약 0.1%이다(Royal Society, 1992). 그렇다고 하더라도, 안전성 향상에 대한 투자 일부는 '하천의 제방효과'라 불리는 홍수로 인한 경제위기와 더 큰 재산가치가 따르는 홍수방어 작업에 지출하는 때와 같은 다른 가치와 바꾸어버리기 쉽다(제11장 참조). 사실상 위기관리 목표는 사회 경제적 요구에 적절하게 수용할 수 있는 정도에 대한 위협을 감소시키는 것이며(Helm, 1996), 일부 상이한 ALARP 원리를 이끌어 가는 것이다(Box 4.2; 그림 4.10).

위기수용 원리는 위험한 산업현장에서 발생하는 위기에 적합하다. 일반적으로 위기는 공장에서 작업하는 개인부터 폭발 충격이나 위험한 오염물질이 멀리 떨어진 곳으로 이동할 때 나타날 수 있는 더 광범위한 사회까지 확대된다. 수용 정도에서 볼 때, 노력 여하에 따라 이런 위기규모를 조정할 수 있고, 재해 심각성을 키울 수도 있다. 표 4.4는 산업사고로 인한 사망과 부상 위험 매트릭스를 보여 준다. Duijm(2009)에 따르면, 유럽국가의 관례는 개인이나 장소에 기반한 위기에 대한 사고확률이 연간 10^{-6} 이하로 줄 수 있게 공동의식을 가져야 한다.

다수의 위기관리 결정은 재정기반에 기초한다. 이것은 많은 사람들이 이 개념에 불만족스러워 하지만 인간 삶에 경제적 가치 특성이 필요하다는 것을 의미한다. 다양한 접근방법이 개발되었으며, 가장 최적 방법으로 평가될 수 있

Box 4.2. ALARP 원리

ALARP는 '합리적으로 실행할 수 있을 만큼 낮음'을 나타낸다(Petley, 2009). 원리는 사회가 허용한계를 통하여 수용가능한 것부터 수용가능하지 않는 것까지 위기체계에 직면한다고 가정하여 위기관리에 적용되는 것이다(그림 4.10). 수용가능한 범위에서 위기(그림에서 제일 윗부분)는 견디기에 너무 힘들게 여겨지며, 비용의 많고 적음에 관계없이 언급되어야 한다. 허용범위 내에 있는 위기는 더 광범위한 경제적이고 사회적인 구조 내에서 실행할 수 있을 만큼 감소되어야 하는 상태인 ALARP 원리를 사용하여 시작되어야 한다. 결국, 가장 낮은 범주인 무시해도 되는(수용가능한) 위기는 자원의 오용을 보여 줄 것이기 때문에 언급되지 않는다.

위기관리 목표는 모든 위기를 수용가능한 단계로 감소시키는 것이지만, 실제로는 달성될 수 없다. 따라서 비용−이익 계산은 자원 사용의 우선순위를 가능하게 하기 위해 사용된다. 2007년 유럽재판소에서 합법적인 판결로 영국에서는 ALARP 접근이 법적으로 적용된다.

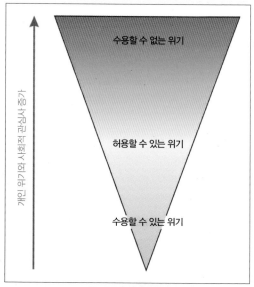

그림 4.10. 위기관리를 위한 ALARP 접근방법. 높은 단계(수용할 수 없는) 위기는 범위의 끝에 있고, 낮은 단계(수용할 수 있는) 위기는 정반대쪽에 있다. 허용할 수 있는 위기의 대부분은 실행 가능한 수단(방법)에 의해 가능한 한 관리되고 감소된다(Petley, 2009).

표 4.4. 산업사고의 위기 사례

빈도 분류	연간 빈도	사고 강도
빈번함 설비의 수명 동안 몇 차례 발생	$1 \sim 10^{-2}$	예기치 않은 사건 작은 물질 손상
신뢰할 만함 아마도, 그러나 반드시는 아니게 발생	$10^{-2} \sim 10^{-4}$	작은 사고 현장에서 직업과 관련된 작은 부상
발생할 확률이 낮음 될 수 있는 한 발생	$10^{-4} \sim 10^{-6}$	심각한 사고 현장에서 직업과 관련된 심각한 부상
매우 신뢰할 만함 거의 있을 법하지 않음	$10^{-6} \sim 10^{-8}$	중요한 사고 현장에서 사망자, 현장 밖에서 부상
극히 신뢰할 만함 합리적 범위 이하에서 발생	$< 10^{-8}$	재난 현장 내외에서 사망

출처: Duijim(2009) 허가하에 재구성.

는 이른바 인간 자본 방법이 개발되었다. 이 방법은 사고나 사망사건에서 개인이 미래에 벌어들일 자산손실을 기반으로 한다. 이것은 어린이 삶의 가치를 최고 수준에 두는 비교적 간단한 원리이다. 그러나 어떤 이유에서든지 일을 할 수 없는 사람들의 가치를 0으로 놓는다는 점에서 결함이 있다. 가장 좋은 접근방법은 지불의사(willingness to pay)로 얼마나 많은 사람들이 조사망률을 줄이기 위해서 지불할 의향이 있는지 조사하는 것이다(Jones-Lee et al., 1985). 이것은 위기 회피를 측정하는 것이어서 바람직하다. 다시 말하면, 더 추상적인 장기간 개념보다는 사망과 부상 위기를 줄이는 데 가치를 둔다. 지불의사는 증가하는 위기를 추정하기 위해 요구되는 배상 정도나 그들이 위기감소를 위해 지불하는 보험금을 추정하기 위한 질문에 응답하는 응답자들에 의해 평가될 수 있다. 연구는 위기평가가 사망의 잠재적인 형태(예를 들어, 암에 의한 사망에 대한 높은 비용)로부터 고통과 회피를 위한 어떤 지침을 포함한다는 것을 밝혔으며, 중반 이후 자연적 원인으로 사망위기가 증가함으로써 지불의사가 감소하는 경향을 보여 준다.

F. 정보기술의 역할

최근 수십 년에 걸쳐 자연재해 관리에 대하여 정보기술이 크게 공헌한다는 것이 Cutter(2003), Tralli et al.(2005), Gillespie et al.(2007), Joyce et al.(2009), Reddick(2011) 등에 의해 밝혀졌다. 이 보고서들은 일정기간 동안 특정지역과 관련된 기술발달을 보여 준다. 예를 들어, 두드러진 것은 재해의 응급대응 단계에서 응급 서비스와 공공자료를 실시간으로 사용할 수 있다는 것이다. 이것이 결국 보다 예상 가능한 위기평가 형태로 이어진다. 그러나 정보기술은 재해감시와 사후분석 및 준비계획을 위한 재해 데이터베이스의 편찬에 필요하다. 다양한 정보기술 적용으로 재난과 재해를 명확하게 할 수 있다. 그래서 이런이 주제 일부가 이 책 제2장(예를 들면, 재해 예측과 정보기술 발달)에서 다루어졌다. 이 절의 목표는 보다 자세히 다루기 위한 내용을 설명하는 것이다.

1970년대 후반부터 컴퓨터 용량 향상으로 사업계획과 응급상황에서 실시간 의사결정에 새로운 기회가 주어졌

사진 4.2. 하와이 미국지질조사국 화산관측소의 과학자가 섬 전체 화산활동을 조사하는 동안 지표지형 변화를 추적하기 위해 이동식 GPS 수신기를 사용한다(사진: Loren Antolik, USGS).

다. 1990년대 초반까지 상대적으로 강력하고 조직화된 데스크탑 컴퓨터 시스템은 선진국 재해관리 작업에서 필수적인 부분이 되었다(Stephenson and Anderson, 1997). Drabek(1991)은 미국에서 응급상황 시 피해평가, 탈출을 위한 경로 설계, 대피처 이용 가능성이 비판적 이슈가 될 때에 PC기반 결정지원 시스템의 광범위한 사용을 보고했다. 이때 새로운 일부 기술의 통합 필요성과 원격통신, 시뮬레이션 모델에 대한 개선에 관심이 있었다. 네트워크화된 컴퓨터 시스템이 재해 동안 전력공급에 문제가 있을 수도 있지만, 이동식 라디오 기반 전화 시스템에 대한 신뢰도 향상으로 지상 사회기반시설이 붕괴되어도 통신이 가능하게 되었다. 노트북 컴퓨터와 PDA는 GPS 기술은 연속적인 위치고정이 가능하거나 자동차가 이동할 수 있는 원격이거나 파괴된 지역에서도 수행할 수 있다. 위성기반 원격측정법은 영상과 야외조사 작업에서 효율적으로 사용할 수 있다.

1. 위성 원격탐사

다양한 형태의 원격탐사가 저개발국가에서 재난저감을 주도했다(Wadge, 1994; 표 4.5). 일반적으로 재해경고와 응급구호에 통신위성이 유용한 반면, 지구관측위성은 감시와 지도화를 통해서 사전 재해대비에 도움이 된다(Jayaraman *et al.*, 1997). 이미 설명한 바와 같이 작업과 재해 종류에 따라 적절한 방법이 적용된다. 예를 들어, 원격탐사에 의한 초과된 열을 이용한 자동화된 기술이 화산활동과 산불탐지에 이용된다. 화산 분화구의 일상적인 감시와 지역 구획을 하는 동안 영상은 시간에 따라 달라질 가능성이 있지만, 응급상황 동안에 정보가 시급하게 필요하며 모든 기상조건에서 사용할 수 있어야 한다.

사용되는 센서 종류는 시공간 해상도 조건에 따라 결정된다. 구름이 재해지역을 가릴 때는 레이더 자료가 필요하며, 광학과 적외선 밴드를 혼합하여 산불탐지에 가장 적합하게 활용될 수 있다. 통합기술이 점차 많이 사용되고 있다. 예를 들어, Singhroy(1995)는 산사태와 해안침식 재해에서 SAR(synthetic aperture radar) 사용을 기술하였다. SAR 기술은 지표홍수의 범위를 지도화하는 데 특히 유용하다. 다른 방법이 화산 측면에서 화산재 이류 감시에 적용되었다(Kerle and Oppenheimer, 2002). 재해로 발전하기 전에 국지적 가뭄의 조기 발견도 가능하다. 소형 위성기술 발달로 이 상황이 바뀐다고 하더라도 개발과 발사에 드는 높은 비용 때문에 지구 관측위성은 통신 플랫폼과 같이 광범위하게 배포되지 않을 것이다(da Silva Curiel *et al.*, 2002).

허리케인은 오랫동안 50°N~50°S 사이를 30분 간격으로 관측하는 정지궤도위성(예를 들면, Meteosat)에 의해 추적되었다. 이런 반복적인 관측으로 육지를 향해 접근하는 폭풍을 근접 감시할 수 있다. 결과적으로 모든 주요 열대성 저기압이 탐지되지만, 폭풍의 경로예측은 문제로 남아 있다.

표 4.5. 재해관리에서 원격탐사 이미지 활용

재해	원격탐사 기구	자료속성	활용
폭풍	정지궤도위성(5) (예를 들면, Meteosat)	전구자료, 5km 해상도, 매 30분 간격 으로 구름, 수증기 자료 제공	
	극궤도위성(2) (예를 들면, NOAA)	전구자료, 1km 해상도, 매 6시간 간격 으로 구름, 기온 자료 제공	폭풍궤도 추적, 날씨예보
	지표기반 VLF (예를 들면, SFERIC service)	전구자료, 번개 발생시각과 위치 제공	폭풍궤도 추적
홍수	Landsat(SPOT, NOAA)	지표/수괴의 근적외선 차이 자료 제공	홍수범위 지도화
	위성 레이더 (예를 들면, ERS-1)	토양/적설에 대한 후방산란에서 수분 함량	유출/해빙 모델
	지상기반 레이더	강수강도 자료 제공	날씨 예보/유출 모델
지진	위성/항공 레이더(예를 들면, ERS-1)	지표변형에 대한 간섭측정 지도	지진 예측?
	보정위성항법장치	지표변형에 대한 지점 모니터링	지진 예측?
	Landsat/SPOT/Fuyo-1	선행 단층과 오프셋에 대한 지형학적 증거 감지	지진 재발 예측
화산분출	NOAA/TOMS	분출기둥 높이, 움직임, SO_2 자료	항공경보, 분출 감시
	Landsat(TM: Thematic Mapper)	방출된 복사의 크기와 온도	분출 징조/감시
	위성/항공 레이더	화산 지표의 변형	분출 징조/감시
가뭄, 전염병	Meteosat, NOAA	구름 기온과 식생 색인	아프리카 폭풍경보, 가뭄 감시와 전염병 확산 예측
화재	NOAA(열적외선)	야간의 열 방출 편차가 기온과 화재 규 모에 대한 자료 제공	산불 감시
산사태	SPOT	쌍안 사진을 이용한 지형 자료 제공	
	Landsat	산사태 지역의 분광학적 특성 자료	산사태 목록화와 민감성 지도화

출처: Wadge(1994).

비슷한 상황이 토네이도와 같이 규모가 작은 현상에서도 발생한다. 이런 폭풍은 토네이도 이동속도와 회전을 감시하기 위한 도플러 레이더와 결합하여 정지궤도위성을 이용하여 추적할 수 있다. 최근에 보다 정확하게 공식적인 경고 메시지를 보내고, 위기에 대피하지 않은 연안 사람들을 미리 대피시키기 위한 예상 상륙지역을 찾기 위하여 최신 인구 정보와 허리케인 예보를 연결 지으려는 시도가 있다.

위성은 비용 측면에서 효율적이며, 열 편차와 구름경로를 이용하여 전구범위의 화산활동 추적에 활용할 수 있다. 유사한 사례로, 지표면 알베도 변화와 식생 스트레스를 측정하는 식생지수(VI)를 적용하여 대규모 가뭄을 감시할 수 있다(Teng, 1990). 이 정보는 생육기간 초기에 실제 관개와 재배패턴 변화를 이용하여 수확기에 작물생산량 추정과 식량공급에 미칠 영향까지 다양한 목적으로 사용될 수 있다(Unganai and Kogan, 1998). 스펙트럼 차이가 고려 있는 물이나 침수된 작물, 홍수가 났던 지역 등에 따라 다른 형태를 보이므로, 홍수 영향지역을 지도화하는 것이 상당히 성공적이다. 게다가 재해지역 지도화를 위해 필요한 지형정보는 입체영상을 갖는 SPOT과 ERS 위성과 같은 기구에 의해 제공된다. 지난 10년 동안 Ikonos와 Quickbird와 같은 고해상도 설비의 이용으로 각각 구조 식별과 지진으로 인한 균열까지 감지할 수 있게 되었다(Petley et al., 2006). 이런 것이 원격으로 피해평가를 가능하게 한다.

여기에는 제한점이 있다. 원격영상은 필터링과 보정, 비용과 시간 소비와 같은 과정이 필요하다. 일반적으로 고해상도 위성은 며칠에 한 번 통과한다. 게다가 장비가 구름을 관통할 수 없다는 광학 특징이 있다. 레이더 장비는 이런 것을 극복할 수 있지만, 단기간 피해추정을 위한 유용한 분석을 위해서는 자료 해상도가 낮다. 고해상도 자료는 비싸다. 1999년 이런 이슈 중 일부를 해결하기 위해 위성과 주요 재난에 관한 국제 선언(International Charter on Space and major Disaster)이 설립되었다. 대부분 위성자료 공급자는 재해지역의 회원기관(주로 정부 기구)에 위성자료를 무료로 제공하는 선언에 서명하였다. 그런 선언으로 2005년 카슈미르 지진 여파로 인한 파키스탄과 인도에서 구호활동 지원에 위성자료를 사용할 수 있었다. 그러나 열악한 통신체계를 가진 지역에서 최종 사용자가 분석하기 위한 통신문제와 시간적인 문제가 원격탐사 자료를 분석하는 데 어려운 점이다.

2. GIS

GIS 기술은 재해완화 및 응급관리자를 위한 중요한 자원이다. 지방 정부기관과 기타 기관에서는 정기적으로 홍수나 다른 재해에 취약한 지역의 등고선, 강, 지질, 토양, 고속도로, 인구자료, 전화번호 등과 같은 기록을 관리한다. 이런 정보는 원격탐사 위성자료에서 추출된 홍수나 가뭄 등에 대한 동적 레이어와 통합할 수 있다. GIS는 PC에서 토지구역 결정과 주민 경고 및 긴급차량 경로를 포함하여 재난관리 모든 측면에서 저렴한 비용으로 사용된다. GIS 기반 시스템은 재해에 대하여 적절한 규모로 지도화할 수 있게 최적으로 활용된다. 예를 들어, Emmi and Horton(1993)은 대규모 지역사회에서 재난계획과 지역구획, 재산 및 인명피해 등 모든 분야에 적용할 수 있는 지진위기를 추정하기 위한 GIS 기반 방법을 제시하였다. Mejia-Navarro and Garcia(1996)는 사업목적을 위한 의사결정을 지원하고 지질재해 범위를 평가하기 위해 적절한 GIS를 설명하였다. 그러나 Cutter(2003)에 의해 제시된 것과 같이 대부분 응급대응자(경찰, 의료팀)가 항상 GIS를 사용할 수 있도록 훈련되어 있지 않으며, 실질적인 지원체계는 투명해야 하고 사용자 친화적이어야 한다.

대부분의 경우, 기상 및 홍수재해 감시와 예측은 성공적이었다. 결국 이것은 개선된 경보와 대피체계로 이어진다. Dymon(1999)은 GIS 모델이 1996년 노스캐롤라이나 해안에 도달한 허리케인 '프란(Fran)' 이전 폭풍해일의 절정 가능성을 계산하는 데 어떻게 사용되는지 설명하였다. 미국에서 응급관리자는 허리케인이 예측될 때, 대피할 지역을 찾기 위해 GIS 정보를 사용한다. 동시에 폭풍 이후에는 주거지에 대한 상세한 자료가 보험청구를 확인하는 데 도움을 줄 수 있다. 가장 빈곤한 집단, 노인, 가장인 여성들이 사는 장소로 표현되는 재해 잠재적 취약성이 미래에 더 나은 응급반응을 위해 GIS에서 포착될 수 있다(Morrow, 1999). GIS는 재해 이후 새로운 대피경로를 고안하는 것과 시설 재배치 계획, 그리고 다른 토지이용 결정이 필요할 경우 복구기간에 적용될 수 있다. GIS와 GPS 기술은 저개발국가의 주요 인도주의적 응급사태 완화에 공헌하기 위해 시작되었다(Kaiser *et al*. 2003). 초기에는 질병발생 조절에 적용되었지만, 최근 아프리카에서 대규모 취약성 평가, 사망률 조사, 기본적인 재해 필요물품(물, 식량, 연료)의 신속한 확인, 인구이동의 지도화 등에 활용되고 있다.

3. 사회 통신체계

최근의 발전은 인터넷, 휴대전화, 트위터, 페이스북과 같은 다양한 소셜미디어와 관련된 것이다. 인터넷은 재해와 일반적인 비상절차 권고사항에 대한 공식적인 정보전달에 널리 사용된다. 예를 들어, 미국 연방긴급사태관리국(FEMA)은 재해와 관련된 분야에서 인증과정을 포함하는 온라인 자원을 발표한다. 비공식적 채널로 영상을 포함한 신속한 정보를 공유할 수 있으며, 비상사태 동안 적절한 때에 보다 더 조직화된 활용 예를 찾을 수 있다. 예를 들어, 트위터는 사용자들이 다른 공공 구성원과 응급 서비스 및 경찰과 같은 조직과 대화나 정보를 교환할 수 있게 한다. 이런 과정은 비상행동을 자극하는 것과 대중 인식 증대에 도움을 줄 수 있다.

휴대전화는 재난관리센터로부터 일상적으로 자동경보를 수신할 수 있게 한다. 휴대전화망은 재난 시 항상 작동하는 것이 아니다. 그래서 이런 시설은 재난 전에 더 유용할 수 있으며, 대피경로를 제공해 주거나 사건 이후 복구단계에서 정보를 제공할 수 있다. 소방서와 다른 구급요원은 개선된 상황에 대한 문자 기반 정보를 교환하기 위해 무선네트워크로 통신할 수 있다. 이 분야에서 새로운 기술로 동영상을 얻기 위해 항상 노력하고 있다(Mills *et al*., 2010). 현재 소셜미디어 자원을 재해에 적용한 문헌은 제한적이지만(Smith, 2010; Yates and Paquette, 2010; Bedford and

Faust, 2011), 미래 감시에 가치 있는 혁신이 될 것이다.

더 읽을거리

Beck, U. (1992) *Risk Society: Towards a New Modernity.* Sage Publications, New Delhi. This is the starting point for much hazard-related concern in western-style countries.

Fischoff, B., Lichtenstein, S., Slovíc, P., Derby S.L. and Keeney, R.L. (1981) *Acceptable Risk*, Cambridge University Press, Cambridge. Although dated, this remains a sound introduction to risk analysis.

Joyce, K.E., Belliss, S.E., Samsonov, S.V., McNeil, S.J. and Glassey, P.J. (2009) A review of the status of remote sensing and image processing techniques for mapping natural hazards and disasters. *Progress in Physical Geography* 33: 183-207. An authoritative and comprehensive overview.

Keeney, R.L. (1995) Understanding life-threatening risks. *Risk Analysis* 15: 627-37. A clear statement on disaster-type risks.

Kerle, N. and Oppenheimer, C. (2002) Satellite remote sensing as a tool in lahar disaster management. *Disasters* 26: 140-160. A useful demonstration of a specific remote sensing application.

Sjöberg, L. (2001) Limits of knowledge and the limited importance of trust. *Risk Analysis* 21: 189-98. An interesting development from Starr's early work.

웹사이트

Asian Disaster Preparedness Centre www.adpc.net
International Charter on Disasters and Space www.disasterscharter.org/main_e.html
Pacific Disaster Centre www.pdc.org
Prevention Web - the Global Platform for Disaster Risk Reduction www.preventionweb.net/globalplatform
Provention Consortium www.proventionconsortium.org
UN International Strategy for Disaster Reduction www.unisdr.org
World Bank www.worldbank.org

Chapter Five
Reducing the impacts of disaster

재난의 영향 저감

5

A. 개관

인간은 자연의 대규모 파괴과정을 거의 통제할 수 없으므로 기본적으로 환경재해를 막는 것이 불가능하다(그림 5.1). 지구 대기는 하루에 10,000개 허리케인, 1억 회 뇌우 또는 1,000억 개 토네이도를 만들기에 충분한 태양에너지를 받는다. 태양에너지 양으로 표현하면(즉 전구 일 태양에너지 양이 1단위라고 하면), 아주 강한 지진은 10^{-2}, 사이클론은 평균적으로 10^{-3} 단위 에너지를 방출한다. 수명 주기 동안 모든 대기 과정을 고려하면 대규모 허리케인 하나가 현재 지구 전기 발전용량의 약 200배 정도 에너지를 방출할 수 있다. 현재까지 가장 큰 지진이었던 1960년 칠레 지진은 규모 9.5로 약 1.1×10^{26}erg의 에너지를 방출했다. 이는 TNT 2,600Mt 폭발 또는 원자폭탄 약 13만 개 방출 에너지와 거의 유사하다.

지구에서 위험 가능성이 있는 모든 장소를 피하는 것은 불가능하다. 이는 재해과정이 지리적으로 넓게 분포하고 있으며, 위험에 대한 인식이 부족하고, 토지이용 압박과 그 외 수많은 요인 때문이다. 그림 5.2는 지진, 화산, 쓰나미, 폭풍해일, 열대성 저기압, 아열대 폭풍을 포함하여 규모가 가장 컸던 자연재해 분포도이다. 피해가 전구적인 규모로 나타나는 홍수와 가뭄은 지도에서 생략되었다.

사람들은 어려움에 처하더라도 그 장소에 계속해서 거

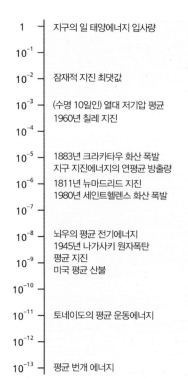

1	지구의 일 태양에너지 입사량
10^{-1}	
10^{-2}	잠재적 지진 최댓값
10^{-3}	(수명 10일인) 열대 저기압 평균 1960년 칠레 지진
10^{-4}	
10^{-5}	1883년 크라카타우 화산 폭발 지구 지진에너지의 연평균 방출량
10^{-6}	1811년 뉴마드리드 지진 1980년 세인트헬렌스 화산 폭발
10^{-7}	
10^{-8}	뇌우의 평균 전기에너지 1945년 나가사키 원자폭탄
10^{-9}	평균 지진 미국 평균 산불
10^{-10}	
10^{-11}	토네이도의 평균 운동에너지
10^{-12}	
10^{-13}	평균 번개 에너지

그림 5.1. 지구의 태양에너지 하루 입사량을 기준으로 로그자로 표현한 물리학적 사건의 에너지 방출량(단위: erg).

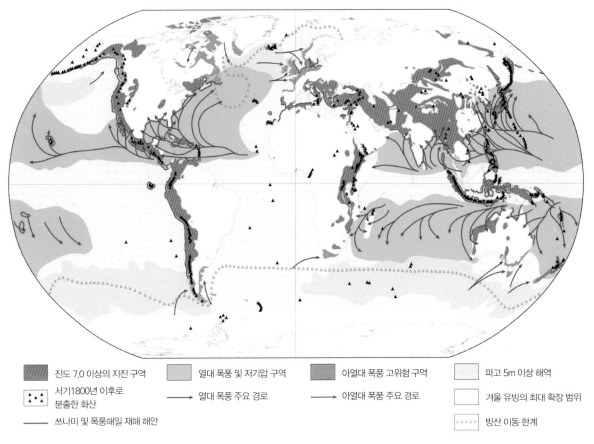

진도 7.0 이상의 지진 구역	열대 폭풍 및 저기압 구역	아열대 폭풍 고위험 구역	파고 5m 이상 해역
서기1800년 이후로 분출한 화산	→ 열대 폭풍 주요 경로	→ 아열대 폭풍 주요 경로	겨울 유빙의 최대 확장 범위
쓰나미 및 폭풍해일 재해 해안			빙산 이동 한계

그림 5.2. 자연재해 분포도. http://www.MunichRe.com (2012년 2월 5일 접속).

주한다. 만일 지역 정치가와 다른 정책 결정자가 재난을 일회성의 특별한 사건으로 인식한다면, 경제적 제약과 무력이 결합되어 고통받는 지역사회는 같은 지역 또는 인근 지역에 재건설되기 쉽다. 비상사태 후 재배치는 재난에 휩쓸린 작은 섬 주민에게조차 영구적이지 않은 것으로 드러났다. 대서양 남부 트리스탄다쿠냐 주민은 1961년 화산폭발 이후 영국으로 피난한 지 2년 이내에 대부분 집으로 되돌아왔다. 반복된 홍수에 노출된 저지대처럼 명백히 지속적인 위험이 있다면, '피난처 관리'에 대한 정책이 적용될 것이고 사람들은 더 높은 지역으로 이주할 것이다. 그러나 대규모 지역사회에서는 재해방지가 비현실적이라는 명백한 입장

이 일반적이지 않다.

이런 문제를 감안하면, 손실에 대한 수용은 일반적인 결과이다. 일부 사람들은 단순히 그들이 위험한 지역을 점유하였다는 인식을 하지 못한 채 위기상황을 최소화하기 위한 어떤 행동도 하지 않는다. 또 다른 사람도 인플레이션이나 실업과 같은 일상적인 문제에 비해 자연재해에는 우선순위를 낮게 두고, 역시 아무런 행동을 취하지 않는다. 또 다른 요인은 제한된 과학지식이다. 예를 들어, 지구 지각의 물리 성질에 대한 이해가 상대적으로 부족하기 때문에 지진은 신뢰할 만한 예측과 경고 제도가 없다. 종종 선택에 대한 결과를 받아들일 경우, 그들이 원하는 어떤 자연재해든

책임을 질 자유가 있어야 한다는 견해가 있다. 그러나 적절하게 계산된 선택보다 정보와 자본 부족이 많은 사람들을 위험한 지역에 살게 하며, 민주 정부는 재난 후 피해를 무시할 수 없다.

따라서 대부분 특정 조치는 재해로부터 사람을 보호하고 재난 영향을 줄일 수 있다. 이런 조치는 알려진 위협 식별과 생명과 재산 위기 정도를 평가하는 것으로 시작된다. 많은 방법이 가능하지만 전략적인 선택은 다음 주요 세 가지로 구분된다.

• 보호: 이 방법은 사람들에게 피해를 주는 사건을 조정하여 재해 영향을 감소시키고자 하는 것이다. 과학적이고 토목공학적인 방법을 적용하여 재해과정을 통제하는 것으로 특별한 구조물을 건축하거나 재해의 물리적 압력에 저항하도록 기반시설을 강화한다. 개입(조정)의 규모는 대규모 보호(전체 지역 사회를 보호하기 위해 설계된 대규모 방어책)에서 소규모 보호(개별 건물을 강화하는)까지 다양하다.
• 완화: 이 방법은 재해 직후에 가장 취약한 사람들을 위한

것으로 손실 부담 감소를 목표로 한다. 긴급지원은 인도주의와 경제원리를 혼합하여 정부기관과 자원 단체를 통해 제공된다. 일부 재난 피해자들은 사설회사나 정부가 운영하는 보험제도를 통해 금전 보상이 가능할 것이다. 이런 모든 조치는 고통 손실을 넘어 재난에 대한 금전적 부담을 나누려는 노력이다. 이는 손실을 줄이기보다는 손실을 공유하는 수단이지만, 미래에는 손실을 줄이는 반응을 독려할 가능성이 있다.

• 적응: 이 방법은 사람들을 위험한 사건에 적응시켜 재난으로부터 취약성을 감소시키려는 시도이다. 주요 목적은 재해에 대한 인간행동 변화를 일으키는 것이다. 관련된 보호법이나 부분적인 재배치가 필요할 수 있지만, 이런 방법은 응용 사회과학에 기반을 둔다. 지역사회 준비 프로그램, 예측 및 경보 제도와 개선된 토지이용 계획이 미래 재난에 대한 지역의 저항력과 회복력을 향상시킨다고 강조한다.

그림 5.3은 앞서 언급한 내용을 요약한 것이다. 상호 배타적 선택이 아님을 인지하는 것이 중요하다. 각각 강점과 약

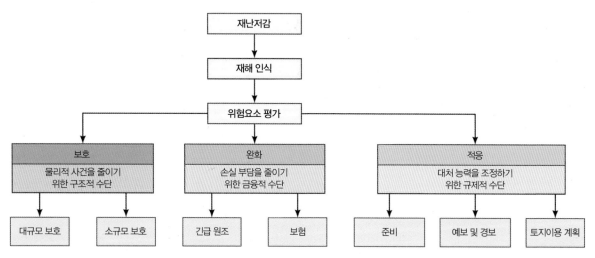

그림 5.3. 보호, 완화 및 적응을 위한 주요 수단의 사례를 포함한 재난저감 전략의 세 범주.

점이 있으므로 하나의 방법이 위험을 없애 준다고 보장할 수 없다. 환경의 물리적 성질이 우선순위를 정할 수 있지만 대부분 혼합되었을 때 가장 잘 작용한다. 예를 들어, 재난 원조는 보험과 재해에 저항할 수 있는 건물 건축이 공동으로 이루어질 때 더욱 효과적이다. 조기경보 시스템과 토지 이용 구역도 함께 작용하면 순조롭다. 방법을 적절하게 배치하면 시너지 효과가 발생하고 재난 영향이 감소된다. 그러나 흔치 않은 사건에 대한 위험 요소는 여전히 많은 지역에 남아 있을 것이다.

B. 보호: 재해 저항성

천재지변에 대한 물리적 보호는 인간의 기본적인 욕구이지만, 자연의 가장 극단적인 힘을 견디도록 설계하여 지어진 인공 구조물은 거의 없다. 세계 많은 지역의 전통적인 건축 방식과 진흙 벽돌, 나무, 짚 같이 지역에서 구한 재료를 사용한 일반 건축물은 오랜 시행착오로 재해 저항성을 키웠다. 예를 들어, 환기를 위해 길게 갈라진 야자 잎 지붕과 식물로 짠 벽으로 가볍게 지어진 발리의 토착 가옥은 지진에 성공적으로 견뎌 냈다. 칠레에서 팔라피토(Palafito)라고 불리는 나무로 된 고층 기둥 가옥은 동남아시아, 서아프리카, 남아메리카의 열대 하천 둑을 따라 분포하며 계절성 홍수기간 동안 어부에게 거처를 제공한다. 일부를 제외하고 콘크리트 제작물과 현대적 건설방법의 확산으로 더 강한 건물이 건축되어, 대부분 재난 관련 재산피해는 오래된 건물과 연관이 있다.

현대의 재해 저항성은 입증된 공학적 방법을 따라 건축물이 축조되고 만족할 만한 수준으로 유지될 때 가능하다. 이는 대규모 공공시설뿐 아니라 개인 건물에도 적용된다. 오늘날 기준을 충족한다면, 방대하게 남아 있는 오래된 건물에 대한 유일한 선택은 소급적 개선이다. 이런 방법들은 비용이 많이 든다. 이 방법은 토목 공학과 건축학의 기술에 의존하지만, 지역사회의 동의와 함께 건축법규와 정치적 계획에 따른 다른 규제들 연계되어야 한다. 가장 큰 위기가 발생한 곳에서 전체 지역사회의 보호를 필요로 할 것이다.

1. 대규모 보호

특별한 목적으로 만들어진 구조물은 지표 또는 지표 부근에서 하천홍수와 폭풍해일과 쓰나미와 같은 해안홍수뿐만 아니라 잠재적으로 피해를 줄 수 있는 낙석, 용암류, 라하르, 이류, 사태와 같은 준유동성 물질 흐름으로부터 사람들과 재산을 보호하기 위해 널리 사용된다. 이런 방어적 구조물은 넘치는 물질을 저지하는 것(저수지에 홍수량을 저장) 또는 취약한 지역으로부터 방향 전환(사태 통제 벽)과 같은 두 가지 방법으로 작용 한다. 그것들은 점 형태(댐)로 존재하거나 선 형태(제방과 인공 수로)를 갖추기도 한다. 폭풍에 의한 바람으로부터 보호는 개인 재산 규모에서 착수된다(108~110쪽 참조).

많은 구조물은 홍수통제를 위해 건축된다. 긴 제방(둑) 시스템은 범람에서 저지대를 보호하기 위해 세계 주요 하천을 따라 이어진다. 예를 들어, 베트남 북부는 홍강을 따라 1,500km가 넘는 제방이 위치하고 미시시피 골짜기를 따라서도 약 4,500km 제방이 위치한다. 거대한 댐은 상류 홍수로 인한 물을 저장한다. 20세기 말경 전 세계적으로 45,000개 이상의 대규모 댐이 구축되었고, 대부분 미국, 중국, 인도에 위치한다. 많은 댐이 관개수를 공급하기 위해 건설되었지만 대부분 홍수를 조절할 수 있다. 중국 양쯔 강 싼샤 댐은 높이가 175m이며 길이는 거의 2km에 달한다. 이는 물 22km³를 저장할 수 있고, 10년에서 100년 주기로 발생할 수 있는 하류 큰 홍수를 감소시킬 것으로 기대된다. 북해

사진 5.1. 3년 전 허리케인 '카트리나(Katrina)'의 홍수피해 이후, 재건된 2008년 뉴올리언스 17가 운하 제방의 일부. 도시의 절반 이상이 해수면보다 낮으며 홍수 제방 보호에 크게 의존한다(사진: Jacinta Quesada, FEMA 37676).

해안홍수를 막기 위해 네덜란드의 1,400km 해안선이 완곡한 방어 기술(안정화된 언덕, 해빈 조성)과 강력한 방어 기술(방조제, 콘크리트 제방, 조수 장벽)로 변형되었다. 그림 5.4와 같이 이런 방법은 해수면보다 낮은 국토의 1/3을 보호한다(Govarets and Lauwerts, 2009). 일본은 콘크리트 방조제와 방파제를 이용하여 해안선의 약 40%를 폭풍해일과 쓰나미로부터 보호한다. 다른 유사한 재해를 막기 위해 작은 구조물이 만들어진다. Box 5.1은 아이슬란드 재난방지용 댐이 어떤 방법으로 눈사태로부터 재산을 효과적으로 보호했는지 보여 준다.

홍수방지를 위한 대규모 공학기술은 재정적, 사회적, 환경적 수용력을 근거로 더욱 철저한 검토를 받아 왔다.

구조물 시대 1930~1950년대

초기에는 '단단한' 구조물(저수지, 제방, 방조제)이 거의 지배적이었다. 토목 공학적 기준과 비용-편익 문제가 평가 대상이었고, 지역사회의 동의나 환경적 부작용에 대해서는 거의 고려되지 않았다.

범람원 관리 시대 1960~1980년대

이 시대는 홍수에 대한 인간 취약성을 줄이기 위해 설계된 비구조적 수단(홍수 경보, 토지이용 계획, 보험)의 소개로 반응이 엇갈린 것이 특징이다. 대규모 공학 프로젝트의 재정 및 생태 지속가능성에 대한 의문이 지속되었다.

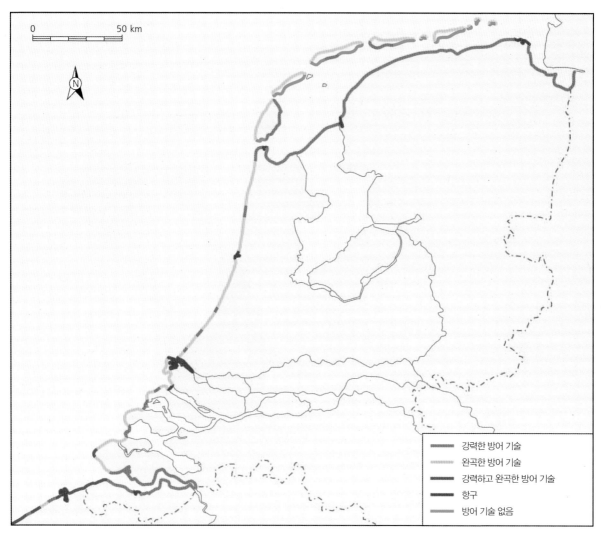

그림 5.4. 벨기에와 네덜란드의 주로 사빈 해안선을 따라 위치한 홍수 방어. 강력하고 완곡한 기술은 같은 해안 구간을 따라 혼용된다. 해안 일부만이 보호되지 않은 채 남아 있다(Govaerts and Lauwerts, 2009).

자립 완화시대 1990년대 이후

최근 들어 지역사회는 보다 지속가능한 방법을 이용하여 홍수로부터 안전하게 살 것을 권장한다. '보다 완곡한' 방어법은 생태학적 피해와 외관 파괴를 막기 위해 사용된다. 엄격한 토지이용 제한이 도입되어 일부 범람원과 해안선의 제한적 후퇴가 발생하였다.

2. 소규모 보호

대부분 나라에서 물과 가스 공급을 위한 댐, 교량, 배관과 같은 주요 공공 기반시설 설계와 건설은 법적으로 집행할 수 있는 규정에 의해 통제된다. 대규모 산업단지와 정부 시설도 마찬가지이다. 이런 중앙집중식 규제는 지진과 바람을 동반한 폭풍을 위한 주택 건축법규를 제외하고는 주거용 건물에는 드물다. 심각한 재난 후에는 적절하게 설계된 구

Box 5.1. 아이슬란드의 눈사태 방지용 댐

눈사태는 아이슬란드의 많은 지역사회를 위협한다. 1995년 10월 26일에 약 43만m³의 눈사태가 아이슬란드 북서부의 플라테위리(Flateyri) 마을을 휩쓸어 이전까지 안전하다고 생각했던 지역에서 20명이 사망하였다. 눈사태는 고원에서부터 강한 북풍에 의해 플라테위리 위의 스콜라흐빌트(Skollahvilt)와 인라베하르길(Innra-Bæhargil)의 두 눈사태 경로의 발생 구역으로 많은 양의 눈이 날리며 시작되었다. 이 사건 이후, 미래 눈사태가 거주지로부터 멀리 떨어진 바다로 향하도록 방향을 바꾸기 위해 짧은 캐칭(catching) 댐과 연결된 대규모 방지용 댐 두 개가 지어졌다. 각 댐은 길이 약 600m, 높이 15~20m이고 20~25°의 각을 이루어 눈사태를 막도록 설계되었다. 약 10m 높이인 중앙의 catching 댐은 큰 눈사태가 발생하여 두 개의 방지용 댐을 넘쳐흐를 경우 눈과 다른 잔해를 저장하기 위한 것이다. 구조물의 총 가능 저장량은 약 70만m³이다.

1998년에 댐이 완공된 이후, 10~30년 주기로 예측된 부피 10만m³ 이상, 속력 30m/s인 두 차례의 눈사태(1999년 2월과 2000년 2월) 방향을 성공적으로 바꾸었다. 댐이 없을 때 눈사태 경로에서 예상되는 윤곽은 스콜라흐빌트 흐름이 1995년 파괴되었던 가옥들이 재건되지 않았기 때문에 손실을 거의 유발하지 않았을 것임을 보여 준다. 하지만 2000년 인라베하르길로부터의 눈사태는 일부 주택을 파괴시켰다. 이 두 눈사태는 방지용 댐이 설계 용량보다 작은 규모일지라도 구조물 이용이 재해 규모를 완화시킬 수 있는 좋은 사례이다.

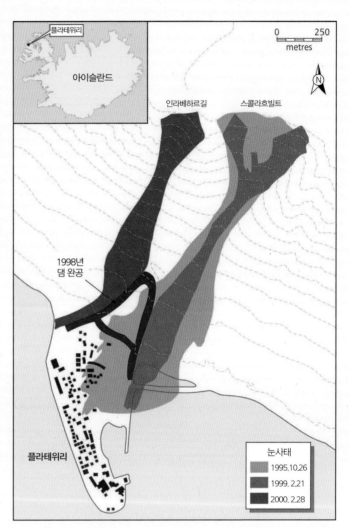

그림 5.5. 1999년과 2000년에 발생한 아이슬란드 북서부의 플라테위리를 빗겨간 이동하는 눈사태에 대한 눈사태 방지용 댐의 효과. 댐 건설의 계기가 된 1995년 눈사태의 피해 범위도 표시되어 있다(Johannesson, 2001).

조물도 실패할 것이다. 여기에는 여러 가지 원인이 있다. 공식적 기준이 구조물의 수명기간 내에 발생할 것으로 예측되는 특정한 사건 규모에 적용된다. 그림 5.6은 평균 100년에 1번(1% 가능성) 발생하는 바람 스트레스에 대응하기 위해 설계된 건물의 가상적인 예를 나타낸다. 설계 한계치 바로 바깥의 풍속은 거의 영향을 주지 않지만, 한계를 넘은 점진

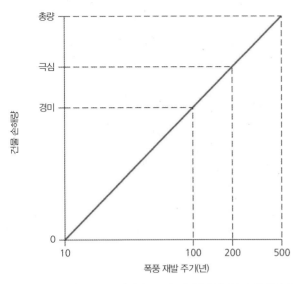

그림 5.6. 상이한 폭풍 주기로 인한 바람 스트레스에 대한 설계 건물의 저항성의 이론적 묘사. 만약 이런 수행 기준이 충족된다면 관련한 건축 규정이 강화된다는 것은 중요하다.

적인 스트레스는 구조 결함을 유발한다. 많은 건물이 예상 수명인 50년보다 오래 사용되고 있으며, 그로 인하여 더 높은 위험에 노출되어 있다. 건물은 상세한 구조 목록이 유지되고 일상적으로 갱신되어야 하지만 이런 정보는 자격을 갖춘 측량사 부족과 관련 비용 부족으로 거의 불가능하다.

위험 요소를 줄이기 위해 새 건물이나 개선된 건물에서 이용하는 건설방법은 재해와 재산 모든 측면에서 특징적인 경향을 보인다. 더 많은 사례가 제2부의 관련 부분에서 이어지지만 일반적인 특징은 다음과 같다.

• 지진. 상부 수준을 버티기에 지면층이 너무 약하면 부드러운 층이 붕괴되기 시작한다. 이것은 보조 기둥 또는 다른 유형의 지지대 도입으로 방지할 수 있다. 단일 또는 두 층의 목재가옥은 흔들리거나 이동하지 않도록 콘크리트를 기초로 하여 고정시킬 필요가 있다. 구조물 아래에 부드러운 토양이 있는 곳에서는 아래 기반암까지 깊게 말뚝을 박아야 한다. 벽돌로 된 굴뚝은 붕괴를 막기 위한

건축 요소로 강화되고 보강되어야 한다. 일부 비보강 석조건물(URMs)은 옷장과 무거운 가구가 내용물을 보호하기 위해 벽에 고정되어 벽을 강화하고 적합한 기반에 고정될지라도 보강하기 어렵다.

• 홍수. 홍수를 방지하기 위해 물이 새지 않게 벽을 만들고 홍수방지 문과 창문을 장착할 수 있다. 또 다른 주요 방법은 위험 시 예상되는 최고수위보다 높은 곳에 물건들을 올려 두는 것이다. 일부 작은 목조주택은 내용물과 전기 공급 및 열 보일러와 같은 기본 설비를 보호하기 위해 지면보다 높이 올려질 수 있다. 지하층을 보호하기 위한 특별한 조치도 있다. 체크 밸브(역류방지 밸브)는 배수관이 역류하지 않도록 하고 작은 벽을 낮게 위치한 물건 주위에 세울 수 있다.

• 허리케인과 토네이도. 우선순위는 세찬 바람이 불어 건물의 내부와 외부 사이의 기압 차이가 발생할 때 소유물의 구조적 안정성을 유지하여 주요 피해를 방지하는 것이다. 이 방법에는 강화된 문과 유리창을 보호하기 위한 폭풍 방지 셔터가 포함된다. 안전한 지붕 재료를 얻기 위한 주의가 필요하다. 이는 지붕이 뜯겨 나가지 않도록 지붕 박공을 보강할 수 있다.

대부분 실패는 열악한 건설 관행 때문에 발생한다. 특히 저개발국에서는 금융 자원과 기술 전문가 부족이 안전한 설계와 건축작업을 종종 방해한다. 정치적 부패도 되풀이 되는 문제로 건축 허가의 남용, 불법 건축 방법 및 토지 이용 규제의 위반을 포함한다. 2001년 인도 부즈(Bhuj) 지진 당시, 자갈 조적식 건축으로 지어진 전통 농가주택이 45만 채 이상 파괴되었다. 현대 건물에 내진 규약이 있지만, 규제의 비집행과 부적절한 검사방법이 지진 근원지로부터 약 230km 떨어진 아메다바드(Amedabad)에 있는 179m 높이 강화 콘크리트 건물 붕괴를 가져왔다(Provention

Consertium, 2007).

오랫동안 최대 보호책은 긴급상황 시 가동되어야 할 공공건물과 시설(병원, 경찰서, 배관시설)에 제공되어 왔다. 학교, 사무실, 공장도 지역주민을 위한 거처를 제공할 목적으로 보호가 강화되었다. 수많은 학교와 병원이 지진에 대비해 개선되었으나 개별 주택은 거의 고려되지 못했다. 1974년에 열대성 저기압 '트레이시(Tracy)'가 오스트레일리아 북부 다윈을 강타했을 때, 지금까지 수행된 정책 결함이 노출되었다. 이 폭풍은 도시 전체 가구의 약 60%인 5,000개 가옥을 파괴시켰다. 인구 3/4이 전기와 기타 기본 서비스 손실에 직면하게 되어 남쪽에 있는 도시로 대피하였다(Stark and Walker, 1979). 대부분 지역사회에서 주거

용 주택이 공공건물과 동등하게 중요하다는 것이 이 재난으로 증명되었다. 사이클론 경보가 발효될 때, 공공건물은 폐쇄되고 사람들은 집안에서 피난처를 찾는다.

바람직한 관행과 건설 양식 사례도 있다. 1977년 인도 안드라프라데시(Andhra Pradesh)에서 사이클론이 해안을 강타한 이후, 콘크리트 블록 벽과 강화된 슬래브 지붕을 이용한 1,500채 가옥이 새로 건설되었다(Provention Contortium, 2007). 이로 인하여 1990년에 더 강한 사이클론이 발생했음에도 불구하고 1,474채가 살아남았다. 유사한 사례로 1987년 태풍 '시상(Sisang)'이 통과한 이후에 필리핀은 콘크리트 기초와 중심 뼈대에 고정된 강철 포스트-스트랩이 사용된 450채 가옥이 건축되었다. 이 가옥들도 거

사진 5.2. 지진과 쓰나미 스트레스를 견디도록 설계된 칠레 콘셉시온(Concepcion)의 업무용 건물. 이 건축물은 쓰나미 파도가 피해를 유발하지 않고 아래를 통과하도록 도로 높이보다 10m 높게 지어졌다(사진: Walter D. Mooney, USGS).

의 태풍 피해를 입지 않았다.

3. 개선

안전한 환경이 조성되기 위해서는 재해 저항성이 기존의 건물까지 확대되어야 한다. 개선은 손실에 대비해 모든 유형의 건축물과 그 내용물을 강화하는 과정이다. 이 과정은 주로 지진, 폭풍, 홍수에 대비하기 위해 쓰여진다. 대부분 기존 건축물은 강화될 수 있으나, 과소 추정한 위험과 단기적 수익에 대한 집착으로 주택소유자들은 보호조치를 위한 투자를 꺼린다. 이런 태도는 재난 시 원조가 전 지역에 걸쳐 동등하게 분배되는 것과 재산 보험금이 제공된다는 데에서 나온다.

주민들은 일반적으로 개선을 위한 조치는 돈을 투자할 가치가 없고 감당할 수 없다고 생각한다. Hochrainer-Stigler et al.(2011)에 의하면, 삭감된 보험료의 재정적 장려책에도 불구하고 미국의 지진과 홍수가 발생하기 쉬운 가옥 중 재난저감을 위해 비용효율이 높은 개선 대상은 10% 미만이다. 대부분 주택소유자는 보험사나 정부원조에 의해 어떤 손실이든 보상될 것이라 생각하기 때문에 비용을 투자하려하지 않는다. 일부 지방자치단체는 규정 준수와 검사비용이 내부 투자와 경제발전을 방해한다는 이유로 건축규정 도입을 기피한다. 그러나 자연재난에 대한 상업보험 가입이 어려워지고 재해감소를 위해 어떤 책임도 지지 않는 재산소유자를 위해 납세자들이 점점 비용 지불을 꺼리기 때문에 보다 나은 설계, 규정 시행, 개선이 중요해질 것이다.

사용 가능한 가장 적합한 개선 방법은 대부분의 경우 정보가 부족하다. 지진 위험이 높은 터키 이스탄불에서는 질문을 받은 전체 거주자 절반 이상이 내진 보강에 대한 지식이 전혀 없었다(Eraybar et al., 2010). 약 1/3은 내진 주택

을 새로 구입하는 것 외에는 안전한 가옥을 위한 계획이 부족하였다. 더 많은 정보와 정부의 일부 금융지원이 없다면, 주택소유자들은 조치를 취하지 않는다. 일부 지방자치단체는 기존의 위험한 건물을 식별하고 강화(혹은 철거)하기 위한 계획을 수립하였다. 구제 작업은 저가 공공 주택에 가장 필요하다. 안전하지 않지만 역사적으로 중요한 건물이 보존되어 있다면 특별한 규제가 주로 적용된다.

재난구호와 개발원조가 거의 없는 저개발국가에서는 손실에 물리적으로 노출되는 것을 막기 위해서 개선이 중요한 역할을 한다. Hochrainer-Stigler et al.(2011)이 아시아와 카리브 해 지역을 대상으로 행한 일부 개발도상국의 주거용 건물 개선 비용과 편익에 대한 사례 연구는 다음 방법에 의해 투자 대비 고수익을 얻을 수 있다고 하였다.

- 세인트루시아에서 허리케인에 대비하기 위한 중산층 가구의 문과 창문 강화
- 자카르타에서 고소득 가구의 집 높이 짓기
- 이스탄불에서 지진 위험에 대비한 아파트 건물 강화
- 우타르프라데시에서 단단한 기반 위에 벽돌집을 짓거나 대체 가능한 건물 구축

만약 초기에 재해 저항성이 구축된다면 비용은 감소한다. 단지 추가 비용 5%가 소요된 단순 건물 변화는 방글라데시의 *kutcha*(임시 비 석조 주택)의 사이클론 저항성을 증가시킬 수 있고, 계획 단계에서 최적 배치와 구조적으로 발전된 설계를 포함한 내진 건축 원리에 대한 이해를 도입시킬 경우 15% 정도 건축비가 상승할 것이다.

요약하면, 기존 가옥이나 새 가옥을 위한 재해방지 수단이 재난손실을 줄인다. 캘리포니아, 로스앤젤레스의 개선 정책은 지진으로 인한 잠재적 사망자를 다섯 배 줄일 것이라고 예상되었다. Valery(1995)는 피해를 입은 모든 건물

이 적합한 규정으로 지어졌다면, 1994년 노스리지 지진으로 인한 손실은 절반이었을 것이라고 추정하였다. 하지만 부분적으로는 지금까지 이 지역이 대규모 피해를 입은 적이 없고 또한 다중시설의 고층건물은 어떤 방법이 제안되더라도 모든 소유자들이 동의해야 하기 때문에 조치를 취한 소유자들은 거의 없었다. Kunreuther(2008)는 만약 플로리다의 모든 거주용 건물이 보호된다면, 100년 주기 허리케인으로 인한 피해는 약 60%로 감소할 것임을 시사했다. 개선의 잠재적 이익이 나타날 수 있도록 조치가 취해져야 함이 분명하다.

C. 완화: 재난원조

재난원조는 피해지역의 손실과 이재민 지원을 위하여 인도주의적 개념을 기본으로 한다. 주요 목적은 추가 사망을 막고 생존자를 위해 건강관리, 최저 생계, 장기간 보호를 맡는 것이다. 인구가 밀집된 도시와 같이 피해가 심한 지역은 재해로부터 완전히 회복하는 데 10년 이상 소요되고 종종 다음 시간 순서 단계보다 더욱 혼란스러운 과도기를 포함할 수도 있다.

• 비상 기간: 24시간~3주
  – 수색구조 활동(골든 아워)
  – 임시 대피소
  – 지역사회 관리(의약품, 식량, 물)
  – 위험한 곳으로부터 생존자 대피
• 구호 기간: 2주~6개월
  – 잔해 제거와 쓰레기 처리
  – 독성물질 제거
  – 수도와 에너지 공급 복구
  – 위험한 건물 철거
  – 안전하다고 판명된 집에 대피자 귀환
  – 긴급 자금 분배
  – 전반적인 피해평가
• 복구 기간: 5주~10년 이상
  – 사회/경제 기능 회복
  – 기반시설에 대한 영구적인 복구
  – 유적지 보존
  – 지역계획 평가와 수정
  – 지속가능성을 위한 장기계획
  – 재해저항 대책 실행

추가 인명피해를 막기 위해서는 재해가 발생한 직후 '골든 아워' 내에 임상 지원과 의약품 지원이 이재민에게 전달되어야 한다. 이 시간은 매우 짧을 수도 있다. 무너진 건물에서 구조된 생존자 중 거의 90%가 24시간 안에 구조되었다. 세계 도처로부터 지원된 의약품은 늦게 도착할 수도 있다. 1976년 과테말라시티에서 지진이 발생하였을 때를 살펴보면, 재난발생 후 2주 지나서야 의약품 전달이 최고수준에 달했다. 그때는 이미 대부분 사상자가 처리되고 병원 검진은 일상수준으로 떨어져 있었다(그림 5.7).

초기 수색구조 이후 최우선순위는 임시 대피소, 의료 지원, 복지이다. 홍수와 같은 일부 재난은 설사병, 호흡기, 전염성 질병을 유행시킨다. 지진은 골절과 정신적 트라우마를 발생시킬 수 있다. 문제 발생 시 지역 의료팀을 선호한다. 그들은 빠르게 동원될 수 있고 생존자와 같은 문화를 공유하기 때문이다. 이것은 준비에 의해서만 가능하다. 일상생활과 생계를 재건하는 일은 심리적 상담에서부터 가족과 다른 사회와 연계를 이용한 실질적 도움에 이르기까지 모든 것을 포함한다. 난민캠프로 이주한 사람을 포함한 지역사회의 사기를 높이는 것과 생존자들이 미래에 대한 의사

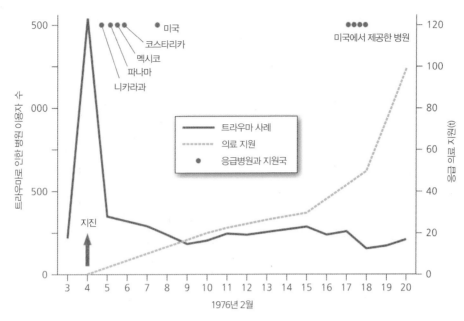

그림 5.7. 1976년 발생한 지진 이후 의료지원과 과테말라시티의 병원을 이용한 일별 재해 희생자 수(Seaman *et al.*, 1984).

사진 5.3. 구조자들이 2008년 쓰촨 성 항완에서 규모 8.0 지진에 의해 발생한 돌무더기에서 시신을 수습하고 있다(사진: Panos/Qilai Shen QSH01973CHN).

결정을 내릴 수 있는 역할을 부여받았음을 확신시키는 것이 매우 중요하다. 여성, 어린이, 노인과 같이 가장 취약한 집단을 위해 특별한 주의를 기울여야 한다.

구호단계에서는 명확한 종료시점 없이 역동적 복구과정이 진행된다. 긴급구호를 위한 기부는 일부 이재민의 귀환을 가능하게 하고 제한된 물과 에너지, 외부 세계와 연결 복구, 도시경제 기능 회복에 도움을 준다. 이 단계는 일반적으로 더 장기간 복구와 결합된다. 기본 목표는 파괴된 주택과 기반시설을 복구하여 이전 수준의 경제활동을 회복하게 하는 것이다. 그러나 Chang et al.(2011)의 연구에서와 같이 인력, 건축자재, 기타 요소 부족은 복구를 지연시킬 수 있다. 재해 이전에 대비에 관한 계획이 갖춰져 있고 적절한 외부 지원이 가능하다면 복구가 더욱 빨라질 수 있다. 그러나 어떤 결정을 내리는 상황에서 거주자와 이권 당사자를 포함시키는 경우 많은 시간이 필요하다. 특히 미래 더 많은 자본과 회복을 위한 계획을 수립하기 위해서 보다 많은 시간이 소요될 수 있다.

지연되는 회복기간은 긴급구호와 개발 지원이 함께 혼합되어 재난 호소와 대응의 실제 효과를 측정하기 어렵게 한다. 더불어 저개발국에서 재난은 종종 장기간 건강관리, 교육, 사회복지를 필요로 하는 복합적인 사회기능 마비 형태로 나타난다. 많은 원조자는 그런 요구사항을 인식하고 있다. 세계은행과 같은 국제단체는 민주적 기구를 발전시키고 지역적 능력과 지속가능한 농촌개발 사업을 일으키는 전략적 투자에 집중한다. 자선단체도 단기간 원조보다는 현재 재해예방에 대한 수요를 강조한다. 그러나 일부 정부는 진행 중인 거래와 투자결정을 긴급구호와 조화시키고자 한다.

대부분 인도적 지원은 재해 직후 긴급 구호요청으로 일어난다. Stoddard(2003)는 구호 자선단체가 일반적으로 수입의 1/4만을 정부기금으로부터 충당하며 대중적 기부에 의존한다고 하였다. 그림 5.8과 같이 다양한 형태 지원이 수혜자에게 전달되기까지는 재원과 중개자를 통한 복잡한 관계망을 이용해야 한다. 다양한 수준의 정부는 UN, 국제적십자사, 비정부기구, 민관 파트너십, 피해가 발생한 지방 정부를 통해 기금을 제공한다. UN도 일부 기금을 관리하여 이재민들에게 직접적으로 지원한다. 또한 프로젝트 관리를 책임지는 전달 단체(비정부기구 포함)에게도 자금을 보낸다. 비정부기구는 국제부문과 지역 사무소 모두를 통해 직접적으로 이재민을 지원한다. 또한 비정부기구는 인도적 지원 증가를 옹호하는 역할을 하고 정책결정에도 관여한다. 적십자사와 국경없는 의사회와 같은 비정부기구의 역할은 필수적이다. 개별 자선단체는 재난 호소 효과를 최대로 하기 위하여 조직을 구성한다. 예를 들어, 재난구호위원회(DEC)는 영국 14개 구호 단체의 노력으로 1963년 구성된 상위기구이다. 개인 기부자들은 이들 단체에 기금을 제공하거나 피해를 입은 공동체와 개인에게 직접적으로 지원을 약속한다. 군사지원은 정부 차원의 특별한 형태인데, 재난 이후에 물류이동이나 평화유지 역할이 필요할 때 요구된다.

1. 국제적 정부 원조

선진국의 재난완화는 세금을 내는 인구가 재정 부담을 함께 나누는 것으로 이루어진다. 벨기에와 네덜란드는 원조 분배를 위해 사전 준비와 함께 국가재난기금을 지정했다. 모든 재정지원이 직접적인 보조금 형태로 주어지는 것은 아니다. 상당 부분이 무이자로 상환할 수 있는 대출 형태로 할당된다. 대부분 국가재난기금이 재난으로 인한 영향으로 최소 손실 임계치를 초과하면 해당 지역의 재해비용으로 일부 합의된 비율을 제공하는 형식이다.

미국에서는 대통령이 주지사 요청에 따라 해당 주에 공

식적 재난선언(PDD)을 할 수 있다. 이런 요청은 피해 평가가 수반되어야 하지만 정치적 편의에 의해 이런 과정이 단순화될 수 있다. 특히 매체의 압박이 있을 때 더욱 단순화된다(Sylves, 1996). 공식적 재난선언은 피해를 입은 공공 시설과 비영리 시설을 수리하거나 재건하는 데 필요한 비용의 75% 이상을 충당할 수 있도록 충분한 연방 지원금을 얻는 데 도움이 된다. 일부 사례에서는 100% 이상인 경우도 있다. 그림 5.9와 같이 공식적 재난선언의 빈도가 지속

적으로 증가하였다. 이런 현상은 지나치게 정치적이며 실제 수요와 일치하지 않아 비판의 대상이 되었다. 예를 들어, Schmidtlein *et al.*(2008)은 연간 공식적 재난선언 빈도와 전국에 걸친 주요 재해발생 간의 통계적 관계가 미비함을 증명하며 지원금 분배가 상당히 지역적으로 불균형하다고 주장하였다. 재해의 상대적 영향을 강조하고 심각한 재해만 지원해야 한다고 제안하였다. 공식적 재난선언 증가는 1992년의 허리케인 '앤드루', 1993년 중서부 홍수, 1994년

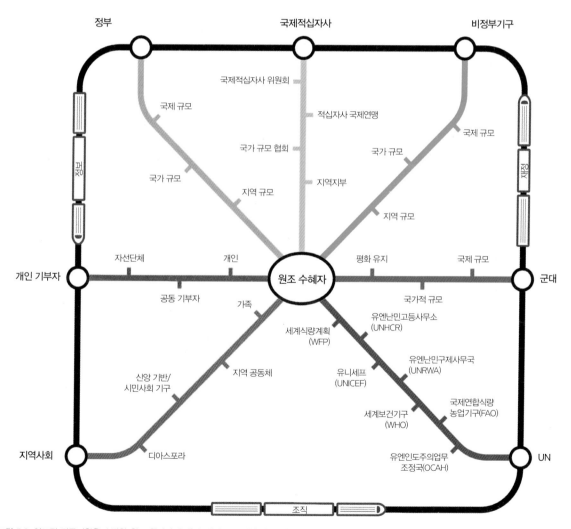

그림 5.8. 인도적 긴급지원을 수반한 원조 참가자의 개관. 재난으로 인한 이재민은 많은 곳에서 지원받고 있다. 주로 중개자를 통해 전달되고 원조 수혜자들이 필요한 것을 직접 기부자에게 전달할 기회가 거의 없음을 보여 준다. 도표는 선형의 관련성이나 기금 관계를 제안하려는 의도가 아니다(Walmsley, 2011), http://www.globalhumanitarianassistance.org (2011년 3월 27일 접속). Global Humanitarian Assistance 허가하에 재구성.

노스리지 지진과 같은 큰 재해로 인하여 1990년대에 급격하게 상승한 경제손실을 반영한다. 1980년과 2005년 사이에 날씨와 관련된 재해만 67건이 있었고 각각 10억$의 피해가 발생하였다. 2005년 허리케인 '카트리나'는 미국 역사상 가장 큰 피해액을 기록한 재해이다.

이런 증가 경향은 연방기금이 재해지원에 사용되는 범위에 대한 논쟁의 불씨가 되었다. Barnett(1999)은 관련 시스템의 특성을 다음과 같이 주장하였다.

• 높은 비용: 최근 몇십 년간 지출이 크게 증가하였다.
• 비효율성: 지역 정부가 건축법규의 강화나 공공재산의 보험가입에 실패하였을 경우에도 피해비용의 공평한 분배를 이행하지 않아도 된다.

• 이중성: 동일한 피해가 항상 같은 방법으로 처리되지 않는다. 예를 들어, 국지적 피해는 재해지역의 상태를 반영하지 않아 이재민에게 지원되지 않을 수 있다.
• 불공평: 적절치 못한 지원금 배분이 발생한다. 예를 들어, 부유한 이재민이 일반 납세자에게서 보상금을 받을 수 있다.

이런 우려는 다른 선진국에 반향을 일으켜 대체전략을 모색하게 함과 동시에 중앙 기금에 더 엄격한 규제를 만들었다. 많은 정부가 개인보험에 대한 손실 보상을 거부하고 있다. 추가적 개혁으로는 고소득 가구에 대한 재난 지원 거절과 지역 건축법규 시행의 원조를 포함한다. 이런 모든 노력은 재난 비용을 제한하고 피해지역에서 가장 지원을 필

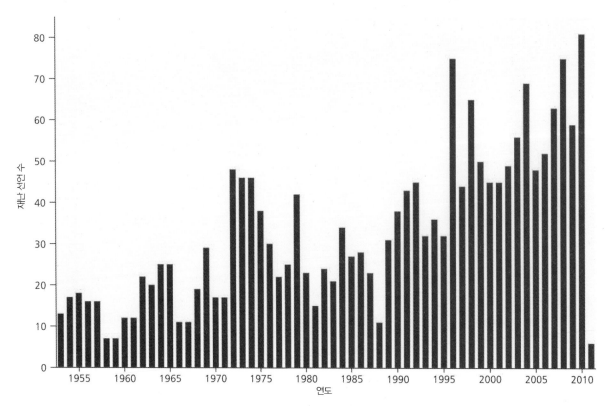

그림 5.9. 1953~2011년 사이 미국에서 매년 공표된 대통령의 공식적 재난선언 빈도. 지난 반세기 동안 선언된 수가 지속적으로 증가하였다. FEMA www.fema.gov/news/disaster-totals-annual.fema (2011년 3월 2일 접속).

요로 하는 사람들에게 원조를 제공하기 위해 고안되었다.

2. 국제 원조

저개발국은 재난이 발생하면 외부 원조에 크게 의존한다. 1992년에 국제적십자사와 적신월사 연맹(현재 국제간 연맹)이 설립되기 전까지 구호물자가 두 가지 방법으로(두 정부 간에 직접 전달되거나 혹은 비정부기구에 의해 간접적으로 전달되는 것) 수송되었다. 자선단체의 해외활동에 관한 관심이 많아지면서 1946년에 국제연합 아동기금(UNICEF)과 1963년에 식량농업기구의 세계식량계획(WFP)과 같은 단체들이 설립되었다. UN은 1972년 제네바에 기반을 둔 국제연합 재해구제기관(UNDRO)을 설립하였다. 이 계획은 재원 부족과 UN 산하 다른 기구와 내부적 경쟁, 일부 회원국에서 받은 비판으로 인해 여러 차례 바뀌었다. 새로운 기구인 국제연합 인도주의사무국(DHA)이 1992년에 국제연합 재해구제기관을 대체하였다. 1997년에 국제연합인도주의사무국은 국제연합 인도적지원조정국(OCHA)으로 바뀌었다. 이런 국제연합 산하 기구들도 유럽연합이나 세계은행과 같은 다른 국제기구들과 마찬가지로 어느 한 국가에서만이 아니라 여러 나라에서 기부를 받는다.

OCHA는 보통 조정활동과 재난에 대한 인도주의적 반응을 불러일으킬 수 있는 구체적인 임무 등을 포함한 정책개발 업무를 한다. 이런 업무는 인간의 고통을 완화시키고, 필요시 인권에 대한 지지자로서 역할하고, 준비와 보호책을 고취시키며 지속가능한 해결책을 촉진시키기 위한 것으로 국내외 기구와 협력하에 이루어진다. 주요한 긴급상황에서 회원국의 자발적인 기부금이 국제연합 인도적지원조정국 예산의 90%를 차지하고, 나머지는 국제연합기금에서 조성된다. 주요 운영 원칙은 다음과 같다.

- 긴급상황에 영향을 받은 사람에 대한 책임은 다른 무엇보다도 각 국가에 있다.
- 원조가 필요한 국가는 대응기구의 업무가 원활히 이루어지게 협조해야 한다.
- 인도주의적 지원은 인간성, 중립성, 독립성, 공평성의 원칙과 연결되어야 한다.

다른 단체들도 OCHA를 지원한다. 예를 들어, 미국은 해외재난지원국(OFDA)을 운영하고 있으며, 유럽연합은 1992년 유럽공동체인권보호청(ECHO)을 통해 회원국 조정활동에 첫발을 내디뎠다. 유럽연합은 유럽 이외 지역에 재난에 대한 인도주의적 원조를 위한 기부를 세계에서 가장 많이 하는 곳 중 하나이다. OCHA은 현업에 직접 개입하지는 않지만 비정부기구나 UN 산하기구들(주로 OCHA), 국제적십자사와 같은 국제 조직을 포함한 200여 개의 파트너를 통해 기금을 조성한다.

선진국에서 개발도상국으로 전달되는 재정지원의 많은 부분이 경제협력개발기구(OECD) 회원국 공적개발원조(ODA) 예산에서 온다. UN은 한 해 정부 예산에서 해당 국가 GDP의 0.7%를 국제원조 비율로 추천하지만, 모인 금액은 이 목표 절반 정도에 불과하다. 재해경감에 쓰이는 예산은 보통 ODA 총예산의 10%로 추산된다. 그 양은 그림 5.10에서 볼 수 있는 것과 같이 매년 달라지지만, 1990년 이후부터 실질 가격으로 보면 증가하고 있다. 10개 이하 국가에서 내는 기부금이 전체의 90%를 차지한다. 미국과 UN 산하기구, 영국과 유럽 국가가 많은 비율을 차지한다. 1인당 기부금으로 환산하면 상위 국가는 대부분 유럽 국가이다. 지난 수년 동안 증가하는 원조 비율은 양자 간의 기부였다(Macrae *et al.*, 2002). 기부와 양자주의 증가는 일부 세간의 이목을 끄는 군사적 갈등에 기인한다. 더불어 기부하는 국가가 더 밀접하게 기부금을 배정하고 감시하기 위

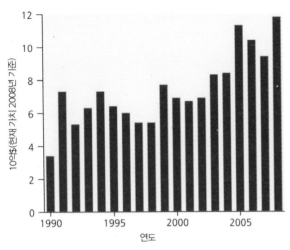

그림 5.10. OECD 개발지원위원회(DAC) 자료에 근거한 1990~2008년 동안의 매년 인도주의적 지원액(Walmsley, 2010). http://www.global humanitarian assistance.org (2011년 3월 27일 접속). Global Humanitarian Assistance 허가하에 재구성.

한 것이다.

전쟁지역에는 많은 인도주의적 지원이 이루어지지만 개별적인 자연재난은 100만$ 이상의 기부금을 유치할 수 있다. 각 재난에 대한 반응이 매우 다양하다. 특히 2004년 12월에 발생한 인도양 쓰나미는 자선 단체와 개인 기부자로부터 총 13억 5,000만$라는 전례 없는 반응을 이끌었다(Telford and Cosgrave, 2007). 이 사건은 엄청난 언론의 관심을 끌었고 부분적으로 재해지역이 아시아 관광지로서 기부자들에게 친숙한 곳이기 때문에 큰 반향을 일으킨 것이다. 그 사건으로 약 200만 명이 부정적인 영향을 받았으며, 긴급구조는 재정 부분에만 국한되지 않고 수년에 걸쳐 이루어지는 재건 프로젝트를 위해 많은 돈을 확보하였다. 상당한 기금이 외부 원조요청 시스템에 의해 마련되었을 때 재난을 비교하는 것과 재난원조 효율성을 평가하는 것은 어려운 문제이다. 시스템을 통해서 모든 기부와 기부금의 흐름을 포괄하는 감시체계가 없기 때문이다. 맡겨진 돈의 전달과정에는 보다 분명한 투명성이 필수적이지만 가장 결정적으로 간과되는 것은 실제로 받은 것이 무엇인지, 언제 받았는지에 관한 현지 수혜자로부터 피드백 정보가 부족한 것이다.

그림 5.11은 2004년에서 2010년 사이에 발생한 4개 재난 발생 초기 17주 동안 나타난 기부자 반응을 보여 준다. 아시아 쓰나미 발생 75일째의 급격한 증가는 주로 개인 기부자가 모금한 1억 3,000$의 기부금이 현지에서 보도되었기 때문이다(Kellet, 2010). 이 기금이 현지 요구를 얼마나 만족시켰고 공평한 재해경감을 위해서 1인당 얼마의 돈이 필요했는지에 관한 정보 수집은 불가능하다. 기금이 재해 '영향'을 받은 사람 수에 따라 조정될 때조차도 '영향'이라는 용어가 지원이 필요한 정도에 관해서 알려 주는 바가 거의 없다. 그 차이가 현저할 수 있다. 2004년 아시아 쓰나미를 위해 모금된 6억 2,000$의 원조자금은 재해 '영향'을 받은 1인당 2,670$씩 계산되었다. 이는 파키스탄 홍수 영향을 받은 사람들과 아이티 지진 영향을 받은 사람들에게 각각 지원된 1인당 110$, 878$와 비교된다.

선의로 재난원조를 하지만 그것이 실질적 필요를 반영하고 충분한지에 관해서는 누구도 알 수 없다. Olsen et al.(2003)에 의하면, 기부금 규모는 매스컴 보도량의 강도, 정치적 관심 정도, 당사국 내에서 국제 구조기구의 영향력과 같은 세 가지 요인에 의존한다. 지진이나 열대성 저기압과 같이 갑자기 발생하는 재난은 지원을 필요로 하는 생존자 수와 무관하게 가뭄이나 기근과 같이 천천히 발생하는 재난보다 더 많은 기금을 모아들인다. 언론은 재산이나 질병을 야기하는 '숨은' 위기는 방치하고 규모가 크고 사진으로 표현하기 좋은 사건에 집중한다(Ross, 2004; IFRCRCS, 2006). 재난원조는 매우 정치적이며 구호단체의 우선순위에 의존한다. Drury et al.(2005)은 해외 재난에 대한 미국의 원조를 할당하는 데 가장 중요한 장기적 효과는 외국인 정책이라고 하였다. 유럽 국가의 재난원조는 과거 식민지였던 곳에서 가장 순조롭게 이루어졌다.

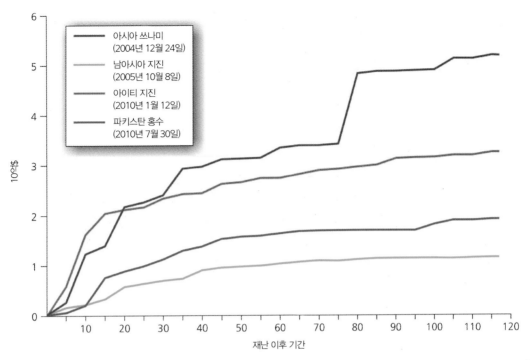

그림 5.11. 4개의 주요 재난 이후 기간 동안 원조 호소에 따른 누적 기부금. 시간이 지남에 따라 일반적으로 누적 기금조성 비율이 감소하고 있다. 국제연합인도적지원조정국 금융추적서비스 자료, http://www.globalhumanitarianassistance.org (2011년 3월 27일 접속). Global Humanitarian Assistance 허가하에 재구성.

식량원조는 북아메리카와 유럽의 과잉 농업 생산량 부담을 완화시키기 위한 수단으로 시작되었다. 지역의 종교적, 식이요법적 이유 때문에 받아들여질 수 없는 많은 식량기부가 사용 기한이 지나고 치료용으로 사용할 수 없는 약물 형태로 제3세계 국가로 보내어진다(Autier *et al.*, 1990). 지나친 식량원조를 위한 기부는 시장가격을 낮출 수 있고 저개발국의 지역경제에 지장을 줄 수 있다. 장기적 관점으로 보았을 때, 식량원조는 수혜국의 지역경제 발전을 저해할 수 있다. 빈약한 도로나 적절한 수송수단 부족과 같은 수송상 어려움은 멀리 떨어진 지역에 식량과 의료약품 분배를 어렵게 하고, 정부 관료제도와 부패도 분배를 지연시킨다. 구호 활동가에게 되풀이되는 딜레마는 더 많은 구호물자를 적은 수의 이재민에게 분배할 것인가 적은 양의 구호물자를 더 많은 이재민에게 분배할 것인가 하는 문제이다.

어떻게 재해경감을 보다 효율적으로 할 수 있을까? Maxwell(2007)에 의하면 양질의 지역정보와 분석이 가장 큰 도움이 필요한 곳에 식량원조를 더 효율적으로 도달할 수 있게 한다고 하였다. 위험에 처해 있는 그룹에 관한 빠르고 세심한 인지가 필수이다. 특히 식량부족을 포함한 재난에 대해서는 믿을 만한 조기경보 시스템을 통해 이런 것이 수행될 수 있다. 일상적으로 반복되는 원조 작업과 더불어 관계자와 자원봉사자에게 '골든 아워' 내의 반응 훈련을 더 많이 시키는 것도 도움이 될 수 있다. 무엇보다도 국제적 기부자와 원조 단체가 '이재민', '실패한 국가'라는 고정관념에서 벗어나서 지역 규모의 기구와 지역공동체에게 재해경감에 대한 더 많은 소유권을 분배하는 것이 필요하다. 이는 부분적으로 존중의 문제이기도 하지만, 국제단체가 지역사회에 관한 전문지식이 부족할 때 매우 실용적인 방법이기도

하다.

이는 식품, 담요, 보호소 자재와 같이 물품 형태로 이루어지던 자원 분배식 전통적 방식을 대체할 수 있는 방법이 있다. 부패를 방지하기 위한 보호 장치만 있다면 사람들이 그들 스스로 필요한 물품을 구매할 수 있도록 하는, 어디서나 사용 가능한 돈을 기반으로 한 원조가 발전할 것이다. Mattinen and Ogden(2006)에 의하면 현금을 기반으로 한 개입은 재해 난민들에게 더 많은 자존감과 유연성을 제공하고, 기부자가 내놓은 물품이 멀리 떨어진 교외지역 경제를 교란시킬 수 있는 부담에서 원조활동을 자유롭게 할 것이다. 이런 정책 변화는 다른 구호와 재건 노력에 대한 보완책으로 재해를 경험한 집주인들이 세계은행을 통해 직접 돈을 송금하는 방식을 더 많이 이용하게 하였다(Heltberg, 2007). 쓰이지 않는 인력을 재건 프로젝트에 고용하는 '캐쉬 포 워크 제도'는 인도네시아 쓰나미 이후 활용될 수 있는 방법임을 보여 주었다(Doocy et al., 2006).

D. 완화: 보험

재해보험은 일반적으로 소유주가 자산이 위험에 처해 있다고 인식할 때 연회비를 납부하고 위험을 재무 파트너 또는 보험사에 위탁하는 것이다. 민영 혹은 국영 보험사는 자산에 손해나 손실이 가해지는 사건발생 시에 특정 금액을 보장한다. 이런 방법을 통해 보험가입자는 감당하기 어려운 재해 잠재적 비용을 여러 해에 걸쳐 분산시킬 수 있다. 민영 보험사는 보험계약 기간에 손실이 발생하지 않거나, 계약기간 동안 지급된 손실 보상액의 총합이 납부된 보험료보다 적을 것으로 상정한다. 민영 보험사는 투자와 이익으로 재원을 마련하고, 국영 보험사는 세수를 통해 재원을 조달한다.

1. 민영 재난보험

산업화된 국가에서는 민영 재난보험이 중요하고 모든 보험의 80% 이상이 미국과 유럽에서 납부되었다. 민간 기업은 홍수, 폭풍, 다른 특정한 환경위험으로부터 빌딩과 같은 재산을 보장(보증)한다. 보험업계는 단일 재난사건에 의해 책임져야 할 부분의 위험성을 최소화할 수 있도록 보장하는 재산이 지리적으로 다양한 범위에 있는 다양한 대상에게 분포할 수 있게 노력한다. 이런 방법을 통해 소유물에 지급되는 비용은 모든 보험 계약자에게 분배된다. 보험금이 적당하게 부과되면 피보험자들이 납부한 보험료가 지급되는 보험료를 감당할 것이다. 보험회사는 납부된 보험료를 투자함으로써 큰 이윤을 창출한다.

환경재해는 특수 문제를 발생시킨다. 짧은 기간에 발생하는 지진이나 열대성 저기압으로 비교적 좁은 지역에서 보험금이 청구된다. 작은 손실이 발생한 이후 몇 년간 대규모 청구가 이어지는 패턴은 보험금 책정을 어렵게 한다. 1994년 캘리포니아 보험산업은 지진 보험금으로 5억$를 수납하였지만 노스리지 재해로 발생한 손실에 대해 4년 넘

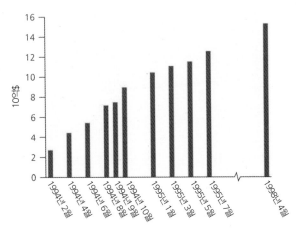

그림 5.12. 1994년 1월 17일 발생한 노스리지 지진 이후 보험에 가입된 손실누적액. 사건 6개월 이후에도 최종 합계금액 절반이 알려졌다. 재난 이후 4년 경과한 1998년 4월까지 집계된 금액이 계속 증가하였다(Munich Re, 2011).

게 150억$ 이상을 지급하였다(그림 5.12). 회사가 대규모 참사에 대비해 기금을 축적하지 않았다면, 그런 수요를 견디지 못하고 파산하였을 것이다(Born and Viscusi, 2006). 또 다른 문제는 피보험자의 기반이 한정되어 있고, 위험이 많은 피보험자가 대부분을 차지할 때 발생하는 역선택이다. 예를 들어, 범람이나 해안가의 거주자가 홍수보험에 가입하기 쉽고, 이는 지리적으로 위험한 집단을 만든다. 1992년 허리케인 '앤드루' 발생 이후 보험사 9개가 파산하였고, 이 밖의 다른 회사들은 플로리다 보험시장을 떠나려고 시도하였다.

보험산업은 다음과 같은 다양한 방법으로 수익성을 증가시킬 수 있다.

- 보험료 인상: 이는 가장 확실한 방법이지만 대중에게 평판이 좋은 방법이 아니다. 상당히 위험한 지역에서 보험을 이용할 경우 지급액이 보다 많이 발생한다면 보험금을 편중시켜 책정할 경우 이점이 있을 수 있다.
- 보험료 등급 재산정: 해당지역의 위험정도에 따라 보험료가 상세하게 정해지는 것은 지리정보시스템(GIS)을 이용함으로써 가능하다. 보험사는 각각 피보험인의 위험 노출정도에 따라 서로 다른 등급에 위치시킬 수 있고 적절한 보험료를 책정할 수 있다.
- 보장범위 제한: 청구되는 보험액수는 초과범위를 공제하는 정책을 적용하거나 최대 지불금의 상한선을 정하는 정책을 통해 제한될 수 있다. 일본에서는 도시에서 지진으로 인한 막대한 손실 위험은 어느 것이든 청구 한도를 정하게 하였다. 합의된 한도 이상은 정부가 피보험인의 비용을 분담한다. 대중과 정부가 선호하지는 않지만, 마지막 수단으로 보험사는 위험이 높은 지역에 보험판매를 거부할 수 있다.
- 피보험인 범위 확대: 이는 하나의 재해에 대한 보장을 제한하기보다 여러 개 보장을 통해 책임 범위를 확대하는 것이다. 영국의 보험은 폭풍, 홍수, 안개에 의한 손실뿐만 아니라 화재, 절도에 의한 손실까지 포함하여 보험상품을 제공한다. 이런 방법을 통해 주택담보대출 요구조건인 가계보험 활용도가 높다. 예를 들어, 홍수로 발생한 손실은 홍수위험이 없는 사람을 포함한 모든 피보험자를 통해 보조되는 것이다.
- 재보험: 보험회사는 위험 일부를 넘기기 위하여 다른 회사나 정부와 연합한다. 예를 들어, 주 보험회사가 최초 청구액 500만$ 지불에 동의하였다면 주 보험회사가 책정한 액수를 초과한 손실금(약 90~95%)은 파트너가 배상한다. 재보험 시장은 국제적이고, 청구비용이 증가하지만 매우 높은 위험을 세계 시장을 통해서 분산시킨다. 기후변화와 같은 요소에 대한 두려움은 필수적인 모든 재보험 가입을 어렵게 한다.
- 취약성 감소: 보험사는 위험에 대한 개선을 통해 위험성을 감소시키는 피보험자의 보험료를 낮춰줄 수 있다. 새로운 특성을 포함시키는 것은 건물 기반의 미끄러짐 방지를 위해 구조의 기반을 단단히 하거나, 방풍효과가 있는 지붕과 벽 재료를 사용하는 것 등과 같은 허가된 건축기술을 사용하는 것에 좌우될 수 있다. 그러나 이런 수단은 법 제정과 시행을 통한 정부 협조 없이는 널리 이용되지 못한다.

Box 5.2는 상업보험의 장점과 단점을 보여 주며, 재난에 의한 보험 청구액이 증가하고 있음을 보여 준다. 1988년 허리케인 '얼리셔(Alicia)' 출현 전까지는 10억$ 이상의 비용이 소요된 단일 재난 사례가 없었다. Munich Re(2006)에 의하면, 시대가 바뀌어 2005년에 6개의 큰 재난이 발생하여 1,700억$의 큰 손실이 발생하였고, 보험 처리된 손실이 820억$였다. 폭풍에 의한 보험손실이 가장 많았다. 2005

Box 5.2. 민영보험의 장·단점

장점

민영보험은 손실발생 후 재난 피해자에 대한 보상을 보장한다. 이는 재해경감 대책보다 더 신뢰할 수 있고 개인 선택과 민간시장에 기반을 두고 있어서 정부차원의 규제에 반대하는 사람들에게 매력적이다. 민영보험은 자산 소유주가 위기를 전부 반영한 보험료를 납부하고 납입보험이 보험에 든 손실을 전부 보상한다면 비용과 이익을 공정하게 분배할 것이다. 보험은 취약성 저감을 위해 이용될 수 있다. 위험한 지역 주민이 비싼 보험료를 지불한다면 재정 측면에서 취약지역에 입지하려는 의욕이 감소할 것이다. 대부분 택지개발은 투기성 건축업자에 의해 행해지고, 개발업자는 재해에 취약한 새로운 자산 판매가 불가능할 정도로 보험료가 인상될 때까지 개발을 단념하려 하지 않으므로 어려움이 따른다. 현재 주택 소유주들은 취약성 감소를 촉진시킬 수 있고 자산을 강화하고 손실에 대한 위기를 줄여 보험 납부금을 낮출 수 있다.

단점

민영보험은 위험이 매우 높은 지역은 포함하지 않을 것이다. 미국 보험업은 정부 지원이 없는 홍수보장을 주저하였다. 보장이 가능할 경우에도 산사태 보험은 보통 건물의 구조적인 재건만을 보장하였고 잠재적인 높은 비용 때문에 영구적인 산사면 안정화는 포함시키지 않는다.

재해보험은 자발적 활용이 부족하다. 1993년 중서부 홍수발생 시 단 10% 건물만이 홍수보험 보장을 받았다. 미국에서 1975~1994년 동안 5,000억$ 손실이 발생한 사례 중 20% 미만이 보험에 가입되었다. 큰 재난이 발생하였을 때, 일부 보험은 보험업에 이익을 줄 수 있다. 일본 보험업자는 고베 지진 당시 크게 영향을 받지 않았다. 지진 영향을 받은 주택 소유주 중 3%만 지진 보장을 받았기 때문이다. 보험정책이 시행되더라도 상당수 보험계약자가 위기 시 자산 전체를 위한 보험에 가입되었을 것이므로 청구한 사건에 관하여 모두 배상받지 못할 것이다.

보험금이 위기에 따른 비율로 직접적으로 정해지지 않는다면 재해지역 거주자들은 그들 지역의 비용을 감당하지 못할 것이다. 영국 보험사는 전통적으로 모든 주택에 대하여 건물보장의 보험금을 정액제로 책정해 왔다. 이는 위험이 적은 지역 보험금이 위험이 많은 지역 자산 소유주에게 보조금이 되었다. 보험료와 위기 사이 일부 관계가 시도되었을지라도 가장 위험한 지역은 보험사가 위험이 낮은 지역 주민에게 필요한 정도보다 더 많은 보험금을 청구하여 채산이 맞지 않는 사업을 다른 사업수익으로 유지하여 이익을 얻기 쉬울 것이다. 보험이 손실을 줄이기 위해 선택되었을지라도 도덕적 위험 존재는 종종 효율성을 떨어뜨릴 수 있다. 도덕적 위험은 보험가입자가 위험에 대한 관심을 줄이고, 보험금을 기초로 하는 위기 가능성을 바꿀 때 발생한다. 예를 들어, 어떤 사람이 손실과 보장받을 수 있다는 사실을 모두 인지하여 홍수로부터 가구를 이동시키지 않는 것이다.

년에는 1985년 이후 6번째로 강력한 허리케인 '카트리나'가 발생시킨 경제손실이 450억$의 시장 손실을 포함하여 1,250억$로 추산되며 가장 많은 손실을 야기한 재난이 되었다(표 5.1). 그러나 도호쿠 대지진과 일본 쓰나미에 대한 사전 손실 추산액이 보험에 가입된 200억~300억$ 상당의 자산과 더불어 2,500억~3,000억$에 달한다.

전체 손실 중 보험에 가입된 손실 비율은 상당 부분 경제발전과 보험 확산 정도의 지역 차이에 의해 좌우된다. 예를 들어, 고베 지진 당시 보험손실이 상대적으로 낮았던 것은 일본에서 민영보험 활용이 제한되었다는 것을 반영한다. 재해가 GDP의 10% 이상 손실을 발생시킬 수 있는 저개발국의 보험보장 범위는 GDP의 2~3% 손실을 발생시킬 수

표 5.1. 세계 10대 경제손실을 야기한 재해(100만$)

순위	연도	사건	지역	경제손실	보험가입된 손실
1	2005	허리케인 '카트리나'	미국	125,000	45,000
2	1995	고베 지진	일본	100,000	3,000
3	1994	노스리지 지진	미국	44,000	15,300
4	1992	허리케인 '앤드루'	미국	30,000	17,000
5	1998	홍수	중국	30,000	1,000
6	2005	허리케인 '윌마'	미국	18,000	10,500
7	2005	허리케인 '리타'	미국	16,000	11,000
8	1993	홍수	미국	16,000	1,000
9	1999	겨울폭풍 '로타어'	유럽	11,500	5,900
10	1991	태풍 '미레유'	일본	10,000	5,400

출처: Munich Re(2005).
주: 화폐가치는 인플레이션을 고려하지 않은 원래의 가치임. 보험에 가입된 손실액이 총 경제손실액보다 정확함.

있는 서구 국가와 비교하였을 때 더 낮다. 보조금을 지급받는 예비 제도를 통하여 저개발국에서 보험보장을 확대시키려 노력하고 있다(Linnerooth-Bayer et al., 2005). 기후변화와 세계화에 의한 위험은 대형 손실을 흡수하는 시장 기능을 감소시켜 일부 전문가들은 상업적인 보험사와 정부의 동업이 향후 최선의 방법이라고 여긴다(Mills, 2005).

미국은 많은 주요 문제를 안고 있다. 허리케인이나 지진으로 발생한 1,000억$의 보험손실이 활용 가능한 재보험 자본에 압력을 가하고 기업을 도산시킬 수 있다(Malmquist and Michaels, 2000). 미국 보험시장의 높은 위험성은 해안으로 인구이동을 동반한 도시화와 건축법규의 엄격한 제정과 집행에 실패한 지방정부에 의해서 야기되었다. 보험에 가입하지 않은 사람의 보상을 위한 연방 재난기금 사용도 손실에 기여하였다. Kunreuther(2008)에 의하면, 플로리다 주 인구는 1950~2010년 동안 280만 명에서 1,930만 명으로 7배 증가하였다. 이 주에서는 대부분 주택이 폭풍에 대한 피해에 보장을 받고 건물의 1/3 이상이 홍수보험에 가입되어 있을 정도로 보험보장 정도가 높다. 보험에 가입된 채무가 거의 1조 9,000억$에 이르고 이 보험자산의 약 80%가 해안 근처 위험지대에 있다.

허리케인 '카트리나'는 미국과 다른 나라들이 직면한 잠재적 문제를 노출시켰다. 건물주가 주택 보호와 보장에 실패한 것은 재해가 닥쳤을 때 자산을 회복시키는 데 필요한 자원이 부족하였다는 것을 보여 준다. 결과적으로 그들은 목표가 불분명한 공공원조에 의지한다. 이와 같은 도움은 그런 방법을 취할 여유가 없는 저소득 거주자에게까지 공정하게 적용되지 않는다. 모든 수혜자는 자신의 일에 대한 책임을 다해야 한다는 자극을 거의 받지 못한다. 주택 소유주가 위험을 감소시키기 위해 내리는 결정에 관한 더 많은 연구가 필요하다. 그러나 효과적인 건축법규와 토지이용규제가 보험보장과 함께 동반되는 공사간 협력을 통해서 변화가 나타날 것이다. 장기 상환대출이나 저소득 가구를 대상으로 한 보조금과 같은 장려책이 재정적으로 보험 호감도를 높이고 정부 재난구호 비용을 줄일 수 있을 것이다.

2. 정부 재난보험

국가차원의 재난기금 조성은 상업보험의 결함을 보완할 수 있는 방법이다. 이것을 의무화한다면, 전국적인 보장이 보험계약자만큼 가능하여 더욱 확대될 뿐만 아니라 재해에 대한 대중의 인지와 규정을 적용한 강화된 건물의 필요성을 증가시키는 데 이용될 수도 있다. 이는 이론상으로 보험료가 위험에 좀 더 밀접하게 관련되게 한다. 예를 들어, 정부는 규정에 맞게 건축되지 않은 건물은 주에서 보장하는 보험에 부적합하다는 법률을 제정할 수 있다. 국가 홍수보험 법률(1986)은 정부가 이런 접근을 채택하고 일부 연방비용을 주 정부와 민간 부분에 이동시키기 위한 시도였다.

일부 국가는 정부와 보험업계가 공동으로 자연재난에 대한 보험을 보장하고 있다. 스페인에서는 자연과 기술재해에 대한 제도가 1954년부터 시행되었으며, 프랑스에서는 1982년부터 재산과 자동차 관련 보험이 의무적인 자연재해 보장 범위에 포함되었고, 민간 보험료의 추가요금과 주 정부 재보험에 의해 자금을 공급받는다. 뉴질랜드는 지진과 전쟁 피해 법률(1944)을 통해 지진에 대한 정부차원의 보장을 도입하였다. 지진위원회(EQC)에 의해 움직이는 이 제도는 폭풍, 홍수, 화산폭발, 산사태 등의 보장까지 확대되었다. 보험 청구액은 모든 화재보험증권에 뉴질랜드화 100$당 5¢씩 추가요금을 징수하여 충당되었다(Falck, 1991). 지진위원회는 위기에 따라 보험료를 책정하고 지속이 힘든 재산에 대한 보험료 청구를 거절할 수 있었지만 정치적인 압박으로 보험금 청구를 대부분 승인하였다.

현재 변화는 개인이 재난손실에 대한 책임감을 좀 더 수용할 수 있게 개인을 설득하는 방향으로 이루어지고 있다. 터키에서는 관련 제도가 재산이 팔리고 새로운 소유주가 책임질 때에만 시행되고 있지만, 지진피해에 대한 정부 지원금이 의무적인 보험제도로 대체되고 있다. 뉴질랜드에서 1993년에 정부차원에서 제도가 개정되었을 때 이루어진 공사 간 위기 분담은 가장 급진적인 변화 중 하나이다(Hay, 1996). 지진위원회는 1996년 이래 비거주자 소유물에 대한 재난보장을 철회하였다. 이는 화재보험과 함께 소유주에게 자동으로 적용되던 거주자 소유물에 대한 보험은 유지하였지만 보장범위 확장을 막는 것이다. 지진위원회는 재난청구에 대비하여 뉴질랜드화 25억$ 기금을 유지하고 있으며 재보험을 조정했지만, 정부는 재난 보상금 부족분에 대한 책임을 안고 있다.

E. 적응: 대비

대비는 재해에 대하여 즉각적이고 효과적으로 반응할 수 있게 한다. 이는 이론적으로 초 단위(지진이나 쓰나미 경보)부터 10년 단위(토지계획이나 기후변화 평가) 범위에 이르는 모든 시간 범위에서 위험을 감소시키는 행위에 대한 계획과 검사를 포함한다. 보다 많은 위기에 대한 인지가 위험지역에 거주하는 사람이 위험을 인지하고 적절한 행동을 취할 수 있도록 돕는다. 그러나 사람들이 해야 할 일이 무엇인지 조언을 받는 것과 사람들이 해야 할 일에 대해 말하는 것, 그리고 그들이 실제 긴급상황에서 행동하는 것 사이에는 차이가 있을 것이다.

대비책은 매우 다양하다. 선진국에서는 이런 문제를 군대나 경찰과 같은 실질적 조직이나 전담기구에 위임한다. 예를 들어, 미국에서 연방긴급사태관리국(FEMA)은 시민을 보호하는 책임을 맡는다. 오스트레일리아에서는 재난관리국(EMA)이 정책을 개발하고 조정하지만 공공안전은 주 재난서비스 조직을 통해 지역수준에서 관리된다(Abrahams, 2011). 이런 기구는 주로 산불 단체와 같은 자원봉사 조직과 경찰, 소방청, 구급차 서비스 등에 의존한다. 개

발도상국에서는 비정부기구가 지역 공동체에서 필요로 하
는 것에 대한 지식이 풍부하여 중요한 역할을 한다(Luna,
2001).

재해저감 계획에는 다양한 이해 당사자 집단이 있다(그
림 5.13). 손실을 줄이는 방법은 일시적 대피계획 활성화와
비축된 약품, 식료품, 긴급 대피소 분배 등이 있다. 도로, 수
도, 전화 등 다양한 서비스가 제대로 작동하기 어렵기 때
문에 가동할 수 있는 통제센터를 미리 지정해 놓는 것이 중
요하다. 위기에 빠진 공동체에서 응급 처치, 수색, 구조, 소
방활동 등 스스로를 도울 수 있는 기술을 익히는 것이 가장
중요하다. 재난 피해자들은 대부분 최초 '골든 아워'에 구
조요원보다 다른 생존자에 의해 구조된다. 터키에서 발생
한 1999년 지진발생 시 파괴된 건물에서 50,000명이 구조
되었으며, 지역주민이 그중 98%를 구조하였다(IFRCRCS,
2002).

재난에 대비한 사전계획은 지역의 회복력에 대한 광범위
한 경향을 반영한다. 주요 요소에는 조기경보 시스템과 재
해구역에서의 비상탈출 등이 포함된다. 그런 방법은 정교
하게 조직되어야 할 뿐만 아니라 시스템상 효율적으로 반
응하기 위해 지역주민에게 권한을 부여하여, '사람 중심'이
될 필요가 있다. 예를 들어, Chakraborty et al. (2005)은
선진국 해안도시에서 성공적으로 허리케인에서 벗어나려
면 지물리적인 위험과 취약계층에게 제공되는 대중교통 수
단과 같은 추가지원을 보장할 수 있는 사회 취약성 평가가
함께 고려되어야 한다고 제안하였다. 스리랑카 갈(Galle)
의 쓰나미 경보계획은 해안도시에서 탈출하기 위해 우선
경로를 설계할 때, 취약 인구집단을 5가지(여자, 어린이, 장
애인, 어부, 인구밀도가 높은 지역 근로자)로 구분하였다
(ISDR, 2006). 이 집단은 그림 5.14에서 보여 주는 최우선
탈출 경로에 포함된다.

오랜 역사에 걸쳐 지진재해에 대한 인식이 있는 캘리포

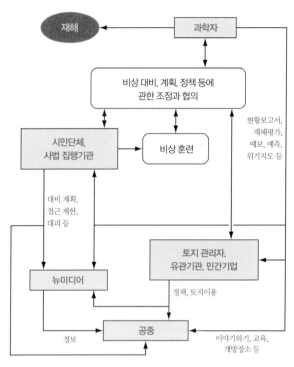

그림 5.13. 재해저감 계획에 포함되는 전형적인 이해관계자 그룹. 각 그룹은 미래
재해에 대비하기 위한 정보를 조합하고 보급시키는 역할을 한다(Peterson, 1996).

니아에서는 시간이 지나면서 대비계획이 발전되었다. 약
40여 년 전 거주자들이 재해상황에 직면하였을 때 준비가
미숙하였지만, 샌프란시스코 만 지역 언론의 관심으로 거
주자들이 적극적으로 대응하였다(표 5.2). 현실적 조언을
활용할 수 있다면 거주자 대부분은 비상장비와 함께 식품,
비상 식수 등을 저장하겠다고 설문에 답하였다. 특별한 대
응을 할 수 없었던 아파트 거주자도 온수기를 벽에 고정시
키거나 지진보험에 가입하는 등 다른 방법을 취한 비율이
증가하였다(Mileti and Darlington, 1995). 캘리포니아 지
진안전성위원회(CSSC, 2009)는 거주자들이 위험에 대비
하여 할 수 있는 행동요령을 출판하였고, 비용이 높아지는
반면 적용 가능성이 감소하는 순서에 따라 다음과 같이 목
록을 작성하였다.

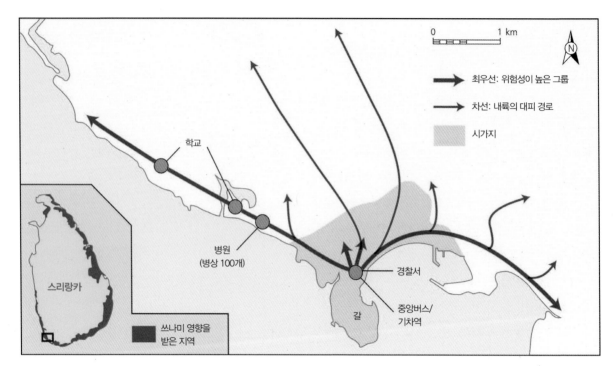

그림 5.14. 쓰나미 비상상황 시 경찰이 집행하는 최우선, 차선 경로를 보여 주는 스리랑카 갈의 대피지도. 이 프로젝트는 UN의 인도양 해양 지진에 대한 긴급 호소, 쓰나미 프로그램에 의해 수행되었다(ISDR, 2006).

표 5.2. 뉴스 보도 이전과 이후 캘리포니아 샌프란시스코 만 주민들의 증가한 지진위기에 대해 손실을 줄이기 위한 행동

대비 행동	언론 보도 이전(%)	언론 보도 이후(%)	증가(%)
비상장비 비축	50	81	31
식음료 비축	44	75	31
온수 가열기 고정	37	52	15
깨지기 쉬운 물건 재정비	28	46	18
지진보험 가입	27	40	13
응급처치 학습	24	32	8
가용성 파이프 설치	24	30	6
지진 시 계획수립	18	28	10
기반에 가옥고정	19	24	5

출처: Mileti and Darington(1995)
주: 제시된 샘플은 806건의 설문지와 1,309의 설문응답에 의한 결과임.

• 학습: 위험을 인식하고 선택하기 위해 이용 가능한 공식적인 정보 활용

• 계획: 이웃과 협동적인 비상 대응책 논의, 가족 행동계획 수립, 중요한 문서 복사

- 교육: 응급조치 기술을 연습하고 가정에 공급되는 상수도 차단, 다른 기기들을 멈추는 방법 숙지
- 준비하기: 필요한 장비와 물품(비상 구호세트, 손전등, 배터리, 통조림 식품, 생수, 모래주머니) 구비
- 물품 보호: 중요한 물건은 홍수위보다 높은 곳에 두고, 무거운 전자제품은 바닥에 고정시키며 위험물질을 안전하게 보관
- 구조물 보호: 홍수위보다 높은 곳에 건물을 짓고, 벽과 창문, 지붕을 고정시켜 건물이 재해에 견뎌 낼 수 있도록 조치

지역 공동체의 대비활동은 비용이 많이 소요된다. 이는 무방비 상태의 시설과 사람들을 누구도 원하지 않고 대부분 일어나지 않을 것이라 믿는 상황에 대한 대기상태로 묶어 놓는 것이다. 지진이 발생하기 쉬운 도시에서 인구 25% 이상을 수용할 수 있는 비상대피소에 대한 계획을 세우는 것은 비합리적이다. 이를 위해서는 이용 가능한 건물, 많은 양의 식량 비축과 의료 구호품, 소독용품 등이 필요하다. 정부 당국은 지진의 물리적 과괴와 생존자의 어려움을 과소평가하기 쉽다. 그림 5.15는 멤피스 메트로폴리탄 지역에서 추산된 테네시 주 이주자 수를 보여 준다. 이는 규모 6.5로 추정되는 뉴마드리드 단층에서 지진이 발생하였을 때 대피 목적으로 활용 가능한 학교 부지가 부족했던 것과 연관 있다(O'Rourke et al., 2008). 경험적으로 신뢰할 수 있는 정부기관의 조언은 대중에게 광범위하게 자주 전달될 수 있도록 잘 분배될 필요가 있다고 제안된다. 연구협의회, 전단지, 소책자, 비디오 등 방법이 중요한 도구이다. 공공단체와 민간기업은 현재의 건강과 안전에 대해 재해에 관한 인식을 수립할 수 있지만 가정 수준까지 도입은 추적하기 어렵다.

개발도상국을 위한 재난 대비용 선두 기구는 UN 산하의 OCHA이다. OCHA는 세계 어느 곳이든 24~48시간 내에 파견될 수 있도록 60개국에서 자원한 비상상황 관리자로 이루어진 대기조를 유지한다. 이 팀은 구조 전문가와 장비를 공급, 수송하고 재해가 발생하였을 때 필요한 다른 서비스를 제공하는 완화그룹을 필요로 한다. 예를 들어, 자선보호단체인 옥스팸(Oxfam)은 조리장비와 임시 보호소 건설을 위한 장비가 있는 비상 점포를 운영한다. 성공 여부는 OCHA가 기존에 등록된 전문지식이 필요한 지원형태에서 구호가와 거주자를 신속하게 연결하는 데 달려 있다. 지역 단위의 기구도 있다. 1986년에 설립된 아시아재해대비센터(ADPC)는 방콕에 거점을 둔 비영리 정부 간 조직이다. 재해대비를 위해 UNESCO와 협력관계를 맺었으며, 학교와 대학에서 교육, 재해에 관한 인지에 초점을 둔다.

개발도상국에서는 관련 제도와 사회문화 환경을 조합시키는 것이 어렵다. 과거에는 재난에 대비한 계획이 의사소통과 물류, 보안을 강조하면서 국방기관과 연관되어 있었다. 이런 것은 중요한 필요요건이기는 했지만 하향식 접근방법으로 대표되는 명령과 통제모델로, 저개발국에 항상 적합하지만은 않았다. 외부원조는 '식민지'를 확보하려는 대외정책의 일환으로 받아들여졌다. 더욱이 군사력은 난민 캠프 설치나 여성, 어린이를 대할 때 세심하게 접근하는 것이 쉽지 않았다. 이런 접근방법은 보다 포괄적이고 개인이 참여하는 대응방법에 묻힌다. 예를 들어, 접근이 불가능한 지역에 공중 수송기를 제공하는 것과 같은 경우는 군사지원이 필수적일 수도 있다. 그러나 이런 지원은 다른 곳에서 수행하고 있는 의무에서 벗어난 것이기 때문에 주로 단기적으로 진행된다.

지역차원의 대비가 중요하다(UNESCO, 2007). 인도 22개 주는 열대성 저기압, 폭풍, 홍수에 노출된 8,000km의 긴 해안선으로 인하여 다양한 위험지역으로 분류된다. 타밀나두의 해안에서는 대비를 위해 마을대표, 비영리단체,

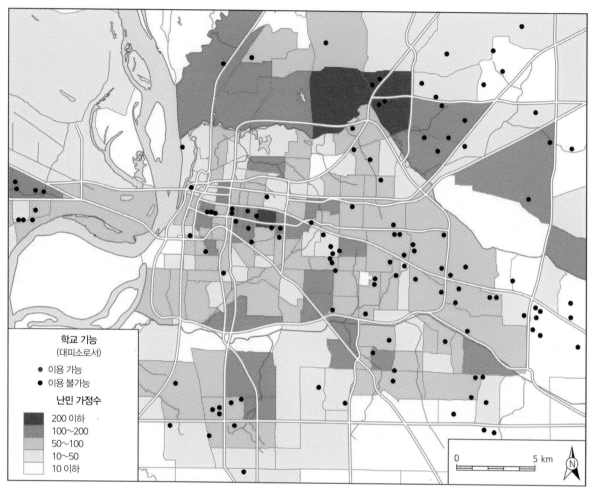

그림 5.15. 뉴마드리드 단층에 규모 6.5 지진 발생 시 테네시 지역에서 예상되는 이재민 가구와 대피소를 예측한 지도(O'Rourke *et al.*, 2008).

청년단체 등으로 구성된 각 계층 대표자 단체가 지역공동체를 기반으로 예비위험평가를 개발하였다. 소외되고 혜택받지 못하는 사람을 포함할 수 있게 특별한 조치가 이루어졌다. 이런 신규사업은 카스트 계층구조와 서로 다른 사회 경제적 배경이 자리 잡은 마을에서 상당한 성과를 보였다. 실질적 결과는 마을재난위기관리훈련모델(VDRMT)이다. 이 체계는 그림 5.16에서와 같이 지역주민이 주축이 되는 포괄적 재해대응 참여를 촉진시킨다. 이는 지역의 지도자가 마을 수준에서 재해대비 계획을 설립할 수 있도록 교

육시키는 것과 같이 미래에도 지속할 수 있는 능력이 포함되어야 한다. 한편으로는 발전을 위해 정부차원의 계획으로 완성되어야 한다.

방글라데시에서는 1973년부터 해안 1,100만 거주자를 위한 사이클론대비프로그램(CPP)이 시작되었다. 이 프로그램은 사람들이 접근하는 폭풍에 대한 적절한 경보를 받고 안전을 위해 사이클론 대피소나 다른 건물로 이동하는 것을 목적으로 한다. 방글라데시 기상청은 6개 지역 31개 하위지역 사무실로 고주파 라디오를 통해 경보를 전달한

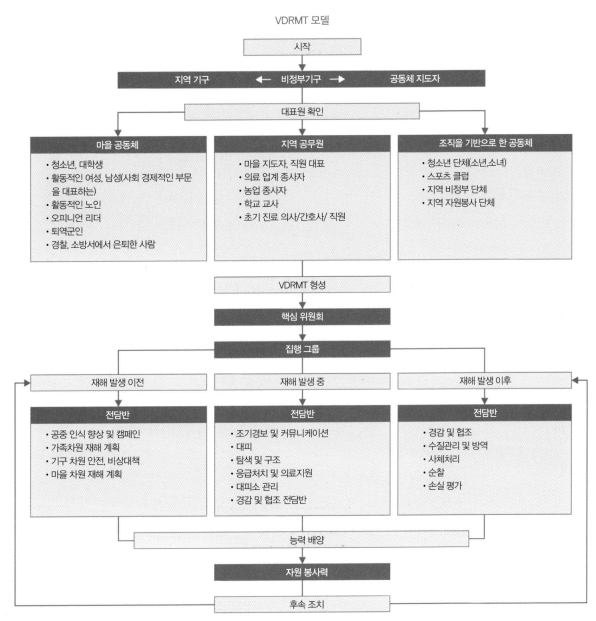

그림 5.16. 마을재난위기관리훈련모델(VDRMT). 이 개념상의 모델은 인도 교외 지역의 능력배양과 재해저감 도구로서 참여 접속법에 기반하여 개발되었다(Anonymous, 2007a).

다. 이 메시지는 초고주파 라디오를 통해 274개 마을 단위까지 전달된다. 각 팀 지도자는 일반적으로 2,000~3,000명이 거주하는 1~2개 마을을 책임지고, 자전거를 타고 다니면서 확성기, 수동 경보기, 공중 연설장비를 이용해 집

집마다 사이클론 경보를 알린다. 이 체계는 전체적으로 5,000~6,000명의 여성이 포함된 34,140명의 훈련된 자원봉사자를 통해 3,500개 마을을 관할한다. 사이클론대비프로그램의 일환으로 재난인지훈련이 적십자사에 의해 구성

되었다. 이 시스템은 30만 명 이상을 48시간 내에 대피시킬 수 있게 개선된 것이다. 1970년 사이클론으로 30만 명이 사망하였지만 1991년에 발생한 유사한 규모의 사건에서는 사망자 수가 14만 명으로 크게 감소하였고, 2007년에 발생한 사이클론 '시드르(Sidr)'는 4,000~5,000명의 사망자가 발생하였다. 인도 오리사 주에서는 1999년 사이클론 발생 이후 재해대비 및 계획 프로그램이 소개되었다(Thomalla and Schmuck, 2004). 2002년 시험 운영할 당시, 정부기구와 비정부기구의 상호작용이 최적 상태는 아니었지만 마을 단위 사전대비가 개선되었다.

F. 적응: 예측, 예보, 경보

화산폭발, 가뭄, 말라리아 유행 등 다양한 위협을 예측하고 위기를 지역사회에 알림으로써 재난의 영향을 저감시킬 수 있다. 기상예보, 소통, 정보기술이 발전하고 있어서 복합적인 기상재해에 대한 정교한 예보경보 시스템(FWS)의 중요성이 요구된다. 개발도상국에서는 단순한 방법이 적용된다. 세계 최빈국에서는 풍력과 태양열 라디오가 재해경보의 중요한 수단이 된다. 2000년 모잠비크에서 심각한 홍수가 발생하여 최소 700명이 사망하였을 때, 지역 적십자사는 '무료로 작동하는 생명선'인 라디오를 사이클론과 홍수에 대한 지역사회 기반 조기경보 시스템으로 통합시켰다(IFRCRCS, 2009). 2007년과 2008년에 홍수가 다시 발생했을 때 사망자는 각각 30명과 6명으로 거의 없었다.

대부분 재해경보는 예보를 기반으로 하지만 지진과 같은 위협은 예측을 기반으로 수행되었다. 예측과 예보, 경보의 차이를 이해하는 것이 중요하다.

예측은 통계적인 이론과 과거 사건의 역사적 기록에 기초한다. 그 결과 평균적인 가능성이 표현될 수 있으므로 예측은 정확히 언제 사건이 발생할지에 대한 지표가 아닌 더 장기적 관점인 경향이 있다. 예를 들어, 지진은 미리 앞서 몇 년 전에 예측되기도 한다. 정확한 장소나 지진 발생 시 규모를 단정 짓는 것은 거의 불가능하다.

예보는 탐지와 사건이 발생했을 때 위험가능성 평가에 의한다. 사건을 감시할 수 있다면 발생시기, 발생장소, 임박한 재해규모 등을 판단할 수 있다. 엄밀하게 말하면, 예보는 과학적 진술이고 사람이 어떻게 반응해야 할지에 대한 조언은 제시하지 않는다. 이는 보다 단기적 관점이며 한정된 소요시간으로 경보 효율성을 제한시킬 수 있다.

경보는 위기에 처한 사람에게 다가올 위기와 손실을 감소시키기 위한 행동 절차를 조언하는 메시지이다. 모든 경보는 예측과 예보를 기반으로 한다. 오늘날 보다 많은 정보가 추가되었지만 최근까지도 국가 기상서비스 책임 기관을 포함한 많은 단체가 안전과 피해 대책에 관하여 제한된 예보와 경보를 발표하고 있다.

예보경보 시스템은 대피를 포함한 긴급조치가 재난을 방지할 수 있는 지역에서 허리케인과 홍수 대비에 유용하다. 가뭄과 지질구조상의 재해는 일부 성공 가능성은 있지만 예측하기 어려운 분야이다. 예를 들어, 필리핀 화산지진연구소는 조기경보 지시를 참조하여 1991년 6월 화산폭발 전에 정부에 피나투보 화산 반경 30km 이내에 있는 주민을 대피시킬 것을 조언하였다. 그럼에도 불구하고 수백 명이 사망하였고 10,000채 이상 가옥이 파괴되었으며 80,000명이 구조되었다. 이와 더불어 10억$로 추정되는 재산피해를 입었다(OFDA, 1994).

그림 5.17은 완벽하게 개발된 예보경보 시스템의 4단계를 보여 준다.

• 위협 인지는 예보경보 시스템을 위한 적절한 감시 프로그램 구축 결정의 초기단계이다. 제도 효율성을 위해서

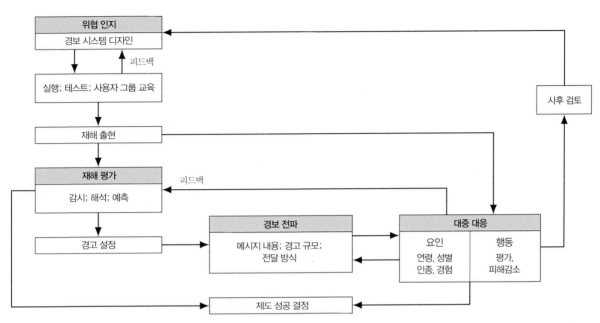

그림 5.17. 향상된 재해 예보경보 시스템 모델. 주요 단계는 위협 인지, 재해 평가, 경보 전파, 대중 대응으로 이루어졌다. 제도의 성공은 지역주민 대응의 효율성에 달려 있다.

위기에 처한 공동체에 알려지고 가상 재난훈련을 통하여 시험할 필요가 있다. 이런 경험에 의한 피드백은 시스템 디자인을 발전시켰다. 다른 개선사항은 재난이 발생한 이후 뒤늦게 이루어졌다.

• 재해평가는 감시자가 처음 위협을 야기할 수 있는 환경변화를 찾아내는 것부터 위기규모를 추산하고 경보를 발표하기 위한 마지막 결정을 내리기까지 일부 하위 단계를 포함한다. 이는 과학장비와 인력이 뒷받침되는 지속적인 감시망이 유지되어야 하므로 국가 기상청과 같은 전문화된 기구가 필요하다. 이 단계의 우선사항은 예보 정확성을 향상시키고 경보발표와 재해발생 사이 소요시간을 늘리는 데 있다. 과정을 완성시키고 대중의 신뢰를 얻기 위해서는 비상상황이 종료되었을 때 해제 메시지를 발표해야 한다.

• 경보전파는 메시지가 예보자로부터 위험지역의 거주자에게로 전달되면서 시작된다. 메시지는 라디오나 텔레비전과 같은 다양한 소통수단과 경찰이나 지역주민 등 제3자를 통하여 쉽게 만들어지고 전달된다. 다시 말해 이 단계는 메시지 내용이나 전달방법 등 몇 가지 요소를 포함하며, 최종 결과에 영향을 미친다고 알려져 있다.

• 대중 대응은 손실을 줄이기 위한 행동단계이다. 예를 들어, 1999년 9월 미국 동부 해안의 거주자 200만 명이 허리케인 '플로이드(Floyd)'의 경보에 따라 내륙으로 대피하였다. 그림 5.17와 같이 대응단계는 서서히 전개되는 위기에 관한 대중의 지식에 기초한 조언을 통해 직접적으로 영향을 받았을 것이다. 다양한 피드백 구조가 최근 경보 시스템을 개선시키는 데 도움을 준다. 그러나 많은 부분 경보 메시지와 거주자 반응 특성에 의해 대응이 결정된다.

모든 예보경보 시스템 효율을 높이기 위해서는 '사람 중심'이어야 한다(Basher, 2006). 위기에 관한 현실적인 인식과 사전지식을 통한 적절한 행동이 대응 질을 높일 것이다. 예보의 기술적 능력과 공동체가 경보에 대응하는 능력 사이에 차이가 발생할 수 있으므로 사회 경제적 기반에 관한 이해도 과학적 정보의 정확성만큼 중요하다. 개인 차원에서는 같은 위기에 대한 과거 경험이 경보에 대한 신뢰 수준을 높이고 여성이 남성보다 쉽게 메시지의 필요성을 수용한다. 위기를 극복하기 위한 수단으로 보강과 같은 초기 적응 방법이 위협에 대한 수용을 향상시킬 것이다. 병약한 독거노인은 건물을 보호하거나 탈출하려는 위기경보에 대한 효과적 대응이 거의 불가능하므로 특별한 도움이 있어야 하며, 종종 대피를 꺼리기도 한다. 아마도 메시지가 명확하게 대피하라는 뜻을 전달하지 못했거나, 주변 사람들이 그들이 극복할 수 있다고 믿고 있거나, 빈집에 대한 약탈을 두려워하기 때문에 대피하지 않는다.

경보를 결정하는 것이 중요하다. 예보자는 결정적이지 않은 상황에서 빠르게 결정을 내려야 하고, 잘못된 경보를 내거나 경보를 내지 못하는 위험에 처할 수 있다. 과거에는 예보관에게 책임이 있다고 거의 생각하지 않았다. 이는 종종 잘못된 예보나 피해저감 활동에 부적절한 조언을 하는 것에 대한 두려움 뒤에 따라오는 법적 책임을 피하고자 하는 바람이 반영된 것이다. 경보가 발효되지 않았을 때나 잘못된 경보가 사전에 발효되었을 때 대중의 신뢰가 쉽게 무너진다. 그런 실수는 손실이 크다. 1976년 과달루페 수프리에르(soufriére) 화산분출에 대한 잘못된 예측으로 72,000명이 몇 달간 대피해 있었다. 오늘날 태평양 연안의 잘못된 쓰나미 경보는 지진을 일으키는 정확한 원인을 모르기 때문에 발생한다.

효율적 재해대응은 예보와 경보 내용의 영향을 받는다. 가장 믿을 수 있다고 평가되는 경보는 신뢰할 수 있는 기관의 공식적 경보이다. 감시단계, 경보단계, 경보해제단계로 이루어진 단계별 경보 시스템은 불필요한 대규모 대피와

같은 중대한 실수를 피할 수 있다. 그러나 지진과 같이 모든 재해가 단계별 경보에 적합한 것은 아니다. 책임이 있는 당국의 사전계획은 정보가 어떻게 전달된 것인지, 위험에 처한 사람의 확인, 응급단체가 경보를 받았는지와 같은 모든 기본적 단계의 준비를 확실히 해야 한다. 또한 전력차단과 같은 불리한 환경에서도 메시지를 전달할 수 있는 대체수단이 필요하다.

시스템 내에서는 예보자의 정확도 검사와 경보를 받은 사람의 반응검사를 포함한 실시간 피드백이 중요하다. 이는 중개자가 어떤 부분 확인을 요구하면서 불필요하게 메시지 전달이 지연되거나 심지어는 전달되지 않을 수 있기 때문이다. 이런 일은 대부분 애매모호한 메시지에서 발생한다. 이상적인 경보 메시지는 구경하는 사람도 재해지역에서 벗어나 있도록 요청하는 것, 긴급함에 대한 적절한 인식, 피해를 입기 전에 예상시각과 규모를 추측하는 것, 당사자들이 해야 할 행동지침을 제공하는 것 등을 포함한다(Grunfest, 1987). 진행상황에 맞게 날씨, 도로, 교통상황, 다음 경보 업데이트에 대한 공지 등 지속적인 조언도 큰 도움이 된다.

경보 전달방법이 상황에 큰 영향을 미칠 수 있다. 일반 대중에게는 라디오와 텔레비전이 주된 정보 전달원이다. 최선의 경고는 위기에 처한 개개인에게 내용을 전달하는 것이다. 이런 의미에서 지역공동체에 살고 있는 다른 사람에게서 직접 전달되는 경보가 중요하다. 대중매체를 통해 전달된 경보가 신뢰받을 수는 있지만, 초기의 메시지는 단순히 사람들에게 무엇인가 잘못되었다는 것을 알릴 뿐이므로 추가적인 정보가 필요하다. 단계별 경보의 이점은 항상 행동을 취하기 전에 첫 번째 경보에 대하여 사실 여부를 확인한다는 것이다. 예를 들어, 가족 구성원이나 경찰을 통하여 확인할 수 있으며, 종종 대응에서 집단 의사결정의 기초가 될 수 있다.

G. 적응: 토지이용 계획

토지이용 계획의 목적은 위험한 지역을 구획화하고 관리하는 것이다. 그렇게 함으로써 현재 지역공동체를 보호하고 위험한 장소에 새로운 개발을 막을 수 있다. 토지이용 계획의 성공은 과거 숲이나 농업과 같이 저밀도로 사용되던 재해 취약지역이 주거지와 같은 고밀도 용도로 바뀌는 시장 주도 과정의 조정에 달려 있다. 토지이용 전환은 경쟁과 인구성장, 도시화, 부 창출의 기능인 이익 추구에 의해 이루어지고, 토지가치 상승과 더 많은 도시 기반시설을 증가시켜 재해 시 더 큰 손실이 발생할 수 있다. 선진국에서는 풍부한 재정과 여가시간으로 위험에 취약한 해안과 산간지역에 별장이나 여가시설을 만들고 있다. 지금까지 규제적 구획화는 주로 부유한 국가에서 행하여졌다. 그러나 El-Masri and Tipple(2002)은 선진국의 지속가능한 재해감소에서 핵심은 향상된 대피소 디자인과 제도 개정이 이루어진 토지이용 계획이라고 하였다.

토지이용은 마을 구획화 조례를 통한 지역계획 수준에서 개인적 계획, 부차적 계획에 이르는 모든 규모에서 규제될 수 있다. 정책은 고위험지역의 새로운 건축제한에는 유용하지만 다른 지역공동체의 목적과 지역이권 갈등을 반드시 예측해야 한다. 자산이나 소득 축소가 예상되는 땅주인, 부동산 중개자, 개발회사, 건축회사가 반대 의견을 낼 수 있다. 또한 이미 주거지로 개발된 지역을 위험지역으로 지정할 경우 부동산 가격하락을 예상한 주민들 반대에 부딪힐 것이다.

Burdy and Dalton(1994)은 위험에 기초한 토지계획은 정부 지원과 지역공동체 지지가 있을 때 성공할 가능성이 크다고 하였다. 예를 들어, 어떤 지역에서 발생 가능한 재산피해를 줄이기 위해 저밀도 구역으로 지정할 경우, 관련된 건축업자들은 주변 안전지대에서 고밀도 개발허가를 받

아 보상받을 수 있을 것이다. 토지이용 계획은 습지와 같이 환경적으로 민감한 구역에 새로운 개발을 못하게 유도하고, 일부 재해 취약지역을 야외활동 장소로 지정하여 대중의 지지를 얻을 수 있다. 낮은 건물 밀도로 넓은 부지에만 개발할 수 있게 제한하거나 안전하지 않은 지역은 공원이나 목초지와 같이 개방된 공간으로 이용할 수 있다.

토지이용 계획은 다음과 같은 한계가 있다.

- 개별 건물부지와 같이 더 작은 지역의 재해 가능성에 대한 지식 부족
- 현재 진행 중인 개발
- 많은 재해가 빈번하지 않으므로 위기에 대한 지역공동체 인식 향상의 어려움
- 현재 토지이용, 구조물, 이용률 등 상세 목록을 포함한 위험지도 제작의 높은 비용
- 정치, 경제 상황에 기초한 토지규제에 대한 지역 반발

토지이용 규제는 성장 중인 미개발 토지를 포함한 지역공동체에 가장 적합하다. 구획화는 토지이용 규제 필요성이 적은 곳에서 최고의 기능을 발휘한다. 토지개발 압력이 높은 곳에서는 피해를 입기 쉬운 지역이 가치 있게 보이는 경우도 있으므로 구획화가 더 어려울 수 있다. 특히 위기에 대한 지식이 없다면, 많은 산사태 지역과 해안 및 범람원 지역은 경관이 빼어나므로 높은 시장가격이 책정될 수 있다. 전통적 법칙인 '매수자 위험부담 원칙(구매물품 하자 유무에 대해서는 매수자가 확인할 책임이 있다)'에 따라, 토지소유주는 어떤 위험요소도 밝힐 의무가 없다. 일부 국가에서는 법적으로 구매 가능자가 정보를 얻는 구매 과정 초기단계에서 결정을 내릴 수 있게 판매자에게 알고 있는 지질학적, 수문학적 위험에 관한 정보 제공을 요구한다(Binder, 1998). 그러나 일반적으로 정보 제공이 지연되고 구매자는

제공된 정보를 무시할 수도 있다. 위험 발생을 알리는 것 때문에 해당 지역공동체는 규제가 느슨한 인근 지역공동체에게 경제 주도권을 빼앗길 수 있다는 인식을 가질 수 있다. 그러므로 지역 당국은 규제를 채택하지 않을 수 있고 지역의 상업 이익 측면에서도 선호하지 않는다.

효율적인 토지규제는 이용 가능한 정보의 질에 달려 있다. 위험지역의 정확한 경계 설정이 중요하며, 모든 규제는 반드시 제안된 개발제한이라는 측면에서 합리적이어야 하고 법적 저항을 이겨낼 수 있을 정도로 강해야 한다. 이상적으로 위기 변동성은 개인 재산 수준까지 확인할 수 있어야 한다. 사이클론과 지진의 경우, 개인 재산 수준까지 정확성을 얻을 수 없다. 홍수, 산사태나 눈사태와 같은 지형 관련 재해에서 높은 정확성을 기대할 수 있다. 따라서 위기가 높은 경우 정확한 지도 제작이 정책 입안에 핵심적 요소이다. 그러나 관리를 한다고 해도 위기지역의 경계에 대한 일부 불확실성이 남아 있을 것이다.

1. 대구획화

대구획화(지역계획)가 광범위한 토지이용 정책을 만든다. 예를 들어, 캘리포니아 지진진동 재해확률지도가 건물의 내진 보강이나 새로운 개발을 위한 건축규정 도입에 적합한 지역을 지정하는 데 이용될 수 있다(그림 5.18). 최대지반가속도(PGA) 값은 건물이 버틸 수 있는 최대 힘을 나타내므로 중요하다. 각 건물은 최대지반가속도가 같더라도 성능이 다양하다. 1940년 이전 건물은 상대적으로 기능이 떨어질 것이고 일부 초기 건물은 0.4g 이하의 최대지반가속도에도 취약할 것이다. 반면, 캘리포니아 지진 기준에 따라 1985년 이후 건설된 거주지는 약간의 굴뚝 파손과 일부 집안 기물이 흐트러지는 0.6g의 심한 진동에도 견뎌냈다.

상세한 토지이용 규제를 위해 필요한 정보의 분류는

1902년 플레 화산이 분출 시(83쪽 참조) 큰 재해를 경험한 서인도 제도 마르티니크 섬에서 예를 볼 수 있다. 계획 정책은 미래 화산분출 가능성이 있는 최대 범위를 예상하고 지도화하는 것과 예상되는 건물에 미칠 수 있는 영향에 의존하므로 가장 위험한 지역의 개발을 제한할 수 있다(Leone and Lesales, 2009). 이를 위해서는 미래 화산분출에 대한 과학적 관점이 경제성장과 허용 가능한 위기수준을 달성하기 위한 정책적 공약과 혼합되어야 한다. 예를 들어, 마르티니크 섬 주민들은 과거에 분출했던 플레 화산보다 용암류를 더 위험한 것으로 인지하고 있다. 결과적으로 섬 북부 추가 개발이 논란거리가 되었다. 그림 5.19는 4개의 계획 구역을 제시하는 것으로 어떤 영구 건축물도 허용되지 않는 곳, 특별한 상황에서 건물을 지을 수 있는 곳, 재해에 저항성을 가진 건물이 지어질 수 있는 곳, 규제가 없는 곳으로 나뉜다. 이와 같은 계획을 효과적으로 진행하기 위해서는 지역공동체 참여가 필요하다.

세계 인구 대다수가 해안이나 그 주변에 거주하고 있어서 많은 국가가 연안통합관리정책(ICZM)을 채택하고 있다. 그 목적은 종합적이고 지속적인 열정으로 자연재해를 포함한 전구적 기후변화로 발생하는 문제를 해결하는 것이다(Stojanovic and Ballinger, 2009). 해당 지역은 인구 80%와 대부분의 기반시설이 해변을 따라 위치한 사모아(Daly et al., 2010)와 같은 군소도서 개발국가부터 심각한 폭풍과 홍수에 취약한 플로리다 주를 포함하는 미국과 같은 거대국가에까지 걸쳐 있다.

플로리다 주 종합계획에서 지역 당국은 지역 내에서 사람들을 빠져 나가게 하고, 사회기반시설에 대한 재해노출을 줄이고, 개발에 보조금으로 지급되는 공공지출을 제한하도록 하는 특정 토지계획 책임이 있는 지역의 해안 고위험지역(CHHA)을 규정할 필요가 있다(Florida Department of Community Affairs, 2005). 저지대에 위치한 리

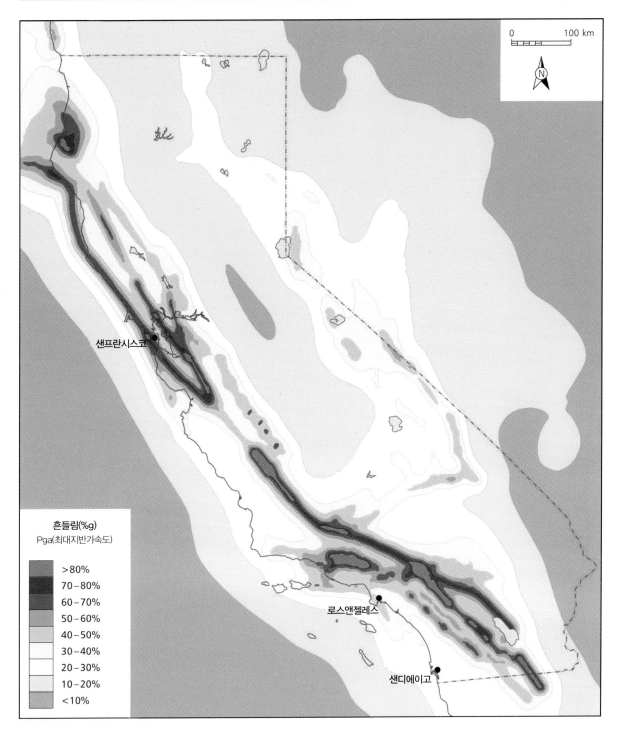

그림 5.18. 내진 건물 디자인과 건축법규의 형성과 관련이 있는 캘리포니아의 지진 진동으로 인한 재해지도. 진동은 50년을 초과하는 기간에 단단한 암반에서 10%의 확률로 발생이 예상되는 최대지반가속도로 측정된다. 단위 'g'는 중력가속도이다. 캘리포니아 지질조사국과 미국지질조사국의 지진재해평가확률모델. http://www.convervation. ca.gov/cgs 허가하에 재구성.

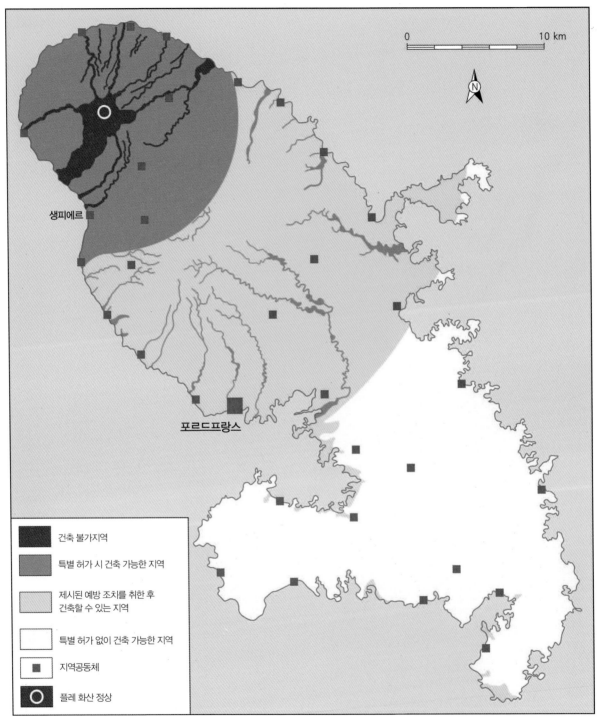

생피에르

포르드프랑스

0   10 km

N

건축 불가지역

특별 허가 시 건축 가능한 지역

제시된 예방 조치를 취한 후
건축할 수 있는 지역

특별 허가 없이 건축 가능한 지역

지역공동체

플레 화산 정상

그림 5.19. 마르티니크의 플레 산 주변의 화산 재해저감을 위해 제안된 규제지도. 이런 지도들은 계획자들과 재해 관련 기관이 토지이용을 제한함으로써 미래의 피해를 줄이고 일반 대중의 인식을 높이려는 의도를 가지고 있다(Leone and Lesales, 2009). ⓒ Journal of Volcanology and Research 허가하에 재구성.

카운티 해안 고위험지역이 그중 한 곳이다. 그림 5.20a는 국가홍수보험프로그램에서 발행된 보험료 비율이 반영된 홍수위기가 높은 지역을 나타낸 것이다. 100년 주기 폭풍으로 잔잔한 물이 홍수를 일으킬 수 있는 A구역과 900m 이상의 파도가 예상되는 해안에 가까운 V구역과 VE구역이 있다. 법적으로 등급 1에 해당하는 허리케인의 대피구역으로 지정된 해안 고위험지역은 그림 5.20b와 같이 구분될 수 있다. 실제로 해안과 칼루사해치(Caloosahatchee) 강 사이의 긴 반도뿐만 아니라 새니벌 섬은 등급 1보다 낮은 단계인 열대 폭풍 위험에서 탈출할 수 있는 대피계획이 있다. 반면, 등급 4에 해당하는 허리케인이 발생할 시에는 전 지역에서 점진적으로 탈출할 것이다.

2. 소구획화

법률과 지역조례에 의한 구역화는 지역공동체와 건물부지 규모에 따라 지역계획을 시행한다. 이런 지역규제는 특정한 재해의 위협뿐만 아니라 토양, 지질 조건, 분급 특성, 배수 요구도, 경관계획과 같은 상세한 보고서 작성을 통한 개발 조절에 이용될 수 있다. 일반적으로 위험도가 매우 높은 도시지역을 구획화할 때 상대적으로 대축적지도(최소 1:10,000)가 필요하다. 다른 규제는 건물부지를 개발하는 수준에서 적용될 수 있다. 예를 들어, 세분화된 규제는 세분화될 토지조건이 일반적인 계획을 따를 때 가능하다.

소구획화는 개인부지 수준에서 따라 토지를 규제할 정도로 충분히 정밀하게 위치하는 지형에 의해 발생하는 비교적 빈번한 물질의 지표유출에 대해서 적절하다. 스위스는 다른 여러 국가에서 채택한 포괄적인 방법을 개발하였다(Zimmermann et al., 2005). 이는 그림 5.21과 같이 규모-빈도 원리에 기초한 것이며, 서로 다른 가능을 갖는 토지개발 강도와 확률을 결합하여 3개 색으로 표현하였다.

예를 들어, 하천홍수의 경우, 강도는 예상되는 최대 홍수위나 수심×유속으로 측정할 수 있으며, 도시지역에 대한 전형적인 위기 수준은 아래와 같이 해석될 수 있다.

- 붉은색 칸(높은 위기): 금지 수준. 새 집이 허가되지 않지만 기존건물은 사용 가능하다. 건물 안에서도 생명 위기에 처할 수 있다.
- 파란색 칸(중간 위기): 제한 수준. 새 집은 이용할 수 있으나 반드시 재난 압박에 대한 방어가 있어야 한다. 지역 당국이 더 구체적인 규제를 요구할 수 있다.
- 노란색 칸(낮은 위기): 경고 수준. 핵심 공공건물(병원, 학교)은 반드시 재해 충격에 대비하여 강화되어야 한다. 경고를 받은 주민은 대피할 수 있어야 한다.
- 그 외(남은 위기): 특정한 건물이나 토지이용에 통제가 필요 없음. 공공기관(학교와 병원)은 재해 시를 대비해 대응대책과 긴급계획을 준비해야 한다.

이런 형태의 구획화는 사용 가능한 평평한 토지가 제한되어 개발을 위협하는 급경사 지형의 암설류에 적합하다. 1998년에 피레네 산맥에 위치한 안도라 공화국은 자연재해에 노출된 구역의 새 건축개발을 금지하는 '도시 토지이용과 계획법'을 채택하였다(Hürlimann et al., 2006). 암설류에 대한 1:2,000 축적의 지질위험도가 이미 작성되었다. 지도는 흐름 강도의 행렬분석에 기초한 것으로 재현주기에 대한 연간 확률을 추정하였다. 즉 재현주기 40년 이하는 높은 수준의 위험, 40~500년은 중간정도의 위험, 500년 이상은 낮은 수준의 위험, 그리고 매우 낮은 수준의 위험은 흐름의 증거가 거의 없다. 피레네 산맥 요르츠(Llorts) 마을은 3개 급류로 구성된 4km² 유역 출구에 위치한 암설 선상지 일부에 해당한다(그림 5.22). 유역 가장 높은 곳의 해발고도는 2,600m이다. 선정은 250m 길이에 평균 12°의 급경사

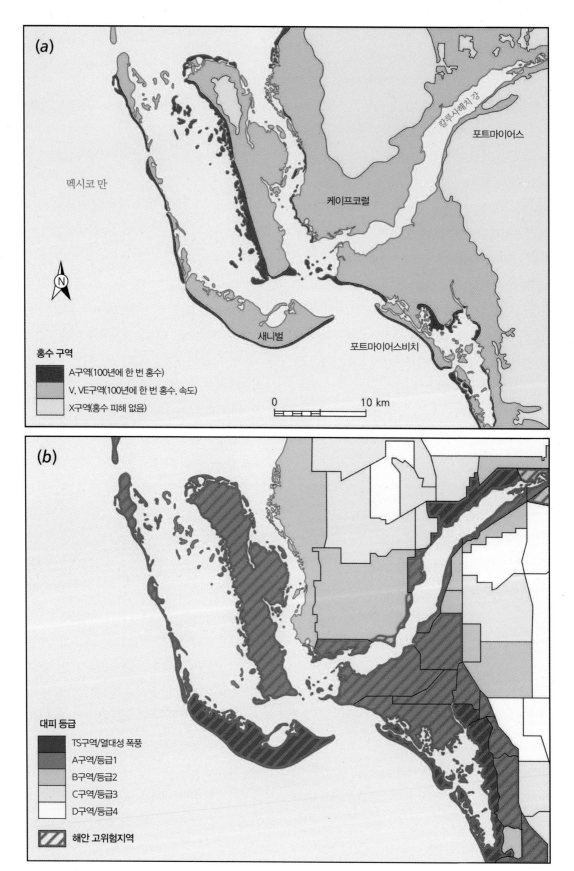

(a)

멕시코 만

칼루사해치 강

포트마이어스

케이프코럴

새니벌

포트마이어스비치

N

홍수 구역

■ A구역(100년에 한 번 홍수)

■ V, VE구역(100년에 한 번 홍수, 속도)

□ X구역(홍수 피해 없음)

0　　　　10 km

(b)

대피 등급

■ TS구역/열대성 폭풍

■ A구역/등급1

■ B구역/등급2

□ C구역/등급3

□ D구역/등급4

▨ 해안 고위험지역

그림 5.20. (a) 플로리다 주 리카운티 A와 V등급 지역의 홍수보험료 지도 (b) 등급 1 대피구역을 바탕으로 한 플로리다 리카운티의 해안 고위험지역. 전 해안지역은 예상되는 폭풍 강도에 따른 대피 우선순위에 의해 구역화하였다(Florida Department of Community Affairs, 2005).

이다. 선정으로 유입되는 암설류와 현재 개발되지 않은 해당 지역의 고위험구역이 확인되었다. 마을 대부분이 안전한 지역에 자리하지만, 일부 건물은 보통 수준에서 낮은 수준의 위험에 노출되어 있다.

지진에 관한 소구획화는 정확도는 낮지만 재해 가능성이 높으므로 중요하다. 이 경우에 활성 단층선의 규명이 중요하며, Box 5.3의 캘리포니아에서와 같이 일반적으로 단층을 따라서 길게 위치한 일정 거리 내 지역에도 건축규제가 적용된다.

높은 수준의 위기에 처한 지역에서는 지방 정부가 위험한 토지를 공매하는 것이 가장 직접적인 방법일 것이다. 매입한 토지는 공공 안전과 개방된 공간, 여가활동 시설과 같

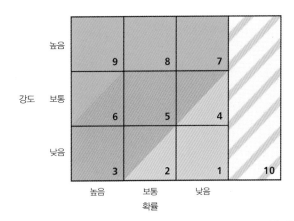

그림 5.21. 스위스의 재해구역화 시스템 행렬. 이 시스템은 네 개의 재해구역을 설정해 10단계의 위기 단계로 나누었다. 붉은색: 높은 수준의 위기, 푸른색: 보통 수준의 위기, 노란색: 낮은 수준의 위기, 흰색/노란색 사선은 강도가 높으나 확률이 낮은 경우를 나타낸다(Zimmermann *et al.*, 2005).

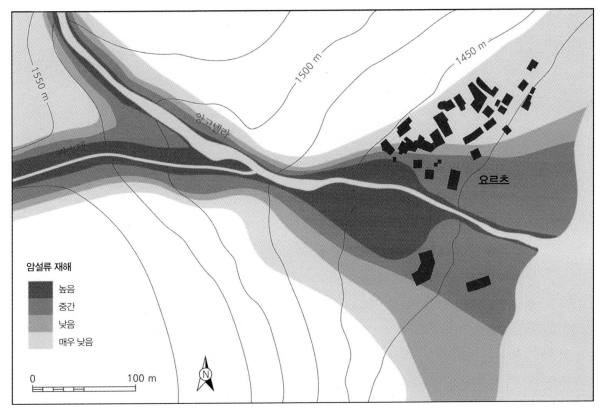

그림 5.22. 피레네 산맥에 위치한 안도라 공화국 요르츠 마을의 충적선상지 암설류 재해지도. 마을 대부분은 안전한 지역에 놓여 있으나, 일부 개발이 진행 중인 곳은 중간 수준의 위기에 노출되어 있다(Hurlimann *et al.*, 2006).

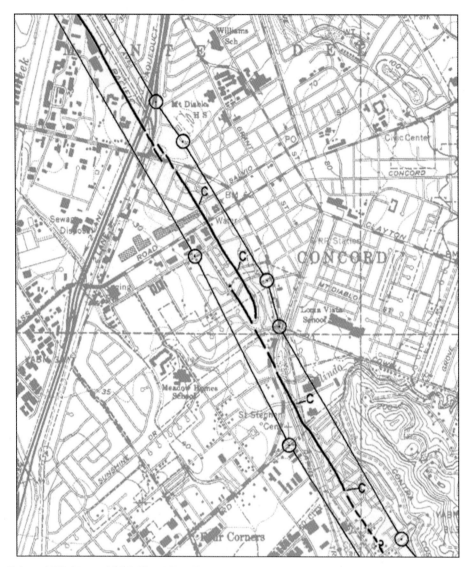

그림 5.23. 샌프란시스코 만 동쪽의 콩코드 시내에 위치한 느린 활성 단층인 콩코드 단층의 일부를 포함한 알퀴스트-프리올로 지진단층 구역 지도의 일부를 보여 준다. 'C'는 단층의 느린 움직임을 나타낸다. 단층은 연간 3.5mm의 속도로 미끄러진다(Walnut Creek Quadrangle, 1993). 캘리포니아 지질조사국 허가하에 재구성.

은 지역공동체의 다양한 목적에 부합하게 관리될 수 있다. 그러나 토지매입은 비용이 많이 소요되며 대부분 지역 당국은 즉각적인 거래를 할 정도 재원을 갖추지 못하고 있다. 또 다른 방법은 상업기관이 토지를 구매해 저밀도 용도로 대여해 주는 것으로 공공이익에 부합하게 개발을 억제하는 것이다. 만약 국유지가 위험지역 가까운 곳에 위치하고 개

인 소유주가 재배치를 원할 경우, 개인 소유의 위험한 토지를 더 안전한 지역의 토지와 교환하는 것도 가능할 것이다. 일반적으로 구조물이나 개인 소유주의 이전이나 불안전한 건물 철거는 어렵고 비용이 많이 들며, 논란거리가 많다. 위험지역에서 재배치는 성장을 촉진시키고 지역의 세금 수입을 만들 수 있는 토지의 잠재성을 파괴할 수 있다. 역사적

Box 5.3. 캘리포니아의 지진재해 구획화

지진의 소구획화가 여러 해 동안 미국에서 시행되어 왔다. 특히 1972년 캘리포니아 주에서는 지표 단층이 주민 재산에 미치는 피해를 줄이기 위한 알퀴스트–프리올로(Alquist–Priolo) 지진단층 구역 법률이 통과되었다. 이 법률은 1971년 샌페르난도 지진의 재산피해로 인한 직접적인 결과로 발효되었다. 이 법률은 단지 지하 깊은 곳에서 발생한 움직임이 지표에 나타나는 지표단층 균열만을 고려한 것이다. 캘리포니아 지질학자는 알려진 활성단층(지난 11,000년 이내에 만들어진 단층)이 지표에 남긴 흔적 주변에 규제지역을 설정하고 지도화하는 일을 하고 있다. 지역 당국은 해당 구역 내에서 모든 토지구획과 사용 목적으로 만들어진 모든 건물을 포함하여 당국에 제안된 대부분의 개발을 통제해야 한다. 사람이 사용할 새로운 어떤 구조물도 단층 흔적을 따라 건축될 수 없으며, 모든 건물은 최소 50ft 이상 떨어져야 한다. 부동산 중개인은 규제지역이 지정되기 전에 만들어진 주거지의 경우 잠재적인 구매자에게 단층선 위에 있다는 사실을 반드시 밝혀야 한다. 지역 당국은 주법이 요구하는 것보다 더 엄격하게 할 수 있음에도 불구하고 낮은 이용률로 인하여 수도관과 같은 공공시설을 포함하지 않으며, 공업지대에는 적용되지 않는다.

으로나 건축학적으로 중요한 건물을 구매하고 파괴하는 것은 압력 단체들이 반대할 것이다.

효율적인 재해저감 전략은 지역공동체 모두의 이해와 협조가 있어야 하므로 공적인 정보가 필수적이다. 경보 안내문을 공지하는 간단한 방법으로 위험을 강조할 수 있다. 홍보는 회의, 워크샵, 보도자료 그리고 재해지역 지도 발간을 통해 확산될 것이다. 재정적 방법도 적용할 수 있다. 이 방법은 위험한 곳에 위치한 건물의 상대적인 이점을 변화시켜 간접적으로 이용하는 것이다. 예를 들어, 지역 당국은 재해에서 안전한 구역 개발을 위해서 도로, 상하수도관 같은 공공시설투자를 제한할 수도 있다. 국가정책은 개발을 장려하기 위한 보조금, 대출, 세금공제, 보험 또는 다른 형태의 재정을 지원하여 지역별로 사용할 수 있게 한다. 예를 들어, 개발되지 않은 재해 취약지역에 세금을 공제할 수 있으며 저밀도 개발에만 개발 자금이 승인될 수 있다. 미국에서는 연방 보조금과 국가홍수보험프로그램에 참여하지 않은 홍수에 취약한 지역공동체 이익을 원천징수함으로써 토지이용 전환을 억제시킨다.

더 읽을거리

Basher, R. (2006) Global early warning systems for natural hazards: systematic and people-centred. *Philosophical Transactions of the Royal Society (A)*: 364: 2167-82. This is a very balanced and comprehensive interpretation.

Chakraborty, J., Tobin, G.A. and Montz, B.E. (2005) Population evacuation: assessing spatial variability in geographical risk and social vulnerability to natural hazards. *Natural Hazards Review* 6: 23-33. An account of some key practical issues surrounding successful emergency evacuation.

Chang, Y., Wilkinson, S., Brunsden, D., Seville, E. and Potangaroa, R. (2011) An integrated approach: managing resources for post-disaster reconstruction. *Disasters* 35: 739-65. Deals with an important but neglected topic.

Key, D. (ed.) (1995) *Structures to Withstand Disaster*, Institution of Civil Engineers, London. A clearly stated introduction with good examples.

Olsen, G.R., Carstensen, N. and Høyen, K. (2003) Humanitarian crises: what determines the level of emergency assistance? Media coverage, donor interests and the aid business. *Disasters* 27: 109-26. This remains a complex and often unanswered question.

Provention Consortium (2007) *Construction Design, Building Standards and Site Selection*. Guidance Note 12, Provention

Consortium Secretariat, Geneva. This contains illustrations of effective practice in various parts of the world.

웹사이트

UN Office for the Coordination of Humanitarian Affairs www. unocha.org

Emergency Management Agency Australia www.ema.gov.au

European Commission Department of Humanitarian Aid www. ec.europa.eu/echo/index

Federal Emergency Management Agency USA www.fema.gov

International Committee of the Red Cross www.icrc.org

Oxfam International www.oxfam.org/en

United Nations Refugee Agency www.unhcr.org

Part Two

THE EXPERIENCE AND REDUCTION OF HAZARD

제2부

재해 발생과 저감

"Naturae enim non imperatur, nisi parendo."

"자연을 지배하기 위해서는 자연에 복종해야 한다."

Francis Bacon, 1561~1626

지진과 쓰나미

A. 지진재해

20세기에만 지진에 의한 사망자가 약 200만 명에 이르렀다. 이 중 대부분은 50,000명 이상 사망자를 낸 몇 차례 대규모 지진에 의한 것이었다. 대규모 지진이라는 것은 상대적이지만, 1900년 이후 상위 10건의 지진이 모두 진도 8.5를 넘었으며, 4건은 21세기 초에 해당한다(표 6.1). 지진의 진도와 재해 영향 사이에는 분명한 관련성이 있지만, 사망을 포함한 다른 손실 패턴을 설명하기 위해서는 규모 외에 다른 요인이 필요하다. 2004년 진도 9.1의 수마트라 지진은 규모에서 세계 10대 지진에 속하며, 쓰나미를 동반하여 수많은 생명을 앗아가 치명적인 10대 지진에도 속한다. 작은 규모의 지진에서도 높은 사망률이 기록될 수 있다. 예를 들어, 1976년 중국 탕산 지진에서는 65만 5,000명 또는 75만명의 사망자가 예상되었지만, 공식적인 사망자는 25만 5,000명으로 집계되었다. 반면, 1920년 중국 닝샤 지진 때는 약 20만 명이 사망한 것으로 추정되었다.

재해에 대한 노출과 취약성이 큰 곳에서 단층을 따라 강력한 지진 에너지가 분출할 때 생명과 기반시설에서 가장 큰 손실이 발생한다. 대부분 사망자는 극심한 지반의 진동과 건물붕괴로 발생한다. 예를 들어, 1999년 타이완 치치 지진 시 86% 사망자가 10만 동이 넘는 건물붕괴에 의한 것으로 추산되었다(Liao *et al.*, 2005). 1976년 중국 탕산의 경우, 100만 명의 사람들이 잠자는 시간에 도시의 얕은 깊이 지층에서 지진이 발생하였으며, 취약한 주택구조 때문에 사망률이 높아졌다. 또한 이 지진으로 주택 90% 이상이 파괴되었다. 도시에서 가스 및 배수관 파열로 인한 화재가 중요한 2차적 위험요소였다. 1906년 샌프란시스코 지진 시, 화재로 약 3,000명이 사망하였고, 재산의 80% 이상이 손실을 입었다. 일본에서는 1923년 간토 지진 시 도쿄와 요코하마에서 약 16만 명의 사망자가 발생하였으며, 이 지진은 2011년 대지진까지 가장 심각한 자연재해로 기록되었다. 지진이 발생했을 때 목조주택에서 100만 개의 석탄화로가 점심식사를 위해 이용되고 있었다. 화재로 약 38만 동의 주택이 파괴되었다. 2010년 아이티 지진 때는 극심한 가난과 낮은 사회경제 개발이 수많은 인명피해와 그와 관련된 다양한 재해를 발생시켰다(Box 6.1).

지진은 모든 사회에 위협적인 요소이다. 도시화된 일본에서 1995년 고베 지진은 5,300명 이상 사망자와 30만명 이상 이재민을 발생시켰고, 2011년 도호쿠 대지진은

표 6.1. 1900년 이후 세계 10대 지진과 기록된 10대 사망자 수

1900년 이후 10대 지진			지진으로 인한 10대 사망자 수 기록			
위치	연도	규모(M_w)	위치	연도	사망자 수	추정 규모(M_w)
칠레	1960	9.5	중국 산시 성	1556	830,000	8.0
알래스카	1964	9.2	중국 탕산	1976	255,000	7.5
수마트라	2004	9.1	시리아 알레포	1138	230,000	
일본	2011	9.0	수마트라	2004	227,898	9.1
캄차카	1952	9.0	아이티	2010	222,570	7.0
칠레	2010	8.8	이란 담간	856	200,000	
에콰도르	1906	8.8	중국 닝샤	1920	200,000	7.8
알래스카	1965	8.7	이란 아르다빌	893	150,000	
인도네시아	2005	8.6	일본 간토	1923	142,800	7.9
아삼-티베트	1950	8.6	구소련 아슈하바트	1948	110,000	7.3

출처: 미국지질조사국 http://neic.usgs.gov/neis/eqlists (2011년 4월 8일 접속).
주: 일부 지진은 연안에서 발생한다. 특히 1900년대 이전에 종종 사망자 수가 대략적으로 추정되었다. 1900년대 이후도 일부 숫자는 불확실하다. 1976년 탕산 지진 사망자 수는 중국 정부 공식 기록이지만 과소 추정되었다.

28,000명 이상의 생명을 앗아갔다. 저개발국 농촌지역에서도 경제비용이 높을 수 있다. 1993년 인도 마하라슈트라 지진 때, 농업자산이 50% 이상 손실되었고 생존자들은 생활 터전을 되찾는 데 심각한 어려움을 겪었다(표 6.2). 대규모 지진은 작은 규모에 비해서 보다 오랫동안, 더 넓은 지역에 걸쳐 지반을 심하게 흔들기 때문에 대규모 재해 가능성이 높다. 그러나 재해피해는 지역의 상태에 따라 달라진다. 산사태를 일으키고 충적토를 뒤섞는 가파른 경사 등의 지질적 요인이 지반의 진동을 강화시킨다. 1920년 중국 닝샤 지진의 경우 대부분 사망자는 한 사면의 파괴로 뢰스 퇴적물이 마을 전체를 덮으면서 발생하였다. 생사를 결정하는 데에는 시간이 중요할 수 있다. 1992년 터키 에르진잔 지진은 비교적 지진에 강한 모스크 사원에서 예배를 드리는 시간인 이른 오전에 발생하여 사망자가 547명에 불과하였다. 반면 2005년 카슈미르 지진은 진동에 의한 붕괴에 취약한 학교건물에서 수업시간에 발생하여 어린이만 19,000명 이상 사망하였다.

표 6.2. 1993년 마하라슈트라 지진에 의해 파괴된 농업자산 비율

가축	%	도구	%
소	18.3	버펄로 수레	36.6
버펄로	23.5	트랙터	48.9
염소/양	47.5	쟁기	50.2
당나귀	43.5	펌프세트	47.8
수송아지	12.9	축사	67.2
가금	65.3	분무기	62.3

출처: Parasuraman(1995)
주: 조사는 피해를 당한 69개 마을에서 70,954명을 대상으로 하였다.

Box 6.1. 2010년 아이티 지진: 장기간 재해

2010년 1월 12일 카리브 해 아이티 섬에서 규모 7.0의 지진이 발생했다. 진원지는 200만 명 이상 거주하는 수도 포르토프랭스 연안 서쪽 25km 지점이었다. 13km 깊이의 얕은 지진으로 지반 진동이 이례적으로 심했고, 약 350만 명의 주민들이 수정된 메르칼리 진도 규모 7~10의 강도에 노출되었다. 잘 건축된 건물에도 상당한 손실이 발생하여 총 18만 8,383동 건물이 붕괴되었다. 이 중 10만 5,000동 건물은 전파되었고, 병원 22동이 심각한 손상을 입었으며 그중 8동은 전파되었다. 직접적인 사망자만 22만 2,570명에 달했다. 국가 전체 인구의 1/4인 약 230만 명이 집에서 탈출했고, 그중 180만 명은 이재민이 되었다. 비상상황의 정점에 이르렀을 때, 150만 명의 난민이 1,300개 이상 임시 주거지나 천막에서 살게 되었다. 통신수단과 교통체계가 손상되면서 비상상황에 대한 상호 교신에 혼란이 발생하였다. 이는 구호 비행에 우선순위를 정하는 것조차 어렵게 하였으며, 구호물자 분배도 지연되었다. 회복기에 들어서는 생존자들의 예측 불가능한 이주와 토지권 분쟁, 국가정책 혼란 등으로 진전이 어려웠다. 그 후로도 10개 주 모두에서 콜레라가 발생하였다(제10장 참조).

이런 재해는 어떤 국가에게나 부담을 주었을 것이다. 그러나 파괴된 정도와 곳곳에서 확인되는 회복 모습은 오랫동안 지진이 사회 경제적 문제를 야기할 수 있다는 것을 보여 주며, 경제적 문제는 시간이 흐르면서 축적되고 그 영향은 크게 증가된다. 아이티는 서반구의 가장 가난한 나라이다. 아이티인 대부분은 하루 2$ 이하로 생활하며, 80%가 빈곤선에 해당한다. 또한 노동인구의 2/3 이상이 농업에 종사한다. 세계 180개국 중 인간개발지수(HDI) 150위에 랭크되었으며, UN에 의하여 경제적으로 취약한 국가로 분류되어 왔다. 프랑스로부터 1804년에 독립한 이래 독재정부하에 있어 왔으며, 2006년 최근이 되어서야 회복되었다. 아이티는 지진 이외에도 허리케인, 홍수, 산사태 등의 자연재해에 노출되어 왔다.

대다수 피해는 약 85% 인구가 생활하고 있는 불안정하게 지어진 콘크리트 건물로, 빈민한 수도 내 도시에 집중되었다. 이 중 절반은 화장실도 없이 살며, 1/3만 배관을 통한 물을 이용하고 있다. 아이티에는 제대로 허가받은 건축물도 없으며, 지진이 발생하기 전에도 약 60%의 주택은 일상 환경에서도 안전하지 못한 것으로 추산되었다. 광범위한 건물붕괴로 포르토프랭스 거리에는 1,900만m²의 잔해가 널렸다. UN이 2010년 12월에 15억$의 긴급 구호물자를 지원했다. 이곳을 완전히 재건하는 데 드는 비용 115억$에 이를 것으로 추산되었다. 장기적인 난제는 수도와 다른 지역을 원상으로 복구하고, 더 지속가능한 곳으로 만드는 것이다. 공공참여 부족, 낮은 직원 수용력, 약한 책임성 때문에 이전에 도시환경을 개선하려는 노력이 불안정했다. 앞으로 수년 동안 더 나은 미래를 향한 전진을 기대할 뿐이다.

B. 지진활동

지진은 지질적으로 취약한 단층지대를 따라서 비교적 지표 가까이에서 갑작스런 지각운동으로 발생한다. 이 운동은 느리게 움직이는 지각판 이동에 의해 발생하는 것으로 지속적으로 지각의 암석을 변형시키면서 축적된 탄성 에너지를 만들어 간다. 갑작스런 에너지 방출이 표면 상으로 지진파를 발생시킨다. 이는 균열층의 양쪽에 지각 반발로 이어지면서 진동의 원인이 된다. 파열의 근원지인 진원지는 지표면에서 700km 깊이 사이 어느 곳에서든 나타날 수 있다. 이 파열은 진원지에서뿐만 아니라 단층선과 단층면을 따라 지진파에 의해 전달된다.

지진 크기는 단층의 물리적 이동 정도에 달려 있다. 일반적으로 큰 단층운동(수직적 또는 수평적이든, 길거나 넓은 파열)이 큰 지진을 일으킨다. 2004년 수마트라 지진의 경우 긴 거리(1,600km)에 걸쳐 대규모 단층 이동(~15m)이 발생하여 매우 강하였다. 천발지진(지표면 아래 40km 이하에서 발생)이 지진에 의하여 방출되는 에너지의 약 3/4을 차지하며, 가장 큰 피해를 준다. 예를 들어, 1971년 캘리포니아에서 발생한 샌페르난도 지진은 규모 6.6에 그쳤으나, 도시 근처 지표의 13km 깊이 이내에서 발생하여 피해 규모가 컸다.

지진 분포가 무작위적인 것은 아니다. 대규모 지진의 2/3가량은 불의 고리(Ring of Fire)라고 불리는 태평양 부근에서 발생한다. 이런 패턴은 판구조론(Bolt, 1993)과 관련된 지물리적 활동과 밀접하게 관련된다. 지각은 15개 이상의 판으로 구분되어 있다(그림 6.1). 이 판은 맨틀 안의 대류에 의하여 1년에 180mm까지 움직이며, 대부분 지진은 두 개 판이 충돌할 때 발생한다. 특히 한 개 판이 또 다른 판 아래로 들어가는 섭입대에서 잘 발생한다. 지진은 가끔 판의 약한 부분에서 발생하기도 한다. 하나의 판 내에서 발생하는 지진은 세계 지진의 0.5% 미만에 불과하지만, 예측이 어려워 상당한 위협이 되기도 한다. 1811~1812년 겨울철 수개월 동안 미국 미주리 주 뉴마드리드에서 세 차례 대규모 지진에 의해 대규모 사망사고가 일어났다. 지진이 발생한 장소가 판경계에서 수백km나 떨어진 곳임에도 불구하고, 당시 마지막 진동이 여전히 인접한 주를 파괴시킬 수 있는 강력한 지진이 될 수 있다는 것을 보여 주었다.

1. 지진 규모

지진 규모는 진원 바로 위 지표면 지점인 진앙에서 측정되며, 리히터 단위로 계산된다. 리히터 규모는 단층면에서 방출되어 지진파 형태로 나오는 지진의 총에너지를 말한

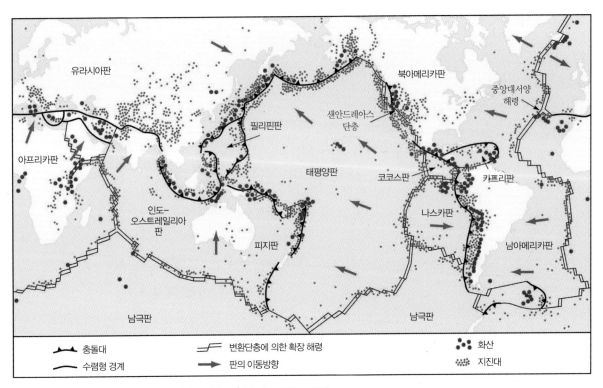

그림 6.1. 주요 지질구조판, 활성 지진 및 활화산 사이의 관계를 보여 주는 세계지도(Bolt, 1999).

다. 이 에너지는 지진이 일어나는 동안 지반운동의 진폭을 기록하는 지진계로 측정된다. 아직도 리히터 규모로 알려진 초기 체계로 지진의 국지 규모(local magnitude, M_L)를 측정하고 있다. 이 기준은 규모가 큰 지진에는 적합하지 않다. 오늘날 지진학자들은 모멘트 규모(moment magnitude, M_w)에 기초한 다른 측정방법을 이용한다. 이 방법은 파열된 단층지역과 발생한 이동 정도를 모두 고려한 것으로 총에너지 방출 정도 측정에 보다 적합한 수단이다. 쉽게 비교할 수 있게 합성 값이 원래 국지 규모 기준과 상당히 가깝게 개선되었다.

이런 규모가 선형이 아니라는 사실을 이해하는 것이 중요하다. 원래 리히터 체계의 M_L 기준에서 각 점은 측정되는 지반운동에서 규모 증가 순서를 나타낸 것이다. 그러므로 M_L=7.0 지진은 M_L=6.0보다 약 10배, M_L=4.0보다는 약 1,000배 더 많은 진동을 발생시킨다. 대략적인 에너지-크기의 관계에서 한 단위 크기의 증가는 방출된 에너지가 약 32배 증가하였음을 보여 준다. 이동 크기(M_w)로 이런 에너지의 방출량을 측정한다. 즉 M_w=6.0에서는 M_w=5.0보다 약 32배 더 많은 에너지가 방출된다. 또한 M_w=9.0에서는 M_w=5.0보다 100만 배 이상 더 많은 에너지를 방출한다. 이

기준은 이론적 상한이 없지만, 실제 증거를 보면, 천발지진에 의한 피해가 기록되려면 최소한 M_w=4.0 규모에 달해야 한다(Bollinger et al., 1993). 이런 규모는 전 세계적으로 매일 수차례씩 발생하며, 일부는 상당한 손실을 초래한다 (표 6.3).

지진에 의한 파괴 정도는 다양한 요인에 의해 결정된다.

• 진동이 지속되는 기간: 일반적으로 더 오래 지속되는 진동이 같은 크기의 진동 한 번에 비해 더 많은 피해를 초래한다.
• 단층에서 거리: 지진파가 밖으로 방출될 때 에너지는 거리에 따라 감소한다. 단층에서 먼 곳에서는 낮은 진동이 나타나는 경향이 있다.
• 지역 상태: 다양한 지역 상태가 진동 특성에 영향을 미친다. 예를 들어, 지형효과가 상당히 중요할 수 있는 반면, 토양과 암석 속성은 지진파 특성을 변화시킨다.
• 인구밀도: 인구밀도가 높은 곳에서 더 많은 사람들이 지진 피해를 받을 것이다.
• 건축물 수준: 건축물 수준도 많은 것을 좌우한다. 무거운 지붕의 비보강 구조인 질 낮은 건물이 무너지기 쉽다. 경

표 6.3. 1900년 이후의 관측기반의 규모가 다른 지진 발생빈도

구분	규모(M_w)	연평균	잠재위험
대규모	8 또는 그 이상	1	전체적 파괴, 높은 사망자 수
주요한	7~7.9	18	심각한 건물 피해, 심각한 사망자 수
강력한	6~6.9	120	특히 도시 지역에서 큰 손실
중급	5~5.9	800	인구밀집 지역에서의 상당한 손실
가벼운	4~4.9	6,200	일반적인 느낌과 일부 구조물 피해
미미한	3~3.9	49,000	전형적으로 느껴지나 피해는 거의 없는 정도
매우 미미한	3 미만	하루에 9,000	느껴지지는 않으나 기록되는 정도

출처: 미국지질조사국 http://neic.usgs.gov (2003년 1월 16일 접속).

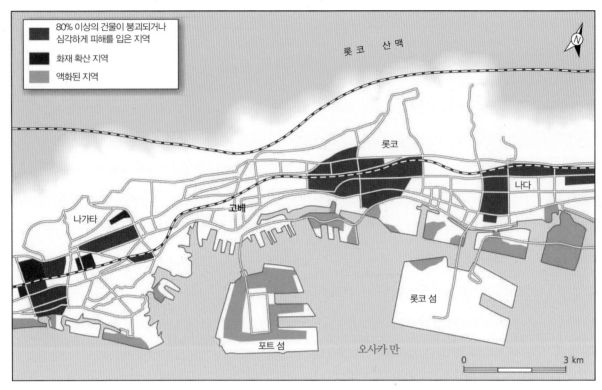

그림 6.2. 1995년 일본 고베 지진에 의한 피해 패턴을 보여 주는 지도. 화재는 도시의 건물이 밀집한 지역에서 확산되며, 액상화는 해안선을 따라 매립된 산업용지로 퍼져 나 갔다(Menoni, 2001).

량골재 건물에서 살아남기가 더 쉬울 것이다.

방출되는 에너지에 의해서만 지진의 사회 경제적 영향을 나타내기에는 불완전하다. 예를 들어, 1995년 일본 고베 지진은 중간 규모(M_w=6.8)의 지진이었지만, 부드러운 토양과 쓰레기로 매립된 바닷가 근처, 인구가 밀집된 산업항구에 충격파가 도달하여 거대한 손실이 발생하였다(그림 6.2). 더욱이 이 지역에는 지진보다 태풍에 견딜 수 있는 목조건물이 많이 지어져 있었다. 보통 2t 정도의 무거운 기와지붕은 붕괴되고, 목조건물에서 화재가 쉽게 발생한다. 사망자 6,400명 중 90% 이상이 이런 교외지역 건물에서 발생하였다.

2. 진도

진도는 땅의 진동으로 측정되며, 지진 규모보다 재해 손실에 더 영향을 미친다. 강도는 수정된 메르칼리(Modified Mercali, MM) 단위로 측정되며, 이는 지진 발생 후 관측된 물리적 피해 특성과 범위 대하여 수치로 표현되는 방법이다(Box 6.2). 척도의 범위는 MM=1에서 MM=12까지이다. MM 척도는 도구를 통한 측정수단이 아니라 인간의 정성적인 설명에 의하여 결정되므로 언뜻 보기에 다른 척도보다 덜 과학적인 것으로 생각될 수 있다. 그러나 MM 스케일은 지진 영향에 대한 중요한 요소를 찾아낼 수 있다. 또 다른 장점은 과거에 발생한 지진에 관한 기록을 사용하여 직접적인 측정수단을 도입하기 이전에 발생한 지진에도 MM

Box 6.2. 수정된 메르칼리 진도 단위

(g는 중력=9.8m/s²)

평균 최대 속도(cm/s)	진도 값과 영향		평균 최대 가속
	I.	특별히 적합한 상황에 있는 극소수 사람들 이외에는 느낄 수 없음.	
	II.	건물의 상부층에 있는 소수 사람들만 느낌. 정교하게 매달려 있는 물체는 흔들릴 수 있음.	
	III.	건물 상부층의 매우 조용한 실내에서 느낄 수 있으나, 많은 사람들이 지진으로 인지하지는 못함. 서 있는 자동차가 약하게 흔들릴 수 있음. 진동은 마치 트럭이 지나가는 것 같음.	
1~2	IV.	낮 동안 대부분 사람들이 느끼고, 야외에서는 일부만 느낌. 밤에는 일부의 잠을 깨우기도 함. 접시, 창문, 문이 흔들리고, 벽에서 금이 가는 소리가 남. 무거운 트럭이 건물에 부딪치는 느낌. 서 있는 자동차가 현저히 흔들림.	0.015~0.02g
2~5	V.	거의 모든 사람들이 느끼며, 잠자던 대부분 사람들이 깸. 일부 접시, 창문이 이내 깨지기도 함. 일부 장소에서는 벽에 금이 가고, 고정되지 않은 물체는 뒤집힘. 나무 및 기둥, 다른 긴 물체들이 교란됨. 추시계는 멈출 수 있음.	0.03~0.04g
5~8	VI.	모든 사람들이 느끼며, 대부분 사람들이 놀라서 바깥으로 뛰쳐나감. 일부 무거운 가구들이 움직이고, 벽이 무너지거나 굴뚝이 손상되는 사례가 나옴. 피해는 적은 편.	0.06~0.07g
8~12	VII.	모든 사람들이 바깥으로 뛰어나감. 잘 설계 및 건축된 건물에서는 무시할 수 있을 정도의 피해. 잘 지어진 보통 건축물은 적당한 정도의 피해. 빈약하게 지어지거나 잘못 설계된 건축물은 상당한 피해. 일부 굴뚝은 무너져 버림. 운전 중인 사람들이 알아챌 수 있음.	0.10~0.15g
20~30	VIII.	특별히 설계된 건축물에서도 약간 피해를 입음. 보통 건물에서는 부분적인 붕괴와 함께 상당한 피해를 입음. 부실하게 지은 건물은 상당한 피해를 입음. 칸막이로 된 벽은 골조에서 분리되어 떨어짐. 가정 굴뚝, 공장 굴뚝, 기둥, 벽, 기념비들이 떨어짐. 무거운 가구는 뒤집힘. 모래와 진흙이 소량 분출됨. 우물물의 변화. 운전 중인 사람들에게 방해가 됨.	0.25~0.30g
45~55	IX.	특별하게 설계된 건축물에서도 피해가 상당함. 부분적인 붕괴가 일어나고 실질적인 건물에 큰 피해를 줌. 건물토대가 어긋남. 지반에 뚜렷하게 균열이 생김. 지하 배관이 부러짐.	0.50~0.55g
> 60	X.	일부 잘 지어진 목재 구조물이 파괴되고, 대부분의 기초를 가진 석조와 골조가 파괴됨. 지반에 심한 균열이 생김. 철로가 휨. 강기슭과 가파른 경사면에서 상당한 산사태가 발생함. 모래와 진흙이 이동하고, 물이 제방 위로 넘침.	> 0.60g
	XI.	남아 있는 석조건물이 거의 없음. 교량이 파괴됨. 지반에서 넓은 균열이 발생함. 지하의 관로는 완전히 기능을 상실함. 연약지반이 붕괴되고 미끄러짐이 발생. 철로는 휨.	
	XII.	피해가 전체적임. 파가 지표에서 관찰됨. 시선과 고도선이 교란됨. 물체들이 하늘로 날아다님.	

강도를 적용할 수 있다는 점이다. 이는 지진의 역사를 과거로 연장시켜 기록할 수 있게 해 준다.

C. 주요 지진재해

지진의 진동 정도는 강진계로 측정된다. 강진계는 강한 진동에 의해 작동되고, 진동에 의한 지반의 수평적, 수직적 가속도를 기록한다(Box 6.3). 강진계를 통해 수집된 자료를 분석하여 다음 4가지 유형의 지진파가 확인된다(그림 6.3).

• P파는 압축에 의한 진동으로 연결되어 있는 기차선로를 바꾸는 것과 비슷하다. 이는 지진 단층에서부터 약

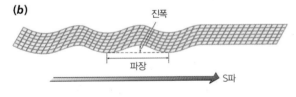

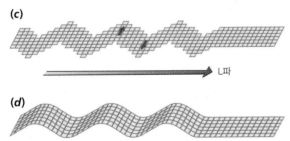

그림 6.3. 4개의 주요 지진파의 도식: P파, S파, L파, 레일리파. S, L파는 가장 큰 규모의 진폭과 파괴적인 힘을 지닌다.

8km/s 속도로 퍼져나가며, 대양과 지구 중심부의 액체를 포함한 액체나 고체 상태의 암석을 모두 통과한다.

• S파는 P파의 약 절반 속도로 지구를 통과한다. S파는 진행 방향에 직각 방향으로 움직이며, 두 사람이 마주 잡은 전선을 따라 이동하는 파동과 비슷하다. 액체를 통과할 수 없는 S파는 지진에 의해 초래되는 많은 피해의 원인이 되며, 이런 유형의 움직임에 견딜 수 있는 건축물을 고안하기 어렵다.

• 레일리파는 파랑을 따라 이동하는 물처럼 입자가 전파 방향과 수직면에서 일부 타원궤도를 따르는 표면파이다.

• L파는 레일리파와 유사하나, 수평면에서 일어난다.

전체적인 지진의 심각성은 이런 파동의 진폭과 진동수 영향을 받는다. S파와 L파는 진폭과 힘이 더 크고 강하여 P파보다 더 파괴적이다. 지진이 일어나면, 지표면은 파의 활동과 지역의 지질조건에 따라서 수평적, 수직적, 때로는 비스듬하게 변형될 수 있다.

D. 2차 지진 재해

1. 토양 액상화

단단하지 않은 퇴적물과 관련된 중요한 2차 재해는 토양 액상화이다. 이것은 강력한 진동이 일어났을 때 일시적으로 힘을 잃고 유동체로 활동할 수 있게 물질이 포화된 상태이다. 지표 아래 10m 깊이에 자리하고 있는, 약하게 밀집된 모래와 실트가 주요 매개체이다. 2001년 부즈 지진 때, 포화상태의 충적토에서 토양 액상화가 일어나면서 수많은 댐이 파괴되었다. Tinsley *et al.*(1985)에 의하면, 4가지 유형의 지반붕괴가 나타난다.

Box 6.3. 지진 시 땅의 진동

지진 시 건물 움직임에 대해서 이해하기 위해서는 지반운동에 대한 정보 이해가 필수적이다. 지반가속도는 보통 중력(9.8m/s²)으로 발생하는 가속도의 일부로 표현된다. 그러므로 1.0g는 9.8m/s²의 가속도를 나타낸다. 안전이 보장되지 않은 한 물체가 수직면으로 1.0g의 가속도를 갖는다면, 실제로는 무중력이 되어 지반에 남을 수 있다. 0.8g 크기의 값은 M_w=4.5 규모의 지진에서 단단한 지반에 기록되며, 1994년 노스리지 지진에서는 국지적인 최대 지반운동이 거의 2.0g에 이르렀다. 매우 강력한 구조물이라 해도 그런 정도 수직가속도에 견디기 어렵다. 일부 비보강 석조건물(URMs)은 0.1g 값의 수평가속도에도 견디기 어렵다.

지역적 입지조건도 지반운동에 영향을 미친다. 유의파의 증폭은 산마루와 같은 가파른 지형에서 발생한다. 암반과 달리 토양에서 지반운동은 진폭과 지속기간에 따라 강화된다. 결과적으로 구조적 피해는 강화되지 않은 재료의 건물에서 심하다. 1985년 멕시코시티 미초아칸 지진 시, 최대 지반가속도는 5가지 요인으로 다양하게 나타났다. 단단한 땅에서 기록된 강한 진동은 0.04g 정도였다. 마른 호수 바닥에 입지한 도시에서 관측한 최대 지반가속도는 0.2g에 달했다. 유사한 영향이 1986년 산살바도르 지진에도 기록되었다. 이 사건은 견딜 만한 정도의 규모(M_w=5.4)였으나, 건물 수천 동이 파괴되고 1,500명의 목숨을 앗아 갔는데, 이는 많은 도시들의 기초가 되는 최대 25m 두께의 화산재층에서 발생했기 때문이다. 3초가량 미진이 화산재 위쪽으로 통과하면서 발생했고, 진폭은 5배 이상 확대되었다.

위험에서 진동수와 구조물의 기본주기도 파괴 척도에 영향을 미친다. 진동수는 헤르츠(Hz)라는 측정단위로 초당 진동 횟수이다. 고주파는 높은 가속도를 내는 경향이 있으나 상대적으로는 작은 진폭으로 이동한다. 저주파는 낮은 가속도이지만, 빠른 속도로 이동한다. 지진이 발생하는 동안 땅은 0.1~30Hz의 진동수를 보인다. 건물진동의 자연주기가 지진파 주기와 유사하면, 공명이 발생할 수 있다. 이는 건물진동을 초래한다. 저층건물은 짧은 고유파 주기(0.05~0.1초)를 갖고, 고층건물은 긴 고유파 주기(1~2초)를 갖는다. P파와 S파는 대개 고주파 진동(1Hz 초과)의 원인이 되며, 낮은 건물진동에 효과적이다. 레일리파와 L파는 더 낮은 주파수이며 높은 건물진동에 더 효과적이다. 가장 낮은 주파수는 시간당 1주기보다 작을 것이며, 1,000km 또는 그 이상 파장을 지닌다.

- 측면분산은 표층에서 액상화가 일어나면서 지표 덩어리의 수평적 이동을 일으킨다. 이런 분산은 0.3~3° 사이 경사에서 흔하다. 이는 관로와 교각, 그 외 다른 구조물과 함께 특히 충적토 범람원 상에 위치한 하도 또는 운하의 제방손상을 일으킬 수 있다.

- 지반진동은 액상화가 나타나지만 경사가 완만해서 측면이동이 어려울 경우 발생한다. 진동은 측면분산과 유사하지만, 방해받는 덩어리가 원래 위치 가까이에 멈춘다. 측면분산 시 덩어리는 상당한 거리를 움직일 수 있다. 진동은 종종 지표 틈의 개폐를 수반한다. 1964년 알래스카 지진 때 1m 넓이와 10m 깊이 틈이 관측되었다.

- 지압강도 손실은 얕은 토양층이 건물 지하층을 액상화

시킬 때 발생한다. 토양 덩어리에서 넓게 나타나는 변형으로 구조물을 가라앉히거나 기울게 만들 수 있다. 1964년 일본 니가타에서 발생한 지진으로 미고결 충적지반에 있는 4동의 아파트가 60°나 기울었다. 지압강도 손실은 1985년 멕시코시티 지진이 단층균열에서 400km나 떨어진 도시에서 발생했지만 약 9,000명의 사망자를 발생하게 한 중요한 이유였다. 이런 결과는 모래와 실트 같은 재료들로 준설된 매립지에 지어진 항구시설물에 손쉽게 피해를 입히기도 한다.

- 흐름과괴(flow failure)는 경사가 급한 곳뿐만 아니라 지표에서도 발생하며, 액상화로 인한 피해 중 가장 큰 참사를 가져온다. 흐름과괴는 매우 거대하고 빨라서 시간당

수km의 속도로 수십~수백km까지 물질들을 이동시킨다. 이런 파괴는 육지나 수중에서 발생할 수 있다. 1964년 알래스카 수어드와 밸디즈에서 발생한 대규모 재해는 거주지가 발달한 삼각주 끝의 해저 흐름파괴에 의해 발생하였다. 파괴가 항구지역을 휩쓸고 파도가 육지를 쓸어버리면서 많은 피해가 발생하였다.

2. 산사태, 암석 및 눈사태

산사면은 심한 지반진동으로 약화되어 붕괴된다. 수많은 파괴적 지진이 산악에서 발생하면서 암석 및 눈사태 등을 일으키는 주요 요인이 된다. 예를 들어, 일본에서 발생한 큰 진도($M_w>6.9$)의 지진 시 사망자 절반 이상이 산사태로 발생하였다(Kobayashi, 1981). 진도와 산사태의 분포 관계를 보면, $M_w=4.0$ 미만 지진에서는 산사태가 일어나기 어렵다. 그러나 산사태와 관련된 지진 영향이 나타나기 쉬운 지역은 $M_w=9.2$에서 최대 영향 범위가 50만km² 이상의 지역에 걸쳐 수직변형을 일으킨다(Keefer, 1984). 중앙아메리카는 지진에 의한 산사태가 빈번하게 발생하는 지역이다(Bommer and Rodriguez, 2002).

산사태가 발생하는 지역은 지형, 강우, 토양, 토지이용의 차이에 따라 상당한 지역 차이가 있다. 가장 큰 재해는 높은 진도의 지진($M_w≥6.0$)이 암석사태를 만들 때 나타날 수 있다. 이것은 면적 100만m³ 이상인 암석 파편이 한 시간에 수백km의 빠른 속도로 수십km를 이동하는 것이다. 1970년 페루 지진 시 연안의 지진($M_w=7.7$)이 우아스카란 산 돌출부에서 거대한 암석사태와 눈사태를 일으킬 때 주목할 만한 매스무브먼트가 발생했다(Plafker and Ericksen, 1978). 페루 안데스 산맥에서 우아스카란 산(6,654m)의 고도와 가파른 경사가 참사 원인이었다. 1970년 재해 시, 사크사(Shacsha) 강과 산타(Santa) 협곡을 따라 흘러간 진흙

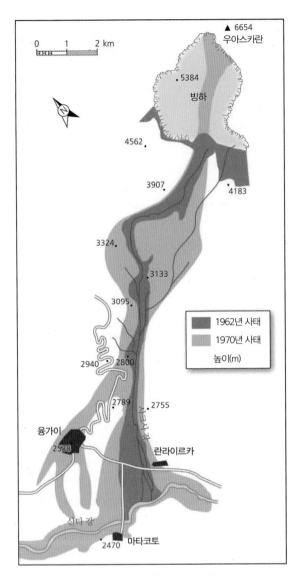

그림 6.4. 1962년과 1970년 페루 안데스 산맥 우아스카란 산 암반사태 지도. 1970년 재해로 퇴적된 넓은 범위의 파편을 보여 준다(Whittow, 1980).

과 바위 유동량이 $50~100×10^6m^3$로 추산되었다. 이동하면서 30m 높이의 파가 발생하였고, 경로의 9km 상부에서 평균 70~100m/s의 속도로 이동하였다(그림 6.4). 융가이와 란라이르카(Ranrahica)의 일부 마을이 10m 깊이 잔해 속으로 파묻혔고, 처음 사면붕괴 직후 4분 이내 약 18,000명이 사망했다.

3. 쓰나미

지진 해일 혹은 쓰나미는 지진과 관련된 가장 특징적인 재해이다. 쓰나미의 어원은 *tsu*(항구)와 *nami*(파도)라는 일본어 합성어로 대양의 파도가 낮은 만과 연안까지 밀려들어오는 것을 말한다. 지진이 해저나 연안에서 발생하거나 진원지가 지표면에서 깊지 않다든지, 혹은 진도가 상당한 수직적 이동을 일으킬 만큼 클 때 쓰나미가 발생한다. 그 결과 발생지점에서 대량의 바닷물을 확산시키면 일련의 대형 파도를 만든다. 파도가 육지에 도달하면서 육지를 잔해로 가득 채우면서 상당히 파괴적인 힘을 동반하여 해변과 어귀를 넘어 수km 떨어진 내륙까지 밀려올 수 있다.

전 세계적으로 2,000개 이상 쓰나미가 50만 명 이상 생명을 앗아갔다고 알려져 있다. 2004년 수마트라 쓰나미는 역사상 가장 치명적인 재해로 기록되었다. 여러 국가로 둘러싸인 인도양에서 발생한 지진과 이어진 쓰나미로 22만 7,898명 이상이 사망했고, 112만 6,900명 이상 이재민이 발생한 것으로 추산되었다. 많은 사망자를 낸 대규모 쓰나미는 태평양에 집중되며, 1995~2011년 사이에만 20회의 쓰나미가 발생하였다(표 6.4).

전형적인 쓰나미는 파푸아뉴기니 연안 북서쪽에서 1998년 7월에 발생한 것이다. M_w=7.1 지진에 이어 발생한 최대 15m 쓰나미가 몇 개의 작은 마을이 들어선 해발 1~3m 높이의 해안사주를 뒤덮었다. 해안에서 500m 이내 모든 목

사진 6.1. 2011년 3월 11일 도호쿠에서 발생한 규모 9.0(M_w)의 대지진 시 만들어진 쓰나미는 방파제를 넘어 작은 배, 자동차, 다른 파편에 부딪혀 일본 북동쪽에 있는 이와테 현 미야코 시를 파괴시켰다(사진: 마이니치 신문/내셔널지오그래픽 데일리 뉴스 웹사이트에 게재된 로이터).

조건물이 떠내려갔고, 거의 2,200명의 사망자가 발생하였다(Gonzalez, 1999). 일본 주변에서 수많은 쓰나미가 발생한다. 혼슈 동쪽 산리쿠 해안을 따라서 약 10년 주기로 10m 높이 쓰나미가 반복되는 것으로 추산된다. 1933년 재난은 해저지진(M_w=8.5)으로 평균해수면에서 무려 24m까지 쓰나미가 영향을 미쳤다(Horikawa and Shuto, 1983). 1,152명의 부상자와 3,008명의 사망자가 발생하였으며, 4,917채 집이 떠내려갔고, 2,346채 건물이 파괴되었다. 이보다 규모가 작은 일본의 쓰나미는 장기적인 재해대책 계획으로 비교적 적은 사망자를 내었다. 그러나 2011년 도호쿠 대지진은 지속적인 위협이 남아 있다는 것을 여실히 보여 주었다.

쓰나미의 작용

태평양 근처에서 발생하는 모든 쓰나미의 60% 이상과 파랑 피해를 주는 80% 이상이 태평양 연안을 따라 발생한다. 첫 쓰나미파는 가장 강력하거나 세지 않을 수 있다. 쓰나미는 다음에 열거하는 다양한 지물리적 사건으로 발생한다.

- 해저 판의 이동은 크고 작은 천발지진과 관련되어 있다. 이는 두 지각판의 충돌로 깊은 해구를 형성하면서 해양판이 대륙판 아래로 섭입될 때 흔하게 나타난다. 큰 섭입수역은 태평양의 호상열도와 연안을 따라 분포한다. 인도양과 인도-오스트레일리아판이 유라시아판 아래로 섭입된다. 해저에서 급격한 수직 이동이 발생하면서 해저바닥을 상승시킬 것이다. 2004년 수마트라 근처의 지진 응력이 축적되면서 지각이 변형되었고, 섭입대가 파괴되면서 해저바닥이 약 5m 위로 솟아 올랐다. 이때 평형을 유지하던 해수면으로 대량의 물이 이동하게 된다. 이어서 파도가 빠르게 이동하여 지진 발생 90분 만에 인도와 스리랑카 연안에 도달했고, 약 7시간 후에는 소말

표 6.4. 2005~2011년 쓰나미로 인한 세계적인 사망자 수 기록

날짜	규모	장소	사망자 수
1995. 05. 14.	6.9	인도네시아	11
1995. 10. 09.	8.0	멕시코	1
1996. 01. 01.	7.9	인도네시아	9
1996. 02. 17.	8.2	인도네시아	110
1996. 02. 21.	7.5	페루	12
1998. 07. 17.	7.1	파푸아뉴기니	2,183
1999. 08. 17.	7.6	터키	150
1999. 11. 26.	7.5	바누아투	5
2001. 06. 23.	8.4	페루	26
2004. 12. 26.	9.0	인도네시아	250,000
2005. 03. 28.	8.7	인도네시아	10
2006. 03. 14.	6.7	인도네시아	4
2006. 07. 17.	7.7	인도네시아	664
2007. 04. 01.	8.1	솔로몬 제도	52
2007. 04. 21.	6.2	칠레	3
2009. 09. 29.	8.0	사모아 제도	191
2010. 01. 12.	7.0	아이티	7
2010. 02. 27.	8.8	칠레	124
2010. 10. 25.	7.8	수마트라	431
2011. 03. 11.	9.0	일본	13,232

출처: http://www.ngdc.noaa.gov/seg/hazard/tsu.shtml

리아 연안까지 도달했다.

- 지진활동이 없어도 화산분출이 쓰나미와 함께 많은 희생자를 낼 수 있다. 화산활동이 쓰나미를 일으킬 가능성이 크며, 화산분출에 의한 사망자의 1/4이 쓰나미에 의한 것이다. 이런 복합적 재해의 절반가량은 칼데라에서 발생한다. 때때로 참사 결과가 화산섬 붕괴로 발생하기도 한다(1883년 크라카타우 화산의 경우).
- 연안이나 해저에서 발생하는 주요 산사태는 지역적으로 상당히 파괴적인 힘을 가진 쓰나미를 일으킬 수 있다. 이

런 경우는 종종 지진에 의해 발생하며, 거대한 암석낙하와 암설사태가 좁은 만이나 호수에서 발생하여 해수이동을 야기한다. 예를 들어, 1964년 프린스윌리엄사운드 지진 시 발생한 해저 산사태가 쓰나미를 일으켜 알래스카에서 80명의 사망자를 냈다.

쓰나미는 전 세계적인 조기경보 시스템의 대부분을 구성하고 있는 쓰나미 보고(Deep Ocean Assessment and Reporting of Tsunamis; DART)의 부표 측정 결과를 통해 감지된다. 해양저 수압감지기에서 획득된 쓰나미에 대한 정보가 곧바로 육지로 전송된다. 그림 6.5는 2011년 3월 11일 도쿄 남동쪽 해상 약 430km에 위치한 DART 21413 기지에서 관측한 그래프를 나타낸 것으로, 도호쿠 대지진

을 보여 준다. 이것은 약 5,800m 깊이의 바다에서 쓰나미로 약 1m의 즉각적인 수직이동을 보여 준다. 이 파도 진폭은 육지에 도달할 무렵 최고 높이까지 급증하였다.

우선 쓰나미는 파동이 매우 길어서(100~200km) 천해파와 같이 행동한다. 이것은 초기 전진속도가 상당히 빠르다는 것을 의미한다. 천해파의 전진속도는 다음 함수와 같이 수심에 의하여 결정된다.

$$속도 = \sqrt{gD}$$

여기서 g는 중력가속도로 9.81이며, D는 수심이다.

그러므로 인도양 평균 수심이 3,900m라고 한다면, 속도는 $\sqrt{9.81 \times 3,900}$ 으로 196m/s 혹은 704km/hr가 된다.

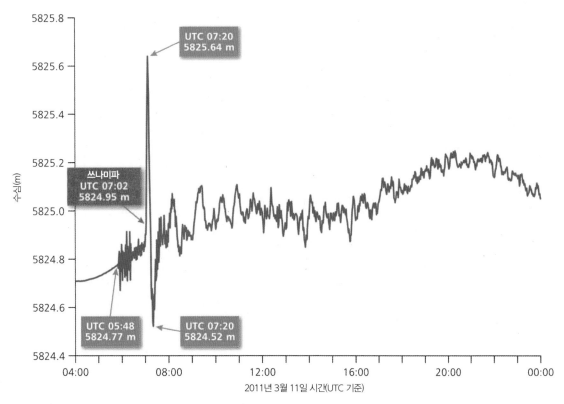

그림 6.5. 일본 도쿄 남동쪽 태평양의 수심변화는 2011년 3월 11일 쓰나미에 의해 만들어진 대규모 이동을 보여 준다.

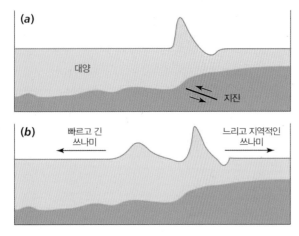

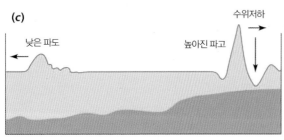

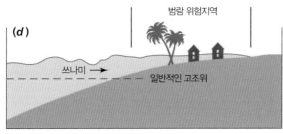

그림 6.6. 전형적인 쓰나미 파동의 발달 (a) 지진 초기 (b) 파 분열 (c) 근해의 파 증폭 (d) 연안의 가속 구간. 수직적 규모는 이 도식에서 매우 확장된다. 미국지질조사국 www.walrus.wr.usgs.gov/tsunami (2003년 6월 7일 접속).

이런 움직임은 파도의 진폭을 낮게 유지시켜 외해에서 약한 너울로 감지된다. 그러나 연안지역으로 다가오면서 얕은 바닥과 접촉으로 마찰력이 증가하여 파속은 점차 감소한다. 반면 파 에너지는 훨씬 적은 용량의 바다로 들어가서 파고를 높인다. 결과적으로 낮은 연안을 넘어 파고가 급증하는 단계에서는 외해에서 파고의 10~20배에 달하게 된다. 쓰나미가 좁고 사방이 막힌 만, 특히 좁은 내륙을 통과하게 되면, 진폭이 더 증가한다.

일단 지진이 DART 네트워크를 통해 감지되어 진원지의 위치가 파악되면, 쓰나미가 해안선까지 도달하는 평균시간을 예측할 수 있다. 그림 6.7은 진원지에서 인도양을 가로지른 2004년 수마트라 쓰나미의 이동경로를 구성한 지도이다. 이렇게 시뮬레이션한 이동시간은 실제 도착까지 한 시간 이내로 계산되었다. 어떤 경우 파도가 잠시 국지적으로 후퇴하면서 노출되는 광대한 해변을 남긴다. 인도양 쓰나미 사례에서 일부는 이런 특징을 위험징후로 보고 위험으로부터 탈출할 수 있는 신호로 이해하였다. 그러나 수백 명의 다른 사람들은 이 보기 드문 광경에 매력을 느끼기도 하였고, 이것이 새로운 땅을 만들어 내면서 강력한 파도의 힘에 노출되기도 하였다.

수마트라에서 발생한 2004년 쓰나미에서 기록된 평균속도는 거의 640km/hr로, 연안에 접근하면서 속도가 줄어들었다. 바다를 가로지르면서 파도는 약 60cm 높이밖에 안 되어 재해위험이 없어 보였다. 그러나 반다아체 해안에 도달했을 때 파도가 느려지면서 높아지기 시작하여 파고가 최대 30m 이상이 되었고, 많은 피해를 초래하였다.

그림 6.6은 전형적인 쓰나미 과정을 보여 준다. 앞 가장자리가 대양 한복판 깊은 바다에서는 빠른 속도로 이동한다.

E. 보호책

1. 환경조절

원천적으로 지진을 예방할 수 있는 즉각적인 가능성은 거의 없다. 그러므로 재해를 감소시키기 위해서는 인간의 취약성을 낮추고, 2차 재해를 줄여야 한다.

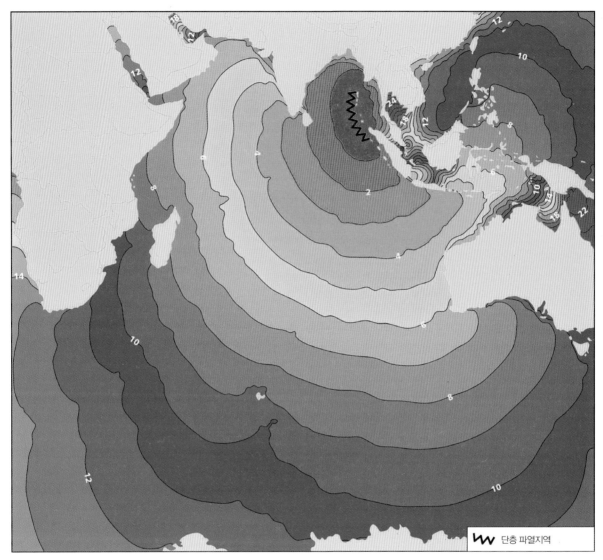

그림 6.7. 2004년 12월 26일 M_W=9.1의 수마트라 지진으로 태평양을 가로지른 쓰나미파의 발달 모습. 등치선은 한 시간 간격을 나타낸다. 400만 명 이상의 인도네시아인들이 쓰나미가 발생할 수 있는 지역에 살고 있으며, 단기간 경보를 알릴 수 있는 효과적 감시 시스템을 필요로 한다. NOAA www.ngdc.noaa.gov/hazard/icons/2004_1226. jpg

2. 재해에 강한 설계

Key(1995)에 의하면, 지진에 의한 사망자의 60%가량은 농촌의 비보강 석조건물(unreinforced masonry struc-tures; URMs)에서 발생한다. 가장 취약한 건물은 햇빛에 구운 진흙 벽돌인 어도비 점토로 건축된 것이다. 어도비 점

토 건축물은 저렴하고 쉽게 작업할 수 있어서 건조 및 반 건조 지역에서 널리 사용된다. 페루에서는 농촌 거주자 중 2/3가 어도비 건물에 살고 있다고 추산된다. 2003년 인도 밤 지진 시 이런 건물이 많이 붕괴되어 26,000명 이상 사람 들이 사망했다(제3장 참조). 돌무더기 잔해로 지어진 석조 건물도 붕괴되기 쉽다. 1993년 인도 마하라슈트라 지진 시

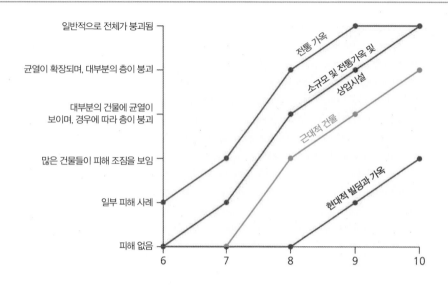

그림 6.8. 1995년 고베 지진을 사례로 진도(메르칼리 계급)와 다른 유형의 건물 피해 간 관계를 나타낸 그림. 분명한 차이점은 전통적으로 건설된 건물과 현대적 설계 건물 간 차이가 나타난다는 점이다(Institution of Civil Engineers, 1995).

두꺼운 화강암 벽과 무거운 목재지붕으로 이루어진 푸카건물은 초막이나 콘크리트 틀로 형편없이 보강된 건물보다 더 많은 사망자를 유발하였다. 일부 전통사회는 지진에 대비한 방어를 위해 일부러 약한 건축물을 짓기도 하였다. 아시아 열대 도처의 토착건물은 식물로 만든 벽과 야자 잎으로 만든 지붕으로 가볍게 지어진다(Leimena, 1980). 2005년 인도네시아에서 발생한 M_w=8.7의 니아스 지진으로 붕괴된 건물에서 1,300명이 사망했다. 그러나 토착민의 목골구조 공동주택은 거의 피해가 없었다. 다른 국가에서도 목골구조의 건축물을 선호한다. 미국 주택의 약 80%가 그런 건물이다. 이런 구조물은 지진에 의해 2차적으로 발생하는 중요한 재해인 화재에 취약하지만, 땅이 흔들릴 때 유연한 장점이 있다.

일부 대도시에서도 지진피해를 볼 수 있다. 오랜 시간 동안 급증한 인구를 수용하기 위해 주로 아파트와 같이 고층이며, 비보강 석조건물을 짓고 콘크리트 구조로 강화한 건물이 공급되었다. 이는 대부분 도시가 위험의 집합체임을 의미한다. 고베 지진의 영향을 나타낸 그림 6.8은 각각 다른 유형 구조물에 대한 지진 강도와 건물피해 사이 일반적인 관계를 보여 준다. 이는 건물자재 노화로 인한 붕괴 위험을 역설적으로 보여 주기도 한다. 저개발국 도시에서는 건물의 견고성 부족이 심각한 문제이다. 1934년 지진으로 파괴가 발생한 네팔 카트만두에서는 건물의 70%가 형편없이 설계되고 건축되었다. 심지어 강화된 콘크리트 구조물은 지진에 부정적으로 작용할 수 있다(Petley, 2009).

지진이 활동하는 도시에서 안전한 건축물을 짓기 위한 유일한 방법은 상세한 위험평가와 최상 건축물을 시공하는 것뿐이다. 토목기사가 입지 적절성을 평가하는 것이 첫 번째 필요조건이다. 다른 조건이 같다면, 단단한 암반 위의 건물이 점토나 연한 토대 위에 지어진 건물에 비해 피해가 적다. 이런 초기 평가는 단층이나 기초재료의 지압강도가 불충분한 곳에 건축을 피하게 하는 지질조사가 포함되어야 한다(Box 6.4). 현재 100개 이상의 국가에서 채택한 내진코드(seismic building code)는 최소의 붕괴위험에 대비한 건설기준을 명기하고 있다. 내진코드는 장기간 보완된 기준에 의한 절차와 완전한 합법성을 갖추어야 효과적이다. 무엇보다도 이 규정은 계획된 건축방법을 갖고 엄선된 설계로 충분히 지진에 견딜 수 있게 해야 하며, 전 건설기간에 걸친 규칙적인 조사가 필요하다. 불행히도 건축법규는 불완전한 기술적 지식과 지방의 부패로 자주 소홀해지거나 건너뛰게 된다. 1940년대 이후 유지된 건축법규에도 불구하고 1999년 터키 북서쪽에서 발생한 마르마라 지진으로 20,000명이 사망하고, 50,000명이 부상을 입었다. 대부분 사망은 재정적 부패로 법규에 응하지 않는 바람에 발생하였다.

대부분 지역에서 대다수 건물자재는 건축법규보다 이

Box 6.4. 지진 안전성과 건물

내진을 위한 열쇠는 적절한 건물설계와 건축방법에 달렸다. 이런 면에서 강하고 유연하면서 연성인 재료가 약하면서 뻣뻣하고 깨지기 쉬운 재료보다 선호된다. 예를 들어, 연성인 철골은 변형될 때 많은 에너지를 흡수한다. 실제로 수십 년 동안 잘 설계된 건물과 철근 콘크리트 건물의 확산이 지진 안전성에 중요한 요인이 되었다. 반면 유리는 깨지기 쉬운 물질로 쉽게 부서진다. 두 물질은 건축물에 통합되어야 한다. 그 외 잘 설계된 건물은 충분한 강도 및 연성 부족으로 붕괴될 수 있다. 예를 들어, 신축성 있는 구조물은 종종 뻣뻣하고 돌로 쌓여진 구조물일 경우 실패할 수 있다.

건물 모양도 내진에 영향을 미친다. 높고 가는 복층 구조(그림 6.9b)가 꼭대기 부분 진동을 증폭시키는 위쪽을 향한 파동과 같이 에너지를 소멸시켜 측면 힘에 천천히 반응하는 반면, 뻣뻣한 단층 구조(그림 6.9a)는 빠르게 반응한다. 건물이 서로 가까이 있으면, 인접 건축물 사이에서 공명에 의한 울림이 발생하여 파괴를 촉진시킨다. 계단 형태로 지어진 건물(그림 6.9c)은 측면 힘에 대한 안정성이 좋다. 수많은 건물이 대칭적이지 않으며(그림 6.9d, 6.9e), 비대칭 건물은 앞뒤 방향의 움직임뿐만 아니라 뒤틀림이 발생할 수 있다. 이런 요소가 잘 조화되지 않으면, 차별적인 움직임이 건물을 분리시킬 것이다. 고층건물은 전 층에서 균일한 힘과 뻣뻣함을 지니지 않는 한 취약할 수밖에 없다. 건축학적으로나 기능적 요구로 도입이 중단된 약한 층으로 지탱되는 건물은 전체 구조물을 붕괴시킬 수 있는 약한 요소가 될 수 있다. 그림 6.9는 약한 저층 모양을 보여 주며, 이는 보행자 통행과 주차를 용이하게 하기 위해 도입되었을 것이다.

많은 건물에서 가장 약한 곳은 담, 지붕과 같은 다양한 구조적 요소 간의 접합부이다. 접합부는 고강도 철근이 찢겨나가거나 용접된 부분이 파열될 수 있는 조립 콘크리트 건물의 경우에 중요하다. 1994년 노스리지 지진 시, 다른 층을 지탱하는 수평 콘크리트빔이 지탱하지 못하는 지점에서 발생한 측면 방향 진동으로 수직 콘크리트 기둥이 갈라지면서 다수의 다층건물 주차장이 파괴되었다. 붕괴에 대응하기 위해서 외장 패널과 난간도 주요 구조물에 견고하게 고정해야 한다. 굴뚝, 난간, 발코니, 장식용 석조물이 안전하지 못할 경우 건축양식 역시 재해 원인이 될 수 있다.

지진으로 인한 진동을 증폭시키는 지질단층과 연약지반 가까이에 입지하는 공사현장은 건축이 어렵다(그림 6.9g, 6.9h). 이런 공사는 가능한 피하거나 최소화해야 경사지에서 하향 이동으로 건물을 붕괴되는 것을 막을 수 있다. 지진과 관련된 산사태 위협을 줄이기 위해서 어떤 경사지는 절단하고 채워서 변형시킬 수 있다(그림 6.9i). 건설을 보강하는 방법은 약한 요소들을 강화시키는 것과 전체 구조물을 철골구조물로 바꾸는 것, 그리고 연약지반에 특정적이고 깊은 토대를 구성하는 것 등이다(그림 6.9 j-l). 충분한 기반이 중요하다. 건물의 많은 부분이 연약지반 위에 자리하면 쉽게 지반에 침투하는 퇴적물로 지탱해야 한다. 목조건물은 내부적으로 1~2m 깊이 토대까지 연결시킬 수 있는 기초 볼트 작업으로 합판벽체를 지탱할 수 있어야 한다. 일부 새로운 건물은 고무와 철강으로 만들어진 분리된 충격흡수 패드를 늘릴 수 있으며, 이 패드는 구조물에 전달되는 대부분의 수평방향 지진 에너지에 대비할 수 있게 한다. 이 기술은 고가이지만 약한 내용물의 건물을 최대한으로 보호할 수 있어서, 병원, 실험실 등 공공시설물에 적합하다. 게다가 이런 구조물에는 가로 방향 힘에 견딜 수 있는 구조 보강이 덜 필요하여 건축재료 감소로 분리 시스템에 드는 추가적 비용을 상쇄시켜 줄 수 있다.

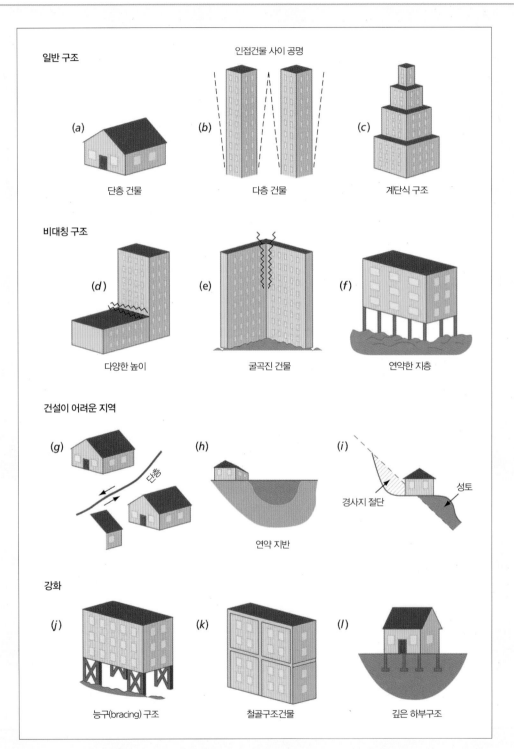

그림 6.9. 다양한 유형의 건물 및 내진 설계 사례에 대한 지반 흔들림의 효과를 나타낸 도식도.

전 것이다. 고비용 때문에 새로운 기준을 충족시키기 위해 노화된 건물을 새로 보강하는 것이 어려울 수 있다. 병원, 댐, 핵시설, 폭발성 또는 독성물질 공장과 같은 공공시설에 내진설계를 적용하는 것이 중요하다. 교통, 전력, 물 공급, 하수도와 같은 도시의 생명선들 역시 우선순위가 되어야 한다. 특히 건축법규의 기준을 이행하지 않아서 보험 혜택을 받을 수 없어야 기업들이 예방책을 받아들일 것이다. 예를 들어, 캘리포니아 새너제이에 있는 IBM은 일찍이 내진을 위해 새로 보강하는 프로그램 대상이었다(Haskell and Christiansen, 1985). 그로 인하여, 산타클라라 건물은 1989년 로마프리에타 지진 직후 가동이 완전히 중단되었다.

미국에서는 매년 지진의 지반운동과 과거에 기록된 피해에 기초한 6개 지진지대 지도를 사용하여 균일한 내진법규를 갱신한다. 이에 따르면 캘리포니아에서 가장 큰 위협을 안고 있다. 국가 지진위험의 약 3/4은 활성단층에서 30km 이내에 인구의 절반 이상이 사는 일반건물에서 발생한다. 캘리포니아는 1933년 내진법규 이전에 지어진 많은 비보강 석조건물(URMs)을 갖고 있어서 당장 위험한 것으로 판단된다. 1986년에 비보강 석조건축법이 주 입법부에서 통과되면서 1990년 1월 1일까지 지진위험이 높은 로스앤젤레스, 샌프란시스코와 같은 대도시를 포함한 모든 시와 카운티의 건축물을 확인하도록 하였다. 당시 예상비용은 40억$로 추산되었다. 재고조사에는 건물사용과 적재하중에 대한 정보를 포함한다. 표면적으로 보면 이 법규가 높은 수준으로 준수되었으며, 25,900개의 URM 건축물 98% 이상 손실감소 방안이 마련되었다(California Seismic Safety Commission, 2006). 그러나 부동산 소유주의 70%만이 내진법규에 부합하게 개선하였다. 지방정부로부터 인센티브를 포함한 보수와 같은 새로운 수단이 더 많은 관심을 끌 수 있다.

내진법규를 적절하게 적용한다고 해도 모든 지진피해를 예방할 수 없다. 이런 법규는 현지 지질에 대한 부족한 지식과 건물 결함에 대한 불완전한 추정에 근거할 수 있으며, 특히 다른 곳의 경험에 기반한 규정이 문제될 수 있다. 항상 관리자와 정책결정자들이 위협에 대해 확신하는 것은 아니며, 지진안전에 대한 투자 필요성을 통한 재정적 수혜를 찾는 것을 실패할 수 있다. 최악의 경우에는 안전성에 대한 잘못된 인식을 가진 내진법규가 위험한 곳에 새 건축물을 짓게 할 수도 있다.

토목기술도 2차적 지진재해의 영향을 줄이는 데 사용된다. 예를 들어, 지진지대의 도로 경사도는 버틸 수 있다고 예상되는 수명에서 최대 힘에 지탱할 수 있게 설계된다. 뉴질랜드에서는 도로교량에 대한 설계표준이 450년 주기로 반복되는 지진에 맞춰져 있으며, 비슷한 기준이 절개면과 경사면에 적용된다. 쓰나미에 대비하기 위해서는 특별보호가 필수적이다. 1933년 일본 북동 연안 산리쿠 쓰나미 발생 시 정부는 일부 어촌마을을 더 높은 지대로 이주시키는 일을 지원하였다(Fukuchi and Mitsuhashi, 1983). 그러나 재정착한 어부들이 육지 이용을 적게 하고, 해안에 가까이 남으려 해서 정책효과가 없었다. 1960년 육지에 쓰나미벽을 축조하는 새로운 노력이 있었으나, 손실을 줄이는 데 실패하였다. 이후 정부는 1960년 사건과 동등한 파도에 대처하기 위해 방파제를 건축하는 데에 80%까지 보조금을 주는 특별법을 통과시켰다. 이후로 기술자들은 더 큰 쓰나미를 방지하려는 노력을 계속하여 조위기준면 이상 16m까지 최고 높이의 담을 만들었다.

일본은 일반 방파제에 더하여 추가적으로 쓰나미 대비 방파제를 건설하였다. 이 방파제가 경제성 있는 토지를 유지하고 선박 피신처를 제공하지만, 비용이 많이 들고 조수순환을 방해하고 어업에 피해를 줄 수 있다. 최근 시각적으로 거슬리지만 해안의 재산과 교통망을 보호하기 위한 쓰

사진 6.2. 서로 다른 유형의 빌딩 구조 붕괴 사례. (a) 2010년 2월 M_w=8.8 지진 발생 후 칠레 탈카의 100년 된 어도비 건물. 칠레에서 점토와 모래, 짚을 사용한 어도비 건물은 보기 쉽지 않다(사진: Walter D. Mooney, USGS). (b) 2010년 1월 아이티 포르토프랭스의 다층 건물. 지붕과 각 층의 무게가 기둥이 버틸 수 있는 무게를 초과하였다(사진: Walter D. Mooney, USGS).

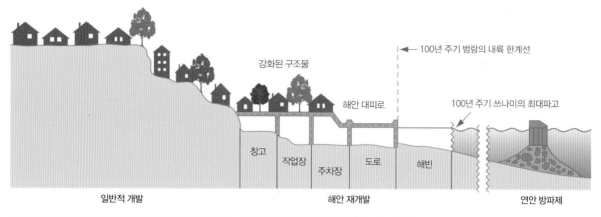

그림 6.10. 일본 산리쿠 연안의 전형적인 쓰나미 보호책을 묘사한 그림으로, 연안 방파제와 함께 비상대피로를 포함한 내륙 쪽의 개발을 보여 준다.

나미 방파제가 설계되었다. 그림 6.10은 쓰나미 방어계획을 보여 주며, 연안과 육지 쪽의 방파제와 혼합된 연안 재개발을 포함한다. 이 프로젝트는 많은 비용이 들고 요새화된 마을에 연안지역 공동체 경관을 만든다. 다로 마을은 내부와 외부 모두에 방호벽을 쌓았다. 내부의 것은 10m 높이로 만에 걸쳐 2.5km 폭으로 축조되었다. 이 방어물은 마을 대부분을 파괴시킨 2011년 쓰나미보다 더 높게 지어졌다. 가마이시 도시를 보호하기 위해서 남부 약 80km에 만들어진 방파제는 세계에서 가장 긴 것으로 30년의 건설기간과 15억\$를 들여 2009년에 완공하였다. 이런 모든 해안방재 기술은 최근 쓰나미 재해 해결방안을 위한 일본의 새로운 연구에 의한 것이라고 할 수 있다.

F. 경감

1. 재해구호

갑작스런 생명손실 모습이 TV를 통해서 상당히 공론화되면서 지진재해는 손쉽게 긴급 재해기금을 모으게 한다.

그러나 원조에 대한 논의는 긴급한 위험기간이 지나야 확대된다. 2004년 수마트라 지진의 경우도 긴급 구조작업에 사용될 수 있는 것보다 더 많은 기금이 들어왔고, 이 기금의 공평한 분배에 대한 논쟁이 있었다. 지진발생 6개월 후 옥스팸 조사 결과, 상당히 많은 지원금이 사업체와 지주들에게 돌아갔고, 빈부격차가 더 심화되었다는 결론을 내렸다. 가난한 사람들은 다른 사람들보다 오랫동안 난민수용소에 남겨졌고, 새로운 거처를 마련하는 데 더 어려움을 겪었으며, 재건축 단계에서도 그들의 요구는 받아들여지지 않았다는 증거가 있다(Petley, 2009).

지진 후 골든 아워는 건물붕괴로 발생한 부상자의 회복에 결정적인 시간이다. 약 17명의 전문가와 구조팀이 재해 발생국의 요청에 수시간 내로 도달할 수 있는 역량을 갖추고 각국에서 대기한다. 이 팀은 2주까지 자급자족할 수 있는 충분한 식량과 물을 전달한다. 이런 활동은 기부 당국과 미디어에 의해 조명되지만 실질적 가치를 보여 주는 믿을 만한 자료가 거의 없다. 영국의 ISAR(International Search and Rescue Group)은 2011년 2월과 3월에 연속하여 발생한 크라이스트처치(뉴질랜드)와 혼슈(일본) 지진을 잇달아 연구했다. 인양장치를 지닌 62명의 전문가는 뉴

표 6.5. 1995년 1월 17일 고베 지진에 따른 건물 붕괴로부터 살아난 날짜별 생존자 수

구분	1월 17일	1월 18일	1월 19일	1월 20일	1월 21일
총 구조자 수	604	452	408	238	121
총 생존자 수	486	129	89	14	7
구조자 수 중 생존자의 비율	80.5	28.5	21.8	5.9	5.8

출처: Comfort(1996).

질랜드로, 59명의 전문가와 4명의 의료진, 그리고 2마리의 탐지견이 일본으로 간 것으로 보고되었다. 두 경우 모두 생존자를 구조한 것은 아니었지만, 소득이 없었다는 것을 의미하는 것이 아니다. 이 팀들은 인도주의적 차원에서 잔해를 치우고 사기를 진작시키는 데에 일조했으나, 그러기 이전에 긴급상황이라는 점에서 역량이 갖춰져야 한다.

Noji *et al.*(1993)은 1988년 아르메니아 지진 이후 구조된 사람 중 67%가 여섯 시간 안에 회복된 것을 발견하였다. 이보다 적은 3%는 지역 외부에서 온 소비에트 연방 구조팀에 의해 발견되었고, 더 적은 1%는 해외팀에 의한 것이었다. 고베 도시도 1995년 재해에 대비되어 있지 않았다. 수색구조는 해외에서 온 구조견을 지진 이후 4일째까지 격리하는 법적 규칙을 포함한 몇 가지 요인으로 방해되었다(Comfort, 1996). 표 6.5는 재해 이후 5일 이상 건물에 갇힌 사람들의 점진적인 생존율 감소를 보여 준다. 때때로 재해지역의 자체적 협조가 생명과 직결된다. 1985년 미초아칸(멕시코시티) 지진 이후 공식적인 구조활동은 상당히 제한적이어서 큰 피해를 입은 지역에 사는 거주자들 스스로 준비해야 했다(Comfort, 1996). 좀 더 먼 산악지역에서 발생하는 산사태도 수색 구조활동과 구호물 전달에 문제를 초래한다(Box 6.5).

일단 비상대응단계가 끝나면 새로운 결정이 필요하다. 기본적인 목표는 가능한 단기간에 임시적으로 지원하는 것이다. 이는 지역 농산물 상인, 물 공급자, 상품 공급원, 기타 서비스와 밀접하게 관련되어 일하는 토착활동에서 경쟁을 최소화하려는 것이다. 다시 말해 원조단체가 직면하는 중요한 문제는 단기간의 인도주의적 지원에서 긴 기간의 개입으로 이끌어 내기 위해 무엇이 최선인가이다. 2010년 아이티 지진 이후 6개월 동안, 영국을 기반으로 하는 재해비상위원회가 물, 위생시설, 주거지 공급 사이에서 거의 동등하게 의연금의 절반가량을 지출했다. 다른 조기 요구사항에는 식량과 건강관리가 포함되었다.

장기적으로는 포르토프랭스의 경우처럼 주택과 관련된 문제점이 나타났다(Clermont *et al.*, 2011). 도시가 복구되는 동안 이웃과 함께했던 영구 거주지를 떠나 천막에서 살고 있는 주민의 안전한 복귀가 우선이다. 만일 이것이 동참에 기초하여 잘 계획되고 진행된다면 임의시설에 불과하지만, 공공서비스나 취업기회가 부족한 지역에서 새로운 정착지를 만든 것이라면 적절하다. 그러나 이런 정책은 단기간 피신처에 오래 의지하면서 더 많은 의료와 그 외 지원이 필요한 연약한 피해자들의 요구와 충돌할 수 있다. 간혹 일부 비정부기구는 예산틀 내에서 조립식 임시가옥으로 옮기는 것을 선호한다. 그러나 이런 피신처는 언제나 농촌환경에 적합하다. 아이티에서는 토지소유권과 이용 가능성이 논쟁거리가 되면서 임시가옥 건설이 어려웠으며, 그로 인하여 이런 문제가 부각되었다.

장기간의 재건축은 좀처럼 원래 일정표를 따르기 어렵다. 1988년 아르메니아 지진은 51만 4,000명의 이재민을

Box 6.5. 주요 지진 발생 후의 구호물 전달 문제

2005년 10월 8일 카슈미르에서 발생한 M_w=7.6의 지진은 파키스탄 카슈미르의 광범위한 지역에 큰 영향을 미쳤다. 정부 공식집계에 따르면, 파키스탄에서 19,000명의 아동을 포함하여 73,000명 이상, 인도에서 1,360명이 사망하였고, 총 10만 명 이상의 부상자가 발생하였다. 또한 피해지역 전체의 97%에 이르는 78만 동의 건물이 수리할 수 없을 정도로 피해를 입어 약 280만 명의 이재민이 발생하였다(Petley, 2009).

파키스탄 정부와 함께 국제적십자사, UN 세계식량계획과 같은 국제 기구로부터 다양한 구호활동이 시작되었다. 그러나 두 가지 요인 때문에 구조가 방해를 받았다.

• 구호활동이 계획적이지 못하고 준비가 덜 된 상태에서 착수된 점
• 카슈미르의 교통로가 빈약한 산악지역인 점

닐럼(Neelum) 강 계곡은 지진 영향을 받은 주요 지역 중 하나였다. 이 지역은 하나의 도로로만 외부와 연결되며, 가파른 협곡을 지닌 단층대가 교차한다. 이 도로 20km 이상이 지진에 의한 산사태로 차단되었고, 지진 후에도 매 시간마다 산사태가 발생하였다. 게다가 가장 심각한 피해를 입은 마을 대부분 높은 경사면의 산악에 위치하여 가파른 산비탈을 가로지르는 작은 도로로만 유일하게 접근할 수 있었다. 이런 도로 대부분이 파괴되어(Peiris et al., 2006) 구호물 전달이 극도로 어려웠다. 헬기 없이는 평가팀이 피해지역을 살펴볼 수 없어서 인구에 맞는 구호의 필요 정도를 평가하는 것도 문제였다. 정부가 12개의 파키스탄 군대 공병단을 동원했지만, 대다수 주요 고속도로는 한 달 동안 통행이 어려웠고, 닐럼 계곡의 소통 재개에는 6주나 걸렸다. 대부분 일반도로는 지진 이후 3년이나 폐쇄된 상태였고, 산사태에 의해 지속적으로 피해를 입었다.

수송문제가 비상의료와 식량, 주거지 보충을 어렵게 하였다. 겨울철에 카슈미르는 매우 추워서 주거지 부족이 심각한 문제였다. 이에 따라 카슈미르에서 비정상적인 두 가지 계획이 수립되었다. 첫째는 사람들을 계곡 바닥에 있는 주요도로에 가까운 난민 수용소로 이동시키는 것이다. 이 조치는 대부분 사람들을 고향에서 멀리 떨어지게 만들었다. 이런 조치로 재해에 대한 트라우마가 커지고, 재건과정이 지연된다는 점에서 바람직하지 않았다. 그러나 교통체계 한계와 산악지역 강한 추위를 고려하면, 유일한 현실적 대책이었다. 둘째는 물자전달을 헬기에 의존하였다. 헬기는 세계 도처에서 배치되었다. 영국은 3대 RAF 수송헬기를 지원하였고, 미국은 12대 헬기를 지원하여 파키스탄 공군을 지원하였다. 이에 더하여 민간단체에서도 원조가 있었으며, 세계식량계획에서만 14대 헬기를 배치하였다.

다행히 이와 같은 인도주의적 노력과 함께 비교적 온순한 겨울 날씨가 이어지면서 지진피해를 입은 사람 대부분 생존할 수 있었다.

발생시켰고, 20만 명에 가까운 사람들을 대피하게 하였다. 이에 소비에트 연방은 국제적 원조를 승인했고, 67개국이 넘는 국가들이 2억\$가 넘는 현금과 서비스를 지원하였다. 재건축 프로그램으로 2년 내에 도시를 보다 안전한 지역으로 옮기려는 계획이 발표되었고, 건물고도는 4층으로 제한되었다. 그러나 첫해에 레니나칸에서는 400채 건물 중 겨우 2채만 완성되어 대부분 재해 후 수개월 간 난민으로 살아야 했다. 지진재해 이후 나타나는 외상후스트레스 치료와 같은 특정 목적을 가진 구조와 지원이 지속될 필요가 있다(Karanci and Rustemli, 1995).

2. 보험

대부분 지진위험은 잠재적 비용을 감당할 만한 기업이

거의 없어서 보험에 가입되어 있지 않다. 일부 국가에서 국가적 보험대책이 있으며, 지진으로 주택소유자가 입게 될 부동산 피해 비용을 보장한다. 공적 자금의 일부는 보험청구에 필요한 자본을 제공하기 위해 투입되고, 일부는 재보험을 위해 사용된다. 일부 부족분은 정부가 담당한다. 혜택받는 사람의 비율은 낮다. 예를 들어, 타이완에서는 1999년 치치 지진 시 주택소유자의 2% 미만만 지진보험에 가입되었으며, 이에 대한 대응으로 2002년 정부에 의해 지진보험이 만들어졌다. 2007년까지 국가 보험대책으로는 주택소유자의 25%만 보장되었고, 보험이 만기가 되었을 때 최대 비율도 50% 미만이었다(Petley, 2009). 주택소유자들은 낮은 보험료를 기꺼이 지불하려 하였고, 지진으로 인한 피해 비용이 증가하였으며, 일부 전문가들은 공공부문과 사적부문 사이 파트너십을 제안하기도 하였다. 이런 노력으로 소유주들은 높은 재산피해에 대한 의무적인 세금을 부과하게 하였다. 그러나 모든 활성단층이 지도에 나타나는 것도 아니며, 대부분 지역에서 보험산업은 지역적인 건축규제법 준수 정도에 대해 만족스럽게 여기지 않는다.

캘리포니아에서는 지진피해와 잠재적 비용이 높다. 5억 2,400만$의 재산손실을 가져온 1906년 샌프란시스코 지진은 오늘날에는 1,000억$ 이상으로 평가된다. 국내 보험비용은 같은 주에서도 각기 다른 8개의 지진대와 건물 유형, 토양상태와 관련된 부동산 입지에 따라 다르게 평가된다. 보험요율은 작은 목조건물에서 매립지의 석조건물로 갈수록 점점 커진다. 지진 보상의 약 70%는 공적으로 조직된 캘리포니아 지진 당국에 의한 주택소유자 정책 확대로 해결되었다. 기초 주택소유자 정책으로 매년 500~2,000$가 들어간다. 지진 보상에 대한 평균 추가요금은 연간 700$ 정도이지만, 샌프란시스코의 오래된 부동산의 경우 더 비싼 2,000~5,000$가 들어간다. 모든 보상은 공제 대상이며, 일반적으로 10~15%가 공제된다. 이런 비용은 캘리포니아

의 고위험지역에서 가장 높은 것으로 보이며, 평균 비율은 12% 정도로 추산된다.

대체로 큰 사업체가 주택소유자에 비해 보다 높은 지진보험 비율을 차지하며, 일부 상공업 부동산은 정부의 보험 보상계획 범위를 벗어날 수 있다. 1994년 캘리포니아 노스리지 지진이 발생하였을 때, 보험에 해당되는 손실이 총 153억$에 달하였다. 당시 상업회사의 경우 20%가량만 보험에 가입하였다. 보험계약자 대부분 지진 후 보상을 청구하지 못했고, 비용은 단체 조직으로 흡수된 것으로 추정된다. 민영보험의 중요한 특징은 건물 자체의 피해 또는 지역 도로, 전력공급과 같은 기반시설 피해 발생에 의한 업무중단에 대하여 보상하는 것이다. 이런 간접적인 비용은 부지에 발생한 직접적인 물리적 손실보다 더 클 수 있다.

G. 적응

1. 지역사회의 준비성

지역사회의 대비상태와 재해 회복계획이 적응에 중요한 형식이다. 대부분 계획은 이전 실패에서 만들어졌다. 1999년 터키에서 발생한 마르마라 지진 이후, 정부는 이스탄불과 앙카라에 새로운 긴급 관리본부를 설립하여 미래 재해 완화를 위하여 준비하였으나, 터키를 비롯한 다른 지역에서는 이 계획에 대한 관심이 낮았다(Tekeli-Yesil et al., 2010). 최근 몇 년간, 인도양 주변 쓰나미 피해지역에서 상당한 재원이 재해방지 프로젝트에 투자되었다. 미국에서는 캘리포니아 샌안드레아스 단층을 따라 대규모운동에 대한 우려로 지진방지계획이 세워졌고 1981년 지진안전성위원회는 로스앤젤레스와 샌프란시스코 지역을 위한 두 개의 지진방지 프로젝트를 만들었다.

지역사회의 대비는 주 정부나 중앙정부가 만든 틀 안에서 지방 수준에서는 최상으로 개발되었지만, 대규모 위험지역을 확인하기에는 어려운 경우도 있었다. 1995년 고베 지진에 의한 예상치 못한 파괴는 도쿄 지역이 위험성이 더 클 것이라는 믿음도 일부 기인하였다. 그 결과로 고베에서는 유사시를 위한 긴급식량과 의약품 비축량이 부족하였다. 2005년 파키스탄에서 발생한 카슈미르 지진은 주민들의 기억에 남아 있는 가장 큰 지진이다. 이는 준비성 부족 때문이었다. 수색구조 활동에서 긴급서비스는 훈련되지 않았으며, 만일 사태에 대비한 계획도 없었다. 초기 진동으로 무너진 건물잔해에서 살아남은 대부분 사람과 부상자들은 병상과 전문적 치료가 부족하여 사망하였다.

지역사회의 대비상태는 단기간에 만들어지지도 않고, 간단한 과정도 아니다. 일찍이 1985년에 캘리포니아 입법부는 지진피해 완화계획의 일환으로 지역 관리, 도시와 농촌의 관리자 등을 포함한 '위험의 캘리포니아: 지진 재해저감 1987~1992(California at risk: reducing earthquake hazards 1987~1992)' 프로그램을 받아들였다(Spangle, 1988). 표 6.6은 프로그램의 기본 확인 사항을 나타낸 것이다. 이런 복잡한 프로그램은 다양한 법률적 요소를 필요로 한다. 1995년에 캘리포니아 지진안전성위원회(California Sesmic Safety Commision; CSSC)는 다음과 같이 기록했다.

위원회가 건물과 토지이용을 위한 캘리포니아 지진 안전성이 세계 최고라고 믿지만, 여전히 생명과 경제에 받아들이기 힘든 위험을 가져올 정도의 취약성은 남아 있다(CSSC, 1995).

대비상태가 성공하기 위해서는 대중적 관계를 맺어야 한다. 각 개인의 대비 정도는 가정 단위에서 안전성 개선

표 6.6. 지진 안전성 확인사항

기존 개발
- 위험한 건물목록
- 강화된 중요시설
- 위험건물의 보강
- 비구조적 재해감소
- 위험 재료 규제

긴급계획 및 조치
- 지진재해 및 위험의 결정
- 지진에 대한 대응 및 전략을 확인하는 계획
- 생존 의사소통 체계 확립
- 수색구조 능력 개발
- 다수 사법권 대응계획
- 대응조직 설립 및 훈련

미래 개발
- 토양 및 지질정보 요구
- 안전성 요소 업데이트 및 개발
- 위험지역에서 건축 제한
- 설계 검토 및 조사 강화
- 회복사업 계획

회복
- 피해평가 절차 설립
- 위험건물 소사계획
- 잔해제거 계획
- 단기간 회복을 위한 프로그램 설립
- 장기간 계획에 대한 준비계획

공공정보·교육·연구
- 지방언론과 함께 작업
- 취학 준비 장려
- 사업 준비 장려
- 가족 및 이웃 지원 준비
- 노인 및 장애인 지원 준비
- 자원봉사 장려
- 직원 보호 및 최신 프로그램

출처: Spangle and Associates Inc(1988).

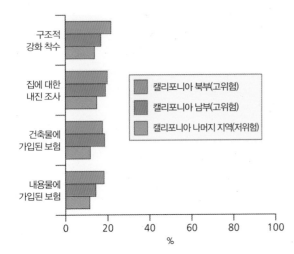

그림 6.11. 일본 산리쿠 연안의 전형적인 쓰나미 보호책을 묘사한 그림으로, 연안 방파제와 함께 비상대피로를 포함한 내륙 쪽의 개발을 보여 준다(CSSC, 2009).

으로 가장 잘 평가할 수 있다(Lindell and Perry, 2000). CSSC(2009)에 따르면, 주의 거주자 70% 이상이 지진의 영향을 받았으며, 80% 이상은 대비상태에 대한 정보를 받았으나 재해저감에 차지하는 비율은 높지 않았다. 그림 6.11은 지진 위험도가 높은 2개 지역에서 채택된 구조 보강과 보험 확대를 주의 나머지 지역과 비교하여 나타낸 것이다. 고위험지역인 캘리포니아 북부와 남부 자치주에서 비율이 조금 더 높지만, 가정에서 구조적으로 완화하거나 지진보험에 가입한 비율은 20%도 되지 않는다. 이런 패턴은 내진 적응에 대한 더 세부적인 조언의 필요성을 반영하는 것일 수 있다(Lindell and Whitney, 2000). 다른 측면이 더 긍정적이다. 예를 들어, 거주자 60% 이상은 지진 시 안전하게 머무는 방법을 알고 있었고, 중요한 서류 복사본을 준비해 두었다고 주장했다. 또한 캘리포니아 주민 65% 이상이 응급처치 훈련의 필요성을 주장했으나, 5% 미만은 이미 지진 때문에 배웠다고 하였다. 이 보고서를 통해 고위험지역 거주자들이 직면한 위험에 적응 필요성을 더 많이 느낀다는 것을 알 수 있다.

고베 지진 이후, 도로붕괴와 잔해물에 의한 차단으로 도

로망이 막혀 의료 지원 도착이 며칠 동안 지연되었다. 도시에서 지진이 발생하면, 거리의 잔해를 치울 수 있는 중량 화물장비 지원과 같은 보다 나은 수송관리가 분명히 필요하다. 대부분 재해 전문가들은 도시의 지진 생존자들이 스스로 기본적인 응급처치와 수색구조, 소방기술을 훈련하기 위해 며칠간 준비해야 한다고 믿는다. 이런 상황에서 가족 단위 대비가 중요하다(Russell et al., 1995). 뉴질랜드 정부는 공익광고를 통하여 국민이 지진에서 생존할 수 있도록 최후 3일간 버틸 수 있는 충분한 보급품으로 구성된 지진 생존팩을 직접 준비하도록 강력히 권고하고 있다. 기본적으로 통조림이나 건조식품, 휴대용 버너, 1인당 9리터의 물, 구급상자, 세면도구, 손전등, 여분 배터리, 라디오, 방풍의, 우의, 침낭 등을 포함한다.

지진대비 훈련과 같은 정책을 통한 대중참여도 대비의 중요한 부분이다. 이것이 적절하게 이루어진다면, 긴급상황 시뮬레이션이 일반적인 재해의식뿐만 아니라 응급처치와 가정에서 대피에 대한 실천적 정보를 제공할 수 있다. 그러나 이런 준비의 체계화가 어렵다. 샌프란시스코 만 지역의 조직적인 훈련도 일부만 성공하였다(Simpson, 2002). 일본에서는 1961년에 법적으로 재해대비를 위한 훈련이 도입되었다. 종합적인 훈련으로 아이들을 비롯한 시민의 의식향상을 제고시키고자 매년 9월 1일 재해예방의 날에 지정된 장소에서 이루어진다. 2001년 도카이 지진훈련에는 도쿄와 주변지역에서 150만 명 주민이 참여하였다.

2. 지진예측과 경보

신뢰할 만한 예측이나 예보는 정해진 시간대에 특정 지역에 발생할 지진 규모를 명시해야 한다. 현재로서는 그런 예측이 가능하지 않으며, 정보가 어느 정도 최대 이익을 위해 적용될 수 있을지도 명백하지 않다.

확률론적 방법

어느 지역의 대규모 지진 빈도는 미래 비슷한 사건이 발생할 가능성을 추정하는 데 이용될 수 있다. 지진활동 패턴이 지표면의 지질과 연관성이 없는 뉴질랜드와 같은 국가에서는 역사기록이 유용하다(Smith and Berryman, 1986). 그림 6.12a는 1840년부터 1975년까지 M≧6.5의 천발지진 자료를 사용하여 의미 있는 피해가 시작되는 수준인 MM Ⅵ 이상 강도의 재현주기를 지도화한 것이다. 그림 6.12b는 50년 이내에 발생할 수 있는 5% 확률의 지진 강도를 나타낸다. 이렇게 지역을 구획화한 유형은 지질적 규모가 짧은 기간을 기반으로 하면서 국지적인 지반상태를 설명하지 못하기 때문에 분명한 한계가 있다.

통계분석이 안고 있는 주요 가정은 지진이 시간에 따라 임의적으로 발생한다는 것이다. 단층선이 서로 상호작용을 할 수 있어서 지진은 발생하지 않을 수도 있다. 이런 주장은 단층선에 인접한 곳에 증가한 응력집중으로 발생한 2004년 쓰나미성 수마트라 지진으로 설명될 수 있다. 2005년 3월 1,300명의 목숨을 앗아간 M_w=8.7의 니아스 지진을 포함하여, 2008년 2월에 M_w≧7.0 규모의 지진이 같은 지역에서 연이어 7차례나 발생했다. 그리고 2006년 5월, 5,800명의 목숨을 앗아간 M_w=6.2의 자바 지진, 2006년 7월, 660명의 목숨을 앗아간 M_w=7.6의 자바 지진이 있었다. 특히 믄타와이 섬 근처와 같이 단층이 파열되지 않은 부분에서 더 큰 지진들이 발생할 수 있다(Petley, 2009).

지진활동은 각 단층대 사이에서 다양하게 나타난다. 예를 들어, 캘리포니아 샌안드레아스 단층은 고정되고 서서

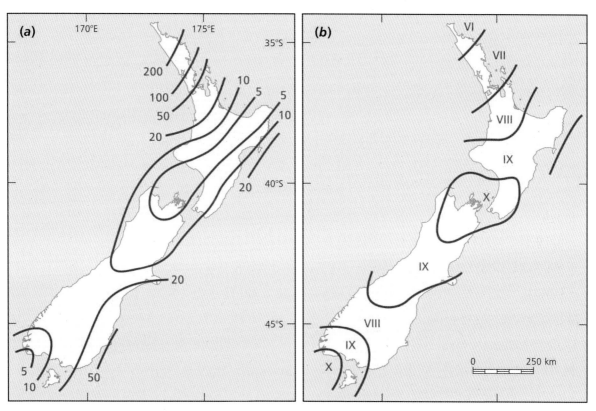

그림 6.12. 뉴질랜드 지진 예측 (a) MM Ⅵ와 그 이상의 지진에 대한 연 주기 (b) 50년 내 5% 가능성으로 발생할 수 있는 강도(Smith and Berryman, 1989).

히 움직이는 판으로 구성되어 있다. 고정된 판들은 주요 지진을 일으킬 수 있을 정도로 충분한 응력을 받는다. 반면에 서서히 움직이는 판들은 지속적으로 미끄러지는 과정이 특징적이다. 이런 느린 움직임은 응력을 제한하는 낮은 마찰 저항을 갖는 암석조각과 점토 때문에 나타난다. 그러나 매우 깊은 곳에서 충분히 압력을 받는 암석이 응력을 축적시킬 수 있다. Dolan et al.(1995)은 관찰된 지각판 변형의 축적으로 설명되는 지난 200년간 로스앤젤레스에서 발생한 중간 정도의 지진 빈도가 너무 적다고 주장했다. 과거 기록으로 비정상적인 활동이 없는 기간을 나타내기도 하지만 반대로 피해 압박이 누적되었을 가능성도 반영하고 있다. 미국지질조사국은 2000년에서 2030년 사이 샌프란시스코만 지역에서 한 번 이상 지진(M=6.7 또는 그 이상)이 발생할 가능성이 70%라고 계산했다.

결정론적 방법

결정론적 방법은 활성단층 근처 지진 전조현상을 탐지에 의존하는 방법이다. 다음 열거한 것과 같은 수많은 방법이 이용되어 왔다.

- 지진활동도 패턴. 일부 연구자들은 지진이 일어나기 이전에 지진이 발생할 만한 배경이 되는 특징적인 변화가 발생한다고 주장해 왔다.
- 전자기장 변화. 다른 연구자들은 단층파열 발달이 지구의 전자기장에 변화를 일으킨다고 주장해 왔다.
- 기상상태와 이상한 구름. 적은 수의 과학자들이 파열이 일어나기 이전에 지진 단층선을 따라 독특한 구름 패턴을 관찰할 수 있다고 주장하였으나 확실하지 않다.
- 라돈가스 배출. 지진 발생 후 시추공과 토양-기체 센서를 분석해 보면, 지진 이전에 변화된 라돈가스 농도가 나타난다. 이는 암반 분해 시 지진 파열이 시작되면서 암석

에 갇혀 있던 라돈가스가 방출된 것이라 생각하였다.
- 지하수위. 지하수위가 지진발생 이전에 변화한다는 증거가 있으며, 이는 앞서 언급한 암반의 분해과정에 의한 것일 수 있다.
- 동물 행동. 일부 국가에서는 대규모 지진이 발생하기 이전에 동물들의 이례적인 행동이 폭넓게 관측되어 보고되고 있다.

이런 기술의 신뢰도는 과학적 증거가 충분하지 않아 입증되지 않았다. 임박한 지진과 관련된 상황에서 일정 한계를 벗어나는 정상적인 변동을 구별하는 것도 어렵다. 예를 들어, 수위는 기압의 변화나 강우량에 따라 증감한다.

미국지질조사국은 전조현상을 확인하기 위하여 장기간 실험을 수행하여 왔다. 중간규모 지진(M_w=6.0)이 약 22년의 상당히 짧은 간격으로 발생하였고, 12만 가구 이상이 지진위험에 노출되어 있는 캘리포니아 파크필드 근처에 25km의 샌안드레아스 단층이 집중적으로 연구되었다. 파크필드 예측실험에는 지표변화를 탐지하기 위한 경사계와 단층을 가로질러 나타나는 변위를 측정하기 위한 측지 레이저 및 민감한 지진 관측망에 의한 단층선 관찰이 포함되었다. 2004년 9월에 발생한 M_w=6.0의 지진은 단층대에서 발생하였고, 여러 측정도구에 의해 세부사항이 기록되었지만, 이어진 자료분석에서는 지진 전조현상이 없는 것으로 밝혀졌다(Park et al., 2007).

요약하면, 현재 정확한 지진 경보체계는 없다. 일본에서는 약 100개의 지진 관측소가 있지만, 아직 공개적인 경보는 발표하지 못하고 있다. 1994년 노스리지와 1995년 고베지진도 적절하게 예측되지 않았다. 실제로 두 사건 모두 지진 가능성이 불충분한 단층 체계 상에서 발생하였다. 비록 예측과 경보가 장기적인 목표에 불과하더라도 이런 지식을 통해 잠재적으로 혜택을 얻을 수 있으므로 지진활동에 대

한 보다 나은 과학적 이해가 필수적이다. 예를 들어, 샌프란시스코 만 지역에 대한 30년 예측은 대비계획에 의한 피해저감을 위해 긴급호출에 사용될 수 있으나, 이런 경우가 발생할 증거 역시 거의 없다.

단기간 지진경보 시스템에 대해서 어느 정도 희망이 있다. 타이완에서는 지진 자료세트 수집 임무를 담당하는 중앙기상국이 전국적 강진계 네트워크를 운영하며, 실시간으로 중앙감시 시스템으로 자료를 보낸다. 빈도가 낮은 지진활동 지점을 보여 주는 지도가 22초 내로 만들어질 수 있고, 바로 취약지역으로 전달된다(Wu et al., 2004). 현재 데이터 전송 비율을 보면, 진앙에서 100km 떨어진 곳에 위치한 도시는 약 3km/s의 P파 속도를 기준으로 약 10초의 지진파 도달경보를 받을 수 있다. 반면 이것은 주민들에게 경보를 내리고 자동적으로 컴퓨터 서버와 가스배관, 원자력 발전소를 정지시키기에는 불충분하다. 보다 나은 기구 배치와 자료처리를 통해 경보시간을 늘려야 하며, 타이완 고속철도망 자동폐쇄 시스템도 작동되어야 한다.

3. 쓰나미 예측과 경보

과거에 빈번한 경보오류와 가끔 위험에 대한 불안정으로 효과가 낮았지만, 쓰나미 예측 및 경보 시스템은 자리를 잘 잡았다. 예를 들어, 1960년 하와이 섬의 힐로 쓰나미 발생 시 경보를 받은 거주자들이 해안에서 대피하지 못하여 61명이 사망하였다. 첫 번째 쓰나미 경보 시스템은 1948년 태평양에서 작동되었으며, 이 시스템이 지진 정보를 지진관측망에서 하와이 호놀룰루 근처 경보센터로 전달하였다. 세계적인 감시망은 미국국립해양대기청(NOAA)에서 관리한다. 1964년 알래스카에서 쓰나미성 지진이 발생한 이후, 1967년 서부 해안/알래스카 지진해일경보센터가 설치되어 알래스카, 브리티시컬럼비아, 워싱턴, 오리건, 캘리포니아에 보다 국지적인 경고를 보내게 되었다. 미국 정부는 1996년에 해안선을 따라 발생하는 쓰나미 재해를 감소시키기 위하여 주-연방 파트너십으로 국가 쓰나미재해 완화프로그램(NTHMP)을 승인하였다.

이런 단편적인 개발은 태평양 해역의 쓰나미 경보에 대하여 종합적으로 접근해야 한다는 사람들에게 비판을 받았다(Dohler, 1988). 태평양 지진해일 경보 및 완화 시스템(PTWS)은 쓰나미 가능성이 있는 지진 위치를 찾아내고 평가하는 것을 전 세계에 분포하는 150여 개 고품질 지진관측소에(그림 6.13a) 의존하고 있다. 또한 쓰나미 발생을 확인하고 위험규모를 평가하기 위한 자료는 해수면에 위치한 약 100개의 관측소에(그림 6.13b) 의해 평가된다. PTWS는 정보와 경고메시지를 약 100개의 지정된 태평양 국가 기관으로 전파된다. 산하 두 개 센터가 미국 서부 해안, 알래스카, 캐나다, 북서 태평양, 남중국 해안으로 지역 경고를 제공한다.

이 시스템은 두 단계로 작동한다. 첫 단계는 강하고 파괴적인 쓰나미가 발생할 만한 태평양 모든 국가에 경고를 보내는 것이다. 높은 진도(M≧7.0)의 지진이 발생한 후, 진원지 근처에 있는 조위관측소는 비정상적인 지진파 활동을 관측하기 위하여 경고한다. 이것이 감지되면, 정보는 주시와 주의, 그리고 완전한 쓰나미 경보 형태로 공표된다. 주요 목표는 모든 위험에 처한 해안 거주자들에게 첫 번째 파도가 도달하는 오차 10분 내로 한 시간 이내에 알리는 것이다. 거리가 먼 지역 거주자들은 해안에서 대피하기 위해 더 긴 반응시간과 준비시간이 필요하다. 두 번째 단계는 구체적인 지역에 오는 경보 시스템을 기반으로 한다. 국지적인 쓰나미는 매우 빠르게 내륙을 덮치므로 전 대양에 걸친 재해보다 더 큰 피해를 가져온다. 이 시스템은 실시간으로 얻어지는 국지적 자료에 의존하며, 몇 분 이내에 진원에서 100~750km나 떨어진 지역까지 경보전달을 목표로 한다.

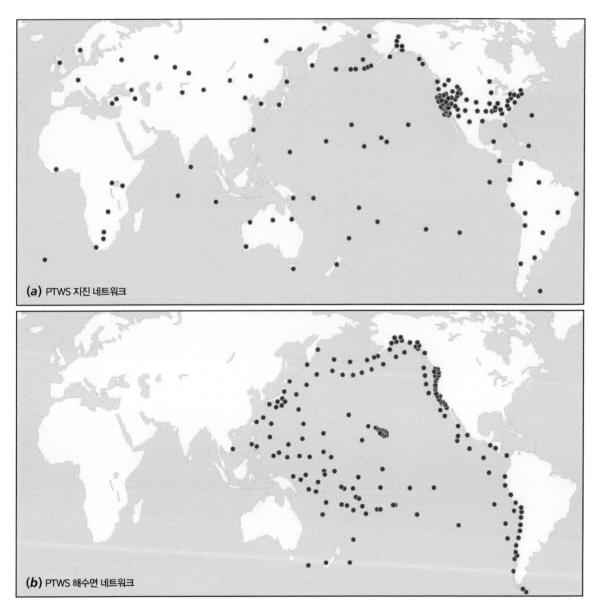

그림 6.13. (a) 지진활동 (b) 해수면 변화에 대한 관측소 네트워크를 보여 주는 태평양 지진해일 경보 및 완화 시스템(PTWS). PTWS는 세계적으로 쓰나미의 강도를 평가하는 150개가 넘는 지진 관측소와 약 100개 이상의 해수면 관측소를 사용한다. 경고메시지는 태평양을 넘어 100개 이상의 당국으로 전파된다. 국제쓰나미정보센터 http://www.tsunamiwave.info (2012년 1월 5일 접속).

일본 기상청은 1952년 이후 경보 서비스를 시작하였고 1999년에 갱신하였다. 이전 경보는 조류관측, 진원지와 진도 계산, 경험에 의한 쓰나미 높이 추정과 같은 전통적인 방법에 의하였고, 필요에 따라 수백km 길이로 된 18개 연안구간으로 경보메시지를 발표한다. 현재 방법은 다양한 지진 크기와 깊이로 발생하는 쓰나미에 대하여 컴퓨터 시뮬레이션을 하는 것이다. 일단 진원지와 규모가 확인되면, 일본 연안을 둘러싼 600개 포인트에서 약 10만 개의 시뮬레이션을 지닌 데이터베이스에서 쓰나미의 높이와 도달시간을 추출한다. 66개로 나뉜 해안구간에 대해 파고와 도달시간을 예측할 수 있다. 이 새로운 시스템이 2011년 지진 시 시험되어 다음 문제점을 제공하였다.

- 초기 쓰나미 주의보 또는 지진 후 3분 경보 문제
- 최대 파고와 지진 후 5분 이내 도달시간 문제
- 만조시간과 이어 발생하는 재해상황에 대한 계속적인 업데이트 문제

2004년 인도양 쓰나미 영향으로 이 지역 보호에 관심을 촉진시키게 되었다(Di and Jian, 2011). 약 30만 명의 사망자가 발생하였는데, PTWS와 유사한 시스템이 준비되어 있었다면, 사망자를 15,000명 정도로 줄일 수 있었을 것이다(Wang and Li, 2008). 2005년 1월에 열린 UN회의에서 독일 정부는 유네스코 리더십하에 인도네시아 자카르타에 기초한 이 시스템을 공급하는 것에 동의했다. 인도네시아는 17,000개 섬으로 구성되어 있고, 해안선 60%가량이 3개 지질구조판이 만나는 지점에 놓여 있어서 쓰나미에 위험한 곳이다. 경보 시스템은 지진계 관측소와 일련의 심해 센서로 구성되어 있으며, 각 정보는 인도네시아 전체를 포함하는 11개 지역 허브로 전달되기 전에, 자카르타 조기경보센터로 전달된다(Strunz et al., 2011). 이 계획의 시험버전은 2008년 11월에 착수되어 2011년 3월에 자카르타 정부로 소유권이 완전히 이전되었다.

오늘날 경보시간은 전 해양을 위협하는 문제로 남아 있는 연안에서 발생하는 쓰나미와 그 오 경보의 빈도 때문에 큰 도움이 되지 않는다. 오 경보의 빈도 문제에 대한 한 가지 가능한 해결책은 원격탐사를 이용하여 해저지진에 의해 대양 심해저에서 해수면까지 올라가는 차가운 물을 탐지할 수 있다는 것이다. Lin et al.(2011)에 따르면, 표면으로 차가운 물이 도달하면서 적외선을 방출하며, 이런 신호가 2004년 인도양과 2011년 도호쿠 지진에서 위성으로 탐지

되었다. 이런 열 편차가 쓰나미 신호를 나타내는 것을 증명한다면, 경보계획에서 이런 감지가 DART 시스템을 대체할 수 있다. 이는 유지비용이 적고 지체시간이 짧으며, 오보 가능성도 줄여 줄 수 있을 것이다.

4. 토지이용 계획

토지계획이 지진다발지역의 공동체를 더 안전한 미래로 이끌 수 있다. 지진위험성을 기반으로 한 토지구획화는 특정 지역에서 보다 안전한 건물, 교량, 도로를 만들기 위한 적절한 설계와 건설 방법을 알려줄 뿐 아니라, 건축법규, 내진보강 우선순위, 건물보험 가입률과 같은 다른 재해저감 조치를 촉진시킨다.

캘리포니아에서는 일관성 있는 접근을 위한 지침이 모호하고 감독이 제한적이지만, 지방정부 당국은 토지계획에 대한 지진 안전성을 포함하는 법을 필요로 한다. 노스리지 지진 이후, 단독 가구의 피해는 이런 계획의 질과 관련이 있음이 밝혀졌다(Nelson and French, 2002). 여기에는 항상 계획에 방해되는 저항이 있으며, 특히 더 높은 수준의 재해 비용을 통과시키려는 지방단체들의 저항에 부딪힌다. 재해정보를 이용할 수 있을 때조차 최선의 효과로 적용되지 못할 수 있다. 캘리포니아 주 법은 공동주택이 단층선 근처에 위치하게 되는 경우 부동산 중개인이 모든 잠재적 구매자에게 알리도록 한다. 실제로는 판매 협상이 잘 진전될 때까지 그런 정보를 숨길 수 있다. 구매자에게는 매력적인 경관과 학교, 가게, 투자 가능성과 같은 다른 속성이 중요하며 특히 몇 년 후 이주를 생각한다면, 지진재해는 중요한 의사결정 요인이 아닐 수 있다.

토지가 안전하게 구획되고 개발되기 이전에 지진 위험성을 정밀하게 지도화해야 한다. 지진재해지도는 미래에 발생할 지진에 대한 진동 가능성 패턴을 보여 준다. 캘리포니

아 경우(그림 5.18 참조)와 같이 확률론적 방법에 의한 지진재해지도는 진동 예상윤곽을 자세히 보여 준다. 이는 전형적으로 최대지반가속도(peak ground acceleration; PGA)에 의해 측정된 것으로 지역계획 결정에 적합한 척도가 된다. 그림 6.14는 알려진 단층과 다양한 거리에 떨어진 균일하고 견고한 지반에서 나타나는 가상의 장소에서 진동 범위를 보여 준다. 이런 지도는 주어진 기간에 초과될 수 있는 값을 나타낸 것이다. 그러므로 이 지도가 50년에 5% 발생 가능성의 기준을 나타내는 것으로 가정한다면, 재해 도시는 50년의 주기로 0.1~0.2를 초과하는 최대지반가속도(PGA) 5%의 가능성을 갖고 있다고 할 수 있다.

진동이 표층 퇴적물의 종류에 따라서 달라지므로 이런 지도는 개선이 필요하다. 가장 높은 지진재해는 지진 동안 모래 유동체를 액화시킬 가능성이 있는 곳에서 나타날 수 있다. 지질학적 기간이 짧은 신생 퇴적물이나 인공 매립지가 여기에 해당한다. 이런 퇴적물들은 부드러운 진흙, 모

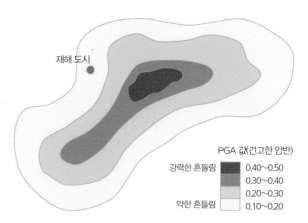

래, 자갈로 형성된 샌프란시스코 만의 낮은 구역에서 볼 수 있다. 그림 6.15는 기반암에 비하여 이런 퇴적물에서 강화된 진동을 보여 준다. 1989년 로마프리에타 지진 시, 오클랜드에서 베이브리지로 향하는 사이프러스 고속도로 일부

그림 6.14. 도시 인근의 견고한 암반에서 흔들림에 대한 가상 패턴. 지도를 50년 이상의 주기에서 5% 가능성에 기반한 것으로 가정하면, 재해 도시는 지진 발생 시 10~20% 사이에서 지반이 최대로 가속하는 것으로 예상할 수 있다. 이런 지도는 토지이용 계획에 사용될 수 있다.

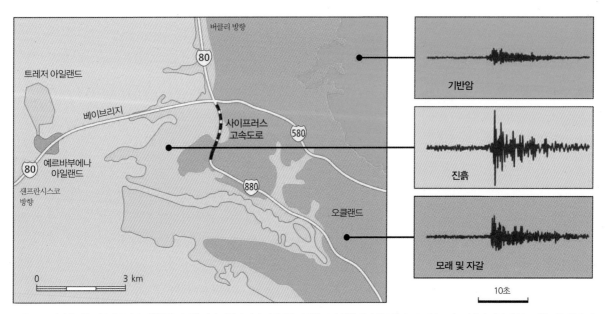

그림 6.15. 지질에 의한 지반 흔들림의 다양함을 나타낸 사진. 진흙과 자갈 퇴적물은 기반암 보다 훨씬 많이 동요한다. 1989년 로마프리에타 지진 시 부드러운 진흙 위에 건설되어 강력한 흔들림이 발생한 탓에, 샌프란시스코 만의 사이프러스 고속도로의 일부가 붕괴되었다. 미국지질조사국 지진재해 프로그램 http://earthquake.usgs.gov/regional/nca (2011년 3월 31일 접속).

표 6.7. 로마프리에타 지진의 재해 유형별 손실

지진 재해	총 피해규모($)	손실률(%)
보통으로 약화된 흔들림	1,635	28.0
강화된 흔들림	4,170	70.0
액화	97	1.5
사태	30	0.5
지반 파열	4	0.0
쓰나미	0	0.0
계	5,936	100.0

출처: Holzer(1994). © American Geophysical Union.

가 붕괴되고, 42명의 사망자가 발생하였다. 연약 지반 퇴적물에서 증폭된 지진파에 의해 강화된 진동이 직접적으로 재산손실의 약 2/3를 발생시킨 것으로 드러났다(표 6.7; Holzer, 1994).

1999년에 지진으로 피해를 입은 그리스 아테네에서 지진 취약성 지도를 제작하였다(Marinos *et al.*, 2001). 그림 6.16은 단층 균열에서 3km 미만 거리인 아노리오시아 지방자치시의 지질과 건물피해를 4개 등급의 구역으로 나타낸 것이다. 건물붕괴를 포함한 심각한 피해가 주로 3구역 충적 퇴적물에 국한되어 있는 것을 볼 수 있는 반면, 중간 정도 피해는 2구역 주변에서 발생하였다. 1구역 바위층 위에서는 피해가 거의 없었다. 이런 지도는 미래 지진위험도를 나타낼 수 있다. 캘리포니아에서는 건물 간격을 떨어뜨리는 초과거리 조례(set-back ordinances)가 주요 방법이다. 건물 초과거리는 이미 알려졌거나 불확실한 단층을 가로질러 개발하려는 곳에 권장할 수 있고, 사면 안정성 초과거리는 복구되지 않은 활동성 산사태 또는 오래된 산사태 퇴적물이 있는 곳에서 설정될 수 있다. 초과거리는 다른 건설방법으로 다른 고도의 구조물 인근 건물과 충돌 영향을 감소시키기 위해 각 건물을 분리시키는 데 활용될 수 있다.

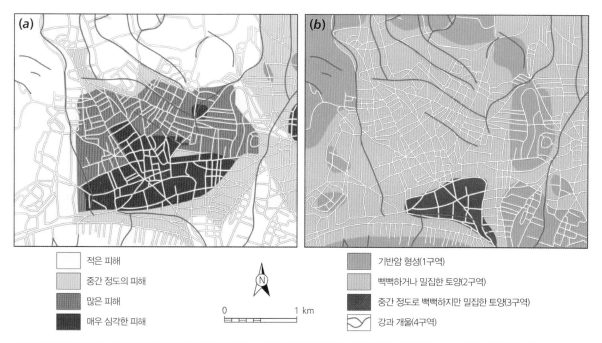

그림 6.16. 그리스 아테네 아노리오시아의 지진재해 계획. (a) 1999년 M_w=5.9 지진으로 기록된 건물 피해 (b) 지질과 관련 있는 4개의 제안된 지진 위험 구역. 가장 낮은 위험 구역인 1구역은 연구지역에서 제외된다(Marinos *et al.*, 2001).

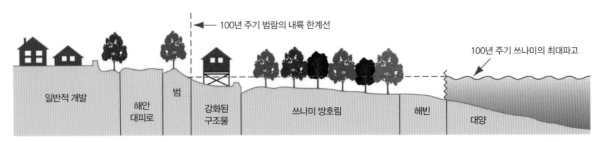

그림 6.17. 쓰나미 재해에 대한 해안토지 계획의 전형적 사례. 비치와 숲 지대는 육지 쪽으로 오는 파도 에너지를 분산시킨다. 건물 개발과 대피로는 100년에 1회 발생할 사건으로 예측되는 높이보다 위에 입지하게 된다(Preuss, 1983).

Preuss(1983)와 정부간해양학위원회(2008)는 쓰나미 피해완화를 낮은 해안선을 따라 만들어지는 계획과정에 통합해야 한다고 강조하였다. 쓰나미로부터 보호라는 측면에서 제작된 방파제가 적절하지만, 쓰나미가 4m 이상 높이로 넘친다면, 방파제 역할은 크게 줄어들 것이다. 이런 구조물은 바이오실드와 해안 조림지로 보완할 수 있다. 자연 맹그로브와 카수아리나(오스트레일리아, 태평양 섬 등에 분포하는 관목류) 숲은 가끔 지진해일로 심한 피해를 입지만, 이런 나무들이 육지를 보호할 수 있는 완충장치가 되어 준다. 일본 산리쿠 해안을 따라 식재된 가문비나무 숲은 파도 에너지를 분산시키고 부유 파편을 걸러내는 데에 효과적이다. 그렇지 않았다면, 거주지역과 공공시설 및 교통로가 더

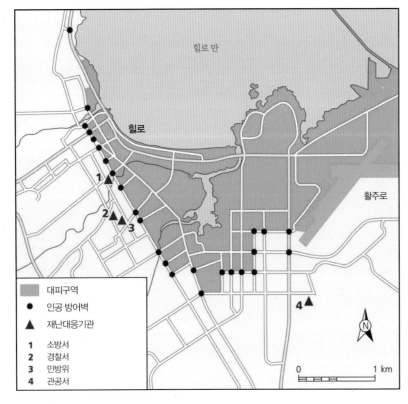

그림 6.18. 하와이 힐로의 쓰나미 재해지도 일부로, 계획된 대피구역과 구역 외부의 가장자리에 있는 재난대응기관의 위치를 보여 준다. 대피구역에 인접한 공항을 주목할 필요가 있다. 미국에너지관리부 www.oahuDEM.org (2011년 9월 11일 접속).

높은 곳으로 이전되어야 한다. 그림 6.17은 물리적 구조물과 해안 피난로의 준비를 포함한 종합적인 쓰나미 방지계획이 통합될 수 있는 수단을 설명하고 있다. 항상 새로운 개발이 위험에 노출되지 않을 것이라 추정하지만, 안전과 토지 기능이라는 측면에서 균형문제는 뉴질랜드 웰링턴의 해양교육센터에서처럼 논란이 많다.

쓰나미 경보 이후 많은 대피행렬로 교통량이 발생된다는 점에서 볼 때, 교통계획도 어려운 문제이다. 대부분 도로는 범람하거나 교통혼잡이 일어나기 쉬운 낮은 해안 또는 골짜기 옆을 따라서 발달하였다. 어떤 곳은 하와이 해안처럼 잘 건설된 고층빌딩이 있으며, 이는 수직적인 대피처로 사용될 수 있다. 산리쿠 해안을 따라 일부 대피처와 플랫폼이 이런 목적으로 지어졌다. 그러나 이를 건설하는 비용이 많이 들며 쓰나미 높이를 피하기 위한 다층건물이 필요하다. 결국 이것이 지진피해 가능성을 키운다. 더 간단하고 저렴한 방법은 해안에서 떨어진 언덕 위로 통로와 계단을 만드는 것이다. 그러나 국지적으로 지형이 적합하지 않을 수 있고 장애를 가진 일부 사람들은 이런 유형의 대피로를 사용하기 어려울 것이다.

이런 문제점이 있음에도 불구하고, 쓰나미 토지계획의 중요한 요소는 대피구역이다. 그림 6.18은 하와이 힐로 시의 쓰나미 대피구역도 일부로 대피구역 가장자리에 있는 인공 방어벽과 대피구역 바깥에 자리한 민방위, 소방관, 경찰관, 관공서 등 재난대응기관의 위치를 보여 준다. 교통혼잡을 줄이고, 표시된 길을 따르게 하기 위해서는 가능한 어디서든 사람들이 걸어서 대피하도록 권장해야 한다.

더 읽을거리

Bilham, R. (2006) Dangerous tectonics, fragile buildings and tough decisions. *Science* 311: 1873-5. A readable and sound overview.

Clermont, C., Sanderson, D., Sharma, A. and Spraos, H. (2011) *Urban Disasters - Lessons from Haiti*. Disasters Emergency Committee, London. Very clearly shows the complex problems facing emergency-relief efforts in an impoverished part of the world.

Lindell, M.K. and Perry, R.W. (2000) Household adjustment to earthquake hazard: A review of research. *Environment and Behavior* 32: 461-501. Slightly dated but deals with ever-relevant issues.

Petley, D.N. (2005) Tsunami - how an earthquake can cause destruction thousands of kilometres away. *Geography Review* 18: 2-5. A good example of the globalization of hazard.

Strunz, G. *et al.* (2011) Tsunami risk assessment in Indonesia. *Natural Hazards and Earth System Sciences* 11: 67-82. An up-to-date account of ongoing attempts at seismic-disaster reduction in a high-risk environment.

Tekeli-Yeşil, S., Dedeoğlu, N., Braun-Fahrlaender, C. and Tanner, M. (2010) Factors motivating individuals to take precautionary action for an expected earthquake in Istanbul. *Risk Analysis 30*: 1181-95. Ably illustrates the importance of public perceptions in risk assessment.

웹사이트

USGS earthquake program www.earthquake.usgs.gov
Earthquake Engineering Resaerch Institute (EERI) www.eeri.org
NOAA Center for Tsunami Research www.nctr.pmel.noaa.gov
International Seismological Centre www.isc.ac.uk
The Tsunami Society www.sthjournal.org
Tsunami data and information www.ngdc.noaa.gov

화산재해

A. 화산재해

세계적으로 500여 개의 활화산이 있으며, 연평균 50좌 정도 분화한다. 화산은 극적인 출현과 높은 관심에도 불구하고, 지진이나 대규모 폭풍보다 재난피해가 상대적으로 적다. 20세기 폭발 가운데 2회의 화산폭발로 전체 사망자 절반 이상이 사망하였다. 1902년 서인도 제도 마르티니크 섬의 플레 화산 분화로 생피에르 항구에 있는 29,000명이 목숨을 잃었고, 생존자는 단 2명으로 알려졌다. 이에 반해 1985년 콜롬비아 네바도델루이스 산 분화는 더 많은 23,000명의 목숨을 앗아갔다. 화산은 관습적으로 활화산, 휴화산, 사화산으로 분류된다. 빈번하지 않은 화산폭발이 가장 위험한 특징으로, 1951년에는 사화산으로 여겨졌던 래밍턴 산 화산분화로 5,000명의 파푸아뉴기니인들이 사망했다(Chester, 1993). 엄밀히 말하면, 25,000년 이내에 분출했던 모든 화산은 활동 가능성이 있는 것으로 간주해야 한다. 대부분 화산은 지질적으로 불안정한 지역에 위치하며, 복합적인 위험을 가져오는 경향이 있다(Malheiro, 2006). 반면 화산지형은 지열 에너지, 건축재료, 관광 기회 등 중요한 천연자원이 되기도 한다.

20세기 동안 화산으로 연 1,000명 미만의 사망자가 발생하였다고 여겨지고 있지만, Witham(2005)은 사망자가 적게 추산되어 왔으며, 화산의 긴급상황에서 피난하는 많은 사람들과 같은 화산의 다른 영향에 관심을 집중해 왔다고 주장했다(표 7.1). 역사적으로 화산에 의한 대부분 사망자들은 화산재 낙하에 의한 흉작으로 야기된 기근문제와 같은 간접적인 원인으로 발생했다. 오늘날에는 화산쇄설류가 사망의 주요인인 반면, 부상은 주로 화산이류에 의해서 발생하며, 이재민은 화산재 낙하로 발생한다고 알려져 있다. 폭발식 분화는 빈도도 낮고 그로 인한 재해도 적다. 예를 들어, 하와이에서는 화산폭발 기간 동안 섬의 5%가 용암에 덮였었지만, 지난 100년 동안 1명의 사망자만 발생하였다(Decker, 1986). 그러나 저개발국 도시처럼 화산 근처의 인구증가는 점은 염려스러운 일이다(Chester et al., 2001). 이탈리아 나폴리 서부 화산분화지역은 현재 세계 활화산 중 가장 인구가 밀집된 곳으로 20만 명이 위험 속에 살고 있다(Barberi and Carapezza, 1996). 이곳의 거주자들은 대부분 가난하고 취약한 일자리, 오래되고 낡은 건물 또는 무계획적인 주택에서 살고 있었다(Chester et al., 2002).

화산 주변은 거주지로 매력적이며, 19세기에서 20세기

표 7.1. 20세기(1900~1999년) 화산재해가 인간에게 미친 영향 추정값

인간에게 미친 영향	발생 빈도(회)	명수
사망	260	91,724
부상	133	16,013
노숙	81	291,457
피난	248	5,281,906
부수적 사고	491	5,595,500

출처: Witham(2005).

사이에 치명적인 폭발이 증가했다는 것은 분출빈도보다 노출된 위험성이 더 증가했다는 것을 의미한다(Simkin *et al.*, 2001). Small and Naumann(2001)에 따르면, 역사시대에 세계인구의 10%가 활화산에서 100km 이내에 거주했다. 동남아시아와 중앙아메리카는 화산분화 위험에 직면한 곳 중 인구밀도가 가장 높은 지역이다. 유럽의 경우 농촌 인구밀도가 500~800명/km²인 에트나 지역은 시칠리아 인구의 약 20%가 살고 있다. 인도네시아와 같은 국가는 3개의 구조판이 교차하는 곳에 위치하여, 1억 5,000만 명 이상의 인구가 큰 위협에 직면하고 있다. 이 국가는 화산 관련 사망자의 2/3를 차지하는 곳이기도 하다(Suryo and Clarke, 1985). 1815년 거대한 탐보라 화산 폭발로 12,000명이 사망했고, 이후 질병과 기근으로 더 많은 80,000명이 목숨을 잃었다. 이례적으로 대규모 화산폭발이 일어난 인도네시아 토바 호는 75,000년 전 2,800m³의 잔해가 방출된 것으로 추산된다(Rose and Chesner, 1987). 반복되는 화산폭발이 오늘날 세계에 비극적인 영향을 초래하고 있다.

B. 화산의 특징

화산은 판 경계부를 따라서 분포한다. 대부분 화산과 관련된 지진은 작지만, 간혹 지진활동이 화산폭발과 연관되어 있다(Zobin, 2001). 화산은 세 가지 지체구조에서 발견된다.

- 섭입화산은 하나의 지질구조판이 밀면서 다른 곳 아래로 섭입되는 지각층에 위치한다. 이런 경우가 세계 활화산의 약 80%를 차지하며, 가장 폭발적인 유형이면서, 복합화산으로 다중 위험을 가진 것이 특징이다(그림 7.1).
- 열곡화산은 지질구조판이 나뉘는 지점에서 발생한다. 일반적으로 분출이 심하고 덜 폭발적이며, 특히 심해저에서 나타난다.
- 열점화산은 약한 지각이 용융물질을 지구 내부로부터 관통시키는 지질구조판 중간지점에 분포한다. 중앙태평양판에 있는 하와이 섬이 사례지역이다.

모든 화산은 용융된 고온 암석물질인 마그마로부터 만들어진다. 마그마는 용존가스를 함유한 규산염 복합물이다. 마그마가 지표를 향해 이동하면서 압력은 감소하고 용존가스는 용해되어 분출하면서 거품을 형성한다. 이 거품이 약한 지각을 뚫어 지표에 도달할 때까지 확장하면서 마그마 분화를 촉진시킨다. 중간규모의 폭발 시, 전체 열에너지는 1,000t의 핵폭발에 해당하는 4×10^{12}J에 비교될 수 있는 $10^{15} \sim 10^{18}$J이 방출된다. 폭발규모를 측정하는 방법으로 완전히 동의된 것은 없지만, Newhall and Self(1982)는 분출물 총량, 화산구름 높이, 주 폭발의 지속기간과 기타 몇 가지 목록을 포함하여 0~8단계의 준정량적인 화산폭발지수(volcanic explosivity index; VEI)를 제안했다(표 7.2). 평균적으로 VEI=5 규모의 폭발은 10년마다, VEI=7 규모는 100년마다 발생한다.

화산재해 가능성은 가스 기포와 마그마의 점성에 달려 있다. 높은 열과 낮은 점성이 매우 폭발적인 재해를 초래한

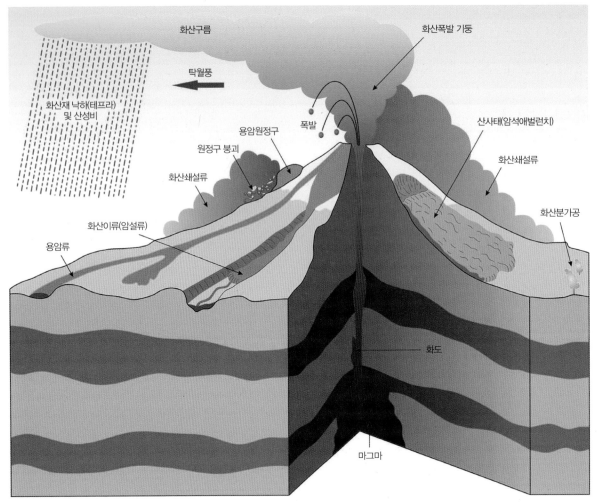

그림 7.1. 복합화산의 화구 및 각 부분에서 발생할 수 있는 재해. 폭발 중에 일부 재해(화성쇄설암과 용암류)가 발생하며, 다른 재해(화산재이류)는 폭발 이후에 일어나기 쉽다 (Major *et al.*, 2001).

다. 그러므로 섭입대에서 화산분화는 맨틀 상부 물질과 장석, 이산화규소가 가득한 용해 암석이 섞인 마그마에 좌우된다. 이런 산성 규장질 마그마는 70%에 이르는 이산화규소를 함유한 빽빽하고 점성 있는 용암을 만들어 격렬한 폭발을 초래한다. 반면 열곡화산과 열점화산은 마그네슘과 철분 함유량은 높으나 이산화규소는 50% 미만으로 적게 함유한 마그마를 포함한다. 이와 같은 염기성 용암은 소량의 가스를 보유한 유동체로 격렬하게 폭발하지 않는다.

이런 특징들이 화산폭발의 유형을 구별할 수 있게 한다.

흔하게 볼 수 있는 플리니식 분화는 가장 격렬히 가스와 점성이 매우 높은 마그마(석영안산암, 유문암)와 관련된 물질을 폭발한다. 1991년 필리핀 피나투보 산 화산폭발로 화산쇄설물이 분출되어 30km 이상 대기까지 치솟았다. 플레식 분화 유형도 상승하는 마그마가 굳은 용암 돔에 막혀 화산 측면으로 힘이 가해지면서 새로 분출하므로 위험하다. 이런 현상은 산 정상부 대부분을 파괴하고 57명의 생명을 앗아간 1980년 미국 세인트헬렌스 화산폭발과 같은 강력한 측면폭발을 일으킬 수 있다. 대조적으로 하와이식 분화

표 7.2. 화산폭발지수(VEI)

VEI	분출량(m³)	높이(km)	정성적	대류권에 영향	성층권에 영향
0	$< 10^4$	< 0.1	폭발이 없음	사소한 양 투입	없음
1	$10^4 \sim 10^6$	$0.1 \sim 1.0$	작은 크기의 폭발	적게 투입	없음
2	$10^6 \sim 10^7$	$1 \sim 5$	보통 크기의 폭발	보통 정도 투입	없음
3	$10^7 \sim 10^8$	$3 \sim 15$	적당히 큰 폭발	상당한 투입	투입 가능
4	$10^8 \sim 10^9$	$10 \sim 25$	큰 폭발	상당한 투입	확실한 투입
5	$10^9 \sim 10^{10}$	> 25	매우 큰 폭발	상당한 투입	상당한 투입
6	$10^{10} \sim 10^{11}$	> 25	매우 큰 폭발	상당한 투입	상당한 투입
7	$10^{11} \sim 10^{12}$	> 25	매우 큰 폭발	상당한 투입	상당한 투입
8	$> 10^{12}$	> 25	매우 큰 폭발	상당한 투입	상당한 투입

출처: Newhall and Self(1982).
주: 높이는 VEI0~2의 경우 분화구에서 높이를, VEI3~8의 경우 해발고도를 사용하였다.

는 상대적으로 재해규모가 낮은 편이며, 화산 측면 틈과 분출구에서 매유 유동적인 현무암질 용암을 대기로 분출하는 화천(불기둥)을 보이기도 한다. 용암은 표면을 흐르면서 냉각되어 굳어질 때까지 수km를 이동할 수 있다. 이런 화산과 관련된 지형 단면은 낮다.

C. 1차적 화산재해

화산재해는 화산폭발로 분출된 산물로 발생한다. 중요한 재해 특성은 폭발이 일어난 곳에서 지리적으로 거리가 멀리 떨어져 있다는 것이다(그림 7.2).

1. 화산쇄설류

현재까지 화산쇄설류가 화산으로 인한 사망의 가장 큰 원인이었다. 종종 누에스 아르덴테스(열운, glowing cloud)라고 불렸으며, 화산 분화구 내에 녹은 마그마가 원인이다. 이 기체 기포가 팽창하여 폭발적으로 터지며, 고압 가스와 화산 쇄설물질(화산쇄설물, 화산 유리파편, 화산재, 부석, 세립질 암석)의 격동적인 혼합물을 분출한다. 화쇄류는 용암 파편, 화산재와 함께 빠르게 산비탈을 흘러내린다. 열운은 말 그대로 1,000℃를 넘으며 흘러내린다. 플레식 분화는 폭발이 지면과 가까운 측면에서 일어나며, 폭발물질이 약 30m/s 이상으로 빠르게 분화구에서 30~40km까지 멀리 이동하며, 상당한 피해를 유발한다. 1902년도 플레산 재해 시, 폭발 중심에서 6km 떨어져 있던 생피에르 마을 주변으로 폭발물질이 33m/s 속도로 이동하면서 온도가 약 700℃까지 급상승하는 상황이 발생하였다. 이런 온도에 노출된 사람은 열사를 포함하여 심각한 내·외부적 화상으로 즉시 사망한다. 이와 같은 급격한 온도 상승은 건물들을 무너뜨리기 충분할 정도의 힘을 만들 수 있는 기압변화를 초래한다. 이탈리아 베수비오 화산의 경우처럼 현대의 화산재해 계획은 화산 분화구에서 반경 10km 이내 사람들의 긴급피난과 대규모 건물피해를 예상하고 있다(Petrazzuoli and Zuccaro, 2004).

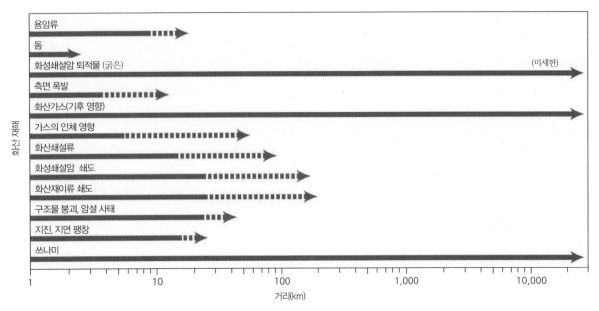

그림 7.2. 위험한 화산이 발생한 지점으로부터의 거리에 따른 영향. 많은 재해는 화산점에서 반경 10km 이내에서 발생하지만, 미세 화산재, 가스, 쓰나미로 인한 영향은 10,000km를 넘어서 영향을 줄 수 있다(Chester *et al.*, 2001).

2. 대기에서 낙하하는 화산분출 쇄설물

화산분출 쇄설물(tephra)은 화산에 의해 분출되어 땅으로 떨어지는 모든 파편을 포함한다. 대부분 분출은 $1km^3$ 미만의 물질을 만들어 내지만, 가장 큰 폭발은 몇 차례에 걸쳐 이런 규모보다 몇 배의 양을 분출한다. 입자 크기가 세립 화산회, 먼지(지름 4mm 이내)에서부터 소위 폭탄(지름 32mm 초과)이라 불리는 것에 이르기까지 다양하다. 더 거칠고 무거운 입자들은 화산분화구 가까이에 낙하한다. 깊이 10cm의 건조한 화산재층은 무게가 약 $65~100kg/m^2$에 이르며, 젖은 화산재는 이보다 2배 더 무겁다. 1m 두께 이상의 화산재가 쌓이면 비보강 건축물의 평평한 지붕은 붕괴될 수 있다. 어떤 경우에 테프라는 땅 위에서 화재를 일으킬 정도로 뜨거울 수 있다. 바람 상태에 따라 미세한 재가 더 멀리 날아가 쌓일 수 있다. 1980년 세인트헬렌스 화산에서 발생한 6시간이 안 되는 중간규모의 폭발(VEI=5)로 화

산구름이 바람을 타고 400km나 이동했다.

규모가 큰 폭발은 전구 기후에 영향을 미칠 수 있다. 이는 쇄설물이 지상 20~25km의 성층권 하부에 침투하여 지구 전체에 먼지 막을 형성하면서 나타난다. 가장 큰 위험은 저위도에서 발생한 화산폭발로 발생할 수 있다. 1883년 인도네시아 크라카타우에서 발생한 화산폭발 후 2주 안에 에어로졸 구름이 전구로 퍼졌다. 표 7.3에서 볼 수 있듯이 일련의 폭발이 10년 규모의 냉각을 일으킬 정도로 대기 평균기온을 낮추며, 하루만에 기후에 영향을 미치게 되고 100년 넘게 지속될 수 있다. 대기조성 변화와 함께 오존층 파괴도 일어날 수 있다. 단파복사의 후방산란에 의한 장기적인 영향은 지표면의 순냉각을 일으킨다. 예를 들어, VEI=7에 해당하는 1815년 인도네시아 탐보라 화산폭발 이후, 1816년은 북반구 전역에 걸쳐 '여름이 없는 해'로 불릴 정도로 추웠다. 1991년 피나투보 산 화산폭발로 1992년 북반구 일부 지표면 온도가 2℃까지 내려갔으며, 1991~1992년과

사진 7.1. 1997년 8월 몬트세랫 섬에서 수프리에르 화산분출 화쇄류가 여러 명의 목숨을 앗아 갔으며 주민의 2/3 이상을 대피하게 만들었음(사진: Panos/Andy Johnstone AJH0072MSR).

표 7.3. 대규모 폭발성 화산분출이 날씨와 기후에 미치는 영향

영향	메커니즘	시작	지속기간
일일 주기의 감소	단파복사의 장애와 장파복사의 방출	즉각적	1~4일
열대지방의 강수량 감소	단파복사의 장애, 증발 감소	1~3개월	3~6개월
북반구, 북회귀선 및 아열대의 여름 냉각	단파복사의 장애	1~3개월	1~2년
성층권 가열	성층권의 단파 및 장파복사 흡수	1~3개월	1~2년
북반구 대륙의 겨울철 온난화	성층권의 단파 및 장파복사 흡수	6개월	1회 또는 2회의 겨울
지구의 한랭화	단파복사의 장애	즉각적	1~3년
복합적 화산폭발로 인한 지구 한랭화	단파복사의 장애	즉각적	10~100년
오존층 파괴 및 자외선 강화	희석, 외생적 화학 및 연무	1일	1~2년

출처: Robock(2000).

1992~1993년에는 겨울철 기온이 3℃나 상승하면서 날씨에 민감한 농업에 영향을 미쳤다.

화산폭발로 인한 화산재 퇴적물은 직접적인 사망 원인의 5%에 못 미치지만, 이는 또 다른 문제점을 만든다. 거대한 화산암재(scoria)가 경관을 뒤덮으면서 적은 양의 재라고 하더라도 농지를 오염시키고 도시 건물에 피해와 혼란을 일으킨다. 1991년 피나투보 화산폭발은 주변 30km 거리의 농경지를 재로 덮으면서 50만 농부들의 생계를 위협하였다. 젖은 화산재는 전기를 전도하며 전자부품 피해를 일으킨다. 특히 고압회로와 변압기를 망가뜨린다. 미세한 화산재는 공기 여과기의 작동을 막고, 차량 엔진에 피해를 입힌다. 화산재 퇴적물에 의해 도로와 공항 활주로가 미끄러워져 통행할 수 없게 된다. 공중에 있는 먼지는 시정을 떨어뜨려, 항공교통 위험을 야기하기도 한다(Box 7.1).

Box 7.1. 공중에 있는 화산재와 항공

화산재는 미세하게 분쇄된 암석과 화산 유리파편으로 구성되어 있다. 이것은 상당히 거칠고 물에 용해되지 않으며, 젖으면 전도성을 띤다. 기둥처럼 분출된 물질은 대기 중에서 장거리를 이동할 수 있다. 넓게 흩어진 화산재층은 비행에 상당한 위협이 되며, 항공산업은 이런 위험에 상당히 민감하다. 예를 들어, 2003년 5월 첫 번째 역사적 화산분화로 알려진 서태평양 아나타한 폭발 이후, 일부 국제 항공노선이 취소되었고, 화산의 남쪽 320km 떨어진 괌 공항에도 피해를 미쳤다(Guffanti et al., 2005). 전 세계적으로 100회 이상 항공기가 화산재에 맞닥뜨렸고, 수억$ 피해와 함께 최소 3개 여객기가 심각한 피해를 입은 것으로 기록되었다.

큰 위협은 작은 파편(<2mm 지름)이 비행기 엔진에 들어갔을 때 발생한다. 이 파편은 터빈 날개를 부식시킬 수 있고, 고온으로 작동되는 엔진을 녹일 수 있으며, 핵심 부품에 붙어 엔진을 파괴시킬 수 있다. 조종석 창문을 포함하여 항공기 앞부분은 마멸되기 쉽고, 화산재는 기체 조종과 전기 시스템 작동을 방해할 수 있다(Neal and Guffanti, 2010). 활주로에 떨어진 젖은 화산재는 안정적인 기체 이동을 방해하며, 브레이크 작동에 나쁜 영향을 준다. 항공기의 정상적인 작동을 위해서는 1mm 이상 쌓인 화산재는 완전히 제거해야 한다.

국제민간항공기구(ICAO)는 1982년에 국제항로 화산감시 프로그램(IAVW)을 만들었다. 전 세계에 걸쳐 공중에 있는 화산재 탐지 능력

을 향상시켜, 경고 메시지를 공항 통제소, 운행관리원, 조종사에게 전달하는 것을 목표로 9개 화산재 자문센터를 구성하였다. 미국과 같은 일부 국가는 자신들을 위한 추가적인 시스템도 준비하였다. 그러나 이런 체계를 전적으로 신뢰할 수 있는 것은 아니며, 2010년 아이슬란드 재해가 보여 주었듯 과학은 여전히 진행 중인 상태에 머물러 있다.

2010년 4월 아이슬란드 에이야퍄들라이외퀴들 화산폭발이 만든 화산재층은 서유럽에서 95,000건의 항공운항을 취소하게 했으며, 이는 항공사 비용 17억$와 함께 하루 6억$ 이상 생산성 손실을 유발한 것으로 추산되었다(Chester and Duncan, 2010). 이는 비교적 작은 수준의 폭발이었고, 화산재도 비교적 저고도에 남아 있게 되었지만, 일부 국가를 향한 편북풍에 의해 멀리 떨어진 모스크바와 아테네까지 항공 운행이 중단되었다. 영국 영공은 기상청 조언으로 민간항공관리국(CAA)에 의해 5일 동안 폐쇄되었다. 그러나 그 이후 실험에서 유럽에 도달한 화산재의 모든 크기 입자가 뚜렷하게 날카로웠으며, 실험실에서 인공마모 실험 2주 후에도 여전히 모서리가 날카롭다는 것을 보여 주었다(Gislason et al., 2011). 스코틀랜드 공항은 2011년 5월 아이슬란드 화산폭발에 의한 화산구름 때문에 일부 폐쇄되었다.

Donvan and Oppenheimer(2011)는 이런 특별한 사건들을 여러 학문 분야에 걸쳐 환경재해 연구의 중요한 부분으로 인식되고, 강조되어 기록되어야 한다고 주장했다. 항공정책과 대응 운행을 보다 명확하게 해야 할 필요가 있음을 규명하고 있다. 이는 화산구름 이동을 탐지하고 예측하는 것뿐 아니라, 정확한 항공위험 정도를 결정할 수 있는 기술을 개발하는 것까지 포함한다.

사진 7.2. 2010년 4월 16일 일출 직전 발생한 아이슬란드 남부의 에이야퍄들라이외퀴들 화산폭발로 대기에 화산재가 분출되고 있다. 화산재 물질이 남쪽으로 확산되면서 서유럽 대부분 국가에서 항공교통 혼란이 발생하였다(사진: AP Photo/Brynjar Gauti 1004151112787).

3. 용암류

용암류는 중앙 분화구보다 암석이나 지면의 갈라진 틈에서 빠른 속도로 분출할 때 인류의 생명을 더 위협한다. 이미 설명한 바와 같이 용암의 유동성은 화학성분에 의해 결정되며, 특히 이산화규소 함유량에 달려 있다. 만일 이산화규소가 절반 미만일 때는 점성이 큰 산성 용암류와 비교되는 고철질암의 상당한 유동체가 된다. 이런 차이가 용암류를 두 가지 유형으로 구별하게 한다.

- 파호이호이 용암은 비교적 매끄럽고 표층에 구김이 있는 상태의 액상이면서, 차가운 용암류이다.
- 아아 용암은 괴상구조의 언덕 아래로 천천히 이동하는 거칠고 불균형적 표면을 가진 용암류이다.

가파른 경사면에서는 점성이 낮은 파호이호이 용암은 약 18m/s 속도로 비탈길을 흘러내릴 수 있다. 1977년 자이르 니라공고 화산폭발로 화산 측면에 있는 다섯 개의 틈에서 용암이 방출되어 72명이 사망했고, 400채 이상 주택이 파손되었다. 과거 시칠리아 에트나 화산 근처에서는 아아 용암류가 많은 재산과 농업에 피해를 주었다. 1669년에는 이탈리아 카타니아가 부분적으로 파괴되기도 했다. 역사적으로 가장 큰 용암재해는 1783년에 5개월 넘게 지속된 아이슬란드 라카기가르 화산폭발로 24km 길이의 틈에서 용암이 분출하면서 발생하였다(Thorarinsson, 1979). 직접적인 사망자는 적었으나, 당시 아이슬란드 인구의 5분의 1에 해당하는 10,000명 이상이 기근으로 사망하였다.

4. 화산가스

대부분 가스는 폭발식 분화와 용암류에서 방출된다. 복합적인 가스 혼합체에는 수증기, 수소, 일산화탄소, 이산화탄소, 황화수소, 이산화황, 황산화물, 염소 및 염화수소가 다양한 비율로 함유되어 있다. 형성 초기의 가스는 대기와 상호작용하며, 활동하는 분화구 근처의 높은 온도 때문에 구성요소를 관찰하기 어렵다. 가스체가 함유한 구성요소와 비율은 끊임없이 달라진다. 일산화탄소는 아주 낮은 농도로도 유독성 때문에 인명사고를 발생시키며, 대부분의 사망자는 이산화탄소 방출과 관련되어 있다. 이산화탄소는 공기보다 약 1.5배 더 높은 농도이면서 무색무취여서 위험하다. 이산화탄소가 낮은 장소에 쌓이면 재해가 발생할 수 있다. 1979년에 인도네시아 자바 마을로 대피한 140명 이상의 사람들이 화산에서 방출된 이산화탄소 중독으로 질식사하는 사건이 있었다.

화산활동으로 인한 이산화탄소 방출은 상당히 위협적일 수 있다. 1984년에 카메룬 모노운 호 화산 화구에서 이산화탄소로 가득한 가스가 분출되어 37명이 질식사하는 일이 있었다(Sigurdsson, 1988). 2년 뒤인 1986년에는 유사한 재해가 카메룬 니오스 호 화구에서 발생하여 8,300마리가 넘는 가축과 1,746명의 사람이 목숨을 잃었고, 3,460명은 임시 수용소로 피난하였다. 밀집된 가스층이 2개 계곡으로 흘러내리면서 60km²가 넘는 지역을 뒤덮기 전에 가스분출로 호수표면에 100m 넘는 분수가 만들어졌다. 이런 재해는 아주 보기 드물다. 이런 현상은 호수에 있는 고농도의 이산화탄소에 의한 것으로 오랜 기간에 걸쳐 이산화탄소로 가득찬 지하수가 만들어졌을 것이다. 일반적으로는 이런 용존 이산화탄소가 수면 아래에 잔존하고 있다. 모노운 호의 경우 갑작스런 가스 방출은 분화구 가장자리에서 시작된 사태가 물에 동요를 일으켰기 때문이지만, 니오스 호의 경우 이와 같은 근거를 설명하기 어렵다.

D. 2차적 화산재해

1. 지면 변위

지면 변위는 화산으로 인한 마그마 침투와 새로운 층의 용암 및 화성쇄설물이 경사면에 축적되면서 나타난다. 이런 변위는 점차 화산체와 매스무브먼트로 인한 재앙을 초래할 수 있다. 1980년 세인트헬렌스 화산 북쪽면의 파괴가 터틀 강의 노스포크 하류로 20km 이상의 암설사태를 유발했다. 2000년에 몬트세랏의 수프리에르힐스 화산에 있는 새로운 용암돔이 거의 대부분 붕괴되면서 화산쇄설류가 발생하였고, 수많은 화산재 이류와 암설사태가 주변 계곡에서 발생하였다(Carn et al., 2004). Siebert (1992)에 따르면, 지난 500년간 화산에 의한 대규모 구조적 파괴는 전 세계에 걸쳐 평균 1세기에 4회 발생하였다. 이런 불안정성은 하와이 킬라우에아와 마우나로아와 같은 대규모 이중화산에서 볼 수 있다. 지금까지 사망자가 거의 없다 하더라도 에트나 산과 같은 화산도 층상 용암의 복잡한 구조와 급사면에 화산쇄설물이 쌓이면서 불안정해지는 경향이 있다.

2. 라하르(화산이류)

현재 화산쇄설류 다음으로 라하르가 인류의 생명을 위협하는 큰 위험요소이다. 라하르는 화산에 의한 이류로 부석과 같은 다른 화산물질도 포함될 수 있지만 모래 토사 크기의 퇴적물로 구성되어 있다. 라하르는 무게의 40% 이상이 화산재와 암석으로 구성되어 있으며, 하천보다 더 빠른 속도로 이동하는 짙은 점성 유동체를 만든다. 라하르는 습한 열대지방의 가파른 화산 측면에서 광범위하게 발생하며, 용어는 인도네시아 자바어에서 기원하였다. 재해 정도는 매우 다양하지만, 일반적으로 멕시코 포포카테페틀 산 폭

발처럼 크기가 큰 퇴적물을 포함한 화산재 이류에서 파괴적인 재해 가능성이 더 높다(Capra et al., 2004). 대부분 화산재 이류는 화산 표층의 호우와 초과된 물에 의해 발생한다. 필리핀 루손 섬 피나투보 화산에서는 하루에 수천만m³의 퇴적물이 운반되어 쌓일 수 있으며, 이는 10만 명가량의 지역 인구를 위협할 수 있다. 뜨거운 이류가 지하에서 나타날 수 있다. 2006년 5월 인도네시아에서 발생한 이화산(mud volcano)은 수 명의 사망자와 약 25,000명의 피난민을 발생시켰다.

라하르에 의한 재해는 다음과 같이 분류될 수 있다.

- 주요 재해: 화산폭발과 막 낙하한 테프라가 즉시 대량의 물에 의해(때로는 화구호 붕괴로 인해) 뜨거운 이류로 이동할 때 발생
- 부차적 재해: 화산 사면 위에서 화산분출물과 오래된 테프라 퇴적물 사이로 내리는 높은 강도의 폭우가 이류를 재활성화시키는 경우에 발생

대규모 파괴적 사건 중 일부는 눈과 얼음의 급격한 용해에 의해 발생한다. 이는 뜨거운 용암 잔해가 화산 정상부에 있는 눈과 얼음 위에 떨어질 때 발생한다. 화산재나 화산 표석이 물과 섞이면서 잔해로 가득찬 유동체가 되어 보통 15m/s 속도로 산비탈을 흘러내리지만, 고온일 때는 22m/s 이상에 도달하기도 한다. 이런 현상은 북부 안데스에서 발생한 재해로 최소 20개 활화산이 콜롬비아 중부에서부터 에콰도르 남부 사이에 걸쳐 있다(Clapperton, 1986). 만년설이나 얼음으로 뒤덮인 화산 정상부는 시간이 흐르면서 뜨거운 기체가 활동하기 때문에 구조적으로 취약하다. 1877년 화산폭발로 많은 얼음과 눈이 녹아서 생긴 160km 길이의 거대한 라하르가 태평양과 대서양으로 흘러 넘쳤다. Tuffen(2010)에 따르면, 얼음 두께가 100m 이

상 감소하면 마그마 챔버에 가하는 압력이 줄어들어 지구 온난화로 인한 얼음 감소로 미래에 더 많은 폭발적 분출을 야기할 것이라고 한다. 마그마와 물의 상호작용 증가는 화산체 붕괴를 가능하게 할 뿐 아니라 추가적인 테프라 재해로 야기될 수 있다.

현재까지 두 번째로 사망자가 많았던 화산재해는 1985년 안데스에서 가장 북쪽에 있는 활화산인 콜롬비아 네바도델루이스 화산의 폭발로 발생한 라하르에 의한 것으로 기록되어 있다. 이 재해를 설명하기 위해서는 화산 역사를 이해할 필요가 있다. 이와 같은 대규모 라하르는 1595년과 1845년에도 기록된 적이 있지만, 이때는 주변 인구가 비교적 적어 인명피해도 적었을 것이다(Wright and Pierson, 1992). 최근 화산활동은 1984년 11월에 시작되었지만, 큰 폭발은 1년이 지나서도 발생하지 않았다. 대규모 빙하가 녹은 융빙수가 라구니야스 협곡을 급하게 흘러내리면서 거대한 라하르를 만들어 길목의 나무와 건물을 쓸어버렸다(Sigurdsson and Carey, 1986). 이류가 쌓이면서 50km 하류에 있는 아르메로 마을에는 3~8m 깊이의 토사가 쌓였고, 이류가 몇 분만에 5,000동 이상의 건물을 파괴시키고 23,000명 이상 사망자를 발생시켰다. 위험구간의 재해 예측지도가 1985년 폭발 한 달 전에 완성되었다(그림 7.3). 이 지도는 아르메로 마을의 화산재 퇴적물 범위뿐 아니라 이류로 인한 취약성을 꽤 정확히 표시했지만, 해당 시간에 제한된 긴급조치로 충분한 대응을 하지 못했다.

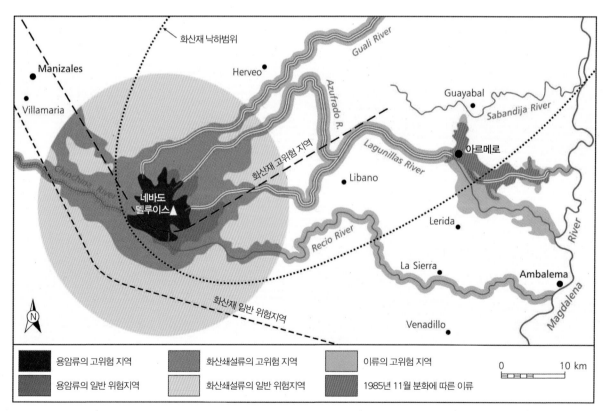

그림 7.3. 아르메로 마을을 감싸는 계곡 이류의 위험성을 보여 주는 콜롬비아 네바도델루이스 화산 위험지도. 원형으로 나타낸 것은 분화구로부터 반경 20km 범위를 나타낸다(Wright and Pierson, 1992).

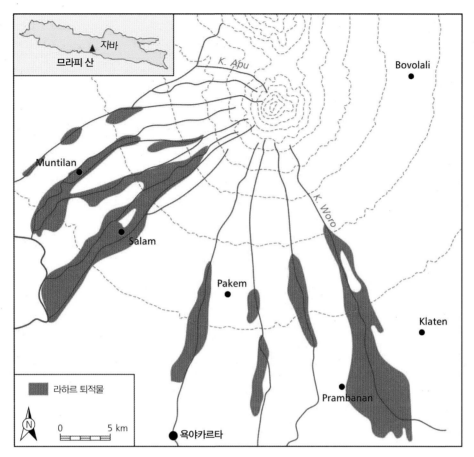

그림 7.4. 자바 섬 므라피 산 화산 경사면에 있는 라하르 퇴적물 분포. 보이는 모든 하도가 역사시대 동안 라하르를 만들었다(Lavigne *et al.*, 2000).

화산 측면에 쌓인 화산재는 열대성 저기압이나 몬순 강우가 발생하기 쉬운 국가에서 하천범람 증가와 퇴적물 재퇴적을 초래한다. 1919년에는 자바 섬의 켈루트 화산 폭발에 의한 이류로 5,000명이 이상이 목숨을 잃었다. Tayag and Punongbayan(1994)은 1991년 피나투보 화산폭발이 $1.53 \times 10^6 m^3$의 새로운 라하르를 만들어 낸 것으로 보고했다. 가장 파괴적인 라하르는 잔해 양이 90% 이상일 때 발생하며, 종종 퇴적물로 가득한 하천과 지류 계곡을 따라 일시적으로 생긴 호수를 막는 댐이 파괴되면서 발생한다. 이런 호수는 강우가 없이도 경고 없이 붕괴될 수 있다. 그림 7.4는 자바 섬 므라피 산을 280km² 이상 뒤덮은 라하르 퇴적물의 분포를 보여 준다. 대부분 이런 퇴적물은 강줄기에 있으면서 일부는 10m 이상 되기도 하지만, 보통 두께 0.5~2.0m이다(Lavigne *et al.*, 2000). 이런 퇴적물은 열대성 강우에 의해 빠르게 다시 이동하여 저지대 하천까지 도달하며, 여기에서 퇴적물은 수로 용량을 감소시키고 예측할 수 없게 범람원으로 넘쳐 위험을 증가시킨다.

3. 사태

산사태와 암설사태는 화산과 관련된 지반붕괴의 일반적 특징이다. 특히 용존가스를 많이 함유한 점성이 높은 규산

질 마그마 분출과 관련이 있다. 이런 물질은 1980년 5월 발생한 미국 세인트헬렌스 화산 사례처럼 화산 안으로 침투할 수 있다. 작은 규모의 지진(M_w=3.0)이나 비교적 가벼운 분출이 분화구의 북쪽 면에 있는 지반을 돌출시켰다. 대규모 폭발 전에 직경 2km 정도가 불룩하게 되었고, 눈과 얼음으로 덮인 곳에서 대규모 틈이 발생하였다(Foxworthy and Hill, 1982). 5월 18일 분출로 지표 상승이 150m에 달했을 때, 지진이 가파른 경사면에서 나온 물질의 거대한 조각을 흔들었고, 2.7km³의 물질이 암설사태를 일으켰다.

4. 쓰나미

대규모 폭발 이후에 쓰나미가 발생할 수 있다. 100만m³ 이상 암설을 만들 수 있는 화산섬의 구조적 붕괴는 슈퍼 쓰나미를 유발할 수 있다. 1883년 폭발(VEI=6)이 발생한 자바 섬과 수마트라 섬 사이의 크라카타우 화산섬이 가장 많이 인용되는 사례이다. 거의 5,000km 거리에서도 들릴 정도의 거대한 폭발로 80km 높이에 이르는 화산구름을 만들었고, 이는 상층풍을 타고 수차례 지구를 돌았다. 이 화산폭발 힘으로 분화구가 붕괴되면서 칼데라를 만들었다. 그 결과 육지 쪽으로 30m가 넘는 쓰나미가 발생하면서 좁은 순다 해협을 휩쓸었다. 이때 36,000명 이상이 익사한 것으로 추산된다.

전체 쓰나미의 약 5%가 화산활동에 의한 것으로 추정된다. 일부 규모가 큰 경우를 포함한 1% 정도는 해양 화산섬의 붕괴와 관련된 것이다. Keating and McGuire(2000)에 따르면, 화산섬을 불안정하게 만드는 23개의 단계가 있다. 폭발성과 급경사 때문에 태평양 화산섬의 붕괴위험이 높은 곳이다. 1792년 14,500명의 목숨을 앗아간 쓰나미성 사태가 일본 운젠 산에서 발생하였다. Ward and Day(2001)는 500km³의 블록이 미끄러지면서 카나리 제도 라팔마

를 붕괴시킬 수 있고, 이때 발생한 쓰나미가 대서양 전체를 가로질러 해안을 파괴시킬 수 있으며 미국 해안을 따라 10~25m 높이의 파도를 발생시킬 수 있음을 상정했다. 이는 매우 드물게 나타나는 경우일 수 있다.

E. 보호

1. 환경 조절

심각한 화산폭발을 방지할 수 있는 방법은 없지만 용암의 지표유출을 통제하려는 시도가 있었다.

• 두 가지 상황에서 폭파가 사용될 수 있다. 우선 화산 높이에서 유동성 용암의 공중폭파는 용암 공급을 차단하여 흐르는 용암을 확산시키거나 멈추게 할 수 있다. 이와 같은 방법은 현대 기술로는 더 나은 결과를 가져오겠지만, 1935년에 하와이에서 처음으로 시도되어 일부 성공을 거뒀다. 다른 상황에서는 벽에 구멍을 뚫는 방법으로 아아 용암을 막으려는 시도가 있었다. 즉 용암류 가장자리를 따라 벽을 만들어 용암을 밀려들게 하고, 앞으로 흐르지 못하게 하는 것이다. 이런 방법은 1942년 마우나로아 산의 폭발과 아아 용암에서 사용되었고, 1983년 에트나 화산폭발에서도 사용되었다. 이는 덩어리로 된 용암류의 20~30%는 방향을 바꿀 수 있는 것을 보여 주었다(Abersten, 1984). 이런 방법은 위험성이 있고, 부수적 피해를 발생시킬 수 있어서 오늘날 주의해서 사용되어야 한다.

• 인공방벽은 지형조건이 적합하고 토지 소유자가 동의한다면, 용암류를 소중한 재산에서 멀리 떨어져 흐르게 방향을 바꿀 수 있다. 방벽은 넓은 완경사 지형에서 거대한

암석이나 저항력이 큰 재료로 지어야 한다. 이 방법은 추진력이 제한적인 가늘고 유동성 있는 용암류에 적합하다. 30m 이상 높이의 강력한 용암류의 경우에도 방향전환이 가능할지는 의심스럽다. 아이슬란드 북부 크라플라 화산의 경우 용암류로부터 마을과 공장을 보호하기 위하여 방벽을 만드는 방법을 강력히 밀어붙였다. 1955년 하와이 킬라우에아 화산폭발 시 임시방벽으로 흐름을 바꾸어 두 개 농장을 보호하였지만, 그 뒤 용암이 다른 길로 들어서 재산을 파괴시켰다. 의도적으로 용암 방향을 바꾸어 피해가 발생할 수 있으므로 이런 불확실성은 법적 문제가 발생할 수 있다. 하와이 힐로를 보호하기 위해서 영구적인 방향 전환용 방벽이 제안되어 왔다. 이런 벽은 약 1km 폭의 용암류를 함유할 수 있을 만한 수로보다 10m 더 높아야 한다.

- 1960년 하와이 킬라우에아 산 폭발 시 용암류를 통제하기 위해 지역 소방서에서 살수가 실험적으로 이용되었다. 이 방법은 1973년 엘드펠 폭발 시 아이슬란드 헤이마에이 섬의 베스트만나에이야르 제도 마을을 보호하기 위해 보다 확대된 규모로 사용되었다(그림 7.5). 특수 펌프로 항구에서 다량의 바닷물이 사용되었다. 펌프 속도가 작동하는 높이에서 거의 1m³에 달했고, 하루에 약 60,000m³의 용암을 효과적으로 식힐 수 있었다. 이 조치가 약 150일 동안 지속되었다. 살수가 시작되자마자 용암은 20m 높이 두꺼운 벽에 굳어버렸다. 용암 온도 측정 결과, 물이 뿌려지지 않은 용암 온도는 지표면의 5~8m 깊이에서 500~700℃인 것으로 확인되었다. 물이 뿌려진

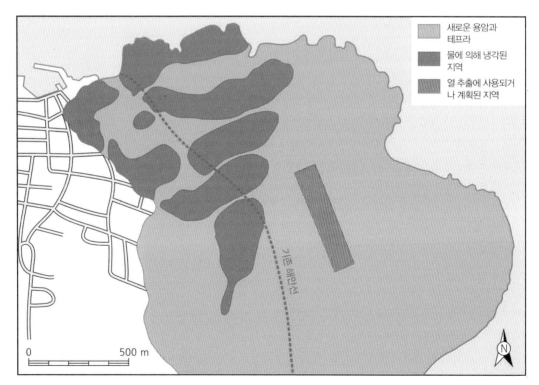

그림 7.5. 1973년 엘드펠 화산폭발 이후 아이슬란드 헤이메이 베스트만나에이야르 제도 어항의 동쪽 끝부분을 간략화한 지도. 1973년 3~5월 사이에 초기 해안선을 넘어 만들어진 새로운 용암류와 솟구치는 해수에 의해 냉각된 지역을 보여 준다. 계획된 열 추출 지대는 재해의 결과로 손실뿐 아니라 이득도 얻을 수 있다는 암시이다(Williams and Moore, 1983).

지역의 용암 표층 12~16m 깊이에서도 그 정도의 온도에 이르지는 않았다(UNDRO, 1985).

침전 구덩이를 만들거나 다른 유동체를 막는 것과 비슷한 방법인 방향 전환용 벽을 설치하는 것은 라하르에 대응한 물리적 보안책이다. 이런 구조물은 값이 비싸며, 시간이 흐르면 물질로 막혀 버린다. 보호 구조물은 라하르 통로로 분명한 곳에만 설치할 수 있고, 깊은 골짜기에서 파괴적인 흐름과 같은 심각한 상황에서는 작동하지 못한다. 필리핀에서 계절적인 홍수 저장소와 어업에 사용되는 습지로 라하르를 유도하자는 제안이 논의되어 왔다. 자바 섬 켈루트 화산에서 라하르를 통제하기 위한 야심찬 시도가 있었다(Box 7.2; 그림 7.6). 위에서 밝힌 바와 같이(192쪽), 다른 재해는 높은 농도로 용해된 이산화탄소가 지하수를 통해 층을 이루는 호수 바닥으로 들어갈 때 발생한다. 갑작스런 가스 폭발은 근처에 있는 사람들을 질식시켜 사망자를 발생시킬 수 있다. 그러나 이런 위협은 이산화탄소가 포함된 물을 호수 표면으로 이동시켜 가스를 안전하게 방출시

Box 7.2.　습윤한 열대지방의 화구호 라하르

자바 섬 동부 켈루트 산은 인도네시아에서 발생한 가장 치명적인 화산이다. 피해는 대규모 화구호에서 나온 라하르에 의한 것으로 1875년 폭발 시에는 $78 \times 10^6 m^3$의 물을 포함하였던 것으로 추산되었다. 1586년 폭발로 약 10,000명이 목숨을 잃었고, 1919년에는 $38.5 \times 10^6 m^3$의 물이 화구호 밖으로 나오면서 라하르가 38km나 이동하여 5,160명의 목숨을 앗아갔다. 이와 같이 되풀이되는 재해를 막고자 네덜란드 기술자들은 저수량을 약 $65 \times 10^6 m^3$에서 $3 \times 10^6 m^3$로 줄이기 위해 1km 길이 터널 시스템을 만들기 시작하였다. 1923년에 거의 반쯤($22 \times 10^6 m^3$) 찬 기존 분화구 수위를 계속해서 낮출 수 있게 7개의 평행터널로 계획이 변경되었다(그림 7.6). 이 사업은 1926년에 완성되었고, 호수 저수량이 $2 \times 10^6 m^3$ 이하로 줄었다.

1951년 폭발이 더 큰 라하르를 만들지는 않았지만, 터널 입구를 파괴시키면서 분화구가 거의 10m까지 깊어져 저수량이 늘었다. 기존의 가장 낮은 터널을 수리하였지만, 호수 저수량은 곧 $40 \times 10^6 m^3$까지 차올랐고, 다시 심각한 위험이 되었다. 인도네시아 정부는 또 다른 낮은 터널 공사에 착수했으나, 낮은 화구벽의 누수가 호수의 물을 배수시키는 데에 도움이 될 것이라는 기대로 공사가 중단되었다. 그러나 화산 분화구의 낮은 투수성으로 기대했던 배수가 이루어지지 않았다. 1966년 폭발 시 이 호수 저수량은 약 $23 \times 10^6 m^3$였다. 이때 라하르가 발생하면서 수백 명이 사망하였고, 많은 농경지가 파괴되었다. 이후 1967년 완성된 새 터널은 가장 낮은 현존 터널 수위보다 45m 아래에 축조되었고, 저수량은 $2.5 \times 10^6 m^3$로 줄었다. 몇 개의 사방댐도 가동되었다. 1990년 폭발하였을 때, 최소 33회의 후폭발 라하르가 분출되어 분화구에서 25km까지 이동했지만, 특징적인 라하르 재해가 없었다. 현재 이 호수는 큰 라하르 재해 발생위험도가 가장 낮은 수준인 33m 깊이의 $1.9 \times 10^6 m^3$ 용량을 유지하고 있다(The Free University of Brussels, www.ulb.ac.be/sciences, 2003년 7월 22일 접속).

피나투보 화산이 1991년 폭발한 후에 비슷한 큰 문제가 발생하였다. 즉 $200 \times 10^6 m^3$ 이상의 물을 저장할 수 있는 너비 2.5km, 깊이 100m의 분화구가 만들어졌다. 1991년 이후 상부 경사면으로 돌아온 사람들과 화산 북서쪽 40km 지점에 위치한 포톨란 마을 거주민 46,000여 명이 대규모 라하르 위험에 처해졌다. 2001년 8월까지 우기에 증가한 수위로 화구벽의 붕괴위험 때문에 당국은 분화구 가장자리에 인구가 밀집된 지역의 물을 배수하기 위한 V자형 노치를 팔 것을 권고하였다. 안전조치로서 보톨란의 단기 피난조치와 더불어 9월에 배출구가 가동되기 시작하였다. 이런 시도에도 불구하고, 호수 수위는 계속 상승하였다. 2002년 7월, 약 $160 \times 10^6 m^3$의 담수와 퇴적물을 천천히 방출시키면서 화구 동쪽 벽 일부가 파괴되었다. 보다 더 영구적인 해결책이 필요하다.

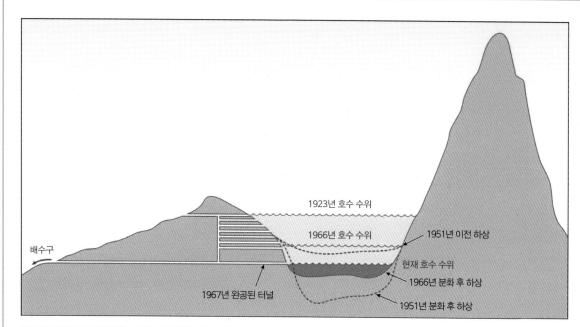

그림 7.6. 화구호의 수위를 낮추고 라하르의 위험을 경감시키기 위한 자바 섬 켈루트 화산에 축조된 터널 시스템 단면도. Kelud volcano. www.ulb.ac.be/sciences (2003년 7월 21일 접속).

커서 최소화할 수 있다. 카메룬 니오스호와 모노운 호의 가스 제거를 위한 사업이 각각 2001년과 2003년에 시작되었다(Kling *et al.*, 2005). 사업 성공여부는 인공적인 가스제거와 자연적 충전 간의 균형에 달렸으며, 수송관을 더 많이 설치하지 않고 추출량을 늘리지 않으면 위험한 상태의 가스가 당분간 호수에 남아 있을 것이다.

2. 재해에 강한 설계

화산폭발에도 건물이 손상되지 않고 온전히 남아 있다면, 임시 피난처로 사용될 수 있을 것이다. 심지어 대규모 폭발 후에도 분화구에서 2~3km 떨어진 곳에 위치한 일부 건물은 화산쇄설류의 압력에 견뎌냈다(Petrazzuoli and Zuccaro, 2004). Spence *et al.*(2004)에 따르면, 문과 창문이 고장나지 않아 뜨거운 가스와 재가 들어오지 않는다면, 최근 석조건물이거나 철근 콘크리트 구조물이 안정적이다. 그러므로 대피하기에 경고시간이 너무 짧은 경우는 실내 대피처 찾기를 권해야 한다.

화산재 퇴적물은 평평한 지붕의 약한 건물을 붕괴시킬 수 있다. 건조한 화산재층의 부피 밀도는 $0.5\sim0.7t/m^3$ 범위이지만, 젖으면 $1.0t/m^3$까지 되므로 건물이 붕괴되기 쉽다. 1991년 피나투보 산 폭발 이후, 화산재 퇴적물이 화산에서 약 25km 떨어진 앙헬레스에 8~10cm 깊이까지 쌓여 지붕의 5~10%가 붕괴되었다. 화산재 낙하를 막기 위한 유일한 보호책은 지붕 경사를 적합하게 하는 것과 개선된 구조물과 더 높은 기준을 지닌 건물로 설계 및 유형 목록을 만드는 것이다(Pomonis *et al.*, 1993).

F. 완화

1. 재난구호

화산재해는 사람들에게 인도주의적 구호라는 부담을 안긴다. 이는 대개 분화활동이 수개월 또는 수년간 지속되어 긴급구호와 장기간 개발투자 사이에 구별하기 어려운 지원책이 필요하기 때문이다. 대피는 일반적인 반응이다. 1982년에 인도네시아 갈룽궁 화산이 6개월이 넘는 기간 동안 29번 이상 단계적인 폭발이 일어나, 70,000명 이상의 피난민이 발생하였다. 2002년 1월 니라공고 화산에서 발생한 용암류로 콩고 고마 시의 약 1/3이 완전히 파괴되었고, 45명 이상이 사망하였으며, 30만 명이 르완다 국경을 넘어 피난하였다. 대부분 피난민은 곧 돌아왔지만, 진입로가 용암으로 막혀 며칠간 거의 먹지 못했다. 한 달 이상 지나서도 30,000명이 임시 수용소에 머물러야 했다. 작은 섬에서 발생하는 화산재해는 현지 자원을 완전히 뒤덮는 경향이 있으며, 피난과 재난관리에 대한 추가적인 어려움을 만들기도 한다(Box 7.3).

구호가 항상 잘 조정되는 것은 아니다. 1986년 카메룬 화산가스 재해 이후, 총 22,000개 이상의 담요(난민 개인마다 5개씩)와 5,000개 이상의 마스크(일부 필수 부품과 원통형 실린더가 없는)가 제공되었다(Othman-Chande, 1987). 지역의 식습관에 익숙하지 않았고, 열대기후에서 식량을 저장하기도 어려워 많은 식량원조를 제대로 사용할 수가 없었다. 그 이후 원조단체의 성과가 개선되었다. 고마 재난 이후 약 13,000명 피난민이 있는 2개 대피소에서는 콜레라 발생을 방지하기 위해서 깨끗한 식수를 우선사항으로 선언하였고, 건강관리 인력들은 의약품과 현지 진료를 지원하였다.

Box 7.3. 1995년에 시작된 몬트세랫 섬의 화산재해에 따른 비상대응

1995년 7월, 카리브 해 남부에 위치한 몬트세랫 섬의 수프리에르힐스 화산에서 예상하지 못한 장기적인 폭발이 발생하여 10년 이상 지속되었다. 이 사건은 대규모 화산재 낙화와 라하르의 퇴적을 포함한 복합적인 재해를 동반하며 돔 건물과 이어지는 여러 단계로 특징지어진다. 단지 19명의 목숨을 앗아갔지만, 약 10억£의 경제손실과 함께 기반시설 대부분이 파괴되었다. 1997년 12월까지 인구의 거의 90%인 10,000여 명이 이전해야 했고, 2/3 이상 인구가 섬을 떠났으며, GDP의 44%가 줄어들었다.

몬트세랫 섬은 영국 자치령으로 재난이 일어난 이후 전적으로 영국의 지원에 의존하였다(Clay et al., 1999). 비상계획이 없던 영국 및 몬트세랫 정부는 화산으로 인한 위험과 구호품 전달에 대한 책임의 불확실성으로 이 기간 동안 재난대책의 모든 측면을 함께 배워야 했다. 초기 비상계획으로 처음 며칠간은 준비되어 있었다. 사람들이 학교, 교회 등 공공건물의 임시 피난처로 대피한 후, 구호식량이 4,000~5,000명의 피난민들에게 배분되었다. 그러나 구호식량 배분이 지연되었다.

몬트세랫 섬의 과거 수도인 플리머스에서 되풀이되는 피난 역사(1995년 8월 21일 첫 번째 대피와 9월 7일 재정착, 1995년 12월 2일 두 번째 대피와 1996년 1월 2일 재정착, 1996년 4월 3일 마지막 대피)가 이 지역의 불확실성을 잘 보여 준다. 공식적인 비상사태가 선포되고 거주자들은 자발적으로 인접한 카리브 해 섬이나 영국으로 이주했다. 1997년 8월까지 약 1,600명의 피난민이 여전히 임시 피난처에 거주했으며, 심지어 1998년까지도 322명이 이런 상태의 주거생활을 영위하는 처지이다.

1997년 6월에 발생한 화산쇄설류와 사망자가 발생하여 예외구역으로 지정되었던 섬 절반 이상에 대한 화산 위험성이 재평가되었다. 이 무렵, 섬의 장기적 안전에 대한 영구적인 대비책이 등장하였다. 이는 대피를 원조할 수 있는 비상 방파제와 새로 지은 주택, 융자를

사진 7.3. 화산쇄설류에 의한 화산재이류 퇴적물이 교회 첨탑을 덮은 모습. 1990년대 수프리에르힐스 화산폭발은 몬트세랫 섬의 과거 수도인 플리머스를 파괴시켰다(사진: Panos/Steve Forrest SFR00093MSR).

통한 보조금, 몬트세랫 섬 화산관측소의 과학능력 강화, 지속가능한 개발계획 초안 발행 등을 포함하는 것이다. 예상대로 대책이 지체되어 1998년 11월까지 255개 계획 중 105개만 만들어졌다. 영국 정부는 1999년 섬을 떠난 사람들을 다시 정착할 수 있게 지원하였다. 영국은 1998년 3월까지 긴급구호를 위해 5,900만£를 지출했고, 6년 이상 기간 동안 1억 6,000만£를 지출한 것으로 추산되었다. 이런 비상대책은 화산위기에 대한 재해대비 계획과 재빠른 투자 결정의 필요성을 강조했으며, 특히 거버넌스가 다른 여러 당국 간에 공유되었다. 카리브 해 연안 국가들의 경우 더 많은 협력을 통해 화산활동 감시와 미래에 발생할 재해를 인지하고 준비하는 데 도움을 주고받을 것이다.

G. 적응

1. 지역사회의 대비

화산에 의한 손실 가능성과 비교한다면 감시와 재해대비를 위한 계획에 드는 비용은 적은 편이다. 1991년 4월 초 발생한 수증기 폭발 이후 과학자들은 피나투보 화산에서 집중적인 현장관찰을 시작했고, 1991년 6월 15일에 발생한 대규모 화산폭발을 성공적으로 예측하는 성과를 이루었다. 덕분에 5,000명 이상의 목숨을 구했다. 최소한 2억 5,000만$의 재산손실을 막았고, 재해방지에 소요된 비용이 5,600만$로 계산되어, 총 투자비용에 비하여 다섯 배가량의 성과를 얻은 것으로 나타났다(Newhall *et al.*, 1997).

그림 7.7은 화산재해에 대비하는 주요 요소를 보여 준다. 경고단계 시간 길이가 다양하다. 어떤 경우는 화산폭발 수 개월 전부터 화산활동이 시작될 수 있지만, 어떤 경우는 단지 몇 시간 밖에 주어지지 않을 수도 있다. 효과적인 대피를 위해서 대피로와 피난지점에 대해 미리 알리는 것이 필수적이다. 그런 방향은 폭발규모(용암류 패턴에 영향을 미칠 수 있음)와 풍향(화산재 퇴적물 패턴에 영향을 미칠 수 있음)에 따라 유연적이어야 한다. 일부 지방도로는 지진으로 파괴될 수 있고, 고속도로도 미세 화산재와 침전물로 노면이 미끄러워 통행이 불가능할 수 있다.

불행히도 화산활동은 드물다는 특징 때문에 재해에 대한 인식과 지역사회의 대비 수준이 낮다. 하와이 거주자들에 대한 설문조사(Gregg *et al.*, 2004)와 산토리니 거주자들에 대한 설문조사(Dominey-Howes and Minos-Minopouls, 2004)를 통하여 화산의 위험성에 대한 인식이 부족하다고 밝혀졌으며, 산토리니 거주자의 경우에는 비상계획 자체가 없었다. 재해에 대한 인식은 화산위협의 빈도가 낮은 요클홀라우프(jökulhlaup)의 경우에 특히 낮았다. 요클홀라우프는 빙하성 화산이 폭발한 후 융빙수와 화산 퇴적물을 포함한 갑작스러운 홍수를 가리키는 아이슬란드 말이다. 최대 유출은 30만m³에 이르는 것으로 기록되었다. 미르달스외퀴들 빙하 만년설 아래에 있는 활동적인 카틀라(Katla) 화산이 874년 이후로 1세기에 2회 정도 폭발하였는데, 아이슬란드 남부 사람들은 이런 분출 위험성을 알고 있었다. 하지만 2006년 설문조사와 대피연습 결과, 화산이 더 이상 활동하지 않을 것으로 인지하고 있는 많은 거주자들이 요클홀라우프의 위험을 느끼지 못하며, 경보에 반응하거나 재해완화 수단에 적응하기 어렵다는 사실을 보여 주었다(Bird *et al.*, 2009; Jóhannesdóttir and Gisladóttir, 2010).

화산재해에 대한 비상계획은 대부분 재난이 발생한 후에 만들어진다. 1985년 콜롬비아 네바도델루이스 재난 이전에는 화산재해에 대한 국가정책이 없었다(Voight, 1996). 재난 개념을 이해하고 비용을 경감하는 것에 대한 당국의 비자발적인 태도로 재해지도 작업이 지체되면서 콜롬비아 갈레라스 화산폭발 시 유사한 정책 실패로 이어졌다(Cardona, 1997). 인구밀집 지역의 성공적인 대피를 위해서는 충분한 수송능력이 필요하다. 피난민에게는 특히 호흡기 질환과 화상치료를 위한 의료, 주거지, 식량, 위생을 포함한 서비스가 제공되어야 한다.

화산에 의한 비상상황은 여러 달 지속될 수 있어서 때로는 작물 수확철에서부터 다른 계절까지 오랜 기간 준비된 피난처가 필요하다. 1999년에는 화산분출 가능성 때문에 에콰도르 퉁구라우아 사면에서 26,000명이 대피했는데, 일부는 특수 수용소에 1년 넘게 남아 있었다(Tobin and Whiteford, 2002). 장기간의 정착이 결코 반길 일이 아니다. 퉁구라우아 긴급사태 동안, 관광 수익으로 사는 바뇨스의 피난민들은 마을이 대피 명령하에 있는 동안에 그들 집으로 돌아갈 준비를 했고, 생계를 되찾을 수 있었다(Lane *et al.*, 2003). 또 다른 화산폭발 특징은 화산재 퇴적물이 수백km나 떨어진 지역의 공동체도 혼란에 빠뜨릴 수 있다는 것이다. 재해경감을 위한 전문가들은 이와 같이 위험에 처한 사람들을 설득해야 하는 어려운 임무가 있다.

특정 폭발단계에 대한 감시와 경고는 충분히 가능하다. 이는 대중교육, 접근통제, 긴급대피 절차와 같은 적용된 반응을 만들 수 있게 한다(Perry and Godchaux, 2005). 미국 서부에서 밝혀진 증거에는 행동 조치에 우선순위가 거의 없지만, 거주자들은 위험을 인정한다(Perry and Lindell, 1990). 필리핀에서 위험에 노출된 사람들은 분화구의 불빛, 수증기 방출, 아황산가스 냄새, 마른 초목 등과 같은 화산활동의 전조 현상을 인식할 수 있는 훈련을 받는다

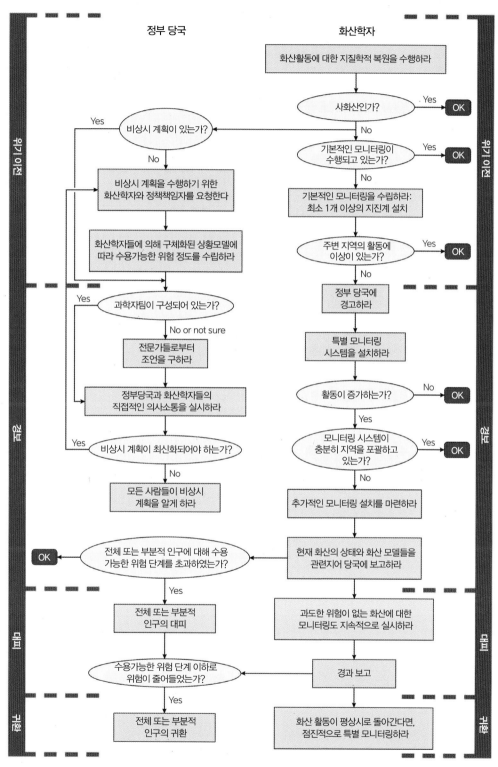

그림 7.7. 화산비상계획 절차. 화산학자와 정부 당국 간 긴밀한 연결이 효과적인 재해대응을 이끌어 내야 한다(UNDRO, 1985).

(Reyes, 1992). 에콰도르에서는 라하르가 발생하기 쉬운 두 개의 큰 화산재해 범위에 약 300만 명이 살고 있다. 주요 위험은 칠로스와 라타쿵가 협곡에서 발생할 수 있으며, 이곳 인구가 계속 증가하면서 1877년 화산폭발로 생긴 라하르 퇴적물 위에 30,000명 정도가 정착하고 있다(Mothes, 1992). 현장학습과 대피연습을 포함한 대중교육 프로그램이 위험에 대한 인식을 끌어올리는 데에 도움이 될 수 있다.

2. 예측과 경고

대부분의 화산폭발은 지표를 향한 마그마의 상승을 동반한 다양한 환경변화에 이어 발생한다. 용암돔의 팽창에 대한 이해로 1996~1997년 수프리에르힐스 화산 발생 동안 반복되는 폭발주기를 예측할 수 있게 하여 대부분의 거주민들이 안전하게 대피할 수 있었다(Box 7.3). UNDRO (1985)는 화산폭발 이전에 관측되었던 물리적, 화학적 현상을 분류하였다(표 7.4). 불행히도 이런 현상들이 항상 나타나지 않으며, 특히 매우 큰 폭발성 분화는 예측하기가 어렵다.

GPS 기술과 위성 이미지를 통해 화산 프로세스의 실시간 측정이 가능하다(Kervyn, 2001). 어떤 경우는 강우 측정이 유용할 수 있다(Barclay et al., 2006). 이런 감시 프로그램은 신뢰할 수 있는 예측 및 경고 시스템에 대하여 기대하게 하지만, 전 세계적으로 20개 정도 화산만이 관측소를 잘 갖추고 있다(Scarpa and Gasparini, 1996). 이런 상황은 10개 지구관측 시스템(EOS) 위성에 의해 관측하는 원격탐사의 발전으로 완화되었으며, 이 지구관측 시스템은 열수 변화와 분출기둥의 화학 조성 및 용암 구성물과 같은 특징을 수반한 화산활동 변화를 감시한다(Ramsey and Flynn, 2004).

표 7.4. 화산폭발 이전에 관측될 수 있는 전조현상

지진활동
- 지역적 지진활동의 증가
- 우르릉거리는 소리

지형 변화
- 화산체의 팽창 또는 융기
- 화산 주변 경사면의 변화

열 변화
- 온천으로부터 방출 증가
- 분기공으로부터 방출되는 증기의 증가
- 온천의 온도 상승 또는 분기공 증기 방출
- 화구호의 온도 상승
- 화산 위 눈 또는 얼음의 용해
- 화산 경사면에 있는 초목의 마름

화학적 변화
- 표층 분화구로부터 방출되는 가스의 화학적 구성 변화(예를 들면, SO_2나 H_2S 농도 증가)

출처: UNDRO(1985).

세부적인 기술은 다음 프로세스로 적용된다.

- 지진활동은 화산 근처에서 흔하며, 예측을 위해서는 지진과 관련 있는 활동 증가를 측정하는 것이 중요하다. 이를 위해서는 여러 해 동안 기록된 자료를 연구할 필요가 있다. 높은 수준의 경고기간 동안, 휴대용 지진계 자료에 의해서 이런 기록이 보충될 수 있다. 대부분 화산 관련 지진들은 $M_w=2$ 또는 3 미만이며, 화산에서 10km 이내의 지점에서 발생한다. 선행 지진신호는 화산폭발을 예측하기 위한 잠정적인 지진군 모델로 통합되어 왔다 (McNutt, 1996). 그림 7.8이 보여 주는 것처럼 재해 시작에 이어 발생하는 높은 빈도 지진은 마그마성 압력 증가로 암석 균열을 일으킨다. 이런 단계는 폭발적 분출을 일으키는 마지막 미진 발생 전에 지각이 갈라져 압력이 완

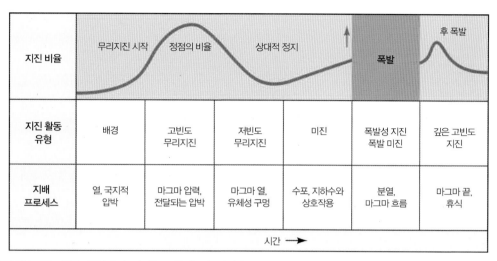

그림 7.8. 포괄적 화산-지진-지진군 모델 단계. 경고의 징후로 사용되는 선도적 지진 무리는 커지는 마그마 압력의 결과인 암석의 균열을 반영한다(McNutt, 1996).

화될 때 상당한 기간 동안 지속된다.

- 지반변위는 그 정보가 예측모델에 적용하기 쉽지 않더라도 때로 폭발적 분출의 전조가 될 수 있다. 섭입대 화산 폭발은 빈도가 적어 비교자료도 적기 때문에 폭발성 섭입대 화산에 이런 방법을 사용하기 어렵다. 드문 경우로, 1980년 세인트헬렌스 화산폭발과 같은 지반변위는 크고 쉽게 알아볼 수 있지만, 보통 조사장비와 경사계로 움직임을 탐지하는 것이 필수적이다. 이 도구들은 섬세하게 작동한다. 이들은 매우 민감하지만 짧은 거리의 경사면에서만 변화를 기록할 수 있다.

- 전자거리측정계(EDM)는 마그마가 지표로 올라왔을 때 정확한 화산 기준점을 찾아내기 위한 거리를 측정에 사용할 수 있다. 이 기술은 잘 이용되지 않으며, 화산 상에 일련의 가시적인 목표물이 있어야 한다. 이런 도구는 넓은 범위의 측정능력이 있지만, 단거리(<10km)에서 중거리(<50km) 범위의 EDM이 주로 이용된다. 단거리 EDM은 약 5mm의 정확도로 거리를 측정할 수 있지만, 그 비결은 기준점을 정확한 장소에 위치시켜 여러 번 관측할 수 있게 하는 것이다.

- GPS는 약 20,000km 고도에서 지구궤도를 매일 두 번씩 돌면서 끊임없이 전송하는 24개 위성 정보를 이용하는 방법이다. 이런 위성 중 5~8개는 탐지를 방해받지 않는 한 지구 어느 지점에서도 보인다. 상승하는 마그마에 의한 압력을 탐지하기 위해서는 몇 cm 정도까지 정확도가 필수적이기 때문에 GPS 수신기들은 보통 화산 위 몇몇 장소에 설치되어 신호 전송에 대한 변수를 최소화한다.

- 열 변화로 지표로 상승하는 마그마와 지표온도 상승을 예상할 수 있다. 수많은 화산이 온도에 대한 탐지된 변화 없이 분출하지만, 이런 방법은 화구호가 있는 곳에서 유용한 것으로 증명되었다. 온도가 계속 상승하여 1965년 6월 33℃에서 7월 31일에는 45℃까지 이르렀던 필리핀 탈 화산이 일찍이 발생한 사례이다. 이 기간에 수위도 상승했다. 1965년 9월에는 격렬한 화산폭발이 일어났다. 이런 지표 관측은 인공위성에서 전송되는 열 영상으로 보완하고 확인할 수 있다.

- 지화학적 변화는 화산 분화구에서 분출하는 가스 구성물로 탐지할 수 있다. 추가적으로 화산이 방출하는 가스 비율은 지표면 아래 시스템에서 마그마 양의 변화와 관련

있다. 흔히 직접적으로 현장 내 지표면 분화구에서 방출된 가스를 추출하는 방법이 사용되지만, 40년 이상 화산활동 감시를 위해서 원격탐사가 중요한 도구가 되었다(Goff et al., 2001; Galle et al., 2003). 초기 가스는 짧은 기간과 거리에 걸쳐서 의미 있는 변화를 보여 주며, 가스 표본이 화산의 일반적 상태를 어떻게 보여 주는지를 판단하는 것은 어렵다. 보다 큰 규모의 수증기 분출이나 화산구름의 가시적인 관측은 기상상태에 좌우된다. 인공위성으로 대기로 들어간 아황산가스가 측정되며, 화산기둥은 기상위성으로 감시된다(Malingreau and Kasawanda, 1986; Francis, 1989).

• 라하르는 수년간 해당 지역주민들에 의해서 가시적인 방법으로 감시되어 왔으며, 최근에는 외딴 협곡에 위치한 영상카메라로 관측된다. 오늘날에는 화산 하류에 일련의 음향관측(AFM)을 사용한 자동화된 탐지 시스템이 있다(USGS 참조. http://volcanoes.usgs.gov/activity/methods/hydrologic/lahardetection.php). 각 위치에서 지진계가 접근하고 있는 라하르에 의한 땅의 진동을 탐지한다. 매 초마다 진폭의 진동이 얻어지며, 긴급 메시지를 포함한 정보가 기지국으로 전송되어 하류의 화산 측면과 인구밀집 지역으로 전달된다. 그때 비로소 단기 경보와 긴급대피가 가능하다.

화산폭발에 대해서 전적으로 신뢰할 수 있는 예측과 경보계획은 없었지만 성공하는 경우도 있었다. 1991년 피나투보 화산의 경우, 20,000명의 미군과 그들 가족을 포함한 약 100만 명이 화산 반경 50km 이내에 있었다. 폭발 초기 집중적인 현장 감시 후 반경 10km가 위험지역으로 선포되었고, 이어 큰 폭발에 대비한 긴급경보가 발령되었다. 폭발 이전의 대피인원보다 3배나 더 많은 20만 명 이상이 화산 반경 40km 밖으로 대피하였다. 몬트세랫의 경우처럼 작

은 화산섬과 해안 공동체는 연안 쪽으로 대피하는 것이 필수적이다(Box 7.3). 베수비오 산을 둘러싼 지역의 대피계획은 70만 명 대피를 예상하고 있다. 이 시나리오는 1631년 화산폭발이 일어나기 전에 적어도 15일은 지속되었던 지진을 기반으로 한 것이다. 그림 7.9가 보여 주듯, 피난민은 국내 어디로든 이동할 수 있다. 심지어 일부 거주자 대피와 관광지 폐쇄는 지역 기능을 마비시키고 거대한 비용을 들게 할 수 있다.

1991년 피나투보 화산폭발 이후, 지역주민 10만 명의 주택이 파괴되었고, 일부 새로운 마을이 고지대에 건설되었다(Newhall et al., 1997). 일부 인도네시아 전통마을은 인위적인 언덕에 만들어져 사람들이 쉽게 라하르의 흐름을 피해 더 안전한 곳으로 신속히 올라갈 수 있다. 100만 명 이상이 거주하는 자바 섬 중앙의 므라피 화산 경사면 위로, 2시간에 40mm의 강우에 의해 2차적인 라하르가 촉발되었다. 라하르는 급격히 시작되어 30분에서 2시간 30분가량 짧은 시간 동안 계속되며, 평균속도는 1,000m 고도에서 5~7m/s였다(Lavigne et al., 2000). 짧은 소요시간과 몬순기 폭우에 의한 변동으로 신뢰할 수 있는 라하르 예측도 중요하지만 이런 재해를 더 잘 이해하기 위한 감시도 필수적이다.

3. 토지이용 계획

긴급대피와 새로운 개발을 위한 안전구역의 선정과 더불어 화산 고위험 지구 지정은 위험 가능성 평가에 달려 있다. 재해가 일어날 가능성을 결정하기 위해서는 과거 모든 폭발에 대하여 탄소연대, 나이테 분석, 지의계측법, 열 발광과 같이 지질적 시간 기준으로 정확한 날짜가 필요하다. 화산재해지도가 위험한 지역을 보여 주기 위해 준비될 필요가 있다. 이런 지도작업은 라하르 또는 화산쇄설물의 양

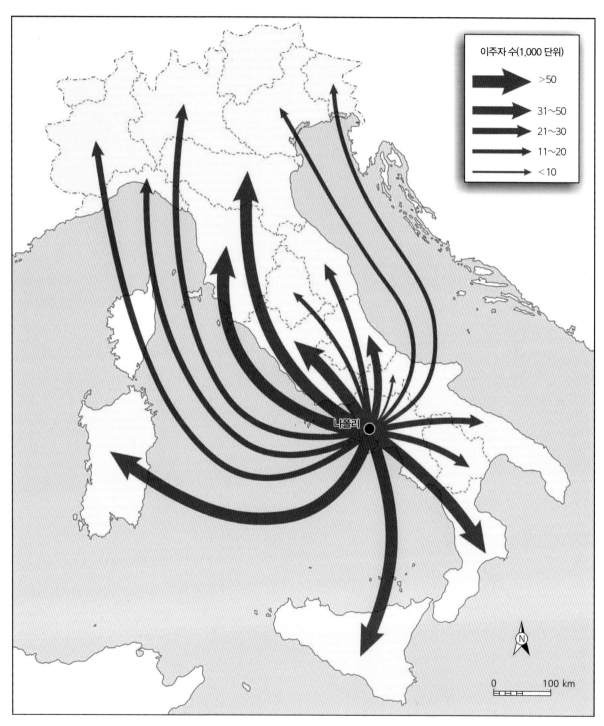

그림 7.9. 이탈리아 베수비오 산 대폭발에 대비한 계획에 따라 제시된 피난 목적지. 이동과 수송의 어려움은 만만치 않은 도전일 것이다(Chester *et al.*, 2002).

그리고 분출량의 크기에 대한 지식의 한계로 어렵다. 폭발 당시 환경조건도 중요하다. 풍속과 풍향이 테프라의 대기 확산을 결정할 수 있으며, 계절적인 적설량이 라하르와 사태에 영향을 미칠 수 있다.

이런 문제들 때문에 조닝맵(zoning map)은 한두 개 정도의 화산위험지대로 제한된다. 예를 들어, 하와이 섬은 분화구 위치와 화산지형, 그리고 과거 용암류 확장에 의한 토지피복 가능성에 의하여 9개 위험지구로 나뉜다. 이 중 제9구역이 60,000년이 넘는 과거 폭발부터 지속된 코할라(Kohala) 화산으로 구성되어 있는 반면, 제1~3구역은 킬라우에아와 마우나로아 활화산으로 제한되었다(그림 7.10). 이 지도에서는 용암류 이외 재해는 무시되었다. 이에 비하여 테네리페 섬에서 가능한 용암류와 화산재가 결합된

위험평가는 보다 종합적인 상황을 보여 준다(Araña *et al.*, 2000).

많은 토지계획도가 지속적으로 업데이트된다. 그림 7.11은 콜롬비아 갈레라스(Galeras) 화산에 대한 세 번째 재해구역 모델이다(Artunduaga and Jimenez, 1997). 화구 주변 12km까지 확대된 이 화산재해는 미래의 폭발이 활동적인 화구에서 발생할 것이라는 가정에 의하며, 지난 5,000년간 지질적 기록이 신뢰할 만하며 현장 감시(1989~1995)에서 수집된 자료가 대표성을 갖는다고 본다. 다음과 같이 3개 지대로 구분되었다.

• 고위험지대: 화산쇄설류 지역으로 제한된다. 활동하는 화구에서 1km 이내로 직경 0.4~1.0m의 파편이 낙하할

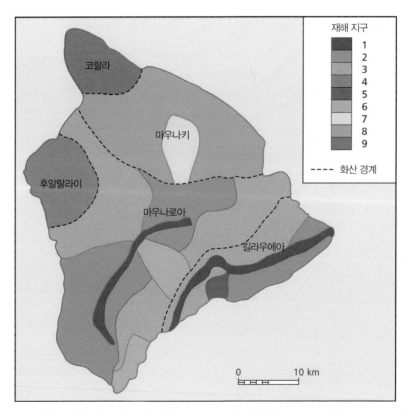

그림 7.10. 용암류로부터의 위험 정도에 따라 지구화된 하와이 섬. 1구역이 가장 높고 9구역이 가장 낮으며, 9개 구역 간 변화는 점진적으로 나타난다. 킬라우에아 화구에서 12km 이내에 위치한 2구역에서는 지난 30년간 모든 건물들이 파괴되었다. 미국지질조사국, http://pubs.usgs.gov/gip/hazards/maps.html (2003년 2월 25일 접속).

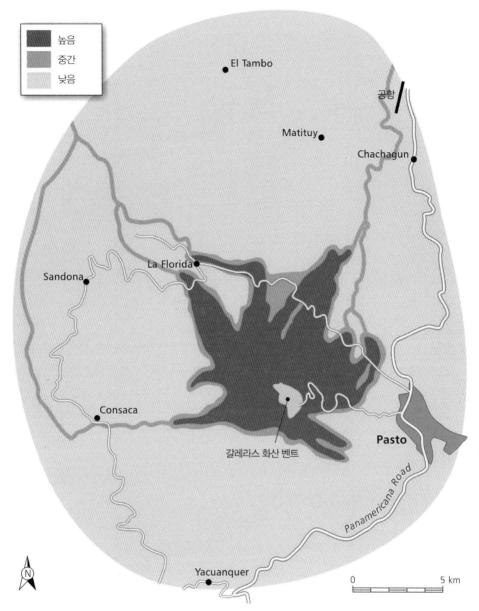

El Tambo

공항

Matituy

Chachagun

La Florida

Sandona

Consaca

Pasto

갈레라스 화산 벤트

Panamericana Road

Yacuanquer

0   5 km

높음
중간
낮음

그림 7.11. 갈레라스 화산의 재해지도. 고위험지구는 화쇄암류 퇴적물에 노출되어 있고, 저위험지구는 화산재 퇴적물에 노출되어 있다(Artunduaga and Jimenez, 1997).

가능성이 78%에 이른다.

• 중간위험지대: 이 지역은 가장 큰 폭발 시 화산쇄설류가 발생할 수 있으며 라하르 위협도 있다.

• 저위험지대: 테프라가 떨어질 것으로 예측된다.

토지계획은 화산과 약 25만 명이 거주하는 파스토 지역 사이에 미래의 개발을 제한해야 하며, 비상대비계획이 공항에서 21km까지 화산재가 미치는 영향을 포함해야 한다. 종합적인 화산재해지도의 가치는 1980년 미국 세인트 헬렌스 화산을 참고하여 증명할 수 있다(Crandell et al.,

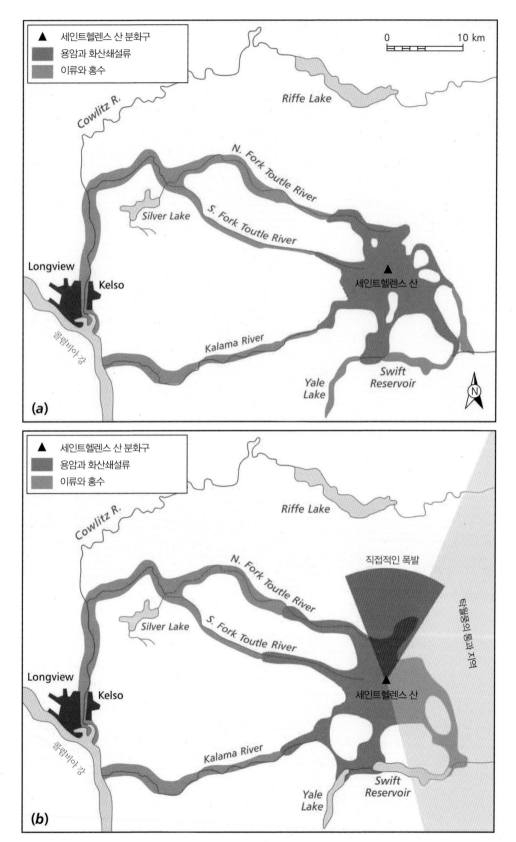

그림 7.12. 미국 세인트헬렌스 산 주변의 화산재해 (a) 1980년 폭발 이전의 지도 (b) 5월 18일 폭발 이후의 변화된 지도로, 앞으로의 폭발에 대한 위험지역을 나타낸다 (Crandell *et al.*, 1979; Miller *et al.*, 1981).

1979). 그림 7.12a는 하류로 수십km나 계속되는 이류와 함께 화산쇄설류가 상부 계곡에서 15km까지 흘러내렸음을 보여 준다. 실제로, 110×10⁶m³나 되는 양의 라하르가 저수지로 밀려왔으며, 저수량을 미리 줄이지 않았다면, 추가 홍수가 발생했을 수 있다. 테프라 퇴적물은 당시 탁월풍에 의해서 북북동에서 남남동으로 멀리 확대되면서 155° 이상의 부채꼴 모양이 나타날 것으로 예측되었다. 어떤 화산재는 얘키마 마을 안에서 200km까지 도달할 것으로 가정되었다. 이 시나리오는 사태와 측면폭발 규모를 제외하면 점점 정확해졌다(그림 7.12b). 통나무와 숲의 잔해로 가득한 이류가 계곡 아래로 떠내려갔고, 홍수 물결이 상부 스위프트 저수지로 밀어닥쳤다. 수위가 낮았기 때문에 댐이 넘치지 않았고, 루이스 강 일부 하류에서 홍수를 피할 수 있었다. 한편, 네브래스카와 다코타까지 상당한 양의 화산재 퇴적물이 쌓인 반면, 얘키마에서는 테프라의 깊이가 250mm나 되었다.

더 읽을거리

Araña, V. *et al*. (2000) Zonation of the main volcanic hazards (lava flows and ashfall) in Tenerife, Canary islands: a proposal for a surveillance network. *Journal of Volcanology and Geothermal Research* 103: 377-91. A typical example of precautionary land use planning.

Bird, D.K., Gisladdóttir, G. and Dominey-Howes, D. (2009) Resident perceptions of volcanic hazards and evacuation procedures. *Natural Hazards and Earth System Sciences* 9: 251-66. This paper demonstrates the practical difficulties facing communities that are unlikely to respond effectively in a volcanic emergency.

Chester, D. (1993) *Volcanoes and Society*. Edward Arnold, London. A comprehensive and reliable, hazard-based account.

Kling, G.W. *et al*. (2005) Degassing Lakes Nyos and Monoun: defusing certain disaster. *Proceedings of the National Academy of Sciences of the USA* 102: 14185-90. An interesting example of a very rare type of volcanic hazard.

Sparks, R.S.J., Biggs, J. and Neuberg, J.W. (2012) Monitoring volcanoes. *Science* 335: 1310-11. A concise update on the status of volcano monitoring and research in relation to the needs of hazard forecasting.

Witham, C.S. (2005) Volcanic disasters and incidents: a new database. *Journal of Volcanology and Geothermal Research* 148: 191-233. A detailed independent survey of the volcano hazard worldwide.

웹사이트

International Volcanic Health Hazard Network www.ivhhn.org
US Disaster Center Volcano Page www.disastercenter.com/volcano
Volcanic Ash Advisory Centre: http://aawu.arh.noaa.gov/vaac.php

Chapter Eight
Mass movement hazards

매스무브먼트

A. 산사태와 눈사태 재해

매스무브먼트는 흔히 산지에서 발생하는 재해이다. 이는 중력에 의해서 지표의 물질이 아래로 이동하여 나타나는 것으로 경사면이 있는 환경에서 많이 발생한다. 이런 이동은 규모(수m³에서 100km³ 이상까지)와 속도(mm/yr에서 수백m/s까지)에 따라 매우 다양하다. 일반적으로 빠른 매스무브먼트는 큰 생명손실을 초래하고, 느린 이동은 상당한 경제손실을 초래한다. 매스를 구성하는 물질에 따라 매스무브먼트를 분류한다. 산사태는 대개 암석과(또는) 토양으로 구성되며, 눈사태는 주로 눈과 얼음으로 형성된다. 매스무브먼트는 지진, 지속적인 폭우, 해빙과 같은 자연적 프로세스로 야기되는 것이 일반적이지만, 일부 피해를 미치는 산사태는 인간이 퇴적시킨 물질에 의해 발생하기도 한다. 인위적인 것에는 폐광산, 매립지 또는 쓰레기를 포함하며, 전반적으로 이런 재해를 야기시키는 데 인간의 역할이 커지고 있다.

과거에는 매스무브먼트에 의한 재해가 대부분 인구밀집지역에서 거리가 먼 산지에서 발생하였기 때문에 그와 관련된 손실이 과소평가되었다. 또한 누적 손실 상당 부분이 큰 규모 사고보다 수많은 작은 매스무브먼트로 발생하였다. 종종 이런 프로세스는 매스무브먼트 자체보다 지진이나 폭풍우에 의해서 촉발된다(Jones, 1992). 최근 몇 년간 매스무브먼트가 주목을 끌었다. 그림 8.1은 1990년 이래 연도별 산사태 관련 간행물 수가 가파르게 상승하였다는 것을 보여 주며, 이는 특히 2004년 산사태 연구에 헌신한 국제 학술지 도움에 의한 것이다. 매스무브먼트 조사는 위험평가를 위해 정해진 장소의 각 경사면 위에서 수행되거나 광범위한 토지이용 계획과 관련하여 산사태 경향과 위험지대를 확인하기 위해 지역 규모로 수행된다.

손실 추산은 매우 다양하다. 긴급사건 데이터베이스(EM-DAT)에 따르면, 1990~1999년 사이에 약 9,000명이 매스무브먼트로 사망했으나, 영국 더럼의 치명적인 산사태 데이터베이스는 2002년과 2007년 사이에 사망자가 약 44,000명이나 발생했다는 것을 보여 준다(Petley, 2009). 사망자 대부분은 지리적으로 환태평양지역, 중앙아메리카 및 카리브 해, 중국 본토, 동남아시아, 히말라야 산맥 남쪽 가장자리 등 특정 지역에 집중적으로 발생하였다. 이런 지역은 구릉지나 산이 많은 지형, 지진과 같이 지질운동이 활발한 곳, 열대성 저기압, 엘니뇨/라니냐 또는 몬순기후 패

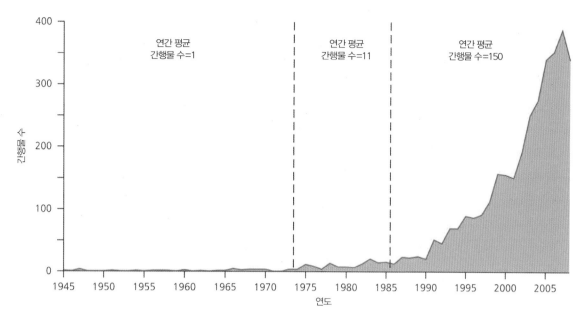

그림 8.1. 연간 산사태와 관련된 국제 간행물 수. 가파른 증가는 같은 기간 모든 환경재해에 대한 연구결과의 증가 추세와 유사하다(Gokceoglu and Sezer, 2009).

턴과 관련되어 폭우가 발달하는 곳, 그리고 비교적 가난한 사람이 많이 거주하는 안전하지 않은 장소이다. 산사태로 인한 명백한 사망 원인에 대한 정보는 적다. 그러나 250개 이상 산사태와 토석류가 43명의 목숨을 앗아갔던 미크로네시아 추크 화산섬의 열대성 폭풍우로 기록된 사망자 90%는 질식에 의한 것이었다. 이는 눈사태로 인한 사망자 패턴과도 유사하다.

대부분 선진국에서는 매스무브먼트로 인한 사망자 수가 비교적 적다. 유럽의 경우, 이탈리아에서 사면붕괴로 인한 사망률이 가장 높다. 연간 60명의 사망자와 사망자 거의 80%가 빠르게 이동하는 산사태로 발생한다(Guzzetti, 2000). 경제손실도 크다. 이탈리아에서 산사태로 인한 직접적인 피해는 1945년에서 1990년 사이 150억$를 초과하였으며, 미국, 캐나다, 인도에서는 매년 산사태 비용이 10억$를 초과한 것으로 추산된다(Schuster and Highland, 2001). 간접 손실은 정량화하기 어렵지만, 교통망, 송전 시

스템, 가스관, 배수관, 하천을 가로지르는 언지호로 인한 홍수, 농업 손실 및 산업 생산, 무역 손실, 부동산 가치 하락에 대한 피해 등을 포함한다. 일반적으로 매스무브먼트 위험과 손실은 시간이 지나면서 증가하고 있다고 여겨진다. 이런 경향을 보이는 이유는 불분명하지만, 대개 재난이 지진활동과 폭우와 같은 물리적 요인과 급속한 경제개발과 인구증가 및 도시화 등 사회적 원인이 결합되어 복합적으로 나타나기 때문이다.

중국에서는 대규모 산사태 80% 정도가 티베트 고원의 단층운동에 의해 발생한다. 1980년 이후 산사태 활동이 증가하고 있으며 대부분 건설공사 증가와 기후변화에 의한 것으로 보이며, 연간 약 1,000명의 사망자가 발생한다. 저개발국가에서는 도시 확장으로 많은 사람들이 급경사지에 발달한 불규칙적인 거주지에 살 수 밖에 없게 되었다. 홍콩에서는 안전한 지형으로 이주시키려는 정부 조치로 사망자 수를 줄이려고 하고 있지만, 불안전한 급경사지에 거주하

는 불법 이주민 공동체의 성장으로 1970년대에 산사태에 의한 사망자 수가 증가하였다. 라니냐와 관련된 강한 폭우에 의해 발생한 베네수엘라 동쪽 연안 바르가스 산사태는 30,000명의 목숨을 앗아갔고, 기반시설 30%에 해당하는 19억$의 경제적 피해를 입혔다(IFRCRCS, 2002). 사망자는 산사태 초기부터 30년 이상 잔해물이 쌓인 집단거주지에 집중되었다. Petley et al.(2007)은 네팔 산사태 사망자에 대하여 해마다 상당한 변동이 있다는 것을 발견하였다. 여름몬순과 연관된 폭우가 산사태 요인으로 강하게 작용하지만, 몬순주기 외의 상승추세는 지방 도시건설로 인한 토지이용 방해 때문인 것으로 잠정 확인되었다.

눈사태는 북극과 온대지역에서 약 20° 이상 경사면에 눈이 쌓일 때 발생한다. 전 세계적으로 눈사태에 의해 매년 150명 이상 사망자가 발생한다. 미국의 경우, 비록 1% 정도가 생명이나 재산피해를 내지만, 매년 10,000개의 눈사태 피해를 겪고 있다. 미국에서 최악의 눈사태는 1910년 워싱턴 캐스케이드 산맥에서 발생하였으며, 눈에 갇힌 기차가 협곡으로 밀려나면서 118명의 목숨을 앗아갔다. 1999년 2월, 2개 눈사태가 오스트리아 갈튀르(Galtür)와 발주르(Valzur) 마을을 덮쳐 38명의 목숨을 앗아갔다. 인구밀도가 로키보다는 알프스에서 더 높아서 사태에 의한 위험은 북아메리카에서보다 유럽에서 더 심하다. 이는 지난 50년에 걸쳐 겨울휴양을 위한 산악지역 개발이 사태 위험성을 증가시켰음을 증명한다. 선진국에서는 눈사태로 인한 사망자

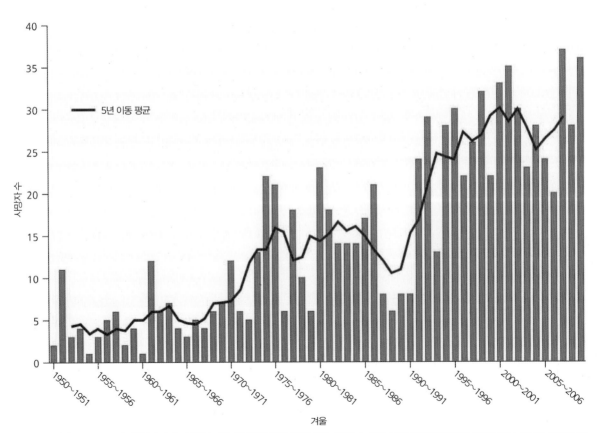

그림 8.2. 미국에서 1950~1951년 겨울부터 2005~2006년 겨울까지 사태로 인해 사망한 연간 사망자 수. 겨울 스포츠 활동을 반영하여 사망자 수가 늘어난다. 희생자들의 반 이상이 등산객 또는 산간 오지의 스키어들이었다. Colorado Avalanche Information Center, http://avalanche.state.co.us/acc/acc_images (2011년 3월 27일 접속).

의 70% 정도가 스키관광, 등산과 같은 자발적 활동과 관계 있다. 그림 8.2의 미국에 대한 설명에서 볼 수 있듯이 많은 국가에서 1950년대 초기 이래로 사망자 수가 증가하였다. 대부분 희생자는 30세 정도 남성 스키어 또는 배낭여행자이며, 적설량이 최대에 이르는 늦겨울에 발생한다.

겨울 휴양 성장과는 별도로 산악을 통하는 교통로 증가가 눈사태와 관련된 사망자 증가를 초래했다. 잔설을 고정시키고 사람과 협곡 기반시설을 보호하는 데 도움을 주는 성목을 도로와 철도 건설을 위해 베어 낸다. 캐나다 횡단고속도로는 로저스패스 근처 145km 구역에서 100개에 이르는 눈사태길 아래를 달리며, 어떤 시간에서든 한 대 이상 차량이 눈사태길 아래를 달리게 된다. 히말라야와 같은 저개발국 산악은 눈사태 재해에 대해서 잘 알려지지 않았지만, 위험은 심각한 수준이다. 파키스탄 카크한(Kaghan) 협곡에서는 눈사태로 지역주민들이 하상에서 월동해야 한다. 1991~1992년 겨울에 발생한 눈사태로 29명이 사망하였다(de Scally and Gardner, 1994). 2005년 12월에는 파키스탄 북서 국경지역에서 한 번의 눈사태로 24명이 목숨을 잃었다.

B. 산사태

토양이나 암석이 중력의 영향으로 미끄러지는 운동을 하는 것을 산사태라고 한다. 대부분 산사태가 특정한 지표에서 암석이나 토양의 하강 프로세스로 발생하지만, 그렇지 않은 경우도 있다. 실제로 낙하, 하강, 흐름 등을 포함한 다양한 종류의 운동이 있다. 이동 유형은 경사면 각도에 좌우되며, 물질 특성이나 다양한 압력에 의해 작용한다.

산사태는 다음 5가지 지형에 집중된다(Jones, 1995).

• 지진에 의한 흔들림이 있는 고지대

언덕이나 산악의 지진은 간혹 대규모 산사태를 촉발한다. 1999년 타이완 치치 지진으로 35초 안에 9,200건 이상의 대규모 산사태가 발생했다(Hung, 2000). 진동으로 경사면 물질이 불안정해져서 대규모 지진이 발생한 후 몇 년 뒤에 산사태가 발생하였다.

• 상대적으로 기복이 심한 산악

산악은 가파른 지형과 변형된 암반, 많은 강우량 등으로 비교적 큰 규모의 낙석과 산사태가 발생하기 쉽다. 암석 애벌런치는 특별한 재해이다. 이런 것들은 $100 \times 10^6 m^3$이 넘는 대량의 암설을 수반하여 상당히 먼 거리까지 이동할 수 있다. 뉴질랜드에서 $100km^3$가 넘는 양의 암석애벌런치가 15km 이상을 이동했다. 전 세계적으로 평균 일 년에 한 번의 대규모 암석애벌런치가 나타나며, 히말라야, 로키, 안데스와 같이 지각구조 활동이 활발한 산맥에서 빈도가 높다.

• 심각한 토지 황폐화를 겪는 중규모의 기복지역

인간활동과 토지황폐화가 산사태의 원인이다. 북한에서는 주민들이 땔감을 구하기 위해 경사면의 거의 모든 숲을 제거했기 때문에 산사태가 발생하기 쉽다. 반면 유사한 지형을 지닌 한국은 사전대책을 강구하는 경사지 관리와 조림사업 정책으로 산사태 빈도가 적다.

• 호우가 많은 지역

강하고 지속적인 호우는 경사지를 불안정하게 하는 가장 흔한 원인이며, 극심한 폭우가 있는 지역에서는 필연적으로 산사태에 민감하다. 이런 프로세스는 지반 아래로 수십m까지 암석풍화가 일어날 수 있는 열대습윤지역에서 활동적이다. 말레이시아에서는 풍화물질이 30m 이상으로 확대될 수 있으며, 산사태는 열대성 저기압이 통과하는 동안 강한 호우에 의해 흔하게 발생한다. 몬순 강우의 영향을 받는 인도와 같은 지역도 산사태에 취약하다.

온대지방의 산사태는 한겨울 또는 여름 대류성 폭풍에 의해 더 얕은 지표층의 교란으로 발생하는 경향이 있다.

• 미립물질이 두껍게 쌓인 지역

뢰스, 테프라와 같은 미립퇴적물은 약하며, 포화상태일 때 취약하여 산사태가 쉽게 발생한다. 중국 북부 간쑤 성의 황토고원이 이런 위험성이 큰 지역이다. 1920년 지진으로 촉발된 뢰스의 유동성 활동으로 10만 명 이상 목숨을 앗아간 것으로 추산되며, 기록상 가장 대규모 산사태였다. 화산지역과 주변 테프라로 덮인 지역도 위험성이 높다.

산사태는 구성 물질과 이동 메커니즘에 따라 분류된다 (표 8.1).

사진 8.1. 캘리포니아 메르세드(Merced) 강 협곡의 140번 고속도로에 발생한 퍼거슨 암석사태. 이런 사태는 2006년에 활발했고, 이곳이 요세미티국립공원으로 가는 주요 입구 근처이기 때문에 면밀히 관찰되었다. 대피로 아래 강을 이용하는 레저객뿐만 아니라 103에서 104번 마일표 사이의 전 도로구간에 위험이 도사린다(사진: Mark Reid, USGS).

표 8.1. 산사태의 분류

운동 종류		물질 종류		
		기반암	토양 구분	
			조립질 우세	세립질 우세
낙하		암석 낙하	암설 낙하	토석 낙하
전도		암석 전도	암설 전도	토석 전도
슬라이드	회전형	암석 슬럼프	암설 슬럼프	토석 슬럼프
	회전형(거의 없음)	암괴 슬라이드	암설군 슬라이드	토석군 슬라이드
	병진형	암석 슬라이드	암설 슬라이드	토석 슬라이드
측방 확산		암석 확산	암설 확산	토석 확산
흐름		암석류(깊은 포행)	암설류(토양포행)	토석류(토양포행)
혼합		두 가지 이상의 운동 형태가 혼합		

출처: Varnes(1978).

1. 낙석

낙석은 대기를 통한 물질운동을 포함하며 가파른 암벽에서 발생한다. 이런 돌무더기는 종종 절리와 층리, 박리 표면과 같이 약한 단애면에서 분리되어 떨어진다. 이런 낙하는 가파른 절벽 때문에 절리나 층리면을 따라 발생하는 미끄러짐으로 시작된다. 낙석 규모는 개별 암괴에서부터 수억m³에 이르는 암석애벌런치에 이르기까지 다양하다. 큰 낙석은 거대한 재해 가능성이 있으며, 달걀컵 크기의 각 덩어리가 사람 머리를 친다면 치명적일 수 있다. 1903년 캐나다 앨버타에서 큰 낙석이 발생하여 작은 프랑크 마을 일부를 파괴시켰다. 이 재난은 터틀 산 석회석에 형성된 가파른 배사면 층리면을 따라 발생하였다. 절리로 침투한 지하수가 석회암을 부분적으로 용해시켜 동결작용과 채광작업이 가해지면서 더 약해졌다. 이 사건으로 70명이 사망했다.

낙석 원인은 복잡하다. 지진파가 돌덩어리를 흔들어 절벽에서 떼어낼 수 있어서 지진은 낙석의 중요한 요소이다. 1999년 타이완 치치 지진 시 도로망이 진원지에서 낙석활동에 의해 심각하게 피해를 입었으며, 이것이 정부 대응에 큰 방해가 되었다. 낙석은 물질을 약하게 만드는 절리와 틈에 있는 물에 의해 촉진된다. 겨울 동안 물이 반복적으로 얼고 녹으면서 암벽 틈을 키우는 동결융해 과정이 특히 중요하다. 고지대에서 호우나 봄철 온도 변화로 동결융해가 반복되는 기간에 종종 낙석활동 빈도가 증가한다. 최근 온난화가 얼음 일부를 녹이고 더 많은 낙석 활동을 초래하지만, 일부 높은 산악지대에서는 녹지 않는 영구적인 얼음이 경사면의 균열된 덩어리를 지탱한다(Sass, 2005). 명백한 원인이 없이 낙석이 발생하기도 한다. 1999년 5월 하와이 오아후 세이크리드폭포 주립공원에서 예상치 못한 낙석이 발생했다. 약 50m³의 돌덩어리가 가파른 협곡 벽에서 분리되면서 협곡 아래로 160m를 하강하여 하이킹 팀을 덮쳐 8명이 사망하였다(Jibson and Baum, 1999).

2. 산사태

토양이나 암석 물질이 미끄러지는 산사태는 경사가 생기거나 층리면, 절리, 단층과 같이 기존에 취약한 부분이 활성화로 만들어지는 미끄러운 표면을 따라 형성된다. 경사면을 구성하는 물질의 힘이 내리막 압력으로 허용한도를 초과하여 불안정성을 만드는 여러 가지 방법이 있다. 간혹 암석이나 약한 토양 층이 변형되어 사태가 발생하여 전단대가 형성되기도 한다.

사면에서 이동을 일으키는 힘을 전단력이라 하며, 이는 덩어리를 경사면 아래로 밀어내는 중력에 의해서 발생한다. 산사태의 이동에 저항하는 두 가지의 주요 힘이 있다.

• 응집력: 이것은 입자의 점착성이나 연동에 의한 저항이다. 예를 들면, 사암은 모래 입자를 함께 접착시키는 결합에서 힘을 얻는다. 응집력 때문에 종종 사암 절벽은 수직적이며 높은 고도를 유지한다. 그러나 사빈은 입자 사이 결합이 없으며, 훨씬 낮은 기울기로 있다. 모래성에서 초기 젖은 모래는 입자들 사이 힘을 흡입하여 서로를 응집시켜 주며, 이것도 응집력의 한 형태이다.

• 마찰력: 이것은 서로 교차하여 내려오는 입자 간 저항으로 발생한다. 경사진 곳에 있는 건조한 모래더미는 모래 알갱이 사이 마찰력에 의해 지탱된다. 의자가 비어 있을 때보다 누군가 앉아 있을 때 움직이기가 더 어려운 것처럼, 마찰력 정도는 지표 물질 중량에 의해 결정된다.

응집력과 마찰력은 경사면 안정성을 유지할 수 있게 하는 저항력을 제공한다. 산사태의 이동은 전단력이 저항력보다 클 때 발생한다. 이런 저항력과 응집력 간의 중요한 관계가 아래와 같은 이유로 대부분의 사면에서 지속적으로 다르게 나타난다.

• 풍화: 시간에 따라 암석이나 토양의 풍화는 그 힘을 감소시킬 수 있다. 특히 풍화는 응집력을 갖게 하는 입자들 사이 합쳐지는 것을 방해하여 암석이나 토양을 약화시킨다. 이런 작용으로 사면은 점차 덜 안정적이게 된다.

• 물: 사면을 형성하고 있는 암석이나 토양 틈에 물이 있으면 전체적으로 중량이 커지면서 전단력을 약간 증가시킨다. 그러나 차량이 빗길에 미끄러지는 자동차 스키드와 같이 이런 물은 산사태 물질에 부력을 갖게 하여 마찰력을 감소시킨다. 그러므로 사면을 적시면 안정성이 감소한다.

• 증가한 경사각: 경사각은 강물에 의해서나 혹은 도로건설이나 다른 개발을 위하여 경사면을 절개하여 생긴 비탈면 가장자리가 침식되면서 더 커질 수 있으며, 이는 전단력을 증가시킬 수 있다.

• 지진: 지진에 의한 힘은 사면에 발생하는 흔들림 차이처럼 다양하게 나타난다. 이런 흔들림은 전단력을 높게 하고, 저항을 감소시킬 수 있어서 재난의 원인이 된다.

사면과 거의 평행하게 지표면을 따라 이동이 발생한다. 이런 경우 병진 산사태(transitional landslide)가 나타날 수 있다. 이는 산사태가 층리면과 같이 약한 면을 활성화시키기 때문에 발생한다. 흔히 하천에 의한 하상 굴착이 기울어진 층리면을 강기슭으로 노출시킨다(그림 8.3). 저항력이 충분히 약해지면 사면의 물질이 자유롭게 이동한다. 이것은 산악지방에서 도로공사 중에 발생하는 중요한 재해이다. 산악지방에서 도로에 작업대를 만들기 위해 경사면을 절단할 때 기울어진 층리나 절리가 노출될 수 있다(Petley, 2009). 병진 산사태는 종종 급격하게 일어난다. 일단 미끄러짐이 시작되면, 전단대 물질들은 입자 간 결합이 깨지므로 응집력을 잃어버린다. 그리고 전단면이 매끄럽게 되거나 잘 다듬어지면서 마찰력이 감소한다. 이는 빠른 속도로

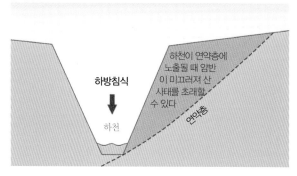

그림 8.3. 하천에 의한 하부 굴착, 건설 행위, 또는 빙하에 의한 침식은 사태 현상이 일어날 수 있는 약한 암석층을 노출시킴으로, 산사태를 초래할 수 있다(Petley, 2009).

산사태를 가속하게 만들고, 종종 매우 빠른 속도에 도달하기도 한다.

특별한 재해인 산사태 댐은 좁은 계곡이나 협곡에서 하천의 흐름을 막는 많은 양의 암석과 다른 파편으로 발생한다. 여기에는 이중적인 문제가 뒤따른다. 곡저 토지의 홍수로 농업과 다른 기반시설 피해가 발생하며, 또한 홍수파로 저수된 물이 불규칙적으로 넘치면서 하류에 더 큰 피해를 입힐 수도 있다. 부탄 차티쿠(Tsatichhu) 댐의 경우가 전형

적인 사례로 2003년 9월 쿠리쿠(Kurichuu) 강이 7~12×10^6m^3의 물질로 막혔다(Dunning *et al.*, 2006). 이 호수는 거의 1년 뒤 하류 35km에서 첨두홍수가 5,900m³/s에 이르렀을 때 댐이 붕괴되면서 방류되었다. 또 다른 사례는 에콰도르에서 1993년 일어난 호세피나 산사태 재난이다(Morris, 2003). 파우테(Paute) 강이 거대한 산사태 물질로 33일간 막혔고, 200명가량이 사망하였다. 상류에서 300ha 땅이 잠겼고, 14,000명이 안전한 하류로 대피하였다. 폭발로 물길을 열었고, 10,000m³/s로 추산되는 첨두 홍수를 기록하면서 방류되었다. 이 폭발이 이전 홍수 후에 재건한 몇 개 다리와 작은 마을을 파괴하였다.

다른 경우로는 곡선 형태 지표에서 사태가 발생하고 회전 산사태를 유발시킬 수 있다는 것이다. 이런 산사태 유형은 점토와 같이 비교적 균일한 물질과 기반암이 수평적인 곳에서 흔히 발견된다. 이런 움직이는 암괴는 회전하면서 일련의 지형 특징을 만든다(그림 8.4). 산사태는 응집력과 마찰력의 상쇄라는 같은 프로세스가 적용되지만, 병진 산사태보다 빠르지 않은 경향이 있다. 이는 암괴가 고정되어

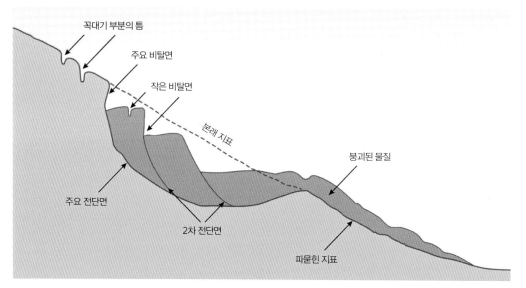

그림 8.4. 회전형 산사태의 특징적 개요. 과거 균열된 꼭대기 부분의 틈과 같은 지표 변화는 경고 신호로 볼 수 있으며, 사람들의 내리막으로의 대피가 이어진다.

있는 한 움직임의 기하학적 특성이 빠른 가속을 막기 때문이다. 특히 심하게 풍화된 기반암과 같이 산사태가 약한 물질로 형성되는 경우에는 움직이는 암괴가 흐르면서 부서진다. 이런 경우는 뉴질랜드에서 강한 폭우가 쏟아지는 동안 긁힌 흔적이나 퇴적된 특징으로 덮인 경관에서 볼 수 있다. 온전한 회전 산사태는 상당한 재산피해를 일으키는 경향이 있지만 사망자 수는 적다. 영국 아일오브와이트 주의 벤트너에는 약 400채 주택이 활동성인 회전 산사태 위에 지어져 있다. 매년 지반 이동에 의한 피해액 규모가 200만£를 초과하지만, 다행히 이동률이 낮아 생명손실이 발생할 것 같지 않다.

3. 토석류

토석류는 점성이 있는 물질로 활동하는 유동성 토양과 암석 파편의 이동하는 것이다. 토석류는 단단하지 않은 물질이 포화상태가 되었을 때 발생하며, 단단하기보다 오히려 유동체로써 활동을 시작한다. 토석류는 일반적으로 폭우로 발생하지만, 이런 흐름은 대부분 실제로 다른 유형의 산사태로 시작된다. 예를 들어, 열대성 저기압의 통과로 일 강수량 600mm 이상이면서 시간당 100mm 이상인 폭우가 쏟아지는 환경에서(Thomas, 1994), 사면을 덮은 토양 안에서 얕은 병진 산사태가 무수히 촉발될 수 있다. 어떤 경우에는 산사태 초기 이동이 포화상태의 토양 물질을 부수어 토석류로 변화시킨다. 토석류는 토양과 다른 물질을 교란시켜 끌고가면서 사면 아래로 급격히 가속시킨다. 이렇게 하여 몇 m³에 불과한 산사태가 수만m³의 토석류로 바뀔 수 있으며, 큰 손실을 초래한다.

토석류는 하도를 따라간다. 그러므로 토석류의 영향을 받을 수 있는 지역을 예측할 수 있다. 그러나 급경사의 암석 배수로는 흐름에 거의 저항이 되지 않으며, 물질 이동속도를 높인다. 토석류가 퍼져나가기 시작하는 경사지 바닥에 도달할 때 문제가 발생할 수 있다. 토석류는 홍수보다 밀도가 크고 이동속도도 빨라서 주거지에 발생하면 피해가 커질 수 있다. 결과적으로 토석류는 많은 생명을 앗아간다.

리우데자네이루나 홍콩과 같은 수많은 열대 도시들은 산사태와 토석류의 위험에 처해 있다. Jones(1973)는 브라질 리우데자네이루 인근에서 종종 정체하는 한랭전선과 관련된 강한 폭우의 영향에 대해 기록하였다. 1966년 산사태는 이 도시의 거리에 30만m³가 넘는 토석류를 발생시켰으며, 건물을 짓기에 가파른 여러 경사지에서 1,000명 이상이 목숨을 잃었다. 1년이 지난 후, 이어진 폭풍이 브라질을 강타했고, 이류에 의해 1,700명이 사망했으며, 일부 전력 공급도 두절되었다. 1988년 2월에는 그보다 더한 토석류가 200명 이상 생명을 앗아가고 이재민 20,000명을 발생시켰다(Smith and de Sanchez, 1992). 이 지역의 수많은 희생자들은 벌채된 산비탈에서 무계획적인 상태로 무단 점유자로서 살고 있었다(Smyth and Royle, 2000). 농촌 환경은 면역력이 갖추어져 있지 않다. 1999년 베네수엘라에서 산사태로 사망자 30,000명 대부분 하곡 아래에서 발생한 토석류에 의한 것이었다.

C. 산사태의 원인과 유발

과학자들은 불안정성에 민감한 사면을 만드는 인자인 산사태의 원인과 파괴를 일으키는 최종 사건인 산사태의 유발을 구분하려는 경향이 있다. 이런 원인과 유발은 사면 물질 힘을 약화시키거나 전단력을 증가시킨다.

원인

산사태 원인은 장기적인 경향이며, 다음과 같은 것을 포함한다.

- 풍화: 사면 물질 풍화는 시간이 지나면서 높은 공극수압이 유지되는 기간 동안 사면을 지탱하기 충분할 정도의 힘이 없어질 때까지 물질의 힘을 감소시킬 수 있다. 종종 풍화는 지표면에서 암석이나 토양을 통해 아래로 이동하는 전면에서 일어나지만, 열수유통체 순환 때문에 사면이나 사면 깊은 곳의 절리와 균열을 따라 먼저 발생할 수

있다.

- 경사면 증가와 횡방향 지지의 제거: 지형 발달이 덜 진행된 곳에서 산사태는 종종 사면 아래에서 하천침식에 의해 발생한다. 이는 경사각을 크게 하고 상층을 지탱하는 힘을 약화시킨다. 인간활동도 비슷한 영향을 미칠 수 있다. 예를 들어, Jones *et al*.(1989)은 터키의 한 사면 아래 도로를 절단하여 55°의 경사로 서 있는 25m 높이 녹설층 면을 겨우 3m 높이 축벽으로 지탱하였음을 밝혔다.

Box 8.1. 바욘트 산사태

바욘트 재난은 유럽 역사상 최악 산사태 재난으로 기록되었다(Petley, 2009). 이 사건은 1963년 10월에 수력발전을 위해 건설된 호수에 물이 채워지면서 촉발되었다. 이 산사태로 약 2억 7,000만m³나 되는 토사가 약 30m/s(약 110km/h) 속도로 호수를 채우면서 약 3,000만m³의 물을 대체하였다(그림 8.5). 이 물결이 댐을 쓸어 버리고 그 아래에 있는 마을로 돌진하여 약 2,500명이 목숨을 잃었다.

댐 현장 관리자들은 산사태를 인지하였고, 1960년대 이래 사면 움직임을 관측해 왔다. 1962~1963년 동안, 그들은 토사가 호수로 천천히 내려가게 하려고 호수 수위를 조절하면서 산사태의 이동을 유도하였다. 이것이 산사태 물질로 호수 일부를 막을 수 있지만, 막히지 않은 부분의 물로도 전력을 일으키기에 충분할 것이라고 믿었다. 반대 부분의 둑에 우회터널을 만들어 호수가 둘로 나뉘면 수위를 조절할 수 있다. 불행하게도 산사태의 재앙적인 특성은 예견되지 않았으며, 이런 계획이 결실을 보지 못하였다.

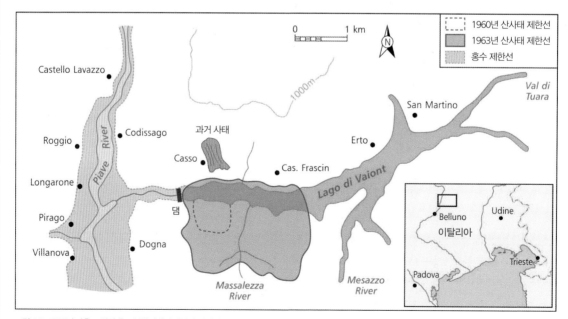

그림 8.5. 1963년 바욘트 산사태로 불안정해진 지역과 산사태 이후의 홍수파로 침수된 하류지역을 나타낸 지도(Petley, 2009).

이 사면의 최종적인 붕괴로 1988년 차타크(çatak)에서 산사태 재난이 발생하여 66명의 목숨을 앗아갔다.

- 헤드로딩(Head loading): 헤드로딩은 인간이 유발시키는 흔한 사면 붕괴의 원인이다. 이는 사면 위에 추가적으로 무게가 가해질 때 발생하며, 쓰레기 폐기물, 주택이나 도로건설에 의해 발생한다. 이것은 산사태를 일으키는 힘을 키우고, 사면의 경사도 증가시킨다. 헤드로딩은 자연적으로도 발생한다. 작은 사면의 붕괴로 물질이 비탈 아래로 더 나아가게 되면서 중량을 증가시켜 붕괴되기 쉽게 만드는 경우이다.

- 지하수위 변화: 지하수위가 변화하면 사면이 불안정하게 될 수 있다. 때때로 기후나 날씨가 지하수 수위를 상승시켜 폭우에 대해 사면을 더 취약하게 한다. 인간활동도 유사한 영향을 야기할 수 있다. 바욘트 댐 산사태 사례(Box 8.1; 그림 8.5)와 같이 호수를 가득 채울 정도의 지하수면 상승이 경사면 불안정을 초래하였다. 누수관은 사면에서 작은 이동으로 배수관이나 상수도관, 간선 하수관에 균열이 생길 때 도시지역에서 문제가 될 수 있다.

- 식생 제거: 산불이나 벌목, 과목, 건설 등과 같은 인간활동에 의한 식생제거도 중요하다. 나무는 뿌리가 땅에 힘을 주고 사면에서 물의 이동을 억제하는 역할을 하므로 산사태 방지에 좋은 역할을 한다. 벌목의 영향은 뿌리가 썩을 때까지 몇 년 동안 나타나지 않을 수 있지만, 벌목은 산사태 활동의 증가를 초래한다.

유발

대부분 산사태에서 유발이 필수적이며, 다음의 내용을 포함한다.

- 전단 압력이 전단 저항을 초과하는 점까지 사면물질에서 공극수압의 증가: 대부분의 경우, 강력한 폭풍이나 지속적인 강우로 발생한다. 그림 8.6에는 서로 다른 시간 규모에 대한 강우와 산사태 사이의 중요한 관계가 설명되어 있다. 그림 8.6a는 남아시아에서 2003~2009년 동안 발생한 강우에 의하여 유발된 치명적인 산사태의 월평균 발생건수와 월평균 강수량을 나타낸 것이다. 이 지역에서 산사태를 일으킨 여름몬순 강우의 명확한 역할을 반영하여 뚜렷한 계절적 패턴이 나타난다. 그림 8.6b는 2002년 7월 2일에 나타난 열대 폭풍우에 의해 기록된 시간당 강우량으로 미크로네시아 연방주 추크에서 발생한 치명적인 산사태를 나타낸 것이다. 다시 말해, 강우시기가 산사태의 유발과 사망자 발생에 밀접하게 관련되어 있다.

- 지진에 의한 진동: 2005년 카슈미르 지진과 같은 강력한 지진이 발생하는 동안, 지반의 수직 운동이 1g를 초과할 수 있다. 이는 산사태 물질이 순간적으로 무중력 상태가 되며, 마찰력이 0에 가깝게 감소한다는 것을 의미한다. Keefer(1984) 분석에 따르면, 규모 4.0 이상의 지진은 사면을 붕괴시킬 수 있고, 약 ML=7.0 이상 규모의 지진은 구릉지에서 수많은 사면 붕괴를 일으킬 수 있다.

- 인간활동: 어떤 경우에는 인간활동이 방아쇠 역할을 한다. 이는 발굴이나 폭파가 일어나는 채석장에서 흔하며, 사면을 불안정하게 만들 수 있다. 인간이 유발시키는 사태는 도로가 건설되고 사면이 절개되는 산악지역에서 흔하다. 이는 히말라야의 도로관리팀과 도로 이용자의 사망 원인이 된다. 예를 들어, 2007년 12월 중국 후베이 성에 발생한 낙석으로 인해 버스가 터널에 묻히면서 승객 33명과 건설 근로자 2명이 사망하였다.

일부 사례의 경우, 산사태의 최종 유발을 밝히는 것이 불가능하다. 정상의 일부 10m가 사라진 뉴질랜드에서 가장 높은 산인 쿡 산의 조사에서도 산사태 유발을 일으킨 것이

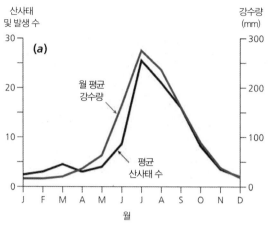

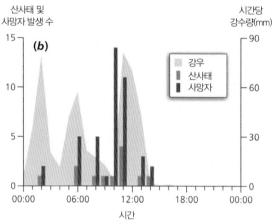

그림 8.6. 열대지방의 강우와 관련 있는 산사태 활동. (a) 2003년 9월 남아시아의 월평균 강수량과 강우로 유발된 치명적인 산사태 발생 수(Petley, 2010). (b) 2002년 7월 2일 추크 제도의 총 강우시간, 사망자 수, 그리고 이와 관련된 산사태 발생 기간 (Sanchez et al., 2009).

무엇인가를 밝히는 것에 실패하였다(McSaveney, 2002). 이는 그런 사건이 시간에 따르는 프로세스나 아직까지 이해하지 못한 유발 메커니즘 때문일 수 있다. 1979년 뉴질랜드 더니든에 있는 애버츠퍼드 산사태는 자연적 요인과 인간에 의한 요인이 산사태의 위험 증가에 어떻게 결합될 수 있는가를 보여 주는 좋은 사례이며, 한 가지 원인으로 돌리는 것을 방지할 수 있게 한다. 18ha의 면적에 걸쳐 뉴질랜드화 1,000만~1,300만$의 비용에 해당하는 69채의 주택을 파괴시킨 이런 산사태는 최소한 다음 세 가지 요인에 의한 것이었다(Hancox, 2008).

- 부적합한 지질: 부지가 매우 약한 점토층의 3차 침전물로 구성된 7° 경사면이었다.
- 지하수위 상승: 10년 동안 증가한 강우와 사면 정상에 있는 더니든 시의회의 수도관 누수 때문이었다.
- 채석장 활동: 사면 끝에 위치한 채석장 활동으로 30만m³ 가량의 모래가 굴착되었다.

D. 눈사태

산사태와 마찬가지로 눈사태의 위험은 전단변형력이 물질 전단강도를 초과할 때 발생한다(Schaerer, 1981). 눈 압력은 눈 밀도 및 온도와 관련 있다. 다른 고체와 비교했을 때 눈층은 큰 밀도 변화에 견딜 수 있다. 상부 빙설 압력 용해와 재결정으로 겨울철 본래 퇴적층 강도가 100kg/m³에서 400kg/m³까지 높일 수 있다. 이런 고밀도가 눈의 압력을 증가시킨다. 하지만 온도가 0℃까지 올라 전단 압력이 낮아진다. 온도가 더 상승함에 따라 융설수가 눈 속에 남아 있게 되며, 눈 속에서 이동 위험성이 커진다.

대부분 사면에서 눈 하중이 느리게 발생한다. 이것은 변하기 쉬운 속성과 더불어 눈덩이에 아무런 손상 없이 내부 변형에 의하여 조정될 수 있는 기회를 준다. 가장 중요한 눈덩이 붕괴 원인은 강설, 비, 해동이나 스키어가 표면을 가로지르는 것과 같은 몇 가지 갑작스러운 동적인 하중에 의한 인공적 압력 증가 등이다(Box 8.2). 위험해 보이는 눈덩이에서 붕괴가 일어난다면, 사면은 눈이 미끄러질 정도로 가파를 것이다. 그러므로 사태 빈도는 사면의 기울기와 관련 있고, 대부분 재해는 35~40° 사이 경사도에서 발생한다. 20° 미만 기울기에서는 미끄럼 발생하기 어렵고, 60° 이상의 경우는 큰 위협을 일으킬 만한 충분한 눈이 쌓이지 않는다.

사진 8.2. 라스콜리나스 산사태는 수천 개 경사면 붕괴 중 하나로, 2001년 1월에 엘살바도르에서 M_w=7.6의 지진에 의해 촉발되었다. 이 장소에서 지반 진동은 가파른 급경사면의 가장자리에 있는 산등성이 지형에 의해 증폭되었다. 빠르게 힘을 잃고 미끄러져 내리는, 주로 유문암의 약한 퇴적물들이 산살바도르 교외 주택지인 산타테클라 도시를 쓸어버렸다. 많은 주택이 묻혔고, 약 580명 사망자가 발생했다(사진: Ed Harp, USGS).

대부분 눈사태는 돌출된 오버행이나, 암석 노출지와 같이 눈이 다른 지표면과 접합하지 못한 곳, 또는 높은 장력을 지닌 눈으로 뒤덮인 균열점에서 시작된다. 눈사태는 강한 눈폭풍 중이나 직후에 발생하기 쉽다. 이는 눈덩어리에 새로운 눈이 쌓이면서 이전 표면에 잘 붙지 않더라도 무게를 가중시키기 때문이다. 눈은 좋은 단열재여서 기온의 일 변화는 눈덩어리의 안정성에 거의 영향을 미치지 않는다. 하지만 온난전선은 지표면층이 녹을 수 있을 정도로 충분하게 기온을 상승시킬 수 있어서 온난한 날씨를 가져올 수 있다.

일반적으로 눈사태 경로는 뚜렷한 세 부분으로 구별된다. 눈이 처음으로 떨어져서 눈사태가 시작되는 구역과 눈사태가 이동하는 경로, 그리고 속도가 감소하고 멈추는 구역이다. 눈사태는 같은 장소에서 재발하려는 경향이 있고, 종종 이전 눈사태 경로를 식별하면 위험을 감지할 수 있기 때문에 중요하다. 지형적인 단서에는 사면붕괴, 구릉지 수로 침식, 손상된 식생을 포함한다. 눈사태 경로는 나무 연령과 수종, 그리고 피해를 입지 않은 사면의 파괴되지 않은 숲과 구별되는 선명한 트림라인으로 확인할 수 있다. 일단 재해 위치가 결정되면 조정 가능한 범위를 파악할 수 있고, 그중 일부는 산사태의 위험을 저감하는 데에 공유할 수 있다.

눈사태는 건축구조물에 높은 외부 하중을 가할 수 있다. 속도와 밀도에 대한 합리적인 추정에 의하면, 일부는 압

Box 8.2. 어떻게 눈사태가 시작되는가

서로 다르게 무너지는 눈덩어리 형태로 눈사태가 구별된다.

- 느슨한 눈사태는 입자 간 결합이 약해져서 발생하며, 마른 모래처럼 작용한다(그림 8.7a). 이는 대개 1m³ 이하의 적은 양의 눈이 쌓인 표면에서 발생하여 사면을 따라 흘러내리기 시작한다. 미끄러지는 눈은 V자 모양 상흔을 만들면서 퍼져 나간다.

- 판상 눈사태는 뚜렷한 균열을 남기면서 더 약해진 아래층에서 이탈한 강력한 눈의 응집층에서 발생한다(그림 8.7b). 비나 높은 온도에 이은 재결빙으로 뒤이어 내리는 강설량에 의해 파묻힐 때 불안정의 원인이 되는 얼음층을 만든다. 이런 균열은 종종 하부 지형이 눈 표면을 변형시키는 곳에서 발생하며, 높은 인장 하중을 초래한다. 초기의 판은 대략 10,000m² 면적에 10m 두께로 떨어져 나간다. 이런 큰 판은 위험하며, 판이 부서지면 처음 양의 100배에 이르는 눈을 붕괴시킬 수 있다.

눈사태 이동은 눈의 유형과 지형에 달려 있다. 대부분 눈사태는 활강운동으로 시작되며, 30° 이상 경사에서 갑작스럽게 가속된다. 일반적으로 세 가지 눈사태 운동 유형이 있다고 인식된다.

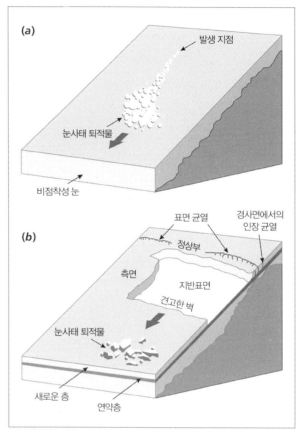

그림 8.7. 두 가지 보편적인 유형의 눈비탈 파괴. (a) 느슨한 눈사태 (b) 판 눈사태. 보통 판상 눈사태는 많은 양의 눈을 내려오게 하기 때문에 더욱 많은 위험을 초래한다.

- 가루 눈사태가 가장 위험하며, 고밀도 가스체처럼 눈을 흩뿌리는 미세 에어로졸로 형성된다. 이는 경로 상의 장애물 영향을 받지 않고 깊은 협곡을 따라 흐른다. 가루 눈사태의 속도는 탁월풍 풍속과 거의 같지만, 공기보다 밀도가 커서 폭풍보다 더 파괴적이다. 가장자리에서 속도가 20~70m/s에 달하며, 희생자들은 대개 눈 입자 흡입으로 발생한다.

- 건조 눈사태는 건설이 가파른 곳을 이동할 때나 곡물 가루 크기에서 지름 0.2m 이상 덩어리 크기의 입자가 불규칙한 지형을 이동할 때 형성된다. 이런 눈사태는 도랑과 같이 윤곽이 분명한 경로를 따르지만, 지형의 불규칙성 때문에 큰 영향을 받지 않는다. 가장자리의 전형적인 속도는 15~60m/s이지만, 자유대기에서 하강 시에는 120m/s 이상 속도까지 이를 수 있다.

- 습설 눈사태는 주로 봄에 일어나며, 둥근 입자의 젖은 눈(지름 0.1m에서 수m에 이르는 크기)이나 어느 정도 녹은 눈으로 구성된다. 젖은 눈은 주로 하도를 따라 흐르며, 작은 불균형적 지형에서도 쉽게 방향을 바꾸는 경향이 있다. 흘러내리는 젖은 눈은 평균밀도가 높으며(건설이 50~150kg/m³인 것과 비교하면 300~400kg/m³의 평균밀도), 도달하는 속도가 단지 5~30m/s임에도 불구하고 경로 상에 상당한 침식을 일으킬 수가 있다.

력이 100t/m²를 초과하지만 최대 직접적인 충격 압력은 5~500t/m²의 범위임을 보여 준다(Perla and Martinelli, 1976). 표 8.2는 눈사태의 충격 압력이 인공구조물에 미치는 영향을 보여 준다. 1999년 2월, 오스트리아 갈튀르 참사는 30년 동안 유럽 알프스에서 발생한 가장 최악의 사건이었다. 이때 31명이 사망했고, 낮은 위험지역에 자리한 7개 근대 건축물이 무너졌다. 이른 겨울 연쇄적인 눈보라로 시작되는 지점에 전례 없는 기록인 4m 정도의 눈이 쌓였다. 최고 수준의 눈사태 경보가 발표됐을 때, 시작되는 구역에서 눈의 질량은 약 17만t으로 늘었다. 800t/m²를 초과하는 것으로 추정되는 눈사태가 돌진하면서 초기의 양보다 두 배로 증가했다. 돌진하는 눈사태로 인한 파동 높이가 하상을 가로질러 마을에 도달하기 충분할 정도의 에너지를 지닌 100m 이상에 달했다.

표 8.2. 눈사태로 인한 충격압력과 잠재적 피해 간 관계

충격압력(t/m²)	잠재적 피해
0.1	창문이 깨짐
0.5	문을 미는 정도
3.0	목조주택을 파괴하는 정도
10.0	다성목이 뽑힐 정도
100.0	콘크리트로 증강된 구조물을 움직이게 함

출처: Perla and Martinelli(1976).

E. 보호

1. 산사태

지질 공학에서는 사면붕괴를 방지하기 위한 설계와 공사가 일상적인 과제이다. 예를 들면, 홍콩의 1,100km² 이내의 면적에 57,000여 개의 사면붕괴를 방지하기 위한 설계

를 시행하였다. 비슷한 예로, 영국의 철도회사는 사면붕괴를 방지하기 위해서 고안된 16,000km 토목공사를 해야 했다(Petley, 2009). 사면보호 방법이 잘 개발되었고, 다음과 같은 것을 포함하고 있다.

• 배수: 대체로 사면붕괴는 높은 수압과 연관되므로 배수가 안정성을 높일 수 있는 중요한 수단이다. 그 지역 주변에 자갈로 채워진 배수시설을 설치하여 사면붕괴와 관련된 중요 지역으로 들어가는 물을 막는 것과 수평 배수구를 설치하여 사면의 물을 제거하는 것이 목표이다. 이는 간단한 방법으로도 쉽게 할 수 있다. Holcomebe and Anderson(2010)은 카리브 해 동부에서 사면 안정성을 향상시키기 위한 지역사회 중심의 저비용 계획 성공을 보고하였다. 개방형 배수관망 건설로 100년에 한 번 일어나는 폭우 사고와 인구밀도가 높은 도시지역을 차지하는 불안정한 경사지에서 산사태가 더 이상 발생하지 않았다. 문제는 유지와 관리 부족으로 야기될 수 있다. 배수시설은 미세한 입자 또는 동물들이 굴로 사용함으로 인해서 막힐 수 있다. 게다가 경사지 안에서 작은 움직임으로 배수시설에 금이 가거나 부서지게 되며, 주요 장소의 경사지로 누수가 발생될 수 있다.

• 경사조절: 많은 사례를 보면, 전체 사면 경사를 줄여서 산사태의 위협을 최소화할 수 있다. 이것은 고지대에서 도로를 건설하면서 경사 윗부분을 굴착하거나, 끝부분에 설치하는 물질로 조절할 수 있다. 어떤 경우는 자연 사면의 토양을 제거하거나 더 가벼운 물질로 대체함으로써 더 좋은 결과를 얻을 수 있다.

• 지지물: 말뚝, 지지대, 옹벽과 같은 지지물은 인접한 빌딩이나 교통로에서 널리 사용된다. 예를 들면, 영국의 철도망은 옹벽으로 지지되는 7,000개 이상 사면을 갖고 있다. 이것은 효과적이기는 하지만 비싸고 시각적으로 거

슬리며, 표면보다는 토양이나 암석에 세우는 방법을 택하고 있다. 소일네일링 공법(토양을 고정하기 위한 공법)과 록볼트(붕괴 방지용 철제 볼트)가 그 사례이다. 게다가 구조물은 취약시설 주위에서 작은 산사태의 방향을 바꿀 수 있게 고안될 수도 있다. 예를 들면, 가끔 국지적인 토석류를 조절하기 위해서 산지의 송전탑 주위에 전환벽이 축조된다.

- 식생: 사면의 식생은 몇 가지 기능을 수행한다. 나무와 식물뿌리는 토양입자를 결속시켜 안정성을 유지시킨다. 식생 수관은 토양 표면을 우적 침식으로부터 보호해 주며, 증산은 사면의 물 함유량을 줄여 준다. 최근 몇 년 동안 생물공학자들이 토양에서 얕은 산사태를 조절하는 방법과 토양침식을 방지하는 방법을 개발하였다. 이것은 선택된 장소에서 식생이 번창할 수 있도록 하는 데 중요하며, 국지 종을 선호한다. 이런 방법은 전통적인 공학방법보다 더욱 환경적으로 인식된다. 대체로 생명공학에 관한 자본비용이 전통적인 구조물 비용보다 적고, 유지비는 더 비싼 경향이다.

- 그 외 다른 방법: 사면의 화학적 안정법과 토양 침투 감소와 토양의 힘을 증가시키기 위한 그라우팅 공법도 산사태를 방지하기 위한 방법이다. 일부 건설현장에서는 흙막이 구조물이 완성되는 동안 일시적으로 움직이는 토양을 얼게 할 수 있지만, 많은 비용이 들어간다. 수많은 열대 국가에서는 완전한 고정이 이루어질 때까지 폭우 영향을 줄이기 위해 얕고 국지적인 사면을 플라스틱 시트로 덮는다.

공학기술은 산사태 보호에서 두드러지며, 점차 위험한 사면에서의 새로운 개발을 제한하는 입법이 추구되고 있다. 미국에서 도시계획은 균일한 건축법(Uniform Building Code)에 의하여 운영된다. 이것은 흙다짐과 지표배수를 위한 최소 기준일 뿐만 아니라 안전한 개발을 위한 최대 경사각을 약 27°로 명시하였다. 뉴질랜드에서도 이와 비슷하게 중요한 구성요소로서 사면의 안정성을 위해서 새로운 건설을 제안할 때는 자원동의(resource consent)를 얻어야 하는 법적 요구조건이 있다. 이런 계획의 성공은 규정 시행을 위하여 기술적으로 훈련된 조사관에 달려 있다. 이것은 지방정부가 부패한 경우 가끔 문제가 되지만, 장기적으로 성공할 수 있다. 로스앤젤레스는 일찍이 1952년에 조례 평가를 도입하였다. 이전에는 사면 파손으로 10% 이상 피해를 입었으나, 최근에 새로운 건설단지에서는 손실이 2% 미만으로 추정되었다.

2. 눈사태

눈에서 발생하는 재해에 대응한 보호를 위해서 두 가지 주요한 물리적 기술이 이용되었다.

인공 방출

인공 방출은 통제할 수 있는 눈사태를 일으키기 위해서 작은 수제 폭탄을 사용하는 방법이다. 놀랍게도 이와 같은 기술은 종종 사용되는 방식이다. 미국에서는 매년 약 10,000번의 눈사태가 인공적으로 방출된다. 주요 장점은 다음과 같다.

- 휴양시설과 도로들을 포함한 내리막길이 눈사태로 막힐 수 있을 때, 시간을 미리 결정하고 방출시킬 수 있다.
- 눈사태가 발생하기 전에 적절한 장소에서 제설하도록 조치를 취하여 불편을 최소화할 수 있다.
- 오히려 큰 위협을 만드는 것보다 몇 개의 작은 눈사태를 통해 눈덩이를 안전하게 방출할 수 있다.

수제 폭탄은 판상 눈사태가 발생할 가능성이 있는 지역 중심 부근이나 눈덩이 힘과 압력의 관계에서 미묘하게 균형이 맞을 때, 초기 지역에서 시행하는 것이 효과적이다. 이런 필요조건들은 안정성 감시와 눈사태 예측 체제의 밀접한 연락을 통해서만 가능하다. 어떤 경우, 초기지역에 화약을 설치하기 위해 헬리콥터에서 낙하기도 한다. 말할 것도 없이, 폭발물 취급과 예상치 못한 결과가 눈사태 도화선이 될 수 있다는 점은 위험한 것임에 틀림없다. 대신 중요시설을 지키기 위하여 안전한 지역에서 군대 야포로 사면에 폭발을 일으키는 것도 가능하다. 캐나다 로키 산맥 로저스 고개는 브리티시컬럼비아의 셀커크 산맥을 통하여 캐나다 태평양 철도노선과 캐나다 횡단고속도로가 지날 수 있게 한다. 이 지역에서는 캐나다 국립공원 관리소와 군대가 야포로 눈사태를 일으키기 위해 협력하고 있다.

방호 구조물

방호 구조물은 전 세계적으로 눈사태에 대응하는 보편적인 수단이다. 1950~2000년 동안 스위스에서만 눈사태 방호 구조물에 10억CHF(스위스 프랑)을 사용하였다(Fuchs and McAlpin, 2005). 4가지 유형의 눈사태 방호 구조물이 있다.

• 유지 구조물: 작은 눈사태를 멈추거나 눈사태 시작을 방지할 수 있게 사면의 눈을 유지하거나 포함할 수 있게 고안되었다. 시작구역에서는 눈을 저지하기 위해 방설책과 설망이 사용된다. 이렇게 하여 능선과 완경사 위에서 많은 양의 눈을 막고 보유할 수 있다. 시작구역에서는 펜스나 제동 구조물이 눈덩이에 외부의 힘을 주기 위해서 사용되며, 내적인 압력을 줄일 수 있다. 그런 것이 가속도가 붙기 전에 작은 눈사태를 멈추게 할 수도 있다. 초기 구조물은 암석과 흙으로 만들어진 거대한 장벽과 계단

이었다. 오늘날에는 나무와 철, 알루미늄, 강철선을 넣어 압축 응력을 받은 콘크리트를 조합하여 만들어진다. 이런 구조물은 효과적이지만, 관광사업이 중요한 지역에서는 경관에 부정적인 영향을 미친다. 미국 북서부와 같이 계절적으로 적설량이 많은 지역에서는 효과가 적다. 그런 구조물이 파묻힐 정도로 강설량이 많아서 효과가 제한적이다.

• 재분포 구조물: 눈이 날려서 쌓이는 것을 방지하도록 고안되었다. 특히 돌출된 처마가 눈으로 둘러싸이는 것을 막기 위해서 사용되고, 간혹 가파른 사면을 붕괴시켜 눈사태를 시작되게 하기도 한다.

• 전향장치와 지연장치: 눈사태 진행을 통제하는 가장 쉬운 방법은 완만하게 곡선경로로 흐르게 유도하는 것이다. 그래서 토양이나 바위, 또는 콘크리트에 세워진 전향장치는 눈사태 경로와 대피구역을 향해 놓인다. 그러나 측면으로 전환되는 것은 제한적이며, 원래보다 15~20° 미만으로 방향을 변화시키는 것이 가장 성공적임이 증명되고 있다. 오르막 비탈로 향하는 쐐기들이 눈사태를 분열시키거나, 송전탑이나 독립된 건물과 같은 시설 근처에서 눈사태 방향을 바꾸는 데에 사용될 수 있다. 20° 미만의 사면에 있는 대피구역을 향해서 흙더미와 작은 댐과 같은 다른 구조물들은 눈사태가 힘을 잃게 하는 데 유용하다. 흙더미는 젖은 눈사태를 대비하는 데에 널리 이용된다.

• 직접적인 보호 구조물: 눈사태 방지용 덮개와 같은 직접적인 보호 구조물이 가장 완전한 눈사태 방호 구조물이다. 이는 자동차 등 중요 시설물이 지나갈 수 있게 고안되어 도로나 철도를 보호하는 지붕 역할을 한다. 이는 건설에 많은 비용이 들며, 적절하게 배치하여 지붕이 최대의 눈하중에 견딜 수 있는 세심한 설계가 필요하다.

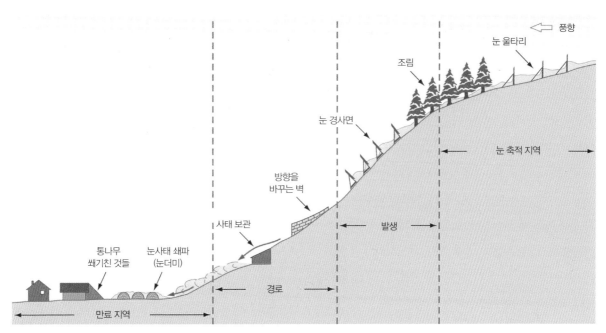

그림 8.8. 눈사태 감소 측정을 보여 주는 이상화된 경사 구역. 눈의 정체는 눈 쌓임과 시작구역의 방어구조물에 의하여, 때때로 다 자란 지피식생에 의해 보충된다. 사람과 기반시설로부터 떨어져 눈사태의 방향이 바뀌는 것과 잠재적인 파괴를 낮추는 것은 그 경로와 도피 지역에서의 구조물들에 의하여 달성된다.

사진 8.3. 눈벽과 다 자란 지피식생의 조합은 오스트리아 알프스에서 발생하는 눈사태로부터 계곡의 개발과 주변 기반시설을 보호한다(사진: ALMIDI.NET/J.W. Alker). ©
SuperStock 1848-450211 by imagebroker.net

눈사태 재해를 관리하는 기술 중 하나는 자연적으로 우거진 숲에 의해서 보호받게 하는 것이다. 그러므로 가능성이 있는 곳이라면, 눈사태가 일어나기 쉬운 사면에 수목을 심고 밀집된 구조물을 유지하는 것이 바람직하다. 그림 8.8에서 제시했듯이, 간혹 숲이 구조물과 함께 섞여 사면 상부를 막아서 교통로와 마을을 안전하게 해 주기도 한다. 숲 구조물과 지형의 거칠기 차이를 고려해서 허용 범위가 만들어져야 한다. 숲보다 훨씬 높은 곳에서 시작된 대규모 눈사태가 숲에 의해 완벽하게 중단되기는 어려운 반면, 수목 가까이에서 시작되는 작은 눈사태는 상당히 감속시킬 수 있다.

주요 어려움은 눈사태 경로가 성공적인 나무 식재와 성장에 부정적인 영향을 미친다는 것이다. 이전 재해로 발생한 우곡침식은 눈사태 발생 가능성이 있는 사면이 종종 얇은 토양에 적은 양의 수분을 포함하고 있다는 특징을 의미한다. 게다가 어린 나무는 눈덩이에 안정성을 주기 전에 눈사태로 파괴될 수 있다. 그러므로 토지 비옥도와 결부되는 고비용의 부지가 필요하며, 눈사태 발생구역에 있는 눈의 안정화와 나무 식재가 필수적이다. 때로 느리게 성장하는 나무인 경우 75년 이상이 걸리기도 하지만, 눈사태 압력을 버티는 데 충분히 강하다. 어떤 경우, 스키와 같은 경제활동이 시작되면서 이미 천연식생이 사라지고 있으며, 숲을 다시 만들려는 노력이 환영받지 못할 수 있다.

F. 경감

1. 재난구호

매스무브먼트 재해 발생이 보편화되고 있음에도 불구하고, 매스무브먼트 재해에 의한 손실 규모가 비교적 적어서 이로 인한 큰 규모의 재난구호가 드물었다. 큰 규모의 구조 활동은 니카라과와 온두라스에서 1997년 허리케인 '미치(Mitch)', 1991년 베네수엘라의 바르가스(Vargas) 산사태, 2005년 카슈미르 지진(이것은 1,000여 개 산사태를 유발함), 2006년 필리핀 레이테(Leyte) 산사태, 그리고 2007년 북한 산사태의 여파로 요구되었다. 레이테 산사태로 커다란 암석사면이 세인트버나드 마을을 덮쳤고, 학교 안 학생 268명을 포함하여 1,400여 명이 매몰되었다. 필리핀, 타이완, 영국, 미국 등에서 수색 구조팀이 파견되었으나, 몇 명만 구조되었다. 국제 구조단의 성공률이 낮아서 현지 역량에 관한 사전수립의 필요성이 재차 강조되었다(Petley, 2009).

2. 보험

영국을 포함하여 여러 국가에서는 보험산업이 수많은 고비용 청구에 대해서 우려하고 있어서 매스무브먼트 재해에 대한 개인보험의 유효성이 없다. 보험의 비가용성으로 재해 가능지역에서 개발을 막지만, 산사태 재해에 대한 정보가 전파되지 않아서 많은 사람들은 여전히 그 위험성을 인지하지 못하고 있다. 제한적인 보험이 정부의 일부 계획으로 제공된다. 예를 들면, 미국에서는 국가홍수보험사업으로 일부가 보장된다. 이는 강 범람과 관련된 이류와 같은 재해에 대하여 연방정부가 원조 자격을 주는 것이다. 불행하게도 이류 재난지역을 지도화하는 기술적 어려움 때문에 대비가 어렵다. 더욱 성공적인 예는 뉴질랜드에서 볼 수 있다. 뉴질랜드 정부는 지진위원회(Earthquake Commission; EQC)를 후원하고, 민영보험업자와 협력하여 집과 토지에 대한 피해 일부를 보상하고 있다. 지진위원회는 정기적으로 산사태로 피해를 당한 공동주택에 돈을 지불하고 있다. 흥미롭게도 2000~2007년에 지진위원회는 지진보다 산사태의 뚜렷한 상승 추세로, 산사태 피해를 감당하기 위해서 더욱 많은 자금을 지출하였다.

Box 8.3. 바르가스 산사태

1999년 12월 14~16일, 거대한 폭풍우가 베네수엘라에 있는 바르가스 주에 쏟아졌다. 3일 동안 약 900mm의 강수량을 기록하였고, 구릉지에서 수많은 산사태가 발생하였다. 산사태는 일련의 암설 사태로 이행되었고, 흙더미가 흘러 해안가의 충적선상지에 자리 잡은 도시를 덮쳤다. 이에 반하여 산사태로 인한 정확한 사망자 수는 알려지지 않았다. 최적 추정치로는 약 30,000여 명이 생명을 잃었고, 경제적인 손실이 118억$에 달했다(Wieczorek et al., 2001).

8,000개 이상의 가옥이 파괴되었고, 7만 5,000명의 이재민이 발생하였다. 40km 이상의 해안 지대가 완전히 바뀌었다. 정부는 재앙의 후유증 때문에 13만여 명을 북쪽 해안 활주로로 대피시켰다(IFRCRCS, 2002). 정부는 예상치 못한 일로 정부의 자원을 사용해야 했다. 가난하고 인구밀도가 200km²를 초과하는 복잡한 지역에서 덜 혼잡한 곳으로 해안 주민들의 영구적 이주를 시도하였다. 2000년 8월까지, 5,000여 가정이 새로운 집(간혹 미완성 상태의 집)에 정착하였다. 33,000개의 거처가 일시적으로 남아 있었다. 많은 피난민들은 재정착 계획에 반대하였고, 그들이 살던 곳으로 돌아갔다. 결국 2006년에 그 지역 인구는 재앙 이전의 단계에 이르렀고, 재난이 되풀이되는 매우 취약한 지역에 남아 있다.

일반적으로 법적 의무가 산사태의 피해 후에 금융보상을 위한 기초가 된다. 미국 법학자들은 산사태로 인한 사망, 신체 손상, 넓은 범위의 경제손실에 대한 민사책임을 인지하고 있다. 대부분 선진국에서는 산사태의 위험성을 상당히 잘 이해하고 있고, 특정한 부지에 대한 관련 정보 접근이 가능하고, 광범위한 재해저감 측정이 적용될 수 있다는 가정 때문에 불가항력에 대한 법적보호가 신뢰성을 잃고 있다. 결과적으로 법정관결은 매스무브먼트로 인한 피해 책임과 관련하여 개발자와 컨설턴트의 역할을 명확하게 하려는 경향이 있다. 일부 지역에서는 주택개발 허가가 곧 안전한 거주지의 보증을 의미하는 것으로 주장되어 왔기 때문에 지역개발회사가 법적책임을 분담하고 있다. 소송은 많은 비용이 요구된다. 예를 들어, 1984년 파푸아뉴기니 옥테디(Ok Tedi) 댐은 산사태로 야기된 법정공방으로 직접적인 피해 10억$ 이상을 지불했고, 플라이 강 오염에 대한 배상으로 40억$를 지불했다(Griffiths et al., 2004). 이런 경우는 재판 없이 협의하여 매듭지어지며, 소송이 적절한 위험 감소 전략을 대신한다.

G. 적응

1. 지역사회의 대비

매스무브먼트는 주로 두 가지 방법으로 사람의 목숨을 앗아간다. 일부 희생자들은 바위, 나무, 혹은 얼음판 등과 충돌로 사망하지만, 가장 큰 사망 원인은 질식이다. 사람은 30cm 이상 깊이에서는 호흡을 할 수가 없기 때문에 눈이나 토양 혹은 바위 밑에 묻히면 빠르게 사망한다. 심지어 얕은 깊이에 매장되는 것조차 치명적일 수 있다. 게다가 피해자들은 저체온증을 겪고, 흠뻑 젖은 암설사태로 익사한다. 매스무브먼트 재난 대부분 생존자는 빠르게 구조된 경우이며, 건물이나 자동차와 같은 일부 작은 규모의 물리적 보호물에 의해서 구조되기도 하였다.

지진에 의해 갇혔다가 생존한 사람들의 약 90%는 24시간 이내에 구조되었다. 미국의 정보에 의하면, 눈 속에 묻힌 눈사태 희생자 생존비율은 시간이 지남에 따라 급격히 감소한다(그림 8.9a). 단 15분 후에는 거의 90% 피해자들

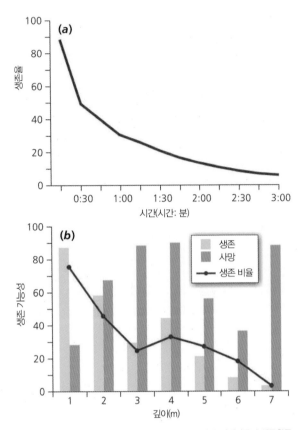

그림 8.9. 눈사태 후 생존자. (a) 눈 속에 묻힌 미국 눈사태 피해자들의 생존확률. 15분 후 생존율은 거의 90%이고, 1시간 후 30% 미만까지 떨어진다. Colorado Avalanche Information Center http://geosurvey.state.co.us/avalanche (2003년 3월 4일 접속) (b) 매물 깊이에 따른 생존 가능성(1950~2006년) Colorado Avalanche Information Center http://avalanche.state.co.us/acc/acc_images (2011년 5월 31일 접속).

이 살아 있지만, 60분 후에는 생존율이 30%로, 3시간 후에는 5% 이하로 떨어진다. 시간이 지남에 따라 눈 속 깊이 묻힌 사람들과 이후 잔설 제거가 "왜 눈사태로 인한 생존율이 눈의 깊이에 따라 감소하는지"를 설명하여 준다(그림 8.9b). 깊이 1.2m를 초과한 곳에서 생존자 비율이 20% 이하로 떨어진다. 종종 휴대용 무선기라 불리는 눈사태 비컨은 스키장 정찰대를 위한 표준 장비이다. 이는 불빛이 눈에 파묻힌 희생자들을 찾기 위한 최고 수단이 되기 때문이다. 접을 수 있는 스키 스틱은 파묻힌 시신을 찾는 수단으로 사용된다.

지역을 기반으로 한 신속대응 및 수색 구조능력이 모든 매스무브먼트 재해에서 중요하다. 캐나다에서는 공원의 지방사무소가 규칙적으로 눈덩이 안정성을 감시하고, 브리티시컬럼비아 고속도로 각 부처와 협력하여 눈사태 위험성을 공표한다. 지방정부는 많은 현장 수색 및 구조 조직을 로키산맥에 편성하였고, 캐나다 기마경찰대는 눈사태 구조작업을 위해 훈련받은 사람과 훈련견을 준비하고 있다. 대기환경국은 전문화된 예보를 제공하며, 눈사태는 캐나다 눈사태센터의 기술과 필름, 비디오 등을 통하여 인지할 수 있다. 이런 방법들이 눈사태 위협에 대해서 일반적 지식을 높일 수 있기는 하지만 Butler(1997)는 지역주민들이 주어진 시간에 위험을 인지하지 못하는 경우가 있다는 것을 발견했다. 완벽한 눈사태 수색은 복잡하지만, 동계스포츠를 즐기는 사람들의 에어백 휴대와 디지털 휴대용 무선기의 사용 증가는 매장 가능성을 줄이고 발견될 가능성을 높일 것이다.

이와 같이 발전된 방식이 산사태에 사용되는 경우는 드물다. 홍콩에서는 정부 지질공학 기술사무소가(GEO) 산사태 발생 시 적절한 조치를 취할 수 있게 연중 24시간 서비스를 제공한다. 유인 비상통제센터는 산사태가 발생할 때마다 경보를 알린다. 영구적인 준비를 하는 GEO의 관리자들은 구조, 회복, 관리를 위해 산사태 현장에서 대기한다. 이런 체계는 효과적이지만, 다른 곳에서는 이런 사례가 거의 없다.

2. 예보와 경고

다음과 같은 방법으로 눈사태와 산사태 경보 시스템을 개발하기 위해서 상당한 노력을 기울이고 있다.

Box 8.4. 테시나 산사태 경보 시스템

테시나(Tessina) 산사태는 북이탈리아의 돌로미티(Dolomiti) 산에서 발생한 3km 길이의 토석류이다(그림 8.10). 이것은 1960년부터 활동적이었지만, 이동 정도와 포함된 물질의 양이 1992년에 증가하였다(Petley, 2009). 이 산사태의 끝 부분에 푸네스 마을이 자리 잡고 있어서 급속히 퍼지는 산사태가 마을을 덮쳐 대규모의 사상자와 경제손실을 초래할 수 있는 위험성이 있었다. 이에 대응하여 이탈리아 정부 연구기관 CNT-IRPI는 산사태 경보 시스템을 고안하여 실행하였다 (Angeli et al., 1994).

경보 시스템은 두 가지 요소로 구성되었다.

• 산사태 근원지에서 13개 측량 분광기를 산사태 위에 설치하였다. 안정된 지반에서 활동적인 이동지대의 가장자리에 태양광 전지에 의해 동력을 얻는 자동경위계를 설치하였다. 이 장비는 30분마다 각 분광기 위치를 측정한다. 이 자료는 곧바로 컴퓨터에 저장되어 이동 수준을 결정한다. 프리즘에 나란히 위치한 두 개 전선 측량계가 산사태의 이동을 측정하고, 다시 중앙 컴퓨터로 자료를 전송한다.

• 마을에서 약 100m 위에 2개 경사계가 산사태의 약 2m 위에 설치되었다. 이 경사계들은 매달린 봉으로 각도를 측정할 수 있는 2m 길이 강철봉으로 구성되어 있다. 사면을 따라 이동이 시작되면 이 봉이 기울어진다. 이 장치들은 봉이 20초 동안 20° 이상 기울어지면 중앙 컴퓨터가 경보를 울리도록 설계되었다. 전선 중 하나 위에 자리하고 있는 예비 반향계는 지표 이동이 산사태가 발생할 수 있을 것으로 보여 주는 급격한 고도 변화를 알려 준다.

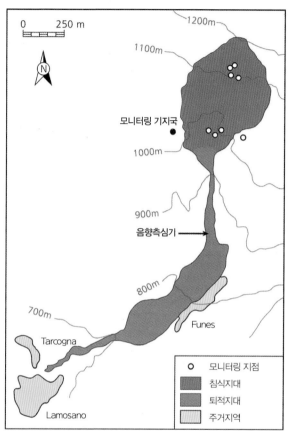

그림 8.10. 북이탈리아 돌로미티의 테시나 산사태 위험지도. 경보 시스템이 수년간 푸네스 마을을 지켜 왔다(Petley, 2009).

중앙 컴퓨터는 미리 설정해 놓은 경계점에 대한 모든 정보를 비교하기 위해 프로그램된다. 이런 한계치를 초과하면, 관내 소방서에서 경보가 울린다. 소방관들은 주요 장소에 위치한 3대 비디오카메라를 통하여 추가 움직임 징후를 확인할 수 있다.

지표의 움직임에 기반한 특정 장소에 대한 경보

강우로 유발되는 대부분의 산사태는 소위 크립(creep)이라고 불리는 느린 이동에 이어 발생한다. 이런 현상이 일부 경보계획에서 이용되고 있으며, Hungr et al.(2005)은 특정 장소에서 지반운동에 의한 변화가 최종 붕괴시간을 예측하는 데에 어떻게 성공적으로 사용되고 있는가를 설명하였다. 사면 움직임은 경각계, 경사계, 경위계, 전자거리기록기와 같은 현장 도구와 GPS, 레이더 위성(InSAR) 기술

등으로 보완하여 감시하고 있다(Casagli *et al.*, 2010; Box 8.4). 기술 진보로 실시간 자료를 컴퓨터로 보낼 수 있게 되었다. 이를 활용하여 관측자료를 예정된 유발 요인에 대응하여 비교할 수 있게 하였고(때때로 움직임이나 가속 정도에 기반하여), 미리 경보를 알리는 것도 가능하게 되었다.

과거에는 교통로가 눈사태 방지 덮개로 보호되었으나, 오늘날에는 눈사태 경보체계를 이용하여 주요 교통로를 이용할 수 있다. 이런 시스템은 도로나 철로를 폐쇄시키는 일련의 장벽이나 교통통제가 시작되기 전에 사면 상부 눈사태 이동을 감지한다. 눈의 지표 이동은 트립 와이어, 레이더, 수진기, 와이어로 고정된 경사계를 사용하여 감지한다. 이런 시스템은 비용이 많이 들지만, 북아메리카와 유럽에서 배치되어 사용되고 있다. 특정 장소의 눈사태 경로 특성과 교통로의 경제적 중요성이 이런 계획의 최적화에 중요한 요인이라는 증거가 있다(Rheinberger *et al.*, 2009). 그

림 8.11은 56개 눈사태 경로를 가로지르는 아이다호 주 21번 고속도로의 14km를 따라 운영되는 눈사태 관리계획을 묘사한 것이다(Rice *et al.*, 2002). 기울기 스위치를 사용한 자동 눈사태 감지장치를 가장 활발한 눈사태 경로 상의 도로 근처 공중케이블에 매달아 놓는다. 이런 스위치들이 미리 맞춰놓은 한계점을 초과할 때, 원격측정으로 경보가 개시되고, 각각 간선도로 끝과 눈 입구가 자동적으로 닫히며 번쩍이는 경고등이 활성화되면서 즉시 도로가 봉쇄된다.

기상조건에 기초 일반 경보

과거 강수량과 산사태 기록이 과거 그 지역에서 산사태가 시작되었을 때 강수량 정도(강도와 지속기간)를 확인하기 위해서 결합되었다. 이런 지역의 경고는 주로 소규모 산사태를 유발하는 강수량 임계값의 인지와 관련 있다(Brunetti *et al.*, 2010). 예를 들어, 1986년에 미국지질조사국은

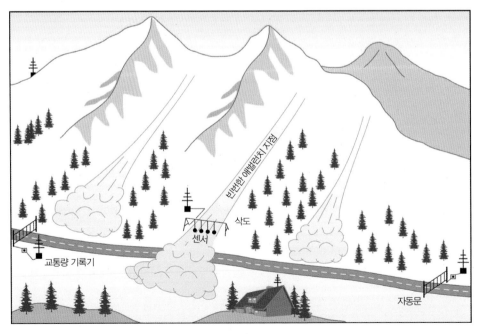

그림 8.11. 미국 서부에 있는 산길에 대한 눈사태 위험 관리. 고속도로로 도달하는 눈사태는 경로 위의 공중케이블에 매달린 센서를 통해서 감지된다. 관련 구간의 원격측정을 통해 도로공사가 경보를 발하고, 제설작업을 위해 도로는 폐쇄된다(*Rice et al.*, 2002).

폭우 지속기간과 강도에 대한 여섯 시간 예보에 기초하여, 샌프란시스코 만 지역의 산사태 조기경보 시스템을 시험하였는데(Keefer et al., 1987), 유지비는 공개되지 않았다.

가장 효과적인 시스템은 홍콩에서 운영되고 있다. 이것은 도플러레이더 자료 분석과 함께 영역 안에 분포하는 110개 우량계를 이용하여 산사태 발생경보를 발표한다. 경보 임계치는 이전 21시간 동안 강우량과 이후 3시간 동안 예상 강우량을 더하여 누적시킨 값에 근거한다. GIS 기술을 사용하여 예상 강우량이 영역 내에서 발생 가능한 산사태 수 계산에 사용된다. 산사태 수가 경보를 발령하는 근거가 되고, 이는 미디어를 통해 일반 시민에게 전달되어 최대 안전을 보장한다. 그러나 물리적 관계가 간단한 것만은 아니다. 선행 토양함수량이 중요한 요인이며, 지역 규모에 따라 임계값이 상당히 차이가 있다. 예를 들어, 강우량 임계값과 지속기간을 미국에서는 세 자릿수로, 한 개 자치주와 같이 더 작은 지역에서는 한 자릿수로 다르게 나타난다(Baum and Godt, 2010).

예보 및 예측을 활용한 눈사태 경보 체계가 여러 해 동안 있어 왔다. 예보는 동계스포츠 시설 경영을 위해 매일 사용되고, 예측은 장기간 토지용도 지정을 위해서 필요하다. 눈사태 예보는 약한 층 탐지에 중점을 두는 눈의 안정성 시험을 포함한다. 일기예보에 대한 정보와 함께 그 결과가 평가된다. 지역별 눈사태 계획은 종종 컴퓨터 도움을 받는다. 스위스에서는 1996년에 매일 약 3,000km² 구역에 관한 예보를 위해 약 60개 기상관측소와 GIS 기반 지도화 시스템을 투입하여 모델 측정에 의존하는 방법을 도입하였다(Brabec et al., 2001). 심각한 위험 조건에서는 스키장을 치우고 고속도로나 기찻길의 위험한 부분을 통제하는 것이 쉬운 실행 방법이다.

3. 토지이용 계획

같은 지형에서 매스무브먼트가 재발하는 것은 위험저감을 위해서 지도화가 중요하다는 것을 의미한다(Parise, 2001). 대부분 국가는 사면지도와 수치표고모델을 만들기 위해 충분히 정확한 지형적, 지질적 데이터베이스를 갖추고 있다. 이것은 현장조사와 함께 믿을 만한 위험평가를 가능하게 한다. 이런 방법들은 재해에 취약한 국가에 적합하다. 예를 들면, 그림 8.12는 미크로네시아 추크 주 토노아스(Tonoas) 섬에서 2002년 차타안(Chata'an) 열대폭풍에 의해 발생한 비교적 광범위한 산사태의 범위를 보여 준다(Harp et al., 2009). 가장 거대한 토석류가 수백m를 이동하여 연안의 평지를 가로질러 인구밀집 거주지까지 도달하였다. 이런 산사태 목록지도는 미래 폭풍이 몰아칠 때 임시 대피소나 영구 거주지에 적당한 지역을 찾는 데 도움이 될 수 있다.

원격탐사기법이 여러 해 동안 산사태와 눈사태 경로 예상지도를 만드는 데에 사용되어 왔다(Sauchyn and Trench, 1978 ; Singhroy, 1995). 가파른 산악지역의 재해 지도를 만들기 위해 위성 탑재 센서를 사용하는 것은 여전히 어렵지만, 보다 포괄적인 사후평가가 가능해졌다(Tsai et al., 2010). 가파른 산악에 재해 지도 제작을 위해 우주 활성탐지기를 사용하는 것은 어려울 수 있다(Buchroitner, 1995). 정찰 정보에는 저고도 항공사진이 덧붙여질 수 있다. 특히 나뭇잎이나 다른 식생피복이 없을 때라면, 1:20,000에서 1:30,000 축척 수직 항공사진이 적절하게 사용될 수 있다. 예를 들면, 봄과 여름에는 많은 눈사태 경로가 눈사태 도랑 역할을 한다. 빈도가 낮은 재해에 대한 인식 및 지도화는 일상적인 문제가 되지 않는다. 그런 재해 중 하나는 눈사태 시작 지점으로 떨어지는 돌출된 빙하로부터 대규모 빙상이 분리되는 것이지만, 사후조사가 재해지도와 안전계획 수립을 위해 이용될 수 있다(Margreth and Funk, 1999).

많은 도시 가장자리에 지어지는 건물에 대한 압박은 경사각과 같이 간단한 기준에 기반한 개발제한 적용이 더 이상 충분하지 않다는 것을 의미한다. 민감성 및 위험 평가에 기반한 더욱 복잡한 토지이용 계획 접근법이 요구되며, 다음 기본적인 접근법들이 이용되어 왔다.

1. 지질학적 기술은 규정된 연구지역에서 매우 상세한 산

사태 위험지도 제작을 포함한다. 이전 산사태 지도를 제외하고 정보들은 암석 유형, 경사각도, 식생 존재 여부, 강우 분포와 같은 유발요인에 의해 수집된다. 그리고나서 주로 GIS를 이용하여 산사태가 일어난 장소와 가능한 유발인자를 연관시키려는 시도가 이루어졌다. 그러나 이런 접근법들은 성공과 실패에 대해 반신반의하였고, 이것은 종종 경사지 붕괴로 영향받기 쉬운 지역을 과대평가하기 때문이었다(Van Asch et al., 2007).

2. 지질공학적 기술은 경사면 붕괴의 개연성을 결정하기 위

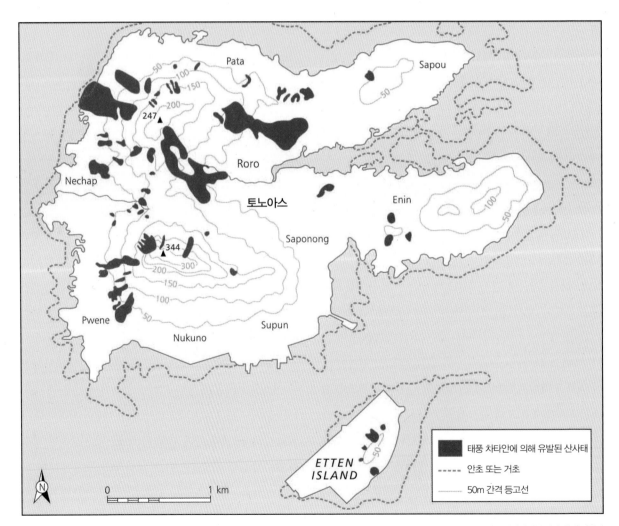

그림 8.12. 2002년 미크로네시아 연방주 토노아스 섬의 넓게 퍼진 산사태 분포. 이런 파편과 진흙사태는 격렬한 열대강수가 계기가 되어 태풍 차타안의 통과와 함께 몇몇의 작은 해안 공동체를 파괴시켰다(Harp et al., 2009).

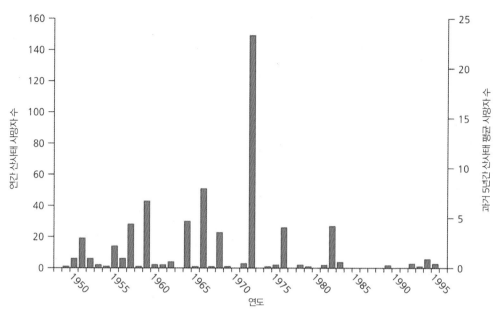

그림 8.13. 1948~1996년 홍콩의 위험관리에 의한 산사태 발생 정도(Morton, 1998).

해 수학적인 안정성 방정식을 사용한다. 최근에 GIS를 이용한 이런 시도가 더욱 흔하게 되었다(Petley *et al.*, 2005). 이런 기술들은 토양의 힘, 경사각도, 지하수 수위와 같은 계수의 양적 추산을 필요로 한다. 다음으로 지질도와 지형도가 주요 계수의 공간 분포를 결정하는 데에 사용된다. 불행하게도 문헌에서 일반적인 수치는 토양의 강도와 같은 요인에 할당되어야 한다. 이는 이런 계수들이 상당히 다를 수 있기 때문에 주요한 약점이 될 수 있다.

이런 오류에도 불구하고, 그런 기술들은 잠재적으로 위험한 경사면에서의 새로운 개발계획에 대한 일반적 지침으로 널리 사용된다. 한 지역이 중간 혹은 높은 위험 구역으로 구분될 때, 위험을 평가하기 위한 더욱 상세한 지질공학적 조사가 착수되어야 하고, 이 부지를 안전하게 만드는 어떤 조치든 요구되어야 한다. 몇몇 결과가 인상적이었다. 예를 들면, 1958년 일본 정부는 태풍 폭우로 촉발되는 산사태와 토석류를 경감시키기 위해 'Sabo' 법안을 제정했다. 1938

년에 거의 13만 명 주택이 파괴되었고, 500명 이상의 사람들이 산사태로 인해 목숨을 잃었다. 1976년(20년간 일어난 산사태 중 가장 최악의 재해가 발생한 해)에는 2,000개의 주택만 파괴되었고, 125명 미만이 목숨을 잃었다. 1970년대까지 구릉지 사면 개발이 적절하게 규제되지 않았던 홍콩에서 유사한 증거가 있다(Morton, 1998). 경사면에 대한 안전계획은 1990년대에 도입되었고, 완만한 구릉지에서 연평균 사망률이 1970년대 이후 약 20년간은 절정에 달했다가 급격하게 낮아졌다(그림 8.13).

그러나 산사태 위험저감을 위한 체계적인 접근은 규칙보다는 예외를 남긴다. 주요한 문제는 지역에서 이미 주택지로 사용하고 있는 곳이 잠재적인 경사면 붕괴위험으로 식별될 때 발생한다. 많은 관리 자금이 비상상황에서만 활용되지만, 종종 위험경감을 위한 국가나 지방정부의 비용 요구시에도 지출된다. 이는 비록 건물에 대한 보험이 산사태로 인한 비용을 상쇄하기도 어렵지만, 영구적인 경감 비용은 주택소유자 책임으로 여겨지기 때문이다.

표 8.3. 눈사태 빈도에 따른 식물의 특징에 대한 개략적인 지표

최소 빈도(년)	식물의 증거
1~2	헐벗은 버드나무나 관목, 1~2m 이상의 나무는 없음, 깨진 목재
2~10	소수의 1~2m 이상의 나무, 덜 성장한 나무 또는 선구 수종, 깨진 목재
10~25	주로 선구 수종, 어린 현지 극상종 나무, 핵심 데이터의 증가
25~100	선구 수종의 성목, 어린 현지 극상종 나무, 핵심 데이터의 증가
>100	필요로 하는 핵심 데이터의 증가

출처: Perla and Martinelli(1976).

표 8.4. 스위스의 눈사태 색별 표식 체계

고위험지대(빨간색)	• 30년 미만의 반복 주기를 지닌 눈사태 • 3t/m² 또는 그 이상의 충격 압력과 300년까지의 반복 주기를 지닌 눈사태 • 건물이 없거나 겨울 주차장이 수락됨. 장비를 위한 특별한 벙커가 요구됨
중위험지대(파란색)	• 3t/m² 미만의 충격 압력과 30~300년 사이의 반복 주기를 지닌 눈사태 • 사람들이 모이도록 하는 공공건물들이 건립될 수 없음 • 만일 충격에 견딜 수 있도록 강화된다면 개인주택이 건립될 수도 있음 • 재해가 발생하는 기간 동안 이 지역은 폐쇄됨
저위험지대(노란색)	• 0.3t/m²의 충격 압력 또는 거의 30년이 넘는 반복 주기를 지닌 분설 눈사태 • 300년이 넘는 반복 기간을 지닌 극히 드문 눈사태
무재해지대(하얀색)	• 0.1t/m²까지의 적은 공기 블라스트 압력에 의해 매우 보기 드문 영향을 받음 • 건물 제한이 없음

출처: Perla and Martinelli(1976).

산사태와 마찬가지로 눈사태 위험에 대한 가장 효과적인 경감방법은 특정 장소의 위험을 확인하는 데 기반한 토지이용 계획을 통해서이다. 스위스에서는 1951년에 이르러 눈사태 토지사용제한법이 정부에 의하여 지시되었다. 상세한 위험 정도를 결정하기 위한 지대 설정은 지형 모델과 눈사태 역학에 대한 이해와 함께 역사적 눈사태 자료 수집으로부터 시작된다. 거주민들이 있는 부지 근처에서 눈사태 빈도가 지역 관련 지식의 문제가 될 수 있을 것이다. 더 먼 지역에서는 위성사진과 수치표고모델의 사용과 같은 다른 방법들이 필수적이다(Gruber and Haefner, 1995). 눈사태 활동의 장기간 패턴은 연륜연대학 정보로부터 만들어질 수 있다. 예를 들어, Muntan et al.(2009)은 40년 이상에 걸친 피레네 산맥 눈사태 경로를 재구성했다. 숲에 있는 나이테 흉터는 이전의 재해에 의해 피해를 입었다는 것을 알 수 있으며, 아직 눈사태 경로에 남아 있는 나무는 200년 이상 과거에 대한 믿을 만한 빈도 추산을 할 수 있게 한다(Hupp et al., 1987). 나무들이 파괴된 지점, 피해를 입은 잔여 식생과 그 높이 및 수종을 포함한 정밀검사가 유용한 지침이 될 수 있다. 표 8.3은 초기의 지도화가 약 1:50,000 축척에서 착수될 때 어떻게 이런 증거가 활용될 수 있는지 보여

준다.

브리티시컬럼비아의 눈사태 지도책은 도로 관리요원이 활용할 수 있는 교본으로 사용된다. 이 지도에는 재해영향 평가와 함께 눈사태가 발생한 위치의 지형과 식생에 대한 상세한 묘사가 동반된다. 눈사태가 거주지에 위협이 되는 곳에서는 대축척 지도(1:25,000~1:5,000)가 필요하다. 두 개의 중요한 변수를 결정하는 것은 사태 재해연구에서 항상 어려운 부분이다. 이런 것들은 특정한 지역에 밀려들어 오는 눈사태가 도달할 것인지 아닌지를 결정하는 도피지대의 거리이고, 주어진 지점의 피해 정도를 결정하는 충격압력이다. 활발한 눈사태의 컴퓨터 모델링은 갈수록 더 복잡해지고 있지만, 이 모델 신뢰성을 높이기 위해 정밀함이 요구된다(Brabolini and Savi, 2001). 이런 방법들은 지형자료 해상도와 모델 개선을 위해서 중요성이 커지고 있다.

일반적으로 많은 국가들에서 작성된 눈사태 위험지도에서는 색별 표식 체계로서 3개 구역을 채택했다(표 8.4). 이런 계획은 규칙적인 업데이트를 필요로 한다. 예를 들면, 1999년 오스트리아 갈튀르 지역에 발생한 재해 이후, 이전에는 150년에 1회 주기의 사건을 가정하여 작성되었던 건물 제한구역이 연장되었고, 모든 새 건물이 명확한 눈사태 압력에 대응하여 보강할 것을 요구하는 규정으로 개정되었다. 덧붙여, 눈 갈퀴가 처음으로 발생 구역에 설치되었고, 하상의 대피구역 일부를 가로질러 눈사태 댐이 건설되었다.

더 읽을거리

Hewitt, K. (1992) Mountain hazards. *Geojournal* 27: 47-60. A good general account of problems in high terrain.

Hancox, G.T. (2008) The 1979 Abbotsford landslide, Dunedin, New Zealand: a retrospective look at its nature and causes. *Landslides* 5: 177-88. An excellent, reflective case study of a typical urban landslide disaster.

Harp, E.L., Reid, M.E., McKenna, J.P. and Michael, J.A. (2009) Mapping of hazard from rainfall-triggered landslides in developing countries: exam ples from Honduras and Micronesia. *Engin eering Geology* 104: 295-311. A very well-illustrated report on practical issues relevant to many other tropical nations.

Rice, R. Jr *et al.* (2002) Avalanche hazard reduction for transportation corridors using real-time detection and alarms. *Cold Regions Science and Technology* 34: 31-42. A high-tech approach to risk reduction in avalanche-prone areas.

Runqiu, H. (2009) Some catastrophic landslides since the twentieth century in the south-west of China. *Landslides* 6: 69-81. This paper places the hazard - ous nature of China in sharp focus.

Smyth, C.G. (2000) Urban landslide hazards: incidence and causative factors in Niterói, Rio de Janeiro State, Brazil. *Applied Geography* 20: 95-117. A recurrent and on-going problem in this area and many other parts of the world.

웹사이트

The International Consortium on Landslides www.iclhq.org

The Durham University International Landslide Centre www.landslidecentre.org

The United States Geological Survey landslides hazard program www.landslidesusgs.gov

Current avalanche information from the United States Forestry Service www.avalanche.org

A consortium of avalanche hazard management organizations in Canada www.avalanche.ca

Colorado Avalanche Information Center www.geosurvey.state.co.us/avalanche

The Swiss Federal Institute for Snow and Avalanche Research www.slf.ch/welcome-en.html

혹독한 폭풍 재해

9

A. 기상재해

대부분 환경재해는 날씨에 의해 발생한다. 전 세계인구의 일부만 활성단층이나 불안정 경사면에 거주하고 대부분 극한기상에 노출되어 있다. 기온과 같은 기상요소는 물리적으로 추위나 더위 스트레스를 발생시켜 인류 복지에 직접적인 피해가 된다. 그러나 폭풍과 관련된 재해는 대부분 극한 대기상태가 불리하게 결합되거나 재난을 야기시킬 수 있는 다른 환경요소와 상호작용을 통해 발생한다.

• 혹독한 폭풍재난이 가장 흔한 위험이다. 표 9.1은 모든 심각한 폭풍의 일반적인 특징과 각 유형별 피해 형태를 보여 준다. 예를 들어, 블리자드(눈이 내리면서 16m/s 이상 강풍에 의해 시정이 3시간 동안 44m 미만인 현상-미국 기상청 정의)는 강설이나 풍속을 하나씩 고려할 때보다 더 큰 피해를 발생시킨다.

• 날씨와 관련된 재난은 기상재해(특히 수문기상)가 가파른 지형이나 인간 취약성과 같은 다른 환경에 의해 증폭될 때 발생한다. 예를 들어, 과도한 강수는 산사태와 홍수를 발생시키고 부족한 강수는 가뭄과 기근을 발생시킬

수 있다. 거의 모든 환경재난의 절반과 재해 관련 사망자의 2/3 이상은 기상이나 기후와 관련이 있다. 폭풍과 기상 관련 재난에 미치는 기후변화의 잠재적인 영향은 제14장에서 다룬다.

기상재해의 중요성은 잘 인식하지 못한다. Pielke and Klein(2005)은 미 연방긴급사태관리국(FEMA)이 관리하고 있는 미국 재해기록에서 홍수와 관련된 열대성 저기압의 영향이 과소 추정되었다고 하였다. 2005년 멕시코 만의 해안을 강타한 허리케인 "카트리나", "리타", "윌마"는 500명 이상 사망자와 보험 및 연방재해 구호비용으로 1,800억$ 이상을 기록하였다. 뉴욕의 9·11 테러 복구에 355억$의 비용이 소요된 것과 비교될 만큼 463억$의 비용이 소요된 허리케인 '카트리나'는 세계적으로 피해액이 가장 큰 재난이었다.

혹독한 폭풍에 의한 재난이 전 세계 자연재난 손해보험금의 약 80%를 차지한다. 최근까지 보험회사에서 사용하고 있는 폭풍 손실 모델의 일부는 강수가 부수적인 요인으로 간주되어(Munich Re, 2002a) 풍속에 대한 평가로 한정되었다. 폭우와 관련된 손실이 발생하면서, 보험회사는 '건

표 9.1. 재난 구성요소로서 극심한 폭풍의 특성과 영향

| 열대 폭풍 | 중위도 폭풍(온대 폭풍) | | | |
열대성 저기압	토네이도	우박 폭풍	겨울철 폭풍	눈 폭풍
바람	바람	우박	바람	눈
비	기압 하강	바람	비	얼음
폭풍해일과 파도	상승기류	번개	홍수	얼음 피막
해안침식	건물 피해	건물 피해	산사태	바람
홍수	농작물 손실	농작물 손실	해안침식	블리자드
산사태			건물 피해	교통혼잡
염분 침식			농작물 손실	건물 피해
건물 피해				농작물 손실
농작물 손실				
교통혼잡				

주: 모든 폭풍이 사망과 부상의 원인이 된다.

조한' 폭풍과 '습한' 폭풍을 구분하기 시작하고 해안 폭풍해일의 영향에 주목하게 되었다. Rauch(2006)에 의하면, 혹독한 폭풍은 1950~2005년 동안 모든 기록적인 자연재난의 40%를 차지한다고 하였다. 폭풍이 전체 경제손실 요인의 38%와 보험에 가입된 재산손실 요인의 79%를 차지한다. 같은 기간 동안 혹독한 폭풍으로 인하여 누적된 손실 비용은 2005년을 기준으로 총 1조 7,000억$이고 보험 손실금은 3,400$로 추정되었다.

B. 열대성 저기압의 특성

전 세계에서 연평균 90여 개의 열대성 저기압이 발생하지만 각 대양별로 매년 변동이 크다. 열대성 저기압은 온난한 해양에서 강한 대류에 의해 발생한 종관규모의 비전선성 저기압으로 정의된다. '열대성 저기압(tropical cyclone)'이란 용어는 인도양, 벵골 만, 오스트레일리아 해상에서 사용하고 있으며 카리브 해, 멕시코 만, 대서양에서는 '허리케인'이라고 불린다. 가장 발생 빈도가 높은 필리핀과 일본 근처 북서태평양에서는 '태풍'이라고 부른다. Landsea(2000)에 의하면, 전 세계에서 연평균 86개의 열대 폭풍(풍속 18m/s 이상), 47개의 허리케인급 열대성 저기압(풍속 33m/s 이상), 20개의 강력한 허리케인급 열대성 저기압(풍속 50m/s 이상)이 발생한다.

'열대성 저기압'이라는 용어가 보다 일반적이다. 허리케인은 평균풍속 33m/s 이상으로 정의된다. 이런 바람은 기압경도가 매우 강한 저기압 중심에서 분다. 폭풍은 적당한 깊이와 강한 소나기가 나타나는 초기 폐쇄된 순환 형태에서 완전한 허리케인으로 발달한다. 많은 연구자들은 최대 평균풍속 18m/s 이하인 열대 저기압과 최대평균풍속 18~32m/s인 열대 폭풍을 중간단계라고 인식한다. 허리케인 강도는 중심기압, 풍속, 사피르-심프슨의 해양해일 등급에 의해 구분될 수 있다(표 9.2). 등급 4 또는 5는 미국에서 일 년 동안 사용되는 에너지보다 하루에 더 많은 힘을 방

표 9.2. 사피르-심프슨 허리케인 등급

등급	중심기압(hPa)	풍속(m/s)	해일(m)	피해
1	>980	33~42	1.2~1.6	최소
2	965~979	43~49	1.7~2.5	중간
3	945~964	50~58	2.6~3.8	대규모
4	920~944	59~69	3.9~5.5	극단적
5	<920	>69	>5.5	재앙

출한다.

열대성 저기압과 관련된 세 가지의 주요 피해는 다음과 같다.

- 강풍은 대부분 구조적인 피해를 일으킨다. 종종 폭풍의 중심기압이 950hPa까지 낮아진다. 태풍 '팁(Tip)'이 1979년 10월 태평양 도서인 괌을 강타했을 때 최저기압은 870hPa, 최대 평균 풍속은 85m/s를 기록하였다. 가장 강력한 폭풍 중심 부근에서 90~280km/h 범위의 순간 돌풍이 발생할 수 있다. 풍속에 비례하는 공기덩어리의 이동이 수직적일 때 바람의 관성이 나타난다. 따라서 피해규모는 폭풍강도에 따라서 급격하게 증가한다. 그림 9.1에서와 같이 등급 5인 허리케인(풍속 70m/s)의 파괴적인 힘은 열대 폭풍(풍속 20m/s)의 피해 가능성보다 15배 정도 더 강할 수 있다.

- 호우는 허리케인 '미치(Mitch)'에서와 같이 홍수와 산사태를 발생시킨다. 특정 지역에 열대성 저기압이 통과할 때 12시간 정도 짧은 시간에 총 강수량 250mm를 초과할 수 있다. 해안 산지의 경우 더 많은 강수가 쏟아진다. 기록상 가장 강력한 호우는 1966년 1월 레위니옹 섬에서 발생한 것으로 12시간, 24시간 강수량이 각각 1,144mm, 1,825mm였다. 쇠퇴하고 있는 저기압과 관련된 강수는 홍수를 발생시키면서 해안에서 멀리 내륙까지 지속될 수 있다.

- 폭풍해일은 60~80km를 가로질러 바닷물이 돔 형태로 올라가는 현상으로 저개발국에서는 익사 사망자와 농지 염류화로 큰 손실이 발생한다. 확장된 파도는 폭풍 중심에서 바깥으로 폭풍 자체보다도 3~4배 정도 빠르게 움직이고, 1,000km 멀리 떨어진 해안가에도 위험을 가할 수 있다. 바람에 의한 파도는 열대성 저기압 강도와 진행속도, 해안으로 접근하는 각도, 해안의 해저 경사, 조수단계에 따라서 얕은 해변을 따라 최고 높이까지 물을 쌓아 올린다. 전형적인 높이는 2~5m로 일반적인 조수 단계보다 높다(그림 9.2). 멕시코 만이나 벵골 만과 같이 고도가 낮은 해안가의 좁고 사방이 막힌 만이 특

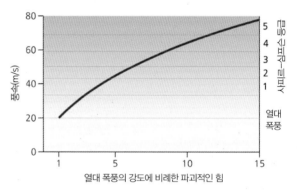

그림 9.1. 열대 폭풍과 비교한 허리케인 풍속의 파괴적인 힘. 피해 가능성은 바람의 힘(허리케인 등급 4의 풍속 65m/s)에 비례하여 열대 폭풍 기류의 파괴적인 힘의 10배 정도이다(Pielke and Pielke, 1997; John Wiley and Sons, 1997).

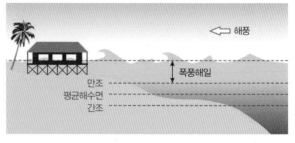

그림 9.2. 폭풍해일의 위험 특성. 강한 해풍은 만조 수준을 넘어서 내륙으로 바닷물을 이동시키며 저지대 해안 구조물을 위협한다.

히 위험하다. 저기압에 의해 기압이 30hPa 하강할 때마다 260mm 비율로 강수가 발생할 때, 낮은 기압으로 해수면이 더 높이 상승한다. 최고 해일 높이는 13m로 추정되는 1899년 오스트레일리아 배서스트 만에서 발생하였다.

C. 열대성 저기압의 발달

열대성 저기압은 열과 수분에 의존하므로 해수면온도가 26℃ 이상인 온난한 해양에서 발생하며, 대부분 한류가 흐르지 않는 주요 대양 서쪽 부분에서 발달한다. 그림 9.3은 열대성 저기압의 주요 발생지역과 가장 빈번하게 영향을 받는 지역을 폭풍 경로별로 도식화한 것이다. 남태평양

동부와 남대서양에서는 낮은 온도와 적절하지 않은 상층풍 때문에 열대성 저기압이 발생하지 않는다. 그러나 이런 폭풍의 심한 변동은 엘니뇨−남방진동(ENSO)과 같은 열대 해양과 대기 시스템의 변화와 관련될 수 있다(제14장 참조). 대부분 폭풍 시스템은 중위도를 가로질러 고위도 해안을 위협할 수 있는 충분한 에너지를 가진 상태로 수천km 구간에서 위험한 상태로 유지된다. 그럼에도 불구하고 미국 북동지역과 같은 육지를 만나면 빠르게 쇠퇴한다.

기상학적으로는 열대수렴대 부근에서 소용돌이 형태인 작은 규모의 저기압성 요란에서 시작되는 것이 전형적이다. 만약 지표면 기압이 25~30hPa 정도로 낮아지면 반경 30km로 강하게 바람이 불어 들어오는 순환이 형성된다. 환경적으로 조건이 충족되면 요란이 스스로 성장하여 허리케인으로 발달할 수 있다.

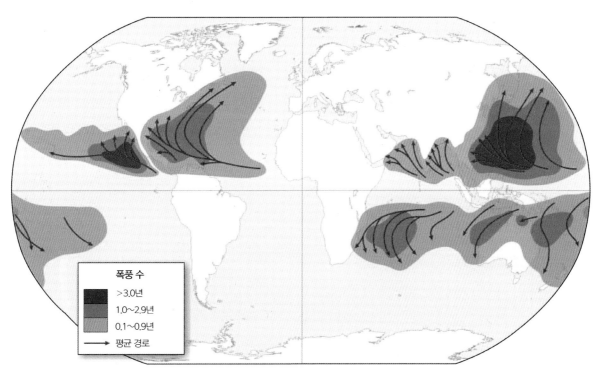

그림 9.3. 전 세계 열대성 저기압의 연평균 발생 빈도와 위치. 극쪽을 향한 폭풍 경로와 북태평양 서부의 발생지역은 미국과 그 외 인구가 밀집된 해안지역의 상륙에 영향을 미치므로 중요하다.

• 넓은 지역에서 대류에 의해 상승하는 공기는 해수면에서 10~12km까지는 주변 공기덩어리보다 더 온난해야 한다. 이와 같은 온난상태는 해양으로부터 증발과 저기압 중심에서 나선형으로 발달한 구름대에서 응결과정으로 발생하는 잠열에 의한 것이다. 또한 6km 고도까지는 습도도 높아야 한다. 만약 상승하는 공기가 잠열을 방출하기에 충분한 수분을 포함하지 못하거나 시발지점의 기온이 낮으면 연쇄반응이 시작되지 않을 것이다. 그러므로 열대성 저기압은 해수면 온도가 26℃ 이상인 열대 해양에서만 형성된다.

• 허리케인은 저기압 시스템에서 소용돌이(와도)가 있어야 초기단계의 순환을 시작다. 따라서 적도에서부터 위도 5° 사이는 코리올리 힘이 거의 0이고, 유입되는 공기가 강하게 발달하는 지표 상 저기압을 빠르게 채우기 때문에 허리케인이 발달할 수 없다. 그러나 저기압으로 수렴한 공기흐름이 남북위 5~12° 지역에서는 나선형 구조가 발달할 수 있게 방향을 바꾼다.

• 난기류는 소용돌이로 발달하는 것을 억제시키기 때문에 사이클론이 형성되는 광범위한 기류는 수직적인 난기류가 약해야 한다. 수평으로 부는 8m/s 미만인 바람의 수직 시어(sheer)가 사이클론에서 기압이 가장 낮은 중심에 큰 대류 구역을 발달시킨다. 이것이 사이클론이 열대에서 발달할 수 있지만, 아시아 여름몬순의 수직적으로 전단된 기류에서 강하게 발달할 수 없는 이유이다. 대부분 열대성 저기압은 해수면온도가 가장 높은 시기인 늦여름과 가을철(몬순 시즌 이후)에 발생한다.

• 발달하고 있는 지표 상 저기압과 결합되어 성장하고 있는 폭풍 위에 상대적으로 고기기압 구역이 있어야 한다. 이런 경우는 거의 없으며 몇몇의 열대성 요란이 사이클론으로 발달한다. 만약 상층에 고기압이 있다면 강한 발산이나 공기유출이 상층대류권에서 지속된다. 한마디로

이런 시스템은 흡수 펌프와 같이 상승하는 공기를 빠져나가게 하면서 해수면으로 수렴을 강화시킨다.

성장하는 열대성 저기압은 습윤한 대기가 상승하거나 발산하는 열 복사에 의해 해양표면에서 증발로 발생한 에너지를 잃거나 부분적으로 바다 위를 이동하면서 마찰에 의해 에너지를 잃는 열역학적 열 엔진으로 생각할 수 있다. 풍속이 증가할수록 폭풍은 강해지고 에너지를 얻는 것보다 에너지 손실이 증가하면서 이론상으로 폭풍 발달의 최고단계까지 도달한다. 풍속은 '태풍의 눈'을 향할수록 증가하고 중심 최저기압이 최대풍속을 발생시킨다. 기록상 중심기압

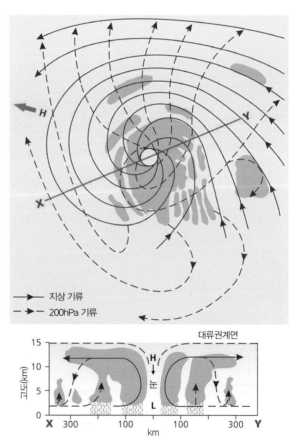

그림 9.4. 열대성 저기압의 범위와 수직구조모델. 구름과 강수의 나선형 띠는 열대성 저기압을 X-Y로 가로지른 수직적 구역으로 표시된다. 유선 기호는 위 모식도에서 언급한다(Barry and Chorley, 1987).

이 가장 낮은 사례는 북서 태평양에서 발생하였으며 태풍의 눈을 중심으로 타워형의 적운형 구름이 반지 형태의 벽체 모양으로 10~12km까지 상승하였다.

대부분 상승기류는 그림 9.4(수직 단면)와 같이 대류권 상층까지 도달하고 폭풍의 주요 배기구역(exhaust area) 역할을 한다. 강수와 잠열 방출이 더 많은 공기를 상승시킬 수 있고 격렬한 나선활동은 강한 바람과 호우를 발생시킨다. 공기 일부가 폭풍 눈에서 압축되고 가열되면서 중심을 향하여 가라앉는다. 온난한 중심부는 지상 기압을 감소시켜 폭풍 중심의 낮은 기압을 유지하면서 시스템을 유지한다. 최근에는 초기 태풍의 눈벽(eyewall)이 폭풍 중심에서 밖으로 향하면서 새로운 태풍의 눈벽을 형성하여 일부 허리케인이 '태풍의 눈벽 대체'에 의해 강화될 수 있다는 내용이 제시되었다(Houze et al., 2007). 모든 폭풍 시스템은 상층대기 편동풍에 의해 서쪽으로 약 4~8m/s씩 이동하지만 결국에는 극을 향하여 이동하다가 불규칙적으로 구부러져 동쪽으로 방향을 바꾼다.

D. 열대성 저기압에 의한 재해

폭풍해일 발생 시에 익사자가 주로 발생하므로 열대성 저기압은 강풍에 의한 대부분 사망의 원인이 된다. 열대성 저기압의 위험에 노출된 사람은 1970년에는 7,300만 명에서 2010년에는 1억 2,300만 명에 달한다(Peduzzi et al., 2011). 이들은 주로 저개발국에 거주하고 있으며 1억 명 이상은 평균 해발고도 10m 이하인 해안에 살고 있다. 사망자의 85% 이상이 방글라데시와 인도에서 발생하였다. 다른 재해와 같이 열대성 저기압은 손실뿐만 아니라 이익을 초래하기도 한다. 예를 들면, 오스트레일리아의 경우 열대성 저기압으로 인한 피해는 자연재해 비용의 1/4을 차지하지만, 지역에 따라서는 종종 가뭄을 끝내게 하는 주요한 수단이 된다. 가장 큰 위험은 다음 세 가지 경관으로 확인할 수 있다.

• 저개발국의 인구밀도가 높은 삼각주

방글라데시는 열대성 저기압 위험에 가장 취약한 나라이다. 2,000만 명 정도 사람들이 벵골 만의 비옥한 삼각주를 따라 발달한 주요 소도시에 거주하면서 열대 폭풍 위험에 노출되어 있다. 모든 열대성 저기압의 약 10%가 벵골 만에서 형성되고 매년 평균 5개 이상이 발생하며 3개 정도가 허리케인 강도에 도달한다. 20세기 가장 치명적인 2개의 폭풍이 폭풍해일에 안전한 지형이 거의 없는 방글라데시에서 발생하였다(표 9.3). 1970년 11월 30만 명 이상이 사망하였고 7,500만$의 피해가 발생하였다. 당시 풍속은 65m/s에 달했으며 폭풍해일이 3~9m 높이에 달했다. 효과적인 경고와 대피계획이 없어서 생존자들은 피난처를 찾아 나무 위로 올랐다. 사이클론 계절 초기 몬순 전인 1991년 4월 29일에 방글라데시 남동 해안에 다시 엄청난 열대성 저기압이 강타하였다. 적어도 13만 9,000명이 6m 높이의 폭풍해일로 사망하였고 진흙, 대나무, 짚으로 된 집에서 살고 있는 빈곤한 사람들의 주거지가 물에 쓸려가 1,000만 명 이상이 삶의 터전을 잃었다. 가장 큰 파괴는 항만 입구의 토사로 형성된 섬에서 발생하였다. 30만 명이 거주하던 샌드윕(Sandwip) 섬의 가옥 80%가 파괴되었다.

• 고립된 섬

태평양에 멀리 있는 섬뿐만 아니라 일본, 필리핀, 카리브 해 섬은 모두 열대성 저기압의 위험에 직면한다. 카리브 해는 대부분 대서양 허리케인 경로에 위치한다. 이런 도서에서는 사망자가 발생하고 관광에 영향을 미치는 것 외에 강한 바람에 의해 바나나 등 과실 낙과와 호우로 인

표 9.3. 20세기의 치명적인 세계 10대 열대성 저기압

연도	국가	사망자 수
1970	방글라데시	300,000
1991	방글라데시	139,000
1922	중국	100,000
1935	인도	60,000
1998	중앙 아메리카	14,600
1937	홍콩(중국)	11,000
1965	파키스탄	10,000
1900	미국	8,000
1964	베트남	7,000
1991	필리핀	6,000

출처: CRED; NOAA.

한 농작물 유실로 농업분야가 취약하다. 수확 예정인 작물이 폭풍해일로 인한 토양 염분화에 의해 영향을 받을 수 있다. 외화를 벌어들이는 데 꼭 필요한 바나나와 같은 상업적 농작물이 많은 피해를 입을 것이다.

• 선진국의 높은 도시화 비용

열대성 저기압의 피해 가능성이 가장 큰 지역은 멕시코만과 미국 대서양 해안을 따라 분포한다. 미국 역사상 치명적인 자연재난은 1900년 9월 텍사스 갤버스턴에 발생한 폭풍해일로 6,000명 이상이 사망한 것이다. 지역별 사망자 수가 12,000명을 초과하였다(Hughes, 1979). 그당시 갤버스턴의 가장 높은 지점은 해발고도 3m 미만으로 도시 내 주거지 거의 절반이 파괴되었다. 2005년 8월 후반에 발생한 '카트리나'는 대서양에서 발생한 허리케인 중 6번째로 강한 허리케인이며, 미국에 상륙한 허리케인 중 3번째로 강한 것으로 루이지애나 남동부지역을 강타하였다. 멕시코 만 연안의 120만 명이 대피명령을 따랐음에도 불구하고 1,600명이 사망하였다. 27만 5,000개의 주택이 피해를 보거나 파괴되었다. 뉴올리언스에는 대규

모 홍수가 발생하여 해안선에서 150km 내륙까지 엄청난 충격을 받아 세계에서 가장 피해가 큰 자연재난이 되었다(Box 9.1).

잠재적인 열대성 저기압의 위험은 폭풍 강도와 인간 노출과 관련이 있다. 예를 들면, 강한 열대성 저기압(풍속 약 50m/s)은 미국에 상륙하는 모든 허리케인의 1/5에 불과하지만, 이런 혹독한 폭풍은 허리케인과 관련된 모든 피해의 80% 이상에 이른다. 사피프-심프슨 등급 5에 해당하는 허리케인 '앤드루(Andrew)'는 육지 상륙 시 풍속 74m/s를 유지하였고 해일 높이 4.5m가 더해져 엄청난 손실이 발생하였다. 위험성이 큰 플로리다 지역은 5,000개 이동주택을 포함한 28,000개 주택이 파괴되었으며, 65명이 사망하였고 25만 명이 집을 잃었다. 미국 동부해안 모든 지역은 1972년 이후 허리케인에 취약한 지역으로 인지되었다. 1972년 출현한 허리케인 '아그네스'는 플로리다로부터 북쪽으로 이동하며 주로 내륙의 홍수를 발생시켜, 118명 사상자와 30억\$ 피해를 발생시켰다(Bradley, 1972).

열대성 저기압은 가난한 나라의 빈곤층에 미치는 영향이 가장 크다. 1974년 온두라스에 출현한 허리케인 '피피(Fifi)'는 경사가 급한 언덕에 산사태를 일으켰다. 이 지역은 대부분 소작농들이 비옥한 계곡에서 밀려나 이전한 곳이다. 또 다른 등급 5의 허리케인 '미치'는 1998년 10월 중앙아메리카의 여러 지역에 큰 충격을 주었다. 이는 대서양에 출현한 기록상 4번째로 강한 허리케인으로 풍속 80m/s를 유지하고 강한 강수가 대규모 홍수와 산사태를 일으켜 14,000명의 사망자, 13,000명의 부상자, 80,000명의 노숙자, 그외에 일시적으로 원조를 받아야 하는 250만 명을 발생시켰다. 물질적인 손실은 제1차 산업인 농업, 임업, 어업 분야에 2/3가 집중되어 60억\$에 달하였다. 서반구에서 두 번째로 가난한 나라인 온두라스에 또 다시 피해가 발생하였다. 산

Box 9.1. 허리케인 '카트리나': 제방과 생존을 위한 교육

뉴올리언스는 북쪽 폰차트레인 호수와 남쪽 미시시피 강 사이 미시시피 삼각주에 위치한다. 해수면보다 높은 지역이 1/2 미만이다. 대부분 지역은 해수면 아래에 0.3~3m 정도 함몰 충적토와 이탄으로 구성되어 있다(Waltham, 2005). 일반적으로 빗물 배수시설이 낮은 곳에 위치한 지역에서 폰차트레인 호수로 물을 이동시킨다. 허리케인으로 인한 폭풍해일을 막기 위하여 뉴올리언스는 인위적인 홍수 방벽과 복잡한 제방 시스템과 더불어 주위 습지와 섬을 이용한다. 이런 방어물은 오랫동안 쇠퇴해졌다. 매년 습지의 75km²가 손실되고 루이지애나 해안을 따라 위치한 섬이 매년 20m 이상 침식되어 제방공사와 준설로 삼각주 재개발을 위한 퇴적물 공급의 한계에 이르렀다. 결과적으로 모든 삼각주가 내려앉게 되었고 뉴올리언스는 해면 아래로 더 가라앉고 있으며 자연적인 해안 완충 역할이 크게 훼손되었다. 여기에다 인간 취약성이 추가되었다. '카트리나'가 발생하기 전에 진행 중인 지방 석유산업 축소와 항구시설 폐쇄로 이 도시에 실업자가 많았다. 모든 가족의 약 25%가 효율적인 사고대응이 어려울 정도의 가난과 인종 불평등을 겪으며 살고 있었다. 재난발생이 예고되어 있었다(Reichhardt et al., 2005; Comfort, 2006).

2005년 8월 29일 오전 6시 10분, 허리케인 '카트리나'가 루이지애나 남동쪽에 상륙하였다. 홍수 방벽과 제방은 허리케인 3등급에 견뎌 낼 수 있도록 고안되었으나, 1920년대와 1930년대 굳지 않은 퇴적물에 기초하여 만들어졌다. 해안에 위치한 빌럭시와 걸프포트는 폭풍이 내륙을 덮치기 전에 최소 7.5m 높이의 폭풍해일로 심각한 피해를 입었다(Robertson et al., 2006). 폰차트레인 호수는 북아메리카에서 강한 북풍에 의한 가장 높게 관측된 폭풍해일(평소보다 5.2m 높은 고도)로 홍수 방어가 힘들게 되었다. 방어에 실패하여 넘친 물이 해수면보다 낮은 뉴올리언스 북쪽으로 흐르게 되면서 도시의 80% 이상이 1.5~2.0m 깊이에 잠기게 되었다(그림 9.5). 미시시피 강 구하도(메터리 퇴적물)와 관련되어 형성된 하천 퇴적물과 과거해안은 다소 높고 건조한 상태다. 홍수 높이는 육지 고도와 직접적인 관련이 있으므로 해당 도시의 주요 거주지인 가장 낮은 지역이 큰 피해를 입게 되어 전체 재산피해의 80% 정도가 거주지에서 발생하였다.

홍수의 2/3는 제방 시스템 고장 때문이고 1/3은 강수가 내부 저수 용량을 초과하여 발생하였다. 총 50개 제방이 피해를 입었고 그중 46개는 지하 침투나 제방 구조 후면의 세굴침식, 제방 상부를 따라 발생한 침식이 혼합되어 제방이 파괴되었다. 일례로 산업용 운하 제방은 하부 진흙과 모래에 물이 침투하여 약해졌던 것에 반하여, 뉴올리언스 17번 운하 제방은 물 유입 초과와 붕괴로 인한 것이다. 허리케인 '카트리나'의 강도는 뉴올리언스 홍수 방어를 위한 기술적 설계기준을 초과하였지만, 그 시스템은 실제 구동되었던 것보다는 기능이 더 효율적으로 작동되어야 했다(Interagency Performance Evaluation Taskforce, 2006). 다음과 같은 설계 문제가 있다.

- 1965년 당시 발생한 허리케인에 기초하여 모델을 설계하였고 제방의 단편적인 개선도 방재에 적합하지 않은 수준으로 이루어짐.
- 적절한 자료를 초과한 홍수 배출구와 같은 구조물 건축과 특정 지역의 다양한 지반침하율 고려에 실패
- 펌프장 수요 충족 불가(폭풍기간 동안 총 용량의 16%만 작동함).
- 홍수 방어와 침식될 수 있는 토양에 행해지는 다양한 역학적인 힘을 과소평가함.

도시 80% 이상에서 홍수가 발생하였고 1,600명이 사망하였다. 카트리나 피해비용은 750억$로 미국 역사상 폭풍으로 인한 피해 비용 중 가장 높은 값이다. 미국 역사상 한 도시에서 150만 명이 집을 떠나 다른 곳으로 향했던 가장 큰 대피상황이었다는 것을 고려하더라도 방재에서 정책과 사전 준비가 부족했다는 것이 분명하게 밝혀졌다. 항상 그랬듯이 가난한 사람과 노약자들이 가장 큰 피해를 입었다. 인명손실은 일부 홍수 수위에 의한 측면이 있지만, 사망자 3/4 이상이 60세 이상이었다. 13만 명 거주자들은(인구의 27%) 개인적인 이동수단이 부족하였고, 허리케인이 강타하기 전까지는 법에 규정된 대피 규칙이 주요 관심을 끌지 못했다. 비상시 특별히 개통된 고속도로를 이용하여 80% 인구가 대피했을 거라고 추정했음에도 불구하고 도시 내부에 가장 빈곤한 10만 명 정도가 여전히 남겨

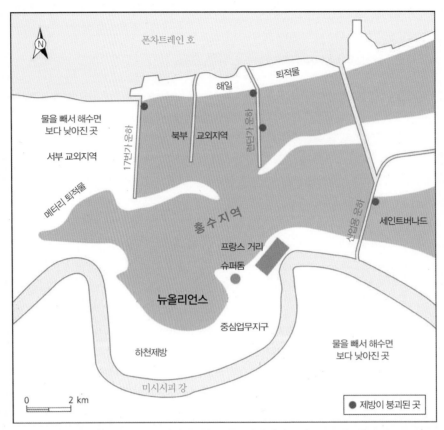

폰차트레인 호

퇴적물

해일

북부 교외지역

물을 빼서 해수면
보다 낮아진 곳

서부 교외지역

메터리 퇴적물

17번가 암거

런던가 암거

홍수지역

세인트버나드

건가 암거

프랑스 거리

슈퍼돔

뉴올리언스

중심업무지구

물을 빼서 해수면
보다 낮아진 곳

하천제방

미시시피 강

0   2 km

● 제방이 붕괴된 곳

그림 9.5. 2005년 8월 뉴올리언스를 강타한 허리케인 '카트리나'의 영향. 제방이 붕괴된 주요 위치가 중앙 도심 홍수 범위를 따라서 표기되었다. 많은 주민들이 슈퍼돔의 비상 대피소를 찾았다(Waltham, 2005).

졌다. 20,000명은 다른 피난처를 찾기 전까지 5일 이상 식량과 적절한 물 지원 없이 루이지애나 슈퍼돔에 군집해 있었다(Brodie et al., 2006). 2005년 9월 8일부터 10월 14일까지 레지던트와 구조대원이 7,500건 이상의 치명적이지 않은 부상자를 치료하였다. 일반적인 긴장감 속에서 의학적인 서비스가 시행되었지만 특히 아이들을 위한 의학적 준비가 부족하였다. 장애를 가진 피난민과 또 다른 특별한 요구를 처리하기에는 응급대피 공간이 부족하였다.

뉴올리언스의 심각한 홍수 원인은 허리케인 '카트리나'였지만 재난에 대응하고 회복하는 기간 동안 일부 집단에게는 사회 경제적 불평등이 더 큰 어려움을 가져왔다. 특히 저임금의 아프리카계 미국인 주택 소유주는 재난발생 이후 취약성에 노출되었다. 그들 대부분 최저 임금 생활을 위한 새로운 직장과 주택 보조와 같은 도움이 필요하였다(Elliott and Paris, 2006). 많은 사람들이 교통수단 부족, 돈과 대피소 부재 등 허술한 피난계획을 비판하였다(Renne, 2006; and Litman, 2006). 비상대책 설계자는 다양한 문제를 포함하고 있는 비운전자들의 요청에 관심을 갖고 그런 거주자들이 대피할 수 있도록 무료 버스 이용 체계를 구축해야 한다.

뉴올리언스는 도시 스스로 재건해야 하는 커다란 도전에 직면하였다. 문제는 여전히 남아 있고 상황은 더디게 진행되고 있다. 미시시피 삼각주 평야의 재건 가능성부터 140억$로 추산되는 도시 시스템 재건과 새로운 제방 기준의 고안까지 논란이 남아 있다. Galloway et al.(2009)은 뉴올리언스의 홍수 방지를 위한 하부구조를 유지하고 해안 삼각주 시스템을 복원시킬 수 있는 연방자금 지원과 해결책이 부족하다고 하였다. 초기 홍수 강도가 경로나 등급과 일정한 관련이 없었음에도 불구하고 홍수피해가 더 크고 사회적으로 더 취약한 뉴올리언스보다 홍수피해가 더 작고 사회적으로도 덜 취약한 곳을 중심으로 재난지역이 빠르게 회복되고 있다(Finch et al., 2010). 도시의 모든 미래 거주자에게는 무엇보다도 더욱 평등한 기회가 부여되어야 할 것이다.

사진 9.1. 1998년 11월 허리케인 '미치'의 영향을 받은 온두라스 수도인 테구시갈파의 촐루테카 강 거주지. 더 빈곤하고 오래된 어도비 가옥이 많이 파괴되었다(사진: AP Photo/Gregory Bull 9811060863).

지에 48시간 동안 100~150cm의 비가 내려 100만 개의 작은 산사태와 이류가 발생하였다. 사망자는 약 5,500명이었으며 범람원과 산비탈에 위치한 수도 테구시갈파에서 많은 사람들이 사망하였다. 약 60% 교량과 학교시설의 25%, 환금작물인 바나나와 커피를 재배하는 농업지역의 50%가 파괴되었다. 경제적인 손실은 연간 GDP의 거의 60%에 달하였다(IFRCRCS, 1999).

재해발생의 주요 요인은 열대성 저기압에 노출된 인류이다. 미국 해안의 건물폐쇄 위협은 약 50년 전에 강조되었으나(Burton and Kates, 1964b), 10년 후 600만 명의 미국인이 최소 백 년에 한 번 정도 발생하는 허리케인으로 인한 폭풍해일에 노출되었다. 그 후로 해안에 인접한 가옥에 대한 수요가 지속되었다. 해안에 위치하며 미국에서 가장 인구

가 많은 5개 주에 인구의 29%에 해당하는 주택이 분포한다(Wilson and Fischetti, 2010). 해안 인구는 1960년 4,700만 명에서 2008년 8,700만 명으로 증가하여 다른 지역에 비하여 증가율이 매우 높다. 인구증가는 허리케인에 의해 피해를 입기 쉬운 플로리다와 같은 '선벨트' 주에서 두드러졌다. 이 지역은 65세 이상 연령대가 해변가에 가까운 이동주택이나 고급 아파트에서 생활하는 것을 선호하는 곳이다. 흥미로운 점은 허리케인을 경험했음에도 불구하고 대규모 인구이주가 지속되었다는 것이다. 1960년대 이후 가장 강력한 10개 허리케인이 해안에 위치한 주에 거주하고 있는 약 5,100만 명에게 영향을 미쳤다(만약 2008년에 같은 규모의 허리케인이 발생하였다면 영향을 받은 사람은 7,000만 명에 이르렀을 것이다.). 그림 9.6은 10개 허리케

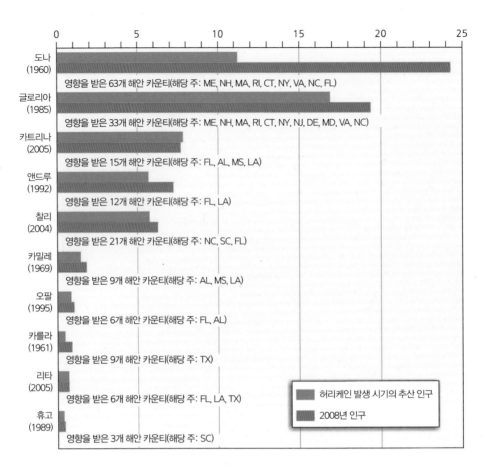

도나
(1960)

영향을 받은 63개 해안 카운티(해당 주: ME, NH, MA, RI, CT, NY, VA, NC, FL)

글로리아
(1985)

영향을 받은 33개 해안 카운티(해당 주: ME, NH, MA, RI, CT, NY, NJ, DE, MD, VA, NC)

카트리나
(2005)

영향을 받은 15개 해안 카운티(해당 주: FL, AL, MS, LA)

앤드루
(1992)

영향을 받은 12개 해안 카운티(해당 주: FL, LA)

찰리
(2004)

영향을 받은 21개 해안 카운티(해당 주: NC, SC, FL)

카밀레
(1969)

영향을 받은 9개 해안 카운티(해당 주: AL, MS, LA)

오팔
(1995)

영향을 받은 6개 해안 카운티(해당 주: FL, AL)

카를라
(1961)

영향을 받은 9개 해안 카운티(해당 주: TX)

리타
(2005)

영향을 받은 6개 해안 카운티(해당 주: FL, LA, TX)

휴고
(1989)

영향을 받은 3개 해안 카운티(해당 주: SC)

허리케인 발생 시기의 추산 인구
2008년 인구

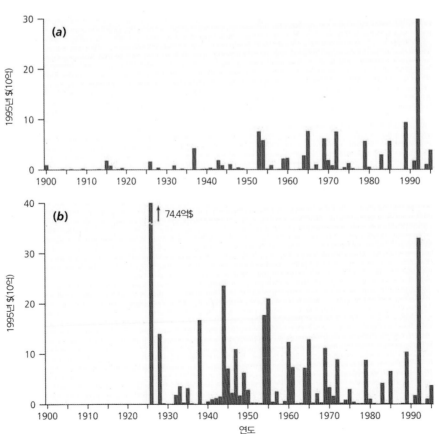

인에 의해 영향을 받은 해안에 위치한 주의 인구를 피해 당시와 2008년으로 환산시킨 것이다. 예를 들면 1960년 허리케인 '도나(Donna)'가 강타한 주들은 1960년과 2008년을 비교하였을 때 미국 내에서 가장 빠르게 인구가 증가하여 1960년 이후 116% 성장하였다. 1992년 '앤드루'와 1995년 '오팔(Opal)'의 영향을 받은 인구도 태풍이 지나간 후 20% 이상 성장하였다. 2005년 '카트리나'의 영향을 받은 주에서만 전반적으로 감소하고 있다.

이런 경향은 충격적이다. 열대성 저기압을 포함한 기상재해에서 언급하는 경제손실이 증가하는 주요인은 부동산가치상승과 결합된 인구증가이다. 그러나 미국의 허리케인과 관련된 손실의 기록적 증가는 많은 논란 거리가 있다. 그림 9.7a는 1900년부터 1995년까지 조정되지 않은 매년 경제손실 증가를 보여 준다. Pielke and Landsea(1998)는 해안의 인구와 노출된 재산증가 자료를 정규화하여, 1970년대와 1980년대는 20세기 초기보다 피해가 적었다는 것을 증명하였다(그림 9.7b). 그러나 Nordhaus(2010)는 국가의 GDP당 허리케인 피해율은 매년 약 1.5% 증가하고 있으며, 해안으로 빠른 이동은 이전보다 더 많은 미국인과 그들 자산을 위험에 빠뜨리게 할 것이라고 주장하였다.

E. 혹독한 여름철 폭풍

1. 토네이도

토네이도는 좁은 지역에서 발생하여 지표면에서 위로 확대되는 평균 지름 약 100m의 격렬한 회오리바람이다. 대부분 토네이도는 '모체'인 적란운과 관련이 있으며 운저로부터 깔대기 모양으로 걸려 있는 모습의 구름으로 확인할 수 있다. 토네이도는 때때로 천둥과 우박과 연관이 있는 매우 국지적인 폭풍으로 강한 한랭전선 전면에 따뜻하고 습한 대기에서 형성되는 경향이 있다. 이는 기단의 차이가 잠열을 발생시키고 지표면 근처에 저기압을 형성시키기 때문이다. 그러나 격렬한 토네이도는 불안정한 상태가 약하더라도 낮은 대기층에서 발견될 수 있다(Wesolek and Mahieu, 2011). 깔대기 모양 구름이 지표에 닿으면서 가장 강한 수평적인 기압변화에 의해 강한 풍속이 형성될 때 큰 재해가 발생한다.

토네이도 강도는 표 9.4와 같이 Fujita(1973)에 의해 구분되었다. 토네이도의 1/3 정도는 풍속 50m/s 이상으로 F-2 등급을 초과한다. 토네이도 진행속도는 5~15m/s로 무척 느리다. 대부분 토네이도는 지속시간이 짧고 0.5km 폭과 25km 길이를 초과한 사례가 거의 없는 제한적이고 파괴적인 경로를 갖는다. 그러나 1917년 5월에 발생한 토네이도는 미국 중서부를 가로지르며 7시간 이상 500km 정도를 지속적으로 이동하였다.

미국의 토네이도 절반 이상은 4~7월 사이에 발달하여 하지 이후 감소하는 경향이 뚜렷하다. 늦은 겨울과 이른 봄 토네이도는 강한 전선 시스템과 관련이 있지만, 나중에 발생하는 뇌우는 서쪽의 뜨겁고 건조한 공기로부터 동쪽으로 온난하고 습한 공기가 분리된 '건조대'를 따라 중부평원에서 발달한다. 뇌우는 지표면 부근 공기가 텍사스의 좁고 길게 뻗은 지역과 남부 고원 평야에서처럼 로키 산맥의 프런

그림 9.6. 1960년 이후 가장 강한 강도의 허리케인 10개에 의해 영향을 받은 미국 해안에 위치한 주의 인구 변화. 폭풍 순위는 2008년 영향을 받은 지역에 살고 있는 거주 인구를 고려하였다. 그림은 미국 내 허리케인 출현이 잦은 해안지역 주민의 지속적인 이동을 보여 준다(Wilson and Fischetti, 2010).

그림 9.7. 미국의 20세기 동안 연도별 허리케인으로 인한 피해액(백만$). (a) 1900~1995년 미조정 값 (b) 1925~1995년까지의 정규화한 값(Pielke and Landsea, 1998). © American Meteorological Society.

사진 9.2. 미국 중부평원의 오클라호마 캐도카운티를 위협하는 발달한 토네이도. 1999년 5월 3일 발생한 피해 등급 5에 해당하는 것을 포함하여 90개 이상의 토네이도가 20세기 후반에 이곳에서 발생하였다(사진: Samuel D Barricklow/Getty Images 92173219).

표 9.4. 토네이도 강도별 후지타 등급

등급	피해	풍속(m/s)	영향
F–1	경미	18~32	나무 피해, 표지판과 일부 굴뚝 흔들림.
F–2	중간	33~50	지붕 피해, 이동식 주택이 움직이고 승용차 전복됨.
F–3	심각	51~70	큰 나무의 뿌리 뽑힘, 지붕 제거, 이동식 주택이 무너짐, 날아가는 잔해로 피해가 발생함.
F–4	파괴적	71~92	벽돌건물 피해 발생, 승용차 공중 부양, 대규모 미사일 공격과 같은 피해가 광범위하게 나타남.
F–5	재앙	93~142	목재건물은 공중으로 날아가 붕괴됨. 승용차는 100m 이상 날림.
F–6 이상		>142	현재까지 발생하지 않음.

트레인지를 따라 더 높은 곳으로 상승하며 이동할 때 자주 발생하며, 이것이 토네이도 성장에 좋은 조건이 된다. 일반적으로 토네이도는 텍사스로부터 캔자스, 오클라호마, 캐나다에 이르는 '토네이도 통로'에서 대부분 발생하고 오클라호마 중부지역에서 발생빈도가 가장 높다(Bluestein, 1999).

미국은 세계적으로 토네이도 피해가 큰 국가이다. 매년 육지에서 발생한 평균 1,000개 이상 토네이도가 약 80명의 사망자와 1,500명 이상의 부상자를 야기하였다. 미국에서 발생한 가장 치명적인 10개 토네이도가 표 9.5에 제시되었다. 미국에서 가장 재해가 컸던 토네이도는 1925년 3월에 발생한 '트리 스테이트 토네이도'이다. 700명 이상 사망

표 9.5. 미국 최악의 10대 토네이도

명칭 또는 장소	날짜	사망자 수
트리 스테이트 토네이도	1925년 3월 18일	747
딥 사우스 아웃브레이크	1932년 3월 21일	332
그레이트 나체즈 토네이도	1840년 5월 17일	317
슈퍼 아웃브레이크	1974년 4월 3일	310
세인트루이스 토네이도	1896년 5월 27일	305
팜 선데이 토네이도	1965년 4월 11일	260
튜펠로-게인스빌 토네이도	1936년 4월 5일	249
앨라배마-미시시피 토네이도	1920년 4월 20일	224
딕시 아웃브레이크	1908년 4월 24일	220
게인스빌 토네이도	1936년 4월 6일	205

출처: Severe Storms Laboratory, NOAA.

사진 9.3. 2011년 8월 노스캐롤리나 컬럼비아에서 많은 이동식 주택을 파괴시킨 허리케인 '아이린'에 의해 발생한 토네이도 피해를 평가하고 가족을 찾는 주민들(사진: Tim Burkitt, FEMA 50644).

자와 2,000명 이상 부상자, 4,000만$(1964년 기준)에 이르는 피해가 발생하였다(Changnon and Semonin, 1966). 토네이도에 의한 재난은 지상에서 빠른 속도와 광범위하고 긴 경로와 같은 물리적 요인과 적절한 경보발령과 대피소 준비 부족이 혼합되어 발생한다. 미국에서 매년 발생하는 900개 정도의 토네이도 중 3%만 사망자를 발생시킨다. 그러나 2011년 토네이도에 의한 사망자 수는 1936년 이후 기록적이었다. 2011년에는 4월 말 남동부 주에서 322명이 사망하였고 5월에는 미주리 주 조플린에서 157명이 사망하였다. 5월 피해는 1947년 이후 미국에서 발생한 가장 치명적인 단일 토네이도에 의해 발생하였다.

토네이도는 전 세계적으로 넓게 퍼져 있다. 예를 들어, 스페인은 모든 재해와 관련된 보험 지불금 25% 이상이 혹독한 바람이나 토네이도 때문이다(Gaya, 2011). 빈번하지는 않지만 방글라데시에서도 위험한 토네이도가 발생하였다. 1989년 5월의 폭풍은 800~1,300명의 인명피해를 발생시켰고 1996년에 탕가일(Tangail)에 발생한 토네이도는 700명의 사망자와 약 17,000채 가옥을 파괴했다(Paul, 1997). 이런 높은 사망률은 높은 인구밀도, 부실한 건축구조, 대비책 부재와 빈약한 의료시설이 혼합되어 나타났다.

토네이도 피해는 대부분 공중에 떠오른 것의 잔해와 건축붕괴에 의한 것이다. 미국에서는 이동식 주택 거주자와 도로 운행 차량 이용자들이 가장 위험하다(Hammer and Schmidlin, 2000). 연조직 부상과 골절 상해를 입은 생존자 중 상당수가 종종 지역 병원에 문제를 일으킨다(Bphonos and Hogan, 1999). 사망자 발생은 지속적이다. Schmidlin et al.(1998)은 1998년 2월 플로리다에서 사망한 42명에 대하여 조사하였다. 이들은 모두 이동식 주택 거주자이거나 레저차량 이용자였다. 1999년 5월 F-5 폭풍은 오클라호마 시에서 45명의 사망자를 발생시켰고, 10억$의 물질적 손실을 야기하였다. 반면에 Simmons and Sut-

ter(2005)는 변화하가 인구통계와 환경을 고려하여 F-5급 토네이도로 인한 사망자는 20세기 동안 꾸준히 감소했다고 하였다. 1999년 사망자는 사실상 1900년보다는 90% 낮고 1950년 보다는 40% 더 낮은 수치를 보였다. 이런 경향은 토네이도 대피소 증가와 정확한 예측, 적절한 경고 등에 의한 것이다.

2. 우박을 동반한 폭풍과 뇌우

우박은 구름에서 지상으로 떨어지는 얼음입자로 구성된다. 피해 가능성은 입자의 양과 이동시키는 지상 풍속에 의하지만 입자 크기도 관련이 있다. 파괴적인 우박의 지름은 20mm를 초과한다. 큰 우박은 인명피해를 일으킨다고 알려졌지만, 우박으로 인한 피해는 재산손실이 대부분이며 자라고 있는 농작물에 미치는 피해가 더욱 크다. 일부 국가의 경우 우박을 동반한 폭풍은 도시에서 주로 자동차에 피해를 끼쳐 큰 손실을 야기한다(Hohl et al., 2002).

우박은 대부분 천둥과 번개를 동반한 적란운에서 상승하는 강한 수직운동이 있을 때 생성된다. 강한 지표열에 의해 형성된 우박을 동반한 폭풍은 온난한 시기에 발생한다. 산간이나 인근 지역에서 강한 강도의 국지적 우박이 빈번하게 발생한다. 중위도 일부 지역은 우박의 영향을 받지 않지만, 산지와 근접한 대륙 내부에서 많은 피해가 발생한다. 또한 열대 산지에서도 우박이 문제될 수 있다. 미국 대부분 지역에서 1년에 2~3개 우박을 동반한 폭풍이 발생한다. 그러나 중앙 로키 산맥 바람의지의 우박일수는 매년 6~12일로 기록되어 있다. Changnon(2000)에 의하면 미국의 중요한 우박 피해는 5~10%에 해당하는 가장 혹독한 폭풍일 때 발생한다. 연평균 우박에 의한 피해는 농작물 손실액이 13억$이고 재산피해가 10억~15억$ 이상이다(1996년 달러 환율 고려). 유럽에서는 우박 피해가 여름철 내륙에서 발생할 수 있다. 그림 9.8은 영국의 H−2급 우박의 빈도가 높은 지역을 보여 준다. 이는 최소 지름이 16mm(전형적인 포도 크기) 이상이고 과일과 자라고 있는 농작물, 식물에 큰 피해를 일으킬 수 있으며, 여름에 대류활동이 활발한 영국 중부와 동부에서 주로 발생한다(Webb *et al.*, 2009).

번개는 비, 우박, 그리고 여름철 폭풍으로 인한 구름 내에서 강력한 상승기류와 관련이 있다. 거대한 양전하가 종종 상층의 결빙된 구름층에서 더 강력하게 발생하고 낮은 구름에서 더 작은 양의 힘을 가진 거대한 음전하가 형성될 때 발생한다. 구름 하부의 음전하는 일반적으로 양전하를 갖는 지표를 향해 끌어당겨지면서 지면을 향해 음전하를 내보내게 되며, 이것이 섬광의 첫 단계이다. 번개처럼 보이는

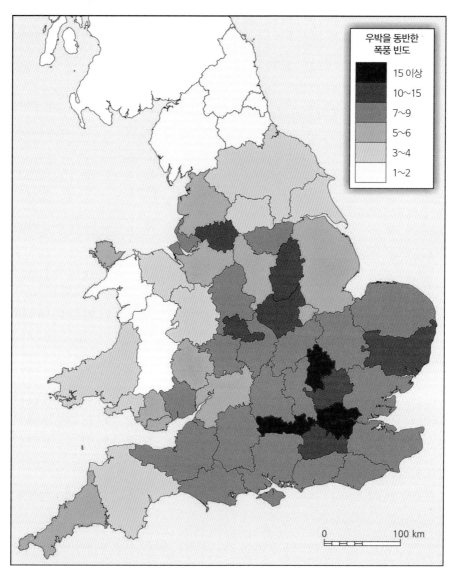

우박을 동반한
폭풍 빈도

- 15 이상
- 10~15
- 7~9
- 5~6
- 3~4
- 1~2

0　　　　　100 km

그림 9.8. 1930~2004년 잉글랜드와 웨일스의 H−2급을 초과한 우박을 동반한 폭풍 빈도(1,000km²/100년). 이 폭풍은 여름철 기온이 높은 시기에 잉글랜드 중부 남부지역을 중심으로 집중되는 경향이다(Webb *et al.*, 2009).

복귀 방전은 지면으로부터 구름을 향한 양의 방전을 일컫는다. 극적인 가열과 공기팽창이 즉시 번개 경로 주변에 천둥과 같은 음파를 형성한다. 이런 극단적인 상황에도 불구하고 번개는 매년 주로 야외 노동자들을 중심으로 전 세계 25,000명 정도의 비교적 적은 수의 사망자를 낸다.

F. 혹독한 겨울 폭풍

눈과 얼음 재해가 발생할 수 있는 시기인 겨울철에 온대성 저기압이 강한 바람을 동반한다. 강풍을 동반한 폭풍 위험과 눈을 동반한 폭풍 위험을 구분하여 살펴본다.

1. 혹독한 폭풍

종종 폭우를 동반한 혹독한 겨울 폭풍은 강한 중위도 저기압과 관련이 있다. 바람에 의한 파도가 해양 방어시설을 침식하기 때문에 해안이 위험하다. 또한 1953년 1월 31일 북해의 강력한 저기압에 의해 발생한 위험한 폭풍해일 사례와 같이 북쪽에서 불어오는 강풍이 이례적으로 홍수 원인이 될 수 있는 2.5~3.0m 조수와 결합되어 해안에 피해를 야기할 수 있다. 네덜란드에서는 이런 폭풍으로 1,835명이 사망하였고 3,000채 가옥이 파괴되었으며 72,000명이 대피하였다. 베니스와 런던과 같은 세계 주요 도시에서는 오랜 기간 동안의 지반 침하와 해수면 상승에 의한 폭풍해일 증가에 관심이 크다.

이런 폭풍을 종종 온대성 저기압이라 일컫는다. 북반구에서는 알류샨과 아이슬란드 부근에서 발생한다. 그러나 대서양 폭풍이 태평양에서 발생하는 폭풍보다 빈번하고 광범위한 지역에서 발생한다(Lambert, 1996). 일부 중위도 저기압은 매우 빠르게 발달하고 급격하게 강력한 저기압으로 성장한다. 이런 폭풍을 성장시킬 수 있는 최적의 지면상태는 난류가 흐르는 대륙 동쪽 연안이다. 온대성 저기압은 북대서양에서 자주 발생하고 서부 유럽(특히 영국과 주변 대륙)에서 가장 위험한 겨울철 현상으로 주목된다. 2011년 12월 8일 74m/s 돌풍을 동반한 폭풍이 영국의 산지를 강타하여 1억£ 이상의 피해액을 기록하였다. 사피르-심프슨 허리케인 등급에서 1 또는 2 이상의 풍속은 거의 나타나지 않았지만, 이 폭풍에 의해 많은 구조적인 피해가 발생하였다. 첫 번째 원인은 온대성 저기압은 열대성 저기압과 달리 내륙을 관통하면서도 파괴적인 힘을 계속 유지한다는 것이다. 그림 9.9는 폴란드와 발트 제국에서도 지속된 폭풍 '키릴(Kyrill)'을 포함한 최근 서부 유럽을 가로지른 7개의 온대성 저기압 경로를 도식화한 것이다(Kafali, 2011).

겨울철 저기압이 자주 통과하는 지역은 지속적으로 손실이 크다. Buller(1986)는 영국의 경우 매년 바람을 동반한 폭풍에 의해 평균 20만 동 건물이 피해를 입는다고 주장하였다. 1987년 10월 작은 저기압이 비스케이 만에서 급격하고도 강하게 발달하여 서부 유럽으로 이동하였다. 영국 남부에서 엄청난 손실이 지속되었으나 폭풍이 야간에 발생하여 직접적인 사망자는 단 19명이었다. 다른 나라의 사상자는 총 50여 명으로 많았다. 영국에서만 1,500만 그루 이상의 나무가 손실되었다. 나무가 전선, 가옥, 도로, 철도를 덮쳐 많은 기반시설 피해가 발생하였다. 중부 유럽에서는 대부분 토양이 얼지 않고 매우 습할 때 바람이 뿌리째 나무를 쓰러뜨리면서 삼림지대에서 피해가 컸다. 따라서 겨울 기온상승과 관련이 있을 수 있는 온대성 저기압으로 인한 삼림 손실이 장기적으로 증가하는 추세이다(Usbeck et al., 2010).

혹독한 대서양 폭풍이 무리를 지어 발생한다. 1990년 1월과 3월 사이에 발생한 4개의 혹독한 폭풍 '다리아(Daria)', '헤르타(Herta)', '비비안(Vivian)', '위에브케(Wiebke)'

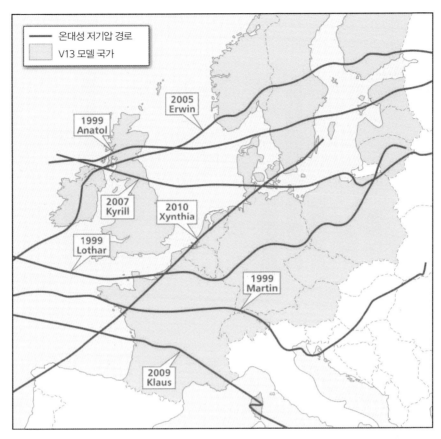

그림 9.9. 1999~2010년 강풍을 동반하여 서부 유럽을 통과한 7개 폭풍의 경로. 허리케인과는 다르게 중위도 저기압은 내륙에 피해를 더 크게 야기시킬 수 있다(Kafali, 2011).

는 서부 유럽 전역에서 발생한 이전 어떤 자연재해보다도 많은 피해를 야기시켰다(그림 9.10a). 4개의 폭풍으로 인하여 230명이 사망하였고 보험 손실액이 80억€ 이상이었다(Munich Re, 2002b). 이 폭풍들은 대부분 낮에 광범위한 지역에 걸쳐 강한 돌풍을 형성하였다. 폭풍이 예측 되었지만 대피소를 찾을 수 있게 사람들에게 도움을 줄 수 있는 적절한 경보가 관심받지 못하였다. 야외활동을 계속한 사람들은 도로나 차량을 덮친 나무에 의해 대부분 사망하였다. 영국에서만 350만 그루 나무가 손실되었다.

1999년 12월 3개의 개별적인 폭풍 '아나톨(Anatol, 12월 2~4일)', '로타르(Lothar, 12월 24~27일)', '마틴(Martin, 12월 25~28일)'이 최대풍속 기록을 갱신하였고 130명 이

상 사망자를 발생시켰다. 대부분 서부 유럽과 중부 유럽에서 엄청난 충격을 받았다. 프랑스에서는 '로타르'와 '마틴'에 의해 많은 전봇대가 붕괴되었고 모든 송전선로가 손실되었다. 이런 대규모 전기 공급망 파괴는 어떤 선진국에서도 기록된 적이 없었다(Abraham et al., 2000). 1999년 총 보험 손실금은 거의 110억€에 달하였지만 물가 상승률을 고려한다면 1990년 실제 보험 손실액이 더 높은 수치이다. 대부분 보험 손실은 적은 피해부터 건물에 미치는 피해까지 넓은 지역에서 발생하였다.

폭풍경로 패턴이 서부 유럽 10개국에 영향을 미친 7개 폭풍으로부터 누적된 손실을 광범위하게 설명해 준다(그림 9.10b). 이 폭풍들은 해수면온도가 이례적으로 높았지만

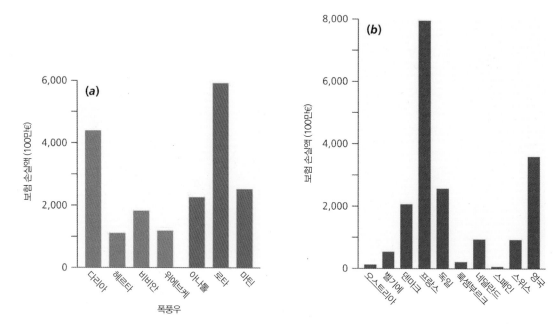

그림 9.10. 1990년 발생한 4개의 폭풍우 '다리아', '헤르타', '비비안', '위에브케'의 보험 손실액과 1999년 발생한 3개 폭풍우 '아나톨, '로타', '마틴'의 보험 손실액 (a) 각각의 폭풍에 의한 손실액 (b) 국가별 총 손실액(Munich Re, 2002b).

종관적인 발달과 경로 측면에서 보면, 각각 해당 시기의 대규모 대기상태를 반영한다. 앞으로는 그런 현상이 더 빈번하게 발생할 것이다(제14장 428쪽 참조).

2. 혹독한 눈과 얼음 폭풍

미국 북쪽에 위치한 주의 도시에서 대략 6,000만 명이 눈을 동반한 폭풍에 대해 높은 위험에 노출되어 있다. Schwartz and Schmidlim(2002)에 의하면, 미국은 매년 10개 정도 블리자드가 거의 250만 명에게 악영향을 미치고 있다. 1993년 3월에 발생한 눈을 동반한 폭풍은 미국과 캐나다 동쪽 해안에서 발생하였다. 이 폭풍으로 240명의 사망자가 발생하였고 48명이 바다에서 실종되었다. 이런 인명피해는 허리케인 '휴고(Hugo)'와 '앤드루'로 인한 사망자 총합의 3배에 해당한다(Brugge, 1994). 폭풍은 멕시코 만의 따뜻한 해면에서 형성되어 지표에 저기압이 빠르게 강화되면서 대서양 해안을 따라 북쪽으로 이동하였다. 미국에서는 1949년부터 2001년까지 155개의 눈 폭풍이 발생하여 각각 100만$ 이상 되는 재산손실 원인이 되었다(Changnon and Changnon, 2005). 폭풍으로 인한 피해 상승 경향은 인구성장과 재산 증가, 폭풍 강도의 증가가 결합된 것임을 시사한다.

Kocin and Uccellini(2004)가 미국의 북동부 13개 주에서 겨울철 폭풍의 상대적 규모를 측정 할 수 있도록 북동 강설 영향 척도(Northeast Snowfall Impact Scale; NESIS)를 개발하였다. 이 폭풍들은 주로 교통과 다른 경제활동에 영향을 미친다. NESIS는 지리정보시스템(GIS)을 이용하여 다른 혹독한 폭풍 지수(사피르-심프슨 등급)와 달리 총 강설량, 지리적 분포와 폭풍의 영향을 받은 인구밀도를 설명한다. 1956~2000년 기간 동안 발생한 30개 눈 폭풍 강도를 계산하여 5개 등급으로 구분하였다. 등급 1은 주목할 만함, 등급 2는 중요함, 등급 3은 심각함, 등급 4는 심한 손상

표 9.6. 미국 북동 지역에 영향을 미친 5개의 가장 혹독한 겨울 폭풍

날짜	NESIS 점수	등급	특성
1993년 3월 12~14일	13.20	5	극심함
1996년 1월 6~8일	11.78	5	극심함
1960년 3월 2~5일	8.77	4	심함
2003년 2월 15~18일	7.50	4	심함
1961년 2월 2~5일	7.06	4	심함

출처: National Climate Data Center, USA.

을 줌, 등급 5는 극도로 심각함으로 구분하였다. 등급 계산을 위한 평균 NESIS 값은 5.0(등급 3)이다. 가장 큰 폭풍 피해는 커다란 대도시 중심에 폭설이 내릴 때 발생하였다. 표 9.6은 상위 5개의 기록적인 사건에 대한 NESIS 점수와 특성 등을 정리한 것이다.

북미 지역에서도 특히 $10,000km^2$ 이상의 면적을 가진 오대호에서는 얼음폭풍도 중요한 겨울철 재해요인이다. 노출된 표면에 깨끗한 얼음이 두껍게 부착되면서 문제가 발생한다. 얼음은 액체로 된 강수 또는 구름의 작은 물방울이 생기고 사물 표면과 기온이 어는점 아래로 떨어질 때마다 구조물에 부착되어 커진다. 얼음 무게가 사물을 붕괴시키고 오랫동안 전력사용을 힘들게 할 수 있어서 전력 송전선과 삼림이 큰 위험에 노출된다. 1998년 1월에 출현한 얼음폭풍은 온타리오 동부지역의 노출된 지표면에 40~100mm 두께의 얼음을 누적시켰다. 이는 삼림과 메이플 시럽 생산과 같이 나무와 관련된 산업에 많은 피해를 입혔다(Kidon et al., 2002). 진눈깨비와 관련된 사망자 대부분은 간접적인 영향을 받았다. 예를 들어, 미국에서는 진눈깨비가 출현할 때 전력이 손실된 후 가정용 발전기와 실내 난방기 사용으로 매년 500명 이상이 일산화탄소 중독에 의해 사망하고 있다(Daley et al., 2000).

G. 보호

1. 환경조절

일부 국가들은 1950년대와 1960년대 기상조절 실험을 수행하였다. 결과는 Box 9.2와 같이 기대를 충족하지 못하였고, 현재 상황에서는 혹독한 폭풍을 억제하는 기술은 사용할 수 없다.

2. 재해에 강한 설계

재해에 강한 설계가 인명을 구한다. 매우 위험도가 높은 지역에서는 특별한 구조가 풍속이나 폭풍해일로 인한 재해로부터 대피할 수 있는 안전한 피난처가 될 수 있다. 예를 들면, 오클라호마 시 거주자 일부는 1999년 5월 토네이도 발달에 관한 경고를 듣고 절반 정도는 토네이도 대피소로 피난하였고 나머지는 집에 머물렀다. 대피한 사람들은 1명도 부상당하지 않았으나 집에 머물렀던 사람은 30% 정도가 부상을 입었고 1명이 사망하였다(Hammer and Schmidlin, 2002). 방글라데시에서는 지형이 낮아서 강한 바람이나 폭풍해일에서 대피하는 것이 어렵다. 각 1,500명을 수용할 수 있는 1,600여 개의 폭풍 대피소가 해안을 따라 위치하며, 탈출 플랫폼과 같은 역할을 할 수 있는 크고 높은 언덕이 분포한다. 가장 위험한 지역에서 400만 명이 대피할 수 있는 준비가 되어 있다.

자연적인 해안선도 방어 역할을 한다. 허리케인으로부터 영향을 받는 미국 해안의 약 25%는 인공 방파제와 방조제 또는 사구와 비치 안정책을 이용하여 폭풍해일을 일부 완화시키고 있다. 그러나 세계 여러 곳에서 이런 방어책이 경제발전을 위하여 제거되고 있다. 맹그로브 숲이 좋은 사례이다. 선진국은 보기 흉하고 휴양지 건설을 방해한다는 이

Box 9.2. 폭풍 억제의 꿈

허리케인 변조가 폭풍 억제 목표 중 가장 매력적이다. 열대성 저기압의 파괴적인 힘은 최대풍속 증가에 따라 급격하게 커지며, 풍속이 10% 감소하면 약 30%의 피해가 줄어들 것으로 추정된다. 1947년에 미국에서 날씨조절을 위한 시도가 시작되었고, 1962년 시작된 프로젝트 스톰퓨리(STORMFURY)로 절정에 다다랐다(Willoughby et al., 1985). 이론은 폭풍 주변에 있는 구름에 요오드화은을 투입하여 과냉각된 물을 얼게 하여 구름 내에서 잠열을 방출시키는 것이었다. 이것은 폭풍 눈벽의 최대 수평 온도경도와 기압경도력을 낮추고 수렴을 감소시켜 중심에서 풍속을 줄일 것으로 믿어졌다. 불행하게도, 컴퓨터 모델이 계획에 사용할 수 있는 과냉각된 물의 양을 과대 추정하여 프로젝트 스톰퓨리는 1983년에 중단되었다. 해수면에 액상 증발 억제제를 뿌리는 방법이나 심해 차가운 물을 표면으로 끌어올리거나 또는 극지방 빙하를 끌어와 해수온도를 낮추는 방법과 같은 허리케인 조절을 위한 다양한 이론이 도입되었다.

유럽 산악국가에서는 중세부터 뇌운이 보일 때 대포를 발사하거나 교회 종을 울리는 방법을 통해 우박억제를 시도하였다. 이런 방법에는 폭발이 만들어 낸 압력파가 우박을 만드는 얼음을 깨고 약하게 하여 큰 우박이 형성되는 것을 막을 수 있다는 것 이외에 과학적인 근거가 없다. 대부분 우박억제 기술은 허리케인 변조처럼 빙정핵을 구름에 뿌리는 방법에 의존하고 있다. 이론적으로 보면, 요오드화은과 같은 인공 빙정핵을 뿌려 우박 씨를 키워주는 과냉각 물방울과 경쟁을 유발한다는 것이다. 예상 결과는 비록 얼음알갱이 수는 증가하겠지만, 각각 우박은 더 작은 크기로 성장하고 땅에 떨어졌을 때 피해도 감소한다는 것이다. 우박구름에는 지상 발전소나 항공기에서 불꽃 점화장치 혹은 포탄을 투하하는 것과 같은 다양한 방법으로 요오드화은이 뿌려져 왔다.

실제로 날씨변조는 다음의 기준을 만족시키지 못한다.

- 과학적 실현 가능성. 이는 구름 내에서 일어나는 미시물리적 과정에 대한 보다 정확한 이해가 필요하다. 예를 들어, 허리케인 구름 안에는 과냉각된 물이 너무 적고 자연적으로 만들어진 얼음이 너무 많아 인공 구름씨를 과다하게 사용하여야 효과가 있을 것으로 생각된다.
- 통계적 가능성. 어떤 지역에서도 허리케인 풍속이나 우박 강도와 같은 요소가 실험결과와 자연적 변화가 다르다는 것을 통계적으로 증명할 수 있는 폭풍 사례가 충분하지 않다.
- 환경적 가능성. 불완전한 상태의 지식으로 대기현상에 개입하는 것은 윤리적 문제뿐만 아니라 대부분 구름씨나 해양온도를 낮추면서 오염문제가 발생할 것이다.
- 법적 가능성. 미국의 몇몇 우박억제 프로그램은 고소를 당했다. 어떤 사건에서 원고들은 강수량 감소로 자연적 강수에 대한 권리가 침해당했다고 주장하였으며, 또 다른 원고들은 씨뿌리기가 폭풍피해를 증가시켰다고 하였다.
- 경제적 가능성. 과거에는 성공적인 폭풍변조를 위한 비용편익 비율의 매우 호의적인 추정치가 구름 씨뿌리기 실험을 위한 기금 양도에 도움이 되었지만 약속된 배당이 실현되지 않았다.

유로 삼림을 제거하였고 저개발국에서는 양식업과 같은 집약적인 해안활동을 장려하기 위하여 맹그로브 숲을 제거하였다. 해안 방어책이 심각한 폭풍을 전적으로 방어할 수는 없다. DEM, GIS와 같은 컴퓨터를 기반으로 한 기술이 해안침수위험 정도를 평가할 수 있다(Colby et al., 2000; Zerger et al, 2002). 거대한 파도가 불가피하게 약해진 인접한 도로와 건물로 인하여 해안을 심각하게 파괴시킨다.

재해에 강한 설계는 바람을 동반한 폭풍이 출현할 때 재산피해를 감소시키는 데 중요하다. 피해를 줄이는 비결은 충분하고 적절하게 집행하는 건축법규에 달려 있다. 텍사스와 북부 카롤리나를 사례로 허리케인 '앤드루'와 관련된 보험 손실금을 비교한 연구에서 거주자들 재산피해의 70% 정도가 부실공사에 의한 것이고 피해의 25~40%도 건축법규를 이행하지 않았기 때문이라고 하였다(Mulady, 1994). 불규칙한 법규집행은 자금부족과 현장 감독관의 교육부족 때문이다. 유럽연합의 유로코드(Eurocode) 명령하에서 각 국가는 일반적으로 50년 재현주기로 설계된 폭풍의 풍속을 기반으로 자신들의 구조적인 건축법규를 설정한다. 이런 법규는 지역적인 건물 특징을 반영한다. 예를 들어, 스코틀랜드와 같은 영국 북부지역의 건물은 남부보다 바람 피해에 더 저항력을 강화하여야 한다. 극한 바람이 대비가 되지 않은 지역을 강타할 때 피해가 매우 커질 수 있다. 북부 유럽 기준에 의하면, 프랑스 남부는 벽돌과 치장 벽토를 이용하여 상대적으로 가볍게 집을 짓는 경향이 있다. 지붕 덮개와 지붕 틀 연결도 약하고 타일로 덮은 중간보다 낮은 경사의 지붕으로 구성되어 있다(Kafali, 2011).

바람이 건물붕괴 원인으로 잘 알려져 있다. 일반적으로 널빤지 지붕과 다른 지붕재료는 바람 압력에 의해 방해를 받고 그 과정에서 빗물이 건물을 관통하여 부수적인 피해 원인이 된다. 만약 건축 당시 비교적 적은 추가 기금을 사용하여도 이런 손실 대부분을 피할 수 있다. 지붕 방수기능을 높이기 위하여 지붕 피복을 위한 잠금 방식을 꺾쇠보다 허리케인 클립을 이용하고 폭풍 대비 덧문을 설치하면 많은 피해를 감소시킬 수 있을 것이다(Ayscue, 1996). 폭풍으로부터 재산을 보호하기 위해서는 다음 세 가지 요소에 주의를 기울여야 한다.

• 지붕과 벽

박공지붕 가옥은 강한 바람에 훼손되기 쉬우므로 박공 끝과 트러스에 부수적인 버팀대를 설치하여 강화할 수 있다. 허리케인 네일은 보조적인 저항을 위하여 트러스 위를 덮는 벽체에 이용될 수 있다. 무거운 지붕재료가 사용되어야 한다. 보강된 콘크리트 외부 벽체는 일반적으로 나무로 된 건축물보다 허리케인 바람과 강한 풍속에 의한 잔해에 잘 견뎌낼 수 있다. 허리케인이나 토네이도가 빈번한 지역의 가구주는 개인보호를 위하여 '튼튼한 방'을 지정해 둘 필요가 있다.

• 창문, 문 외 개구부

개구부는 대부분 바람의 힘이나 강풍에 의한 잔해에 의해서 고장 나기 쉽다. 그런 고장은 건물구조의 안전상태를 파괴시킬 수 있다. 창문은 플라스틱 판유리나 비산 방지 설계가 된 유리로 만들어질 수 있고 폭풍 대비 덧문도 고정시킬 수 있다. 바람이 문으로 불어 들어오는 것을 막기 위해서는 더욱 강한 나사와 핀이 필요하다.

• 건물 토대

이동식 주택은 콘크리트 구조물에 안전하게 고정되어야 한다. 해안과 범람원에서는 건물을 폭풍해일과 홍수가 예상되는 최고수위보다 위로 위치시켜야 한다. 이는 나무, 콘크리트 또는 철강으로 만들어진 말뚝 위에 건물을 지어서 이행할 수 있다. 유의고도는 해안이나 섬에서부터의 거리에 따라 짧은 거리에서도 다양할 수 있다. 그러나 일부 사례에서는 5m 이상이 될 수 있다.

미국에서 폭풍위험에 대한 자세가 바뀌고 있다. 1989년 허리케인 '휴고'가 출현한 후 서프사이드 해변은 남부 건축규정에 따라서 강풍을 고려한 표준 설계를 적용시킨 남부 캐롤라이나의 첫 지역이 되었다. 플로리다 남부지역은 허리케인 '앤드루'가 출현한 후 건축규정이 강화되었다. 오늘날에는 새로 건축한 모든 건물에 영구적인 폭풍 덧문이 설치되어야 하고 바람에 의한 잔해로부터 보호되어야 한다. 외부 창문이나 덧문은 15m/s의 바람이 불 때 4kg 목재를 이용한 날아가는 물체 영향 검사를 통과해야 하고, 널빤지 지붕과 기와는 49m/s 바람이 부는 상태에서 검사해야 한다. 그 외에 플로리다 주 입법기관은 주의 모든 새로운 교육시설이 공공 허리케인 대피소로써 제공될 수 있도록 설계하였다. 2002년 3월, 플로리다 주는 바람재해에 대비하여 새로 시행한 엄격한 기준 건축규정을 적용하였다. 그러나 종종 입법기관은 현재 건축물에는 적용하지 않고 일부 규정이 면제되었다. 저개발국에서는 점차 목조건물을 석조건물로 교체하여 허리케인 피해감소를 돕고 있다. 그러나 인도 남부 안드라프라데시 주에서 발생한 피해조사 결과는 박공지붕보다 추녀마루 지붕 건물 설계와 안전을 망라할 수 있는 모든 형태 지붕의 필요성을 확인시켜 준다(Shanmugasundaram et al., 2000).

이런 발전은 부분적으로 주거용 자산에 바람을 동반한 폭풍피해 형태에 관한 지식 증가를 반영하고 있으며, 건축기술이 지속적으로 발전되는 과정이다. Huang et al.(2001)은 캐롤라이나 남부('휴고' 이후)와 플로리다('앤드루' 이후)에서 거의 60,000건의 보험금 청구사례를 수집하여 평균 지상풍속과 보험금 청구 건수 및 각 우편번호별 피해정도가 관련이 있다고 하였다. 그림 9.11a는 집계된 보험금 청구비율을 보여 준다(총 청구 건수는 총 보험증권으로 구분함). 풍속이 20m/s 미만일 때는 보험 계약자들의 청구사례가 거의 없고, 30m/s 이상일 때 거의 모든 청구사례가 발생하였다. 그림 9.11b는 집계된 피해비율에 대한 풍속을 도식화한 것으로(보험업자별 지불액은 총 협정보험가액으로 구분함) 손실 정도는 풍속 35m/s 이상일 때 현저하게 증가한다는 것을 보여 준다. 마지막으로 그림 9.11c는 해안으로부터 거리에 대한 매년 손실금 감소를 모의하기 위하여 장기간 위험모델을 이용하였다. 가장 높은 위험 비율은 약 2%이다. 이는 섬 밖의 가옥은 평균적으로 50년마다 총 보험액의 100% 정도가 피해를 입을 수 있다는 것을 의미한다. 이와 달리 20km 떨어진 내륙에서는 위험이

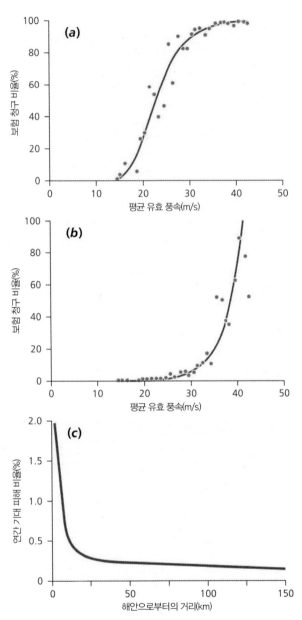

그림 9.11. 미국 남동부지역에서 주거용 구조물의 허리케인 손실 (a) 평균 유효 풍속과 보험청구 비율 (b) 평균 유효 풍속과 건물피해 비율 (c) 해안에서 거리와 연간 기대 피해 비율(Hung et al., 2011).

0.2~0.3%(해안지역 1/10)로 떨어진다. 이런 정보는 보험업자들이 할증정책을 세우는 데 이용되고 토지계획자들에게 위험지역을 고려할 수 있게 할 것이다.

H. 완화

1. 구호품

개발도상국에서 열대성 저기압이 대형 재난을 야기시키지만 긴급지원은 적절하게 이루어지지 않는다. 예를 들어, 1998년 허리케인 '미치' 출현 이후 총 1억 2,300만$ 이상 자금이 투입되었지만, 단기간 구조는 손실의 10%에도 미치지 않았다. 더 장기적인 원조는 피해를 입은 사회기반시설을 복원하는 데 필요하다. 열대 도서지역은 종종 전력선 파괴로 단전되며, 냉장시설 부족으로 공중위생 위험이 제기된다. 허리케인 '길버트(Gilbert)'가 1988년 자메이카를 강타한 이후 송전 시스템 40%와 배전 시스템 60%가 마비되었다. 시설을 복원하는 데 몇 주가 소요되었다(Chappelow, 1989). 다민족 지역사회에서 원조분배는 가난, 문맹, 성, 소수 상태에 따라서 달라질 수 있다. 예를 들어, 흑인의 경우 거주지의 80% 이상이 파괴되었음에도 플로리다 시의 인구 20%만이 허리케인 '앤드루' 이후 원조를 받았다. 백인들이 사는 지역에서는 인구의 90%가 원조를 받았으며, 그런 지원의 80%가 성공적이었다(Peacock et al., 1997).

긴급지원은 적절한 기부가 환영받을 것이고 지역 상태에 따라서 효율적으로 필요한 사항들을 분배해야 한다는 것을 기초로 한다. 그러나 정부가 인권보다 주 안보에 우선순위를 매길 경우, 긴급지원이 항상 적절하고 효율적으로 이루어지지 않는다. 열대성 저기압 '나르기스(Nargis)'가 2008년 5월 2일 버마(미얀마)를 강타하였을 때, 기록에 남을 만큼 최악의 재해가 발생하였다. 등급 4인 치명적인 상위 10개 저기압에 속하는 '나르기스'는 최소 13만 8,000명의 사망자를 발생시켰다. 사회기반시설 피해는 100억$ 이상으로 추정되었다. 5월 6일, 뉴욕에 있는 미얀마 공식 대표가 UN에 도움을 요청함과 동시에 국제사회는 적절한 대응을 시작하였다. 그러나 모든 구호노력은 미얀마를 지배하고 있는 군사정부에 의해 지연되었다. 정부는 5월 9일 재정적인 도움, 식료품, 의약품을 지원받는 것에 동의하였다. 그 중 일부는 이웃 나라에 비축되었고 사용불가가 예상되었으며, 구호계획과 구호선의 도착이 지연되었다. 이후 몇 달 내에 상황이 개선되고 46개국의 지원이 이루어졌다. 상황이 진행되는 동안 가장 큰 문제는 정부가 입국비자를 문제시하거나 국제 구호인력을 허락하지 않는 등 마지못해 일을 처리하는 것이었다(McGregor, 2010). 주민들을 보호하기 위한 국제기구의 책임을 공식적으로 인정하는 UN의 원칙이 있다 해도 국가 상태가 의무를 이행하지 못한다면, 현재로서는 재난에 뒤따르는 긴급구조를 위하여 국경을 통과할 수 있는 법적 권리가 없다.

2. 보험

매년 열대성 저기압에 의한 보험금 손실액은 전 세계적으로 적어도 150억$에 이를 것이다. 대부분 사례가 재해 보험이 거의 없는 국가에서 발생한다. 허리케인 '미치'에 의해 중앙아메리카에 부과된 손실 중 2%만 보험 처리되었다. 이와 달리 일부 선진국 주민들은 집, 가재도구, 자동차 등 폭풍과 관련된 다양한 손실을 해결할 수 있는 모든 위험에 대한 보험증권을 이용한다. 이렇게 결합된 보험증권은 집안의 재산에 각각의 날씨로 인한 위험의 경제적인 영향을 규정하기 어렵게 만들 수 있다. 더욱 특화된 보험증권은 특정 경제활동에 이용할 수 있다. 예를 들어, 북아메리카에서는 농작물 피해에 대한 해일보험이 보편적이다.

미국에서 가장 돈이 많이 소요되었다고 공표된 부적절한 해안개발로 야기된 재난 10개 중 8개는 허리케인에 의한 것이다. 건물에 미치는 대부분 구조 피해는 바람과 관련이 있다. 예를 들어, 1980년 허리케인 '휴고' 피해에 대하여 보험업자는 바람과 관련된 피해에 26억\$를 보상한 반면, 총 보험 손실의 10%만 홍수와 관련 있었다. 1995년 플로리다와 앨라배마에 출현한 '오팔'과 같은 일부 허리케인의 경우 주요한 손실이 폭풍해일에 의한 것이었고 '카트리나'도 폭풍해일 영향이 컸다. Bush et al.(1996)은 폭풍해일로 인한 재산피해가 말뚝 위나 방파제 뒤편에 집을 지었을 때 겪을 수 있는 손실과 비교하여 사구 제거로 가장 낮은 곳으로 노출된 지역에서 증가할 수 있다는 것을 증명하였다. 1992년에 발생한 허리케인 '앤드루'는 보험업계에 경종을 울렸다. 일부 회사는 플로리다 지역을 더 포함시키지 않으려 하였고, 주 재앙기금은 일반 시장에서 보험증권을 구입할 수 없는 주민들을 돕기 위하여 이용되었다. 그 이후로 회사들은 허리케인의 기후 특성에 더 흥미를 갖게 되었고, 오늘날에는 보험업계를 위하여 다음 시즌 폭풍활동을 반복적으로 예측하고 있다(Saunders and Lea, 2005).

Bouska et al.(2005)에 의하면, 허리케인 '카트리나' 발생 시 '국가 홍수보험 프로그램(National Flood Insurance Program; NFIP)'에서 보장한 손실을 제외하고 바람, 폭풍해일, 홍수로 인해 보험업계에서 지불한 직접적인 비용은 400억~500억\$였다. 이 폭풍은 미국 역사상 가장 값비싼 재난을 불러일으켰다. '카트리나'의 보험 손실금 내역을 보면, 손실의 절반 정도를 상업적인 자산이 차지하고 주민과 개인적인 자산을 위한 청구가 다음을 차지한다(표 9.7). 연안에서 발생한 비용은 많은 선박이 파괴되었고 250개의 유전 채굴대가 피해를 입음으로써 두드러졌다. 보장이 'NFIP'하에서 이용 가능하기 때문에 물로 인한 홍수피해는 집주인들의 보험증권에서 제외되었다. 이후 허리케인 '카트리나'는 보험산업에서 바람이냐 물이냐 하는 논란을 일으켰다. 플로리다에서만 홍수가 전체 NFIP 목록의 거의 40%를 차지한다.

폭풍-재해 보험의 장점에도 불구하고 보험 효용성을 위해서는 해안 가옥과 일부 위험지역의 자산가치 상승에 대한 요구가 증가하고 있다는 것을 고려해야 한다. 이는 보험 존재가 폭풍이 매우 드물다는 개념을 갖거나 개인 재정 위험의 균형보다는 명확한 보상이라는 냉소적인 평가가 권장되기 때문일 것이다. 1968년 이후 미국의 해안선 건설은 연방정부가 NFIP를 통하여 해안가에 자산을 가진 주민에게 보험을 판매하면서 주도하였다. 30년 전 로어 플로리다키스 제도 지역의 주택 매입자와 부동산 중개인은 홍수보험이 주민들로 하여금 범람하기 쉬운 지역에 거주하고자 하는 의지를 갖게 하였고, 위험한 자산 판매가 쉬워질 것이라고 믿었다(Cross, 1985). 그 결과 수많은 보험청구가 반복되었다. NFIP에서 모든 청구의 40% 정도는 적어도 전에

표 9.7. 허리케인 '카트리나'의 보험 손실액 추산(10억\$)

보험 내역	낮은 추산	높은 추산
개인 재산		
주거용 재산	14.0	17.0
개인 차량	1.0	2.0
개인 선박	0.2	0.3
합계	15.2	19.3
상업적 재산		
상업적 재산 (해외생산 제외)	13.5	16.0
사업 중단 (해양과 에너지와는 다른 원인)	6.0	9.0
상업용 차량	0.2	0.3
합계	19.7	25.3
해양과 에너지	4.0	6.0
부채	1.0	3.0
기타	0.0	1.0
총합계	39.9	54.6

출처: Bouska et al.(2005).

침수된 재산에 대한 것이다. 이런 상황에서 상업 보험업자들은 더 엄격한 계획과 건축규정을 시행하고 채택하기 위하여 주택시장에서 물러나거나 중앙정부에 압력을 가한다.

Ⅰ. 적응

1. 지역사회 대비

혹독한 폭풍경보에 대한 효과적인 공공대응은 지역사회의 대비에 달려 있다. 미국 연방긴급사태관리국이나 캐나다와 같이 비상대비 위험의식을 고취시키는 역할을 하는 선진국 대부분 기관들은 응급패키지 준비, 집 주변의 죽거나 썩은 나무 손질하기, 1차 피난처 선정(지하실이나 계단 밑의 공간), 흩어진 가족들의 만남 장소 지정과 같은 폭풍으로 인한 위기가 발생할 때 계획을 수립하는 데 조언을 주는 전단지나 다른 알림 수단을 만든다. 토네이도의 경우 창문에서 멀리 떨어진 내부 방 안의 실내에 숨거나 바닥에 가까이 있는 것이 중요하다. 만약 야외에서 토네이도를 만났다면, 차에서 내려 배수로나 다른 오목한 곳에 피신처를 찾는 것이 바람직하다. 미국 중서부와 같이 토네이도가 발생하기 쉬운 지역에는 튼튼한 공공건물이 토네이도 피난처로 명확하게 인정되어 있다. 폭풍에 대비하는 개인과 조직 능력은 일정하지 않다. Baker(2011)가 조사한 플로리다 주 가정 대부분은 그림 9.12에서 보여 준 다양한 수단을 채택함으로서 재해 이후 3일간 생존할 능력이 있음을 보여 주었다. 반면, 플로리다 주 사라소타(Sarasota)에서 설문조사한 회사들은 폭풍해일 위험에 대한 접근에 상당한 차이를 보였다. 최고 수준의 대비는 규모가 큰 회사 중에서 찾을 수 있었고 이 회사들은 그들 소유 부지를 가지고 있었다. 흥미로운 것은 이 회사들은 이미 허리케인에 노출이 적은 지역

에 위치하고 있었다(Howe, 2011).

저개발국가에서 사이클론-재난에 대한 긴급대책은 오랜 시간 동안 상대적으로 성공적인 역사를 가지고 있다. 1980년의 '범 카리브 해 재난 대비 예방 프로젝트(Pan Caribbean Disaster Preparedness and Prevention Project; PCDPPP)'가 처음으로 설립된 지역 규모의 제도였다. 이 프로젝트는 기술지원과 비상시 보건과 물 공급을 대비한 도서국가의 훈련, 교육훈련 자재준비에 집중하였다. 이 계획은 1988년의 허리케인 '길버트'와 1989년의 '휴고'가 출현했을 때 처음으로 평가되었다. 자메이카 섬 사망자 수가 더 줄어든 것으로 나타났다. '길버트'의 피해를 입힌 바람이 더 오래 지속되고 더 많은 섬에 영향을 미쳤으며, 1951년에 비해 1988년 인구가 더 많았다는 사실에도 불구하고 1951년의 허리케인 '찰리(Charlie)'는 152명의 사망자를 낸 것에 비하여 1988년의 '길버트'는 45명의 사망자를 기록하였다.

방글라데시 정부는 1970년의 매우 파괴적인 사이클론이 발생한 이후 재난대비에 개입하였다. 500~2,500명을 수용할 수 있는 복층 사이클론 대피소와 함께 300~400마리 가축을 대피시킬 수 있는 땅 위로 솟은 플랫폼(킬라스, *killas*)이 건설되었다. 표 9.8은 연속으로 폭풍이 발생할 때 사이클론 대비 프로그램과 사이클론 교육 프로젝트를 통해 구

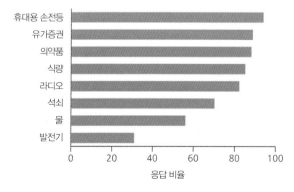

그림 9.12. 플로리다에서 허리케인에 대한 대비책을 채택했다고 보고한 가구(%). 이 값들은 다른 환경재해 대비 수준과 비교할 때 상대적으로 좋은 반응이다(Baker, 2011).

표 9.8. 1990년대 방글라데시의 열대성 저기압 출현 시 사망자 수와 대피자 수

연도	사망자 수	대피자 수	대피자 대비 사망자(%)
1991	140,000	350,000	40.00
1994	133	450,000	0.03
1997(5월)	193	1,000,000	0.02
1997(8월)	70	600,000	0.01
1998	3	120,000	0.0025

출처: IFRCRCS(2002).

성된 재해인식 워크숍과 다른 이벤트가 수천 명의 목숨을 구했다는 것을 보여 준다(Southern, 2000). 재해가 빈번한 지역의 주민들은 많은 봉사자들이 해 주는 마을 단위에서 해야 할 행동에 관한 조언을 듣기 전에 아시아에서 가장 큰 라디오 네트워크에서 발표하는 경보에 의존한다. Paul and Rahman(2006)은 대부분 주민들이 이 시스템을 신뢰하고 있으며 2007년에 발생한 사이클론 '시드르(Sidr)'의 경우 약 300만 명이 육지에 상륙하기 전에 안전하게 대피했다고 하였다.

2. 예보와 경보

예보와 경보 시스템은 대부분 폭풍재해를 알릴 때 이용되고 생명을 지키기 위하여 시스템 중요성이 부각되고 있다. 대부분 선진국 기상기관은 허리케인, 홍수, 토네이도, 심각한 뇌우에 대비한 시스템을 가지고 있다. 경보는 연방, 주정부, 지역당국 범위로 알려지며 매체와 인터넷을 통해 대중에게 전해진다. 예보는 폭풍종류에 따라 다양한 시간 규모로 이루어진다. 즉 장기(10일 이상), 중기(3~10일), 단기(1~3일), 초단기(몇 시간), 현황보고(진행 중인 상황)로 구분된다. 예를 들어, 유럽 전체 39개 국가 수문기상 서비스 중 26개가 심각한 뇌우경보를 발령하고 8개는 토네이도

경보를 발령한다(Rauhala and Schultz, 2009). 경보를 발령하는 데 걸리는 시간은 각국의 경보 철학을 반영하여 30분에서 96시간까지 다양하다.

대부분 예보기관은 폭풍 '주의보'와 폭풍 '경보'를 기반으로 계층화된 공익자료를 배포한다. 예를 들어, 열대성 저기압 경보는 폭풍 위력을 가진 바람이 해안에 도착할 것이라고 예상되기 48시간 전 발효되는 주의보단계를 지나 폭풍 출현이 24시간 내에 예상될 때의 경보단계를 거쳐 최종적으로 유의할 만한 변화가 발생할 경우 긴급전문단계까지 진행된다. 상륙 직전에는 경보가 매 시간 발령될 것이고 폭풍해일과 강수에 대한 정보가 모두 포함된다. 예보관들이 사용하는 표준모델에서 북반구의 몇몇 급격한 저기압 발달이 과소평가되기 때문에 정확하게 예측하기 어렵다(Sander and Gyakum, 1980). 지역 특성이 반영된 과정도 포함된다. 두꺼운 구름의 분산은 지표에서 돌풍을 강하게 만드는 데 기여하며 바람이 최고 풍속에 다다를 정도까지 격렬한 소용돌이를 만들 수 있다.

초기 폭풍 감지와 지속적인 감시는 효과적인 예보와 경보를 위해 필수적이다. 정지궤도와 극궤도 위성, 자동화된 지표, 해상관측과 도플러 레이더와 같은 원격 관측기술 도입 이후 경보가 크게 개선되었다. 때때로 자료는 재해가 닥치기에 앞서 폭풍 이미지(예: 풍속과 해일 상황)를 제공하

는 컴퓨터 그래픽에 연결 가능하다. 훨씬 더 세밀한 격자 해상도를 이용하는 대기 역학모델이 그 후 비상발령을 위한 충분한 소요시간을 갖고 경로, 진행속도, 발달하는 폭풍 강도를 예측하기 위해 유사한 폭풍의 경험적 행동을 포함한 통계모델과 결합된다.

원격탐사로 해안에서 30~50km 떨어진 곳에서 '눈'이 뚜렷하게 형성된 사이클론이 발달하는 것을 감지할 수 있다. 사이클론이 해안에서 250km 떨어져 있을 때, 기상 레이더는 10km 이내로 더 정확한 위치를 보여 주어야 한다. 미국에서는 마이애미에 있는 국립 허리케인센터(National Hurricane Center; NHC)가 열대성 저기압에 대한 지속적인 실시간 감시를 하고 있고 120시간에서 6시간까지 앞서 저기압 중심위치, 범위, 강도와 경로 예보를 발표한다. 36시간 이내에 최소 50%의 확률로 허리케인급 열대성 저기압의 영향을 받을 해안에 허리케인 주의보가 발효된다. 해안 취약성 증가로 폭풍예보와 경보 시스템이 향상되어야 한다. 허리케인 경보는 18~24시간 이내에 상륙할 것으로 예상되는 폭풍에 관한 유사한 정보도 제공한다.

그림 9.13은 NHC에 의해 발행된 서로 다른 예보기간의 허리케인 예보 평균 정확도가 최근 몇 십 년간 얼마나 증가하였는가를 보여 준다. 경로오차는 160km(24시간), 260km(48시간), 370km(72시간)으로 감소하였고 풍속 오차도 9kt(24시간), 15kt(48시간), 19kt(72시간)로 감소하였다. 오늘날 3일 경로예보는 1980년대 후반에 발효된 2일 경로예보만큼 정확하고 강도예보는 1970년대 중반의 오차보다 20% 더 작다. 허리케인 '카트리나'에 대한 예보기술은 훌륭했다. 경로예보는 최근 10년(1995~2004년) 평균보다 더 정확했으며 주의보와 경보에 필요한 소요시간도 평균보다 8시간 더 길었다. 그러나 폭풍강도 예보가 과소평가되었다(National Weather Service, 2006). 플로리다 주 마이애미 해안에서 50km 이내 거주자에게서 얻은 설문자료에 의하면, 일반 국민이 미래 폭풍 시각, 상륙, 폭풍해일, 풍속 특성에 관한 정보와 예보 향상을 위하여 기꺼이 돈을 지불할 수 있다는 것을 알 수 있다(Lazo and Waldman, 2011).

폭풍해일 상황은 5가지 기상요소인 허리케인 풍속, 중심기압, 크기(반경), 진행속도, 진행방향을 포함하는 다양한 SLOSH(Sea, Lake and Overland Surges from Hurricanes; 허리케인으로 인한 바다, 호수, 육상 해일) 컴퓨터 모델을 이용하여 예보한다. 해안선 형태, 연안 수심(조차 데이터 포함), 도로와 다리(건축 특성)같은 지역적 특성을 고려하여 모델 계산식을 만든다. SLOSH 과정은 오차 ±20%에서 정확하여, 해일 최고점이 3.0m이며, 예보는 2.4m에서 3.6m까지 높은 해일을 예상할 수 있다. 각각 폭풍에 있어 SLOSH 수행능력은 폭풍경로 예보모델 정확도에 크게 의존한다. 상륙 예측에 오류가 있다면, 서로 다른 지리적 위치 때문에 해일 높이가 예보와 다르게 나타날 것이다.

효과적인 공공경보와 대피절차를 위해 허리케인 상륙에 대한 정확한 예보가 중요하다. SLOSH 모델은 긴급대피 지역을 정하는 데 사용된다. 위험에 처한 사람들에게 대피에 관한 공고사항은 예보가 발행될 쯤에 공지된다. 이는 중소도시가 대피하는 데 12시간이 걸리는 데 반하여, 뉴올리언스, 마이애미, 휴스턴과 같은 대도시는 최소 72시간의 사전 통보시간이 필요하기 때문이다(Ulbina and Wolshon, 2003). 현재 허리케인 경보는 해안에서 평균거리 560km 떨어진 구역에서부터 발행된다. 이는 피해를 입히는 바람이 폭풍중심 밖으로 확대되기 때문이지만 정확한 상륙지점에 대한 의구심도 있기 때문이다. 허리케인 바람이 반경 190km가 넘는 지역에 피해를 입히기 때문에 해안의 2/3 정도가 지나친 경보를 받게 되고, 그로 인하여 불필요한 대비와 대피비용이 발생한다. 긴급대피와 관련된 문제는 Box 9.3에 설명되어 있다.

토네이도 예보와 경보는 더 작은 시간과 거리 규모에서

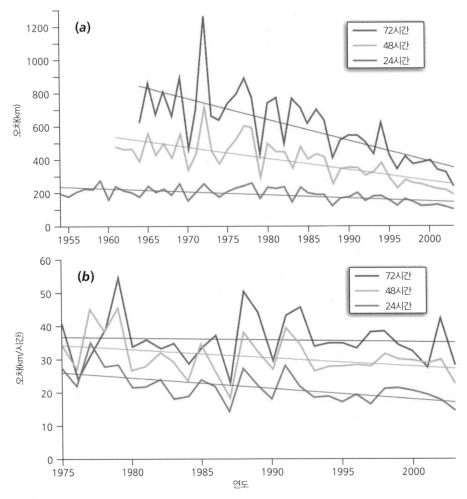

그림 9.13. 미국 국립 허리케인센터에서 발표한 대서양 허리케인 예보의 연평균 정확도 (a) 1954~2005년 허리케인 경로예보 (b) 1975~2003년 바람강도 예보. 허리케인 경로예보의 정확도는 대체로 향상되었으나 바람강도 예보는 더디게 향상되었다. NOAA, www.aoml.noaa.gov/hrd/tcfaq/F6.html (2006년 10월 10일 접속).

운용된다. 도플러 레이더 시스템에 연결된 토네이도 감시 프로그램은 지역사회가 최고 2~3시간 앞서 토네이도를 대비하고 피난처를 찾을 수 있게 하는 것이 최선이다. 2003년 5월 초 미국 중서부에서 발생한 토네이도 사례를 보면, 경보를 접한 대부분 주민들이 즉시 대피할 수 있었지만 경보 겨우 10~20분 먼저 사이렌을 통해 발령되었다(Paul *et al.*, 2003). 경보는 보통 농촌지역에서 효과적으로 전파되지 않는다. 더욱 광범위한 NOAA 기상 라디오 이용은 자고 있는 사람에게도 경보를 알릴 수 있고(전기공급이 끊어진 상태라도), 이런 상황을 바로잡고 전반적인 경보능력을 향상시키는 데 도움이 될 것이다. 방글라데시에서 2004년 4월에 111명이 사망한 심각한 사건과 같이 토네이도로 인한 지속적인 파괴를 고려할 때, 방글라데시에 토네이도 예보와 경보 시스템을 도입하는 것은 매우 좋은 사례이다.

3. 토지이용 계획

허리케인 바람이나 폭풍해일이 건물에 미치는 구조피해

는 사구 또는 물가로부터 100m 이내 주택에 많이 나타난다. 해변 개발제한이 피해를 감소시키는 데 중요한 역할을 하지만, 해안 입지에 관하여 사람들이 호감을 갖게 되면서 토지이용 변화가 지속적으로 사람들과 건물을 위험에 노출시키고 있다. 미국 해변은 다양한 연방법, 주법, 지방법에 의해 관리된다. 취약한 로어 플로리다키스 지역에서는 용도지역 조례를 통하여 토지이용 계획이 40년 넘게 운영되었으나 주거개발에 미치는 영향은 상대적으로 작았다. 1975년 이후, 새로 건축된 가옥은 NFIP를 준수하기 위해 바닥이 해수면으로부터 최소 2.4m 높은 곳(100년 규모의 홍수수위)에 위치한다. 새로 지어진 주거 건축물의 90% 이상이 기둥 위에 올라와 있지만 건물 아래 공간에 폐쇄형 창고와 레크리에이션 실을 건축함으로써 보호효과가 퇴색되었다. 게다가 지면 높이의 주택은 건물이 파괴되더라도 그 자리에 다시 집을 짓겠다고 주장하는 많은 노인들에게 여전히 매력적이다.

초과거리가 제한되어 있다 하더라도 해안 구조물은 해안 침식에 취약하여 피해를 입은 건물이 재건축되는 곳은 더 강력한 건축법규가 적용될 수 있다(Platt et al., 2002). 미국 육군공병대가 시행한 것과 같은 보조금이 지급된 해변 보호정책은 해변개발을 촉진시켰다는 비판을 받았으나 플로리다에서 연구는 이런 정책이 주택가격이나 개발활동에

Box 9.3. 미국에서 허리케인 대피능력 향상

효율적인 긴급대피를 달성하는 데는 반복된 문제가 발생한다. 예를 들어, 2007년 사이클론 '시드르'의 위험에 있던 방글라데시 주민 중 75% 이상이 대피명령을 들었지만 집을 떠나지 못하였다(Paul and Dutt, 2010). 미국에서 허리케인 경보는 주지사 승인을 받아 해안에 대피할 수 있다. 대피명령은 자발적이거나 권장 또는 강제적일 수 있지만, 강제 대피명령이라 하더라도 다양한 결과로 인하여 강제로 시행하기 어려울 수 있다. 허리케인 위험지역에 사는 주민들은 위험상황에 대해서 알지 못한다. Peacock et al.(2005)은 플로리다에서 위험에 대한 인식과 바람 위험지역 간에 강한 상관관계가 있다는 것을 밝혀냈다. 그리고 텍사스 해안에 거주하는 주민들은 정확히 위험지대를 알고 있었다(Zhang et al., 2004). 그 결과 해안과 보초도에 있는 마을에서 90%가 넘는 대피율 최고치가 달성되었다. 비록 허리케인 '앤드루'는 위협을 받은 가정 중 54%만 완전하게 대피하였지만, 가장 저지대에 있는 해안지역에서 비율은 70%까지 상승하였다(Peacock et al., 1997).

대피에 실패하는 경우는 사람들이 행동할 때 많은 요소를 고려하기 때문이다. 낮이나 밤 시간과 같은 환경적 조건, 이웃의 행동과 같은 사회적 암시, 대피소 접근성과 대피소의 질과 같이 장애로 인식되는 것이 있다(Lindell et al., 2005). 1999년 허리케인 '플로이드(Floyd)'가 영향을 미칠 때 강제대피에 따르지 않았던 많은 사우스캐롤라이나 거주자들은 의사결정에서 가정환경과 이전 경험이 영향을 미쳤다고 하였다(Dow and Cutter, 2000). 대피하지 않았던 사람들은 미래에도 대피명령에 따르지 않을 것으로 보인다. 특히 대피했던 사람들이 1998년 허리케인 '조지(Georges)' 때와 같이 플로리다키스로 돌아올 때 교통정체로 시간이 오래 소요되었던 문제를 경험한 경우라면 더욱 심해질 것이다. 요약하자면, 위험에 처한 사람들은 언제나 비상상황 설계자들이 원하는 대로 행동하지 않는다.

미국 해안 인구밀도가 증가하는 것을 고려할 때, 대피과정을 향상시키는 것이 중요하다. 1999년에 300만 명이 허리케인 '플로이드'로부터 대피하였다. 당시 주요 도로에 역방향으로도 차량통행이 가능하도록 했음에도 불구하고 교통정체를 만들었으며 이는 미래에 더 정교한 교통관리가 요구될 것이 분명하다(Urbina and Wolshon, 2003; Wolshon et al., 2005). 직접적인 위협은 받지 않지만 어떻게든 이동하는 추가가구의 최대 10~20%에 달하는 '그림자' 대피는 대피경로의 부담을 증가시킨다. 게다가 제한된 공공 대피소의 수용능

사진 9.4. 1999년 8월 허리케인 '브렛(Bret)'에서 벗어나기 위해 텍사스 코퍼스크리스티와 파드리아일랜드로부터 대피하는 주민행렬에 의한 교통혼잡(샌안토니오에서 북서방향 국도 37번, 사진: Dave Gatley, FEMA316)

력, 지역사회에서 탈출하기 위해 필요로 하는 (허리케인 경보의 시간에 비해 상대적으로) 긴 소요시간, 차량이 없는 집단의 존재 등이 문제를 일으킨다. 예를 들어, 관광객은 이전의 대피와 비상시 절차 경험이 부족한 이동성이 떨어지는 집단이 될 가능성이 높다.

대피행동에 대한 올바른 이해가 중요하다. 놀랍지 않지만, 큰 위험에 처한 사람들을 포함한 대부분의 사람들에게 대피를 권장할 때 자발적인 행동보다 강제적 지시가 필요하다. 그러나 폭풍강도와 홍수위험에 대한 인식(강풍위험에 대한 인식보다 강함)이 더 중요한 요인이다(Whitehead et al., 2000). 대중의 요구와 비상 관리자들의 우선순위 사이에 뚜렷한 차이가 있다. 특별한 문제도 있다. 로어 플로리다키스는 가장 가까운 본토로부터 100km 이상 떨어져 있다. 허리케인이 상륙하기 6시간 전, 미국 1번 고속도로를 따라 대피해야 하는 사람이 많은 경우 교통량에 의해 고속도로망이 혼잡할 동안 폭풍해일은 고속도로 저지대를 침수시킬 것이다.

허리케인 '카트리나'는 대피자들에게 더 많은 보호가 제공되어야 하는 필요성을 부각시켰다. 사람들이 대피하였을 때, 그들은 신체적, 정신적 스트레스를 겪는다. 이들 문제는 건강보험보장이 없는 저소득층과 같이 사회적으로 혜택받지 못한 사람들에게 집중된다. 필요한 비상통신과 지원서비스 규모를 평가하는 것이 중요하다. 2005년 허리케인 시즌 동안 미국 적십자사는 1,400개 대피소를 개방하고 6,800만 개가 넘는 식사와 스낵, 더불어 380만 개의 숙박을 제공하였다. 폭풍이 지나간 후에도 8개월 동안 75만 명이 넘는 대피자들이 여전히 미국 전역에 있는 집으로부터 대피해 있었다.

영향을 미치지 않았다는 것을 보여 주었다(Cordes *et al.*, 2001). 이는 해안보호와 연관되어 엄격해진 토지이용 관리가 감소한 폭풍피해의 기댓값을 상쇄하였기 때문일 것이다. 또한 허리케인의 영향을 받기 쉬운 지역사회는 인구성장을 늦추기 시작했다. Baker(2000)에 따르면, 플로리다주 새니벌 섬은 1977년부터 긴급대피에 대한 제한을 주된 이유로 내세우면서 매년 새로 짓는 주택 수를 제한하고 있다. 그 이후로 주정부는 과거보다 거주와 상업용 개발을 더욱 철저하게 제한하였다.

Pielke, R.A. Jr and Pielke, R.A. Sr (1997) *Hurricanes: Their Nature and Impacts on Society*. J. Wiley and Sons, Chichester. This remains the best introduction to tropical cyclones and their hazards.

Schwartz, R.M. and Schmidlin, T.W. (2002) Climatology of blizzards in the coterminous United States 1959-2000. *Journal of Climate* 15: 1765-72. A reminder of the disruption due to severe winter storms.

Shanmugasundaram, J., Arunachalam, S., Gomathinayagam, S., Lakshmanan, N. and Harikrishna, P. (2000) Cyclone damage to buildings and structures - a case study. *Journal of Wind Engineering and Industrial Aerodynamics* 84: 369-80. This is a careful and instructive example of practical problems.

더 읽을거리

Elliott, J.R. and Pais, J. (2006) Race, class and Hurricane Katrina: social differences in human responses to disaster. *Social Science Research* 35: 295-321. A case study with much wider implications.

Lindell, M.K., Lu, J-C. and Prater, C.S. (2005) Household decision-making and evacuation in response to Hurricane Lili. *Natural Hazards Review* 6: 171-9. Another demonstration of issues facing emergency managers.

Olshansky, R.B. (2006) Planning after Hurricane Katrina. *Journal of the American Planning Association* 72: 147-54. Raises questions not always asked following a major disaster.

웹사이트

Hurricane Insurance Information Centre www.disasterinformation.org

NOAA hurricane 'Katrina' web portal www.katrina.nooa.gov

US National Hurricane Center www.nhc.noaa.gov

US National Oceanic and Atmospheric Administration www.noaa.gov

Environmental and Social Impacts Group, US National Center for Atmospheric Research (NCAR) www.esig.ucar.edu/sourcebook

Seasonal hurricane forecasts for the Atlantic basin www.typhoon.atmos.colostate.edu

극한기상, 전염병과 산불

A. 서론

기상과 기후의 큰 변동이 환경재해를 발생시킨다. 강한 폭풍, 홍수, 가뭄과 같은 기상재해가 가장 두드러진다. 그러나 일반적인 범위를 넘어선 변동은 생물학적으로 연관된 재해를 일으켜 인간을 포함한 유기체와 상호작용한다. 매우 덥거나 추운 날씨가 생리학적 스트레스를 야기시켜 인류생명을 위협할 때 가장 뚜렷한 사례가 발생한다. 이 장에서 재해는 생물학적 구성요소들을 포함한다. 재해 원인은 다양하다. 열적 스트레스에 의한 건강악화는 기상만으로 설명하기 어렵다. 이는 전염병 확산이나 산불 발생에도 적용된다. 즉 생물리학적 재해는 기상과 기후 상태 민감도와 이 책에서 다루는 다른 재해와 같이 빠르게 위협을 일으킬 가능성이 있다.

생물리학적 재해의 중요한 특성은 계절이나 연 변동 패턴이 반복적이라는 것이다. 기온과 관련된 추위 스트레스와 열 스트레스에 의한 위도별 사망률은 각각 겨울철과 여름철의 영향이 크다. 지중해성 기후에서 산불은 식물이 쉽게 타고 기상적으로 불의 확산을 제어하기 어려운 건조한 늦여름에 주로 발생한다. 많은 전염성 질환은 외부 환경요

인과 관련 없는 유행주기를 갖는다. 그러나 병원체가 인체보다 중간 숙주나 다른 매개체를 이용하여 발달할 때, 기상조건이 영향을 미친다. 대부분 바이러스, 박테리아, 기생충은 온도환경이 일정 한계 이하로 떨어지면 발달하기 어렵다. 말라리아 기생충은 18℃가 한계이다. 그러나 주어진 환경보다 기온이 높아지면 발달시간이 짧아지며 질병 발생위험과 번식률이 증가한다.

이상기상이 발생한 후에 종종 식량안보를 위협할 정도의 질병과 해충이 급증한다. 19세기 중반 아일랜드에서 발생한 감자잎마름병(Phytophora infestans)은 1845년의 평년과 달리 덥고 습한 날씨가 원인이 되었다. 그 후 3년 동안 기근으로 인한 사망자가 최소 150만 명이었고, 약 100만 명이 이주했다. 대다수 유기체와 마찬가지로 해충은 죽은 성체 수를 채우기 위해 보다 더 많은 자손을 번식시키므로 유충 사망률이 높을 때 개체 수의 안정성이 유지된다. 유충 사망을 조절하는 환경요인이 완화되면, 많은 종이 전염병 비율을 조절할 수 있는 능력을 갖게 된다. 이는 강수로 환경이 급격히 바뀔 수 있는 건조지역과 반건조지역에서 발생하기 쉽다.

사막메뚜기(Schistocerca gregaria)는 개체에서 무리상

으로 빠르게 전환할 수 있다. 강수는 습지에 알을 낳는 데 도움을 주며, 부화한 후 미숙하고 날개가 없는 메뚜기에게 식량이 될 수 있는 식물을 성장시킨다. 성장한 후, 날개가 생긴 메뚜기들은 최근에 강수가 있었던 지역들을 따라 이동한다. 가끔 몇 주에 걸쳐 수천 km를 이동하기도 한다. 메뚜기는 주로 바람이 약한 야간에 이동한다. 아프리카, 중동, 서남아시아의 약 1/5에 해당하는 지역이 메뚜기에 위험하다. 1t 정도의 메뚜기는 2,500명이 하루 먹을 수 있는 식량을 소비하고, 1km 정도 길이 메뚜기 떼가 24시간 안에 10t의 작물(메뚜기 떼 총 무게의 1/3 정도)을 소비한다.

2004년에 발생한 사헬지역 메뚜기 떼 습격은 북서 아프리카 산맥이 아주 습한 겨울 이후 발생하였으며, 15년 동안 발생한 것 중 가장 심각하였다(IFRCRCS, 2005). 당시 서아프리카 13개국이 피해를 입었다. 곡물과 동물사료 손실로 900만 명이 식량부족을 겪었다. 메뚜기 떼 습격을 막기 위해서 약 400만ha의 땅에 값비싼 공중 살충제를 분사하였지만 실패하였다. 오스트레일리아는 뉴사우스웨일스, 퀸즐랜드와 사우스오스트레일리아 인접지역에 주로 영향을 미치는 고유의 메뚜기 떼가 있다. 메뚜기 떼가 나타난 해, 지방 산업은 목초지와 작물 손실로 피해를 입었다. 그 후 가

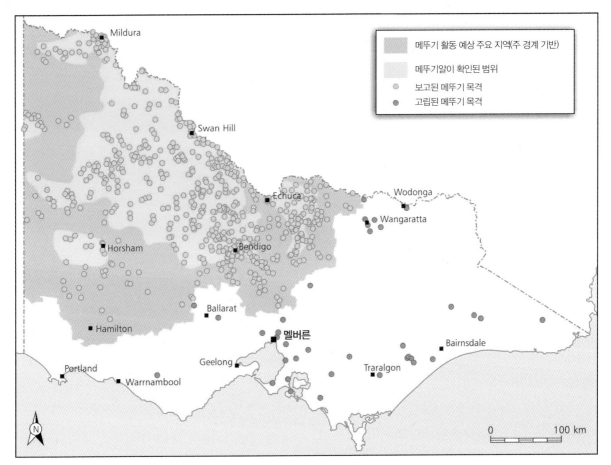

그림 10.1. 2009년 11월과 2010년 8월 사이에 오스트레일리아 빅토리아 주에서 보고된 메뚜기 활동 지도. 알에서 성충이 출현하기까지 평균 6~8주가 걸리는데, 높은 온도에서는 이 과정이 빨라진다. 빅토리아 주 정부(기초산업부) http://dpi.vic.gove.au/agriculture (2012년 2월 6일 접속).

뭄해가 이어지고, 2009~2010년과 2010~2011년의 따뜻하고 습한 여름이 대규모 메뚜기 떼를 발생시켰다. 그림 10.1은 2009년 11월부터 2010년 8월까지 빅토리아 주의 메뚜기 활동지역을 나타낸 것이다. 상세한 관찰결과가 살충 스프레이를 탑재한 경비행기 배치를 결정할 때 이용되었고 농부들의 통제수단으로서 필요한 사전정보로 이용되었다. 선진국에서는 메뚜기 통제방법은 상당히 비용효율이 높다. 예를 들어, Millist and Abdalla(2011)는 2010~2011년 통제기간 동안 전체적으로 1:20의 우수한 비용 편익 비율로 9억 6,300만$의 잠재적인 농업손실을 막았다고 추정했다 (1$를 사용하여 20$를 절약함).

B. 극한기온에 의한 위험

인체는 보통 37℃에서 가장 효율적이다. 주변의 자연적 기온변동과 비교하여, 생리적 안정과 안전은 비교적 좁은 온도범위에서 유지될 수 있다. 체내 온도가 26℃ 이하 또는 40℃ 이상일 때 돌이킬 수 없는 건강 악화와 사망이 발생한다. 체온과 관련된 사망의 역학과정은 복잡하다. Barnett et al.(2010)은 상대적으로 기온이 높거나 낮을 때 전 세계적으로 사망률이 증가하지만 연령 집단, 계절, 도시에 따라서 실험결과가 다양하므로 최적 온도 값을 정의하기 어렵다고 하였다. 겨울철 한랭 스트레스와 기온의 관련성은 밝힐 수 없었지만, Goldberg et al.(2011)에 의해 캐나다 몬트리올에서는 일 최고기온 27℃ 이상인 경우와 여름철 사망률 간 분명한 연관성이 규명되었다. 많은 사례에서 대기오염, 반응에 대한 지체시간, 주거상태/질병 인구/다른 인구지표 등 사회 경제적 조건과 같은 다른 요인이 열적효과 이해를 모호하게 한다.

1. 한랭 스트레스

한랭 스트레스는 저체온증이나 동상 형태로 생리학적 손상을 일으킬 수 있다. 저온의 영향은 강한 풍속과 결합되어 발생하는 바람 냉각(windchill)과 같이 바람과 수분에 의해 복잡하게 나타난다. 열대를 제외한 대부분 지역에서는 기온과 관련된 사망은 혹독한 겨울철 중위도로 이동하는 차가운 북극공기의 급격한 증가와 관련 있다. 대부분 선진국에서 겨울철 초과사망의 일반적인 패턴은 일평균기온이 18℃이하로 떨어졌을 때 나타난다. 이는 잘 알려진 열적 스트레스로 인한 사망만큼 심각한 영향을 미친다.

유럽에서는 불량한 주거조건과 가난으로 스칸디나비아보다 포르투갈, 스페인, 아일랜드에서 겨울철 사망률이 더 높다(Healy, 2003). 영국은 더 한랭한 기후의 국가와 비교했을 때 겨울 사망률이 높다. Wilkinson et al.(2001)은 영국에서 심장마비나 뇌졸중으로 인한 사망률이 다른 달에 비해 12월과 3월에 23% 더 높다는 것을 발견하였다. 외부 기온 19℃ 이하에서 온도가 1℃씩 떨어질 때마다 사망률이 2%씩 증가한다. 잉글랜드와 웨일스에서 총 겨울 사망자 수는 1년에 약 30,000명으로 추산된다. 스코틀랜드의 주간 사망률은 여름 최저치와 겨울 최고치 사이에 30%의 차이가 있다(Gemmell et al., 2000). Montero et al.(2010)은 스페인에서 사망률은 한과기간과 높은 상대습도와 연관되어 있음을 밝혔다. 이 시기의 사망률이 가장 높다.

일반적으로 추위와 관련된 높은 사망률은 겨울철 고기압에 의해 극한기상이 출현할 때 발생한다. 이런 현상은 저체온증과 추위로 악화된 질병으로 인한 초과사망의 원인이 되고, 하층 차가운 공기의 대기오염 농도 증가에도 영향을 미친다. 에너지 효율이 낮고 난방시설이 미비한 주택에 거주하는 65세 이상 노인은 더 큰 위험에 처한다. 낮은 기온은 인플루엔자(유행성 감기), 관상동맥 혈전증과 호흡기질환 같은 질병의 원인이지만, 겨울철 사망률과 필수 시설 부족 간의 강한 상관성을 설명하기는 어렵다. 실내의 낮은 기온보다는 차량 소유 수준이 높아지면서 야외에 노출되는 시간 감소가 사망원인으로 기여하였다. 겨울철 사망의 간접 원인은 제설로 인한 심장마비, 비상 온열기 사용으로 인한 주택화재, 얼음과 눈에 의한 교통사고 등이다. 노인과 노숙자를 포함한 가난한 사람들이 가장 고통받는다.

한랭 스트레스에 대한 가장 일반적인 대응은 옷을 더 입고 주거 효율을 향상시키는 것이다. 그러나 적절한 실내온도를 유지하는 것이 항상 쉽지 않다. 중앙난방 시스템이 널리 사용되는 선진국에서는 온실가스 배출에 대한 우려와 더불어 에너지 비용 상승은 부적절한 난방방식과 단열처리가 미비한 주택에 거주하는 가난한 사람들에게는 비현실적이다. 또 다른 대응전략은 취약한 주택소유자들이 추운 기간 동안 안전한 야외활동을 할 수 있도록 하는 것과 함께 실내 일산화탄소 위험을 일으킬 수 있는 난방 시스템의 의존도를 낮추는 지원책과 교육을 포함하는 것이다(Conlon et al., 2011).

2. 열 스트레스

열 스트레스는 기온과 습도가 높아서 신체적 불편함이 사망으로 이르게 될 때 가장 높다. 기온의 절댓값보다 지역의 계절 평균값을 초과하는 차이 값이 더욱 중요하다. 열 스트레스는 날씨에 적응하기 전인 첫 열파가 출현할 때 가장 높다. 열파 출현 후 사망률이 보통 계절 사망률보다 2~3배 높다.

극단적 열파는 기상과 관련된 사망자가 많은 미국에서 자주 발생한다. 1966년에 5일 동안 사망률이 36% 증가하였고(Bridger and Helfand, 1968), 1955년에는 로스앤젤레스에서 사망자 946명이 발생하였으며(1906년 샌프란시

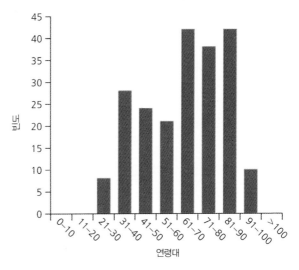

그림 10.2. 1993년 7월 미국 필라델피아의 연령대별 열 관련 사망 빈도. 사망률은 60~90세 연령대에 집중됨(Johnson and Wilson, 2009).

스코 지진과 화재 당시 보다 두 배 높은 사망률), 1995년에는 시카고에서 700명이 넘는 사람들이 사망하였다. 그럼에도 불구하고, Ostro et al.(2009)은 캘리포니아 사례와 같이 명확한 현상 정의가 부족하고 이런 사망 원인이 다양하기 때문에 열파로 인한 사망자 통계는 실제 재해 정도보다 적게 추산되었을 가능성을 제기하였다. 노인과 기존 심장 질환이 있는 사람들이 더 위험하다. 1993년 7월에 필라델피아에서 213명이 자신들의 거주지에서 열로 사망하였다. 그림 10.2는 연령대별 열 관련된 사망자 빈도를 보여 준다. 60~90세 연령층에서 가장 높은 값을 나타냈고, 사망자 평균 연령은 65.7세였다. 실내 에어컨이 부족하거나 술과 약물 의존도가 높은 도시 빈민집단도 위험성이 높다.

도시지역의 열 스트레스는 지금까지 주로 고소득 국가에서 나타나는 환경재해이다. 지구 온난화로 이런 위협이 증가할 것으로 예상되고, 2020년까지 열로 인한 사망률이 배가 될 가능성도 있다(Gabriel and Endlicher, 2011). Stott et al.(2004)은 인간에 의한 온난화가 이미 무더웠던 2003년 유럽의 여름철 위험도의 두 배 이상 된다고 주장하였다.

2003년 유럽의 여름철은 1500년 이후 가장 무더운 시기였고, 기온은 40℃ 정도에 이르렀으며, 30,000명이 넘는 사람이 열파로 사망하였다(Haines et al., 2006). 8월 동안 전체 초과사망률이 평균 60%였으며, 프랑스에서 절반 이상을 차지하였다(그림 10.3). 그중 파리는 150%가 넘는 비율을 기록하였다. 기온과는 별개로, 연령, 성별, 탈수, 약물치료, 도시 거주형태, 빈곤, 사회적 고립 등 많은 사회 경제적 요인들이 영향을 미쳤다. 많은 의료진이 전통적인 여름휴가 기간에 자리를 비우면서 도시 독거노인이 대부분 위험에 노출되었다. Lagadec(2004)에 의하면, 이런 재난은 선진국에서 대비책이 부족하다는 것을 보여 주었고, 이후 프랑스는 대규모 사망률을 감소시킬 수 있는 국가적 열파관리계획을 수립하였지만, 소규모 사건이 2006년 다시 발생하였다(Fouillet et al., 2008).

큰 도시일수록 위험성이 더 커질 것이라고 생각하지만, Loug-hnan et al.(2010)은 오스트레일리아 빅토리아 지역 내 작은 농촌마을에 사는 65세 이상 집단에서 열 스트레스로 인한 사망률이 증가한다는 것을 발견하였다. 대도시 중심지역에서 도시열섬과 사회 경제적 취약성에 의한 열 스트레스의 극대로 많은 문제가 발생한다. 도시 내부에서 열과 관련된 건강 불평등이 감소되어야 한다는 인식이 증가하고 있다(Harlan et al., 2006). 이런 문제는 30년 전 뉴욕-뉴저지 대도시권의 열파에 의해 부각되었으며, 이때 교외에서 예상되는 수치를 초과하였고, 도심에서 최대 200명의 초과 사망자가 발생했다(Beechley et al., 1972).

도시지역 미기상은 개별적인 특성에 따라서 일사를 더 반사시킬 수 있는 알베도가 높은 재료를 이용하거나 직달복사를 막기 위해 나무를 이용하여 주택에 그늘을 만들어 변화시킬 수 있다. 포르투갈 리스본에서 이루어진 한 연구는 0.24ha의 작은 녹지가 고밀도로 도시화된 주변 지역의 온도를 상당히 낮춘다고 하였으며, 이런 효과는 날이 더울수록 뚜렷하였다. 도시 내부에 녹지를 위한 넓은 공간이 거

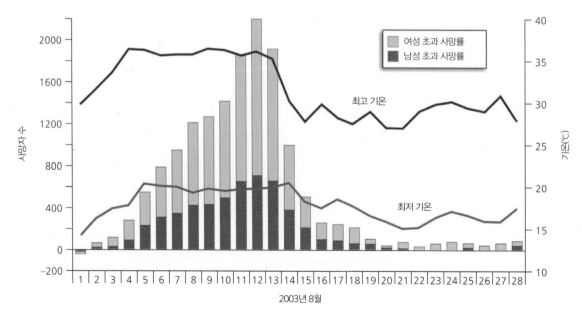

그림 10.3. 프랑스에서 기록된 2003년의 최고기온과 최저기온 관련 열파기간의 일별 초과 사망자 수. 8월 4일에서 15일 사이에 탈수, 고열, 열사병에 의한 열 스트레스의 직접적인 영향을 받은 사망자 수는 거의 15,000명에 달했다(Poumadère et al., 2005).

의 없을지라도, 나무를 심는 것은 열 스트레스에 기여하는 요인인 도시 대기오염을 줄이는 데 도움이 될 수 있다. 선진국에서는 더 많은 실내 에어컨이 적절한 대응책이라고 여겨지지만, 제3세계 국가 주민들에게는 비실용적이다.

C. 전염성 질병 특성

전염성 질환은 전 세계적으로 총 사망자의 1/4 이상, 5세 이하 유아 사망자의 2/3 이상의 원인이 된다. 불과 여섯 종류의 전염성 질환(HIV/AIDS, 결핵, 말라리아, 폐렴, 설사, 홍역)이 모든 조기사망 원인의 50%를 차지한다. 이런 전염성 질병 대부분은 가난한 국가에서 발병한다. 전염성 설사는 주로 열대 국가에서 발생한다. 특히 홍수로 인해 식수가 오염되고, 하수처리 시스템이 붕괴되었을 때 발병한다. 이런 공중보건 재해는 면역력이 결핍된 인체에 병원체(바이러스, 박테리아 혹은 기생충)가 질병을 유발할 때에도 나타난다. 역사적으로 전 세계적으로 유행병이라고 할 수 있었던 질병 발생을 확인 할 수 있다. 14세기에는 흑사병으로 거의 5,000만 명이 넘는 사람이 사망하였다(McMichael, 2001). 박테리아성, 바이러스성과 기생충 전염은 특히 빈곤 국가에서 곤충, 설치류 또는 다른 매개 유기체들을 통하여 병원체를 인간에게 전염시킴으로써 공중보건 분야에서 재난을 일으킬 수 있다. 일부 매개체(이, 벌레, 벼룩과 일부 모기)는 인간 이동으로 이익을 얻는다. 모기, 등에모기와 파리는 온도, 습도, 강수와 같은 기상조건에 민감하며, 스스로 이동한다(Lounibos, 2002).

세계보건기구(WHO)는 다음과 같이 전염성 질병을 정의한다.

특정 장소와 시간에서 비정상적으로 규모가 크거나 예상치 못한, 알려지거나 의심스러운 전염성 또는 기생충이 원인인 질병. 전염병은 빠르게 진화하므로 빠른 대응이 요구됨.

통계를 기반으로 한 다양한 임계치가 전염병을 식별하는 데 사용된다. Kuhn et al.(2005)에 따르면, 기상·기후와 연결성이 약하거나 정량화가 불가능하더라도, 큰 경년변동을 보이는 질병이 전염병으로 간주될 수 있다. 위험에 처한 주민 취약성이 전염성 질병의 중요한 요인이다. 전염성 질병은 주민들의 영양실조, 지역의 질병 면역수준과 이전 감염 노출과 같은 요인의 영향을 받는다. 질병과 대기조건의 연관성이 비교적 강한 경우일지라도 인구 중에 비면역 인구가 상당수 존재할 때 전염병이 발생하기 쉽다. 가장 중요한 질병 발생요인은 대부분 기상조건이 아니다. 그러나 일부 전염병은 자연재해와 재난에 의해 만들어진 조건에 직접적으로 영향을 받을 수 있다(Box 10.1).

수백만 년에 걸쳐 호모사피엔스는 생물학적 적응에 의하여 질병에 저항하는 종이 될 수 있도록 자연선택에 의해 진화하였다. 집단이주와 국제결혼이 지역사회 내부로 새로운 유기체가 들어오는 기회를 만들어 질병 저항성을 촉진하는 유전적 다양성을 발달시킨다. 아프리카에서 말라리아에 장기간 노출로 일부 면역체계가 만들어진다. 의학지식 증가와 공중보건 분야에서 생활습관 개선은 전염성 질병통제에 도움을 준다. 1960년대와 1970년대에는 새로운 항생제와 백신출현으로 적어도 선진국에서는 전염성 질병 탈피라는 목적이 이루어졌다. 중세 흑사병과 같은 오래된 질병의 재출현과 1976년 수단과 자이르에서 확인된 에볼라 출혈열과 같은 새로운 질병출현은 현 상태에 만족하는 사회 분위기에 문제를 제기하였다(Noji, 2001). 21세기 새로운 첫 번째 전염병은 2003년 초에 발생한 사스(중증 급성 호흡기 증후군)이다. 이 질병은 2002년 11월 중국 남부에서 동물 바이러스가 사람에 감염되어 시작되었으며 수백 명이 사망하였다. 대부분 국가는 일반 시민들의 바이러스 감염을 막기 위해 엄격하게 격리조치를 취하였지만, 동남아시아의 고온다습한 지역에서는 사스가 제어하기 어려운 것으로 밝혀졌다.

깨끗한 물, 위생시설, 안전한 식품, 예방약물과 면역조치, 보건교육과 집단검진 등과 같은 바람직한 공중보건 서비스는 질병예방을 위해서 필수적이다. 한편 정부 건강보험 민영화와 다국적 제약회사에 의한 질병치료가 권장된다. 이것은 공중보건 서비스를 소홀하게 할 수 있다. 최근 또 다른 질병발생 원인은 난민들이 비상캠프로 집중하는 현상이다. 이런 상황에서 전염병은 세 가지 방식으로 감염위험이 증가한다.

- 사람과 사람의 전염: 홍역, 수막염, 결핵
- 장으로 인한 전염: 설사 질병, 간염
- 매개체로 인한 전염: 말라리아

아시아와 아프리카의 빈곤 국가에서는 홍역과 결핵 같은 전염병이 사람들을 지속적으로 쇠약하게 한다. 지역주민들은 식량을 생산하거나 생계를 꾸리는 기능이 저하되고, 다른 재해에 취약하게 된다. 전염병으로 인한 사망자 중 7%만 부유한 20%에 속하고 사망자의 약 60%는 세계에서 가장 가난한 20%에 포함되는 것으로 추산된다(IFRCRCS, 2000). 저개발국가의 주요 사망원인인 전염병에 할당된 비용은 전 세계 생체의학 연구비용 중 5% 미만에 불과하며, 이런 불균형은 지속될 것이다. 대부분 건강악화가 기후와 관련이 있다. 예를 들어, 전 세계적으로 설사 질환은 5세 이하 유아 사망의 중요한 세 가지 원인 중 하나이다. 아프리카의 사하라 이남에서 발생한 전염병은 안전한 위생관리가 어려운 건기 강수부족과 관련이 있다(Bandyopadhyay et al., 2012).

전구적인 변화 속에서 다양한 요인의 영향을 받아 과거의 질병이 재출현하고 새로운 질병이 출현할 수 있다(Molyneux, 1998; Murphy and Nathanson, 1994). 이런 요인들은 세 범주로 분류 된다.

- 환경요인 변화

환경조건 변화는 감염된 숙주와 재난을 유발하는 매개체가 서식하는 환경을 생태학적으로 적합하게 바꾸고 전염병이 새로운 지역으로 확산될 수 있게 한다. 이런 변화의 예에는 도시화, 경제발전, 수자원 개발(댐과 관개시설 증가), 삼림벌채와 기후변화를 포함된다. 이 모든 것이 사람이 새로운 병원체의 원천이나 곤충 매개체에 노출 가능성을 증가시킬 수 있다.

- 사회 경제 요인 변화

의료행위와 인간행동 변화가 과거 질병과 새로운 질병을 증가시키고 확산시키는 데 도움을 줄 수 있다. 여기에는 해외여행 증가 경향, 새로운 항생제 개발 지연, 질병이 발생하기 쉬운 곳으로 알려진 지역에서 질병감시 소홀, 공중보건 의료시설을 위한 자금 감소 등이 포함된다. 또 다른 주요 요인으로 전쟁, 빈곤, 인간 성행위 변화 등이 있다.

- 바이러스 형태의 변화

약물 저항성 변화는 항생제와 기타 약물요법의 과다사용으로 인한 여러 질병인자의 특징이다. 특히 새로운 바이러스성 질병이 지속적인 바이러스 진화와 유전적 변이로 인해 동물과 사람 모두에게 잦은 빈도로 나타난다(Box 10.2). 이런 변화는 유전자가 재조합되고 재분류될 수 있기 때문에 바이러스가 복제될 때 출현한다. 일부 바이러스는 숙주세포의 유전적 요소와 재결합할 수 있으므로 새로운 유전자를 만들 수 있다.

Box 10.1. 질병과 재해

Noji(1997)는 전염병학을 '인류건강 관련 사건의 결정 요인과 분포에 관한 정량적 연구'라고 정의했다. 전염병학은 조지아 애틀랜타에 본사를 둔 질병통제예방센터(Center for Disease Control and Prevention; CDC)를 포함한 많은 기관에서 제공하는 공중보건의학 전문분야로 전 세계적으로 다양한 비상대응에 응하고 있다. 전염병학의 가장 중요한 목적은 자연재난 후 발생하는 전염병 가능성을 최소화하는 것이다.

재난 이후 다양한 전염병이 발생할 수 있다(Ligon, 2006). 홍수는 수인성 질병(장티푸스, 콜레라, A형 간염)과 매개성 질병(말라리아, 황열, 뎅기열)의 전염을 증가시킬 수 있다. 페루 북부 건조한 해안에서 ENSO와 관련된 주기적인 홍수가 이 지역의 말라리아 발생과 밀접한 관련있다. 실제로 질병발생은 사건 전 인구의 질병 존재, 생태학적 변화(예: 지표수 확산), 공공시설 손상(예: 오염된 물 공급), 질병관리 프로그램 중단과 포화상태인 난민캠프로 인구이동 등을 포함한 다양한 원인에 기인한다. 전염병학적 통제는 다음과 같은 것을 포함한다.

- 감시: 재해발생 이전, 인구 관련 취약성 분석을 포함한 질병발병 수준의 지속적 연구
- 재해영향 평가: 재해발생을 관찰하는 단기 현장조사와 다른 방법, 긴급대응 특성
- 평가: 미래를 위한 계획에 도움을 주는 재해의 건강 영향에 대한 전체적인 대응평가

전염병 위기는 재난 직후에 높다. 가장 큰 위협은 재난에 의한 희생자들의 대규모 이동으로 발생한다(Watson et al., 2007). 원조기관은 일반적으로 질병매개 통제, 폐기물 처리관리, 양질의 개인위생과 안전한 식품 준비와 같은 재해 후 예방책에 우선권을 부여한다. 콜레라는 사람 사이에서 급속히 확산될 가능성이 있기 때문에 중요한 우려 대상이다. 2010년 1월의 지진 이후, 2010년 10월 21일 아이티에서 콜레라가 확인되었다. 2011년 3월, 25만 건이 보고되었으며, 4,600명 이상이 사망하였다. 전염병의 원인은 주민들이 위생시설이 부족한 UN 캠프의 하수로 오염된 아르티보니테(Artibonite) 강물을 식수로 하였기 때문이라고 보고되었다.

재난발생 이전에도 전염병에 필요한 일부 조건이 가끔 존재한다. 중요한 유발요인은 빈곤이다. 저개발국가 유아와 어린이는 유럽과 북아메리카에 비해 설사질환, 폐렴과 홍역으로 몇 백 배나 더 많이 사망한다(Cairncross et al., 1990). 불량주택, 영양실조, 매개체를 방어할 위생부족, 깨끗한 물의 부족과 제한된 의료시설 등이 원인이다. 페루의 가난한 사람들은 20가지가 넘는 수인성 질병으로 고통받는다. 1990년대 초반에 발생하였던 심각한 콜레라 확산은 오염된 물 공급과 좋지 못한 위생에 기인했다(Witt and Reiff, 1991).

재난은 종종 난민캠프의 재수용과 집단 인구이동을 일으킨다. 흔히 영양이 부족하고 질병 면역수준이 낮은 사람들이 위생시설이 불충분하고, 오염된 물이 공급되고 식량이 부족한 임시 보호소로 가득 몰리게 된다(Morris et al., 1982; Waring and Brown, 2005). 1991년 필리핀 피나투보 화산분출 후, 난민 10만 명이 100개 캠프에 수용되었다. 이주자들은 새로운 병원체를 가져오거나 오염된 지역을 이동하고 낮아진 저항력 때문에 질병에 걸린다. 이와 같이 다양한 요인들이 서로 결합되었다. 말라리아와 황열 같은 매개성 질병은 모기와 다른 곤충들의 번식장소 증가로 열대에서 홍수 이후에 증가한다. 주택손실로 야외에서 생활하는 사람들은 곤충에 물릴 위험이 크다. 1963년 허리케인 '플로라(Flora)'가 아이티를 강타했을 때, 그 후 6개월 동안 75,000건의 말라리아가 보고되었다(Mason and Cavalie, 1965). 불완전한 말라리아 퇴치 프로그램, 폭우로 인한 주택 살충제의 세척, 고여 있는 물에서 모기번식 증가와 지역주민을 위한 보호소 부족 등이 서로 영향을 미쳐 문제를 발생시켰다.

일부 전염병은 식량, 건축자재와 고용을 찾아 이동하거나 친척들과 대피했던 감염자를 통해서 질병이 없던 도시로 확산될 수 있다. 전염병의 다른 원인은 홍수 이후 종종 하수관에서 나오는 전염병의 온상이 되는 쥐와 주거상태 파괴로 광견병에 걸려 버려진 개들이다. 이미 위생수준이 낮은 지역에서는 물 공급과 하수처리 시스템의 파괴가 가장 심각한 문제이다. 방글라데시 인구의 4/5는 마실 물을 관정에 의존하고, 목욕, 세척과 요리에는 얕은 연못 같은 지표수를 사용한다. 1991년 사이클론 이후, 관정 약 40%가 손상되었으며 지표수는 하수와 염분으로 오염되어 설사질환이 급증하였다(Hoque et al., 1993).

Box 10.2. 플라비 바이러스 출현

최근 가장 눈에 띄게 발병하는 질병은 플라비 바이러스(Flavivirus)이다. 이 바이러스 이름은 대역병 중 하나인 황열에서 유래하였다. 'Flavus'는 라틴어로 노란색을 뜻하며, 이 병은 황달 증상과 피부가 노랗게 변하는 것으로 나타난다. 플라비 바이러스는 10,000~20,000년 전에 같은 조상에서 비롯되었지만 현재 새로운 종이 계속 생겨나면서 진화하고 있다(Solomon and Mallewa, 2001). 알려진 70종 이상 플라비 바이러스 중 반 이상이 인간에게 질병을 발생시킨다. 자연에서 바이러스 숙주는 야생생물이다. 보통 열대지방에서는 모기, 고위도에서는 진드기 등 절지동물이 인간에게 병을 옮긴다. 진드기 종은 야생동물을 먹고 살고, 지리적으로 더 제한적이어서 모기를 통해 옮겨진 바이러스가 진드기에 의한 플라비 바이러스보다 인간 질병에 더 중요하다. 모기에 의해 발생한 질병은 몇 백 년 동안 알려져 왔지만 최근 환경, 사회 경제적, 바이러스 요인 등의 결합으로 급증하고 있다.

뎅기열은 약 10~40년 간격으로 전 세계에서 창궐하는 유행병으로 200년이 넘게 열대지방에서 유행하였다. 이는 오늘날 모기가 인간에게 옮기는 질병 중 가장 광범위하게 분포하는 질병이다. 뎅기출혈열과 함께 뎅기열은 4가지 플라비 바이러스의 항원 중 하나에 의해 발병한다. 하나의 항원에 의해 감염되었을 경우 다른 3개 항원에 대한 면역성을 갖지 못한다. 이 바이러스의 자연숙주는 인간이다. 사람들은 집에서 낮 시간 동안 활동하는 집모기에 의해 감염된다. 이 모기의 개체밀도는 인간 거주지 여건에 의해 좌우된다. 저수시설과 거주지 인근 사육시설이 질병을 촉진시키는 주요 요인이다.

20세기 후반 전염병 창궐은 난민 과잉수용과 급증한 도시인구, 빈번한 해외여행으로 감염자를 제대로 관리하지 못했기 때문이다. 한동안 DDT 살포로 많은 나라에서 집모기가 줄어들었지만, 뎅기열에 의한 전염병은 부분적으로 증가하였다. 이는 풍토지역에서 효과적으로 모기를 통제하지 못했기 때문이다. 태평양에서는 25년 이상 전염병이 없다가 1970년대에 뎅기 바이러스가 유행하였고, 중앙아메리카와 남아메리카에서는 뎅기열 박멸 프로그램을 시행하기 전보다 더 넓은 지역에서 재발하였다. 뎅기열은 매우 치명적인 출혈성 질병으로 발전할 수 있는 증상이다. 1년에 약 1억 명이 감염되고, 25억 명이 감염위기에 처해 있다(Ligon, 2004). 현재 사용가능한 뎅기 백신은 없다.

황열병은 500여 년 동안 열대에서 중요한 질병이었다. 1908년 초, 집모기에 의해 병이 전염된다는 것을 발견한 후 계획적인 모기 서식지 퇴치로 많은 도시에서 황열병이 사라졌다. 그러나 1932년 원숭이를 포함한 동물 간에도 황열병 전염이 발견되었다. 다음은 세 가지 전염 유형이다.

- 야생동물에 의해 발생하는 황열병은 열대우림에서 야생모기에 의해 감염된 원숭이를 다른 모기가 물면서 바이러스가 전염된다. 원숭이 피에 의해 감염된 모기는 숲에서 일하는 벌목꾼과 같은 사람들을 문다. 낮은 인구밀도 때문에 숲 부근에서 발병률은 낮지만 바이러스는 백신에 대한 예방접종을 하지 않은 도시 근처까지 전파될 수 있다.
- 중간형 황열병은 주로 아프리카 사바나에서 발생하며, 감염된 야생의 모기가 사람과 원숭이를 물어 소규모 전염병을 만든다. 감염된 모기 알은 몇 달 건기를 거쳐 우기에 부화하며, 이는 바이러스가 기후환경에 잘 적응한 예이다. 치수사업과 여러 개발사업에 의해 사바나 지역은 모기 개체수가 증가하고 있다. 이 지역 사람과 감염된 모기의 접촉 증가가 아프리카 질병발생의 주요 원인이다.
- 급속도로 확산되는 도시형 황열병은 주로 이주자들이 도시 내부로 바이러스를 옮기며 발생한다. 이때 질병은 집모기에 의해 사람에서 사람으로 전염된다. 아프리카 사바나에서는 주로 큰 항아리에 물을 저장한다. 그로 인해 증가한 집모기가 1965년부터 1987년 동안 세네갈, 가나, 잠비아, 코트디부아르, 나이지리아, 마우레타니아에서 발생한 몇 차례의 황열병 유행 원인이 되었다.

북위 15°에서 남위 10° 사이 아프리카에 거주하는 약 5억 명의 인구가 황열병에 감염될 위기에 처해 있다. 황열병은 남아메리카 9개국가와 일부 카리브 해 섬에서 발병하는 풍토병이다. 황열병은 매년 약 20만 명이 발병하고 30,000명이 사망하는 것으로 추산되지만,

보고되지 않은 사례를 고려한다면 그 이상일 것이다. 아직까지 황열병 치료방법은 알려져 있지 않다. 예방을 위한 가장 중요한 처치는 백신 접종으로 60년 동안 효과적으로 이용되고 있다. 효과적인 예방을 위해서는 인구의 80% 이상이 사전에 백신을 접종해야 하지만 황열병이 유행하는 대부분 국가에서 40%만 예방접종이 가능하다.

웨스트나일 바이러스는 우간다 북쪽의 웨스트나일 지역에서만 국지적으로 나타났기 때문에 1937년까지는 인지되지 않았던 질병이다 (Campbell *et al.*, 2002). 이는 아프리카와 아시아, 유럽, 오스트레일리아에서 유행하였고 1999년에는 뉴욕에서 발생하면서 미국에까지 알려졌다. 1973년부터 1974년 사이 남아프리카에서 주목할 만한 일부 웨스트나일 열병이 유행하였다. 바이러스는 모기에서 조류로, 다시 조류에서 모기로 전달되는 순환을 통해 발생지역에서 전염병이 유지되었다. 주로 철새들이 새로운 지역으로 병을 옮겼다. 웨스트나일 열병의 잠복기는 2~6일인데, 악화된 환자 중 15%는 혼수상태를 유발하는 뇌염으로 발전하였다. 아프리카 일부 지역에서는 웨스트나일 바이러스에 대한 면역력을 가지고 있는 성인이 90%에 이를 것으로 추산된다. 그러나 이 전염병에 대한 예방이 잘 되었을 것 같은 지역인 유럽이나 북아메리카 지역에서는 아프리카에서와 같은 기초 면역력을 전혀 갖추지 못하고 있다.

D. 전염병과 기후

전염병의 복잡성을 고려한다면, 환경조건과 가장 관련 있는 질병을 찾는 것이 중요하다. 표 10.1은 기상과 기후의 영향으로 급속하게 확산될 가능성이 있는 주요 전염병을 나열한 것이다. 다른 7가지 질병들이 의미 있는 연결고리가 있는 듯이 콜레라와 말라리아도 중요한 연결고리가 있다. 물론 기상조건이 전염병의 절대적이고 유일한 원인일 수 없다. 거의 모든 경우에 온도조건이 관련 있다. 많은 강수나 높은 습도와 관련된 기온상승이 가장 일반적인 조합이다.

1. 독감

독감은 전 세계에서 가장 오래되고 흔한 치명적 질병 중 하나이다. 2,000년 전부터 알려진 독감은 1580년에 들어서 처음으로 눈에 띄게 유행하였다. 독감은 독감 바이러스 A와 B에 의한 극심한 호흡기 질환으로 독감 바이러스 항원 단백질이 변형되면서 발생한다. 사람들은 전 세계적으로 유행하는 독감 바이러스가 돼지나 새와 같은 동물에서 유래한다고 생각하였다. 독감유행은 주로 겨울에 출현하지만 언제든지 전 세계적 확산이 가능하다. 전 세계적으로 1918~1919년에 발생한 전 세계적인 전염병은 최소 2,100만 명이 사망하였으며, 이는 세계대전 시 사망자의 2배를 넘는다. 항생제를 사용할 수 없던 시대에는 폐손상이 독감 바이러스로 인한 사망의 주요 원인이었다. 오늘날 유행성 독감의 영향을 받는 사람은 전 세계인구의 20% 정도로 추산된다. 병원에 입원하는 사람이 그중 3,000만 명이고 25% 정도는 사망에 이를 것이다(Fouchier *et al.*, 2005). 1984년 세계보건기구에서는 82개국 110개 연구소를 이용하여 새롭게 출현한 바이러스를 인지할 때 경보 시스템으로 연결할 수 있는 국제 독감감시 네트워크를 구축하였다(Kitler *et al.*, 2002). 독감은 계절성 유행으로 전염속도가 빠르다. 독감에 걸린 사람은 대부분 감염에서 회복되지만, 독감은 폐렴과 같은 치명적인 합병증을 유발할 수 있다. 독감유행에 의해 전 세계적으로 연평균 300만~500만 명의 중증환자가 발생하고 25만~50만 명이 사망한 것으로 추정된다. 선진국에서는 2살 이하 유아나 65세 이상 노인 또는 만성 심장·폐질환을 앓고 있는 사람은 거의 위험에 노출되어 있다. 이는 노동인구의 생산성을 떨어뜨리고, 보건 서비스 부

표 10.1. 전구적 중요성에 따라 기후 영향을 받는 주요 전염성 질병

질병	전파경로	분포	기후와 전염병의 관계	기후 영향정도 및 기타
독감	공기	전 세계	기온하강 (겨울)	보통 인간과 연관된 요인들이 더 결정적인 요인임
설사병	음식, 물	전 세계	기온상승과 강수량 감소	보통 위생시설과 인간행동이 더 중요함
콜레라	음식, 물	아프리카, 아시아, 러시아, 남아메리카	기온과 수온 상승, 엘니뇨 강화	중요 위생시설과 인간행동이 중요함
말라리아	암컷 말라리아모기	100개국 이상의 풍토병	기온 및 강수량 변화	중요 지역적 요인 또한 연관됨
뇌수막염	공기	전 세계	기온상승, 습도 감소	의미 있음
림프성 사상충증	암컷 집모기, 말라리아 모기, 만소니아 모기	아프리카, 인도, 남아메리카, 서아시아, 태평양 도서	기온 및 강수량 변화	보통
리슈마니아증	암컷 사혈모래파리	아프리카, 중앙아시아, 유럽, 인도, 남아메리카	기온 및 강수량 증가	의미 있음
아프리카 트리코모건선	체체파리	사하라 사막 이남 아프리카	기온 및 강수량 변화	보통 가축 밀도와 식생이 연관됨
뎅기열	암컷 숲모기	아프리카, 유럽, 남아메리카, 동남아시아, 서태평양	높은 기온과 습도, 강수량	의미 있음 다른 요인들 또한 중요함
일본뇌염	암컷 집모기와 숲모기	동남아시아	높은 기온과 많은 강수량	의미 있음 동물과 관련된 요인들이 중요함
세인트루이스 뇌염	암컷 집모기와 숲모기	북아메리카, 남아메리카	높은 기온과 많은 강수량	보통 동물과 관련된 요인들이 중요함
리프트 계곡열	암컷 집모기	사하라 사막 이남 아프리카	많은 강수량, 추운 날씨	의미 있음 동물과 관련된 요인들이 중요함
웨스트나일 바이러스	암컷 집모기	아프리카, 중앙아시아, 서남아시아, 유럽	높은 기온과 많은 강수량이 시작될때	보통 기후와 관련되지 않은 요인들이 더 중요할 수도 있음
RRV(로스 리버 바이러스)	암컷 집모기(culicine)	오스트레일리아, 남태평양 도서	많은 강수량과 평균 기압보다 낮음	의미 있음 숙주의 면역상태와 동물이 중요함
머레이 계곡 뇌염	암컷 집모기(culex)	오스트레일리아	많은 강수량과 평균 기압보다 낮음	의미 있음
황열	암컷 숲모기(Ades), 모기(Haemagogus)	아프리카, 중남아메리카	높은 기온과 많은 강수량	보통 인구 요인이 중요함

출처: Kuhn *et al*. (2005). World Health Organization 허가하에 재구성.
주: 전구적 중요성은 장애보정생애 연수 계산을 위해 평가되었다. 기후의 강도는 5단계(약함, 보통, 의미 있음, 중요, 최우선)로 평가하였다.

담을 가중시킴으로써 경제비용을 발생시키는 심각한 공중보건 문제이다. 저개발국의 독감발생에 대한 정보는 선진국에 비하여 상대적으로 적다.

2. 말라리아

말라리아는 매개체를 통해 감염되는 주요한 질병으로 열대와 아열대 지역 100여 개 국가의 풍토병이다(그림 10.4). 해당 지역에는 발병에 필수적인 적합한 기후, 감염된 사람, 모기라는 세 가지 조건이 갖추어져 있다. 말라리아 원인은 말라리아원충이라는 단세포 기생충이며 인간은 척추동물 중 유일한 숙주이다. 말라리아는 사람 피를 알의 영양분으로 하는 암컷 말라리아모기에 의해 사람 간에 전염된다. 말

라리아는 많은 지역에서 과소평가되고 있으며 아프리카에서 정도가 심하다. 세계인구의 절반인 33억 명이 열대열원충에 노출되어 있으며, 이는 말라리아 병중에서도 가장 치명적이다. 매년 말라리아와 관련된 환자가 2억 5,000만 명 발생하고 사망자 100만 명이 발생한다고 보고되었다.

말라리아에 의한 사망은 약 90%가 아프리카에서 발생하며 사하라 사막 이남이 주요 발생지이다. 이 지역들은 말라리아 퇴치운동을 지속할 만한 자원이 부족한 곳이다. 중동과 아시아도 말라리아에 취약한 지역이다. 남아프리카에서는 30% 정도 환자가 15세 미만에서 발생하며 감염자 대부분 경제활동 인구인 15~50대이다(Govere et al., 2001). 역사적으로 말라리아 전염이 높은 나라는 말라리아 위험이 없는 지역보다 경제성장이 저조하였다. 남아프리카 국

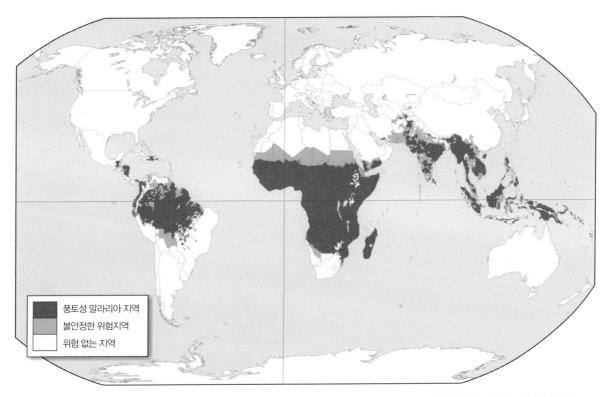

풍토성 말라리아 지역
불안정한 위험지역
위험 없는 지역

그림 10.4. 2007년의 열대열원충에 의해 발생한 말라리아의 공간 분포. 아프리카 지역에 집중되어 분포하므로 말라리아를 퇴치할 수 있는 긴급통제 조치가 필요하다(Hay et al., 2009)

가에서는 말라리아에 의해 매년 GDP의 1.3% 정도 비율로 성장이 지연되었을 것으로 추산된다(Roll Back Malaria Partnership, 2011). 말라리아는 보통 사회적 취약계층에 전염성이 높고 감염자의 약 3/4은 어린이이다. 인도 콜카타의 도시 빈민가를 대상으로 한 연구는 저소득이면서 벽돌로 지어지지 않은 건물에 사는 문맹가정이 말라리아 위험에 처해 있다고 하였다(Sur et al., 2006).

말라리아에 의한 전염병은 커다란 재난으로 아프리카에서만 매년 10만 명의 사망자를 발생시킨다. 말라리아 전염은 말라리아 풍토지역으로 면역이 없는 사람이 이동하거나, 말라리아를 통제하던 조치가 약화되거나, 관련된 질병이나 영양실조가 증가하는 등 많은 요인에 의해 발생한다. 삼림파괴, 관개, 홍수 등과 같은 환경변화도 말라리아 전염과 관련 있다(Guintran et al., 2006). 도시가 무분별하게 외곽으로 확장되면서 말라리아가 창궐하는 주변지역까지 침범하게 되어 큰 위험에 노출된다. 수단 하르툼 지역은 1988년의 강력한 홍수 이후 풍토병으로 고통받았다. 그러나 대부분 풍토병은 기온이 상승하고 강수량이 증가하는 기간과 같이 날씨와 기후상태 변동에 의한 매개체 증가와 연관되어 있다. 날씨의 주요 영향은 다음과 같다.

- 기온: 기온이 20℃이하로 감소하면 말라리아 기생충의 활동범위가 제한되어 집과 같이 좀 더 따뜻하고 좁은 지역에서만 존재할 수 있다. 기온이 21℃에서 27℃까지 상승하면 성장기가 점차 짧아지기 때문에 말라리아 기생충이 증가한다.
- 강수: 말라리아모기는 알을 낳기 위해서 물이 필요하다. 적절한 강수는 필수적이지만 말라리아모기 생존율은 강수시기와 강도에 의해 결정된다. 호우는 모기 애벌레를 모두 씻겨 내려가게 할 수 있다.
- 상대습도: 습도는 보통 우기나 강수가 있을 때에 높다. 상대습도가 60% 이하로 낮아지면 모기 수명이 짧아지고 사람을 매개체로 한 기생충 전염이 감소한다.

날씨에 의한 말라리아 전염 피해는 아프리카의 경우 주로 산악지대나 반건조지대에서 기후변동과 관련되어 2~7년 주기로 발생한다(Pascual et al., 2008). 스리랑카(Briët et al., 2008)와 태국에서도 유사한 관계가 구축되었다. 이 지역의 말라리아 전염병은 농사법이나 인구이동의 영향을 받지만 계절 강수와 밀접하다(Wiwanitkit, 2006; Childs et al., 2006). 베네수엘라와 인근 지역의 말라리아 발생은 ENSO(엘리뇨-남방진동) 변동과 관련 있다.

3. 콜레라

콜레라는 비브리오 콜레라 박테리아에 의해 발생한 급성 장염이다. 이 박테리아는 생태학적으로 열대지방의 염수나 하구에서 발견되는 식물군의 일종으로 오염된 음식이나 물을 통해 인간에게 전염된다. 콜레라는 19세기에 인도 갠지스 삼각주의 발원지에서 세계로 확산되어 일곱 차례 대 유행이 있었다. 그림 10.5와 같이 콜레라는 열대 위도대에서 발생하는 풍토병이다. 매년 600만 명이 감염되고 약 10%는 극심한 탈수로 치료하지 않을 경우 사망에 이를 수 있다. 매년 100만~120만 명의 사망자가 발생하고 대부분 어린이나 에이즈 감염자와 같이 면역력이 낮은 사람이다.

콜레라는 새로운 지역으로의 빠른 확산과 강한 전염성이 특징이다. 이는 비브리오 콜레라균이 열대 수문환경에서 흔하고 잠복기가 2~5시간으로 상당히 짧기 때문이다. 그로 인하여 구토와 설사 같은 증상들이 매우 빨리 시작된다. 대부분 전염병과 같이 콜레라도 준비되지 않는 지역에 처음 퍼졌을 때 위험하며, 감염자 치사율이 50%까지 올라갈 수 있다. 1970년과 1991년에 서아프리카와 라틴아메리카

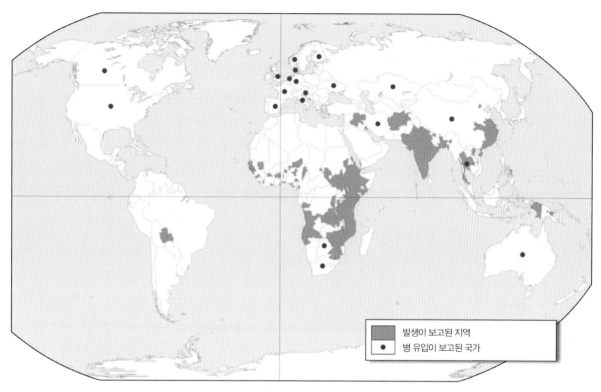

그림 10.5. 2007~2009년 세계 콜레라 발생지 분포. 갠지스와 브라마푸트라 강 삼각주 지역이 주요 발원지이며, 인도 아대륙에서 유행하였다. http://gamapserver.who.int/ mapLibrary/Files/Maps/Global_CholeraCases0709_20091008.png (2011년 7월 7일 접속).

에 콜레라가 발병하였는데, 두 지역 모두 100여 년간 별다른 질병이 발생하지 않았던 곳이다. 오늘날 콜레라는 두 대륙의 풍토병이 되었다.

　대부분 전염병은 발생 원인이 다양하다. 부적절한 환경 관리와 열악한 공중 보건시설이 주요 원인이다. 저개발국의 도시 빈민가 주변은 위생관리 시설 미비가 주요 쟁점이 된다. 콜레라 발생의 주요 원인은 세계 여러 도시에서 이런 환경에 살고 있는 취약한 인구의 증가이다. 과잉 수용된 임시 난민촌의 물과 위생시설의 부족도 주요 원인이다(Box 10.1 참조). 농촌은 면역성이 없다. 인도 북동지역에서는 충분치 못한 항균처리와 더불어 빈약한 위생시설이 2002년 발생한 전염병의 원인이었다(phukan *et al.*, 2004). 이에 반하여 1991년 페루 도시에서 발생한 전염병은 상수도의

미생물 오염과 효과적이지 못한 염소처리 과정 때문이었다(Ticknet and Gouveia-Vigeant, 2005).

4. 로스 강 바이러스

　로스 강 바이러스는 지역적으로 제한된 질병으로, 현재는 발병지역이 오스트레일리아와 태평양 섬에 제한된다. 숲모기와 집모기에 의해 전염되는 로스 강 바이러스는 오스트레일리아에서 모기에 의해 발생하는 질병 중 가장 흔하다. 매년 5,000건 이상 발병사례가 보고된다. 감염된 사람 중 30% 정도가 발진이나 열을 포함한 감기증상을 보인다. 이런 증상은 감염 후 3일에서 11일 후에 나타난다. 로스 강 바이러스는 관개가 활발한 지표수와 습지가 있는 오

스트레일리아 서부에서 발생한다. 따뜻하고 호우로 습기가 많은 여름과 가을이 발생 절정기이다. 오스트레일리아 서부 날씨는 종종 엘리뇨와 관계가 있다(제14장 참조). 로스강 바이러스는 1991년부터 공식적으로 신고해야 하는 질병으로 지정되었지만 특별한 치료법이 없다.

E. 질병재해 감소

다른 환경재해와 마찬가지로 전염병 위험을 감소시키기 위해서는 대중의 관심을 불러일으키고 장기적 통제 및 예방법을 위한 전략을 기반으로 비상대응책을 수립해야 한다. 예를 들어, WHO가 후원하는 말라리아 감소 캠페인은 2015년까지 말라리아로 인한 사망자를 UN의 새천년 개발 목표인 0%에 가까운 수준으로 만드는 것이 목표이다(Roll Back Malaria Partnership, 2011).

1. 보호

효과적인 백신을 사용할 수 있는 곳에서는 예방주사가 전염성 질병에 가장 효과적인 대응책이다. 황열병에는 유용한 백신이 있다. 백신을 사용할 경우 95%는 일주일 내 면역력을 갖는다. 면역력은 최소 10년까지 지속되고 부작용이 적다. 황열병 이외에 성공적인 면역 프로그램은 1960년

사진 10.1. 어린이들이 시에라리온의 수도 프리타운의 빈민가 크루베이를 가로지르며 흐르는 강을 건너고 있다. 쓰레기와 함께 고여 있는 물은 주민들의 배변장소로 이용될 것이다. 우기에 이 강에서 일어나는 홍수는 말라리아와 콜레라의 원인이다(사진: Panos/Qubrey Wade AWA00236SRL).

대와 1970년대에 행해진 천연두 퇴치이다. WHO는 전염병에 보다 효과적으로 대응할 수 있었던 1993년을 천연두 발생의 분기점으로 인식하였다. 전체 인구의 80%에 적용한 집단 예방접종이 결핵, 홍역, 백일해, 파상풍, 디프테리아 같은 흔한 질병으로부터 매년 수만 명의 생명을 살릴 것이다.

그러나 백신 가격이 비싸서 빈곤한 국가에서는 종종 보건소 지원체계가 무너진다. 짐바브웨가 전형적인 사례이다. 불안정한 정치와 국가경제 붕괴가 공중보건체계의 쇠퇴와 백신 사용 시 예방 가능한 6개 질병에 대한 처치를 어렵게 하였다. 짐바브웨는 사전 면역력 구축 서비스가 냉장설비를 가동하기 위한 연료부족과 수송시설 부족, 불충분

한 인력 등 많은 어려움에 직면하였다(Chadmbuka et al., 2012). 어디에서든 새로운 바이러스가 특별한 문제를 야기한다. 미국은 독감바이러스 예방접종 준비가 조직적으로 잘 되어 있지만 새로운 바이러스에 의한 주요 전염병이 2억 명에게 영향을 미쳤고, 최대 30만 명의 사망자를 발생시켜 전례 없는 비상대책이 필요하였다.

매개체 관리도 질병예방의 또 다른 핵심요소이다. 예방접종이 효과를 내기 전인 질병발병 초기에는 살충제를 사용하여 모기를 소멸시킬 수 있다. 뎅기열과 같이 백신이나 다른 치료제가 없을 경우 예방만이 유일한 해결책이며 매개체 관리는 실효성이 떨어진다(Brightmer and Fantato, 1998). 이는 보다 상세한 모기 산란 분포도와 해당 장소의

사진 10.2. 태국 북부의 한 마을에서 모기살충제를 분사하는 '연무법'을 시행 중이다. 이런 공중분사는 말라리아 통제에서 성공률이 낮다(사진: Panos/William Daniels WDA00040ThA).

지역정보를 늘릴 수 있도록 고안된 사전 캠페인을 통하여 향상시킬 수 있다. 액체 살충제는 말라리아와 같은 질병관리에 효과적일 수 있으나 대규모 생태에 미치는 장기간 영향에 대하여 알려져 있지 않다.

2. 완화

감시는 예방접종이 부족한 지역에서 전염병의 즉각적인 인식과 관리를 위해 중요하다. 전염병을 일찍 감지하지 못하고 관리하지 못 할수록 질병률과 사망률이 더 높아진다. 콜레라가 대규모 감시와 보고 시스템이 적용된 첫 질병이었다. 콜레라와 같이 흔한 질병은 발병 진단이 쉽고 적절한 대책이 빠르게 취해질 수 있다. 반면에 뎅기열과 같은 질병은 규명하기 어렵다. 이런 질병은 밀집된 이집트 숲모기에 의해 빠르게 전염될 수 있으며 제한된 지역의 저항성에 대응해서 새로운 바이러스 계통과 항원형이 만들어 질 수 있다. 지형분석과 연계된 원격탐사 데이터 사용으로 말라리아나 다른 질병의 매개체 번식에 대한 정보를 시기적으로 적절하게 제공할 수 있다.

부실한 감시가 감염에 대한 효과적 대응을 방해하고 황열병과 같은 여러 질병보고를 어렵게 한다. 일단 질병발생이 의심되면, 실험실 테스트와 진단시설로 빠르게 접근해야 한다. Guintran et al.(2006)은 아프리카에서 향상된 데이터 수집, 주민들에 대한 조기경보, 적절한 유행성 임계값의 정의를 포함하는 말라리아의 조기 발견의 필요성을 설명하였고, 종합 목표는 감시부터 조기경고로까지 발전하는 것이라고 하였다.

치료는 일부 전염병의 임상 증상을 다루는 데 효과적일 수 있다. 말라리아의 경우 아프리카의 영유아들은 증상을 보이기 전이라도 치료를 받아야 한다는 주장이 제기되어 왔다(Vogel, 2005). 간단한 치료도 효과적일 수 있다. 예를 들어, 세균감염 시 대부분 경우 항생제가 필요하지만 황열병과 동반한 탈수와 고열은 경구재수화염과 파라세타몰로 치료할 수 있다. 불행하게도 많은 환자들은 지역 내 교통수단 부족으로 병원에 도착하기 전에 사망한다. 많은 도시에서 의료시설이 부족하며 동아프리카 일부 지역은 병원 침상의 50% 이상을 에이즈 환자가 차지하고 있다.

병원치료가 모든 질병에 대해 믿을 만한 것은 아니다. 말라리아 기생충은 약품에 대한 내성이 빠르다. 특히 동남아시아는 클로로퀸에 내성이 높아 새로운 항말라리아 약품이 필요하다. 콜레라와 같은 경우 경구백신이 가능하지만 수량이 매우 적어 대중 전체가 사용하기보다는 주로 개별 여행자들이 사용한다. 일부 국가의 경우 최적의 치료방법을 관리할 수 있는 임상전문가와 관련 기반시설이 부족하다. 많은 나라에서 공중위생 시설이 위협받고 있기 때문에 장기적 시야를 가질 수 있는 국제적 파트너십이 필요하다. RBM(Roll Back Malaria)은 말라리아의 국제적 영향을 줄이기 위해서 WHO, UN개발계획, UNICEF, 세계은행이 1998년에 정부, 비정부 기구, 개인부분 간 협력을 위해 출범한 기구이다.

예보와 경고

조기경보 시스템은 건강상 발생할 수 있는 다양한 재해에 대비하는 것이다. 예를 들어, 2003년 여름 열과 출현 이후 여러 유럽 국가들이 기온－건강 경고 시스템(EWS)을 도입하였다(Matzarakis et al., 2011). 2000년에 WHO는 국가 간 신속한 대응을 위해 특이한 매개체와 병원균을 규명하기 위한 전구 발병과 대응 네트워크(Global Outbreak and Response Network)를 출범시켰다. 계절 기후예측이나 다른 환경지표에 근거한 효율적인 유행성 질병 조기경보 시스템의 도입이 가장 효과적인 방법 중 하나이다(Kuhn et al., 2005). 이는 몇 개월 전에 이루어진 유행성 질병예보가 위험에 처한 지역에서 조사와 준비를 확대시킬 수 있도록 이론적 근거를 제시할 수 있기 때문이다. 콜레라 유행은 원격탐사를 이용한 초목의 수생 서식지에서 동물성 플랑크톤의 양을 모니터링하여 예측할 수 있다(Colwell, 1996).

기후지표와 콜레라 발병을 결합한 방글라데시의 자료가 콜레라와 ENSO의 관계를 잘 보여 준다. 콜레라와 ENSO의 관계는 최근 몇 십년 간 강화된 ENSO에서 더욱 잘 나타난다. 한편 실시간 기후자료를 사용하는 경보 시스템의 성공적인 도입을 위해서는 사전에 질병조사와 질병통제 정책이 향상되어야 한다. 말라리아와 기후지표의 관계도 연구되었다. Bouma and van der Kaay(1996)는 선구자적인 업적으로 인도에서 역사적인 말라리아 유행과 해수온도, ENSO와 통계적 관계를 찾았다. 그 이후 모니터링과 조기발견이 향상되었고 일부 국가들은 기후정보를 이용한 조기 경보시스템을 시도하기 시작했지만 관련 업적은 주로 연구단계에 머물러 있다(Thomson et al., 2006).

교육

장기적으로 보았을 때, 위기에 직면한 사람은 전염병에 관한 더 나은 정보를 얻어야 한다. 약국이나 표준 실험실과 같은 1차로 건강을 관리하는 지역 기관의 공중교육을 강화하는 것이 이상적이다. 이는 지역 워크숍을 통해 양질의 공중건강 수칙을 응급의료 관리자와 지역 공무원에게 교육하는 것과 연관되어야 한다. 많은 지역에서 콜레라와 같이 오염된 물과 음식으로 전염되는 질병에 대응하기 위해서는 내부적인 물 공급과 위생상태도 높은 수준이 되어야 한다.

일부 교육을 통한 대응은 다른 방법보다 더 빠르고 간단하면서 값싼 비용으로 지역사회에서 시행할 수 있다. 보다 나은 개인위생의 중요성, 효율적인 화장실 유지, 안전한 물 공급과 적합한 쓰레기 처리방법에 대한 이해가 도움이 될

것이다. 안전한 분뇨 처리와 깨끗한 물과 음식의 공급도 콜레라 발병에 대응하는 중요한 과정이다. 특히 음식을 준비하기 전과 식사 전 요리과정 등과 같은 기본적인 가사와 관련된 위생이 더욱 중요하다. 1998년 방글라데시 홍수는 낮은 사회 경제 상황, 빈약한 물 관리, 부적절한 가정위생과 직접적으로 연관되어 대규모 설사병을 유행시켰다(Kunii et al., 2002). 설문조사에 응한 사람 중 3/4이 우물과 강에서 끌어올린 물이 오염되었다고 생각하였지만, 1%만이 끓인 물을 사용하였고 추가로 7%만이 염소 살균을 하였다.

F. 산불재해

산불은 자연식생에서 발생한 불을 일컫는다. 오스트레일리아와 북아메리카에서는 이런 불을 *brushfire*라는 용어로 사용한다. 남극을 제외한 모든 대륙에서 산불재해에 필수적인 발화원, 연료, 기상조건이 다양하게 결합되어 있다. 과거에 산불은 사람이 살지 않는 곳에 낙뢰가 출현하면서 자연적으로 발생하였다. 오늘날 산불은 주로 식물성장 이후 고온과 가뭄이 출현할 때 인간행위에 의해 발생한다. 대부분 강수가 겨울에 있고 여름 가뭄기간 동안 건조한 지중해성 기후지역에서는 계절적 패턴이 뚜렷하다. 오스트레일리아, 프랑스, 그리스와 같이 휴양지로 유명한 곳은 관광객에 의한 산불발화 위험성이 증가하고 있다. 열대기후의 건기도 지중해성 기후지역과 유사한 계절적인 생물리학적 조건이 나타난다. 그러나 미국이나 유라시아와 같이 거대한 대륙 내륙은 연중 건조한 날이 많아 산불발생 가능기간이 길다.

세계에서 가장 큰 산불재난은 1871년 10월에 발생하여 미국 위스콘신 주와 미시건 주의 1.7×10^6ha를 불태웠고 약 1,500명이 사망한 것이다. 중서부지역에서 14주 동안 가뭄

이후 발생한 시카고의 도시화재는 밤에 시작되었으며 250명이 사망하였다. 많은 소규모 화재는 강한 바람에 의해 불길이 널리 번져 제어가 불가능하게 될 때까지 위험으로 인식하지 않았다. 오늘날 산업화된 국가에서는 주거지와 자연 초목이 섞여 있는 도시 점이지대에서 생명과 재산에 대한 산불 위험성이 가장 높다. 전원 환경의 매력적인 생활방식은 오스트레일리아 시드니, 멜버른, 애들라이드에서 저밀도 교외지역으로, 미국 로스앤젤레스와 샌프란시스코 만 지역에서는 주변 황무지로 도시를 확장시켰다. 최근 몇 십년 동안 개발을 위한 삼림제거로 대규모 산불위험이 커졌다. 산불로 발생하는 연기피해는 동남아시아에서 국제적인 문제가 되었다. 예를 들어, 인도네시아에서는 1994년에 300만 명이 넘는 사람이 산불연기로 피해를 입었고, 그리스에서는 2007년에 바이오매스 연소가 전국 산림의 12%까지 확산되어 67명이 사망하였고, 연기가 남쪽으로 수천km 이동하였다(Kaskaoutis et al., 2011).

오스트레일리아는 세계에서 가장 산불이 발생하기 쉬운 국가이다. 최소 1억 년 동안 낙뢰에 의한 산불이 이 지역 특성이 되었으며 자연식생은 정기적인 화재에 적응한 것이다. 오스트레일리아는 매년 2,000건 정도 산불이 발생한다. 오늘날에는 대부분 화재가 불법적이며 일부는 10만ha 이상으로 확대된다. 산불 확산속도가 가장 위험한 특성이다. Mercer(1971)에 의하면, 오스트레일리아 산불은 30분 만에 산림 400ha를 집어삼킬 수 있다. 그와 비교해 북반구의 침엽수림에서는 연소가 느려 같은 시간에 0.5ha가 파괴된다. 오스트레일리아 내륙에서 대규모 지표수원 부족이 화재진압을 어렵게 한다. 1974~1975년에는 거주지에서 멀리 떨어진 건조한 땅에서 발생하여 경제 피해가 적었지만 대륙의 15% 정도가 불탔다. 한편 2009년 2월의 '검은 토요일'이라고 불리는 화재는 빅토리아 주에서 180명의 사망자를 초래하였다. 40℃ 이상의 기온과 풍속 20m/s 이상의 강풍으로 '산불 가능 날씨'와 유사한 기상조건에서 1983년 2월 빅토리아와 사우스오스트레일리아에서 '재의 수요일'이라 불리는 화재가 발생하였고 76명이 사망하였으며 8,000명의 이재민이 발생하였다. 화재로 인한 경제손실은 오스트레일리아화 200만$로 추산되었다(Bardsley et al., 1983).

농촌에서 산불은 생태계에 손상을 입히며 간접피해를 발생시킨다. 대규모 산불이 발생하면 오랫동안 수목과 먹이자원, 서식지가 파괴되고 토양 영양분이 고갈되며 쾌적한 환경으로서 가치가 감소한다. 화재발생 지역이 협곡을 포함할 경우 암설류, 세류침식, 홍수가 뒤따라 발생하기 쉽다. 이런 화재는 목재생산, 야외 여가활동, 물 공급 및 다른 천연자원에 악영향을 끼치며 토양회복을 위해 많은 비용이 소요된다. 위기에 직면한 1,500만ha 이상의 삼림을 포함한 미국 서부 내륙의 건조한 지역이 주요 위험지역이다. 1990년 이후로 미국에서 발생한 400ha 이상의 대규모 산불 90% 이상과 화재 95% 이상이 이 지역에 해당한다. 1988년에 9,000명이 넘는 소방관의 노력에도 불구하고 옐로스톤 국립공원의 30만ha가 불에 탔다. 이 사건은 중요한 유산을 포함한 지역 화재관리에 대한 중요한 정책이슈를 제기하였다(Romme and Despain, 1989).

G. 산불 특성

1. 인간 영향

산불은 다양한 원인으로 발생한다. 가장 뚜렷한 위험 요인은 자연식생으로 인간활동 확대에 의한 노출 증가이다. 오스트레일리아 인구는 지난 100년간 5배 증가하였고 대부분 현재 교외지역에 거주한다. Handmer(1999)는 1994

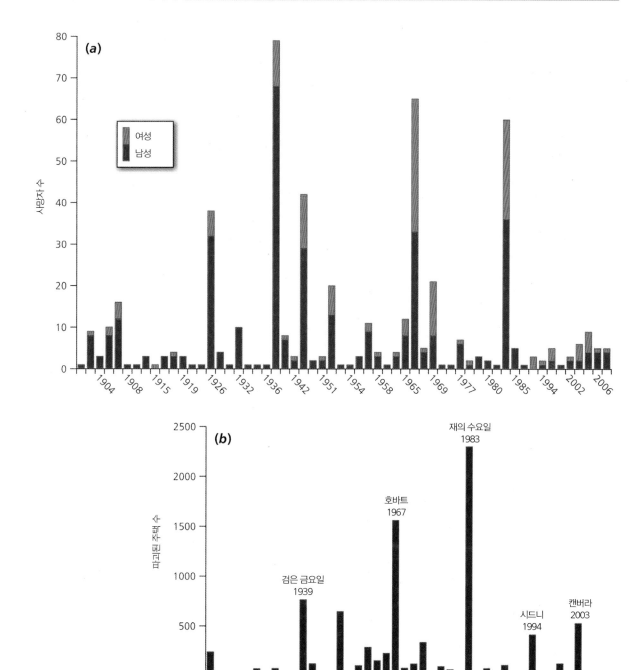

그림 10.6. 오스트레일리아에서 산불로 인한 사망자 수와 피해액.
(a) 1900~2008년 동안 남성과 여성의 연 사망자 수(Haynes *et al.*, 2010). (b) 1926~2003년 산불에 의한 주택 손실(McAneney *et al.*, 2009).

년 1월 오스트레일리아 전역에서 동원된 20,000명이 넘는 소방관들이 노력했지만, 4명의 사망자와 200채의 가옥을 파손시킨 시드니 주변 산불을 설명하였다. 오스트레일리아 수도인 캔버라에서는 많은 교외지역으로 빠르게 확산되고 있는 야외 여가활동과 자연보호를 위해 이용되었던 반자연적 능선을 어떠한 토지용도 전환 없이 농촌지역을 포함시켰다(Lucas-Smith and McRae, 1993). 2003년 1월 캔버라 교외지역에 발생한 산불은 4명의 사망자와 300명의 부상자를 발생시키고 500채의 가옥파괴와 이재민 2,000명 이상을 발생시켰다. 그로 인한 총 피해액은 오스트레일리아화 4억$에 달했다.

미국에서는 1990년대 초반에 공공 소방기관이 방재에 참여한 화재의 1/4이 인구 2,500명 미만의 농촌마을이 위치한 삼림, 덤불, 초지에서 발생하였다(Rose, 1994). 농촌에 사는 사람들은 규모가 더 큰 지역(인구 10,000~100,000명)에 사는 사람들보다 두 배 정도 화재에 의해 사망하기 쉽다고 추정되었다(Karter, 1992). 캘리포니아는 8×10⁶ha에 달하는 불이 붙기 쉬운 덤불지역을 도시/황무지인 '혼합지'로 개발시켜 큰 위기에 직면하고 있다(Hazard Mitigation Team, 1994). 1994년을 기준으로 캘리포니아에서 가장 큰 피해를 입힌 5차례의 화재가 1994년 이전 5년 동안 발생하였다. 1991년에 샌프란시스코 이스트베이힐스에 발생한 산불로 25명이 사망하였고 150명 이상이 부상을 입었으며 5,000명 이상 이재민이 발생하였다(Platt, 1999). 추정된 손실액은 15억$에 달하였고 미국 역사상 세 번째로 피해가 큰 도시화재였다. 화재는 고온과 낮은 습도, 강한 바람이라는 기본적인 기상조건에서 발생하여 건조한 식생에 의해 빠르게 확산되었다. 소방관들은 혼잡한 도로상황과 수압 약화로 진화가 어려웠고, 60년에 걸쳐 개발된 도시는 건물 뼈대만 남았다.

최근 산불에 관한 연구는 오스트레일리아 산불위기에 대한 사회환경을 포함한 일부 인식에 문제를 제기하였다(McAneney et al., 2009; Haynes et al., 2010). 예를 들어, 오스트레일리아에서 산불에 관한 대중의 높은 인지도에도 불구하고, 1983년에 발생한 피해비용이 가장 큰 화재 시 표준화된 보험손실액은 1989년 뉴캐슬 지진, 1974년 다윈 사이클론, 1974년 브리즈번 홍수로 인한 보험손실액보다 적었다. 더불어 산불로 인한 손실은 야생과 도시의 점이지대에서 증가하는 인간의 노출로 기대되는 시계열적 증가경향을 따르지 못한다. 그림 10.6은 각각 사건에서 화재로 인한 사망자 수와 파괴된 가옥의 관계를 나타낸다. 사망자 수와 파괴된 가옥 모두 상승 경향이 뚜렷하지 않다. 오히려 산불로 인한 재난발생은 상대적으로 드물며, 산불이 극한 기상조건에 의해 무작위로 발생하는 현상이라는 것을 알 수 있다. 더 놀라운 것은 야생과 도시 점이지대에서 무작위로 선택된 집이 산불에 의해 파괴될 확률은 체계적 구조를 지닌 가옥에서 화재가 발생할 가능성에 비해 6배 이상 낮다. 도시와 농촌 경계에 거주하는 사람들이 산불의 상대적인 위기를 합리적으로 인식하였다면, 산불로부터 자신의 생명과 재산을 보호하고자 하는 집주인들의 동기가 감소한다는 것도 흥미롭다.

2. 발화

번개는 외딴 지역에서 발생하는 산불의 주요 원인이다. 그 외 많은 화재 원인은 명확하지 않지만 대부분 인간활동이다. 그림 10.7은 오스트레일리아 빅토리아 주(연평균 600건의 산불이 발생하는 고위험지역)와 스페인 카탈루냐 바게스(Bages) 지방(연평균 15건의 산불이 발생하며 인구가 감소하는 전형적인 지중해 서부지역) 공유지에서 발생한 산불발화 원인을 비교하였다. 두 경우 모두 번개와 같은 자연적 원인에 의한 발화빈도가 낮았다. 바게스 지방에서

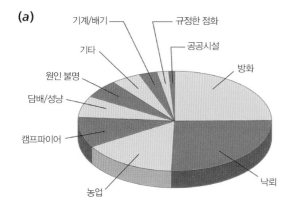

(a)

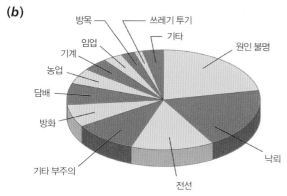

(b)

그림 10.7. 서로 다른 두 지역에서의 산불 점화의 원인. (a) 오스트레일리아 빅토리아 주. (b) 스페인 카탈루냐의 바게스 지방(Badia *et al*., 2002).

3. 연료 이용 가능성

산불 강도(열에너지 방출)와 확산 정도는 식생의 양과 수분상태의 영향을 받는다. 그러므로 초지의 불은 나무나 성장한 관목과 관련된 불보다 강도와 위협 정도가 낮다. 식생의 양과 별개로 연료의 수분 함유도 중요하다. 이는 날씨와 기후의 영향을 받는다. 대부분 나라에서 기후조건이 위기 발생의 계절 차이를 가져온다. 그림 10.8은 강수 영향을 받은 오스트레일리아의 산불 위험지역의 유형을 나타낸 것이다. Cunningham(1984)에 의하면 오스트레일리아 남동부 지역은 여름철과 가을철에 지구 상에서 가장 위협적인 산불 발생지역이다. 대부분 삼림이 유칼립투스로 구성되었기 때문이다. 오스트레일리아 삼림 바닥에는 엄청난 양의 찌꺼기가 축적되어 있다. 산불이 나지 않은 여러 해 동안 벗겨진 나무껍질들이 쌓여 연료의 원인이 되는 것과는 별개로 분리된 나무껍질은 '불똥튀기기(spotting)'로 알려진 불의 빠른 확산 문제로 이어진다. 이는 발화된 연료가 강한 바람에 의해 불길 앞쪽으로 날려가 '새로운 지점'에 화재를 발생시킨다. 오스트레일리아의 유칼립투스는 세상에서 가장 긴 불똥튀기기 거리를 가졌다. 강한 바람이나 대류에 의해 쉽게 가는 섬유질로 찢어지고 느슨해지는 종(stringybark와 candlebark)에서 떨어져 나온 껍질이기 때문이다. 불똥튀기기 거리가 최소한 북아메리카의 낙엽활엽수와 침엽수지역 산불에서 기록된 거리의 2배인 30km 이상이라고 증명되었다. 게다가 유칼립투스 나무는 잎에 휘발성 왁스와 기름이 포함되어 있다. 따라서 잎은 탈 때 높은 열을 방출하면서 식생의 가연성이 크게 증가된다(Chapman, 1999). 2,000℃ 정도의 온도에서 이 기름은 자연적 가스폭발을 일으킨다.

는 알려지지 않은 원인의 비율이 높기 때문에 방화에 의한 수치가 더 높을 것이다. 사고에 의한 발화는 농업활동과 여가활동에 의한 것이다.

고의적인 방화는 범죄학자의 흥미를 유발시키는 광범위한 문제이다(Willis, 2005). 캘리포니아에서 발생한 산불의 1/4은 방화에 의한 것이 확실하지만, 경찰조사 사건 중 10%만 범인이 체포된다. 오스트레일리아에서는 원인이 기록된 산불의 13% 정도가 고의성을 갖는다고 하지만, 1/3 이상이 의심스러우며 절반 정도가 고의적인 방화일 가능성이 제기된다.

4. 화재발생에 적합한 날씨

산불 발화와 발달은 기상조건의 영향을 크게 받는다. 가뭄기간에는 식생이 건조하고, 기록될 만한 강수가 발생하지 않은 '마른 번개'를 동반하는 폭풍에 적합한 대기조건이 형성된다. 그런 폭풍은 여름철 불안정한 기상조건에서 활발하며, 미국 서부의 공유지에서 발생한 산불 60%의 발화 요인이 되었다. 2000년 여름철에 미국 서부에서 122,000건의 산불이 발생했고, 3.2×10⁶ha가 불에 탔다(Rorig and Ferguson, 2002). 1980년대 중반 이후 미국 서부에서는 봄철과 여름철 기온이 상승하면서 산불 발생기간이 더 증가하였고, 결과적으로 대규모(400ha 이상) 산불이 더 빈번하고 더 오랜 기간 발생하였다(Westerling et al., 2006).

Brotak(1980)는 미국 동부와 오스트레일리아 남동부에서 발생한 극심한 화재상황을 비교하였다. 대부분 화재는 기온감률이 불안정하고 하층에 바람이 강하게 발달된 한랭전선 전면의 온난건조한 곳에서 발생하였다. 캘리포니아에서는 주로 샌프란시스코 만 연안에서 가장 온난건조한 9월과 10월에 동쪽에서 부는 산타나에 의해 극심한 재해가 발생한다. 1977년 7월 말에 강한 북동풍의 산타나 바람이 발

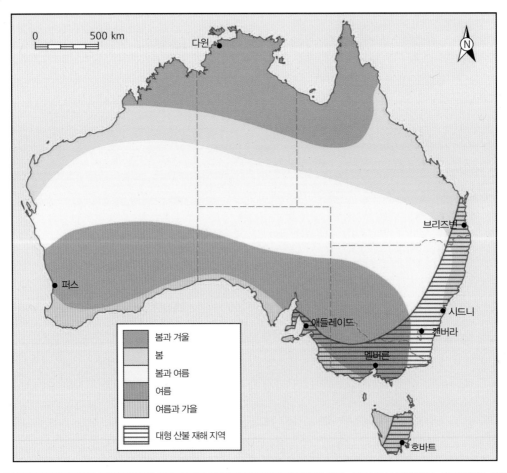

그림 10.8. 오스트레일리아에서 발생한 산불의 계절 유형. 대륙의 중앙은 식생과 인구가 드물기 때문에 대형 재해는 사우스오스트레일리아, 뉴사우스웨일스, 퀸즐랜드와 태즈메이니아에서 출현한다(Luke and McArthur, 1978).

달하여 처참한 화재가 언덕에서부터 시작되어 산타바바라의 시내까지 확산되면서 230동 이상의 가옥이 파괴되었다 (Graham,1977). 1933년 10월과 11월에 발생한 대형 산불 21건이 남부 캘리포니아 6개 도시에서 발달했으며 뜨겁고 건조한 산타나 바람에 의해 확산되었다. 3명의 사망자와 1,171개 구조물이 파괴되었으며 80,000ha가 불에 탔다. 전체 재산피해는 10억$로 산출되었다.

일단 산불이 발생하면 확산되는 비율은 지상의 풍속, 풍향과 밀접하게 연관되어 있다. 이는 불 앞쪽에서 대류와 복사가 결합되어 해당 경로에 있는 식생을 먼저 가열시킨 후 발화되기 때문이다. 인명피해를 포함한 산불피해 대부분은 전체 산불방지 기간에 비해 상대적으로 짧은 시간(몇 시간 정도)에 발생한다. 손실이 큰 사건은 극단적인 날씨와 관련 있다. 화재로 인한 위험이 발생할 때 종종 방향을 바꾸고 예상치 못한 방향으로 불을 가속시키는 강한 바람이 중요하다. 화재의 확산속도는 지형에 의해 크게 좌우된다. 불이 만들어 낸 상승하는 사면에서 바람과 사면이 함께 작용하여 불 앞에 서식하는 식생은 화재로 발생한 대류와 복사열에 노출되어 열전달이 커진다.

바람과 사면의 결합효과는 급경사에서 발달하는 화염방향을 결정한다. 경사가 15~20°이상일 때 불꽃면은 경사와 평행을 이루며 거대하게 퍼지면서 효과적으로 이동한다. 오스트레일리아에서 유칼립투스와 잡초지역의 화재기록을 보면, 화재의 전진비율이 10°의 경사에서는 두 배이고,

사진 10.3. 2009년 2월 7일(검은 토요일)의 오스트레일리아 멜버른 서쪽 토님벅(Tonimbuk) 근처 버닙주립공원(Bunyip State Forest) 내에서 진행 중인 산불로부터 소방차들이 이동한다. 이 화재는 오스트레일리아 역사상 가장 치명적이었고 173명의 사망자를 발생시켰다(사진: AP Photo/01_17890754).

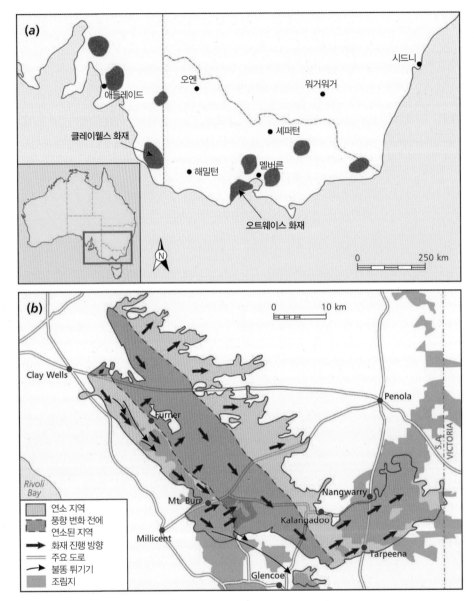

그림 10.9. 1983년 1월 16일 오스트레일리아 남동부에서 발생한 '재의 수요일' 산불. (a) 주요 화재의 위치 (b) 사우스오스트레일리아 클레이웰스 화재의 과정. 이 화재는 한대 전선 전면의 강하고 건조한 북동풍에 의해 형성된 길고 좁은 형태로 시작되었다. 급작스러운 남동풍의 출현으로 형태가 변하였고 다양한 화재지점도 볼 수 있다(Keeves and Douglas, 1983).

20°를 초과하면 거의 4배 가까이 증가한다고 하였다(Luke and McArthur, 1978). 이런 상황은 주민뿐만 아니라 소방관에게도 매우 위험하다. 1944년 미국 콜로라도 남부 협곡에서 발생한 화재는 바람조건 변화가 협곡을 뛰어넘어 화염을 확산시켰고, 감벨오크나무가 있는 가파른 경사에 발화되었을 때 바로 그 아래 있던 소방관 14명이 사망하였다. 화염은 믿을 수 없는 속도로 몇 초만에 경사를 따라 90m 높이까지 치솟았다.

연료와 기상조건의 결합효과는 1983년 1월에 오스트레일리아 남동부를 가로질러 발생한 '재의 수요일' 산불에서 증명되었다(그림 10.9a). 여기에는 사우스오스트레일리아의 보존림에서 발생하였던 가장 큰 화재가 포함된다(Kevees and douglas, 1983). 이 지역은 발생 전 6달 동안 가뭄 상태였고, 화재는 기온과 태양복사가 높고 습도가 낮으면서 바람이 강하고 변동이 큰 오전 11시~오후 4시 30분 사이에 발화되었다. 첫 번째 화재(The Narraweena Fire)는 12시 10분쯤 초지에서 시작되었고, 시계방향으로 풍향 변화가 나타나기 전에 집중적으로 농경지를 통과하며 4시간 만에 남동쪽으로 65km나 확산되었다. 이어진 클레이웰스(Clay Wells) 화재가 오후 1시 30분에 도로가 초지에서 시작되었고, 많은 양의 연료가 수관화를 일으키고 바람을 따라 불을 확산시킬 수 있는 자연 산림과 인접한 소나무 조림지로 빠르게 확산되었다(그림 10.9b). 오후 4시에 바람은 북서풍에서 서남서풍으로 바뀌었고, 풍속이 30~60km/h에서 40~80km/h로 상승하는 동시에 순간풍속은 100km/h를 초과하였으며, 몇 시간 이후에 점차 잦아들었다. 종합적으로 화재는 오스트레일리아 침엽수림의 30% 정도에 피해를 입혔다.

H. 산불재해 저감

산불은 서로 다른 환경에서 물리적이고 유기적이고 사회적인 요인의 상호작용으로부터 유발되는 복잡한 문제이므로 현실적인 해결책이 고려되어야 한다(Gill, 2005).

1. 보호

산불재난 후에는 강력한 화재 금지법이 요구된다. 극심한 화재가 발생할 수 있는 날에는 '모든 불 사용 금지' 규정이 필요하고 시행되고 있지만, 그런 조치를 집행하기는 어렵다. 규정을 시행하는 담당자는 일반적으로 특정 기상예보 구역에 적용하고 야외에서 24시간 화재가 발생하지 않을 기간을 유지한다. '모든 불 사용 금지' 규정의 남용으로 시간의 흐르면서 쌓이는 연료가 증가하여 미래 산불위기를 증가시킬 수 있다. 이런 인식은 낮은 강도의 화재빈도(조절된 화재)를 증가시킨다. 조절된 화재는 기존 연료를 비교적 적은 상태에서 소비하고 이후 주요 화재발생 위험을 줄이려는 목적의 화재이다. 이는 실제 들판에서는 비용 면에서 효율적인 정책이지만, 농경지/산림/교외정원이 공존하는 도시와 농촌 경관이 혼합된 지역에서는 유용하지 않다. 사전 입화는 노동집약적이며 대기오염을 발생시키는 조절이 불가능한 화재를 일으킨다. 또한 식물군 다양성을 감소시켜 지역 생태계에서 논란이 될 수 있다. 오스트레일리아 남동부 시드니 주변에서 행해진 사전 입화에 관한 모의 연구에서 빈번한 수준의 화재가 화재 안전의 유의성을 향상시키는 데 필요하다고 확인되었다(Bradstock et al., 1998). 그런 수준의 화재는 가파른 지역에서 높은 비용과 겨울철 건조한 날이 충분하지 않아 달성하기 어렵다. 이와 같은 어려움 때문에 과잉된 연료는 조절된 화재뿐만 아니라 기계적 방법으로 제거해야 한다는 의견이 커지고 있다.

2. 완화

재난구호

구호제공은 재난발생 시 지원에 한정되었다. 1983년 사우스오스트레일리아와 빅토리아 주에서의 '재의 수요일' 화재로 전체 오스트레일리아화 1,200만$에 달하는 기금이 모아졌다. 이와 같은 의연금이 사회복지 부서에 승인되어 제공되었다(Healey et al., 1985). 총 액수의 1/3 이상은 국가재난구호제도하의 연방기금을 포함하여 오스트레일리아에서 스스로 마련되었다. 연방 지원의 많은 부분이 직접 보조금보다 무상 대출금의 형태였다. 2009년 '검은 토요일' 재난에서도 비슷한 대응책을 시행하였고 오스트레일리아 화 44억$의 비용이 산출되었다.

재난이 발생하면 반드시 보험가입 주민과 피보험 주민 모두를 위한 보상문제가 불거진다. 예를 들면, 1991년 캘리포니아 이스트베이힐스 화재의 영향을 받은 전체 집주인의 2/3는 대체비용 보험을 들었다. 이는 연방정부의 비용지불 측면에서 중요한 요소이고, 복구와 재건이 빠르게 이루어질 수 있다는 것을 보장한다(Platt, 1999). 그러나 정책보험료는 개인적 위기에 대해서는 거의 산출되지 않는다. 최상에서 표준화된 주민정책은 오직 충분한 소방서비스의 존재 여부만을 고려한다. 앞으로는 화재에 안전한 건물 건축법의 강화와 식생관리 시행에 대한 사회적 반응을 반영할 수 있는 더 많은 범위의 보험료가 구축될 것이다. 예를 들어, 지붕자재는 화재의 주요 위험요소이므로 화재방지용 지붕자재를 이용할 경우 보험료를 낮추는 방안이 쉽게 제안될 수 있다.

3. 적응

지역사회 준비

취약지역 및 초기 산불감지와 산불진압 인식 등의 사전준비는 재난경감에 필수 요소이다. Lein and Stump(2009)의 연구에서와 같이 점차적으로 지리적 공간기술이 전형적인 3가지 핵심 변수인 연료(종류, 수분 정도, 크기, 모양), 지형(고도, 경사, 향), 기상(기온, 강수, 상대습도, 풍속)을 결합한 산불 위험지도 준비에 사용되고 있다. 또한 정보를 지도화하기 위해 비용을 투자하는 주민의 위험완화 인식과

의지를 평가하고자 하는 시도도 이루어졌다(Martin et al., 2009; mozumber et al., 2009).

농촌의 소방관은 방어의 최전선에 있다. 이들은 자원봉사자로 구성되어 있으며, 종종 주정부와 연방정부는 이를 당연시 여긴다. 예를 들면, 미국에서 국가를 위한 농촌 소방관의 서비스는 연간 360억$ 이상의 가치로 평가되지만, 소방관은 자신이 정책결정에 영향력을 갖지 못하며 효율적인 일을 위한 재원도 획득하지 못한다고 느낀다(Rural Fire Protection in America, 1994). 북아메리카와 같이 오스트레일리아에는 20만 명 이상 자원봉사자가 있지만 25~45세 인구비율이 감소하는 경향 등 사회 경제적 요인으로 그 수가 빠르게 감소하고 있다(McLennan and Birch, 2005). 농촌의 화재 관련 업무에서는 교육과 전문적인 장비를 위한 자료가 필요하다. 왜냐하면 항상 파이프로 물을 공급하는 방법이 가능하지 않으므로, 화재진압팀은 물을 더 효율적으로 사용하고 전달하기 위한 방법을 필요로 한다. 이는 물을 운송하기 위한 대형 트럭이나 항공기와 같은 전용 도구를 의미한다. 접근 선로와 방화대를 건설하기 위한 토목 공사용 시설과 같은 더 많은 일반 장비도 필요하다.

미국에서 지방행정구역을 넘어서는 대형 산불은 개인 토지 소유주, 주정부, 연방정부에 의해 관리되는 토지에 영향을 미친다. 종합적인 연료 수정계획은 사전 입화와 식생 고르기를 통하여 화재강도를 감소시키는 데 주력해야 한다. 또한 물 공급과 장비를 포함하여 화재대비 조건에 대한 전반적인 시각을 갖출 필요가 있다. 이런 접근은 1991년 발생한 오클랜드-버클리힐스 화재폭풍 이후에 캘리포니아에서 시도되었다. 오클랜드와 버클리는 공동 경감 계획을 발전시키기 위해서 경계를 넘나드는 토지 소유주와 협력체를 구성하였다. 유사한 형태로 오스트레일리아에는 지역 이익 단체를 대표하는 산불관리위원회가 구성되었다.

산불에 대한 준비가 부족한 데는 여러 가지 이유가 있다.

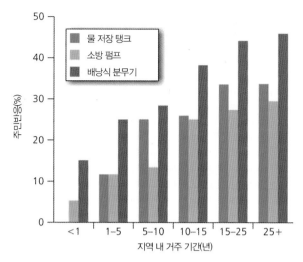

그림 10.10. 오스트레일리아 빅토리아, 워렌다이트(Warrandyte) 지역주민의 거주 기간과 소방장비 소유의 관계. 이 지역은 높은 산불위기에 노출되어 있다(Beringer, 2000).

캐나다 에드먼턴 지역의 가정은 효율적인 화재감소에 관한 다양한 견해를 가지고 있지만 가능한 방법을 다양하게 시행하지 않는다(McGee, 2005). Collins(2005)는 캘리포니아 연구에서 주민은 전원 환경의 쾌적한 가치를 높게 여기므로 재산 주변 식생을 억지로 제거하였다고 결론지었다. 도로, 수도 등 기본 사회 서비스가 부족한 지역에 사는 사람들과 주택을 갖지 못한 사람들은 재해를 대비할 동기와 재정수단이 부족하다. 오스트레일리아 빅토리아 일부 지역에서는 주민들이 위험을 인식했으나 소방관들의 보호에 의지하고 자신들은 거의 준비하지 않았다(Beringer, 2000). 화재로 인한 재해자각은 그 지역에 거주한 시간에 따라 증가하는 경향이다. 그림 10.10은 자립적인 보호방안의 전개가 25년 이상 거주할 경우 4배 증가할 수 있다는 것을 보여준다.

예보와 경보

이런 조건은 하나의 제한된 역할을 한다. 예를 들면, 오스트레일리아에서는 산불방지를 위해서 비상기관에 의해 외부 화재활동 규제기간이 결정될 것이다. 일별 화재 위험등급이 규제기간 내내 기상정보 회사에 의해 발표된다. 날씨에 따른 화재경보는 전체적으로 화재방지가 필요한 극심한 화재위험이 있는 날에 발효된다. 이들 경보 유효성과 정밀도에 관한 정보는 비교적 명확하지 않다.

거주지에서는 감시탑이 초기 화재감지를 위해 충분한 역할을 할 것이다. 멀리 떨어진 지역에서는 항공기나 원격탐사에 의한 규칙적인 조사가 필요하다. 건조기간에 식물은 잎에서 증발량을 감소시키며 산림과 같은 거대한 식생군락의 표면온도가 상승한다. 이런 온도변화는 위성영상에 감지될 수 있고 적절한 '식생스트레스 지수'의 도출로 산불 발생 가능지역을 찾는 데 사용될 수 있다(Patel, 1995). 그러면 이 지역에서 지상 감시를 강화할 수 있고, 화재위험이 감소할 때까지 출입을 차단시킬 수 있다. 미국 서부에서는 대부분 화재가 여름철 번개에 의해 발생하여 후속 항공조사와 함께 자동 번개방지 시스템에 대한 투자가 신중히 고려된다. 플로리다는 연료 종류와 기상패턴으로 인해 연중 화재발생이 빈번한 지역으로, 이 지역의 화재는 대부분 사람에 의해 발생한다. 초기 화재탐지는 고정된 위치의 수동형 적외선 시스템에 의한다(Greene, 1994). 이는 컴퓨터로 통제되는 적외선 감지장치, 기상 모니터, 지평선과 산사면의 열 변형을 탐지하기 위한 원거리 관측지점에 위치한 비디오카메라 세트로 이루어져 있다.

일단 화재가 발생하면 위험감소 조건이 빠른 속도로 줄어들기 때문에 초기 화재탐지가 중요하다. Handme and Tibbits(2005)는 오스트레일리아의 경우, 집안 내부에 머무는 것과는 대조적으로 집에서 늦게 대피할 경우 사망률이 높다고 하였다. 최근 자료에서 지연대피 위험이 강화되었고, 산불에 의한 사망자 성별 차이가 설명되었다. 여성과 어린이는 집 안으로 피신하거나 탈출을 시도하다가 사망하는 반면, 남성은 재산을 보호하면서 대부분 외부에서 사망한다(Haynes *et al.*, 2010). 거주자들은 화재가 발생하기 전에 자발적으로 잘 대피할 수 있게 가정에서 전략을 개발하도록 하여 주의를 기울이기만 했던 것에서 자구책을 찾는 것으로 바뀌고 있다. 이를 일컬어 '준비하라, 머무르고 방어하거나 신속히 떠나라(Prepare, Stay and Defend or Leave Early; SDLE)'라고 한다. 정부정책은 '준비하라, 행동하라, 생존하라(Prepare, Act, Survive)'로 다시 명명하였다(Tolhurst, 2010). 신속한 대피와 건물 내부 피신 중 선택은 여전히 어렵다(Cova *et al.*, 2009). 이런 결정은 역동적인 GIS를 이용하여 완충지역으로 대피하도록 작동시킬 수 있다. 이는 지역사회 주변에 미리 경계를 설정하고 화재가 경계선을 넘으면 대피명령을 내리는 것이다(Pultar *et al.*, 2009; Larsen *et al.*, 2011).

토지이용 계획

산불로 인한 일부 위험은 지방정부가 개발통제 시스템에 재해요소를 적절히 고려하지 않았기 때문에 발생한다(Buxton *et al.*, 2010). 오스트레일리아 빅토리아 주에서는 2009년 산불로 인한 재난발생 이후 화재 온도에 저항하도록 설계된 엄격한 건물법규와 강화된 미래 개발계획을 포함한 새로운 정책이 제안되었다. 결과적으로 주민은 안전 요구사항을 준수해야 했으며, 스스로 보안에 대한 책임을 져야했다.

개선된 토지계획과 공공교육은 재해저감에 도움이 된다. 개발방향을 전환시킬 때 이용할 수 있는 심각한 산불재해 지역을 보여 주는 대규모 지역 지도가 기본적인 도구이다. 예를 들어, 대규모 방화대는 화재를 막거나 작물, 수목 농장(조림지)이나 다른 고위험 자산을 분리시키는 농촌 토지계획 일부분에 불과하다. 고위험지역에서는 다음과 같은 상세한 조경활동이 필요하다.

- 클러스터 개발: 작은 그룹 안에 지어진 단독 주택 또는 아파트(지역사회 개방공간을 위해 토지 절약)
- 전반적으로 낮은 주택밀도: 개별 주거 단위가 최소 0.5ha
- 소방설비를 위한 충분히 넓은 접근도로
- 모든 건물을 자연 관목에서 30m 정도 떨어진 곳에 위치
- 한 나무에서 다른 나무로 확산되는 화재를 방지하기 위하여 성목과 관목 군락 가장자리 큰 관목 가지치기
- 모든 죽은 식물과 재배하는 잔디 또는 작고 낮은 연료량 식물을 제거하여 관리되는 중간 지역

화재에 취약한 지역이 새로운 주거지로 승인될 때는 사용 비율의 제한과 비상대피를 위한 도로망을 더욱 강화해야 한다(Cova, 2005). 이웃한 지방정부와 토지와 식생을 공동으로 관리하고 황무지-도시 경계지역(WUI)의 토지계획을 위한 공동 데이터베이스를 개발하는 것이 중요하다. 다양한 방법으로 설득력 있게 접근할 수 있다. 예를 들어, 지방정부에 의해 지정된 도로 옆 안전한 공터의 바비큐 장소 제공이 무분별한 발화를 감소시킨다. 규정된 발화에 대한 이해도를 높여 연료 관리 관행을 위한 토지 소유주의 협력을 얻는 데 도움이 될 수 있다. 마지막으로 어떤 지역에 화재가 발생했을 때 공공 개방장소를 위한 정부의 토지구입과 더 넓은 구획에 낮은 밀도의 건물 재건축이 고려되어야 한다.

산불위협을 받고 있는 지역사회는 종종 재해에 대한 인식이 거의 없고, 주민들은 중요한 역할을 한다. 주택 소유주들은 비막이 판자나 나무 널지붕과 같은 가연성 재료로 건물을 짓고 건물 가까이에 풍부한 식생을 유지하며 소방 장비의 적합성을 무시한다. 주 책임 지역의 건물 소유주들은 건축물이나 대지경계 중 가까운 어느 것에서든 적어도

10m 거리 안에 있는 가연성 식생을 제거하도록 요구하는 캘리포니아와 같이 산불방지에 부정적인 행동을 막기 위해 설계된 법률이 있지만 이런 일이 발생한다.

기타 안전단계는 다음과 같다.

- 집 근처에 낮게 자라는 내화성 식물을 기르는 것
- 지붕, 데크, 산책로 주변에 내화성 재료 사용
- 주변에 죽은 식물과 나뭇가지 제거
- 소방관들의 건물 접근성 확보
- 쌓아올린 통나무와 기타 가연성 물건은 집에서 최소 10m 떨어진 곳에 배치
- 모든 화재의 안전점검 및 후속 권고사항 준수

더 읽을거리

Beringer, J. (2000) Community fire safety at the urban/rural interface: the bushfire risk. *Fire Safety Journal* 35: 1-23. Gives a clear account of wildfire issues in Australia.

Noji, E.K. (ed.) (1997) *The Public Health Consequences of Disaster.* Oxford University Press, New York. This remains a useful source of reference.

Kaskaoutis, D.G. et al. (2011) Satellite monitoring of the biomass-burning aerosols during the wildfires of August 2007 in Greece: climate implications. *Atmospheric Environment* 45: 716-26. A case study of the wildfire threat in the Mediterranean parts of Europe.

Kuhn, K., Campbell-Lendrum, D., Haines, A. and Cox, J. (2005) *Using Climate to Predict Infectious Disease Epidemics.* World Health Organization, Geneva. An important treatment of this subject.

Lagadec, P. (2004) Understanding the French 2003 heat wave experience: beyond the heat, a multilayered challenge. *Journal of Contingencies and Crisis Management* 12: 160-9. A thought-provoking insight into just one of the likely consequences of climate change.

Ligon, B.L. (2006) Infectious diseases that pose specific challenges after natural disasters: a review. *Seminars in diatric Infectious Diseases* 17: 36-45. Demonstrates the link between disaster and disease.

웹사이트

Centers for Disease Control and Prevention, USA www.cdc.gov
Pan American Health Organization www.paho.org/disasters
History of bushfires in the Australian Capital Territory www.esb.act.gov.au/firebreak/actbushfire.html
Food and Agriculture Organization Locust Watch Group www.fao.org/ag/locusts/en/info/index.html
Fire Weather Information Center USA www.noaa.gov/fireweather
Roll Back Malaria Partnership www.rbm.who.int
World Health Organization www.who.int/en
Wildfire Impact Reduction Center, USA www.westernwildfire.org

홍수재해

A. 홍수재해

홍수는 인간이 거주하기에 적합한 낮은 연안과 넓게 펼쳐진 범람원에 영향을 미치는 자연재해이다. 1990년부터 2010년까지 3,000번 이상의 홍수가 긴급사건 데이터베이스(EM-DAT)에 기록되었다. 홍수로 20만 명 이상이 사망하거나 이재민이 되는 등의 피해로 거의 3억 명이 부정적인 영향을 받았다. 2008년 인도와 2010년 파키스탄에서 발생한 홍수로 1,200만 명이 집을 잃었다. 현재 8억 명이 홍수에 취약한 지역에 거주하고 있으며, 7,000만 명이 매년 홍수에 노출되어 있다(Peduzzi et al., 2011). 홍수는 다른 재해를 동반하므로 따로 분류하기 어려울 수 있다. 폭풍이나 쓰나미에 의해 홍수가 발생할 수도 있고 홍수로 인해 산사태나 유행병이 발생하기도 한다.

홍수와 관련된 사망자의 약 90%와 경제손실의 50%는 중국과 방글라데시를 중심으로 아시아에서 발생하였다. 1900년 이후 가장 극심한 홍수 5개가 중국에서 발생하였으며, 거의 650만 명의 사망자와 9억 명의 이재민을 발생시켰다. 방글라데시에서는 1970년 이후 연안과 강 주변에서 발생한 홍수로 50만 명 이상이 사망하였다. 피해를 입히는 홍수는 저개발국에만 국한되지 않는다. 홍수는 유럽에서도 가장 빈번한 자연재해이다. 표 11.1은 유럽에서 최근에 발생한 5개 홍수재해를 정리한 것이다. 홍수는 모두 여름철에 발생하였고, 경제손실은 높지만 치사율이 낮다. 1993년 미국에서 발생하여 국토 15%에 영향을 미친 중서부 홍수도 15조~20조$의 손실을 일으켰지만 사망자는 50명 이하였다(US Department of Commerce, 1994). 2005년 허리케인 '카트리나'에 동반된 해안 홍수는 미국 역사상 경제적 피해가 가장 컸던 자연재난으로 기록되었으며, 1,600명 사망자를 초래하였다.

홍수는 수심과 유속, 홍수기간과 수질(유출토사, 염분, 하수의 존재, 화학물질 등)에 따라 다양한 위협을 가한다. 그림 11.1은 유속과 수심에 따른 피해 임계치를 나타낸 것이다. 사람과 자동차는 0.5m 수심의 빠른 흐름으로 휩쓸릴 수 있다. 건물이나 제방과 같은 차단시설은 난류에 의한 세굴효과를 일으키고, 가옥 토대는 유속을 2m/s까지 낮출 수 있다. 다리와 같은 구조물의 위험수준은 암석이나 얼음조각 같은 대형 잔해를 포함한 상당한 양의 유량에 의해 증가한다. 하수 시스템이나 유류 및 화학물질 저장설비가 붕괴되면, 오염에 의한 재해가 발생한다. 1994년 11월, 이집트

표 11.1. 2000~2010년 유럽에서 발생한 5대 홍수 재해

연도	국가	월	사망자	영향을 받은 인구	경제 피해액(1,000$)
2002	독일	8	27	330,108	11,600,000
2002	체코	8	18	200,000	2,400,000
2005	루마니아	7	24	14,669	800
2005	루마니아	10	10	30,800	자료 없음
2007	영국	7	7	340,000	400,000

출처: EM-DAT.

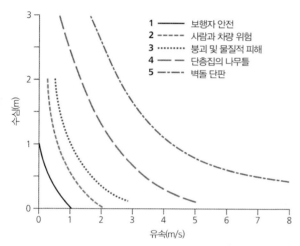

그림 11.1. 수심과 유속에 의한 홍수위험 한계. 곡선 1 보행자에 대한 위협, 곡선 2 익사할 위험, 곡선 3 둑의 침식에 대한 위험과 판잣집 형태 주택 손실 가능성, 곡선 4와 5 영구적인 주택의 붕괴(Smith, 2000).

두룬카(Durunqa)에서 홍수로 유류 저장소가 파괴되면서 기름이 마을로 흘러들어 100여 명 이상 사망하였다.

인간생활에서 홍수로 인한 위협은 익사와 질식사이다. 홍수 수심과 사망률 사이에는 높은 상관관계가 있고, 남성이 여성보다 더 위험하다. 홍수 발생 후 사망률은 기반시설이 열악한 저소득 국가에서 높다. 대변에서 옮겨지는 콜레라, 장티푸스와 같은 소화기계 질병은 위생시설 기준이 낮거나 하수도 시스템이 붕괴된 곳에서 발생한다. 열대지역에서 장티푸스와 말라리아와 같이 매개체 감염에 의한 질병 증가는 풍토병에 의한 사망률을 증가시킬 수 있다. 설치

류를 매개체로 하는 렙토스피라병과 같은 질병도 출현할 수 있다. 선진국에서 생존자들의 홍수피해는 불안증세, 우울증, 심리적 외상후스트레스 등 정신건강 문제이다. 1972년 미국 웨스트버지니아 버펄로크리크에서 일어난 홍수재해 후 18개월이 지나서 90%가 넘는 생존자들이 스트레스 장애를 경험하였다(Newman, 1976). 허리케인 카트리나로 사망한 771명의 연구에서, 사망자의 2/3는 직접적인 물리적 타격에 의해 피해를 입었으며 대부분은 고령자였다(Jonkman et al., 2009). 사망자 1/3은 홍수발생 후 공공의료시설 부족으로 뉴올리언스의 범람구역 밖이나 병원, 혹은 범람구역 안 대피소에서 사망하였다.

저개발국의 부유한 도시에서 나타나는 직접적인 구조물 손상은 홍수로 인한 손실의 주요 원인이 된다. 홍수로 피해 입은 구조물이 다시 팔릴 때도 집값이 하락하여 장기간 2차적 피해가 발생한다(Tobin and Montz, 1997). 작물과 가축, 농업 기반시설은 경작이 집중되는 농촌에서 큰 손실을 입었다. 인도에서는 전체 홍수피해액의 거의 75%가 농작물 손실에 의한 것이었다. 방글라데시에서도 농경지와 거주지의 하천제방 침식으로 농작물이 손실을 입고, 매년 100만 명의 생활터전을 잃는다(Zaman, 1991). 그러나 저개발국 대도시에도 경제적 위협이 늘고 있다. Ranger et al.(2011)은 개선책이 없는 한 인도 뭄바이의 100년 주기 홍

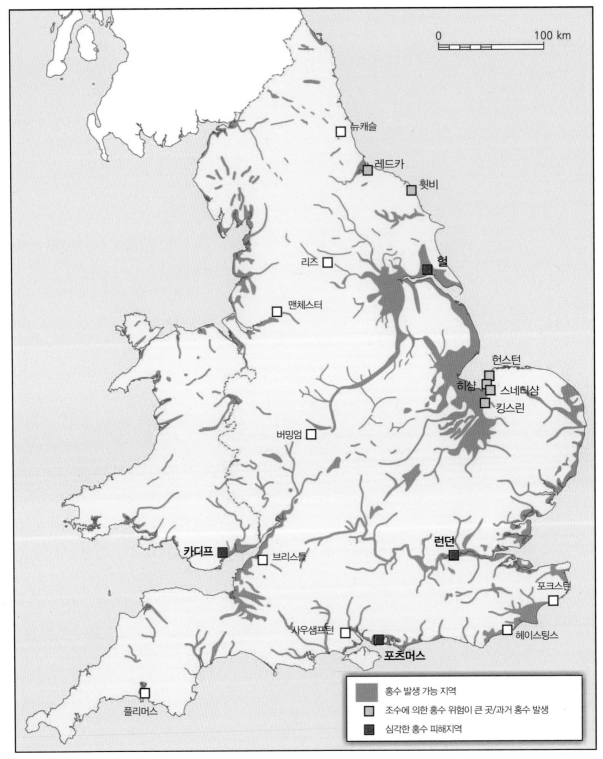

그림 11.2. 잉글랜드와 웨일스의 잠재적 홍수지역과 심각한 홍수피해를 입은 도시. 해안지역 홍수는 매우 위험하다. 특히 영국 동부와 남부의 저지대에 심각한 위험을 초래한다. 영국 환경부. www.environment.gov.uk/mediacentre (2011년 9월 19일 접속). © Environment Agency.

수로 인한 총 손실이 현재 7억$에서 2080년에는 3배 이상인 23억 500만$가 될 것이라 추산하였다.

홍수는 다른 환경재해와 달리 손실만큼 이익도 가져다준다(Smith and Ward, 1998). 계절적인 '홍수주기'는 습지 생태계의 다양한 서식환경을 유지하기 위해 필수적이다. 대규모 홍수로 초기 물리적인 생태교란이 일어나면 생물 생산성이 폭발적으로 증가한다. 홍수는 실트 퇴적층의 토양을 비옥하게 해 주며, 토양층 표면의 염분을 씻어 낸다. 방글라데시의 좁은 지역에서 홍수로 실트가 풍부한 물이 정기적으로 넘치지만, 그로 인한 충적토는 토양의 인과 칼리 함유량을 높여준다. 저지대 해안과 하구 퇴적지를 따라 발생하는 주기적 범람은 염생습지와 갯벌을 유지하게 하며, 때때로 맹그로브 숲과 같은 특별한 식생과 다채로운 자연환경을 만드는 데 도움을 준다.

대부분 전통사회는 홍수주기에 잘 적응하여 왔다. 홍수는 관개와 단백질의 주요 공급원인 양식활동에 필요한 물을 제공한다. 홍수가 끝난 후 습윤한 토양에 식량작물을 심는 기법인 '홍수 후 농업'이 열대지방에서 광범위하게 행해지고 있다. 서부아프리카 반건조지역의 넓은 범람원에서는 계절적 범람이 생태적, 경제적으로 중요하고, 기존 관개 시스템으로 얻을 수 있는 것보다 더 많은 생산량을 얻게 한다(Adams, 1993). 일반적으로 홍수는 이런 이익을 가져오지만 드물게 발생하는 대규모 홍수는 재해를 일으킨다.

B. 홍수에 취약한 환경

홍수로 인한 위기 특성과 규모는 매우 다양하다. 대부분 국가에서 하천유역이 가장 큰 재해가 발생하는 곳이며, 미국의 경우, 모든 재난의 2/3가 하천 범람에 의한 것이다. 반면 영국에서는 전체 위험 중 1/3만이 하천에서 발생하였다.

영국의 하천은 폭풍 시 최대 강수량이 전 세계적인 극한값에 비하여 낮아 위협적이지 않다. 또한 모든 건물이 벽돌이나 돌로 지어져 쉽게 피해를 입지 않는다. 그러나 해수범람은 잉글랜드 동부와 남부 연안에서 장기적인 지반침하, 해수면 상승과 수년에 걸친 해안홍수 방지 투자부족으로 큰 위협이 되고 있다(그림 11.2). 1953년 2월에 잉글랜드 동부에서 해안제방이 범람하여 300명 이상이 사망하였다.

국가별로 홍수로 인한 위기에 노출된 인구비율은 큰 차이가 있다(Parker, 2000; Blanchard-Boehm et al., 2001).

- 프랑스: 3.5%
- 영국: 4.8%
- 미국: 12%
- 네덜란드: 50%
- 베트남: 70%
- 방글라데시: 80%

홍수에 대한 노출은 저개발국에서는 농촌의 높은 인구밀도와 관련 있으며 선진국에서는 하천과 해안의 도시 위치와 관련이 있다. 중국은 광대한 충적평야에 총 인구 절반이 거주하고 있어서 문제가 심각하다(Box 11.1). 방글라데시나 베트남과 같은 나라는 하천, 삼각주, 해안홍수에 의한 위협이 복합적이다. 그러나 뉴질랜드는 낮은 인구밀도에도 불구하고 인구 20,000명이 넘는 도시와 마을 70%가 하천홍수 문제를 겪는다(Ericksen, 1986). 인구밀도가 높은 국가는 문제가 더욱 심각하다. 영국은 40,200km에 달하는 홍수방어 구조물이 있지만 약 240만 명과 거주지의 1/6이 홍수위기에 처해 있다(Anonymous, 2009).

홍수에 취약한 경관은 다음과 같다.

Box 11.1. 중국 양쯔 강의 홍수재해

중국은 홍수재해에 대한 장기간 기록을 갖고 있다. 도시를 보호하기 위한 시도가 4,000년 전으로 거슬러 올라간다(Wu, 1989). 대부분 거주지와 경작지가 범람하기 쉬운 7개의 거대한 하천 충적평야에 위치한다. 이 중 가장 규모가 큰 것은 세계에서 3번째로 긴 강인 양쯔 강 유역이다. 양쯔 강은 7,500만 명 이상이 거주하는 지역을 따라 6,300km를 흐른다. 20세기에만 이 강에서 30만 명 이상이 사망하였다. 강 중류에 위치하며 서로 연결된 거대한 2개 와지(룩셈부르크의 면적을 덮을 수 있는 둥팅 호와 포양 호)가 홍수 시 저수지 역할을 하면서 하류를 보호한다. 양쯔 강은 대부분 홍수기간에 연평균 500×10^6t의 퇴적물을 이동시킨다. 자연상태에서 양쯔 강 유역 대부분 하도는 실트 퇴적물로 지표가 점차 높아지면서 유로가 빈번하게 변한다.

양쯔 강 유역의 강수 시스템은 여름몬순과 열대성 저기압의 영향을 받는다. 지난 2000년 동안 기록을 보면, 평균 10년에 한 번 꼴로 홍수피해가 발생하였고, 지난 500년 동안 홍수와 가뭄 변동성은 ENSO(엘니뇨-남방진동) 발생과 연관이 있을 수 있다(Jiang et al., 2006). 1998년에는 3,200만ha가 침수되었고 3,000명이 사망하였으며 2억 명 이상이 200억$에 달하는 직접적인 재산피해를 입었다. 홍수관리를 위해서 다음과 같은 것이 필요하다.

- 제방: 최초 제방은 기원전 345에 만들어졌다는 기록이 있으며, 이는 10년에서 20년 주기로 돌아오는 홍수를 조절하기 위해 계획되었다(Zhang, 2004). 현재까지 농경지, 유전, 도시를 지키는 약 3,600km 본류 제방과 30,000km 지류 제방이 남아 있다. 그러나 좁아진 하도에 흘러들어오는 실트 퇴적물 때문에 홍수가 심할 때 양쯔 강 수위는 제방 뒤편 지표에서 10m에 이를 수 있고 하도 내에서는 16m에 달한다. 많은 제방이 오래됐고 약하며 쉽게 붕괴될 수 있다.
- 호수: 지표의 많은 와지가 제방을 넘는 거대한 홍수를 통제하기 위하여 사용된다. 둥팅 호는 물을 저장하는 공간이 되기도 하지만 호수가 넘쳐 제방이 붕괴되기 시작하면 인구가 밀집된 66만 7,000ha의 농경지와 웨양이나 우한과 같은 도시에 거주하는 1억 명이 넘는 인구를 위협한다. 대규모 호수붕괴가 실트 퇴적물과 경제발전을 위한 토지간척 때문에 더욱 빈번해졌다. 오늘날 호수 수용력이 1950년에 비해 80% 가까이 감소하였다. 2002년 8월 둥팅 호는 최고수위 35.9m를 기록하면서 비상사태가 선포되었고, 80,000명 이상이 제방강화를 위해서 동원되었다.
- 댐: 전 세계 45,000개의 거대한 댐 중 절반이 1950년대와 1960년대에 건설되었다. 충칭 근처에 싼샤 댐이 수력발전과 양쯔 강 중류와 하류의 홍수조절을 위하여 건설되었다. 싼샤 댐은 175m 높이와 길이 2km 댐으로, 길이가 600km에 달하는 저수지가 조성되어 390억m³의 물을 저장한다. 이는 세계에서 가장 큰 수력 발전소이자 댐이다. 댐에 의해서 저수된 물은 13개 도시, 140개 소도시, 1,300개 마을을 침수시킬 수 있다. 225억$ 가치로 추산되는 싼샤 댐은 지금까지 지어진 단일 건축물로는 가장 고가 건축물이며, 사회적 비용이 많이 발생하여 논란도 많은 것 중 하나이다. Hwang et al.(2007)은 수몰민이 받는 강한 스트레스와 우울증 연구를 통하여 다른 지역으로 이주해 본 적이 없는 가난한 농촌 주민이 특히 더 큰 스트레스를 받고 있다고 하였다.

저수지는 2003년 6월 1일부터 차오르기 시작하였다. 싼샤 댐 프로젝트는 즉각 시행되었으나 선언한 대로 2009년까지 완성되지 않았다. 댐은 건기인 12월부터 3월까지 농업용과 산업용 물을 하류로 방류시킨다. 홍수 시 물을 저장하기 위해서는 6월 홍수기 전에 저수량을 220억m3까지 낮춘다. 이는 100년 재현기간 홍수발생 시 하천 해당 구간이 안전을 유지할 수 있도록 유출량을 86,000m3/s에서 60,000m3/s로 조절하여 하류인 진장 지역의 최고수위를 감소시켜야 한다. 실례로, 2010년 7월에 댐으로 유입되는 물의 양이 70,000m3/s까지 높아 졌다. 이는 1998년 홍수 때 기록된 최대 유출량을 넘어선 것이다. 그러나 통제되어 내보내진 유출량은 40,000m3/s로 유지되었다.

싼샤 댐 프로젝트의 성공적인 미래를 장담할 수 없다. 댐 상류 퇴적물이 댐 효율성을 제한하고 산사태, 생물 다양성과 야생동물 감소

300개가 넘는 유적지역 파괴와 같은 부정적인 면들이 많다. 조림을 장려하며 불법 벌채를 단속하는 법이 규정되었지만 충분히 이행되고 있지 않으며 최대 홍수위에 큰 영향을 미치고 있다. 초기 상황은 하류 지류에서 유입되는 것 때문에 강 하류로 흐름이 방해되어 싼샤 댐이 댐 하류의 양쯔 강 흐름에 결정적인 영향을 끼친다는 것을 보여 준다(Guo et al., 2012). 양쯔 강과 포양 호 간 복잡한 상호작용이 발견되었다. 우기인 7월부터 9월까지 포양 호 유역의 홍수피해가 부분적으로 완화되었다는 것은 긍정적인 결과이다. 계속 진행 중인 침식과 퇴적물 그리고 효율적인 물 관리를 위한 모니터링이 싼샤 댐 유역의 효과적인 홍수관리를 위하여 중요한 역할을 할 것이다(Fang et al., 2012). 홍수 시 피난 대상에 주민 100만 명과 가축, 재산 등이 포함된다. 양쯔 강에서 홍수문제는 여전히 심각하다.

출처: 댐 세계위원회 홈페이지(http://www.dams.org); 2002년 3월 17일 접속
주영 중국대사관 홈페이지(www.chineseembassy.org.uk); 2006년 12월 3일 접속

대규모 범람원 저지대

범람원 저지대는 자연상태에서 자주 범람하던 곳이다. 선진국에서 이런 홍수지역은 토목공사를 통하여 기본적인 홍수 방어능력을 갖춰 비교적 굳건하게 통제한다. 재해에 대한 위험성은 저개발국에서 더 크다. 방글라데시에는 1억 1,000만 명 이상 인구가 갠지스-브라마푸트라-메그나와 같은 남아시아에서 가장 홍수에 취약한 범람원에 거주한다. 이 강 유역은 1,75만km² 이상이며, 이곳의 강우량은 미국 미시시피 강 유역에 내리는 연평균 강우량의 4배를 넘는다. 그림 11.3에서 보듯이 복잡한 삼각주 지형에서는 몇 가지 유형의 홍수가 발생한다. 국토의 절반 이상이 해수면보다 불과 12.5m 높아서 국토의 20%에서 계절별로 홍수가 발생한다. 큰 홍수가 발생한 해에는 국토의 2/3 정도가 짧은 시간 내에 침수된다. 1988년에 발생한 홍수는 국토의 46%에 영향을 미쳤고 약 1,500명이 사망하였다. 1998년에는 1,000명이 넘는 사망자가 발생하였고 홍수의 직접적인 피해는 20억~30억$에 달하여 피해가 가장 컸다(Mirza et al., 2001).

해안 저지대와 삼각주

영국 런던 템스 강 하류와 같은 하구지역은 근본적으로 강의 범람과 만조 영향으로 높은 위험에 노출되어 있다. 이 지역은 내륙의 홍수로 최고수위 유량이 만조 시 바다로 빠져나가지 못할 때 바닷물과 강물이 합쳐지면서 침수될 수 있다. 직접적인 홍수는 풍랑에 의한 파도로 바닷물이 해안으로 들어올 때 발생한다. 해안홍수에 의한 세계적인 인명손실 대부분은 폭풍해일에 의한 것이다(제9장 참조). 해안으로 바닷물을 넘치게 하는 쓰나미는 드문 현상이다(제6장 참조).

해안이나 삼각주지역은 인구가 밀집되어 있다. 베트남 북부 송코이 강과 남쪽 메콩 강 삼각주와 같은 저지대는 농촌 주민들이 쌀 경작을 위해서 혹사당하여 왔다. 그로 인하여 인구분포와 홍수 취약지역의 분포가 거의 정확히 일치하게 되었다(그림 11.4). 많은 도시지역도 위험에 노출되어 있다. 21세기에 들어서면서 인구 900만 명 이상인 25개 도시 중 17개 도시가 해안에 분포한다(Timmerman and White, 1997). 종종 인구가 많은 촌락으로 둘러싸인 이런 도시들은 효과적인 해안관리와 계획적인 통제가 부족한 국가에 분포하는 경향이 있다. 인도 뭄바이는 세계 어느 도시보다도 해안홍수에 취약한 곳이다. 거의 300만 명이 위기에 처해 있고, 효과적으로 보호하거나 이주시키지 못하면 그 수는 1,100만 명으로 늘어날 것이다(Hanson, 2011).

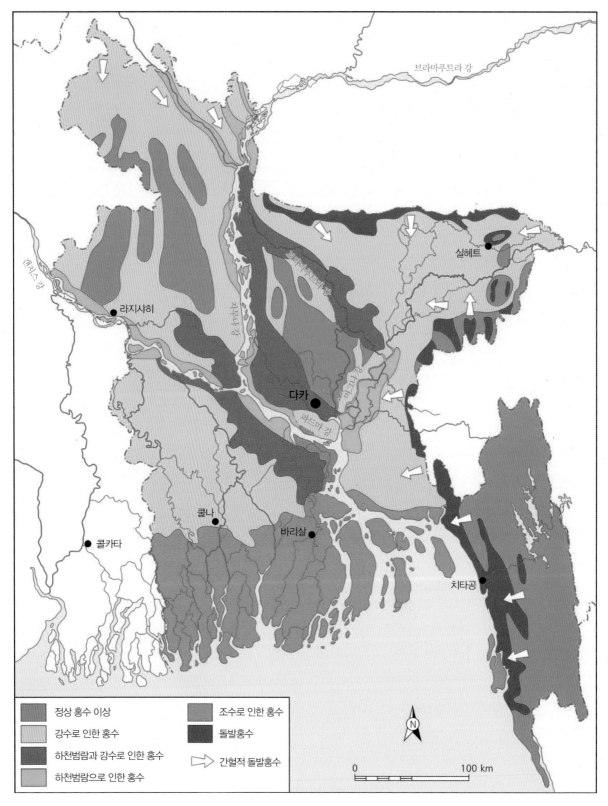

그림 11.3. 방글라데시의 홍수 유형. 일부 지역은 여러 홍수 유형의 영향을 받는다. 일반적으로 주기적 범람에 의한 가장 큰 위기는 삼각주 가장자리와 하도를 따라 분포한다 (Brammer, 2000).

사진 11.1. 한 여인이 방글라데시 사키라(Satkhia) 구 샴나가르(Shyamnagar)에서 마실 수 있는 깨끗한 물을 찾기 위해 물동이를 옮기며 홍수로 물에 잠긴 웅덩이를 건너고 있다. 2009년 5월 방글라데시에 상륙하여 폭풍해일과 강한 홍수를 일으킨 사이클론 '알리아(Aila)'로 인하여 수천 명의 사람들이 집을 잃었다(사진:panos/G.M.B. Akash AKA03267BAN).

돌발홍수가 발생하는 유역

계측되지 않았지만 유역 내 좁은 지역에서 국지적으로 단기간에 높은 강도의 강수가 발생할 때 위험하다. 돌발홍수는 건조지 혹은 반 건조지에서 가파른 지형과 제한된 식생 피복, 강력한 대류운에 의한 폭풍 등이 복합적으로 연관되어 발생한다. 그러나 협곡이나 고도로 발달된 도시도 홍수가 발생하기 쉬운 지역이다. 열대에서 익사로 인한 인명피해 중 90%는 작고 가파른 상류의 열악한 배수 시스템을 가진 도시에 내리는 높은 강도의 강수에 의해 발생하는 것으로 추산된다. 말레이시아 쿠알라룸푸르는 비교적 가파른 부채꼴 모양의 유역 말단에 위치하였으며 돌발홍수가 발생하기 위한 거의 완벽한 수문 조건을 갖추고 있다.

돌발홍수는 유럽에서 500km² 미만 규모의 유역에 재해를 발생시킨다. 다만 지중해 지역에서는 이보다 두 배 이상 큰 유역에서 돌발홍수로 인한 피해가 발생할 수 있다(Gaume et al., 2009). 1999년 프랑스 오드에서 발생한 홍수로 35명이 사망하였으며, 피해액은 약 33억€로 추정된다. 1962년 스페인 바르셀로나에서 발생한 홍수로 100명 이상이 사망하였고, 2002년 프랑스 가르 홍수는 12억€의 피해를 입혔다.

돌발홍수의 물리적 과정이 실시간 모니터링되지 않고 사후분석에 의해 추론되고 있어서 돌발홍수에 대한 이해가 부족한 실정이다. 재해경보 기간이 매우 짧거나 아예 없을 수 있다. 1976년 7월 콜로라도 홍수가 발생했을 때, 콜로라도

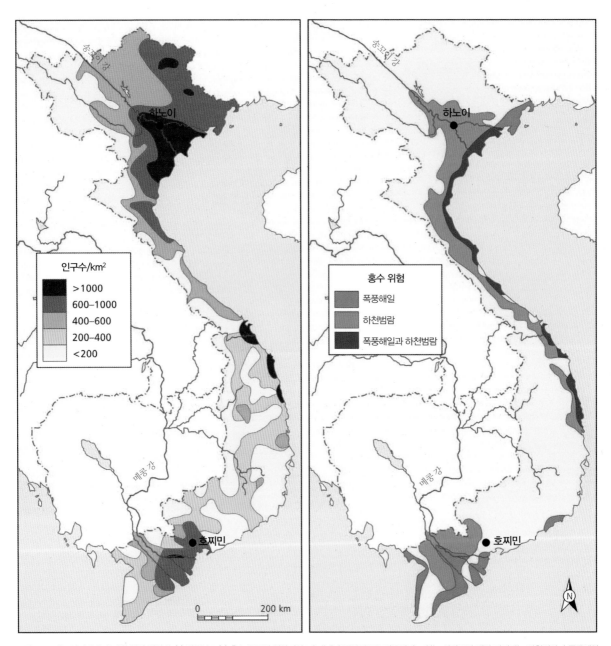

그림 11.4. 베트남의 홍수에 대한 인간 취약성. (a) 인구분포 (b) 홍수 종류별 취약지역. 벼 재배가 집약적으로 이루어지고 있는 삼각주와 해안 저지대는 하천범람과 폭풍해일에 영향을 받기 쉽다. 약 70% 인구가 홍수로 인한 위기에 노출되어 있다(Smith and Ward, 1998).

톰프슨 대협곡에서는 뇌우를 동반한 폭풍으로 6시간이 채 안 된 시간에 300mm 강수가 쏟아져 139명이 익사하였다. 사망자 대부분은 위험성에 대한 인지 부족과 협곡에서 빨리 빠져나가야 한다는 생각도 부족하였던 관광객들이었다.

위험하고 부적절한 댐 하류지역

댐 하류지역은 재난발생 가능성이 크다. 국제대형댐위원회에 의하면 전 세계적으로 15m 이상 높이 댐이 45,000개 이상 있다. 이 중 3/4이 1980년 이전에 축조되었고, 그중 많은 것이 부실하게 유지되고 있다. 미국에서만 안전하지 않다고 여겨지는 댐 때문에 2,000곳 이상이 위기에 노출되어 있으며, 대피소나 경보 시스템이 거의 없다. 1959년 프랑스 말파셋 댐이 건설과정에서 붕괴되어 421명이 사망하였다. 구조적으로 설계가 잘 된 댐일지라도 지각변동에 의하여 갑자기 밀려드는 물로 범람할 수 있다. 이탈리아에서 1963년에 발생한 산사태는 바욘트 댐 후면에 거대한 홍수로 인한 해일을 발생시켰다. 구조물은 파손되지 않았지만, 연속적인 범람에 의한 물결로 하류에서 3,000명의 사망자가 발생하였다. 1972년 웨스트버지니아 버펄로크리크의 석탄채굴 계곡에서 아무런 경고 없이 댐이 붕괴되었을 때 125명의 사망자와 4,000~5,000명의 이재민이 발생하였다. 이런 상황에 대비하여 침수지도를 준비하거나 긴급상황에 대한 대책을 마련해 놓은 국가는 거의 없다.

내륙 호숫가 저지대

호숫가 저지대에는 북아메리카 오대호나 그레이트솔트호와 같이 주변을 따라 수천km 범위에 많은 건물이 들어서 있다. 이 지역의 가장 큰 문제는 강 유입량에 따라 호수 수위가 변동하는 것이다. 호수수위는 강수량이 많은 해에만 피해를 키우는 경향이 있다. 그러나 방호섬이나 사구, 절벽의 침식으로 빌딩이나 호수 주변 시설물을 파괴하는 파랑을 막아 주는 천연 보호시설이 제거된다.

선상지

반건조지역의 선상지에서는 특정 유형의 돌발홍수 위협이 있다. 건조한 미국 서부 15~25% 정도가 선상지이며 좋은 조망과 배수조건이 양호하여 개발지로 적합하다(FEMA, 1989). 연속적인 호우 사이 간격이 길면 건조하고 지표 유로가 잘 발달하지 않아 홍수에 의한 재해가 과소평가된다. 망류 유역에서 배수로는 가파른 사면을 따라 예측

하기 어렵게 곡류하므로 지역주민들은 돌발홍수가 발생하여 유속이 5~10m/s까지 빨라지거나 많은 양의 퇴적물이 쌓일 때까지 인지하지 못한다.

C. 홍수 특성

홍수는 수위가 상승하여 평상시 물에 잠기지 않던 땅이 침수되는 상태를 말한다. 하천홍수는 물이 자연제방이나 인공제방을 넘치는 것이고, 해안홍수는 바닷물이 해안선 근처 저지대로 침투하였을 때 발생한다. 두 경우 모두 인명과 재산을 위협할 때 재해가 된다. 수문학자는 홍수 규모를 최대유량으로 표현하지만 재해발생 가능성은 해당 수문 구간 최고수위와 관련이 깊다. 재해발생 가능성에는 자연 요인과 인문 요인이 복합적으로 반영된다. Smith and Ward(1998)는 주로 기후적 영향력과 같은 주요 자연 요인과 유역 특성과 같은 부수적인 자연 요인을 구분하였다.

1. 자연 요인: 하천홍수

기후조건

일부 홍수는 다른 자연재해에 의해 발생할 수도 있지만 폭우와 같은 극한 기후사상이 홍수재해의 가장 주요한 원인이다(그림 11.5). 이런 조건은 열대지역에서 우기에 홍수를 일으키는 넓은 지리적 범위에 내리는 어느 정도 예측 가능한 연강수량에서 벗어나는 것에서부터 작은 유역 내에서 거의 무작위로 발생하는 대류성 폭풍까지 다양하다.

서남아시아는 광범위한 지역에서 몬순기간에 홍수에 의한 재해가 발생하기 쉽다. 인도에서는 연강수량의 70%가 여름철 100일 동안 집중된다. 2010년 7월 22일, 파키스탄 북서부에 위치한 술라이만 산맥 부근을 중심으로 계절풍

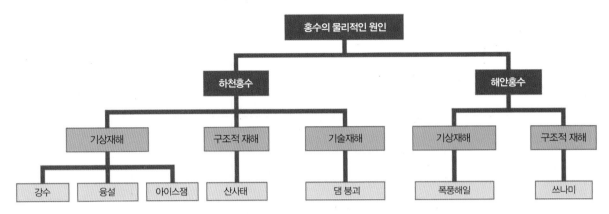

그림 11.5. 다양한 홍수의 원인. 호우가 홍수의 가장 중요한 원인이지만 그림에서는 홍수의 다른 원인들도 제시하고 있다.

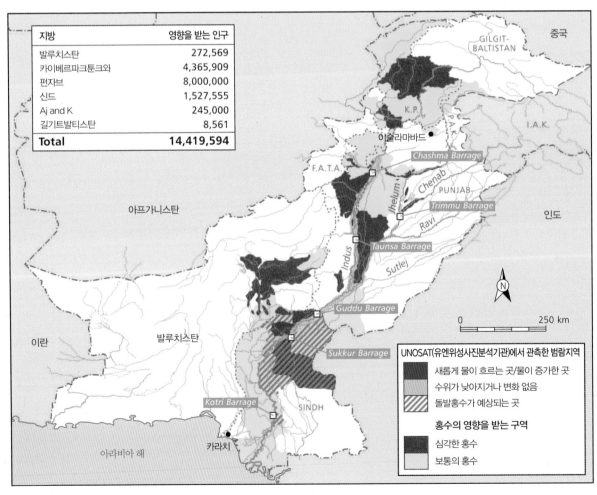

지방	영향을 받는 인구
발루치스탄	272,569
카이베르파크툰크와	4,365,909
펀자브	8,000,000
신드	1,527,555
Aj and K	245,000
길기트발티스탄	8,561
Total	**14,419,594**

그림 11.6. 2010년 8월에 발생한 파키스탄의 대규모 재해지도. 재해기간에 1400만 명이 영향을 받았고, 최종적으로는 사상자가 2,000만 명 이상으로 집계되었다. 이 그림에서 보면, 최근 발생한 다른 재해보다 홍수로 피해를 받은 사람들이 많다(OCHA, 2010).

에 의한 많은 강수가 쏟아져 이례적인 홍수가 발생하였다. 북서부 국경지역인 카이베르파크툰크와(Khyber Pakhtunkhwa) 지방에는 일주일 동안 연평균 강수량의 10배에 달하는 9,000mm의 강수가 쏟아졌다(OCHA, 2010). 돌발홍수와 산사태가 모든 주요 하천 하류에 심각한 홍수를 일으켰다. 불과 몇 주 만에 국토의 약 20%인 16만km²가 침수되었다(그림 11.6). 약 1,980명이 사망하였고 30,000명이 구조되었으며 전체 인구 1억 8,000만 명 중에서 1,800만 명이 영향을 받았다. 약 1,400만 명이 시급한 인도주의적 원조가 필요하였다. 홍수지역 거주자들 약 80%는 생계수단을 농업에 의지하고 있었으며, 240만ha의 경작지가 침수되었다. 더불어 430개 지역 보건시설과 10,000개 학교, 160만 가구가 파손되거나 붕괴되었다(United Nations in Pakistan, 2011). 이와 같은 상황으로 2010년 파키스탄은 인간개발지수(HDI) 순위에서 169개국 중 125위가 되었고, 인구 약 1/4이 영양실조 상태가 되었으며, 이를 완전히 회복하기까지는 오랜 시간이 걸릴 것이다.

넓은 유역에 내리는 많은 비는 아열대지역 열대성 저기압이나 중위도 지방 강력한 저기압 시스템과도 관련 있다. 2000년 2월, 남부 아프리카에 호우가 발생하였다. 이 지역의 평상시 강수는 열대수렴대 활동과 우기 동안 고온 다습한 공기의 강력한 대류로 발생하지만, 2000년 홍수 시는 두 개의 열대성 저기압으로 인한 강수가 추가되었다. 세계에서 국가 수입에 비해 부채가 가장 많은 나라인 모잠비크의 해안평야 저지대에서 큰 문제가 발생하였다. 150년 만에 림포포 강이 최대수위까지 도달하였고, 거의 네덜란드와 벨기에를 합친 면적이 침수되었다(IFERCRCS, 2002). 약 700명이 사망하였고 45만 명의 이재민이 발생하였으며, 54만 4,000명이 다른 곳으로 이주하였다. 또한 450만 명 이상이 다른 영향을 받았다. 주요 작물 1/3과 가축 80%를 포함하여 경작지 10%가 파괴되었다. 직접적인 피해액이 2억 7,300만$로 추산된다. 2000년 이래로 모잠비크 정부는 60,000 가구를 대상으로 한 대규모 재정착 정책에 착수하였으며, 이는 2006~2007년에 걸쳐 다시 발생한 홍수에 의한 손실을 줄이는 데 기여하였다.

강도 높은 강수

강도 높은 강수는 보다 국지적 폭풍으로 발생한다. 강력한 대류세포가 좁은 유역에 위치하면 엄청난 돌발홍수가 야기될 수 있다. 이는 여름철에 큰 대륙 내륙에서 뚜렷하지만, 지중해지역에서는 가을철이 가장 위협적인 홍수기이다(Marchi et al., 2010). 지형효과로 강우강도가 강화될 수 있고 홍수피해를 확대시킬 수 있는 최고 하천유량의 집중을 촉진시키므로 유역 형태가 중요하다. 1972년 6월, 사우스다코타 래피드시티에서 돌발홍수가 발생하여 많은 피해를 입었다. 이는 미국 내에서 단일 홍수로는 가장 많은 238명의 사망자를 기록하였다.

눈과 얼음

고위도에서는 눈과 얼음이 많은 홍수피해의 원인이 된다. 늦봄과 초여름 융설은 북아메리카와 아시아 내륙에서 빈번한 대규모 홍수를 야기한다. 가장 위험한 조건은 녹고 있는 눈 위에 비가 내릴 때 나타난다. 1970년 5월, 루마니아 홍수가 그 예이다. 강한 저기압에 동반된 호우에 카르파티아 산맥에서 녹은 물이 더해져 트란실바니아 유역이 크게 파괴되었다. 1997년 4월, 미국 그랜드포크스 북쪽 레드리버에서 이례적인 융설로 약 100~200년 재현주기를 갖는 홍수가 발생하였다. 피해액은 약 20억$ 이상인 것으로 추산되었으며, 미국 주요 도시 중 홍수로 인한 1인당 피해액으로 가장 높은 값이다. 융설수에 의한 홍수는 봄철에 떠다니던 얼음이 부서져 강을 일시적으로 막아 발생하는 아이스잼에 의해 악화된다. 얼음은 교량이나 다른 유로의 좁은 곳 또는 얼어버린 얇은 곳 등에 쌓인다. 큰 얼음 조각은 수면 가까이의 건물을 파괴할 수 있고 나무를 잘라내기도 한다. 호수 주변에서는 얼음의 돌출된 부분이 가옥을 파괴할 수 있다.

유역 조건

유역 조건도 하천유역 강수량에 반응하는 홍수를 더 강화시킨다. 여기에는 유역의 수리기하학적인 부분과 같은 영구적 요소와 침투성을 약화시키는 계절별 동토 영향과 같은 일시적인 요소가 있다. 강수 특성과 함께 유역 조건은 발생속도, 유속, 첨두유량, 지속시간 등과 같은 홍수의 주요 특성을 결정한다. 네팔은 홍수 강화 조건의 영향을 받을 수 있는 산지국가이다. 작은 유역에서 삼림이 파괴된 가파른 사면과 눈과 빙하에서 발생한 융빙수가 6~9월 사이 몬순기간에 돌발홍수와 산사태를 일으킨다. 빙퇴석 붕괴로 급격히 증가하는 빙하호 홍수는 특별한 재해를 발생시킨다. 이는 마을을 파괴하고 경작지에 잔해를 남기며 10km 아래 계곡 하류까지 2,000m³/s 이상의 첨두유량을 만든다 (Cenderelli and Wohl, 2001). 2000년 몬순기간에 500명 이상이 사망하였고 25만 명 이상이 영향을 받았다. 같은 기간 동안 고지대에 사는 30,000명 이상이 고립되었다.

토지이용 변화와 같은 인간활동도 홍수를 강화시킬 수 있다. 경작지에서 지표수를 제거하기 위한 배수시설 설계와 같은 변화는 계획적일 수 있다. 그러나 의도치 않은 토지이용 변화가 가끔 더 중요할 수 있다.

도시화

도시화는 다음 여러 가지 방법으로 홍수 강도와 빈도를 증가시킨다.

- 그림 11.7은 국지적 물순환 시스템에서 지붕이나 도로와 같은 도시 지표면의 불투수층 분포 정도가 폭우를 더 많은 지표유출 형태로 전환시키는 것을 모식화한 것이다 (Anonymous, 2008). 도시화되지 않은 교외지역이 30% 포장되면, 재해규모는 작은 규모 홍수일 경우 10배, 100년 재현기간의 홍수일 경우 두 배 정도 증가할 수 있다.

- 고밀도 배수체계와 지하수관에 의해 도시 지표면은 쉽게 물이 빠져나가 이전에 비해 더 빨리 하도까지 물을 이동시킨다. 이는 홍수 시작시간에 영향을 미쳐 폭우가 내린 시점과 첨두유량 시점까지 지체시간을 반 정도 감소시킨다. 종합해 보면, 이는 도시화되기 이전의 조건보다 도시화된 지역의 하류에서 더 빨리 더 높은 최대 홍수위에 도달한다는 것을 의미한다. 이는 재해에 대한 경고 기회가 줄어든다는 것을 의미한다(그림 11.8).

- 자연상태 하도에 교각이나 수변시설이 축조되면 환경용량이 감소하여 범람이 더 빈번해진다. 미시시피 강에서 계속되는 유람선 운항은 1937년 이래로 이 강의 자연용량을 1/3까지 감소시켰다(Belt, 1975). 그 결과로 1973년 홍수는 유량으로만 보면 30년 재현주기를 갖지만 홍수위 관점에서 볼 때 200년 재현주기를 갖는 것으로 조사되었다.

- 건물을 개발하면서 빗물 배수시설을 충분히 확보하지 않은 것은 도시 내 홍수의 중요한 원인이다. 10년에서 20년 주기 폭우에 대비한 일반적인 설계는 한계가 있다. 영국 일부 지역과 같이 오래되고 낡은 배수 시스템이 설치된 지역에서 문제가 커지며, 폭우에 의해 도시 저지대가 빈번히 침수된다. 20년 이상 홍수에 대비한 시설을 미국에서 통용되는 기준에 맞게 개선할 경우 약 3,000만$가 필요한 것으로 추산된다.

삼림파괴

삼림파괴는 퇴적물 증가로 하도용량을 감소시키므로 계

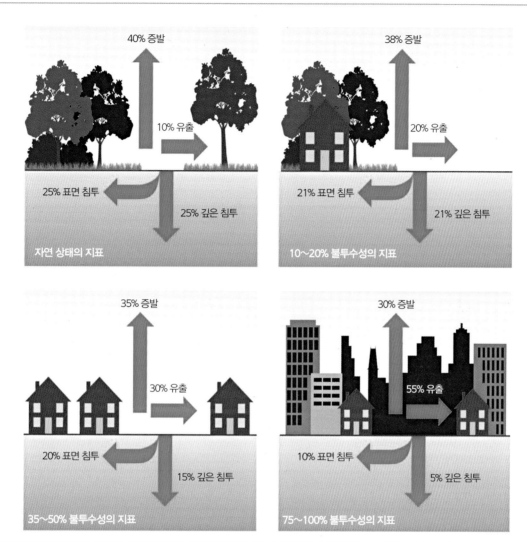

그림 11.7. 도시화 영향에 의한 수문순환. 지표의 불투수층이 많아지면서 총 강수 중 유출량이 10%에서 50%까지 점차 증가하고 있다. (Federal Interagency Stream Resotoration Working Group, 2001), 미국 농무국 천연자원보존서비스. Http://www.nrcs.usda.gov/Internet/FSE_DOCUMENTS/stelprdb1044574.pdf.

곡 사면에서 큰 홍수를 유발할 수 있다. 작은 하천 유역에서는 삼림이 훼손되지 않은 지역에 비해 삼림파괴가 된 지역의 부유 퇴적물 농도가 100배 증가하고 최대수위가 4배가량 증가하는 것으로 기록되었다. 33명이 사망하고 1,400여 개 예술작품과 30만여 권 희귀도서를 손상시킨 1966년 이탈리아 피렌체에서 발생한 홍수는 부분적으로 아르노 상류에서 장기적으로 이루어진 삼림파괴가 원인이 되었다.

한편 큰 유역의 경우는 직접적인 원인이 되거나 영향을 주는 상류 삼림벌채와 하류 홍수 사이 관계를 증명하기 어렵다. Hamilton(1987)은 히말라야에서 농업관습 남용에 의한 삼림벌채가 홍수를 악화시킬 수 있다고 인정하였지만, 자연적인 과정에 대한 오해에 대해서는 경고를 표했다. 장기적 수문관측에도 불구하고 갠지스 브라마푸트라 유역의 평야와 삼각주 지역의 기록에서 통계적으로 유의한 홍수 증가 근거는 나타나지 않았다(Ives and Messerli, 1989). Mirza et al.(2001)은 히말라야 지역 몬순강수가 많

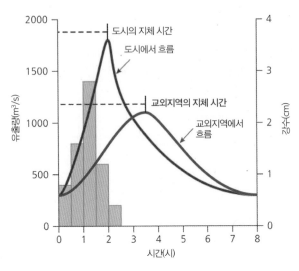

그림 11.8. 도시화와 연관되어 감소된 지체시간과 높은 첨두유량은 보이는 도시와 농촌지역의 이상적인 수문곡선. 도시 특성은 경보를 발령할 시간을 줄이고, 하도가 높아진 최고 수위를 감당하기 더 힘들기 때문에 홍수 위험이 높아진다.

은 양의 퇴적물과 함께 빠른 유출을 야기하는 매우 가파른 사면과 연관되어 있고, 식생피복과는 관계가 적을 것이라고 결론지었다. 홍수피해가 증가한다는 다른 기록들은 인구증가나 경작지 확대의 영향을 받은 것이다.

2. 자연 요인: 해안홍수

해안선이나 하구지역에서 발생하는 위협적인 홍수는 해수면이 조석이나 파도 영향으로 평균수위보다 높을 때 발생한다. 이런 해수면 상승은 단기적 요인과 좀 더 장기적 과정으로 나타난 것이다.

단기적 요인

단기간 요인에는 허리케인에 의한 폭풍해일(Box 9.1의 허리케인 '카트리나' 참조)과 해저에서 발생한 지진에 의한 쓰나미(Box 1.1 2011년 도호쿠 참조) 등이 포함된다. 이외에 추가로 기상, 수문 조건이 해안선 형태와 결합하여 홍수를 유발시킬 수 있다. 예를 들어, 북해의 거의 막힌 해안 저

지대가 북쪽에서 불어와 해안을 따라 남쪽으로 물을 밀어내는 돌풍에 노출되었다. 이런 상황이 1953년 1월 31일에서 2월 1일까지 이어지는 폭풍해일 재해를 야기하였다.

그림 11.9와 같이 잉글랜드 동쪽 해안을 따라서는 폭풍해일 높이가 1~2m 정도인 것에 비하여 네덜란드 일부 만에서는 암스테르담 평균 해발고도(NAP)를 초과하는 4.55m까지 상승하였다. 광범위한 지역에서 홍수가 발생하여(잉글랜드 45km², 네덜란드 1,600km²) 영국과 벨기에, 네덜란드에서는 2,000명 이상이 사망하였다. 이런 원인이 하천홍수나 만조시기와 동시에 발생하면, 손실이 더 커진다. 1928년 2월, 잉글랜드 템스 강에서는 호우와 융설로 높은 홍수위가 기록되었다. 해안으로 불어오는 바람으로 강화된 만조와 하구에서 발생한 강도 높은 홍수로 1.8m까지 도달한 수위가 홍수파의 정점 시간을 지연시켰다.

장기적 요인

해안 저지대에서 해수면 상승은 해안 방어시설의 침수빈도를 높인다. 지난 100년 동안 전 세계적으로 해수면이 약 0.10~0.20m 상승하였다. 이는 바닷물의 열적 팽창과 마지막 빙기 말에 이루어진 빙하 융해, 지구 온난화 가속화 등이 복합적으로 작용하였기 때문이다. 또한 일부 해안은 지표면이 낮아지면서 국지적 해수면 상승을 겪고 있다. 영국 북서부에 10,000년 이전부터 쌓여 있던 얼음이 사라지면서 그곳이 융기하여 잉글랜드 남동부는 서서히 가라앉고 있다. 베네치아도 지하수 과다추출로 지반이 침하되면서 아드리아 해로 가라앉고 있다. 해안 저지대에서 수량 증가와 지반침하를 모두 합치면 해수면은 0.3m/100년 정도 상승하는 셈이다. 그 결과 염생습지나 사빈, 사구와 같은 자연 방어시설이 많은 침식을 받게 되었고, 미국 해안을 따라 분포하는 300여 개 보초섬 중 상당수가 해안으로 부는 폭풍에 의해 내륙쪽으로 이동하였다.

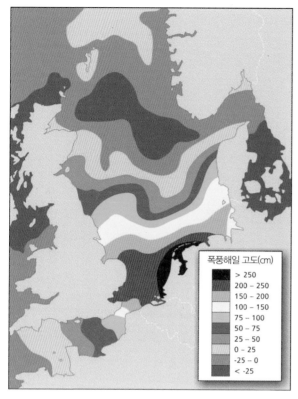

그림 11.9. 1953년 1월 31일 북해의 폭풍해일 높이. 강한 북풍이 바닷물을 잉글랜드와 네덜란드 사이의 좁은 지역에 쌓이게 하였다. 잉글랜드 남동부와 네덜란드의 해안선을 따라 있는 저지대에 홍수가 발생하였다. Deltawerken Online. Http://www.deltawerken.com/climaticcircumstances/483/html (2011년 8월 접속).

폭풍해일 고도(cm)

> 250
200 – 250
150 – 200
100 – 150
75 – 100
50 – 75
25 – 50
0 – 25
-25 – 0
< -25

3. 인위적 요인

9세기 이후 상당수 국가의 범람원에서 심각한 홍수가 급격히 증가하였다. 미국은 1975년까지 절반 이상의 범람원이 개발되었으며, 범람원에 들어선 도시는 매년 2%씩 증가하였다. 사우스다코타 래피드시티가 전형적인 사례이다. 이 도시는 초기에는 범람원 남쪽에 위치하였지만, 1940년 이후 점차 범람원으로 확대되었다(Rahn, 1984). 돌발홍수로 인한 재해가 발생한 1972년 이후로 도시 내 범람원 지역의 도시화가 제한되고 있다. 도시가 범람원으로 확대하면서 발생한 미국 내에서 연평균 하천홍수 피해액은 20세기 물가상승을 고려하였을 때 10억$에서 35억$로 4배 정도 증

가하였다(그림 11.10). 유사한 경향이 해안도시에서도 뚜렷하게 나타난다. 전 세계인구 중 20% 이상이 해안에서 반경 30km 거리 내에 살고 있고, 이런 인구는 전체적으로 두 배 정도 증가하였다(Nicholls, 1998).

수많은 개인들이 범람원으로 확대하는 것은 위험보다 입지로 인한 이득 때문에 선택한 것이다. 이런 태도에 대한 이해는 홍수의 수문학적인 측면만큼이나 홍수재해를 이해하는 데 중요하다. 범람원 개발이 항상 비이성적인 것은 아니다. 범람원에 입지함으로써 발생하는 추가적인 이익(차선책인 홍수 안전지역으로부터 얻을 수 있는 것 이외 이익)이 매년 발생하는 평균 홍수피해를 압도한다면 경제적으로 이득이다. 불행하게도 지역이나 국가 단위에서 손실과 이득에 대한 정확한 평가는 거의 불가능하다. 예를 들어, 거대한 홍수는 수년에 걸쳐 누적된 이익을 쉽게 무너뜨릴 수 있다. 더 분명한 것은 한 번 도시화된 범람원에는 지역 공동체에 의해 더 큰 규모의 손실이 발생할 수 있는 홍수에 대비한 시설물에 대한 수요가 따르게 된다는 것이다.

제방효과

국지적 개발을 보호하기 위해 중앙정부에서 조성한 기금으로 축조된 홍수제방이나 둑은 홍수위기에 대한 가장 기초적 대응이다. 구조적 접근방법은 도시 홍수조절 업무가 범람원지역에 대한 투자와 개발이 완벽하게 안전한 것으로 잘못 인식되었을 때 발생하는 역효과를 규명하기에 용이하다. 새롭게 구축한 홍수 방제시설은 미래 홍수에 대한 대비가 완벽하다고 믿게 하여 저지대 건물에 대한 수요를 증가시키는 '제방효과'를 야기할 것이다. 결국 지가가 상승하기 시작한다. 새로운 건물이 개발되면서 더 많은 자산이 위험에 놓이게 되고, 이로 인하여 더 높은 방재 수준을 요구하게 된다. 많은 연구에서 미국이 구조적 규제를 널리 이용하고 있음에도 불구하고 범람원에서 침수와 홍수로 인한 손실이

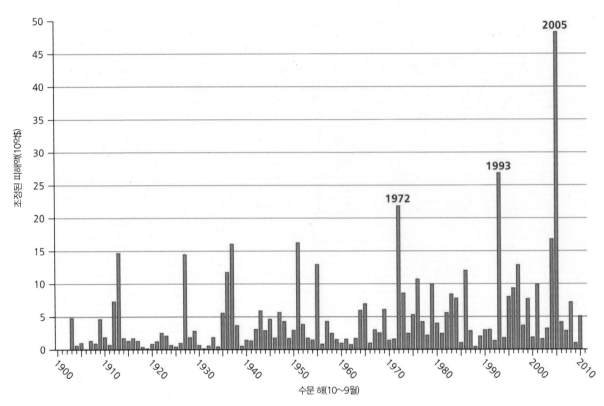

그림 11.10. 1904~2010년까지 미국 홍수로 인한 연간 손실액 추정치. 이 자료는 수문 해(10월 1일부터 다음해 9월 30일까지)를 기준으로 작성되었고 화폐가치를 통일시켰으며 해안홍수는 포함시키지 않았음. 전체적으로 피해액이 증가하는 경향이며 1972년(허리케인 아그네스), 1993년(중서부 홍수), 2005년(허리케인 카트리나와 리타)과 같은 시기에 큰 손실이 있었음. 미국 기상국과 수문정보센터의 자료를 재구성.

지속적으로 증가하고 있다는 것을 보여 준다(Montsz and Gruntfest, 1986).

대비가 잘 이루어지거나 이루어지지 않은 모든 상황에서 홍수 취약지역의 홍수에 대한 스트레스는 지역사회에서 경제성장을 어렵게 하고, 개발할 때 위기로부터 안전한 공간 부족을 초래한다. Neal and Parker (1988)는 잉글랜드 템스 강 유역에 약 6,000명이 거주하는 다체트(Datchet) 사례를 연구하였다. 이 지역은 1974~1983년 동안 홍수 방재시설이 없음에도 불구하고 계획통제 시스템으로 425개의 새로운 주택이 범람원에 건설되는 것을 막지 못하였다. 잉글랜드와 웨일스에서 제안된 새로운 개발방식은 홍수 방재시설과 관련된 홍수위험평가(FRA)에 기초하여 승인된 계획을 대상으로 한다(White and Howe, 2002). 그렇지만 지역발전을 위해 개발에 대한 수요는 계속된다(그림 11.11). 범람원에 건축을 희망하는 사람이 1996~1997년에 전체 개발 희망자의 8% 정도였던 것에서 2001~2002년에는 13%로 증가하였고, 실제로 건축되지 않았지만 제안된 가구수는 같은 기간 동안 6배 정도 증가하였다(Pottier et al, 2005).

영국 환경청(EA)은 잉글랜드와 웨일스 지방정부 계획에 관하여 홍수위기에 대한 조언을 한다. 환경청이 거부한 개발자들의 지원 신청 중 2/3는 FRA가 없거나 불충분한 것이다. 많은 제안이 철회나 수정으로 이어지고, 대부분 기관 반대가 지속되지만, 일부 계획은 개발자들의 호소로 성공

사진 11.2. 2011년 11월 방콕 프라핀클라오(Phra Pinklao)에서 발생한 홍수로 500명 이상이 사망하고 도시 1/3 이상 지역에 대피명령이 내려졌다. 타일랜드 만으로 빠져나가는 짜오프라야 강의 범람이 가장 큰 원인이었다(사진: © thai-on).

한다. 잉글랜드 남부(템스 강 관문, M11 통로와 남부 미들랜드)에서 중앙정부의 도시 확장계획은 지역 내 범람원 상에 10,000호 이상 주택을 더 짓는 것이다. 범람원에 위치한 런던은 이미 50만 가구 이상에 약 100만 명이 거주한다. 놀랍게도 홍수 이후 제방효과가 강하게 남은 것이다. 1993년 미국 중서부 홍수는 160억$의 피해와 건물 7,700채 손실을 초래하였으나, 이 사건은 새로운 범람원 개발을 불러왔다. 세인트루이스 대도시권에서만 1993년의 침수지역에 22억$에 달하는 새로운 투자가 이루어져 새로운 주택 28,000호가 지어지고 거의 27km²의 상업 및 산업 부지가 개발 되었다(Pinter, 2005).

홍수통제와 범람원 침해의 순환적인 관계는 다음 세 가지 요인으로 설명될 수 있다.

• 범람원 개발이 집중되고 투자가 증가할수록 홍수통제 구조로 얻는 지역 경제 이익이 커진다. 홍수방지 계획은 비용편익 이유로 정당화될 수 있다.

• 비용-편익 비율은 위험에 관하여 토지를 보다 높은 수준으로 보호하도록 인식하고, 개발용으로 토지가 해제될 수 있을 때 새로운 건물에 대하여 호의적으로 바뀐다. 보호되는 지역에서 높은 토지가치가 범람원 개발 가능성을 높인다.

• 얻은 편익에 의해 실제 비용이 부담되지 않으므로 이런 과정들이 존재한다. 지역 계획 관계자는 더 많은 지역 개

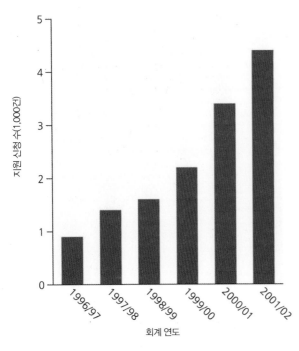

그림 11.11. 1996/1997년 회계 연도와 2001/2002년 사이에 잉글랜드의 범람원 지역의 주거와 비주거 개발을 위한 계획 지원 요청 빈도(Pottier *et al.*, 2005).

발목표를 추구하는 데 반하여 대부분 홍수대비는 국가 경제효율을 위해 중앙정부 자금이 조달된다. 범람원에 대한 민간투자는 공적자금으로 보호되므로 각 개인이나 회사가 범람원에 위치하면서 위험 관련 비용을 다른 분야로 전환하는 것이 합리적이다.

홍수 영향이 증가할 것으로 보이지만, 모든 요인을 파악하기는 어렵다. 향후 기후변화가 더 중요한 요인이 되겠지만, 대부분 관측자들은 오늘날 홍수로 인한 손실증가가 더 나은 모니터링과 집약적인 토지이용의 조합 때문이라고 믿는다. 이미 살펴본 바와 같이, 도시화는 스스로 수문 시스템을 바꾸고 지속적인 범람원으로 확산과 재산가치 상승을 통하여 위험을 증가시킨다(Mitchell, 2003; Hall *et al.*, 2003). 대부분 국가는 이런 경향을 변화시키기 어렵다는 것을 파악하고 있다. 캐나다는 보험청구와 재해저감 측면에

서 홍수피해 증가에 직면하여 1971년에 종합적인 홍수재해 저감 프로그램을 도입하였다(Shrubsole, 2000). 이는 범람원 지도제작과 공공교육을 기반으로 한 전략을 위해 구조적 설계 의존도를 낮추는 것이 목적이다. 프로그램 관리는 두 연방 기관(캐나다 환경청과 캐나다 긴급상황대비센터)에서 담당하였지만, 1999년에 예산 삭감으로 폐쇄되었다(de Loe and Wojtanowski, 2001).

D. 보호

홍수통제에 필요한 수문학/공학적 기준이 잘 알려져 있으며, 다른 환경재해보다 홍수를 대비하기 위해서 구조적인 조정이 활용된다. 여기에는 두 가지 접근방법이 있다. 제방과 방조제는 도시지역, 질 좋은 농경지, 저지대의 기타 자산을 보호하기 위해 사용된다. 저수용 댐은 상류 홍수로 인한 물을 계속 저장하여 하류 유량이 하도 수용능력 안에서 조절될 수 있게 한다. 토목공사가 홍수위험을 억제할 수 있다는 효과가 증명되었지만, 대규모 조절작업에 대한 부작용 우려도 있다. 또 다른 홍수보호 형태로 홍수완화와 홍수방어가 있다.

1. 홍수제방

종종 방조제로 불리는 둑과 벽이 하천을 조절하는 가장 적절한 형태이다(Starosolszky, 1994). 이는 높은 수위를 유지할 수 있는 하도나 해안선과 평행하게 지어진 직선 구조물이다. 일반적으로 둑은 하천홍수를 막기 위해 이용되고, 벽은 해안홍수를 막기 위해 이용된다. 둑 또는 제방은 근본적으로 설계된 예측 홍수량 높이로 기존 지면보다 높게 흙더미를 압축시켜 놓은 것이다(그림 11.12a). 대부분

범람원과 삼각주는 충적토로 이루어져 있으며, 구조물이 장기적 침하를 견딜 수 있게 충분히 깊은 기반을 다지는 것이 중요하다. 따라서 제방에는 누수위험을 줄이기 위해 종종 점토 심벽을 둔다. 홍수방지를 위한 제방도 같은 역할을 하지만, 구조물을 약화시키는 누수방지를 위하여 지면 아래로 콘크리트 차단벽을 설치한다(그림 11.12b). 통제 구조물의 높이는 100년 주기로 설계된 예측 홍수량 높이에 불확실성을 대비하여 여유분을 추가로 둔다. 안전을 위한 약 0.5m 정도가 설계 홍수량 추정, 예측된 사상이 일어날 때 기상 조건(강한 바람과 파도), 국지적인 지반침하와 기후변화와 같은 장기적 영향에 관한 주의를 반영한 것이다. 예를 들어, 오늘날 새로 짓는 구조물은 미래 조건에 맞추기 위하여 기존 설계 높이보다 20% 더 높게 건축한다.

흙으로 만든 제방은 비교적 시공비가 저렴하다. 중국에서 1949년 이후 건설된 많은 제방이 10~20년 주기 홍수로부터 광대한 충적평야를 보호한다. 미국 미시시피 강의 4,500km가 넘는 제방도 이런 방식으로 축조되었다. 뉴올리언스와 같이 하천수위보다 낮은 대도시들은 1993년 중서부 홍수 때와 같이 이런 구조물로 보호되고 있다. 올바른 설계기준과 위치를 선정하는 것이 중요하다. 연방정부에서 축조한 제방은 대부분 100년에서 500년 주기 홍수에 대비할 수 있게 설계되었지만, 다른 제방들은 50년 이하 주기의 작은 홍수에 대비할 수 있도록 설계되었다. 100년 주기 홍수에 대비한 구조물이 보편적인 영국에서는 홍수 방어물로 14만 5,000가구를 보호한다. 대부분 새 구조물을 위해 1£를 사용할 때 홍수피해 8£를 줄이는 1:8의 비용편익 비율을 만들어 낼 것으로 계산된다(Anonymous, 2009). 일부 전문가들은 홍수보호가 전적으로 계량경제학 원리에 기반을 두어서는 안 되며, 사람에게 가해지는 위기 일부를 포함해야 한다고 주장한다(Jonkman et al., 2008).

다양한 원인으로 홍수방어가 실패한다. 주요 원인은 범

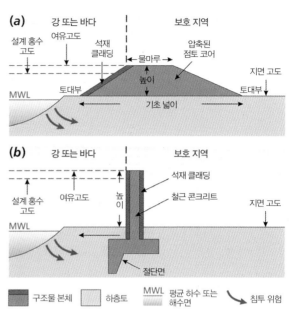

그림 11.12. 공학적 홍수 방어 조치는 하천과 해안 홍수로부터 토지와 개발지를 보호하기 위해 주로 사용된다. (a) 흙 홍수 둑 또는 제방의 단면도 (b) 전형적인 홍수 방벽의 단면도. 각 구조는 (주어진) 주기의 홍수 단계를 포함할 높이까지 높아진다.

람이며, 지반침하에 의한 파괴로 야기되는 구조적 실패로 나타난다. 따라서 지속적으로 관리하여야 한다(표 9.1 참조). 영국에서는 홍수보호 예산의 2/3가 유지와 개선에 이용된다. 열악한 설계와 불충분한 건설 또는 대규모 홍수침식에 의한 손상으로 이 비용이 증가할 것이다. 1993년 미시시피 제방은 강 수위가 설계된 높이보다 1m 이상이 될 때까지 대체로 잘 유지되었다. 홍수제방이 파괴되면, 해당 지역에서 손실이 발생하지만 일반적으로 그 지점 자연 범람원의 저장 능력이 하류 홍수단계를 억제하는 데 도움이 된다. 그림 11.13은 1993년 7월, 미시시피의 150km 구간에 대한 결과를 보여 준다. 키스버그의 상류 제방은 하도 내에서 하천 단계의 완만한 변동을 보여 주며, 많은 제방이 파괴된 한니발 상류는 범람원 내에 물이 쏟아져 들어왔고 이 지점의 하천수위가 갑자기 낮아졌다. 반면 허리케인 '카트리나'가 발생하였을 때, 뉴올리언스 제방은 부실건축과 불량한 유지 상태로 인해 범람 전에 손상되었다. 적어도 뉴올리언스 제방 중 하나는 하층토에 제방을 고정시키기 위해 사용된 금속 시트 파일이 지면까지 충분히 뚫고 들어가지 않는 것으로 나타났다(Kintisch, 2005).

종종 제방은 하도 확장으로 보강된다. 1966년 11월 극심한 홍수 이후, 이탈리아 피렌체 아르노 강 준설로 기존 두 교량 근처 하상이 1m 감소하였다. 이는 유량을 2,900m³/s에서 3,200m³/s로 올리도록 설계되었다. 자연하도는 유속을 증가시키기 위해 직선적이고 매끄럽게 만들어져 있어서 넘치는 물을 하류로 빠르게 이동시킬 수 있다. 게다가 홍수를 완화시킬 수 있는 하도는 별도 범람 저장공간을 만들거나 도시 개발지역 주위로 물을 돌리도록 할 수 있다.

이 모든 계획은 시각적으로 경관을 망쳐 놓는다. 또한 하천을 충적평야에서 분리시켜 수변 생태계의 부정적 결과를 초래한다. 방글라데시와 베트남의 대규모 삼각주에서는 농경지를 보호하기 위한 제방이 갯골을 막고 우기 지표 배수효율을 감소시켰다. 하천과 운하의 높아진 수위와 빨라진 유속이 제방침식과 제방붕괴 위험성을 증가시킨다(Choudgury et al., 2004; Le et al., 2006). 대규모 상류 하천의 직강화로 습지 서식지 파괴와 수위가 상승하면서 홍수위험성을 키운다(Birkmann, 2011). 이어지는 하천 복구계획은 전체적으로 '하천 통로'가 보다 나은 역할을 할 수 있게 하기 위해 노력한다(Mitsch and Day, 2006; Bechtol and Laurian, 2005).

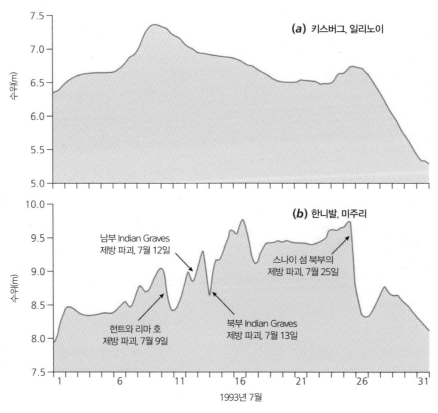

그림 11.13. 1993년 7월 홍수 동안 미국 미시시피 강의 홍수 단계. (a) 키스버그 (b) 한니발. 키스버그의 상류에 있는 제방과 하천 단계는 완만한 수위 변화를 보인다. 한니발 상류의 제방 파괴는 넓은 범람원의 침수와 물 저장으로 인해 갑작스럽게 하천 수위를 감소시켰다(Bhowmik, 1994).

2. 홍수조절용 댐

홍수조절용 댐은 2,000년 이전부터 있어 왔다. 댐은 임시로 물 저장 공간을 제공하여 하류 첨두홍수를 낮춘다(그림 11.14). 대부분 대규모 댐은 다목적이지만, 세계적으로 약 10%는 홍수조절 기능을 한다. 일본 인구의 50% 정도는 상습적으로 범람하는 도시에 거주하며, 그중 많은 지역이 댐으로 보호된다. 우수한 설계와 안전하게 가동되는 댐이 효율적이다. 미시시피와 미주리 유역 상류 66개 홍수용 저수지는 1993년 홍수가 발생했을 때 제방 시스템과 함께 잘 작동하였다(표 11.2). 일부 댐 유입량이 총 저장용량의 몇 배 이상이었지만 홍수유출은 30~70% 감소했다(US Department of Commerce, 1994). 캔자스 강 유역에 있는 빅블루 강에서 최대 효과가 나타났다. 빅블루 강의 터틀 크리크 호는 7월 5일에 일 평균 3,029m³/s의 물을 가둬둘 수 있었고(그림 11.15), 그로 인하여 하순에 조절되는 유출량 1,700m³/s보다 훨씬 더 큰 피해를 야기할 수 있었던 첨두유량을 큰 폭 감소시켰다(Perry, 1994).

대형 댐에 대한 평가는 엇갈린다(World Commission

표 11.2. 1993년 미시시피 강과 미주리 강 제방과 댐으로 인한 홍수 발생 시 손실의 감축액 추산

하천 유역	댐	제방	감축액 (10억$)
미시시피	3.6	3.9	8.0
미주리	7.4	4.1	11.5
총 감축액	11.0	8.0	19.1

출처: US Army Corps of Engineers(Green et al., 2000 인용)

on Dams, 2000). 건설하는 데 많은 비용이 소요될 뿐만 아니라 지진피해와 급격한 침전에 취약할 수 있다. 방글라데시와 같은 일부 국가에서는 연간 홍수량이 단순히 저수지에 저장하기에는 너무 크다. 나일 강 연평균 유량의 1.5배를 저장할 수 있는 아스완하이 댐과 같은 대형 댐이 건설될 때, 홍수로부터 보호가 자연적 토사퇴적으로 범람원 토양의 비옥도를 낮추지 않게 균형을 이루어야 한다. 다목적 댐에서는 전력생산을 위한 물을 저장하는 것과 홍수 시 저수량을 확보하기 위해 물을 방출해야 하는 것 사이에서 물 관리 갈등이 생긴다. 경우에 따라, 댐 건설은 산지(임야), 야생

그림 11.14. 저수지 물 유입과 유출의 이상적인 홍수 수문곡선. 저수지 저장량은 하류 흐름을 제한하여 홍수유량의 피크를 감소시킨다.

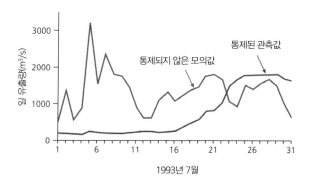

그림 11.15. 저수지가 없다고 가정했을 때 1993년 7월 동안 미국 미시시피 강 상류 모의 홍수유량. 홍수 저장량이 없으면 캔자스, 맨해튼 근처 빅블루 강은 빠르게 연방 제방을 넘쳐흘렀을 것이고, 하류의 홍수는 더욱 심했을 것이다(Perry, 1994).

동물, 수생 다양성 파괴로 이어질 수 있다. 빈곤한 토착 지역의 4,000만 명이 넘는 사람들이 댐 건설로 인해 다른 지역으로 이주당한 것으로 추정된다.

3. 해안홍수

해안홍수는 특별한 문제를 일으킨다. 경제발전으로 방파제와 관련 기반시설 건설을 통하여 해안선을 강화시키는 경향이 있다. 이 과정은 인근 연안에 영향을 미치고 자연적인 해안선 후퇴를 막을 것이다. 여기서 중요한 사실은 어딘가 다른 곳에서 해안침식이 증가되고 모래공급과 여가활동 공간이 감소한다는 것이다. 일반적으로 해안홍수는 대치보다 피하는 것이 최선이다. 핵심 기능과 다수 주민 집단을 보호하지 않아도 될 경우, 건축물을 뒤로 후퇴시키는 전략이 점점 더 선호된다. 예를 들어, 해안에서 바다 쪽으로 공간을 확대시키고 만에서 범람하는 것을 막기 위해 침식된 곳이나 제한된 넓이의 해안에 모래를 쌓아둔다(Daniel, 2001). 이는 폭풍 영향 완화에 성공적이고 야생동물 서식과 관광산업에 도움을 준다. 그러나 이런 방법은 전통적인 비용 편익 테스트를 통과하지 못하며 환경적으로 지속가능한 모래 공급에 문제가 될 수 있다(Jones and Mangun, 2001; Nordstrom *et al.*, 2002).

4. 홍수완화

홍수를 완화시키기 위해서는 토양, 식생, 배수과정 통합관리가 안정적인 목표이다. 뉴질랜드에서는 1941년에 토양보존과 하천통제위원회를 설립하였지만, 비교적 작은 분지를 제외하고는 실제적인 성과를 얻지 못한 경우가 많았다. 그렇다 하더라도 집수지역 절반은 증발 손실을 늘리기 위해 희박한 식생지역의 자생종 재조림과 유출계수를 줄이

기 위한 등고선 경작이나 계단식 경작처럼 경사지 기계적인 토지관리를 통하여 관리되어야 한다. 또한 홍수유출과 퇴적물을 증가시킬 수 있는 산불, 과목, 숲의 제거 또는 다른 이용으로 인한 식생파괴로부터 포괄적인 관리를 통하여 식생을 보호해야 한다. 대규모 유역분지에서 재조림과 토양보존에 의한 주목할 만한 결과를 얻기 위해서는 수십 년이 소요될 수 있다.

요약하자면, 상류 산림은 큰 강 유역 하류에서 홍수나 퇴적작용을 방지하지 못할 뿐만 아니라 작은 유역에서 극심한 폭풍에 의해 발생한 홍수손실을 의미 있게 감소시키기 어려울 것이다. 퇴적물과 상류에서 흘러온 다른 잔해 제거, 작은 물과 퇴적물을 가두는 공간(용수 조절지) 건설, 진창, 늪과 다른 습지환경과 같은 자연 저류지 보존을 통하여 작은 강의 첨두유량이 감소될 수 있다. 저수시설이 제한적인 도시 안에서는 건축부지 등급화와 저류지, 공원용지 개발을 통하여 홍수를 완화시킬 수 있다.

5. 홍수방지

홍수발생 시 위기에 처할 수 있는 각각 건물들은 다음 방법과 같이 보다 재해에 잘 견딜 수 있도록 건설되거나 새롭게 조정될 수 있다.

- 터돋움과 건축 후퇴: 기둥이나 매립지에서 건물의 거주부분을 홍수위보다 높인다(그림 11.16). 설계상 홍수수위는 거주 가능한 건물에서 바닥 밑면의 최소 고도를 의미한다. 임의 수괴로부터 건물을 후면에 배치시키고 홍수방지를 위한 지하공간을 확보하는 등의 방법이 지역계획 규정에 명시되어 있을 것이다.
- 습식 홍수방지: 홍수기간 동안 물이 유입되어도 피해에 잘 견딜 수 있는 건물 내에 거주하지 않는 공간 확보(예:

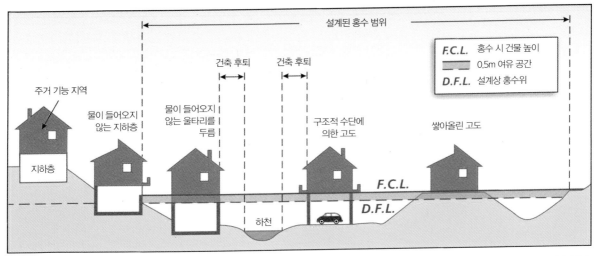

그림 11.16. 하천 범람원의 홍수방지 주거용 건물 배치도. 주거 가능한 지역은 홍수 시 건물 높이 이상에 위치한다. 예를 들어, 홍수 시 건물 높이는 100년 주기로 설계된 홍수의 최고 예측치 위로 0.5m 여유 공간을 배치한다(Rapanos et al., 1981).

지하 저장고)
- 건식 홍수방지: 홍수 시 유입되는 물을 방지하기 위해 건물 봉쇄(문과 창문)
- 홍수방벽: 물 유입을 막기 위해 건물 주변에 홍수 방벽을 건설
- 이주: 골조가 나무로 된 집일 경우 더 높은 지대로 모든 가구 이동
- 철거: 홍수피해를 입은 건물을 철거하고 같은 위치에 더 안전하게 재건축하거나 더 안전한 곳에 재건축하는 것

가장 보편적이며 영구적인 대응은 범람원 구역지도와 지방법령에 따라서 주거공간을 홍수위 이상 위치로 두는 것이다. 비상조치는 홍수경보에 의해 작동되며 입구봉쇄, 문과 창문을 막기 위한 이동형 차폐장치 사용, 건물에 물이 유입되는 것을 막기 위한 모래주머니 배치 등을 포함한다. 더 나아가 낮은 비용의 대비책으로는 피해를 입을 수 있는 고가 상품을 이동시키고 홍수발생 이전에 기계장비를 관리하는 것이다.

E. 완화

1. 재난구호

개발도상국에서 발생한 주요 홍수로 인한 재난복구를 지역 단독으로 해결하는 것은 어려운 일이다. 정부와 지역에 기반을 둔 비정부기구의 지원금과 더불어 세계은행과 같은 기관에서 지원하는 국제금융자금이 필요하다. 과거 자금 오용과 부적절한 분배로 기부자들의 지원이 NGO를 통한 접근으로 점차 전환되고 있다. 1998년 치명적인 홍수가 발생한 이후, 국내의 정치적 관심을 높이기 위해서 홍수피해민 원조를 상당히 개선시켰다(Paul, 2003). 저개발국의 직접 피해 대부분은 농업활동을 하는 농촌지역에서 발생한다. 또한 재건축 비용이 직접 피해액보다 높은 경우가 빈번하다. 2000년 2월과 3월 모잠비크의 이례적인 홍수발생 이후에 농경지 12%가 범람하였고 재건축 비용이 직접 피해로 인한 것보다 60% 더 높았다.

재난 시 인도주의적 실제 요구 규모가 바로 드러나지 않

으므로 원조과정은 시간이 흐르면서 더 진전된다. 2010년 파키스탄 홍수에 의한 재해는 7월 22일부터 시작된 몬순으로 인한 호우에서 비롯되었다. 8월 10일까지 약 1억 5,600만$의 원조가 현금과 현물로 약속되었다. 8월 11일에 UN과 파키스탄 정부는 원조를 위한 공동 긴급지원요청을 시작하였다. 긴급지원요청은 새롭게 비상사태가 발생하였을 때 첫 3~6개월간 인도주의적 대응 마련과 자금조달을 목적으로 한다. 이는 주로 사건 발생 일주일 안에 공표되고 30일 안에 수정되었다. 초기에는 7가지 긴급 부문의 구호를 위해 약 4억 6,000만$를 요청하였다(표 11.3). 보안과 주거지, WASH(Water, Sauitation and Hygiene; 물, 위생시설과 위생) 분야가 전체의 80%를 차지하였다. 2010년 11월 5일에는 지원요청 규모가 19억 6,000만$로 증가하였다.

이런 지원규모는 UN에서 지원한 것 중 단독 자연재난으로 가장 큰 것이었다. 홍수 타격을 받은 지역주민 80%가 농업에 의존하였기 때문에 식량안보 분야가 주로 요구되었다. 성장 중인 약 130만ha 농작물이 파괴되었고 120만 마리 가축이 익사하였다. 광범위한 토양침수, 토사퇴적, 관개시설 피해는 2010년 9월과 10월에 주요 곡식인 밀을 파종해야 하는 시기에 농민들에게 힘든 상황이었다. 세분화된

목록에서 볼 수 있듯이, 1년 후에 충족되지 않은 요구사항에서 상당한 변동이 발생하였지만 목표의 70% 정도가 달성되었다(그림 11.17). 일반적으로 농업을 위한 지원요청이 많은 부분을 차지한다. 수단에서 1988년 발생한 홍수 이후에 총 복구비용의 1/4이 농업분야에서 발생하였다.

2. 보험

정확한 홍수피해 산정은 적절한 정보가 명확하게 사용되지 않을지라도 항상 손실을 감소시킬 수 있는 결정을 내릴 때 중요한 근거가 된다(Merz *et al.*, 2010). 영국과 독일에서는 주택 소유자가 건물과 그 내부를 포함한 패키지 정책 일환으로 홍수보험에 가입하고, 홍수피해는 전체적으로 시장에 의해 보조금을 받는다. 건물보험은 주택 담보대출 기간에만 필수적이다. 세입자, 연금 수령자, 낮은 사회 경제적 집단을 포함한 많은 세대주가 보험금을 받지 못하거나 보험을 충분히 들지 않은 경우 중 어느 하나에 속한다. 홍수가 발생하면 회복이 쉽지 않고, 그로 인해 정부, 보험업계, 집주인 간에 정책에 대하여 종종 논쟁을 일으킨다.

정부는 세금 수입을 보험에 가입하지 않는 주택 소유자

표 11.3. 2010년 파키스탄 홍수 이후 인도주의적 지원을 위한 주요 지원신청으로 확인된 원조 요구 사항과 잠재적 수혜 대상

분야	필요 금액($)	%	수혜 대상
식량안보	156,250,000	34	최대 600만 명의 홍수 피해민을 위한 식량지원(가축 지원 570만$)
건강	56,200,000	12	잠재적 수혜자 1,400만 명, 특히 5세 이하 어린이와 가임기 여성
대피소와 비식량 도구	105,000,000	23	주택이 파손되거나 파괴된 초기 대상 30만 가구
물, 위생시설과 위생	110,500,000	24	어린이 300만 명을 포함하여 대략 600만 명
물류, 비상 통신과 조직	15,624,000	3	파키스탄 지원기구와 인도주의적 지역사회
영양	14,150,847	3	5세 이하 어린이와 임신과 수유 중인 여성을 포함한 135만 명
보호	2,000,000	<1	50만 명
총액	459,724,847	100	

출처: OCHA(2010).

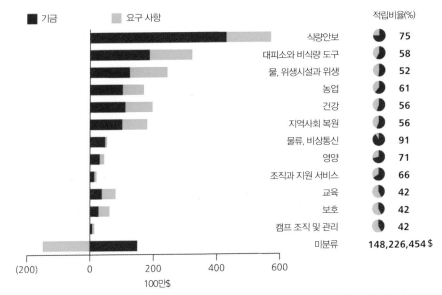

그림 11.17. 2010년 파키스탄의 홍수로 인한 비상사태 이후 2011년 7월 22일 인도주의적 지원기금 비율. 긴급구호를 위한 거액이 모여 필요한 기금의 약 70%가 달성되었다 (United Nations in Pakistan, 2011).

를 위해 사용하는 것을 꺼려하지만, 2000년 8월 독일에서 발생한 홍수는 정부 보상과 공공기부가 중요한 피해복구 방법임을 보여 주었다. 이는 주택 소유자나 보험사가 미래 홍수나 손실을 줄이는 방법에 관한 대비를 소홀하게 할 수 있다. Thieken et al.(2006)에 의하면 보험사 중 14%만이 홍수로 인한 위험으로부터 자발적으로 노출을 감소시킨 보험 가입자에게 보상을 지급하였고, 보험사 25~35%만이 주택 소유자에게 홍수피해를 줄이는 방법에 대해 조언하였다고 조사되었다. 피해가 증가하는 상황에서 대응하는 사고방식도 변하고 있다. 현재 보험사는 피해 경감대책을 이용하는 사람에게 보험료를 낮추어 적용시키는 재정적인 장려책을 모색하고 있다. 독일에서 연구된 개별 주택 소유자의 홍수대비를 위한 예방법은 봉쇄된 지하 저장고 같이 큰 규모의 투자가 필요로 한 경우는 재정적 부담으로 적절하지 않고, 기름탱크를 보호하는 것과 같은 더 작은 규모의 대응방법이 효과적이라고 하였다(Kreibich et al., 2011). 향후 홍수로 인한 위험지역에서 피해에 대한 보험가입을 유

지하기 위해서는 홍수가 발생하기 쉬운 지역의 각 건축법규를 통하여 의무적으로 낮은 비용이 드는 예방법을 시행하게 하는 것이 하나의 방법이다.

영국 보험업계는 미래 피해 가능성 증가 때문에 홍수에 대한 공공의식을 높이고 일부 위험을 낮추고자 하고 있다(Treby et al., 2006). 200만 가구에 거주하는 약 500만 명이 홍수위험에 처해 있고, 보험업계에 1년에 약 15억£를 지불한다. 일반적으로 영국 상업보험은 연간 홍수위험이 0.5% 이상인 신축건물은 포함하지 않는다. 한때 홍수방지를 위한 충분한 투자가 유지되는 동안 주택 소유주와 소기업을 보장할 것이라는 중앙정부와 업계 간 느슨한 합의가 있었다. 그러나 2007년 발생한 홍수에 보험사들은 30억£ 비용을 지불하였고(Box 11.2), 업계는 2009년 1월 1일부터는 환경부 조언에 반하여 더 이상 신축된 건물에 대하여 적당한 보험을 보장하지 않기로 하였다. 이와 같은 제한은 2013년부터 모든 주택 소유자와 기업으로 확장될 것으로 예상 된다(Anonymous, 2009). 홍수보험은 이런 과정 때

Box 11.2. 2007년 여름 영국 홍수

영국에서 발생하는 홍수는 대부분 겨울철 강한 대서양 폭풍과 관련이 있다. 여름철에는 뇌우에 의한 지역적 홍수가 발생하지만 북쪽으로 확장하는 아조레스 고기압으로 인하여 상대적으로 건조한 날씨가 나타난다. 2007년 6월과 7월은 약한 아조레스 고기압이 위치하고 제트기류가 남하하여 고온다습한 남서쪽에 위치한 대서양 저기압이 영국을 통과하였다. 2007년 5월에서 7월까지 초여름은 기록이 시작된 1766년 이래로 가장 습한 시기였으며 잉글랜드와 웨일스에서는 평년값의 2배를 초과하는 강수량이 기록되었다.

광범위한 홍수가 잉글랜드 중부와 웨일스 전역에서 발생하였다. 이스트요크셔에서는 11,000채 이상 가구가 침수되었다. 약 90% 가옥이 해수면 아래 자리하는 헐시에서는 8,000채 이상이 침수되었다. 주요 원인은 폭풍에 의한 강수와 지하수면 상승이 노후한 배수 펌프 시스템 용량을 초과해 발생한 도시내부 홍수였다. 대부분 재산은 0.5m 깊이 이내로 침수되었지만 몇 달 동안 1,200명 정도가 임시 거처에 피난해 있었다. 많은 학교가 영향을 받았고 일부 학교가 문을 닫았다. 대부분 지역주민은 준비되어 있지 않았고, 홍수경보를 받지 못하였다.

세번 강과 에이번 강의 홍수가 합류하여 최고치를 이루는 지점 부근인 턱스베리에서는 또 다른 문제점이 발생하였다. 업턴-어폰-세번 마을은 이 지역을 보호하는 탈착식 홍수방지벽이 30km 이상 떨어진 곳에 보관되어 있었고 교통정체로 이동이 지연되면서 침수되었다. 지역의 급작스러운 홍수로 많은 사람들이 차량에서 고립된 채로 밤을 세웠고, 대피처가 개방되었으며, 영국공군 헬리콥터가 수백 명을 대피시키기 위해 동원되었다. 이는 평화 시에 이루어진 가장 대규모 구조작전이었다. 10,000채가 넘는 가옥이 침수되고, 글로스터에서는 15,000명에게 전기가 끊겼으며, 물 처리 작업이 불가능한 며칠 동안 14만 명에게 물 공급이 중단되었다. 소방관은 물을 빼내는 작업을 돕기 위해 다른 지역에서 징집되었으며 군대는 마을에 살수차와 생수병을 운반하였다.

전체적으로 100만 명이 넘는 사람들이 어떤 형태로든 영향을 받았고 피해액은 50억£에 달한 것으로 추산되었다.

2007년에 발생한 홍수는 대비과정에서 다음과 같은 취약점이 제시되었다.

- 경보 미흡: 잉글랜드 북부 대부분 지역 특징인 지역적으로 발생하는 도시 내 홍수는 예측하기가 어렵지만, 주민들은 경보가 미흡하다는 불만을 자주 표출한다. 환경부는 잉글랜드와 웨일스에서 홍수피해를 입기 쉬운 가옥 중 30%만 전화 홍수경보 서비스에 가입했음을 인정하였다. 모든 홍수피해에 취약한 가옥 소유자는 위험에 대한 정보를 받아야 하고 적절한 대비책과 홍수예방책에 대한 구체적인 도움을 받을 수 있어야 한다.

- 투자 부족: 2007년 홍수방지에 지출한 비용은 6억£로 전년에 비해 1,400백만£ 감소하였다. 일부 비평가는 이런 상황과 민영화된 물 기업들이 얻은 이익과 대조하여 2007년 세번트렌트워터사는 6억 3,000만£ 이익을 얻었다고 주장하였다. 2005~2006년에 세번트렌트워터사는 기반시설을 향상시키는 데 430억£를 사용하기로 하였지만, 물가상승을 초과하여 국내 물 가격이 상승하였음에도 불구하고 340억£만 투자하였다.

- 홍수방지 기준 부족: 상수/하수시설의 절반 이상과 전기 기반시설의 14%가 홍수위험지역에 분포함에도 불구하고 학교, 병원과 같은 주요 시설과 기반시설을 보호하기 위해 고안된 국가적인 홍수방지 기준이 없다. 100년 주기 홍수로부터 도시를 보호할 수 없다는 것이 점차 명확해지고 있다. 예를 들어, 1983년 템스 강 홍수방지벽이 운용된 이후 이 지역에서 예상되는 연간 홍수 위험도는 2,000년 주기에서 1,000년 주기로 두 배가 되었다.

- 지속가능한 계획 부족: 2007년 홍수 발생 시 하천 유로에서 멀리 위치한 많은 도시배수 시스템이 제대로 작동하지 않았다. 오래된 하수도와 상수 시스템 이외에도 많은 거주자들이 증가하는 차량에 대응하여 주차장을 만들기 위해 그들의 앞마당을 포장하였다. 이로 인하여 계획된 규정을 위반하게 되었고 해당 지역의 초과 지표수가 축적되었다. 범람원 내 더 많은 주택단지 개발 가능성을 고려할 때 지표면 방수시설과 각 가구의 더 높은 수준의 전기공급과 같은 가정용 서비스 도입은 일반적인 요구사항이 될 것이다.

사진 11.3. 2000년 가을에 발생한 잉글랜드 요크 도심지 홍수. 우즈 강 둑이 파괴되었고 일부 지역에서는 수위가 5~6m 상승하여 약 40명이 집에 고립되었다. 총 피해 비용은 300만£로 추산되었다(사진: Panos/Trygve Sorvaag TSO00010UK).

문에 많은 주택 소유자에게 유용하지 않을 것이다.

　홍수는 미국에서 피해가 가장 큰 자연재해이며, 홍수보험 프로그램인 국가홍수보험계획(National Flood Insurance Program; NFIP)은 효율적인 범람원 관리를 위한 방법으로 계획되었다. NFIP는 홍수피해 증가와 일부 지역에 보험판매를 꺼리는 보험사 증가로 1968년에 도입되었다. 이 계획은 연방정부, 주/지방정부, 보험업계 간 제휴를 맺는 것으로 홍수피해자에 대한 금전적 지원과 홍수 취약지역에서 적절하지 못한 사용을 제한하기 위해 미국 연방긴급사태관리국(FEMA)에 의해 관리된다. NFIP가 도입된 이후 수면상승으로 인한 홍수피해 보상은 주택 소유자 개인 보험정책에서 제외되었다.

　NFIP의 첫 단계는 강이나 해안의 홍수 위험지역의 대략적인 윤곽을 표현하는 홍수재해경계지도를 발간하는 것이다. NFIP에 가입하기 위해서 지역사회는 소위 '긴급 프로그램'이라 불리는 기간 동안 이 지역에서 최소한의 토지이용 통제 도입을 동의해야 한다. 그에 따라서 홍수보험은 보조받은 요금으로 활용할 수 있게 된다. FEMA는 어떤 지점에서도 100년 동안 0.3m 이상 수면상승이 일어나지 않는 100년 주기 범람원과 홍수로를 정의하기 위하여 보다 상세한 지도를 보급하였다(그림 11.18). 일부 마을에서는 500년 주기 홍수가 일어날 수 있는 범람원 개발을 제한하기도 하지만, 100년 주기 홍수가 비용을 포함하여 범람원 개발과 관련되었을 때 이익이라고 인식된다. 지정된 범람원은 이

제 거의 캘리포니아 면적에 해당할 정도이며, 전국 가구의 약 10%를 차지한다.

이런 점에서 지역사회는 반드시 정규 프로그램에 가입해야 하고 홍수로에 더 이상 개발을 금지하고 나머지 범람원(홍수로 인접지역)의 주거지역을 최소한 100년 주기 홍수위까지 이동시키는 것과 같이 더욱 엄격하게 토지이용을 통제해야 한다. 지정된 홍수지역은 대규모 홍수보험률 지도인 FIRM(Firm Insurance Rate Map)에 기초하여 위험 범주를 분류함으로써 개별적인 재산에 대해 보험률이 적용될 수 있다. 100년 주기 범람원의 새로운 재산 소유자는 홍수보험률 지도가 구축되기 전에 세워진 건물에 관해서는 할인이 가능하지만 반드시 상업적 요금으로 보험에 가입해

야 한다. NFIP 운영비용과 피해청구는 세금보다 보험료에 의해 지불된다. 보험료가 비용을 모두 충당하지 못할 경우에 발생하는 적자는 미연방 재무부에서 대출받을 수 있게 연계되어 있다.

초기에는 일부 지방정부에서만 이 제도를 도입했다. 중앙정부는 1973년에 더 많은 참여를 유도하기 위해 비협조적인 지방정부에 다양한 연방보조금 지급을 제한하고, 재산 소유자들의 홍수보험이나 연방 홍수구호 자격을 박탈하는 홍수재해방지법을 통과시켰다. 그 이후 발표된 정책 수가 총 450만 개에 달한다. NFIP는 다음과 같이 일부 성공을 거두었다.

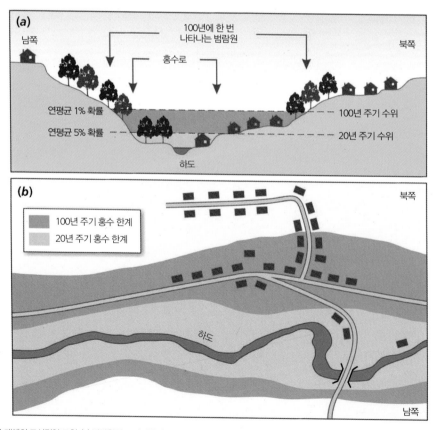

그림 11.18. 하천 홍수재해의 도식적인 표현. (a) 범람원의 토지 이용과 관련된 서로 다른 재현주기에 따른 하천 수위 (b) 토지계획구역 지도

- 미국 전역의 홍수에 취약한 20,000여 개 지역사회가 범람원 규제와 구역지정을 채택하였다.
- 저렴한 가격의 보험이 가능하게 되었고 모든 재산의 35~40%가 보조금으로 보험혜택을 받게 되었다.
- 건물 건축법이 향상되면서 새로운 홍수방지 가옥은 다른 재산에 비하여 홍수로 인한 피해가 80% 미만으로 감소하였다.
- 연간 홍수피해 비용은 재해지원에 있어서 저축된 금액을 포함해 10억$ 가까이 감소하였다.

그러나 Burby(2001)와 일부는 다음과 같은 이유로 NFIP를 비판하였다.

- 홍수재해가 적절치 않게 정의되었다. 예를 들어, 국지적 폭우 시 배수문제로 인한 홍수를 제외하는 것은 개인 재산에 대한 보험료가 항상 위험도와 일치하는 것이 아니라는 것을 의미한다.
- 이 제도가 현명치 못한 발전을 지속시킨다. 범람원 침수는 NFIP가 설립된 이후 50% 이상 증가하였고 특히 해안에서 증가 경향이 뚜렷하였다.
- 홍수에 노출된 개인 중 25%만 보험에 가입하여 광범위하게 위험성을 알리려는 목적도 실패하였다.

Blanchard-Boehm et al.(2001)은 네바다 두 도시에 관한 연구에서 보험 활용 저조 원인을 홍수위험이 낮고 보험이 금전적으로 가치가 낮으며 정부지원이 언제나 가능하다는 인식 탓으로 돌렸다. 주택 소유자 중 1/3 미만이 보험에 가입할 의사를 나타내었다. 심지어 보험 가입이 의무적이라 하더라도, 많은 이들은 주택이 홍수보험률 지도가 발행되기 전에 지어졌거나 시간이 지나 주택대출금이 모두 지불되었기 때문에 의무 가입 조건에서 벗어난다. 40년이 지

나서야 NFIP에 관한 대대적 점검이 계획되고 있다.

또한 일반적인 대비와 관련된 주요 업무는 대중들의 홍수위험에 대한 과소평가를 바로잡는 것이다. 스위스에서 수행한 Siegrist and Gutscher(2008)의 연구를 살펴보면, 이전에 홍수를 경험하지 못한 주민들은 경험했던 사람들에 비하여 부정적 결과를 과소평가하는 경향이 있다. 특히 감정적인 불확실성과 불안이 뚜렷하다. 다른 연구에서는 노스캐롤라이나에서 홍수가 발생하기 쉬운 지역에 사는 일부 주민들이 업데이트된 FIRM 지도에서 위험도를 정확히 평가할 수 없었고 지속적으로 위협을 하향조정한다고 하였다(Horney et al., 2010).

F. 적응

1. 대비

많은 국가들이 홍수재해 방지를 자원봉사 단체나 군대에 의존한다. 2000년 가을에 발생한 영국 홍수에 대한 긴급대응이 전체 홍수피해의 15%가량을 차지하였지만, 자원봉사 단체나 군대에 의존하는 것은 저비용을 선택한 것이라 할 수 있다(Penning-Roswell and Wilson, 2006). 저개발국에서는 적절한 대비가 중요한 수단이다. 2000년 발생한 모잠비크 홍수 시 50만 명 이상이 집을 잃거나 홍수로 고립된 지역에 갇혔다. 수천 명이 넘는 해외 구호 봉사자들이 모잠비크에 도착하였다. 세간의 이목을 끄는 수색구조 활동이 이루어졌지만, 생존자 대부분은 모잠비크인들 스스로 운행한 배로 구조되었다(표 11.4).

방글라데시에는 재해인식 고취, 건강/보건 교육, 응급처치 기술에서부터 확성기를 이용해 마을에 경고하고 사람들을 피난처와 고지대로 대피시키는 업무를 포함한 비상대응

표 11.4. 2000년 모잠비크 홍수 당시 항공기와 보트로 구조된 홍수피해자 수

운용 기관	항공기	보트
모잠비크군		17,612
모잠비크 적십자		4,483
지역 소방대, 개인 보트		7,000
남아프리카군	14,391	
말라위군	1,873	
프랑스군	79	
항공기 서비스(국제 NGO)	208	
합계	16,551	29,095

출처: IFRCRCS(2002)
주: 사용된 보트 중 상당수가 국제기구에서 기증되었음.

까지 다양한 기술을 가진 30,000명의 훈련된 적십자 봉사자들이 있다. 이 외에 지역성이 반영된 적응책도 있다. 예를 들어, 방글라데시의 하천이나 바닷가에 위치한 점토로 된 취약한 섬인 챠르(Chars)에서는 일상 생활방식이 매우 유연하며, 다음과 같이 홍수에 대비한다.

- 가축과 소지품을 빠르게 홍수와 침식 위험지에서 이동시킨다.
- 때로는 초가집을 분해하여 보트를 이용해 고지대에 있는 임시 보관소로 이동시킨다.
- 갈대를 이용하여 새로운 점토 퇴적물을 안정시키고 경작을 준비한다.
- 이동할 수 있는 모판에 쌀을 심어 홍수로 불어난 물이 빠질 때 이식한다.
- 대피로와 대피처를 확보하기 위해 다른 챠르에 사는 사람을 결혼 상대로 찾는다.

2. 예보와 경보

수문기상학과 홍수수문학 발전은 정확도가 높은 폭우와 홍수유량 모델링을 가능하게 하였다. 위성과 레이더 관측에 연결된 강수량과 수위 자동관측으로 실시간 자료처리가 가능하게 되었다. 중규모 컴퓨터 모델은 수치기상예측(Numerical weather Prediction; NWP)과 강수량의 정량적 예보(Quantitative Prcipitation Forecasting; QPF)에 사용하는 예보 정보를 제공하여 호우 시 강수예측을 수문모델에 입력할 수 있게 한다. 이는 유역을 통과하는 유량의 수위와 시간예보를 가능하게 한다. 홍수파는 위성을 통해서도 실시간으로 추적할 수 있으므로 강물 90% 이상이 국경 밖에서 흘러들어오는 방글라데시와 같은 국가에서 유용하다. 일반적으로 홍수예보와 경보계획은 유럽 다뉴브 강이나 미국 미시시피 강과 같은 길고 물의 이동시간이 긴 강에 효과적이다(Werner et al., 2005). 더 넓은 지역을 대통합하여(Werner et al., 2009) 새로운 예보기술과 더 장기간의 예보에 대한 지속적인 연구가 이루어진다(Golding, 2009).

돌발홍수에 대비한 예보향상이 가장 시급하게 요구된다. 경보는 항상 정확하지 않거나 적절한 시기를 놓칠 수 있다. 이는 표준 예측방법이 토양종류, 토양수분 함유율, 도시화 정도와 같은 지역 요소를 고려하지 않기 때문이다(Montz and Gruntfest, 2002). 영국에서는 기상 레이더 네트워크가 홍수경보 목적으로 사용되지만, 잉글랜드와 웨일스 위험지역에 사는 거주자 중 절반 이상은 대비시간이 6시간 미만이다. 수문기상 감시는 공동체를 위협할 수 있으면서 3m/s로 이동하는 홍수파 예보에 필요한 상세한 공간 규모로는 거의 실행되지 않는다. 그러므로 Javelle et al. (2010)은 유럽에서 레이더 강수 데이터와 선행 토양수분 추정값의 조합을 이용하여 측정되지 않은 유역의 돌발홍수 발생

에 대한 향상된 경보를 제안하였다. 400만 개 도시 재산이 위험에 처한 영국에서도 보다 국지적인 지표수 범람을 예보하는 데 비슷한 어려움을 겪고 있다. 경보가 신뢰할 수 있고 긴급상황 관리자의 요구에 맞춰진다면, 극한강수 경보(Extreme Rainfall Alerts; ERAs) 개발이 예보향상 기회를 줄 것이다(Parker *et al.* 2011).

홍수예보와 경보제도는 예보 구성요소나 정책 결정자와 의사소통이 이루어지지 않으면 제기능을 할 수 없다. 1997년 미국 그랜드포크스(Grand Forks) 홍수로 인한 재난이 발생하였을 때 두 요소가 모두 제기능을 하지 못했다(Todhunter, 2011). 홍수 최고수위가 예보보다 훨씬 높았고, 예보 불확실성이 긴급상황 관리자에게 적절하게 전달되지 못했다. 홍수예보와 경보가 큰 하천의 범람원 피해 1/3가량을 감소시킬 수 있다. 그러나 이런 예상은 긴급 구조대와 일반 대중이 피해를 최대한 감소시키기 위한 행동을 취한다는 것을 전제로 한다. 영국 환경부는 2011년까지 잉글랜드에서 위기에 처한 건물 중 70% 이상이 홍수발생 경계경보(Floodine Warning Direct; FWD)를 직접 받게 될 것이라고 주장하였지만, 사실상 일부는 경보를 받지 못할 것이다(Anonymous, 2009). 경보를 받았을 때 대응속도가 느릴 수 있다. 대중의 홍수정보에 대한 대응방식은 이해 부족, 당국에 대한 불신, 적절한 완화 행동에 대한 부정확한 정보 등을 포함한 다양한 것들의 영향을 받는다(Parker *et al.*, 2009). 돌발홍수로 인하여 피해를 입은 사람들은 경보를 받지 못했을 수 있다. 1978년 콜로라도 주의 빅톰프슨(Big Thompson) 계곡에서 발생한 돌발홍수 생존자 중 60%는 어떤 공식 경보도 받지 못하였다.

저개발국의 기술부족과 부적정한 의사소통 시스템은 홍수예보와 경보에 부정적인 영향을 미친다. 2003년에 세계기상기구는 1/3이 조금 넘는 회원국만이 수치예보모델(NWP)을 운영할 수 있고 홍수예보에 모델을 적용할 수 있

다고 밝힌 바 있다. 그 이후로 홍수에 대한 기상학적, 수문학적 예보향상을 위한 프로그램이 도입되었으나, 다음과 같은 문제점이 남아 있다.

• 레이더와 위성자료에 대한 접근이 제한됨.
• 기상학적, 수문학적 서비스가 통합되지 않음.
• 분산화되고 표준화되지 않은 자료가 보관됨.
• 전문 인력이 부족함.
• 홍수경보를 책임지는 지휘기관이 부족함.
• 홍수경보가 위기 대부분에 초점을 맞추지 않음.

높은 문맹률과 제한된 대응능력도 문제로 남아 있다. 모잠비크의 두 개 공동체를 대상으로 행한 조사에 의하면, 2000년에 홍수가 림포푸 강 유역을 강타하였을 때, 약 60% 가구에는 공식경보가 전달되지 않았고 주민들은 전적으로 친척과 친구들에게 의존했다는 사실이 밝혀졌다(Brouwer and Nhassengo, 2006).

3. 토지이용 계획

통합홍수관리 개념은 도시화를 포함한 성장하는 사회 경제적 요구와 홍수위기에 대한 허용수준 사이 균형이 충돌한다는 것을 의미한다(Anonymous, 2007b). 실제로 이는 전 유역의 토지와 수자원 관리가 토지이용 시행이 홍수를 수문학적으로 불리하게 변화시키지 않는다는 것을 보장하는 역할을 한다는 것을 의미한다. 관련 업무는 범람원 이용에 의해 발생하는 무형의 생태적, 사회적 이익을 포함한 순이익을 최대화시키면서 홍수피해는 최소화하는 것이다. 지속가능한 발전의 필요에 대처하지 못하는 미래에 추가적인 범람원 침수를 막는 것이 가장 큰 도전이다.

비교적 높은 빈도의 홍수가 수심, 유속, 홍수 지속기간을

포함하여 정확한 홍수 위험지도 제작에 필요한 충분한 정보를 제공한다. Marco(1994)에 의하면, 미국에서 상세한 홍수지도가 처음 도입되었으나 오늘날에는 많은 국가에서 개별 건물수준까지 내려간 홍수위기에 대한 대축척 지도를 가지고 있다. 그림 11.19는 웨스턴오스트레일리아 주 퍼스에서 북동쪽으로 약 100km 떨어진 에이번 강에 있는 노샘이란 작은 마을의 범람원 지도이다. 이 지도는 100년 주기의 홍수 경계와 지정된 홍수로를 보여 준다. 잘 감시되는 범람원에서는 특정 위치에 대해 서로 다른 위기 범주를 지정할 수 있다. 하나의 예로, 영국 환경부는 위협단계를 세 가지로 구분하였다.

• 낮음: 0.5% 이하(특정 해에 일어날 확률이 1/200)
• 보통: 0.5~1.3%(특정 해에 일어날 확률이 1/200~1/75)
• 심각: 1.3% 이상(특정 해에 일어날 확률이 1/75)

그러나 대비나 긴급구호 기간 동안 특별한 주의가 요구되는 사회적으로 취약한 구성원이 과소 산출되는 것을 막기 위해서는 인구가 밀집된 도시 내에서 사회기반 위기지도가 필요하다(Maantay and Maroko, 2009).

도시의 지역사회는 홍수에 영향을 받기 쉬운 기반시설을 보호하고 새로운 개발을 제한하기 위해서 토지이용을 통제한다. 미국 NFIP에 사용된 것과 같이 정책을 발전시키기 위해서 홍수 위험지도가 필요하다(Burdy, 2000). 영국에서는 토지개발에 대한 상세한 계획이 지방 기관으로 위임되기 전에 중앙정부에 의해 지역의 '구조 계획'이 우선 승인되었다. 이 조직은 주로 환경부 권고에 따라 홍수피해가 발생하기 쉬운 지대의 '계획 허가'를 거부할 권한이 있지만, 항소에 의해 번복될 수 있다. 런던 범람원만 하여도 16개 병원과 200여 개 학교 50만여 채 건물이 들어서 있다. 허가신청에 대한 거부가 증가함에도 불구하고 새로운 주택단지는 범람원에 계속 건설되고 있고, 특히 잉글랜드 동남부 범람원에서 토지에 대한 경쟁 압박이 지속적으로 증가하고 있다. 최근까지는 낮은 인구성장률이 수요를 감당하는 데 도움이 되었지만, 이런 상황은 인구유입과 더욱 핵가족화하는 경향, 개인주거 선호 등을 포함한 사회경제적 변화로 바뀌었다.

도시지역이 큰 단일 재난이나 반복적인 작은 규모 손실을 겪을 때, 홍수가 일어나기 쉬운 토지를 매입하고 건물을 사들이고 거주자들을 근처 안전한 지역으로 이주시키기 위한 공공기금을 요청할 수 있다. 실제로 이런 사례는 거의 발생하지 않았으며, 발생한다 하여도 소규모였다. 1990년대에 시더크리크에 의해 3번이나 심각한 홍수를 경험한 워싱턴 주 킹카운티에 있는 시더그로브 이동주택 단지 사례가 전형적이다. 결과적으로 지방정부는 2008년에 거주자에 대한 재정지원과 이익 상담을 포함한 계획으로 거주자 41명을 더 높은 곳으로 이주시키기 위해 700만$를 들여 8ha를 구매하였다. 많은 경우, 관련 업무 규모가 너무 크다. 태국 남부에 있는 핫야이(Hat Yai)의 상업중심지가 1988년, 2000년, 2010년에 침수되었다. 주민 이주를 제안하였지만 엄청난 반발로 무산되었다. 운하관리와 저지대 배수 시스템 향상은 하루나 이틀 정도 도로 홍수로 인한 물 제거를 목적으로 하며, 이는 경제적으로 효율적인 선택이라 할 수 있다. 많은 저개발국의 경우, 홍수가 일어나기 쉬운 위험한 곳은 불법거주자들이 차지하고 있다. 정부 당국이 안전상 문제를 들어 개입하려고 하면, 거주자들은 회의적이며 강제이주에 저항할 것이다.

이주를 시키는 일반적인 동기는 공공안전이지만, 정원 조성이나 습지 서식지 보존, 물가에 대한 접근 용이성 등 다른 이익도 발생할 수 있다. 성공적인 결과를 위해서는 이런 계획이 자발적이어야 하며 인센티브를 제공해야 한다. 오스트레일리아에서는 정부 당국이 개별적으로 시장가격으

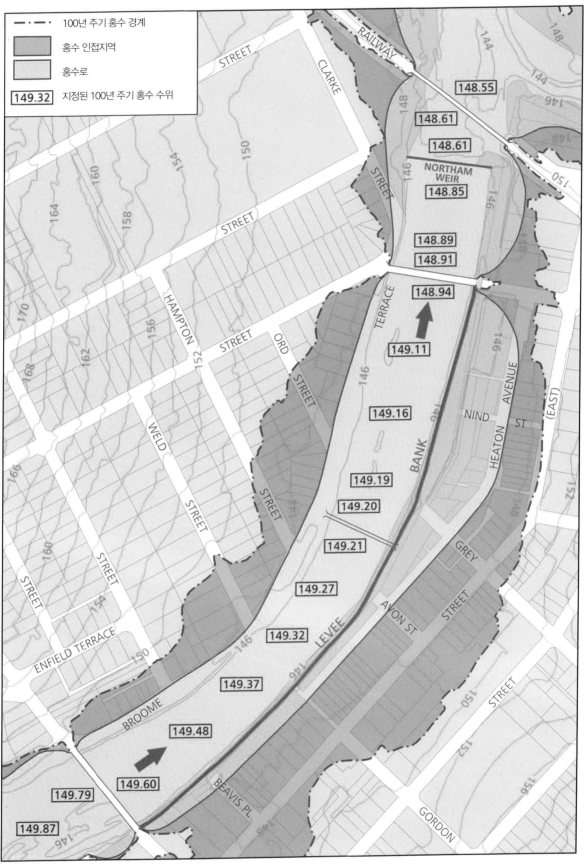

그림 11.19. 100년 주기의 홍수로, 홍수지역, 홍수 예상 경계를 보여 주는 웨스턴오스트레일리아 주 노샘 지역의 에이번 강 범람원 지도. 이 축척에서 지도는 도면 수준에서 위험도를 규정하고 각 가구에 대한 보험료 책정과 같이 구체적인 대응을 위한 기초를 제공한다(Water and Rivers Commision, 2000).

로 가옥을 구매하며, 이주를 통해 주민들에게 보다 나은 기회를 제공하였다(Handmer, 1987). 비용을 고려할 때 매수가 효율적인 방법으로 보인다. 단 한 번 구매비용으로 그 건물에 대해 미래 어떤 재해에도 지원할 필요가 없기 때문이다. 미국에서는 연방긴급사태관리국 재해완화 프로그램에 의해 반복적으로 피해를 입는 고위험 건물에 대한 매수가 가능하다. 건물가치의 초과 보험금을 받은 5,000채 가옥을 포함하여 반복적으로 침수되는 가옥이 거의 50,000채가 있다. 비록 모든 NFIP의 1%만을 차지하지만, 이는 청구금액의 25% 이상을 차지한다. 더 많은 연방기금이 토지취득, 이주와 유사한 재해대책을 위해 마련되어 있지만, 홍수피해자들을 위한 더 복합적인 결정이 필요하다. Kicket et al.(2011)은 미국 홍수피해자들이 받아들인 연방긴급사태관리국의 이주제안이 재정적 문제, 미래 위기에 대한 인식, 가정과 지역사회에 대한 애착, 지방 홍수관리 공무원들에 대한 신뢰도 등 여러 요인의 혼합에 의한다는 것을 발견하였다.

1970년대에 몇 차례 홍수가 발생한 미국 위스콘신 주 솔저스그로브(Soldiers Grove)라는 작은 마을이 대표적인 초기 이주 사례이다(David and Mayer, 1984). 미 육군 공병이 중심업무지구를 보호하기 위해 상류 댐과 연계지어 두 개 제방을 지을 것을 제안했으나(그림 11.20a), 주민들은 지구 이전으로 기업이 받은 보상금을 이용하여 개선된 부지를 건설하는 것과 같은 보다 많은 이익 창출을 주장하였다. 이 계획은 홍수 주변부에 있는 건물의 홍수방지와 함께 홍수로에 있는 모든 건물의 공공인수, 대피, 파괴를 포함한다(그림 11.20b). 1993년 중서부에 발생한 홍수 이후 10,000여 개가 넘는 가옥과 사업장이 계곡 하부에서 이전되었다. 전체 이주 절반 이상이 일리노이 주와 미주리 주에서 시행되었고 6,600만$가 소요되었다. 이 건물들은 이전에 홍수보험금으로 1억 9,100만$를 지급받았다. 미시시

피 강변 일리노이 주 작은 마을인 발메이어(Valmeyer)는 범람원에서 더 높게 위치한 새로운 장소로 이주하였다(표 11.5).

때로는 단 한 번의 홍수도 이주를 유발할 수 있다. 2011년 1월 10일에 오스트레일리아 퀸즐랜드 지역 터움바에서 36시간 동안 160mm 강수가 내렸고, 갑작스러운 홍수가 로키어(Lockyer) 계곡을 휩쓸고 지나가 21명이 사망하였다.

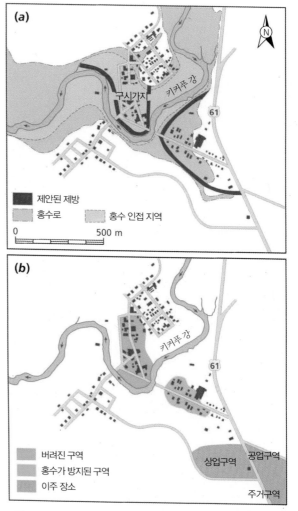

그림 11.20. 미국 위스콘신 주 솔저스그로브 홍수로 인한 재해에 대한 적응 (a) 제안된 제방의 위치와 함께 홍수로와 홍수인접지역이 표시되어 있다. (b) 최종적으로 홍수방지가 된 구역과, 폐기된 구역, 이주구역이 표시되어 있다(David and Mayer, 1984). ⓒ American Planning Association.

표 11.5. 1993년 이전 일리노이 주 발메이어의 홍수이주 현황

홍수 이전	홍수 기간	홍수 대응	홍수 이후
인구 900명		홍수피해를 겪은 사람 모두 이주 보조금을 받을 자격이 있음.	이전 거주자 중 절반이 다른 곳으로 이주하였음에도 불구하고 인구 1,000명
350채 가옥과 그 외 건물	건물 90% 이상이 상당한 피해를 입음.	연방긴급사태관리국이 이동주택에 임시 숙소 마련.	완전한 재건축은 10년 이상 소요
1947년 홍수 이후에 지어진 제방에 의해 보호	제방이 넘쳐 흘러 8월부터 10월까지 마을에 홍수로 인한 물이 남아 있었음.	지역사회 이주 결정으로 3km 떨어진 150m 높은 곳에 있는 땅 200ha를 연방기금과 주기금으로 구매함.	
25개 사업체	상업지구 심각한 피해를 입음.		성장 잠재력이 있는 상업지구 재건축

주: 이 표와 발메이어에 관한 다른 자료들은 Graham Tobin and Burrell Montz에 의해 제공됨(개인교신).

브리즈번에서 약 100km 떨어진 360명이 거주하는 그랜섬에서는 130채 이상 가옥이 파손되었다. 3월 24일 재건축지역으로 지정된 그랜섬은 지역 의회가 소유한 범람원 상에 9.35ac 면적의 산등성이로 이주시키는 로키어 계곡 지역사회 복구계획을 세우게 하였다. 마을 수도공급과 하수도, 도로, 오솔길과 공원과 같은 더 나은 주거 서비스를 위해 추첨 시스템을 이용하여 같은 크기로 기존 건물부지가 새로운 부지로 배정되었고, 이는 자발적인 토지교환운동처럼 보였다(그림 11.21). 시간이 지나면서 새로운 지역사회의 중심에 공연장과 학교가 들어설 것으로 예상되며, 홍수가 발생하던 계곡은 기념 정원으로만 남아 있게 될 것이다.

미래에는 토지계획이 홍수가 발생하기 쉬운 땅의 비용과 이익을 인식하는 '홍수와 함께하는 삶' 접근방식의 더 큰 요소를 포함하게 될 것이다. 1988년 방글라데시에서 발생했던 참담한 홍수 이후 다카와 다른 80개 마을을 지키는 방어물로 브라마푸트라 강과 갠지스 강변 제방을 중요시해야 한다는 제안이 완벽하게 적용되지 않았다. 이는 전통적이고 지속가능한 홍수 대비책에 더 의존한다는 대안이 있기 때문이다. 현재 토지이용 현황에 잘 들어맞고 공학기술 계획의 생태적 영향을 감소시키는 그런 자구책은 중요성 증대를 추정하기 쉽다. 선진국에서는 범람원 개발을 향상시키기 위하여 '다목적 하천 통로 관리'와 같은 유사한 방식으로 나아가고, 범람원은 그 지역에 부여된 다양한 요구를 보다 잘 해결할 수 있도록 준비한다(Kusler and Larson, 1993). 미래에는 관리되는 휴식과 재배치의 다양한 유형이 더욱 우세해질 것이다(Ledoux et al., 2005). 범람원과 해변의 전통적인 방어책은 기후변화와 잠재적 사회적 위기 측면에서 점점 더 지속 불가능해 보인다.

고지대

그랜섬 북서쪽에 있는 산등성이는 주민들이 더 높은 곳으로 이주할 수 있게 개발되었다. 개발은 철도 남쪽의 현재 토지를 회복할 부지 크기 범위에서 이뤄진다. 주거 옵션에는 배수로로 고안된 작은 시민농장이 포함될 것이다.

큰 공원

현재 이주된 그랜섬 마을과 미래 그랜섬 마을의 새로운 중심 공간 역할을 할 큰 공원이 빅터 스트리트에 만들어질 것이다. 공원은 다양한 범위의 여가활동이 이루어지고 미식축구 클럽과 스케이트 공원, 소풍, 바비큐 시설, 산책로, 자전거 도로가 만들어질 것이다.

빅터 스트리트 마을 중심

빅터 스트리트는 더 많은 가로수와 리손 공원, 기념공원, 마을 중심과 연결되어 산책로, 사이클 시설을 갖추고 있다. 철도를 가로지르는 추가적인 보도 육교는 학교 북쪽에 설치된다.

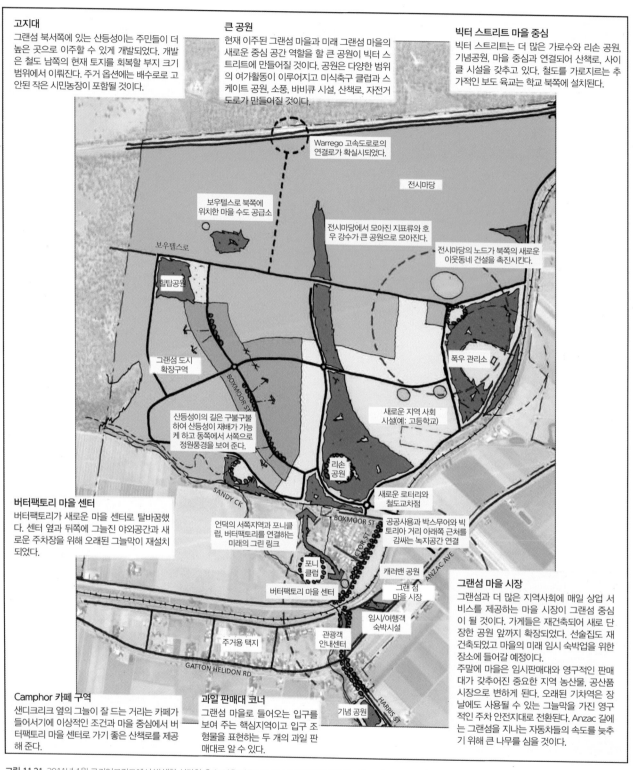

버터팩토리 마을 센터

버터팩토리가 새로운 마을 센터로 탈바꿈했다. 센터 옆과 뒤쪽에 그늘진 야외공간과 새로운 주차장을 위해 오래된 그늘막이 재설치되었다.

Camphor 카페 구역

샌디크리크 옆의 그늘이 잘 드는 거리는 카페가 들어서기에 이상적인 조건과 마을 중심에서 버터팩토리 마을 센터로 가기 좋은 산책로를 제공해 준다.

과일 판매대 코너

그랜섬 마을로 들어오는 입구를 보여 주는 핵심지역이고 입구 조형물을 표현하는 두 개의 과일 판매대로 알 수 있다.

그랜섬 마을 시장

그랜섬과 더 많은 지역사회에 매일 상업 서비스를 제공하는 마을 시장이 그랜섬 중심이 될 것이다. 가게들은 재건축되어 새로 단장한 공원 앞까지 확장되었다. 선술집도 재건축되었고 마을의 미래 임시 숙박업을 위한 장소에 들어갈 예정이다.

주말에 마을은 임시판매대와 영구적인 판매대가 갖추어진 중요한 지역 농산물, 공산품 시장으로 변하게 된다. 오래된 기차역은 장날에도 사용될 수 있는 그늘막을 가진 영구적인 주차 안전지대로 전환된다. Anzac 길에는 그랜섬을 지나는 자동차들의 속도를 늦추기 위해 큰 나무를 심을 것이다.

그림 11.21. 2011년 1월 로키어크리크에서 발생한 심각한 홍수 이후 만들어진 오스트레일리아 퀸즐랜드 주 그랜섬 마을 재건축 및 이주 계획 조감도. Lockyer Valley Regional Council. www.lockyervalley.qld.gov.au.

더 읽을거리

Gaume, E. *et al.* (2009) A compilation of data on European flash floods. *Journal of Hydrology* 367: 70-8. Captures the nature of a major flood threat that remains difficult to forecast and to regulate.

Merz, B., Kreibich, H., Schwarze, R. and Thieken, A. (2010) Assessment of economic flood damage. *Natural Hazards and Earth System Sciences* 10: 1697-724. A good illustration of both the importance and the difficulty of measuring flood costs.

Parker, D.J. (ed.) (2000) *Floods,* vols 1 and 2. Routledge, London and New York. The most detailed and reliable general reference source.

Pinter, N. (2005) One step forward, two steps back on US floodplains. *Science* 308: 207-8. Clearly demonstrates the difficulty of changing perceptions of flood risk even after a major event.

Todhunter, P.E. (2011) Caveant admonitus (Let the forewarned beware): the 1997 Grand Forks (USA) flood disaster. *Disaster Prevention and Management* 20: 125-39. A cautionary tale of what can go wrong with flood forecasting and warning.

White, I. and Howe, J. (2002) Flooding and the role of planning in England and Wales: a critical review. *Journal of Environmental Planning and Management* 45: 735-45. Points the way towards better land use as a means of risk reduction.

웹사이트

World Commission on Dams www.dams.org

Association of British Insurers www.abi.org.uk/floodinfo

UK Environment Agency www.environment-agency.gov.uk/regions/thames

United States National Flood Insurance Program www.fema.gov/nfip

Flood Hazard Research Centre, Middlesex University www.fhrc.mdx.ac.uk

UK Meteorological Office www.metoffice.gov.uk/corporate/pressoffice/anniversary/floods1953.html

Chapter Twelve

Hydrological hazards in Droughts

가뭄재해

12

A. 가뭄재해

가뭄은 대부분의 다른 환경재해와 구별된다. 가뭄은 서서히 진행되며, 여러 해에 걸쳐서 장기간에 지속되기도 한다. 가뭄은 지진이나 홍수와 달리 특정 지질구조나 지형에 의해 발생하지 않는다. 또한 하나의 가뭄일지라도 아대륙에 걸쳐 여러 나라에서 동시에 발생할 수 있다. 인간에게 미치는 가뭄의 영향은 전 세계적으로 다른 어떤 재해보다 다양하다. 국가의 부가 가뭄재해의 주요 판단 기준이 되기도 한다. 산업화된 나라에서는 가뭄에 의한 사망자가 거의 발생하지 않지만, 일부 저개발국에서는 강수량 부족으로 기근과 관련된 사망자가 발생할 수 있다. 그러나 기근은 여러 응급상황 중의 하나로 가뭄 발생 가능성이 높은 대부분 국가에서 여러 가지 요인이 결합되어 발생한다. 식량공급은 강수량 부족뿐만 아니라 전쟁, 극심한 빈곤, 정부 취약성, 토지 황폐화 등의 영향을 받는다. 이런 다양한 이유로 가뭄재해의 원인과 결과에 대한 평가가 쉽지 않다.

간단히 보면 가뭄은 비정상적으로 건조한 기간이지만, 초기단계에는 인식하기 쉽지 않다. 가뭄은 단순히 물 부족을 초래하는 비정상적으로 건조한 기간이라 정의할 수 있다. 이것은 강수량 부족이 중요한 방아쇠 역할을 하지만 그로 인한 영향이 더 중요한 특징이라는 것을 보여 준다. 가뭄재해는 토양과 하천, 저수지 등에서 사용할 수 있는 물이 부족하기 때문에 발생한다. 가뭄은 극한기후뿐만 아니라 강수 유무를 결정하는 수문과정과 물 저장에 대한 사회적 중요성의 영향도 받는다. 예를 들어, 미국 서부에서는 겨울철 로키산지에 쌓인 눈과 다음 여름철 관개에 사용될 융설수의 가용성 사이에 시간 지체가 있다. 그러므로 가뭄은 단순한 강수량 통계에 의해서만이 아니라 물 공급과 농업생산, 식량의 유용성 등과 같은 천연자원과 인간활동의 영향에 대한 측면에서 이해해야 한다.

다음과 같은 이유로 가뭄재해의 정의가 어렵다.

• 가뭄의 시작시기와 심도, 지속기간, 지리적 규모 등의 양상을 확인하고 측정하기 위하여 다양한 지표가 개발되었다(Heim, 2002; Keyantash and Dracup, 2002). 한 가지 성과는 가뭄에 대한 종합적인 합의점을 찾기 어렵다는 것이며, 기근을 평가할 때도 비슷한 문제가 제기된다.
• 가뭄 취약성은 지질, 토양 형태, 저수시설, 작물 종류, 조기경보에 대한 접근성 등을 포함하여 인간과 자연 조건

의 영향을 받는다. 예를 들어, 관개나 도시용수를 하천에 의존하는 지역은 강수량이 부족한 상류에서 멀리 떨어진 하류일 수 있다.
- 가뭄은 지진이나 홍수와 달리 기반시설을 파괴하지 않으며, 그 영향이 덜 가시적이다.
- 가뭄피해를 심하게 받는 저개발국가에서 빈곤 확대나 인적, 경제적 발전이 늦어지는 것을 물 부족에 의한 가축과 농작물의 손실 때문이라고 하는 것이 옳은 것만은 아니다.

요약하자면, 가뭄을 하나의 사건이라기보다 시간이 경과하면서 점차 심각한 영향을 일으키는 과정으로 이해해야 한다. 무엇보다도 긴급사건 데이터베이스(EM-DAT)의 가뭄 목록에 제시된 것처럼 가뭄과 기근 사이의 연관성이 분명하지 않다. 왜냐하면 가뭄과 기근은 여러 해에 걸쳐서 여러 국가의 사건으로 발생하기도 하므로 각 연도별, 국가별로 기록하면 과대평가될 수 있다. 1900~2004년 사이 재난전염병연구센터(Center for Research on the Epidemiology of Disasters; CRED)에 의해 기록된 807개 가뭄 보고서에 따르면, 일부가 재해지역의 범위와 지속기간을 명확하게 하기 위해서 통합되었다(Below et al., 2007). 그 결과 가뭄의 출현빈도는 56% 줄었지만, 가뭄에 의한 사망자 수는 20%, 경제손실은 35% 증가한 것으로 나타났다. 그 보고서에 기록된 기근 76건 중 약 90%인 68건이 가뭄에 의한 것으로 분류되며, 그 외는 복합적인 요인으로 발생하였다. 자연재해에 의한 사망자 절반 이상이 가뭄에 의한 것이며, 홍수는 대규모 이재민을 발생시킨다.

홍수가 강수량이 많은 지역에만 한정되지 않는 것처럼 가뭄도 강수량이 적은 지역으로 국한되지 않는다. 가뭄은 발생할 수밖에 없는 자연적 기후변동이면서 도시와 농촌지역 어디든 영향을 미칠 수 있다. 물 부족 자체를 절대적인 강수량보다 자원의 요소라는 관점에서 바라보는 것이 중요

하다. 바꿔 말하면, 가뭄과 건조도는 같은 의미가 아니다. 인류는 자신의 행동을 기대할 수 있는 수분 조건에 맞게 적응하면서 행동한다. 예를 들어, 반건조 지역에서 양을 키우는 농부에게는 연강수량 200mm가 견딜 수 있는 수준이지만, 연평균 강수량 500mm의 지역 농부에게는 재해로 다가 올 수 있다. 가뭄재해라는 용어는 주요 사회·경제적 영향을 일으키는 중요한 사건이다. 가뭄은 정상적인 강수량 변동 내에서 단 한 번의 건조한 해에 나타나는 것이 아니라, 평균 이하인 해가 연속적으로 이어질 때 발생한다(그림 12.1). 여러 가지 측면에서 강수량 패턴의 불확실성이 있다.

- 모든 계절과 해에 따른 변동성
- 몇 년간 더 습윤하거나 건조한 방향으로 나아가는 추세
- 몇 년간 습하거나 건조한 상태의 지속성

대부분 가뭄재해는 평균 이하 강수량이 지속되는 기간에 확대된다. 가뭄재해는 두 가지 이유로 자급 목적이나 국가의 주요 수출품 혹은 국가 GDP가 관개농업에 좌우되는 반건조지역에서 중요하다. 우선 연평균 강수량이 적다는 것은 통계적으로 보아 계절과 해에 따른 강수량 변동이

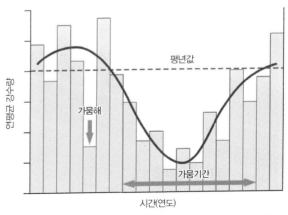

그림 12.1. 수년간 지속적인 강수량 부족에 의한 가뭄의 발전 양상. 대부분 가뭄재해는 평균 강수량 이하 기간 동안에 발생한다.

크다는 것이다. 강수량에 대한 불확실성이 절대적으로 적은 양보다 물 공급을 불안정하게 한다. 역사 기록에 의하면, 습윤한 시기에 농업에 적합한 지역이 확대되었던 곳이 건조한 시기에 쇠퇴하는 사례가 많다. 둘째로 가뭄 지속기간은 건조한 지역에서 더 오래간다. 습윤한 기후지역에서는 강수량 부족이 몇 달 정도 지속되는 경향이 있다. 예를 들어, 1975~1976년 북서 유럽 가뭄은 16개월 동안 이어진 반면, 20세기 아프리카 사헬지대 가뭄은 15년 동안 이어졌고 1980년대 중반에 대규모 기근을 야기하였다. 일부 지역에서는 지금도 건조도가 증가하는 경향이다. Sousa et al.(2011)에 의하면, 지중해에서도 그런 경향이 있다. 2007~2009년 동안 지중해의 중동부에서 1940년 이래 가장 극심한 가뭄을 겪었으며, 시리아와 이라크, 이란에서 곡물 생산량이 심각한 수준으로 감소하였다(Trigo et al., 2010). 가뭄에 대한 대표적인 인간 반응은 단기적인 위기관리이다(Wilhite and Eastering, 1987). 긴급한 가뭄 대응방법은 식량원조나 급수 등 정부의 개입에 초점을 두는 경향이 있다. 보다 장기적인 방법은 저수지를 더 만들거나 관개체계를 확대하여 기대수요에 대처할 수 있는 물 공급량을 늘리는 것이다. 그러나 이것은 결과적으로 물에 대한 잘못된 개념을 갖게 하여 후에 발생할 건조기에 물 수요와 위기를 키울 수 있다. 그간 물의 공급뿐만 아니라 이용과 수요 측면에서 효율성 개선에 큰 관심을 기울이지 못하였다. 도시에서 물을 재생하는 것이나 보다 효율적인 관개 방법, 내건성 작물 재배 등과 같이 가뭄을 극복하려는 보다 지속적인 대응이 필요하다.

B. 가뭄 종류

일반적으로 가뭄재해는 4가지 범주로 나눌 수 있다(그림 12.2). 각각의 정의와 평가방법 등의 기준은 다르지만, 강수량 값 하나를 사용하거나 여러 가지 수문학적 요소와 결합하여 사용된다(Mishra and Singh, 2010). 가뭄의 영향은 건조기의 지속기간에 따라서 확대될 수 있다.

1. 기상가뭄

기상가뭄은 통계 기준으로 강수량 부족분에 대해 정의되며, 재해의 영향이나 위기가 적다. 앞에서 언급한 바와 같이 강우량과 유용한 수량의 관계는 간접적이므로 강우량 부족이 재해의 필수 요소가 되는 것은 아니다. 강우량 자체가 식물에 물을 공급하는 것이 아니라 흙이 그 일을 한다. 마찬가지로 관개나 가정에서 사용되는 물도 강우량이 아니라 강과 지하수에 의해서 공급된다. 강우량에 기초한 다양한 기상가뭄의 정의가 만들어졌다. 가장 단순한 방법은 최소 무강수 지속기간에 의해 가뭄을 정의하는 것이며, 그 기간은 지역에 따라서 6일(인도네시아 발리), 30일(캐나다 남부), 2년(리비아)까지 다양하다. 1887년 영국 기상청에서는 일강수량 0.2mm 이하인 날이 15일 이상 지속되는 절대 가뭄과 일평균 강수량 0.2mm 이하인 날이, 29일 이상인 기간을 부분 가뭄으로 구별하였다. 또 다른 정의는 일반적으로 주요 작물의 성장계절이나 일 년 동안 장기간의 평균 이하인 백분율 값 범위에 포함되는 총 강수량을 기준으로 한다. 그러나 이런 정의는 강우량 효율이 영향을 미치는 시기에 따라 달라진다는 점을 고려해야 한다. 농업가뭄에 관심이 큰 오스트레일리아 기상국은 주어진 지역의 강우량이 같은 시기 강우량의 10% 이하인 기간이 3개월 이상 지속될 때를 가뭄이라 정의하는 특정 주기 강우량 시스템을 사용하였다.

표준강수지수(The standardized precipitation index; SPI)는 강수량에 기초한 보다 개선된 가뭄 측정방법이다.

가뭄의 종류와 특징	
주요 특성	**주요 영향**
기상가뭄 — **강수량 부족** 적은 강수량 높은 기온 강한 바람 태양복사량 증가 적설면적 감소	토양수분의 손실 관개용수 공급량 감소
수문가뭄 — **유출량 부족** 침투량 감소 낮은 토양 수분 적은 투수와 낮은 지하수 함양	호수나 저수지의 저수량 감소 도시 및 발전용수 부족–제한급수 수질 악화 습지와 야생동물 서식지 파괴
농업가뭄 — **토양수분 부족** 낮은 증발량 식생의 물 부족 식생 감소 지하수위 저하	관개 없이 하는 농업 생산성 감소 관개체계 붕괴 목초와 가축 생산성 감소 농촌산업에 악영향 일부 정부 제정지원 필요
기근 가뭄 — **식량 부족** 자연식생 손실 산불 위기 증가 토양 침식 사막화	광범위하게 농업 시스템 붕괴 계절 규모의 식량 부족 농촌경제 붕괴 농촌에서 도시로 이주 영양실조와 그로 인한 사망률 증가 인도주의적 위기 발생 국제적 원조 필요

(세로축: 가뭄 지속기간과 심도)

그림 12.2. 정의의 구성요소와 재해 영향에 기초한 가뭄 종류. 재해 가능성은 가뭄 심도와 지속기간에 따라 증가한다. 강수량 부족만으로 재해를 야기할 수 있는 것은 아니다.

SPI는 주어진 장소와 시기의 장기간 강우량 자료를 사용하며, 주어진 기간에 관측된 강수의 부족 가능성을 계산할 수 있다. SPI의 장점은 1개월에서 36개월까지 다양한 시간규모로 계산할 수 있어서 서로 다른 지속기간과 심도의 가뭄을 평가할 수 있다는 점이다. 또한 이는 하천의 유량이나 지하수위와 같은 수문 변수와도 관련이 있을 수 있으며, 다양한 농업 수요에 적용할 수 있고 시공간 분석에도 적용할 수 있다.

2. 수문가뭄

수문가뭄은 수자원을 위협할 정도로 하천 유량이나 지하수위가 감소하였을 때 발생한다. 수문가뭄은 다양한 목적의 수요에 비하여 감소한 물의 이용 가능성과 관련지어 평가된다. 물 수요는 매우 다양하다. 예를 들어, 어떤 측정 방법은 식물과 작물의 물 이용 가능성을 평가하기 위해서 토양 내 수분부족 정도를 측정한다(Hunt et al., 2009). 파머 가뭄심도지수(Palmer Drought Severity Index; PDSI)는 특정 달이나 해에 주어진 지역에서 강수량과 기온을 분석하여 작성한 토양수분에 기초한 것으로 지역적인 지수로 널리 사용된다(Plamer, 1965). 가뭄은 평년과 비교하여 이용 가능한 수분에 의해서 정의된다. 심도는 부족한 정도뿐만 아니라 비정상적으로 수분이 부족한 기간 길이 함수로 평가된다. PDSI는 SPI와 같이 토양수분, 지하수, 하천 유량에 영향을 미치는 가뭄효과에 대한 단순한 수문 측정법이며, 가뭄심도 순위를 정할 때 사용된다(표 12.1). 어떤 면에서 보면 PDSI가 SPI보다 나은 면이 있지만, 그 값이 다른 종류의 작물 생산량 감소와 같은 특정 재해의 영향이 직접적으로 높게 반영될 수 없다(Alley, 1984; Guttman, 1997). 또한 하천 유량이나 저수량과 같은 직접적인 수문 측정값은 수자원과 관련된 가뭄조건을 판단하는 데 도움이 될 수 있다.

수문가뭄은 다른 곳에 적용되기도 하지만, 주로 도시의 물 공급이나 선진국에서 더 의미가 있다. 예를 들어, 브라질 북동부의 농촌에는 지속적으로 흐르는 강이 없기 때문에 얕은 저수지와 연못에 저장된 계절 강우량으로 물을 공급한다. 이런 연못이나 저수지는 증발률이 높아서 강우량이 평균 이하인 상태가 2, 3년 지속되면 말라 버린다. 농촌 주민들은 가뭄 때 물을 적절하게 공급하기 위해서 평소보다 물 사용을 줄인다. 고립된 마을에서는 지역사회의 건강에 나쁜 영향을 미칠 수 있는 탱크로리를 이용하여 물이 배급되기도 한다.

수문가뭄은 가뭄기간 동안에 주어진 수원에서 뽑아 쓸 수 있는 물의 최대 양을 지정하는 법으로 관리할 수 있다. 예를 들어, 그림 12.3에서와 같이 유량 지속곡선에서 95% 값을 하천에서 어느 정도 적절한 최소 유량 값으로 사용하기도 한다. 물 취수에 관한 법적 규제가 일정수준 이상 유량이 유지될 수 있게 강화될 수 있다. 1970년대 중반 북서 유럽에 광범위하게 가뭄이 퍼졌다. 1975~1976년 겨울에 잉글랜드와 웨일스에서 대수층으로 들어가는 지하수 함양률이 평균 30% 이하로 떨어졌다. 그 결과 많은 강 수위가 낮아져 취수량이 줄고 지역에 따라서 제한급수가 시행되었다. 미국에서는 1988년에 미시시피 분지에서 1936년 이래 가장 극심한 가뭄이 발생하였다. 1988년 7월에는 오하이오 강과 미시시피 강에서 바지선 운항이 크게 줄었다. 이와 같

표 12.1. 표준강수지수와 파머 가뭄심도 및 전형적인 영향에 따라 구분한 재현기간에 의한 가뭄심도 순위

가뭄심도	재현기간(년)	전형적인 영향	SPI	PDSI
약	3~4	단기간 건조; 작물과 목초 성장이 느림; 가뭄 후 일부 남아 있는 물 부족	−0.5~−0.7	−1.0~−1.9
중	5~9	작물과 목초 생산량 감소; 하천, 우물, 저수지 수위 저하; 화재 위기 증가와 자발적으로 물 사용을 줄일 것을 홍보	−0.8~−1.2	−2.0~−2.9
강	10~17	뚜렷하게 작물과 목초 손실; 가축 감소; 화재위기 매우 높아짐; 도시와 농촌에서 물 부족이 일반적; 의무적으로 물 사용 제한	−1.3~−1.5	−3.0~−3.9
극심	18~43	작물과 목초 심각한 손실; 가축 사망과 긴급 처분; 극심한 산불 위기; 광범위하게 물 재난 공급	−1.6~−1.9	−4.0~−4.9
매우 극심	44 이상	곡물 경작과 가축 사육 완전 실패; 농촌 경제 붕괴; 심각한 산불 발생; 심각한 물 부족; 정부의 재정지원 필요	−2.0 이하	−5.0 이하

자료: 런던대학 우주·기후물리학과, AON Benfield 재해연구소. http://drought.mssl.ucl.ac.uk/class.html (2011. 8. 20. 접속).

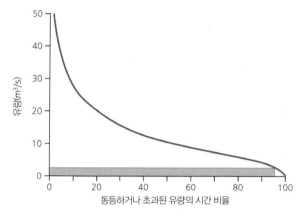

그림 12.3. 이상적인 하천 유량 지속기간 곡선. 건조 날씨에서 유량(discharge)의 정의는 95% 초과수준에 기초한다. 이 점에서 특정 물 보존 방법이 유도될 수 있다.

은 하천 유량의 감소로 미국의 광대한 지역에서 수력발전이 평균보다 25~40% 감소하면서 발전회사 수익이 심각하게 줄었다(Wilhite and Vanyarkho, 2000).

3. 농업가뭄

농업가뭄은 식량생산에 영향을 미친다는 점에서 더욱 중요하다. 특히 농업생산이 경제 복지를 좌우하는 선진국에

서 유용하다(Box 12.1 참조). 가뭄은 미국에서 세 번째로 비용이 많이 드는 환경재해일 것이다. 또한 가뭄은 인구 대부분이 자급농업으로 살아가는 저개발국에서 큰 영향을 미친다. 예를 들어, 말라위에서 1992년과 1994년 가뭄해 동안 농업분야 생산량이 평균보다 각각 25%, 30% 감소하였다. 모든 농부에게는 곡물을 경작하든 가축을 사육하든 식물성장을 위한 물이 필요하다. 그러므로 농업가뭄은 작물이나 목초 생산량이 평균상태를 유지하기 어려울 정도로 토양수분이 부족할 때 발생한다.

농업가뭄의 심도는 토양수분을 직접 측정해서 판단하는 것이 이상적이지만, 일반적으로 PDSI와 같은 수분수지 계산에 의해서 평가하는 간접적 방법이 사용된다. 지역별로 나타나는 식물의 물 부족은 위성자료를 이용한 식생상태지수(Vegetation Condition Index; VCI)로 판단할 수 있다(Liu and Kogan, 1996). 안타깝게도 VCI나 PDSI와 같은 지수는 각 작물이 열이나 수분 부족에 대하여 다르게 반응하므로 농장 생산에 미치는 가뭄 영향을 직접 연관시키기 어렵다. 따라서 Meyer(1993)가 곡물을 위해 개발한 것과 같은 특정작물가뭄지수(Crop-Specific Drought Index;

Box 12.1. 오스트레일리아 가뭄

오스트레일리아에서는 가뭄이 반복적이다. 가뭄은 비용 측면에서 농업 생산력에 가장 큰 영향을 미치며, 오스트레일리아 50,000 농가 대부분이 거주하는 남동부에서 더욱 심하다. 농업이 오스트레일리아 GDP의 4%에 불과하지만, 농업 생산량의 80%가 수출되고, 농산물이 전체 수출액의 절반을 차지하고 있어서 가뭄에 의한 경제손실이 심각한 수준이다. 가뭄은 밀이나 보리와 같이 강수량에 의존하는 작물과 목초 등의 성장에 영향을 미쳐 소와 양 등 가축수를 급격히 감소시킨다. 1979~1983년의 건조기간 동안 농장 절반 이상과 가축 60% 이상이 타격을 받았다. 1882~1883년에 오스트레일리아 농부 소득이 평균 21,700A$(A$: 오스트레일리아 달러)에서 12,200A$로 떨어졌다(Purtill, 1983). 연방정부는 가뭄을 기후변화의 중요한 특징으로 받아들이고, 비상상황 발생 시 농촌에 긴급자금을 제공하기로 하였다. 장기적 가뭄 영향은 농업과 관련된 직업 감소, 농업에 투자한 자본 잠식, 산불에 의한 삼림피해, 천연식생 황폐화, 토양침식 등이 있다.
오스트레일리아 기상국은 강수량에 기초하여 주요 가뭄형태를 두 가지로 분류하였다.

표 12.2. 오스트레일리아 대형 가뭄과 영향

기간	일반적 특징	경제손실
1895~1903	여러 해 동안 강수량 부족으로 나타난 연방 가뭄으로 퀸즐랜드에서 심했고 이른 ENSO 사상과 관련 있음.	양 50%와 소 40%가 사라지고 밀을 거의 수확하지 못함.
1913~1916	ENSO 해인 1914년에 가장 심하였고, 거의 전국으로 가뭄이 확대됨.	보다 나은 목초지를 찾아서 소를 이동시킴, 약 1,900만 마리와 소 200만 마리를 잃고, 빅토리아 주에서 산불 발생함.
1937~1945	제2차 세계대전 가뭄이 주로 오스트레일리아 동부에 영향을 미침. 1940, 1941년은 ENSO 해임.	1942~1945년 사이에 양 약 2,000만 마리를 잃었고, 1914년 이래 밀생산량 최저 기록. 일부 큰 하천이 마름.
1963~1968	주로 오스트레일리아 중부에 넓게 가뭄이 발생하였고, 1965~1968년에 동부 주에 영향을 미침.	1967~1968년에 밀 생산량이 40% 감소하고, 양 2,000만 마리를 양을 잃어서 농부 소득 3~5억A$ 감소함.
1982~1983	강한 ENSO 해인 1982년에 강력하고 짧은 가뭄 발생. 오스트레일리아 동부 거의 절반에 걸쳐서 매우 극심함.	밀 생산량과 양의 감소로 총 경제손실이 30억A$에 이름.
1991~1995	날짜상으로 가장 긴 기간을 기록한 ENSO에 의한 가뭄. 주로 퀸즐랜드 중부와 남부, 뉴사우스웨일스의 북부에 영향을 미침.	농업 생산이 10% 감소하고 국가 경제에 50억A$ 손실이 추정됨. 가뭄극복을 위해서 6억A$ 제공됨.
2002~2008	가장 건조한 가뭄으로 네 번째 가장 건조한 해인 2002년에 시작되었음. 2004~2005년 동안 남동부 주요 지역에서 고온건조하였으며, 강수량 부족이 2007년까지 이어짐.	2002~2003년에 GDP 1%가 감소하였고, 농촌에서 일자리 70,000개가 사라짐. 연방정부에서 7억 4,000A$를 지원했고, 2002~2005년 동안 농가소득 20%가 감소함.

- 심각한 부족: 최소 3개월 동안 기록된 총강수량 값 하위 10% 이내
- 극심한 부족: 최소 3개월 동안 기록된 총강수량 값 하위 5% 이내

오스트레일리아 기후는 아열대고기압대 영향을 받아서 연평균 강수량이 적고 변동이 크다. 최악의 가뭄은 평균 이하 강수량 시기가 지속된 후에 나타나지만, 어떤 시기에 국토 30% 이상에 영향을 미치게 되는 경우는 이례적이다(Chapman, 1999). 어떤 경우는 가뭄이 강하면서 짧게 나타나고, 어떤 경우는 여러 해 동안 지속되고, 어떤 경우는 국지적이기도 하고 반대로 광범위한 지역에 걸쳐서 나타나기도 하여 차이가 매우 크다(표 12.2와 그림 12.4). 오스트레일리아 가뭄은 음의 ENSO 상태와 밀접한 관련이 있다(Allan *et al.*, 1998). 이런 대규모 대기순환이 오스트레일리아 북쪽 해수면을 상대적으로 냉량한 상태로 만들고, 이것이 다시 오스트레일리아 동부와 북부에 강수량을 적게 한다(그림 12.4c).

1970년대부터 강수량 패턴이 바뀌면서 인구밀도가 낮은 북부지역은 점차 습윤해지고 있고, 인구가 밀집된 동부는 건조해지고 있다. 오스트레일리아는 연속적으로 두 번의 엘니뇨(2002~2003, 2006~2007) 영향을 받았다. 지난 10년 동안 대부분의 해가 평균보다 고온이었다. 그중 2005년은 기록적으로 기온이 높았고 증발이 심하게 일어났다. 최근 오스트레일리아는 2002년에 시작된 이상적으로 고온건조한 '대 가뭄(Big Dry)'을 겪었다. 이것이 오스트레일리아에서 기후변화와 관련되어 발생한 최대 가뭄으로 1,000년 주기로 평가할 수 있는 수준이었다. 강수량의 공간적 계절변동에도 불구하고 가뭄은 전국으로 확대되어 농장 절반 이상에 영향을 미치고 있으며 농업에 민감한 남부와 동부지역에서 더 심하다. 2006년 말에 뉴사우스웨일스 90% 이상이 가뭄상태였다. 전국 농업생산의 40%에 이르는

머리-달링 강 분지는 기록이 시작된 1890년대 이후 4년 연속 최소강수량 기록을 이어가고 있다.

가뭄으로 농가생산 20%가 감소하였다. 밀과 보리 등 작물 생산량은 60% 줄었고, 양모 수확량은 20년 내에 가장 낮았으며 그로 인하여 국가 경제성장률이 0.5% 감소한 것으로 평가되었다. 2006년에 농업분야 소득이 70억A$에 해당하는 70% 감소할 것으로 예상되었다. 2006년 말에 2006~2007년 오스트레일리아에서 밀 생산량이 낮을 것으로 예상되면서 전 세계 밀 가격이 10년 내 최고에 이르렀고, 가축도살도 증가하였다. 농업 생산량 감소로 수송과 서비스 분야의 감소와 같은 경제승수효과가 이어졌다. 2006년 10월, 연방정부는 이상환경에 처한 지역을 위한 특별예산을 집행하였고, 최악의 피해를 입은 농가와 농촌기업을 위해 자금과 상담 서비스를 제공하였다. 연방정부는 전국 약 50,000 농가의 복지비용으로 20억A$를 사용하게 될 것으로 예측하였다.

가뭄은 농업에 더욱 크게 영향을 미쳤다. 오스트레일리아 대부분 도시가 여러 해에 걸쳐 유출량이 저하되는 경우에도 극복할 수 있게 설계된 대형 물 공급체계 지원을 받고 있지만, 대부분 저수지는 2006년 말에 용량의 절반 이하로 저수율이 낮아졌고, 전국 도시 절반을 차지하는 남부 도시에서는 제한급수를 받았다. 머리-달링 강 수계는 관개용수 감소와 하천 사이 유칼리나무 감소, 낮은 유출로 물고기 죽음, 일부 범람원과 습지 염류화 등으로 압박을 받았다. 사우스오스트레일리아 애들레이드는 머리 강에서 공급받는 음용수가 40% 이하로 떨어지면서 취약해졌다. 오스트레일리아에서 일인당 물 소비량은 높은 편이다. 2006년 퍼스에서는 담수화 공장을 가동하고 부분적으로 풍력전기를 얻기 시작하였으며, 점차 시드니와 멜버른으로 확대되었다. 그러나 이와 같은 공급 측면의 가뭄극복 방법은 심한 비난을 받았다(Isler et al., 2010). 하수재생과 높은 함양률과 같은 수요 관리척도가 수요량을 제한하지 않는 한 그런 것은 미래 도시와 산업수요를 충족시키지 못할 것이다. 2007년에 대부분 도시에서는 국가 물 자원의 유용성에 관한 중요한 질문에서 '가뭄상태'임을 선포하였다.

그림 12.4. 오스트레일리아에서 20세기 전반기에 있었던 면적과 지속기간의 다른 가뭄 사례. (a) 국지적 가뭄 (b) 짧고 강력한 가뭄 (c) 장기간 가뭄(오스트레일리아 기상국, www.bom.gov.au/climate/drought)

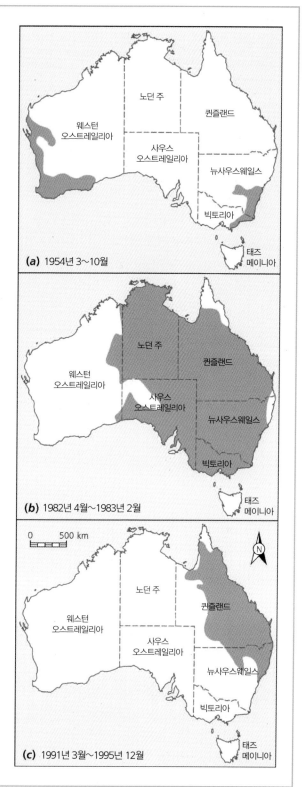

CSDI)가 개발되고 있다.

선진국들은 가뭄으로 야기될 수 있는 최악의 상황을 극복할 수 있는 수단을 갖고 있지만, 그것이 위기를 면해 주는 것은 아니다. 미국에서 1980년에서 2003년 사이에 발생한 날씨에 의한 전체 재해비용 약 3,490억$ 중 40%가 가뭄에 의한 것으로 추정되었다. 가뭄은 북아메리카의 장기적인 특징으로 대평원에서 약 20년마다 발생한다. 1890년대와 1910년대의 가뭄 동안 영양부족에 의한 사망사건도 발생하였다. 미국의 2/3가 가뭄에 빠졌던 시기인 1930년대 '더스트볼(Dust Bowl)' 해에 전환점에 이르렀다(그림 12.5). 이때 낮은 농업 기술수준이 가뭄 영향을 더욱 증폭시켰으며, 이 가뭄이 대규모 자금지원과 토양침식 조절, 관개사업

개선 등을 촉진시키는 계기가 되었다. 보다 지속가능한 농업 관리체계와 작물보험 등이 1950년대 가뭄의 영향을 완화시키는 데 도움이 되었다. 그렇지만 미국에서도 여전히 가뭄관리 문제가 남아 있다(Pulwarty et al., 2007).

작물과 가축 생산량 감소가 농업가뭄의 대표적 결과이다. 사료가 부족할 경우 대량 도축이 벌어진다. 그런 후에 가축 수를 회복하는 데 5년 이상 걸린다. 1988년 미국 중서부에서도 경제손실이 큰 가뭄이 있었다. 1988년 작물 수확량은 기술발달에 따른 상승추세보다 31%를 밑돌았으며, 이는 1930년대 중반 이래 가장 큰 폭의 감소였다(그림 12.6). 이때 미국 작물 1/3 이상이 파괴되었고, 이는 47억$ 손실에 해당한다(Donald, 1988). 이런 정도 농업가뭄으로

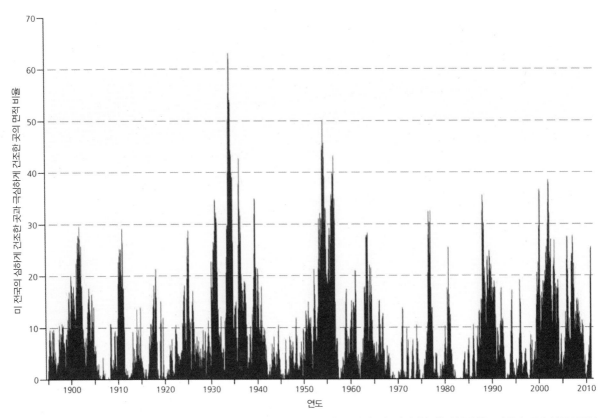

그림 12.5. 미국의 1895년 1월부터 2009년 8월까지 월별 심한 가뭄과 극심한 가뭄의 면적 비율. 이 지표는 가뭄이 정상인 기후의 일부임을 보여 주며, 1930년대와 1950년대 보다 최근 1988년과 2000년 무렵에 가뭄이 좀 더 심하였다. NCDC, NOAA, http://www.ncdc.noaa.gov (2012년 2월 6일 접속).

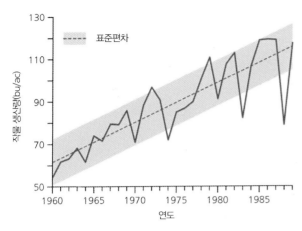

그림 12.6. 미국의 작물 생산량의 변화. 1988년의 가뭄효과를 잘 보여 준다. 1988년의 생산량은 경향선에서 30% 이상 하향하여 1930년대 더스트볼 이후 최악이었다(Donald, 1988).

세계 곡물생산량은 1970년대 이후 최저치인 63일 공급분으로 떨어졌고, 이는 식품의 국제교역에 영향을 미칠 수 있는 수준이었다. 농장 수준에서 보면, 심각한 가뭄은 정상활동에 지장을 주고, 농장개발에서부터 가뭄 저감계획, 현금 유동성의 하향세, 부채 증가에 이르는 자본금 유용의 원인이 될 수 있다.

최빈국에서 가뭄은 생필품 공급에 영향을 미치며 계절 기근을 증가시킬 수 있다. 이런 일이 1990~1992년 동안 남부 아프리카에서 발생하였다. 농작물 수확량이 정상보다 30~80% 감소하였고, 거의 7×106km² 지역에 걸쳐 있는 주민 86만 명이 영향을 받았다. 상대적으로 인명피해가 적은 편이었지만 극심한 고난이 있었다. 짐바브웨에서는 농업 생산량이 1/3 이하로 감소하면서 GDP의 16%에 이르던 것이 8%로 떨어졌다. 1992년 11월까지 인구 절반이 가뭄구제에 등록되었다. 이런 짐바브웨 상황은 농업가뭄의 전형적 사례이다. 일부 행정구역에서 옥수수 수확량 40~100%가 감소하였고, 농촌인구 200만이 영향을 받았다(IFRCRCS, 1994). Kajoba(1992)에 의하면, 식량부족의 일부는 수수나 카사바와 같은 전통적인 내건성 작물보다 수

입비료로 키운 잡종 옥수수를 경작하여 해결하였다. 고립된 마을은 더욱 극심한 고통을 겪었다. 학교가 문을 닫았고, 야생 캠프가 황폐화되면서 관광사업이 위축되었다. 수위가 낮아지면서 카리바와 카푸에, 빅토리아 폭포의 발전능력이 20% 감소하였고, 정부는 매일 제한송전을 시행하였다.

4. 기근가뭄

기근재난은 최근 들어 선진국에서는 사라졌지만, 최소한 6,000년 동안 이어져 왔다(Dando, 1980). 기근에 의한 초과사망의 예로는 아일랜드의 1845~1849년 기근(100만~125만), 소련의 1932~1934년 기근(500만), 벵골의 1943~1946년 기근(300만), 중국의 1958~1961년 기근(1,650만~2,950만) 등이 대표적이다. 각 기근은 흉작으로 시작되어 대규모 기아로 이어졌다. 그러나 대부분 경우 정부가 식량배급을 미리 준비했더라면 실제 사망자 수를 줄일 수 있는 식량이 각국에 비축되어 있었다(Jowett, 1989). 즉 가뭄만이 대규모 기아와 인류참사를 일으키는 것은 아니라는 사실을 보여 준다. Pingali et al.(2005)에 의하면, UN 식량농업기구(FAO)에 보고된 식량 응급 상황자 수가 전 세계적으로 1980년대에 평균 15%에서 2000년대 초반에는 매년 30% 이상으로 두 배가 늘었지만, 응급상황자의 50%가 인간 실수에 의한 것이다.

가뭄은 수문현상인 반면 기근은 문화현상이어서 둘 사이의 연관성은 상당히 복잡하다. 가뭄은 강우량이 기대치보다 적을 때 나타나며, 기근은 극심한 식량부족으로 발생한다. 두 현상 모두 정의와 측정 문제가 있으며, 사건보다 과정이 의미 있다. 예를 들어, 기근재난 초기단계는 더 낮은 단계인 영양실조와 같은 만성적인 굶주림이나 계절적인 수확량 부족과 같은 또 다른 형태의 식량부족과 구별하기 어

사진 12.1. 난민기구 다다압 초만원인 난민 캠프 텐트 주변의 동물 사체(2011년 8월, 케냐 북동부). 60년 동안의 심각한 가뭄이 동아프리카 대부분 지역에 걸쳐서 식량부족과 인도주의적 긴급 상황을 초래하였다(사진: Panos/Sven Torfinn STO05040KEN).

렵다. 기근에 의한 사망은 기상 요인뿐만 아니라 수많은 다른 요인이 포함된 복합적인 응급상황 속에서 발생한다(White, 2005). 식량위기의 근본적 문제에 대하여 원조자와 현장 인력 간 의견이 불일치하거나 불확실성이 있을 때는 조기경보나 식량원조와 같은 재해극복 노력을 실행하기 어렵다.

대부분 기근 정의는 어떤 지역에서 가장 취약한 계층 사이에서 극심한 영양실조와 굶주림으로 사망할 수 있는 장기간 식량부족 상황을 포함한다(Howe and Devereux, 2004). 기근은 식량안전의 실패를 보여 주는 것으로 활발하고 건강한 삶을 위한 충분한 식량공급을 어렵게 한다. 전 세계적으로 20억 명이 식량안전에 위협을 받고 있다. 많은 사람들이 가정에서 필요한 충분한 식량을 사들이거나 만들 수 없어서 만성적으로 부적절한 식습관을 갖고 있다. 어떻게든 식량공급이 이런 수준 이하로 떨어지면 기근이 위협적이 된다.

UN은 어떤 지역이나 국가에서 식량공급이 감소하는 5단계를 제시하였다.

- 식량확보 단계
- 식량 불안정의 경계선 단계
- 식량과 생계수단의 극심한 위기 단계
- 인도적 응급상황 단계
- 기근/재난 단계

UN은 2008년 이후 기근을 다음과 같이 정의하고 있다.

전체 아동 중 30% 이상이 극심한 영양실조, 하루에 10,000명당 2명 사망, 소득과 재산의 완전한 손실과 더불어 일일 2,100cal 이하와 물 4L 이하로 공급되는 상황

기근 징후에는 1/5 이상 가정에서 극심한 식량부족, 대규모 인구이동, 사회갈등 발발 등이 포함된다. 갈등은 직접적으로 삶과 부의 붕괴, 비옥한 토지 유기, 무역 및 다른 경제활동의 혼란 등을 야기하면서 반복되는 특징이 있다. 이런 특징은 2011년에 소말리아에서 60년간 최악의 가뭄과 계속되는 내전으로 인한 굶주림을 피하기 위해 수많은 난민이 국경을 넘으면서 명확하게 드러났다.

영양실조는 항상 기근을 일으키는 요인의 하나이다. 저개발국가 인구의 1/3이 영양 부족상태로 영양실조가 세계에서 가장 광범위한 질병으로 인식된다. 일반적으로 저개발국가에서는 인구수가 실제보다 적게 등록되어 있고, 사망 원인에 대한 신뢰할 만한 자료가 거의 없다. 이것은 통계가 있는 곳에는 영양실조가 없고, 영양실조가 있는 곳에 통계가 없다는 것을 잘 보여 주는 예이다. 이런 한계 때문에 가뭄과 관련된 기근으로 사망한 사람 수를 추정하는 것이 거의 불가능하다. 최근 기근과 관련된 사망은 대부분 사하라 이남 반건조지역에서 발생하였다. UN은 1985년 2월에 아프리카 20여 개국에 거주하고 있는 1억 5,000만 명이 기근 영향을 받았고, 3,000만 명에게 긴급 식량원조가 필요했다고 추정하였다. 이 중 1,000만 명 이상이 물과 식량을 찾아 살던 집을 버리고 떠났으며, 25만 명 이상의 주민이 죽었다. 가축 손실도 매우 컸다. 특히 아프리카 뿔은 가뭄과 기근 영향을 받기 쉬운 지역이다(Box 12.2). 인도와 같은 아시아 국가도 가뭄 영향을 받았지만, 자급자족 형태의 식량생산으로 기근을 극복하였다(Mathur and Jayla, 1992). 남아메리카에서는 브라질 북동부 반건조지역에서 20세기(1915년, 1919년, 1934년, 1983년, 1994년)에 빈번한 가뭄을 겪었다. 인구의 거의 20%를 차지하는 5세 이하, 특히 소외계층 어린이들의 영양부족이 가뭄시기에 취약성을 더욱 키웠다.

오늘날 기근은 거의 최저 생활수준으로 관개 없이 농업을 하는 반건조 저개발국가에서 발생하고 있다. 그러나 수단 다르푸르 실상은 1984~1985년의 가뭄 동안 흉작으로 대규모 굶주림이 발생한다는 일반적 개념에 의문을 제기하였다. Waal(1989)에 의하면, 전체적인 사망률이 두 배 늘었지만 다르푸르 기득권자들은 대부분 살아남았다. 초과 사망률은 어린이와 노인층에 집중되었고, 10세에서 50세 사이 초과 사망률은 10% 이하였다. 난민들이 물이 부족하고 위생관리가 적절하지 못한 중심지로 모여들면서 홍역, 설사, 말라리아 등의 전염병이 퍼져 많은 사망자가 생겼다. 이는 대규모 굶주림과 같은 기근재난에 대한 관습적인 지표와 전통적으로 행하여지는 식량원조에 의한 재난감소 통계 사이에 차이가 있음을 보여 준다.

기근가뭄 평가에서 식량안전이 중요한 요인이지만, 가뭄 영향은 근본적이고 장기적인 사회 경제 문제와 특히 어린이들에 대한 제한급수, 근대 위생시설 부족, 부적절한 건강관리 등 건강문제로 더욱 악화된다. 또 다른 극심한 가뭄 특징은 인구유출을 증가시키면서 농촌의 안전성을 약화시킨다는 것이다. 1985년 브라질 북동부 가뭄 이후 대부분 남성인 100만 명에 가까운 사람들이 자신의 농장을 버리고 일자리를 찾아 떠나면서 농촌과 도시 간 인구이동이 급증하여 브라질 모든 도시 주변에 판자촌이 급증하였다.

Box 12.2. 아프리카 뿔에서 발생한 가뭄과 기근: 에티오피아 사례

아프리카 대륙 북동부에 자리한 반도인 아프리카 뿔은 소말리아, 지부티, 에리트레아를 포함하며, 케냐 일부와 수단이 인접해 있다. 이 지역은 최소 4,000년 동안 건조지역이었으며, 규칙적으로 홍수와 끊임없는 내전과 더불어 가뭄으로 인한 고통을 겪어 왔다. 가뭄에 대한 취약성을 높이는 요인에는 정부의 관리부족, 낮은 생산성, 침체된 기술수준, 인적·천연 자원의 부적절한 이용 등이 있다. 미취학 아동의 영양실조는 고질적이며 농업사회보다 목축사회에서 더 심하고, 가뭄해에 확대된다(Chotard et al., 2010). 대부분 국가에서 날씨와 사회 경제 상황이 악화되면 가축이나 가정용품을 팔아치우는 것과 같은 악순환 고리를 이어가면서 새로운 경작지와 물, 식량 등을 찾아서 이주한다(Glantz, 1998). 대부분 목초지에서 1950~1951년 이래 가장 건조했던 기간인 2000년대 말 가뭄 때, 약 1,200만 명이 피해를 입는 식량위기가 발생하였다. UN은 2011년에 매일 3,500명 이상 난민이 케냐 다다압 구호캠프를 향하여 국경을 넘기 시작할 때 소말리아 일부 지역에 가뭄을 선포하였다.

EU는 6억€를 원조하였고, 옥스팸은 아프리카를 위해서 역대 최대 규모인 5,000만£를 지원하였다.

최근 10여 년 동안 에티오피아가 아프리카 뿔의 어느 나라보다도 심한 가뭄에 시달려 1970년부터 1996년 사이에 25회 가뭄과 식량부족, 기근이 기록되었고, 그로 인하여 120만 명 이상 죽고 6,000만 명 이상이 영향을 받았다(Ferris-Morris, 2003). 인구의 5~10%가 고질적인 식량부족을 겪고 있지만, 1984~1985년 가뭄 시에는 몇 년간 지속된 광범위한 지역의 강수량 부족으로 인구의 1/5이 굶주림 위기에 처했다. 이때 초과 사망자 수는 70만 명으로 추산되었다. 3년 동안 연속적인 강수량 부족과 더불어 시장 기능이 상실되면서 1999~2000년에 비슷한 위기가 발생하였고, 그로 인하여 가축교역과 국경 충돌 금지법이 시행되었다. 에티오피아는 이런 재난에 대한 대처 능력이 잘 갖추어져 있지 않다. 인구 6,600만 중 85%가 농촌에 거주하며,

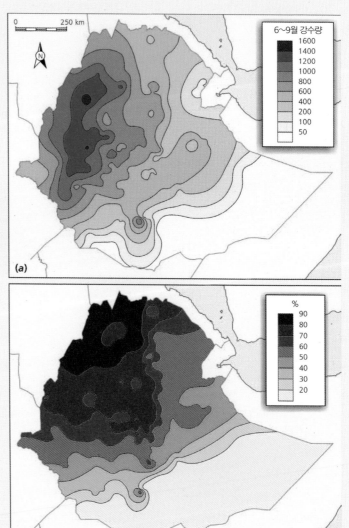

그림 12.7. 에티오피아의 강수패턴 (a) 여름철(JJAS) 총강수량(1971~2000) (b) 연평균 강수량에 대한 여름철 강수량의 비율(1971~2000). 에티오피아의 여름철 강수는 그 양과 시기가 매우 다양하다. 둘 다 물 관리와 식량 생산에 중요하다(Korecha and Barnston, 2007).

농업이 국가 GDP 절반과 수출 90%를 차지한다. 그러나 아직도 국토의 12%만 경작이 가능하며, 대부분 강우량에 의존하는 농사를 지어야 한다. 2% 이하만 영구적인 작물이며, 주로 수출을 위해 경작하고 있어서 세계 시장가격의 영향을 크게 받는다. 이 지역에서는 주요 전통적 경제활동인 소 방목 면적이 60% 이상을 차지하였으나, 빈곤 증가와 더불어 가뭄과 관리부실로 낙타와 작은 반추동물들이 선호하는 식생으로 질이 나빠졌다(Kassahun et al., 2008). 절반 이상 주민들이 하루에 1$ 이하로 살고 있으며, 에티오피아는 매년 약 1억$에 해당하는 경제원조를 받았다.

전에는 에티오피아 강우량 부족이 아프리카에서 습윤한 여름몬순의 흐름에 의해서 발생하였다고 믿었다. 현재는 6월부터 9월 사이의 키렘트(Kiremt) 우기가 대서양과 인도양의 해수면온도 편차보다 ENSO 주기에 의해 좌우된다고 알려졌다(Korecha and Barnstorn, 2007). 키렘트 우기에는 주로 에티오피아 서부와 중서부 고원 상에서 발달하는 국지적 대류로 강수가 발달한다. 이 시기에 목축이 이루어지는 북동과 남동부 저지대는 상대적으로 건조하다(그림 12.7a). 그림 12.7b는 이 시기 국토 절반에서 연평균 강수량의 60%가 내리며, 전국 식량의 90%가 공급된다는 것을 보여 준다. 불행하게도 이런 비는 불안정하다. 에티오피아 농부들은 이런 사실을 잘 알고 있어서 좋지 않은 상황에서도 적절한 방법을 찾아서 적응하고 있다. 예를 들어, 북부 농민들은 성장기간이 짧으면서 내건성인 작물로 바꾸어 재배하고(Meze-Hausken, 2004), 성장기간을 연장할 수 있도록 9월에 추가적으로 관개를 설비하고, 7, 8월에는 용수 조절지에서 끌어온 표면 유출수를 활용한다(Araya and Stroosnijder, 2011).

강우량이 양호한 해에 가정에서는 공급량을 늘리기 위해서 여전히 재정 수단이 필요하지만, 식량생산을 위해서는 필요한 만큼 충분한 물을 공급할 수 있다. 1999~2000년 가뭄처럼 1999년 봄 벨그(Belg) 건기*의 불충분한 강수로 인해 북동부 고원의 작물손실과 남쪽과 남동지역의 80%에 달하는 목축업이 감소했을 당시 에리트레아와 국경분쟁이 동시에 일어났듯이 식량위기는 대부분 복잡하다. 2000년 1월까지 770만 명이 피해를 입은 것으로 추정되었고, 그해 7월까지 국가 대부분에서 인도주의적 위기상황에 처했다. 에티오피아에는 가뭄을 방지하기 위해서 지속적으로 대응할 수 있는 기구를 설치하는 것이 긴급하다.

역자 주: 에티오피아의 계절은 벨그로 알려진 9월부터 2월 사이의 긴 건기와, 이어지는 3, 4월의 짧은 우기, 6월부터 9월로 이어지는 키렘트라고 불리는 우기가 있음.

C. 가뭄재해의 원인

1. 자연 요인

가뭄은 이례적인 대기대순환 상황에서 비롯되지만, 가뭄을 유발하는 기후과정을 완벽하게 이해하지 못하고 있다. 지표면을 구성하면서 상호작용하는 요소로써 대기권, 대양권, 빙권, 생물권 그리고 지표의 총체적 연계 시스템을 설명하기 위한 광범위한 과학인 기후역학 연구가 필요한 상황이다. 이런 연구 대부분은 모든 시공간 규모의 기후변동 양상을 설명하는 데(궁극적으로는 예측하기 위하여) 필요한 분석적 수치모델로 설계된다(Gosse et al., 2008). 어떤 변동은 태양활동이나 화산폭발과 같은 외적 요인에 의해서 결정되고, 또 다른 경우인 ENSO(엘니뇨-남방진동)와 NAO(북대서양진동)는 시스템 내 내적작용과 반응으로 발생한다(제14장 참조). 해양과 빙상에서 관성에 의한 시스템 내의 피드백과 지체효과가 적용되면서 가해지는 요인의 작은 변화가 중요한 임계값을 넘어서게 될 때 기후에 중요한 영향을 미칠 수 있다.

기후역학에서는 원격상관 역할이 강조된다. 원격상관은 아주 멀리 떨어진 곳에서 대기와 해양 간 상호작용으로 일어나는 기후편차 간 관계이다. 예를 들어, 20세기 말 사헬지대 가뭄에는 해수면온도 편차가 큰 역할을 했다고 알려졌다. 바다-공기 간의 직접적인 상호작용은 해양-대기 간 현열과 수분 플럭스에 영향을 미친다. 해수면온도의 음 편차는 하강기류와 고기압성 날씨를 가져와 가뭄의 단초가 될 수 있는 하나의 예이다. 북위 40° 부근의 대서양 매우 낮은 해수면온도는 지표면 부근에 대기안정도를 높이면서 절리 고기압을 발달시키며, 이런 상황이 1975~1976년 북서 유럽 전역에 걸쳐서 발생하였던 가뭄의 단초가 되었다. ENSO는 해양이 가뭄에 영향을 미친 가장 명백한 사례이다(제14장 참조). Dilley and Heyman(1995)에 의하면, 엘니뇨 두 번째 해에는 정상 해와 비교하여 전 세계적으로 가뭄재난이 두 배 늘었다. 이는 규모가 큰 엘니뇨였던 1982~1983년에 아프리카, 오스트레일리아, 인도, 브라질 북동부, 미국 등에서 동시에 발생한 가뭄에서 잘 나타난다. 보다 좁은 지역의 경우, 날씨와 종관규모 과정의 차이 때문에 NAO와 같은 다른 기후인자가 상세한 가뭄 양상을 모두 설명하기는 어렵다.

사헬은 북쪽 사하라와 남쪽 열대우림 사이 기후 점이지대에 자리 잡고 있어서 가뭄에 민감하다. 사헬지대의 연평균 강수량은 100mm(사하라의 가장자리)~800mm(사헬의 남쪽 끝)로 지역 차이가 크다. 그러나 평균값은 상당히 왜곡될 소지가 있다. 이런 강수량 값은 계절, 1년, 10년 등 모든 시간규모에 대해 높은 변동성을 갖는다. 이 지역에서는 연평균 강수량의 80% 이상이 7~9월 여름철에 내린다. 강수량 변동계수가 20~40%로 변동성이 높으며 우기에는 더 높다(그림 12.8). 이런 패턴은 비교적 습한 시기였던 1905~1909년, 1950~1969년 기간과 같은 장기적인 강수량 편차에 의해서 바뀌었다. 연강수량이 1960년대 중반부터 뚜렷하게 감소하였다(그림 12.9). 사헬지대에서는 1994년 우기에 지역별로 고르게 강수가 내린 시기를 제외하고는 전반적으로 30여 년 동안 평균 이하인 상태가 이어졌다. 이는 20세기에 전 세계에서 가장 주목받았던 경향이다

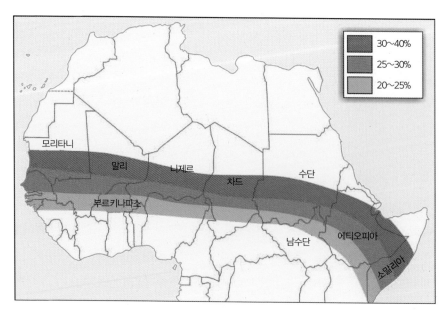

그림 12.8. 가뭄이 발생하기 쉬운 사헬지대 국가. 각 색상은 연평균 강수량의 평년값에 대한 편차를 보여 준다. 총 강수량이 적고 변동성이 큰 곳에서 가뭄이 발생하는 것이 최근 특징이다(미국국제개발처).

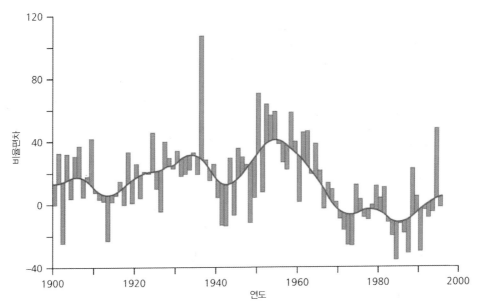

그림 12.9. 1961~1990년 평균에 대한 비율로 나타낸 사헬지대의 우기 강수량. 1960년대 후반의 강수량 감소 경향이 20세기 말 기근재난의 주요 요인이었다. Hulme. http://cru.uea.ac.kr (2003년 5월 31일 접속).

(Hulme, 2001). 1950년대와 1960년대에 관개를 하지 않고도 농업을 할 수 있을 정도로 충분하였던 강우가 농업에 대한 가뭄의 악영향을 키웠다. 대부분 연구자들은 대기순환에 영향을 미치는 남반구와 인도양의 해수면온도 상승이 가뭄을 초래한다고 결론지었다(Brooks, 2004). 해수면온도가 상승하면서 열대 강우대가 상대적으로 온난한 남반구로 이동하여 북반구의 여름 동안 이 강우대 북쪽 경계인 사헬에는 우기가 사라졌다. 더 많은 연구에서 멀리 떨어진 태평양을 포함하여 모든 열대 해양의 해수면온도 변동이 사헬지대와 밀접하게 관련되어 있음을 밝혔다. 이것은 해양에서 이례적으로 데워진 저위도 물이 깊은 대류를 일으켜 여름몬순 수렴을 약화시키고 세네갈에서부터 에티오피아까지 가뭄을 초래하기 때문이다(Giannini et al., 2003).

Peel et al.(2002)은 광범위한 지리조사를 통하여 연강수량 변동성은 ENSO 영향을 받는 기후대에서 뚜렷하게 높다고 결론지었다. 전 세계적으로 여러 지역에서 해수면온도와 강수량 간 원격상관이 밝혀지고 있다. 퀸즐랜드와 뉴사우스웨일스, 빅토리아, 태즈메이니아 등 오스트레일리아 동부 봄·여름철 강수량과 남방진동지수(SOI) 사이에는 상관계수가 0.66으로 높은 상관관계가 있다(Nicholls, 2011). 그림 12.10은 낮은 음값인 SOI와 1940년, 1982년, 1977년과 같은 가뭄해 사이에 명백한 관계를 보여 준다. 모델에 기초한 ENSO는 해에 따른 변동성은 잘 설명할 수 있지만, 수십 년 동안 건조해지는 장기적 경향을 설명하기에는 적절하지 않다. 예를 들어, McCabe et al.(2004)에 의하면, 태평양은 물론 북대서양 상의 해수면온도가 미국에서 가뭄 발생에 영향을 미친다. 더욱이 이런 영향은 이들 지역에서 수십 년 동안 발생한 가뭄의 시공간 변동의 절반 이상을 설명할 수 있다.

해수면과 인도 여름몬순 강도 사이에도 관련성이 있다. ENSO 만으로도 인도몬순 강수량 연 변동의 약 30% 이상을 설명할 수 있다. 다만, 2002년과 같이 예기치 못한 가뭄

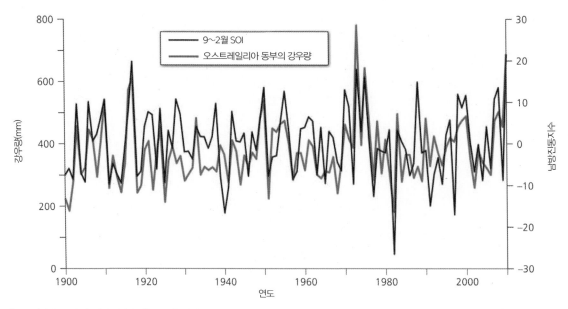

그림 12.10. 남방진동지수(SOI)와 관련된 9월부터 2월 사이 오스트레일리아 동부 강우량. SOI는 라니냐와 엘니뇨 강도로 측정되며, 오스트레일리아 동부의 여름철 강우량과 높은 상관관계가 있다(Nicholls, 2011).

이 발생하는 경우도 있다. 이는 ENSO와 보다 국지적인 인도양 상의 기상조건 사이 상호작용 때문이며, 이런 상호작용이 인도양진동을 만든다(Gadgil et al., 2003). 이곳은 적도 해양표면 상에서 두꺼운 대기의 대류가 대양 동, 서부를 이동하면 해에 따라 바뀌는 구역이다. 이런 현상은 인도양 쌍극자(Indian Ocean dipole; IOD)라 불리며, 10년 시간규모 상에서 ENSO와 인도몬순의 원격상관을 조정한다. 강한 ENSO는 인도에서 몬순 흐름의 약화 및 가뭄재해 가능성과 관련 있고, ENSO가 약화되면 인도양효과가 강력해지면서 양의 IOD(pIOD) 상태가 되어 평균 이상 몬순 강수량을 가져온다. 엘니뇨와 pIOD가 동시에 일어나면, 가뭄을 발달시키는 ENSO가 약화되면서 평균 정도 몬순 강우량이 내린다(Ummenhofer et al., 2011). 그림 12.11은 1877년부터 2006년까지 ENSO, pIOD, ENSO와 pIOD가 결합된 경우 인도 여름 몬순기(6~9월)에 코어 몬순지역의 연강수량 편차를 보여 준다. ENSO해의 85% 이상에서 강

우량이 이례적으로 적어 매 달 800mm 이상 부족하였다. pIOD해에는 평균 이상 강우를 기록한 반면, ENSO/pIOD가 동시에 일어난 경우는 거의 평균에 가깝다.

가뭄은 대규모 대기과정으로 시작되지만 건조상태는 지표면과 하층 대기 간의 국지적 피드백 때문에 더 길어질 수 있다. 지나치게 건조한 땅도 무강수 상태를 유지하는 데 일조한다. 적절한 환경일 때는 대부분 에너지가 증발에 사용되지만, 건조할 때는 입사되는 태양복사 에너지의 장파장 부분이 지표와 공기를 가열시키는 데에 사용된다. 장기간 건조상태는 식생피복을 감소시켜 표면 알베도를 변화시키므로 자동적으로 가뭄이 발생할 수 있다. 이 이론은 토지자원에 대한 압박과 더불어 강우량이 부족한 사헬지대에 적합한 것이며, 환경악화와 더불어 사막화도 설명할 수 있다. 인도네시아에서 발생한 것처럼 대규모 바이오매스 연소에 의한 에어로졸 증가도 지역규모의 피드백 사례이다(Field et al., 2009).

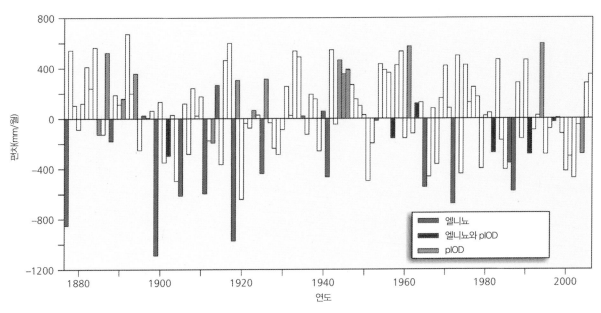

그림 12.11. 코어 인도 몬순지역에서 1877~2006년 동안 기후상태별 6~9월 강수량 편차. 편차는 엘니뇨가 발생한 경우(파란색)와 엘니뇨와 pIOD가 동시에 발생한 경우(보라색), pIOD가 발생한 경우(노란색)를 보여 준다(Ummenhofer *et al.*, 2011).

다른 곳에도 이와 비슷한 과정이 있다. 북아메리카의 1988년 가뭄은 하와이 남동쪽 열대수렴대가 북쪽으로 이동하면서 미국 중서부 상층에 강력한 고기압이 형성되어 발생하였다(Trenberth *et al.*, 1988). 미국의 대부분 가뭄은 해수면온도 편차로 설명할 수 있지만, 1930년대 예외적인 '더스트볼(dust bowl)' 가뭄은 지역 요인으로 증폭되었다. 일단 건조한 상태가 되면, 하강기류가 건조해진 지표수 및 토양 상층부와 결합하여 하층 대기의 상대습도를 더욱 낮춘다. 이는 강우를 발달시킬 수 있는 국지적 기상조건을 억제한다. Cook *et al.*(2007)과 Cook *et al.*(2011)은 대기순환모델(GCMs)로 기후조건을 모의하여 예외적인 해수면온도 편차만으로 1930년대 극심했던 가뭄을 설명하기에 부족하다는 것을 밝혔다. 하지만 식생파괴나 먼지와 같은 지표면 요인이 대기와 지표 사이 피드백과 함께 이 모델에 포함된 경우 강수량 편차와 또 다른 가뭄 특성 등이 보다 정확하게 설명된다.

2. 인위적 요인

인위적 요인 자체가 가뭄을 초래하는 것은 아니지만, 가뭄재해 효과에 영향을 미칠 수 있다. 대형 가뭄재난은 반건조지이면서 '복합적 긴급상황'이 일어나기 쉬운 개발도상국에 집중되어 있다. 이것은 2/3가 건조한 땅인 아프리카에서 잘 설명된다. 1986년 가뭄이 절정일 때, 1억 8,500만 명이 기근과 질병위기에 처해졌다(Dinar and Keck, 2000). 남부 아프리카에서 1991~1992년 가뭄기간에는 곡류 670만t이 부족하여 2,000만 명 이상이 영향을 받았고, 1999~2000년 에티오피아 위기 시에는 1,000만 명 정도가 식량부족을 겪었다. 에티오피아에서 가뭄 영향은 농촌의 궁핍과 환경 질 저하, 인도주의와 정치적 목적 사이 갈등 등 사회 경제 문제 때문에 더 확대되었다(Hammond and Maxwell, 2002).

빈곤은 가뭄재난의 가장 중요한 요인이다. 세계에서 가

사진 12.2. 에티오피아 소말리 지역에서 2006년 3월 동안 말라 버린 하상에서 물을 찾고 있는 유목민. 건기나 가뭄해에 주민은 물론 염소와 낙타에게 물을 먹이기 위해서 지 표면 가까이로 얕아진 지하수를 찾고 있다(사진: Panos/Dieter Telmans DTE01214ETH).

장 가난한 나라 2/3가 아프리카 사하라 이남에 모여 있다. 이 지역은 자연·사회 변동에 대응하기 어려운 곳이다. 가뭄 영향은 상당히 차이가 커서 일부는 난민캠프로 이동하거나 사망하지만, 일부는 가뭄을 기회로 변성하기도 한다. 최악의 타격은 토지와 직업을 잃는 것이며, 자신의 식량을 확보할 방법이 없는 농촌 여성과 아이들의 타격이 더 크다. 일차적으로 농산물 무역감소와 선진국에 의한 시장개방, 국제시장에서 과도한 상품가격 변동, 막대한 해외채무 등 요인이 아프리카 정부가 복잡한 내부문제를 해결하기 어렵게 한다.

사헬에서는 20~30년마다 인구가 두 배로 늘면서 농촌 인구밀도도 증가하였다. 일부 국가에서 농업이 GDP의 40%를 차지할 정도로 중요하지만, 인구증가가 식량생산을 앞지르고 있다. 일부 지역에서는 천연 생태계를 농경지로 바꾸면서 과도한 경작과 짧은 휴지기, 과목, 관개지 관리부실, 삼림파괴 등으로 사막화를 초래한다. 사하라에 인접한 나라에서 목초지 90%와 경작지 85%가 가뭄 영향을 받았다. 나무가 90% 이상의 땔감과 기타 에너지로 사용되면서 삼림파괴를 촉진시켰고, 이는 토지고갈과 토양침식의 결정적 촉매제가 되었다.

사하라 이남 아프리카에서는 강수량에 의존하는 농업형태가 가뭄에 대한 취약성을 키웠다. 이와 같은 낮은 수준의 기술체계로는 가뭄기의 관리방안으로 정착 농민들에게 특정 경작방식을 선택하게 하는 것이나 목축민에게 단위 면적당 방목률을 줄이게 하는 것 정도 외에 달리 제시할 것이 없다. 사헬에서 전통적인 농업방식은 불확실한 강우상태에 잘 적응되었다. 일반적으로 비교적 덜 건조한 남쪽에서는 강우량에 의존한 작물을 키우고 더 건조한 북쪽에서는 가축을 키웠다. 이런 시스템에는 어느 정도 융통성이 있는 상호 의존성이 있었다. 목축민들은 계절별로 이목이나 유목을 하면서 강우대를 따라 이동하고, 경작자들은 수수나 기장과 같은 다양한 내건성 자급용 농작물 재배로 위험을 줄였다. 토지 비옥도를 유지하기 위해서는 경작 후 5년 이상 휴지기간이 필요하였다. 화폐경제가 없던 시기에 유목민과 농민이 한 곳에 정착하면서 육류와 곡류를 교환하는 무역제가 유지되었다.

이런 시스템이 서서히 약화되었다. 인구증가와 함께 증가한 식량수요가 경작지에 큰 압박을 가했다. 이전에 목초지로 사용되던 건조지역까지 경작이 확대되면서 토양침식이 일어났다. 그에 따라 자원 기반이 약화면서 방목지도 과목상태가 되었다. 이런 식생파괴는 남아프리카의 '숨겨진' 가뭄의 원인으로 설명될 수 있다(Msangi, 2004). 수출 이익과 외환거래를 위한 정부 요구로 환금작물을 재배하였고, 이는 땅을 놓고 기본 작물경작과 경쟁을 야기하면서 휴경기간이 줄었다. 수년 동안 지속적으로 농산물 가격이 실제 가치 정도로 하락할 만큼 자급용 곡물생산은 장려되지 못하였다. 동시에 국제은행으로부터의 대출상환 압력 때문에 심각할 정도로 식량비축이 등한시되었다. 게다가 강우량에 의존하는 농업 생산성을 올리기 위한 정부 투자 결여와 빈농을 위한 융자제도 도입 실패가 농촌 기반의 안정성을 약화시킨 경향도 있다.

아프리카 목축민들은 더 큰 위험에 처해졌다. 정부가 유목에 관한 법을 제정하고, 목축민 정착정책이 시도되었다. 예를 들어, 케냐 북부에서는 가톨릭교회가 목축민 정착에 영향력을 갖지만(Fratkin, 1992), 건조지역에서는 여전히 가축이 중요하다. 주민들은 자급과 무역을 가축에 의존하지만 유동성이나 회복력이 떨어졌다. 일반적으로 목축민보다 정착하는 농업 쪽으로 대외원조가 할당된다. 토지에 대한 압박을 줄이기 위해 목축민들이 가축을 팔아야 한다고 믿는 정부는 비가 많은 해에 가축 수가 증가하는 전통적인 방식을 반기지 않는다. 점점 더 엄격한 법 시행으로 가뭄 시기에 짐승사냥을 어렵게 했다. 국경 강화, 관세와 더불어 차량수송 경쟁으로 이동식 주택 무역과 같은 형태의 직업이 사라졌다. 즉 목축민들의 전통방식은 이제 설 자리를 잃게 되었다. 가뭄 동안 물줄기를 찾고 가축먹이를 찾아야 하는 목축민과 농민 사이에서 갈등을 최소화하기 위해서 새로운 사고가 마련되어야 한다(Orindi et al., 2007).

이런 것들은 심각한 문제이지만, 1980년대의 기근가뭄에 대해서는 다양한 관점이 있다. 일부는 사회격변과 인명손실에도 불구하고 전통적으로 적응할 수 있는 많은 전략이 잘 이뤄졌다는 점에서 낙관적으로 본다(Mortimire and Adams, 2001). Batterbury and Warren(2001)은 사헬 생태계의 지속적인 유연성을 강조하고 이주, 자산 매각, 환금작물 생산, 농외소득 등을 통해서 일부 자원부족 문제가 경감될 수 있다고 주장하였다.

D. 가뭄재해 예방

1. 환경조절

이론적으로는 구름 씨뿌리기와 같은 인공강우가 가뭄재난을 줄 일 수 있다. 하지만 실험에서 이런 기술은 자연 강우 가능성이 있는 구름에서만 적용될 수 있다는 것이 확인되었다. 이는 가뭄상황에서 실행 가능한 경우가 많지 않고, 실험이 계속 진행된다 하더라도 조건을 만족시킬 수 있는 실제 상황은 거의 없다는 사실을 확인시켜 준다.

수자원을 추가로 개발하는 것이 반드시 필요한 해결책은 아니다. 사헬에서는 매년 5,000ha의 새로운 땅에서 관개를 시작하지만, 이는 침수나 토양 염도 때문에 버려지는 땅 면적과 비슷하다. 적절한 지역 관리가 없는 상태에서 건조지역에서 새로운 시추공을 만드는 것이 원조와 기술이 재난을 얼마나 더 확대시킬 수 있는지를 보여 주는 사례이다. 사하라 남쪽 가장자리를 따라 새로운 방목지를 만들 수 있게 새로운 관정이 만들어졌다. 인위적으로 통제하지 않았지만, 많은 가축과 사람들이 시추공 주변으로 모여들었다. 물은 새로운 지역이 피폐해지고 가축이 죽을 때까지 키울 수 있는 먹이의 양을 초과하여 가축을 키울 수 있게 하였다. 관개용수를 부적절하게 사용하는 또 다른 예도 있다. 새로 공급된 물 일부는 도시 엘리트 계층을 위해서 파인애플이나 쌀과 같은 수입작물의 관개에 사용되었다. 이런 작물은 물 소비가 크고 농촌의 식량부족을 완화시키는 데에 전혀 도움이 되지 않는다.

2. 재난에 견딜 수 있는 설계

수문가뭄에 대한 일반적인 대비책은 댐을 만들고 인공 저수지에 파이프라인을 설치하여 물을 공급하는 것이다. 전 세계적으로 대형 댐이 확대되면서 이런 공학적 해결책이 강조되고 있다. 조절되는 하천은 계절적인 유량변동을 줄이고, 건기에도 물을 얻을 수 있게 유량을 유지시켜 준다. 그림 12.12는 1976년 영국 가뭄 때, 조절지 하류지점에서 15일 간격으로 조절되는 블라이드 강의 유량을 보여 준다. 저수지가 없는 상태를 자연 유량과 측정된 유출량을 비교해서 보면, 저수지가 일 년 내내 좁은 유역에서 하천 유량을 유지할 수 있는 것으로 나타났다. 저수지는 겨울 내내 홍수 피크를 유지하였고 평균 유량을 감소시켰다. 5월

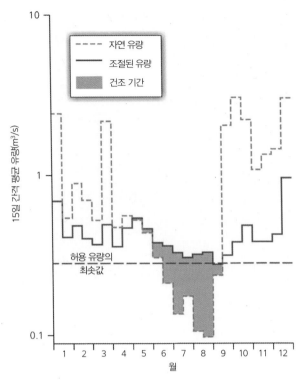

그림 12.12. 블라이드 강에서 1976년 가뭄 시 저수지의 저장과 유량 조절에 의한 수문가뭄의 완화. 저수지가 없을 경우의 자연적인 유량은 여름철 3개월 이상 허용 유량의 최솟값 이하로 떨어졌다(Gilvear).

과 9월 사이에 조절되는 하천 유출량은 자연 유량보다 증가했다. 3개월 동안 이 수준 이하로 자연 유량이 감소하는 극심한 가뭄 상황이었지만, 강 유량은 설계된 최소 허용유량 $0.263m^3/s$ 이하로는 떨어지지 않았다.

도시용수 공급을 유지하기 위해 저수지가 광범위하게 사용되어 왔다. 도시지역에서는 시스템 공급능력과 최대 사용 값 사이에 충분한 차이를 두고 가뭄을 대비하는 완충법이 있다. 그림 12.13은 물 공급용 저수지가 공급관리를 위해서 강 유량의 계절변동을 어떻게 해결할 수 있는지를 보여 준다. 대부분 지역에서 인구증가나 가정용수 증가에 따르는 점진적인 수요 증가에 대처할 수 있을 정도로 저수지가 늘지 않는다면, 공급할 수 있는 연간 잉여량은 악화될 것이다. 저수지는 가뭄기간에도 사용에 제한을 주지 않을 수

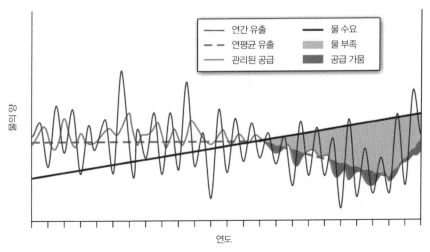

그림 12.13. 이상적인 물 공급 부족 위기상황. 시간이 흐르면서 점차 물 수요가 증가한다. 공급을 늘리지 않는다면 비교적 소규모의 유량감소도 물 부족을 야기한다. 공급이 계절이나 연평균 이하로 떨어질 때, 도시의 물 부족이 발생한다.

있어야 한다. 물 배급을 위해서 관리되는 공급량이 연간 평균 지표유출량 이하로 떨어지면 가뭄이 일어나고, 이는 서비스를 중단하고 다른 곳에서 추가공급을 받아야 할 상황을 초래한다.

물 부족에 대한 대응은 상황의 심각한 정도에 따라 결정된다. 예를 들어, 잉글랜드와 웨일스 책임자들(환경청, 물 회사, 지방 당국과 정부)은 다음과 같이 협조하고 있다.

- 1단계: 환경청과 물 회사는 모든 소비자들이 수요를 낮추도록 장려하고 배급 시스템에서 수압을 낮추는 것 같은 조절장치로 가정에서 물을 보존한다.
- 2단계: 물 회사는 가정에서 정원용과 세차용 호스 사용을 규제한다. 환경청은 농업 살수용 관개를 막는다. 환경청과 물 회사, 지역 당국은 물 보호 홍보를 늘린다.
- 3단계: 환경청과 중앙 정부는 농업용수나 다른 특정 용도를 위해서 물 추출을 규제하는 것을 법제화하고, 물 회사는 지하수나 표면수를 더 많이 추출할 수 있도록 한다.
- 4단계: 물 회사는 하루 중 예고된 시간에 가정용수 공급을 중단하고, 도시지역에 급수탑을 설치하며 심각한 가

뭄지역에는 물 공급을 위한 탱크를 설치한다.

심각하지 않은 정도의 물 부족이 자주 발생하기는 하지만, 저수지에 기반을 둔 수많은 도시 용수공급 시스템은 최소한 98% 정도 기간에 공급이 가능하도록 설계되었다(2%는 실패 가능성이 있음). 과설계와 주의 깊은 위기관리 측면에서 100년 주기 규모가 넘는 가뭄의 경우에도 이런 시스템이 잘 작동할 것이다. 그림 12.14는 일본의 1994년 여름 가뭄 때 공급이 가능하도록 했던 도네 강의 가정용수 조절과정을 나타낸 것이다(Omachi, 1997). 이런 활동이 없었다면 저수지 함유량이 더 빠르게 감소하여 1994년 8월 12일에 물이 완전히 고갈되었을 것이다.

E. 완화

1. 재난구호

식량원조는 인도주의적으로는 물론 재정적으로도 모든

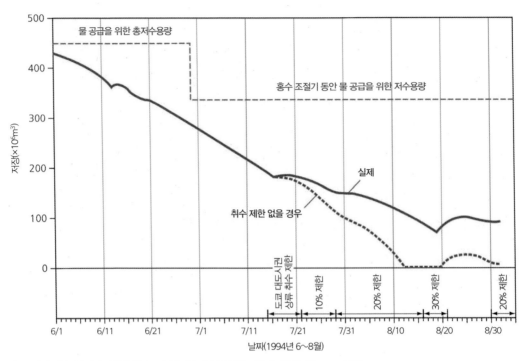

그림 12.14. 일본 도네 강 상류 저수지의 저수량 변화가 1994년 여름 가뭄 동안 취수 제한에 미친 효과(Omachi, 1997).

재난의 경우에 국제사회에서 가장 중요한 대응책일 수 있다(Leader, 2000). 일부 저개발국가에서는 식량원조가 가뭄극복과 거의 비슷한 의미로 쓰인다. 1991~1992년 아프리카 남부와 동부에서 발생한 엘니뇨와 관련된 가뭄은 3,000만 명의 식량을 위협하면서 대규모 국제적 구호활동을 이끌어냈다. 1992년 4월부터 1993년 6월까지 남부 아프리카로 운반된 식량과 구호물품은 1984~1985년 아프리카 뿔 가뭄 당시의 5배 이상에 이르렀다(IFRCRCS, 1994). 8월에 기근을 막을 수 있을 정도로 충분한 원조식량이 도달했지만, 철도가 혼잡하고 도로수송 여건이 빈약하여 배급이 어려웠다. 이에 따라 각 지역 대표 기구 간 식량원조 협력활동을 위해 '영양실조 예방 프로그램(PPM)'이 설립되었다. 이 조직은 50개 이상의 비정부기구로 200여 만 명에게 거의 25,000t에 달하는 옥수수를 분배하였다.

식량원조는 긴급상황에서 인명구조 역할임에도 불구하고 논란이 많다. de Wall(1989)은 식량원조를 '과잉행사'라고 표현하기도 하였다. 기근을 대규모 기아로 바라보는 서양 시각에 근거한 것으로 원조물자가 궁핍한 사람들이 아닌 부유한 엘리트 그룹으로 넘어갈 수 있기 때문이다. 예를 들어, Kelly and Buchanan-Smith(1994)는 기아로 인한 과도한 사망자가 없다면 기부자들은 쉽게 구제를 위해 전폭적으로 지원하지는 않는다고 주장했다. 대규모 식량배급이 합리적으로 보이기도 하지만, 기근에 의한 사망은 특정 연령대에 한정되어 있고 질병 등의 영향도 받는다. 대부분의 경우 가장 취약한 순으로 원조할 순위를 매기는 것이 바람직하지만, 현실적으로 가정단위로 선택적 원조를 하는 것이 쉽지 않다(Kelly, 1992). 예를 들어, 비체중지수와 같은 인체 측정 기준에 의한 목표식량으로 가정의 적절한 배급량을 나누는 과정에서 어린이들에게 식량을 덜 주게 되는 결과를 초래할 수 있다. 그러므로 재난구조는 가장 필요

사진 12.3. 18개월 된 아들을 돌보고 있는 소말리아의 한 어머니와 음식을 먹이고 있는 다른 어머니(케냐 다다압 캠프 안정센터, 2011, 7). 2011년 6월에 굶주림과 갈등을 피해서 30,000명의 주민이 피난하였으며, 다다압에 세계 최대 난민캠프가 만들어졌다(사진: Panos/Sanjit SDA01588KEN).

한 이들이 구별될 수 있고 운송수단이 개선되었을 때만 사용되는 것이 바람직하다. 무엇보다도 국내 불안, 전쟁, 정치적 간섭이 기본적인 인도적 목적을 방해할 수 있는 복잡한 응급상황에서는 최적의 식량원조가 불가능하다.

장기간 가뭄원조가 항상 적절하게 투자되는 것은 아니다. 지역규모에서 보면 농업과 삼림 또는 지역 내 활동을 위해서 비교적 적은 자금이 사용되고 있다. 농촌지역이 안정을 찾기 위해서는 소규모 농부들에게도 보다 직접적인 원조가 있어야 한다. 또 다른 문제 중 하나는 해외연수를 위한 학생들이 도시 엘리트 그룹에서 선발된다는 점이다. 그들은 돌아온 후 도시에 남는 것을 선호한다. 결국 새로운 농업기술이 농촌이 아닌 도시에서 도시로 이동하게 된다. 농촌

의 지속가능한 개발을 위한 더 많은 관심이 필요하다. 이것은 식량이나 현금 없이 곡물이 분배되는 잠비아에서와 같이 노동을 활용한 식량원조 같은 것이다. 수급자들은 도로 재정비, 화장실 만들기, 시추공이나 우물 파기, 가축을 위한 탱크건설과 같은 자립 프로젝트에 참여해야 한다. 비슷한 현금-노동 체제가 브라질 북동부에서도 운영되었다. 이 프로그램으로 적은 급여를 지급하면서 1993년 약 200만 명이 400만~600만 명의 부양가족과 함께 고용되었다.

긴급 가뭄구조는 선진국에서도 정부의 우선 사항이다. Whilte(1986)는 몇 년 전 미국과 오스트레일리아 가뭄정책을 비교하여, 구조활동은 차관과 보조금에 의한 손실 분담 성격을 가지며, 가뭄완화를 위한 가장 큰 활동은 긴급 해외

원조와 같은 위기관리 체제로 이루어진다는 것을 보여 주었다. 심각한 가뭄일 때, 많은 비용이 소요되며 정부만이 필요한 규모로 개입할 수 있는 유일한 조직이다. 예를 들어, 1974~1977년 미국 가뭄 동안 전체 가뭄구조정책 비용은 70억~80억\$였다.

선진국에서는 가뭄구조 비용 증가로 일부 지역사회에서 세금으로 유지되던 긴급 제한 정책을 없앴고, 농촌사회를 위해서 장기적이고 자립적인 방향으로 정책을 바꾸었다. 1989년 오스트레일리아 정부는 자연재난구제협의(Natural Disaster Relief Arrangements)를 활용하여 가뭄을 극복하였다(O'Meagher et al., 2000). 오스트레일리아 국가 가뭄정책은 기후 때문에 가뭄은 불가결한 것으로 인식하고 모든 농업 결정의 주요 요인으로 받아들였다. 그러나 1990년대에 이런 정책은 농가 빈곤으로 공공사고를 복잡하게 하였고, 정부가 지속적으로 극심한 가뭄을 인정함으로써 '예외적인' 구조비용도 계속 지급되었다(Botteril, 2003). 뉴질랜드에서는 보조받을 수 있는 가뭄 범위가 점점 좁아지면서 가뭄보조에 대한 중앙정부 책임도 줄어들었다(Haylock and Erickson, 2000). 1996년에 가뭄 정의는 50년 재현주기로 제한되었다(연평균 발생 가능성은 2%). 오늘날 목표는 천연자원에 더 지속가능하게 접근하는 방법으로 가뭄 대응책을 농촌사회로 귀속시키는 것이지만, 정부 정책이 장기적인 가뭄관리와 얼마나 연관될지는 여전히 불확실하다.

2. 보험

현재 가뭄보험은 매우 제한적이며 실제로 가장 필요한 저개발국가에서 더욱 제한적이다. 민간 부문은 별 관심이 없지만, 예비계획은 세계은행의 후원을 받고 날씨를 기반으로 한 보험형태가 향후 큰 역할을 하게 될 것임을 보여 준다(Hazell and Hess, 2010). 이런 정책을 추진하기 위한 장애물은 보험회사의 높은 위기 가능성에 대한 인식, 감시 목적 기상관측소 부족, 정책을 찾기에 무능한 농부들 그리고 시행을 위해 보험사와 농부들을 연결시켜 줄 중개인 부재 등이다. 그들이 이란과 같은 개발도상국에 살든지 오스트레일리아의 어딘가에 살든지 간에 그들의 삶을 위해 장기적인 관점에서 바라보는 농촌 사람들의 시각이 보험에 대한 자세에 영향을 미칠 것이다(Karpisheh et al., 2010; Raphael et al., 2009).

F. 적응

1. 공동체 대비

Wilhite(2002)에 의하면, 가뭄재난을 줄이기 위해서는 대비하는 것이 가장 중요하다. 식량안보를 위해 '대응하는' 정책을 발전시켜 온 전통사회에서는 어느 정도 성과가 있었다. '보통' 가뭄에 대응하기 위하여 사헬 유목민들은 낙타, 소, 양, 염소를 포함하여 종을 다양화하는 법을 실행하였다. 이런 가축은 방목 형태가 모두 다르다. 이런 다양화는 각 가축마다 물 수요량과 번식주기 등이 다르기 때문에 목초를 파괴시킬 위험성을 낮춘다. 강수량이 풍부한 해에는 가뭄에 대비한 보험처럼 식량저장을 위한 가축 수를 늘렸다. 가뭄이 발생하면 주민들은 좋은 목초를 찾아 이동하였고 심각한 경우 가축을 도살하거나 팔았다. 비공식적인 공동 손실분담 시스템이 다른 여분의 동물 대출금이나 보조금을 최악의 구제에 쓸 수 있게 하였고, 가뭄을 이겨내기 위한 일시적인 방법으로 가젤 사냥이나 대상거래와 같은 다양한 대비책이 강구되었다. 비슷한 방법으로 말리 농촌 주민들은 다양한 비농업 활동으로 수입을 얻으면서 수확량 감소에 적응하였다(Cekan, 1992).

극심한 가뭄상황에서는 농촌주민들의 노력이 더 필요하다. 그들은 주로 식량비축을 위해 먼저 먹는 것을 줄인다. 농업적 조정에는 대체작물(정상적인 재식기에는 가뭄을 견디는 작물이 선호됨), 밭 틈막기(이전에 작물성장이 어려웠던 곳), 작물 이모작, 관개농업 등이 포함된다. 식량이 고갈되면 영양상태가 떨어지면서 다양한 야생 기근 음식을 찾는다. 예를 들어, 잠비아에서 흙과 꿀을 섞어 먹는 것이나 먹기 전에 충분히 끓이지 않으면 독성이 남아 있을 수 있는 야생과일이나 야생뿌리를 먹는 것 등이다. 목초지의 생태 피해를 막기 위해서 가뭄 초기단계에서 재고정리 필요성을 보여 주려는 외부의 개입 사례도 있지만, 대체로 가축을 팔기 시작한다(Morton and Barton, 2002). 불행하게도 곡물 값이 상승할 경우, 재고정리는 가축 가치하락을 가속시키며, 이는 물물교환에서 유목민들에게 불리한 점이다. 가난한 목축민들은 재산보다 식량을 사기 위해 가축 대부분을 팔아야 한다. 그러므로 극심한 가뭄일 때에 가난한 사람들 대부분 목축을 포기하고, 기근구조에 의존하거나 목동이나 노동자에게 주어지는 급여로 살 수 있는 마을에 정착한다(Haug, 2002). 식량이나 다른 자원이 없는 농촌주민들은 늘 그랬듯이 살기 위해 생산성이 없는 땅에서 일하는 것 보다는 임금노동을 택한다.

일부 가구는 엄청난 빚 때문에 다른 후원이 필요하다. 여건이 나은 친척이나 이웃, 또는 비농업 대응책을 사용하는 후원그룹에서 현금이나 식량권을 얻을 수 있어야 한다. 외부의 도움 없이 곡물을 사려면, 라디오, 자전거, 총과 같은 자산이나 보석 등 값진 물건을 팔아치우는 것 외에 다른 방법이 없다. 수입이 줄어들면, 건강상태도 악화된다. 이런 악화는 영양부족과 식량감소에 대한 경쟁 심화와 점차 오염되는 물에 의해 가속화된다. 가능한 곳에서는 어디에서든지 생존을 위해서 야생 사냥감을 밀렵한다. 표 12.3은 방글라데시의 10% 이상에 피해를 준 1994~1995년의 심각한 가뭄 때, 비농업적 방법으로 다양하게 가정단위에서 적응한 모습을 보여 준다. 응답자 중 절반 이상이 가축을 팔았으며, 70% 이상 응답자는 땅을 팔거나 저당을 잡혔다(Paul, 1995).

최종적으로 가정이 무너지기 시작한다. 어떤 아이들은 먼 친척에게 보내지고, 남자들은 일거리를 찾아 도시로 떠난다. 가족들이 이주하면서 자신의 토지권을 잃게 될 경우 대규모 영구이주가 이루어진다. 수단 다르푸르 북쪽의 기근 영향으로 기근피해를 입은 공동체에서 이주한 농촌 마을의 가정 사례연구에서 보면, 초기 일부 이주가 넉넉한 가정부터 시작된 것으로 보아 재산이 기근에 대한 저항성을 증가시키는 것은 아니라는 것을 알 수 있다(Pyle, 1992). 다른 재난의 경우와 같이 이전 경험이 생존기회를 높여 주지만, 일부 전통적 대응책은 오늘날에 덜 유용하다. 예를 들어, 목축민의 가축 절도가 가뭄으로 파괴된 가축무리 재건 수단이 되기도 했었지만, 케냐 일부 지역에서는 이런 활동이 외부 침입자들에 의해 중단되었다(Hendrickson et al., 1998).

주요 곡물에 대한 더 많은 연구와 계단식 농사나 토양침식 조절과 같은 건조지에 적절한 더 나은 농업기술 개발이

표 12.3. 방글라데시에서 가뭄에 대한 비농업적 적응 방법

적응 방법	가구 수	%
가축 매매	166	55
토지 매매	112	37
토지 저당	106	35
가축 저당	2	1
소지품 매매	26	9
가족 중 일부 이주	1	0

출처: Paul(1995).
주: 265가구를 대상으로 조사하였고, 두 가지 이상 응답하였음.

필요하다. 관개계획보다 유목민들을 지원하는 것이 훨씬 더 생산적일 수 있다. 자금의 우선순위를 바꾸기 위해서 새로운 견해가 필요하다. 도로시설 개선과 같이 지역의 사회기반시설 개선이 긴급식량 분배에 도움을 주어서 단기적인 취약성을 감소시키고 장기적으로 회복력을 증가 시킬 수 있는 현대적 진료소와 같은 새로운 시설을 최적 장소에 배치하는 데 도움을 줄 수 있다. 무엇보다도 주민들의 자립심을 키워 주고 기근원조에 덜 의지할 수 있게 지역 주도권을 풀어 줄 필요가 있다.

오늘날 선진국이나 대부분 나라의 도시에서는 기근가뭄이 발생하지 않는다. 수문가뭄이 일어난 때 수자원 당국에서 사용하는 단기적 조정책이 주로 가정용 소비자들을 대상으로 하고 있으며, 이는 공급관리와 수요관리를 모두 포함하므로 재해보다 더 골칫거리이다. 앞에서 설명한 것처럼, 공급관리 방법은 유용한 공급과 저수지를 더욱 융통성 있게 사용하는 것에 초점을 둔다. 이는 심각한 부족을 덜기 위하여 취수지역을 바꾸고 다른 물 공급지에서 물을 끌어오는 것으로 가능하다. 비상 파이프라인 설치 등과 같은 일시적인 방법으로 더 먼 곳의 물을 끌어들일 수 있다. 다른 기술적 방법으로는 분배 시스템에서 누수되는 파이프를 가능한 많이 보수하거나 주요 공급 파이프 수압을 줄이는 것 등이 있다. 모든 방법이 실패할 경우, 최악의 타격을 입는 순서대로 물을 분배한다. 소비자 수요를 유지하거나 줄이기 위해서는 다양한 합법적인 방법을 혼용하여 물 절약을 위한 대중적 호소가 필요하다. 1976년 8월 영국 의회에서 자동차 세차나 정원용 용수와 같이 꼭 필요하지 않은 물 사용을 막기 위하여 신속하게 처리된 '가뭄 조례'와 같은 특별법이 시행될 수도 있다. 이런 방법들은 '물 절약(save water)' 홍보활동과 더불어 단기간에 주거용 수요를 1/3까지 줄일 수 있다.

하지만 위기관리가 도시지역에서 장기적 계획과 물 보존을 대체할 수 없다. 사우스오스레일리아 애들레이드와 같이 수문가뭄이 자주 일어나는 곳에서는 오랫동안 물 수요를 관리하는 것이 주요 정책이었다. 강우가 거의 없는 여름에 대도시에서 소비된 물의 80% 정도가 정원 관개에 사용되었다. 종합적인 보존전략의 하나로 가정용수는 경제적 방법(계절 피크 가격책정)과 기술적 방법(효율적이지 않은 물 사용기구의 제한과 실수방법 자문), 사회적 방법(정원에 물을 많이 필요로 하는 유럽 종보다 야생식물을 기르도록 권장)이 합쳐져야 효과적으로 줄일 수 있다.

2. 예측과 경보

효과적인 작물재배 결정과 물 공급관리를 위해서 여러 달 전에 가뭄이 예보되어야 한다. 많은 국가의 식량생산에 영향을 끼칠 수 있는 ENSO 등에 대한 최적 예측을 위해서 대기와 해양을 결합시킨 기후기반 모델이 사용되었다. 예를 들어, Selvaraju(2003)는 온난한 ENSO 단계 동안 인도 총 곡물생산량은 15%까지 떨어졌고, 그 손실이 연간 약 7억 3,300$에 이르렀다고 주장하였다. 그러나 과학을 전적으로 신뢰할 수만은 없다. Ropelewski and Folland (2000)에 따르면, 일부 기법은 계절 강우량을 예측하지만 대부분 강수량 추정치는 광범위한 지역의 몇 달 간 평균값이며, 각 의사결정자들의 태도도 신중하지 않았다.

여러 기관에서 가뭄을 감시하고 예측하고 있다. 그 예의 하나가 2003년에 나이로비에 세워진 아프리카 뿔 10개국을 담당하는 정부 간 기후예측 및 응용센터(ICPAC)이다. ICPAC는 정기적인 지역 자문을 통해 조기경보와 극한기후 완화를 위한 기후감시와 예보를 제공하고, 순별, 월별, 계절별 소식지를 발행한다. 합의된 전망과 가뭄전략을 확인하기 위해 우기 시작 전에 기후전망포럼이 열린다. 미국 네브래스카대학 국립 가뭄완화센터나 런던대학 전구가뭄감시센터 등은 학교와 연계된 가뭄을 감시하고 예측하는 기관이다.

　향후 재난저감을 위해서 식량원조 분배와 같은 효율적인 식량관리와 더불어 의미 있는 계절 강우량 감소를 예측하고 관측하는 것을 통합하는 보다 적극적인 접근법이 필요하다(Tadesse et al., 2008). 이 과정은 기후변동과 농업, 식량공급, 농촌사회 복지에 대한 이해가 향상되면서 더 복잡해지고 있다. 방법론의 세세한 차이가 있지만, 가뭄재난에 대비하기 위한 정보 요구치와 일반적 행동 순서는 다음과 같을 수 있다.

계절별 기후전망

⋮

농업기상 관측

⋮

수확 전 작물평가

⋮

긴급상황 호소

⋮

원조 전달

　곡물 수확모델이 기후예보에 포함될 수 있다. 더욱이 원격탐사가 발전하면서 재배지역, 작물작황과 생산량에 대한 더욱 정확한 추정 등이 가능하게 되었다. 예를 들어, Gouveia et al.(2009)이 설명한 정규화된 식생지수 편차(NDVI)는 작물과 목축실패 초기 지표로 사용될 수 있다. 유사한 방법으로 1981년과 2009년 사이에 아프리카의 광범위한 지역에서 초목 생육상태가 가뭄에 의한 것이라는 사실이 밝혀졌다(Rojas et al., 2011).

　두 개의 중요한 세계적 경보 시스템—UN이 후원하는 전구조기경보 시스템(GIEWS)과 미국이 후원하는 기근조기경보 시스템(FEWS NET)—이 작물실패와 식량부족을 예측하기 위해 운영되고 있다(표 12.4). 이런 시스템은 1970년대와 1980년대 극심한 식량 비상사태 이후에 설립되었다. 이들은 여러 기관의 지원을 받고 있으며, 보다 지역적인 규모에 개입하기 위하여 대규모 관측과 예보에 집중하고 있다. 주요 자료는 정기적으로 매 10일 간격의 실시간에 근접한 위성영상이다. 예를 들어, GIEWS는 아프리카 실시간 환경정보 감시시스템(ARTEMIS)에 의해 운영된다. 유럽 METEOSAT 위성은 아프리카 프록시 강우량을 추정하기 위해 구름 종류를 관측한다. 이런 자료는 NOAA의 극궤도 위성에서 얻을 수 있는 NDVI를 통해서 첨단 고해상 방사계(Advanced Very High Resolution Radiometer; AVHRR) 정보와 연결되며, 이때 식생피복 해상도는 8km이다. 강우량과 식생 추정치로 식량작물과 목초지를 평가하기 위해 현재와 예측된 날씨상태를 지도화한다. 위험 조짐이 보이면, 정기적인 강우량 보고서와 식량 생산량과 기근 취약성을 발표하고 지역 사무소는 지표면에서 상황을 명확하게 하기 위해 빠른 평가조사에 착수한다.

　요약하면, 농업관측 과정은 야외관찰과 작물모델, 특정 해 수확량을 평가하기 위한 원격탐사 자료, 인도주의적 개입이 필요한 식량부족이 일어날 가능성 등을 모두 통합하는 것이다. 이 과정이 능률화되면, 수요평가가 취약지역에서 보다 빠르게 의사결정을 할 수 있을 것이다(Haile, 2005). 그림 12.15a는 사하라 이남 국가들의 현재 상황을 보여 준다. 오늘날 농업기상 관측기간은 2월부터 10월 또는 11월까지이다. 필요할 경우 계절적 기아가 발생하기 전에 재난기금을 늘리기 위해서 1월에 긴급상황을 호소할 수 있다. 감시와 평가과정에서 보다 인도주의적 입장에서 의사결정을 하는 것이 바람직하다. 일찍이 10월부터 호소하기 시작하면, 농부나 다른 사람들이 다가올 가뭄에 대응할 수 있는 시간을 더 길게 가질 수 있다(그림 12.15b). 목축민들을 충분히 고려하면서 사용자에게 보다 친근하게 조기경보를 만들어 좀 더 쉽게 고유 지식이나 경험이 시스템에 포

표 12.4. 가뭄과 식량부족에 대한 전구적인 감시와 경보

조직	전구 정보와 조기경보 시스템(GIEWS)	기근조기경보 시스템(FEWS NET)
기원	이탈리아 로마에 본부를 둔 UN식량농업기구(FAO)에 의해 1975년 시작	미 연방정부 기구인 USAID에 의해서 FEW 프로그램으로 1986년에 시작됨. 현재 워싱턴 DC에 본부를 두고 있으며 FEWS NET로 개명
목적	가뭄이 빈번한 아프리카 22개국의 식량안보를 개선하고, 기근 취약성 감소를 위한 계획 개선	소득이 낮고 식량이 부족한 80여 개 국가를 중심으로 모든 국가의 식량 수요와 공급을 감시
협력 기구	WFP, UNDP, EU, OCHA 등을 포함하여 UN의 다른 기구와 FAO	Chemionics 국제적 자문회사, NOAA, NASDA
일상적 활동	안정적 식량과 비축, 농업 무역을 위한 전구와 지역적 곡물 생산량의 정기적인 보고	아프리카 22개국의 식량에 대한 경보와 응급 상황을 알리기 위한 적절한 수준을 결정하기 위한 월별 관찰 보고
긴급상황 활동	곡물이나 식량공급이 의사결정자와 기부자 사이 활성화해야 할 조짐이 보이는 지역에 대한 특별 경고를 FAO 본부가 이슈화	FEWS/Chemionics 본부가 현장활동가 의견에 기초한 의사결정자들의 경보를 이슈화

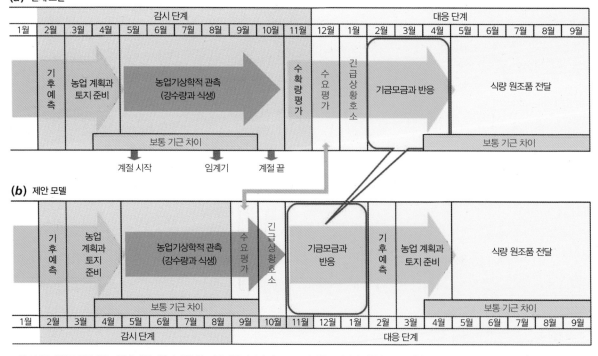

그림 12.15. 사하라 주변에서 가뭄에 대한 대응과 식량 안보. (a) 가뭄 감시와 자금 모금, 식량원조 전달에 대한 현재 모델 (b) 조기대응과 준비에 대한 제안 모델(Haile, 2005).

함될 수 있게 하는 것 등이 중요한 개선점의 하나이다.

　대규모 감시가 성공적이어도 기증자 반응을 촉구하기 위해서 공급 실패를 신속하게 알려야 할 필요가 있을 때, 지역규모의 식량안보 이슈를 감지하기 어렵다. 1980년대 중반 기근가뭄 이후, 사하라 이남 몇몇 나라—특히 차드와 말리—에서 종합적인 식량과 영양감시 시스템이 구축되었다(Autier et al., 1989). 짐바브웨 하라레의 남아프리카 개발공동체(SADC) 원격탐사연구소와 니제르 니아메의 AGRHYMET 지역센터 설립에서 보는 바와 같이, 지역 전문기술과 토착민의 도움이 필수적이다. 이는 사헬의 식량 공급을 개선하고 천연자원을 관리하기 위해 9개 사하라 이남 국가의 후원을 받아 1974년에 세워진 전문화된 기관이다. 이곳에서는 식량안전평가와 NDVI 결과물을 제공하고, 현지 진행요원들에게 농업 기상학적이고 수문학적인 관측법, 통계, 자료편찬, 식량부족을 예측하기 위한 보급에 대해 가르치고 있다.

　지역의 식량 유용성과 가정 수준에서 식량 구득 가능성 차이가 지역규모의 영양에 대한 현장조사로 얻을 수 있는 기근 악순환의 초기 징조이다. 이 조사에서는 미취학 어린이와 같이 필요성이 큰 사람들을 파악하기 위해 연령별 신장과 체중, 신장별 체중 등 신체상태를 측정한다. 그 외에 신뢰할 수 있는 합리적인 기근 전조로 경제 중요성이 보석이나 노동력과 같은 자산과 서비스에서 절대적, 상대적 가치가 모두 상승하는 식량으로 바뀌는 것처럼 곡물가격이 상승하는 것이며, 이때 가축가격과 임금하락이 동반된다. 그러나 사용되고 있는 위기평가 방법 범위는 수요평가와 식량원조 분배 차이를 초래할 수 있다. 이런 불확실성에도 불구하고 안타까운 현실은 기근가뭄에 대한 초기 인도주의적 대응이 확실한 증거인 초과사망에 의존하고 있다는 사실이며, 많은 잠재 기부자들이 행동하는 것을 꺼려하고 있다는 점이다.

3. 토지이용 계획

　가뭄은 토지자원에 대한 압박을 가중시킨다. 과목과 낮은 수준의 경작법, 삼림제거, 적절하지 못한 토양 보존법 등이 가뭄을 야기할 뿐만 아니라 가뭄과 관련된 재난을 더욱 강화시킬 수 있다. 그러므로 지속가능한 농업을 위해서 장기적인 전략으로 최적의 토지와 수자원 이용을 포함하는 대책이 필요하다(Gupta et al., 2011).

　수익이 나지 않는 건조지역의 소규모 농장은 매년 경작하는 생산물뿐만 아니라 가축이나 나무작물까지 혼합된 농업형태로 위기를 분산시키는 것이 적절하다. 아시아 일부에서는 사탕수수와 가축농사가 통합된 형태의 농업을 볼 수 있다. 이는 고지대에서 식물과 옥수수를 경작하는 것과 결합된 것으로 소를 키우면서 보완한다. 관개가 가능할 경우, 향상된 작물 종 개발과 비료사용으로 생산량을 늘릴 수 있다. 하지만 강우에 의존하는 자급농사의 경우 이런 조건은 어렵다. 주로 단기적 대응이 필요하며, 특히 여름 강우에 의존하는 지역에서 더 그러하다. 예를 들어, 작물을 심는 시기에 계절 강우가 예상치보다 적을 경우, 작물을 솎아내거나 물 손실을 줄일 수 있는 토양과 같이 녹색 물질을 뿌리는 것이 적용 가능한 방법이다. 우기가 늦어졌지만 강우량이 적절하다면 두류나 오일시드와 같이 생육기간이 짧은 작물을 심는 것이 적합하다. 전체적으로 강우량이 부족한 해에는 콩과작물과 오일시드가 비교적 높은 수확량을 내는 경향이 있다. 항상 잡초를 제거하는 것도 중요하다. 잡초는 작물과 수분과 영양에 대한 경쟁을 벌이면서 수확량 감소에 영향을 미친다. 특히 건기에 더욱 그러하다.

　지속적인 건조농업은 물과 바람에 의한 침식에 대비하여 토양을 보존하는 것이 중요하다. 풀이나 콩과식물이 물에 의한 침식에 효과적이며, 물 흐름을 늦추는 계단식 경작이나 등고선식 경작도 마찬가지이다. 토양표면에 덮개를 덮어 주면 풍식을 줄이는 데 도움을 주며, 윤작이나 토양표면의 풍속을 낮출 수 있는 방풍림을 사용하는 것도 풍식방지에 도움이 된다. 곡물과 가축, 주민을 위한 빗물을 모아 두는 것에 최우선을 두어야 하는 가뭄 가능성이 높은 지역에서는 국지적인 분수계를 경계로 토지와 물 관리를 위한 적절한 토지이용 방법을 찾아야 한다. 대부분 저개발국에서는 마을 연못이 공공재산과 다목적 자원 역할을 하므로 수량과 수질관리가 중요하다.

생육기에 사용하기 위해 우기에 잉여수량을 잘 보유하는 것이 성공적인 물 관리의 기본이다. 간헐적인 표면유출을 농장과 마을 연못으로 돌리는 것이 확실한 물 관리 방법이지만, 높아진 증발률이 침전, 오염과 더불어 건조기에 자원으로서 기능을 떨어뜨린다. 인공적으로 지하수를 함양하는 것도 좋은 방법일 수 있다. 이는 물이 토양과 얕은 대수층으로 침투하는 것을 촉진시키기 위해서 하향이동을 느리게 하고 분산시키면서 이뤄진다. 또 다른 몇 가지 물 관리방법이 있다. 1930년대 선구적 연구에 따르면 등고선 이랑과 경작이 광범위하게 사용되었고, 때로는 경사지에서 최대수량을 유지할 수 있게 단구 가장자리에 흙으로 둑을 만들었다. 이런 기술 역시 토양침식 위협을 최소화할 수 있다. 작은 협곡이나 식생으로 덮인 배수로와 같이 물이 간헐적으로 집중되어 흐르는 제한된 지역에서는 사방댐이 유용하다. 암석이나 식생 또는 모래주머니로 만든 구조물이 가장 저비용이며, 이는 유속을 줄이고 인근 대수층이나 우물로 물이 침투하는 것을 늘리기 위해 일시적인 연못으로 흐르게 하는 장애물 역할을 한다(그림 12.16). 이런 것은 영구적 하천에서는 사용할 수 없으며, 콘크리트로 만들어지지 않은 것은 5ha 이상을 배수하는 수로에는 거의 사용되지 않는다. 인도 일부에 더욱 영구적인 사방댐이 세워졌다. 우타르프라데시 주에서 협곡에 가벼운 충적토 침식으로 1.5×10^6ha 정도 비옥한 땅이 손실된 것으로 추정되었으며, 지역의 지

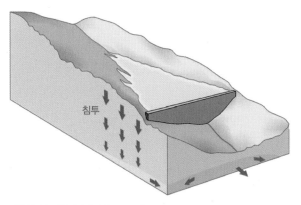

그림 12.16. 간헐적인 물길을 가로지르는 사방댐의 이용. 가정용이나 소규모 관개를 위한 소량의 물을 저장할 수 있으며, 침투에 의해서 댐 주변의 토양수분이 좋아진다.

하수면이 수m 정도 상승하였다.

보다 습윤한 선진국에서조차 농촌에는 큰 저수지가 거의 없으며, 소비자 수요를 감소시킬 수 있는 선택은 도시에서나 가능하기 때문에 가뭄을 극복하기 위한 토지이용 정책이 중요하다(Campbell et al., 2011). 그러므로 가뭄정책은 강수량 부족을 견디기 위한 농업 부문을 포함해야 한다. 이런 것은 여건이 좋았던 해에 잉여분을 신중하게 관리하는 것을 포함하여 목초지가 쉽게 고갈되지 않도록 단위면적당 방목률의 적절한 조정과 사료비축 강화, 농장에서 사용되는 물 수요 개선 등 여러 방법이 있다. 관개 시스템이 어느 정도 안정을 보장하지만, 저장량 자체가 가뭄을 완전하게 방지할 수 없다. Pigram(1986)은 오스트레일리아의 뉴사우스웨일스에서 관개해야 하는 시기에 물 배급이 중단되었던 1979~1983년 가뭄 마지막 단계 때, 관개에 의해서 유지되었던 쌀과 면직물의 대규모 손실 사례를 설명하였다. 언제나 탄력적 의사결정이 필요하며 작물 패턴과 가뭄이 발생하기 쉬운 지역에서 수입원을 다양하게 함으로써 회복력이 강화될 수 있다. 예를 들어, 가뭄에 강한 작물과 다양한 생산주기를 갖는 작물을 개발하기 위한 미래 영역이 있을 것이고, 이것이 비가 내리지 않을 때 농촌 공동체를 구할 수

있게 할 것이다.

더 읽을거리

Below, R., Grover-Kopec, E. and Dilley, M. (2007) Documenting drought-related disasters. The *Journal of Environment and Development* 16: 328-44. A serious attempt to unravel the true significance of drought for disaster databases.

Botterill, L.C. (2003) Uncertain climate: the recent history of drought policy in Australia. *Australian Journal of Politics and History* 49: 61-74. Illustrates the problems that all governments face when coping with the societal consequences of climatic variability.

Haile, M. (2005) Weather patterns, food security and humanitarian response in sub-Saharan Africa.

Philosophical Transactions of the Royal Society B-Biological Sciences 360: 2169-82. Shows exciting possibilities for reducing drought-related famine in the region of greatest need.

Mishra, A.K. and Singh, V.P. (2010) A review of drought concepts. *Journal of Hydrology* 391: 202-16. A science-based benchmark paper that forms an excellent reference source. Vicente-Serrano, S.M. *et al.* (2012) Challenges for drought mitigation in Africa: the potential use of geospatial data and drought information systems. *Applied Geography* 34: 471-86. An impressive multi-authored contribution that looks beyond the conventional reactive responses to drought hazards.

Wilhite, D.A. (ed.) (2000) *Drought: A Global Assessment*, vols 1 and 2. Routledge, London and New York. The most comprehensive survey of drought hazards made in recent years.

웹사이트

US Drought Information Center www.drought.noaa.gov

Australian Bureau of Meteorology www.bom.gov.au/climate

National Integrated Drought Information Center, USA www.drought.gov

기술재해

A. 서론

기술재해는 보통 자연적 프로세스보다 인간 행위(혹은 非행위)에 의해 촉발된 '인간이 만든 사고'로 간주된다. 근본 원인은 기술적 오류와 운영상 실수의 결합에 기인하여, 복잡한 시스템 안에서 실수를 허용하는 의사결정 과정에서 범하기 쉬운 인간의 오류이다(Chapman, 2005; Shaluf *et al.*, 2003). 그러나 환경은 정의상 극단적인 자연사상이 방아쇠 역할을 하는 자연-기술 재난의 중요성 증가에 중요한 역할을 한다. 다른 재해와 마찬가지로 초과되는 에너지나 해로운 물질 방출은 인간생명과 재산, 환경을 재난 규모로 위협할 수 있다. 이는 치명적인 결과가 사고지점에서 더 넓은 지역으로 자연경로를 따라 확대된다는 것을 뜻한다. 예를 들어, 위험한 물질이 산업단지에서 새어 나오면, 오염은 풍속과 풍향, 하천 흐름 등 전반적인 환경조건에 의해 먼 거리로 운반될 수 있다.

'기술'이라는 용어는 단일 독성 화학물질에서부터 핵발전과 같은 하나의 산업 전체에 이르기까지 다양한 방식으로 응용되어 왔다. '환경재해'라는 용어도 논쟁거리이다. 어떤 경우는 화학 오염물질이나 낮은 수준의 위험한 폐기물에 장기간 노출로 인한 건강상 위험을 포함한다(Cutter, 1993). 어떻게 현재 진행 중인 기술이 일상적으로 건강이나 안전과 타협할 수 있는 것인지에 대한 이해가 너무 부족하다. 예를 들어, 눈이나 강풍과 같은 악천후가 운전조건을 어렵게 만들 때, 도로 이용자들에 대한 사망이나 사고 위험이 더 강하게 전해진다. 낮은 수준의 오염과 누적된 도로사고의 영향이 중요하지만, 개별 사건에서 한정할 수 있는 손실은 이 책에서 다루는 재난 기준을 거의 충족하지 못한다는 점이 문제이다. 어떤 이들은 기술재해와 테러나 전쟁을 비교하기도 한다. 테러나 전쟁은 기술의 해로운 이용 예이다. 이를테면, 그런 것들은 범죄와 같이 다른 이들에 대한 의도적 폭력행동이지 '사고'는 아니다. 전쟁과 기술재해 간의 유일한 관련성은 군사목적으로 개발한 위험한 기술이 통제를 벗어나는 경우에 일어날 수 있다. 이것은 있을 수 있는 일이다. 예를 들어, 대량살상무기 제조 중 사고로 독극물이 방출될 수 있다.

자연재해와 기술재해 간 분명한 차이가 있지만, 중요한 유사성도 있다. 자연재해가 다소 덜 극한 형태로 무엇이 자원이 될 것인가를 나타내는 것처럼, 기술도 이익과 위험을 동시에 만들어 낸다. 하천 댐 건설이 물 공급과 수력발전을 일으킬 수 있으나, 구조적 결함으로 홍수재난 위험을 수반할 수 있다. 위험과 이익의 진정한 균형은 늘 분명하지 않다. 내연기관이 처음 개발되었을 때 그 발명에 대해 현재와 같이 의존하리라는 것, 전 세계에서 도로사고로 사망하는 사람 수가 해마다 25만여 명에 이르리라는 것을 예상할 수 없었다. 마찬가지로 기술이 일부 환경문제의 원인이기는 하지만, 사고로 쏟아진 오염을 청소하는 것을 돕기도 한다.

당연하게도 기술재해에 대한 공통적으로 동의하는 정의는 없다. 이 책에서는 기술재해를 다음과 같이 정의한다.

공동체의 규모로 사망, 부상, 재산손실, 환경피해 등을 초래할 수 있는 대규모 구조, 교통체계, 산업공정 관련

표 13.1. 과거 기술사고의 일부 사례

구조(화재)		
1666	잉글랜드 런던 화재	주택 13,200 소실
1772	스페인 사라고사 극장	사망 27
1863	칠레 산티아고 성당	사망 2,000
1871	미국 시카고 화재	사망 250~300, 주택 18,000 소실
1881	오스트리아 빈 극장	사망 850
구조(붕괴)		
댐		
1802	스페인 푸엔테스	사망 608
1964	잉글랜드 데일 제방	사망 250
1889	미국 사우스포크	사망 2,000 이상
건물		
1885	프랑스 티에르의 최고재판소	사망 30
교량		
1879	스코틀랜드 테이브리지	사망 75
대중교통		
항공		
1785	프랑스 열기구	사망 2
1913	독일 비행선 LZ-18	사망 28
해양		
1912	대서양 타이태닉호	사망 1,500
철도		
1842	프랑스 베르사유-파리	사망 60 이상
1903	프랑스 파리 지하철	사망 84
1914	스코틀랜드 열차(Quintinshill junction)	사망 227
산업재해		
1769	이탈리아 산나자로 화약 폭발	사망 3,000
1858	잉글랜드 런던 부두 보일러 폭발	사망 2,000
1906	프랑스 쿠에리에르 탄광 폭발	사망 1,099
1907	미국 피츠버그 제철소 폭발	사망 59 이상
1917	캐나다 핼리팩스 항구 화물 폭발	사망 1,200 이상

설계나 관리의 우연한 실패/오류/결함/고장.

이런 것은 새로운 위협이 아니다. Nash(1976)는 하천 댐과 기타 구조물이 고대로부터 재앙 수준의 영향을 초래하는 실패가 있어 왔음을 보여 주었다. 표 13.1은 제1차 세계대전 이전에 일어난 여러 가지 재난을 열거한 것이다. 이런 재난 목록은 위의 정의에 따라 세 가지 범주로 구분된다.

• 대규모 구조: 공공 건축물, 교량, 댐 등. 이 경우 위험은 보통 구조의 생애주기 동안 구조적 기능 상실 확률로 정의된다.
• 교통 시스템: 도로, 항공, 해운, 철도. 이 경우 위험은 보통 이동거리 단위별 사망이나 부상 확률로 정의된다.
• 산업 공정: 제조, 발전, 저장, 위험 물질 운송. 이 경우 위험은 보통 해당 물질에 노출된 시간당 및 사람당 사망이나 부상 확률로 정의된다.

B. 재해규모와 특성

재난전염병연구센터(CRED)에 의해 1900~2011년 사이에 7,244건의 기술재난이 기록 저장되어 있다. 이런 재난으로 세계적으로 348,506명이 사망하였다. 이 사망자 수는 1974~2003년 사이 단 30년간 6,350건의 자연재난에 의한 200만 명 이상 사망자 수와 비교된다. 전 세계적으로 연평균 기술재난 빈도는 자연재난의 약 1/3 이하이며, 그로 인한 사망자 수는 겨우 자연재난의 1/10 정도가 기록되었다. 분명히 기술재난은 자연재난에 비해 덜 빈번하고 덜 치명적이다. 부상자나 경제손실 역시 낮은 수준이다. 그러나 기술재난은 멕시코 만에서 딥워터 호라이즌(Deepwater Horizon)의 석유시추 사고에서처럼 주요 환경오염의 큰

원인이 될 수 있다. 2010년 4월에 BP(British Petroleum)가 운영하는 석유 굴착장치 하나가 폭발하면서 가라앉아 승무원 11명이 사망하였다. 해저 유정은 거의 3개월 동안 닫히지 않아 미국 역사상 가장 큰 해안 석유유출을 초래하였다. BP는 2,000만$를 지불하여 해안 주민과 많은 수산물 업자들에게 보상하였다.

기술재해의 상대적 영향은 대형 재난을 비교해 봄으로써 확인할 수 있다. 1900~2011년 사이 단일 기술관련 사건 중 최대 사망 기록은 1987년 필리핀에서 4,386명이 사망한 해양 교통사고이다. 이는 1931년 중국에서 370만 명이 홍수로 사망한 것과 1928년 중국에서 가뭄으로 300만 명이 사망한 것에 비하면, 그리 심각한 것은 아니다. Smets(1987)는 독극물을 집중적으로 누출시키는 3대 산업재난 외에 세계 어느 곳에서도 50명 이상을 직접적으로 사망케 한 사고는 (당시까지는) 없었음을 주장하였다. Fritzsche(1992)는 20세기 후반 인간이 만든 재난 치사율은 유럽과 북아메리카 선진국과 그 나머지 지역 간에 차이가 크지 않다는 것을 보여 주었다(표 13.2). 연간 10만 명당 사망률이 약 0.01%로 자연재난에 의한 사망률에 비해 낮다. 그러나 지구 상에서 대부분 사람들이 유럽과 북아메리카 이외의 지역에서 살고 있다는 사실은 기술재해로부터 절대적 생명손실의 수가 자연재해와 마찬가지로 저개발국가에 집중되어 있다는 것을 뜻한다.

EM-DAT 자료전산화는 기술재난을 산업사고, 교통사고, 기타 사고 등 세 가지 유형으로 구분하였다. 대륙별로 보면, 2000~2011년 사이 최대빈도의 사건과 기술 관련 사망자는 아시아에서 발생하여 모든 재난의 45%와 사망자 수의 46%에 해당한다(표 13.3). 모든 대륙에서 교통 관련 사고가 기술재난의 가장 빈번한 유형으로 전체 재난의 약 2/3를 차지하고 문제의 시기 동안 사망자 수의 약 50%에 이르렀다.

사진 13.1. 공급선들이 2010년 4월 21일 멕시코 만 루이지애나 남동쪽 끝의 석유 굴착장치 딥워터 호라이즌 위의 불을 끄려는 시도를 하고 있다. 화재는 그 전날 126명이 배 위에 있을 때 폭발에 의해 시작되었으며, 굴착장치는 4월 22일 바다로 가라앉았다(사진: AP Photo/Gerald Herbert 100421038603).

표 13.2. 세계의 자연(N)과 인간 유발(M) 재난으로 인한 1970~1985년 기간 동안의 연평균 사망자 수

인구와 사망자 수	세계		북아메리카		유럽	
인구(백만)	4,264		245		477	
사망 원인	N	M	N	M	N	M
연간 사망자 수	88,900	5,500	220	310	450	540
연간 10만 명당 사망자 수	2.1	0.13	0.09	0.13	0.09	0.11

출처: Fritzsche(1992).

기술재난 빈도와 이와 관련된 사망자 수가 시간이 갈수록 증가하였다(그림 2.3과 2.5 참조). Lagadec(1987)의 초기 연구에서 근로자와 제3자 50명 이상을 사망하게 하는 산업사고가 20세기 초반에는 드문 일이었다(그림 13.1). 1948년에 이르러서야 그런 사고가 1년에 한 건 정도 발생하였고, 1957년에 이르러 최초 사고가 산업화된 세계(유럽, 미국, 소비에트 연방, 일본) 밖에서 일어났다. 그러나 1984년에는 세 건의 산업사고를 합쳐서 3,500명의 사망자가 발생하였다.

- 2월 25일 브라질 쿠바탕: 공업회사 토지의 한 무허가 판자촌에서 석유유출과 화재 – 500명 사망
- 11월 19일 멕시코 멕시코시티: 인구가 조밀한 빈민지역한 산업현장에서 액화 석유 가스폭발 – 최소 452명 사망, 이재민 31,000명, 대피 30만 명
- 12월 2~3일 인디아 보팔: 도시공장에서의 독가스 유출 – 2,000명 이상 즉사, 안구 손실 34,000, 자발적 이주 20만 명, 오늘날까지 세계 최악의 산업사고로 인식

이 사건들은 하나의 분수령이 되었다. 기술재해는 더 이상 중진국에 국한된 것이 아니다. 멕시코시티 재난에서 알수 있듯, '도미노' 재난이 시작되었다. 이는 사건이 '연쇄적'이어서, 한 산업 단위에서의 사고가 근처에 연쇄적 사고를

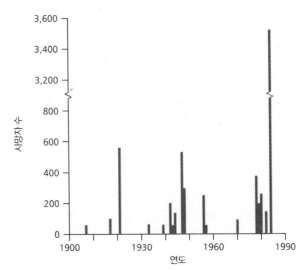

그림 13.1. 1900~1984년 사이 산업사고 중 사망 50명을 초과한 사고의 연간 사망자 수. 1984년 보팔 가스 누출 사고는 예외적인 사건이다(Lagadec, 1987).

불러올 수 있음을 보여 주었다. 공통의 연쇄가 억제되지 않는 사고로 시작될 수 있다. 가연성 가스 유출이 근처 시스템에 도달하여 점화와 폭발로 추가적인 손실을 초래할 수 있다. Khan and Abbasi(2001)에 따르면, 도미노 사고는 공장 근처에 인구가 집중되었고, 산업단지 내 체증 증가에 기인한다. 이런 특성은 저개발국가에서 흔하다. 보팔재난은 이런 일부 요인에 의해 발생하였으며, 60명의 생명을 앗아간 1997년 9월 인도 비샤카파트남(Vishakhapatam) 정유공장에서 사고 역시 그러하였다.

1980년대 중반 이후, 매년 기술재난 수는 꾸준히 증가하

표 13.3. 대륙 및 재난 유형별 1900~2011년 동안 기술재난

대륙	재난 유형			총계
	산업재해/화학물질 유출	기타 사고/구조 붕괴	교통사고	
아프리카				
사건 수	113	192	1,364	1,669
사망자 수	6,218	5,169	50,685	62,072
아메리카				
사건 수	194	234	835	1,263
사망자 수	7,653	15,110	35,200	57,963
아시아				
사건 수	757	601	1,901	3,259
사망자 수	29,256	33,621	96,549	159,426
유럽				
사건 수	212	186	601	999
사망자 수	8,909	39,366	19,131	67,406
오세아니아				
사건 수	6	11	37	54
사망자 수	51	115	1,527	1,693

출처: EM-DAT.

표 13.4. 1900~2011년 사이 최악의 10대 교통, 산업, 기타 사고

교통			산업			기타		
국가	연도	사망자 수	국가	연도	사망자 수	국가	연도	사망자 수
필리핀	1987	4,386	콜롬비아	1956	2,700	일본	1923	3,800
아이티	1993	1,800	인도	1984	2,500	터키	1954	2,000
캐나다	1917	1,600	중국	1942	1,549	중국	1949	1,700
영국	1912	1,500	프랑스	1906	1,099	일본	1934	1,500
세네갈	2002	1,200	나이지리아	1998	1,082	사우디아라비아	1990	1,426
일본	1954	1,172	이라크	1989	700	인도	1979	1,335
중국	1948	1,100	소비에트 연방	1989	607	이라크	2005	1,199
이집트	2006	1,028	독일	1921	600	미국	1906	1,188
캐나다	1914	1,014	미국	1947	561	나이지리아	2002	1,000
미국	1904	1,000	브라질	1984	508	가이아나	1978	900

출처: CRED.
주: 열거된 모든 사건들은 다음 기준 중 최소한 하나를 갖고 있다. 10명 이상의 사망자, 100명 이상의 부상자, 국제지원 요청, 응급 상황 공표.

여 왔다. 이런 경향은 건강과 안전 법률 효율성의 증가로 사망자 숫자에 충분히 반영되지 않았다. 물론, 재난자료에 나타나는 어떤 뚜렷한 경향이 가장 심각한 사건들로 기록된 강력한 영향에 의해 복잡해질 수 있다. 표 13.4를 보면, 대형 기술재난의 중요성을 이해할 수 있다. 표는 긴급사건 데이터베이스(EM-DAT) 각각의 사고 범주에 기록된 10개 최악의 사건들을 정리한 것이다. 원인 역시 흥미롭다. 예를 들어, 1987년 필리핀의 페리재난과 500명 이상 사망자를 낸 몇 개의 기타 재난으로 저개발국가에서는 페리의 과적이 포함되었다. 주요 산업재난은 더 다양한 원인이 있으며, 폭발과 독가스 방출이 중요하다. 콜롬비아 칼리(1956년)의 한 다이너마이트 공장 폭발로 최소 2,700명이 죽었고, 인도 보팔(1984년)에서는 독가스가 방출되었다. 예상한 대로 기타 사고들이 가장 광범위한 원인을 갖는다.

심각한 사건(1923년 일본, 1906년 미국) 중 일부는 지진에 의한 도시화재를 포함하는 고전적 '자연-기술재난'이었다. Lindell and Perry(1996)는 미국에서 지진활동과 기술사고에 대한 일반적인 우려를 얘기하였으나, 최근까지 자연-기술사고들은 별 관심을 끌지 못하였었다. 2011년 일본 후쿠시마 재난으로 이런 상황이 변하기 시작하였다(Box 1.1 참조). 계속해서 지진이 위기를 야기했으나 대부분 자연-기술 사고는 홍수와 번개에 의해 촉발되었다. Cozzani et al.(2010)에 따르면, 모든 것이 잘 보고되는 것은 아니지만, 자연-기술사고는 보고된 모든 기술사고의 4% 정도를 차지한다. 예를 들어, 134개의 홍수 관련 자연-기술 사례분석에서 경제손실 자료는 단지 6건만 가용하다. Antonioni et al.(2009)에 따르면, 금세기 첫 10년에 들어서야 이런 유형의 재해를 공식적으로 양적으로 평가하려는 노력이 시작되었다. 이제까지 대부분 연구는 산업시설에 대한 극한적인 자연사건의 영향, 이로 인한 석유, 화학물질, 기타 위험물질 유출 등을 강조해 왔다(Young et al., 2004).

홍수로 인한 기술사고는 위험한 물질과 오염된 홍수 물에 의해 초래되는 환경오염 간의 상호작용으로 더욱 복잡해진다. 예를 들어, 허리케인 '카트리나'에 의해 파괴된 저장탱크에서 30,000m³의 석유유출은 1989년 알래스카의 액손밸디즈(Exxon Valdez) 석유유출 규모와 비슷하며, 해당 지역에 엄청난 토양오염을 초래하였다. '카트리나'는 뉴올리언스의 산업 조밀지역을 강타하면서 연안에서 200건 이상의 위험한 화학물질, 석유, 천연가스 누출을 초래하였다(Santella et al., 2010). 석유탱크에서 직접 누출 외에도 기타 위험물질 누출은 사건의 심각성을 더해 주었다. 이는 석유설비 가동중단과 기타 장비손실, 화학물질 저장고에서 오염물질 유출 등에 기인한 것이다.

번개에 의한 자연-기술사고의 복잡성도 덜하지 않다. 일부 기관에서는 이를 가장 빈번한 자연-기술사고로 여긴다. 예를 들어, 두 개의 데이터베이스에 대한 연구에서 Rasmussen(1995)은 저장고와 공정시설에서 자연-기술사고의 60% 이상이 번개에 의해 시작된다고 결론지었다. 직접적인 타격에 의한 구조 손괴나 통제 시스템과 전기회로 중단 외에 기타 장비들이 위험에 처해진다. Renni et al.(2010)은 190건의 사고기록 일부에서 번개와 관련된 자연-기술사고의 90% 이상이 석유가스 시설이나 석유화학 분야에서 일어났다는 것을 밝혔다. 저장탱크는 가장 빈번히 파괴되는 장비로 주로 석유, 디젤, 가솔린 등 독성물질 유출과 탱크화재와 관련된다.

후속 연구는 다른 분야에서 증가하는 자연-기술재해의 중요성을 확인하는 것일 것이다. 여기에는 대기 중 화산재 이동, 빙산에 의한 운항위협, 홍수와 지진으로 인한 발전소와 중요 인프라 파괴 등이 있다.

C. 이론의 개요

사례연구를 통해서 많은 기술사고를 자세하게 설명하지만, 자연재해와 같이 재난의 근본 원인에 대하여 생각이 서로 다른 학파가 최소한 두 개 이상 존재한다(Sagan, 1993). 이들의 관점은 다음과 같이 요약될 수 있다.

높은 신뢰성 학파(The High Reliability School)

이 관점은 복잡하고 위험한 기술에서 인간의 오류 가능성과 사고 가능성을 인정하지만, 적절히 설계되고 운영되는 조직은 그런 오류를 보상할 수 있다고 주장한다.

- 고위험산업은 늘 사고 없는 작업을 추구하며 신뢰성과 안전을 가장 중요시한다. 모든 인원은 항상 직장교육을 받으며 위험 가능성을 숙지하고 있다.
- 복잡한 조직은 내재적으로 불필요한 부분을 갖는다. 따라서 구성요소 및 절차 중복과 중첩이 문제발생 시 예비 시스템과 실패없는 환경을 제공한다.
- 거대 조직에는 국지적 의사결정 문화가 있어 위임받은 권한은 신속한 사고예방을 위한 의사결정을 내릴 수 있다.

보통 사고 학파(The Normal Accidents School)

높은 신뢰성 학파와는 반대로 이 관점은 자연재난이 지구 프로세스의 정상적인 일부이지만, 심각한 기술사고도 '정상'이라고 믿는 것이다(Perrow, 1999). 특히 작은 고장이나 반복적인 단절을 막지 못하면 더욱 심각한 사고가 뒤따를 개연성이 높다고 강조한다. 이 학파의 중요 특징은 다음과 같다.

- 항상 안전과 신뢰성의 우선순위가 보장되는 것이 아니다. 그런 것은 수행성에 대한 수요증가와 이윤에 대한 요구와 같은 다른 목적과 경쟁한다. 내재되어 있는 불필요한 부분은 기술 복잡성만 증가시키고 시스템이 이해하기 더 어려워지면 조직 내 현상에 안주할 수 있다.
- 혁신을 위한 경쟁적 압박은 새로운 장비에서 설계 오류를 초래할 수 있다. 동시에 오래된 부분에 대한 일상적 유지보수가 간과될 수 있으며, 궁극적 오류를 초래할 수 있다. 위험스러운 기술이 멀리 떨어지거나 호전적인 지리환경으로 위험한 기술이 들어갈 때마다 이런 위험이 증가한다.
- 지속적인 훈련과 국지적 의사결정은 운영상 오류를 제거하지 못한다. 운영자들은 종종 상대적으로 고립된 상태에서 근무시간 외 근무 양식으로 일하는데, 그 양식은 지루하고 약물남용을 초래할 수 있다. 이는 하드웨어 오류와 소프트웨어 결함 가능성 때문에 컴퓨터를 이용한 통제가 적절한 대응은 아니다.

이들 두 관점에 바람직한 요소들이 있다. 아직까지는 사고로 인한 핵전쟁의 악몽 시나리오가 실제화되지 않았다는 것은 사실이다. 엄격한 공식적인 점검이 계속된다면, 이런 일이 일어나지 않을 수 있다. 반대로 문제 있는 설계와 부적절한 관리가 핵무기 체계에 사고에 가까운 상황을 이미 만들어 내고 있다. Dumas(1999)에 따르면, 핵무기 관련 사고에 대한 공식 기록이 1950~1994년 사이에 세계적으로 89건이 모였다. 그럼에도 전체주의 국가에서 이런 일에 대한 군대와 정치적 비밀 때문에 완벽하게 기록된 것이 아니다.

이 책에서 사용되는 증거는 보통 사고 학파를 선호한다. 기술재난은 책임 기관이 안전 수단을 우선시하지 못하고, 정부가 건강과 안전규제를 강제하지 않는 한, 중진국(MDCs)과 후진국(LDCs) 어느 곳에서나 생길 수 있다. 기술위험과 건강 및 안전 간의 균형은 지속적으로 변화한다.

기술적이고 법률적인 발전은 직업과 공공안전을 제고하며, 다음 장에서 예시되는 바와 같은 위험을 증가시키는 요인과 경향에 반하여 준비되어야 한다.

D. 실제에서 기술재해

1. 위기를 증가시키는 요인

오늘날 화학 및 석유화학 산업의 성장이 완전히 새로운 기술목록을 만들어 냈다. 이 산업은 일부 다른 공정 운영과 같이 인구가 집중된 지역 주변에 대규모 입지로 모이는 경향이 있다. 30년 전 캔베이(Canvey) 섬(영국 런던에서 40km 떨어진 템스 강 북쪽 연안 상 주요 화학 및 석유 정제단지)에 관한 연구에서 공정 중이거나 저장 중이거나 운송 중인 가연성 독성물질 양이 공공안전에 대하여 심각한 위협을 나타낼 수 있다는 것이 밝혀졌다(Health and Safety Executive, 1978). 그런 재해에는 화재, 폭발, 독가스 확산 등이 있다. 기존의 산업설비가 18,000명을 사망시킬 만큼 정량화된 위험을 내포한다는 결론이 내려졌다.

Glickman et al.(1992)은 대형 산업사고가 정제시설, 제조공장, 혹은 위험물질 운반과정 중에 일어나는 경향이 있다는 것을 밝혔다. 이런 사고는 산업활동 특성이나 규모와 연관되어 있다. 위해한 에너지는 기계적 영향 형태(댐 붕괴, 폐기물 투기 손실, 차량 감속)나 화학적 영향 형태(폭발, 화재)로 방출된다. 가장 위험한 물질은 고농도 방사능 물질, 폭발물, 맡거나 먹었을 때 유독한 몇몇 종의 가스나 액체류 등이다. 화학물질은 저농도로 인화성이거나 폭발성, 부식성, 독성이 있을 때 가장 위험하다. 그런 물질이 대규모로 안전하지 못한 방법으로 저장되거나 운송된다면, 공동체 규모의 위기를 초래할 수 있다. 독성물질은 '독성구름' 형태로 심각한 대기오염에 의해 피해 인구로 이동될 때 위험하다. 심각한 오염사건들의 중요한 특성은 인체와 환경 모두에 대해 유해한 영향이 종종 자연재난 관련 영향보다 더 오래간다는 것이다.

지속적인 에너지 수요증가가 위기를 만들어 왔으며, 여기에는 핵산업과 관련된 것들이 포함된다. 쉽게 얻은 화석연료자원의 소진으로 탄화수소 매장층 개발이 점점 더 힘든 물리적 환경으로 변화해 왔다. 알래스카나 북해와 같은 자연환경에서 연안 석유와 가스개발은 도전적인 것임을 보여 주었으며, 몇몇 대규모 시추선은 큰 사고를 당하기도 했다. 예를 들어, 북해에서 1988년 파이퍼알파 시추선 재난은 167명이 생명을 잃었다. Paté-Cornell(1993)에 따르면, 이는 거의 재난을 자초한 것으로 심한 화재에 대비한 구조보호가 불충분한 것에서 수리를 위해 꺼 놓은 장비와 관련된 빈약한 의사소통에 이르기까지 설계와 관리 오류에 기인한다. 해안시설물 폭발과 화재는 대피, 탈출, 구조(Evacuation Escape Rescue; EER) 운영에 의한 신속한 반응을 중요하게 만들었다. 그런 응급상황에서 사람들은 실수할 가능성이 아주 크고, 사망자 수를 줄이기 위해서 이런 특수한 상황에서 인간의 가능한 행동과 가장 효과적인 명령과 통제조치 등에 대해 더 많은 것을 배워 둘 필요가 있다(Skogdalen et al, 2012).

또 다른 요인은 방사능 폐기물 등 위험물질 운송 증가이다. 1971~1991년 사이 미국에서 위험물질 운송사고로 375명이 사망하였으며, 추정치로 2억 500만$의 비용이 들었다(Cutter and Ji, 1997). 대부분 사고는 도로운송에서 발생하였으며, 사고당 부상비율은 수상 운송사고에서 가장 컸다. 유사한 재난이 다른 곳에서 기록되었다. 예를 들어, 1978년 스페인 한 캠프 사이트 근처 도로 상에서 LPG 저장 유조차가 폭발하여 200명 이상 사망하고 120명이 부상당하였다. 2009년 이탈리아 비아레조(Viareggio)에서 또 다른 가스재난으로 LPG 운반기차가 탈선하면서 폭발하여 화재가 발생하였다(Brambilla and Manca, 2010). 이 사고로 14명이 즉사하였고 1,100명이 대피하였다. 기반시설 손상액은 대략 3,200만€였다. 1979년 11월에는 프로판과 염소 등 위험물질을 실은 화물열차가 캐나다 토론토 근처 미시소거(Mississauga)에서 탈선하였다. 다행히 이 사고로 인명피해는 없었으나 일주일간 응급상황이 벌어졌고, 약 25만 명이 가정과 병원에서 대피하였다. 이들 사고손실 대부분은 발생 후 몇 분 이내에 벌어진 것이다. 응급상황 계획을 실행할 수 있는 시간이 없었으며, 이는 그런 재난에 앞서 보호수단이 필요하다는 것을 보여 준다.

저개발국가의 많은 위기는 기술적으로 더 발전된 국가에서 사회 문화와 산업 경험이 다른 국가로 이전되는 새로운 기술에 기인한다. 다국적 기업의 전구적 확산이 높은 수준의 제조기술과 공정기술과 관련된 위험을 처리하는 데 필요한 안전장치가 없는 국가로 확대된다. 이는 1984년 인

Box 13.1. 1984년 인도 보팔의 가스재난

메틸 이소시아네이트(MIC)는 살충제 생산에서 흔히 쓰이는 산업 화학물질이지만, 위험한 성질이 있다(Lewis, 1990). 첫째, MIC는 휘발성이 매우 강해서 쉽게 증발한다. 38℃에서 끓기 때문에 온도를 차게 유지해야 한다. 둘째, MIC는 화학적으로 활발하고 물에 격렬하게 반응한다. 셋째, MIC는 맹독성으로 청산가리 가스보다도 100배 더 치명적이고, 제1차 세계대전에서 독가스로 쓰인 포스겐보다 더 위험하다. 넷째, MIC는 공기보다 무거워 유출되면 지표면 가까이 머물러 있다.

1984년 12월 3일 이른 아침, 40t 이상의 MIC 가스가 인도 공업도시 보팔의 한 살충제 공장에서 2시간 가까이 유출되어 100만 명 이상의 도시에 세계 최악의 산업재난을 초래하였다(Hazarika, 1988). 화학물질은 지하 탱크에 저장되었는데, 물을 오염시키고 화학반응을 하면서 가스 압력을 높여 대기 중으로 오염물질을 배출하였다. 보팔공장은 미국에 본사를 둔 다국적기업인 유니언카바이드(Union Carbide)에 의해 도심에서 5km 거리에 세워졌다. 자욱한 가스구름이 반경 7km 지역으로 퍼졌다. 청산가리 관련 독극물로 3,000명 이상이 사망하고, 30만 명 이상이 다치거나 그다음 세대에 전이되는 유전적 결함을 얻은 것으로 알려졌다. 최종적으로 인도 정부 보고에 의하면, 60만 명이 다치고 15,000명이 사망하였다.

대부분 사망자들은 공장 입구 근처 판자촌의 12,000명을 포함하여, 도시 저지대에 위치한 저소득 지역에서 발생하였다. 대부분 희생자는 노인, 어린이, 임산부 등이었다. 재난이 심각하여 수많은 사람들이 가스를 마셨고, 응급계획이 전혀 없었다. 공장의 화학물질 특성에 대해 지역에서 전혀 아는 바 없었으며, 적절한 경고도 없었고, 대피방법도 매우 제한적이었다. 회사는 희생자들이 필요로 하는 의료조치에 대한 어떤 정보도 제공하지 않았으며, (호흡문제를 처치하는 데 필요한) 산소 등 핵심적인 자원 공급도 부족하였다.

조사에 의하면, 잘못된 기술과 부족한 유지관리의 결합으로 안전장치가 제 기능을 못했음이 드러났다. 회사는 이를 파업 때문이라고 주장하였다. 보통 MIC를 차갑게 유지하는 데 쓰이는 공기조절 시스템이 사고 당시에 끊겼다는 것도 하나의 원인이었다. 분명히 안전절차가 적절치 않았다. 예를 들어, 문제 공장에는 미국 회사에서 쓰이는 전산화된 경고와 오작동 방지 시스템이 없었다.

그 공장은 사고 당시에 이윤을 내지 못하고 있었으며, 유지관리 지출이 줄었기 때문에 인도 현지 경영진에게도 비판이 쏟아졌다. 사고 후 2년 동안 모회사는 규모를 축소했다. 이는 적대적 공개 매각을 막기 위한 전략으로 간주되지만, 이는 또한 자산이 보상요구에 노출되지 않도록 하는 기능도 있다. 동시에 미국의 법률체제는 전례를 뒤집고 그런 해외 법적 책임에 대한 보상요구를 반대하였다.

인도 정부가 피해자들의 유일한 대표가 되었으며, 미국과 인도 양측 회사를 상대로 보상요구를 제출하였다. 1989년 유니언카바이드는 최종적인 화해 보상 지불액으로 4억 7,000만$를 냈다. 이는 엑손발덱스(Exxon Valdex) 석유유출 이후 미국에 주어진 50억$와 좋지 않은 예로 비교된다. 특별 보상 법정은 부상에 대해 500£, 사망에 대해 2,000£를 보상하도록 하였다. 그동안 인도 정부는 각 피해 가정

에 월 4£의 구호금을 지급하였다. 그러나 인도 정부는 희생자를 위한 효율적인 법적 의학적 지원을 조직하는 데 실패하였다. 그 결과로 희생자들은 뇌물을 주거나 개인 변호사를 쓰지 않고서는 이 사건을 법정에 가져가는 것이 어렵다는 것을 깨달았다. 환자에게 무료로 제공되어야 하는 많은 의약품들을 암시장에서만 얻을 수 있었다. 때때로 가족들은 정부 수당의 두 배를 약값으로 지불해야 했다. 사건 10년 후, 전체 요구의 1/4 이하가 받아들여졌고 유니언카바이드가 입힌 피해의 10% 이하가 희생자들에게 전해졌다고 추정된다.

보팔사고는 거대 화학물질 공장과 관련된 재해에 대한 인식을 크게 높이는 계기가 되었다. 웨스트버지니아에 있는 유니언카바이드의 주 공장은 신속히 폐쇄되었고, 약 500만$가 미국의 다른 유니언카바이드 공장에서 기술개선에 사용되었다(Cutter, 1993). 보팔사고는 화학물질 산업에서 개선된 규제 유산을 남겼으나, 안전혁신은 개발도상국에서보다 캐나다(Lacoursiere, 2005)와 같은 중진국에서 뚜렷하였다. 이제 안전문제에 대한 보다 높아진 인식, 화학물질 공정산업과 정부 간 더 나은 규제 협의, 응급상황에 대한 더 높은 준비성 등이 생겨났다. 예를 들어, '공정–안전'이라는 용어는 보팔사고 시점에 과학과 공학 학술지에서 키워드로 해마다 500회 정도 인용되었으며, 2004년에 이르러서 년 2,500회 이상으로 증가하였다(Mannen et al., 2005).

이런 발전에도 불구하고, 보팔은 비교적 사소한 사건에서 교훈을 얻지 못하는 것이 어떻게 재난으로 이어지는가를 상기시키고 있다. Gupta(2002)에 따르면, 그런 비극이 있기 4년 전부터 보팔공장에서 최소한 6개의 심각한 사고가 있었다. 더욱 중요한 것은 1980~1984년에 웨스트버지니아의 유니언카바이드 공장에서 MIC의 누출이 거의 60회 있었는데, 대부분이 보고되지 않았다. 분명히 1984년 보팔 유형의 사고는 세계 어느 곳에서라도 발생했을 수 있다. 오늘날 가져야 하는 질문은 '그런 상황이 얼마나 변했을까?'이다.

사진 13.2. 1992년 인도 마디아프라데시의 보팔에 위치한 이탈아유브 지구. 기록상 최악의 산업 재난의 원인으로서, 이제 기능이 중단되고 버려진 유니언카바이드 살충제 공장의 그늘에서 사람들은 아직도 살아가고 있다(사진: Panos/Rod Johnson RJH00053IND).

도 보팔재난에서 경험하였다(Box 13.1). 이들 기술은 대부분 급격하게 도시화되어 토지이용 개발이 잘 조절되지 않고 기반시설 설계가 빈약한 도시에 설비되었다. 이 경우 종종 규제 틀이 약하다. 이는 관련되는 새로운 법령과 통제 집행에 관한 법적제도가 혁신속도를 따라잡지 못하기 때문이다. 이런 약점은 비교적 낮은 수준의 기술에 적용된다. 1968년 10월, 말레이시아 수도 쿠알라룸푸르에서 거의 완공된 4층 건물의 붕괴로 7명이 죽고 11명이 다쳤다(Aini *et al.*, 2005). 건물붕괴는 자격을 갖춘 토목기사와 적절한 감독이 없는 상황에서 신중하지 않은 설계와 빈약한 질의 콘크리트 작업과 관련 있다.

2. 안전을 개선시키는 일부 요소

기술위기를 감소시키는 데 도움이 되는 많은 변화가 일어났다(Lagadec, 1982). 예를 들어, 화재재난의 경우, 개선된 화재법규, 더 효율적인 소방 서비스 등으로 과거처럼 도시지역 전체가 소실되는 일은 드물다. 20세기 동안 정부 법제에 의해 강화된 공업설계 개선과 건강 및 안전이슈에 대한 인식 증가로 거대 댐을 포함하는 모든 대규모 구조물이 과거에 비해 훨씬 더 안전하게 만들어졌다. 대중교통의 경우, 개별 차량, 선박, 기차, 항공기가 모두 수십 년 전보다 더 높은 안전기준으로 만들어진다.

댐 사고는 저-위험, 고-영향 재난의 한 예이다. 댐 사고는 자주 일어나지 않지만, 영향은 가히 재난 수준이다. 1975년 8월 중국 허난 성 루허 강 상류의 반차오 댐이 폭우로 붕괴되어 106ha 땅이 물에 잠기고 약 20,000명이 사망했다. 1993년 칭하이 성 댐의 구조적 고장으로 홍수가 발생하여 1,200명 이상이 사망하였다. 유럽에서는 1959년 남부 프랑스의 높은 중력식 아치 댐인 모파상 댐 붕괴로 프레쥐스 마을에서 450명 이상이 사망하였다. 이 댐은 완공 후 거

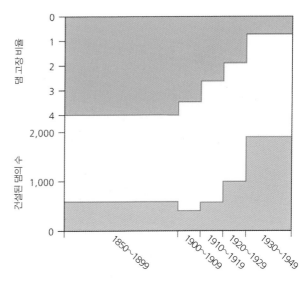

그림 13.2. 1850~1950년 사이에 지어진 댐들의 숫자와 모든 댐에 대한 고장 비율 간 관계(Lagadec, 1987).

우 5년 만에 붕괴되었으며 건설 10년 내에 약 70%의 댐이 문제된다는 예를 보여 주었다.

댐 사고 비율은 과거에 비해 훨씬 낮아졌다. 그림 13.2는 1950년에 이르기까지 세워진 댐에서 처음 20년 동안 개선된 안전기록을 보여 준다. 더욱 최근에는 평균 고장비율이 0.5% 이하로 떨어졌다. 세계 대부분 댐은 작다는 것 역시 기억해야 한다. 대부분 사고는 댐 유형과 관련이 있다. 가장 흔한 댐은 더 오래된 폭필 유형(fill-type) 구조이며 압축 토양이나 자갈로 축조된다. 이는 홍수에 의한 물 넘침과 지하침식을 막지 못하는 부적절한 기초로 취약하다. 세계에서 높고 용량이 큰 대부분 댐은 지난 25년 이내에 건설되었으며, 안전기준보다 생태적이고 사회 경제적인 바탕에서 많은 논란이 있었다. 최근 콘크리트 중력 댐의 대형 사고는 한 건도 기록되지 않았다. 그럼에도 중국 양쯔 강 상류의 싼샤 댐에 대한 의문이 제기되고 있다. 이는 화강암 암반에 건설되었으며 그 무게가 저장된 물 압력을 지탱하도록 설계되었다. 그러나 그 지역에서 유도되는 지진활동 가능성에 대한 우려가 제시되기도 하였다. 이는 저장된 물의 엄청난

무게와 대규모 사태로 발생할 수 있는 위기 등에 기인한다.

일부 기술은 UN과 OECD와 같은 국제기구를 통해 산업 공정과 사고에 대한 개선된 정밀조사에 의해 위험성이 낮게 조정되어 왔다. 대부분 산업에서 각 국가 간 협력을 통해 점차 강화된 건강과 안전규제가 도입되고 조화를 이루게 되었다. 예를 들어, UN환경계획(UNEP)은 APELL 프로그램(Awareness and Preparedness for Emergencies at Local Level)을 갖고 지역공동체의 대응을 개선시키려고 한다. 이런 프로그램은 채굴과 같이 위험한 물질이나 특별한 활동을 다루는 고위험 산업에서 재해저감 매뉴얼과 가이드라인을 지원한다(Emery, 2005). 각 국가는 스스로 법규를 제정하여 산업안전을 개선하고자 하고 있다.

하나의 사건으로 적절한 규제 기관에 알려줄 수 있는 '대형 사고'에 대한 더욱 일관성 있는 정의를 얻을 수 있다 (Kirchsteiger, 1999). 예를 들어, EU에서 1997년 세베소 지침II(Seveso II Directive)는 화학물질 공정 산업의 경험에 근거하여 EC에 사고를 알릴 최소 기준의 양적 규모를 제시하였다(표 13.5). 1984년 이후 보고된 모든 사건은 대형 사건 보고 시스템(Major Accident Reporting System; MARS)에 축적되어 EU집행위하의 산업지대에서의 사고에 관한 자료를 기록하고 교환하도록 하였다. 다른 예는 대형 재해사고 시스템(Major Hazard Incident Data Service; MHIDAS)을 들 수 있으며, 이는 영국의 건강과 안전에 관한 법률(Health and Safety Executive)로 감독되

표 13.5. '대형 사고'의 EU 회원국이 EC에 의무적으로 보고해야 하는 단순화된 최소 기준

상황	화재, 폭발, 방전 등 5%의 기준을 '충족할 만큼'의 '위험한 상황'
인명피해 및 건축물 손괴	'위험한 상황'을 포함하며 – 사망 1명 – 6명이 현장에서 부상당하고 24시간 입원 – 1명이 현장이 아닌 곳에서 24시간 입원 – 사고로 인해 현장이 아닌 곳에 있으면서 못 쓰게 된 주택들 – 정해진 인명 대피의 수준과 기본적인 서비스 제한
환경에 대한 즉각적인 위해	– 법에 의해 보호되는 지구 상 서식지 0.5ha – 농업용 토지를 포함하는 더욱 광범위한 서식지 10ha – 강이나 운하 10km – 호수나 연못 1ha – 삼각주 2ha – 해안선이나 바다 2ha – 대수층이나 지하수 1ha
재산피해	– 현장 피해 200만€ – 현장이 아닌 곳 피해 50만€
초국가적 피해	회원국가 영역 밖에서 영향을 미치는 '위험한 상황'을 직접적으로 초래하는 모든 사고

출처: Kirchsteiger(1999).
주: • 상기한 결과들의 최소한 하나를 충족하는 어떠한 사고도 공식적으로 공지되어야 함.
• 위의 양적인 기준을 충족하지 않더라도, 회원국들이 대형 사고를 방지하고 그 결과를 제한하기 위한 기술적 이해로서 간주하는 사고나 '위기일발' 상황도 EC에 반드시 고지되어야 함.
• 1984~1998년 사이에 312개의 대형 사고는 EC에 고지됨.

고 있다. 또한 국가대응센터(National Response Center; NRC)가 미국에서 석유와 화학물질 유출에 대한 연방 자료를 전산화하였다.

기차와 그 적재를 위한 보다 나은 설계와 엔지니어링을 활용하여 위험물질 운송 안전 개선을 위한 제도가 만들어졌다. 그 밖에도 도로 차량이 인구 밀집지역을 우회하도록 하는 노력이 있었으나 사고위험을 최소화하려는 노선과 운영비용을 최저로 하는 노선 간 갈등이 자주 있었다. 노선의 제약조건으로는 특정물질을 실어 나르는 데 특정 도로나 터널, 다리 등을 이용하지 못하게 하는 것, 위험스러운 선적에서 선행경고를 요구하는 법규, 허용된 노선에서 특정한 속도제한, 특정 노선과 설비가 위험한 물질운송을 위해 사용될 때 시간을 통제하기 위한 통행금지 시간 등이 있다. 그런 지시가 만족할 만한 어떤 지원도 없이 중앙정부가 국가나 지방 당국에 특정 노선과 규제를 부과하기 때문에 이런 조치는 반발을 초래할 수 있다.

비록 1984년 보팔재난 이후 모든 공정산업에서 통합적 기능으로서 안전성을 만들려는 작업이 이루어져 왔지만, 사고는 아직도 일어나고 있으며, 이는 최적의 실행법을 확인하고도 적절한 위험저감 프로그램을 수행하지 못하기 때문이다. Qi et al.(2011)은 오늘날 과제를 다음 세 가지 범주로 요약하였다.

• 공정계획, 절차, 사이트 학습 등을 위해 과거 경험으로부터 배우는 것에 실패
• 주도적인 위기지표에 충분한 주의를 기울이지 않는 것
• 부적절한 의사소통과 운영이 점점 더 복잡해지는 것

이런 상황은 Reason의 스위스치즈 모델을 이용한 그림 13.3에 도시되어 있으며(61쪽도 참조), 더 안전한 미래를

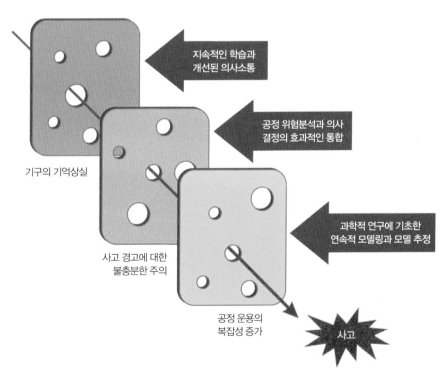

그림 13.3. 스위스치즈 재해 모델로 표현한, 안전에 대한 위험과 공정 산업에서 요구되는 기구의 반응(Qi et al., 2012).

위한 연구 필요성을 함께 적어 놓았다. 기본적인 메시지는 과거 실수에서 배우고 위기를 실질적인 최저 수준으로 떨어뜨리는 것이지만, 조직의 실수는 이것을 어렵게 할 것이다(Pidgeon and O'Leary, 2000). 이것은 가장 위험한 기술의 경우에는 충분하지 않으며, 특히 주거지의 위험성이 받아들일 수 없을 정도로 높을 때 그렇다. 만일 완벽한 것이 달성될 수 없다면, 그런 지속적인 활동이 어느 지점에서 정당화될 수 있을까?

E. 인지: 교통과 핵산업

Turner(1994)는 사회적, 행정적, 경영적인 실패가 대규모 사고의 80% 정도를 설명할 수 있는 것으로 추정하였다. 기술재난과 인간 간 분명한 관련성이 주어진다면, 위기인식과(기술적 운영 혹은 일반 대중에 의한) 인간행태가 상당히 중요할 것이다. 예를 들어, 두 기차가 충돌하여 31명이 사망하고 400명 이상이 부상당한 런던 래드브로크그로브(Ladbroke Grove) 사고에서 운영자 실수가 핵심적 요소였다. 이 경우 기관사가 현장 경고 세 가지를 간과하고 응급상황 발생 세 가지 자동실행을 무시하여 위험에 처한 하나의 조치만 취한 것으로 생각된다(Stanton and Walker, 2011). 위험한 인간요소들의 유사한 조합들이 다른 교통수단에서도 발견되며, 아직도 이를 설명하고 예측하는 데 어려움이 있다.

대부분 사람들은 기술위험 이익이 그것을 초과한다면 받아들일 수 있는 것으로 간주한다(제4장 81쪽 참조). 의료 부문에서 특정 치료는 환자가 처방으로 화학물질을 받아들이거나 엑스레이를 통해 스스로를 방사선에 노출시킨다. 많은 양을 받아들이면 극히 해롭다는 사실을 알고 있으면서도 그렇게 행동한다. 그런 대중의 수용이 중요하다. 이는

자연재해와 비교하면 기술위험 확률에 기초한 평가에서 통계적 증거가 낮기 때문이다. 문제는 기술위험과 이득에 대한 공공인식이 과학자와 기술 전문가들과 다를 때 생겨난다. Gardner and Gould(1989)는 보통 사람들은 소위 '무서운 위험'을 통계적 경험보다 더 강조한다. 그런 위험의 확대는 1988년 네바다 주 헨더슨에서 발생하였다. 공장지대에서 폭발로 2명이 죽고 300명 이상이 부상당하였다(Olurominiyi et al., 2004). 이 사고는 주민들에게 공동체에서 다른 잠재적인(그러나 폭발사고와는 관련이 없는) 안전이슈에 대해 경각심을 불러일으켰으며, 비밀법령에서 토지이용에 대한 정치적 책임까지 다양하였다.

확산된 위기의식은 비교적 거대한 실질적인 위기산업(교통)과 비교적 거대한 인식된 위기산업(핵 발전)의 비교로 나타낼 수 있다.

1. 교통 산업

장기적인 교통 관련 사망자 증가는 주로 연간 여행거리 증가와 차량증가 함수로 나타낼 수 있다(Yagar, 1984). 업무여행 증가와 여가시간 증가가 이동성을 증가시켰으며, 승용차 소유도 확대되었다. 오늘날 항공여행은 과거 기차여행과 같이 일반적이다. 따라서 전체적으로 교통 관련 위기에 대한 노출이 증가하였다. 많은 여객 차량이 더 많은 승객을 운송하고 있어서 사고발생 시 더 많은 희생자가 발생한다. 이런 특성은 1987년 제브뤼헤 페리사고로 167명이 사망했을 때와 1994년 에스토니아 페리선 침몰로 유럽에서 800이 사망하였을 때 잘 보여 주었다. 결과적으로 대부분 여객 운송수단이 지속적인 위기평가를 실행하게 하고 있다(van Dorp et al., 2001).

대부분 교통수단은 점점 안전해지고 있다. 표 13.6이 이를 잘 보여 주며, 해당 기간 두 가지 대형 사고의 중요성을

표 13.6. 영국에서 10⁹km 여행 거리당 사망자 수

연도	1967~1971	1972~1976	1986~1990
철도 여객	0.65	0.45	1.1
항공 여객	2.3	1.4	0.23
버스, 시외버스 운전자와 승객	1.2	1.2	0.45
승용차와 택시 운전자와 승객	9.0	7.5	4.4
이륜차 동승인	375.0	359.0	104.0
자전거 운전자	88.0	85.0	50.0
보행자*	110.0	105.0	70.0

출처: Cox et al.(1992).
주: *는 1주에 1인당 8.7km 여행하는 것으로 간주.

반영한 기차여행을 제외하고는 영국에서 승객-이동거리당 사망 위험이 20세기 후반 들어 감소하였다(Cox et al., 1992). 항공여행은 특히 안전하다. Lewis(1990)에 따르면, 항공사고에 대한 언론 관심에도 불구하고 미국에서 평균 위험정도는 10억 명 중 사망 1명이다. 대중은 민간항공을 신뢰하는 경향이 있다. Barnett et al.(1992)은 1989년 수시티 재난에 대한 미국 대중의 반응을 관찰하였다. 이것은 세 번째 DC-10기 사고이며, 수압 부족으로 발생하였고 282명의 승객 중 112명이 사망하였다. 좋지 않은 평판에도 불구하고 2개월 이내에 사고가 없을 때 상황의 90% 예약률을 보였다. 이는 안전관리에서 '지불의사(willingness-to-pay)' 원칙을 보여 주는 것으로 보이며, 이는 무엇이 '수용 가능한' 위기를 구성하는지를 시장이 결정하도록 하는 것이다(McDaniels et al., 1992).

도로통행은 더욱 위험하다. 교통사고는 20세기에 세계적으로 3,000만 명 이상의 목숨을 앗아갔다. 미국의 경우 도로에서 충돌이 모든 사망사고의 절반가량을 차지한다. 일본에서는 교통사고가 모든 사망의 0.01%를 차지하며, 자연재난이 0.00025%를 차지하는 것과 비교된다(Mizutani and Nakano, 1989). 영국에서는 보통 운전자 10만 명당 8명이 운전 중 사고로 사망하고 100명이 부상 당하는 위험에 있다. 타인에 대한 위험은 더 철저히 나이 영향을 받는다. 예를 들어, 운전사고는 16~19세 사이 연령대에서 모든 사고의 3/4을 차지하며, 21세 이하 운전자는 모든 도로사고 사망자의 1/4을 차지한다. 이들은 대중이 접한 가장 높은 수준의 기술과 관련된 위기이다. 그러나 승용차 통행의 개인적 편리성이 그런 위험을 정당화하는 것으로 대부분 간주한다. 실제로 승용차 소유 확대는 인간발전 증표로 모든 도로사망의 70% 이상이 저개발국가에서 일어난다. 교통사고의 연간 비용이 이들 국가에 대한 국제지원 양에 맞먹는다.

대중 인식이 사실과 잘 맞지 않는다. 비록 개인 승용차에 의한 도로사망이 대부분 국가에서 대중교통에 의한 사망을 압도하지만, 대중교통 사망이 훨씬 더 주의를 끈다. 이 패턴은 아마도 대중교통 사망과 관련된 대규모 집단 사망과 소송이 하나의 성장산업인 시대에 거대기업을 비난할 수 있는 기회 등에 기인하는 것으로 보인다. 일반적으로 고속도로에 투자는 '남는 장사'이다. 승용차 디자인 개선, 승용

차의 더 많은 도로이용과 안전벨트 의무착용, 음주운전 법의 강력한 적용과 같은 규제 등으로 비교적 저비용으로 위기저감이 달성되게 되었다. 다른 형태의 고속도로 위기가 출현하였다. 중진국가 일부에서 대형트럭의 이동거리가 다른 차량에 비해 빠른 속도로 증가하였다. 상업용 차량과 승용차 간 도로 공간 차지를 위한 경쟁 증가로 더 많은 차량충돌을 초래할 수 있다.

2. 핵산업

유럽과 미국, 일본의 주요 클러스터를 포함하여 전 세계적으로 운영 중이거나 건설 중인 원자력 발전소는 500여 개이다. 현존 발전소의 약 25%는 20년 이상 되었다. 거대

핵발전 공장은 많은 사망과 극한의 사회적 단절, 장기간 오염을 초래할 수 있다. 이 때문에 핵발전소는 도시지역 주변에 잘 짓지 않으며, 핵산업은 심하게 규제된다. 예를 들어, 미국원자력규제위원회(Nuclear Regulatory Commission; NRC)는 미국에서 민간 목적 원자력 이용을 감독한다. 영국에서는 핵통제성(Office for Nuclear Regulation; ONR)이 민간과 군사 부문 모두의 핵 사용 권한을 가지고 있다. 세계적 규모로는 세계원자력기구(International Atomic Energy Agency; IAEA)가 이런 책임을 갖고 있으며, 이 기구는 1992년에 대형 사고에 이르는 다양한 사건의 심각성을 정의하는 핵사건 규모를 공식화하였다(표 13.7). 오늘날까지 세계 최악의 핵사고는 1986년 4월 25~26일 밤 벨라루스 키예프에서 북으로 130km 떨어진 체르노빌에서

표 13.7. 국제 핵사건 규모

사건 수준	기준		
	현장 외 지역 영향	현장 영향	심층방어 퇴화
대형 사고	대규모 누출, 광범위한 건강 및 환경 효과		
심각한 사고	심각한 누출, 지방 응급계획의 전체 실행		
현장 외 지역 위험을 갖는 사고	제한된 누출, 지방 응급계획의 부분 실행	심각한 핵심 피해	
주로 설치 관련된 사고	약간 누출, 사전 제한된 정도의 공중 노출	부분적인 핵심 피해 근로자의 극심한 건강 효과	
심각한 사건	매우 적은 누출, 사전 제한의 일부 수준의 공중 노출	대규모 오염, 근로자의 과도 노출	사고에 가까운, 심층방어 공급의 손실
사건			잠재적으로 안전에 영향을 미치는 사건
비정상			규정된 기능의 범위로부터 이탈
규모 이하			안전 문제는 없음

출처: IAEA(개인교신).

주: 현장 외 지역에 영향을 미치는 핵사건은 드물며 1986년 '대형 사고'인 체르노빌 이래로 유럽에서 발생하지 않았음.

Box 13.2. 1986년 벨라루스 체르노빌 핵재난

1986년 4월 체르노빌 재난은 제대로 교육받지 못한 직원들이 운영한 잘못 설계된 핵원자로에서 발생하였다. 직접적인 사고 원인은 공장에서 근로자들의 허가받지 않은 실험에 있었다. 실험은 기계적 관성이 증기기관을 자유롭게 움직이게 하는 시간을 결정하고 디젤 발전기를 켜야 할 때까지 생산해 내는 전기 양을 알아내기 위한 것이었다. 실험 동안 원자로에서 지속적인 증기공급이 중단되고, 전력 수준이 20%까지 떨어졌다. 이는 이런 유형의 수냉식 흑연 감속 원자로 설계에서 위험단계로 들어가는 것이다.

실험 동안 원자로는 중단되지 않았고 내장된 수많은 안전장치가 의도적으로 무시되었다. 이런 상황에서 대량의 증기와 화학물질 반응이 폭발을 일으키는 데 충분한 압력을 발생시켰다. 이것이 원자로 꼭대기를 보호하기 위해 덮고 있는 1,000톤의 평판을 날려버렸다. 그 결과로 증기폭발과 화재가 방사능 원자로 코어의 최소 5%를 대기 중으로 내보냈으며, 기류를 타고 이동하였다. 방사능물질 덩어리가 원자로에서 솟구쳐 나와 공장 1km 이내에 쌓이면서 또 다른 화재를 초래하였다. 대기 중으로 방출된 방사능 먼지와 가스의 주 기둥은 핵분열 생성물로 가득했으며, 요오드-131과 세슘-137이 포함되었으며, 이들 모두 살아 있는 조직에 쉽게 흡수될 수 있다.

방사능물질 유출을 통제하는 것이 즉각 시행되어야 하였다. 불타는 흑연 감속 원자로 코어에 물을 쓸 수 없는 것이 주요 문제였다. 그렇게 할 경우, 더 많은 방사능 증기구름을 만들어내기 때문이었다. 대신 헬리콥터에 의해 수t의 물질들(납, 붕소, 백운석, 점토, 모래)을 떨어뜨려 산소를 부족하게 하여 불을 꺼야 했다. 사고가 있던 날 밤에 두 명의 공장 근로자가 죽었으며, 심각한 방사능 독성으로 그다음 수주 동안 28명이 더 죽었다. 추가로 200명이 평상 시 연간 방사능 노출의 2,000배에 노출되었다. 결국 13만 5,000명이 공장 주변 반경 30km 밖 방사능 구역에서 소개되었으며, 근처 프리퍄티(Pripyat) 마을이 버려졌다.

사고 이후 2주간 방사능 기둥이 북서 유럽 상당 부분을 돌아다녔다. 체르노빌에서 멀어지면서 비가 내리는 지역에서 방사능 물질의 큰 침전이 나타났다. 대기 바깥의 많은 입자물질을 씻어냈다. 이 영역에는 스칸디나비아, 오스트리아, 독일, 폴란드, 영국, 아일랜드 등이 포함된다. 스웨덴의 라플란드 지방은 가장 심각한 낙진을 경험하였다. 순록 초지에 영향을 주고 고기를 오염시켜 라프 문화에 큰 영향을 미쳤다. 더욱 넓게는, 즉각적으로 식량사슬에 전반적인 병균 오염이 생기고 채소, 우유, 고기판매가 제약받기 시작하였다. 어떤 나라에서는 야외 초지에서 가축사육을 금지하고 빗물에 접촉을 피하도록 경고하였다.

체르노빌 사고로 치명적인 암이 장기적으로 건강에 영향을 미치는지를 판단하는 것은 어려웠다. 원자로 지붕의 불을 끄기 위해 싸웠던 50,000명의 군인들이 방사능에 가장 심하게 노출되어 고통받는 것은 분명하였으며, 그런 장소를 청소했던 50만 명의 근로자 역시 마찬가지였다. 많이 노출된 다른 사람들로는 이주된 40만 명의 주민 중 일부도 해당 한다. 15년 이후, 벨라루스의 200만 명은 여러 가지 건강 관련 문제를 갖게 되었다. 급격한 출산율 감소가 이에 포함된다(IFRCRCS, 2000). Rahu(2003)는 더욱 주의 깊게 관찰하여 공중보건에 대한 방사능 노출의 유일한 직접적 증거는 1990~1998년간 기록된 어린이 갑상선 암 1,800건이라고 주장하였다. 그는 방사능에 대한 공포, 이주, 경제적 어려움 등 요소들에 기여하는 심리적 질병의 많은 사례도 언급하였다.

정치적 변화로 이제 더 많은 내용이 공개되었다. 1993년부터 UN이 임명하는 국제협력 위원은 국제기구들과 회원국 간 갑상선 암을 가진 어린이를 위한 더 나은 의료 서비스 제공, 사회 심리적 재활센터 건립, 오염지역에서 경제발전구 건설, 오염 토지를 복구하여 농업적 이용을 안전하게 하는 등의 이슈를 논의토록 하는 촉매로서 역할해 왔다.

현재, 체르노빌 제4발전소는 1986년 10월에 서둘러 만든 거대한 콘크리트 막으로 덮여졌으며, 200t 정도 고방사능 물질을 안고 있다. 이 막은 사용기한이 한정되어 있다. 국제적으로 기금을 관리하는 체르노빌 보호기금(Chernobyl Shelter Fund)은 2015년까지 사고지역 전체에서 원자로를 가두는 구조물을 건축하고 기타 프로젝트를 완성하기 위한 기구이다. 2010년 7월 벨라루스 정부는 유사한 시간계획에 따라 '오염지역'을 다시 거주 가능하게 하는 계획을 발표하였다. 200개 마을에서 거주 제한이 완화되었고 도로, 주택, 학교 등 새로운 기반시설 계획이 발표되었다. 목적은 방사성 핵종이 고도로 집적된 토지에 주로 나무를 심음으로써, 토지를 생산적인 농업과 임업으로 되돌리는 것이다.

체르노빌 사건은 핵산업에 하나의 '경종'을 울렸다. 소련이 설계한 모든 원자로가 이제 더 안전한 것은 아니지만, 핵발전소와 그 운영 절차가 동서 유럽 엔지니어들의 협력에 의해 세계적으로 향상되었다.

주: 자세하게 보려면 www.world-nuclear.org/info/chernobyl/inf07.html를 참조

발생하여 수많은 사망자와 대륙 간 오염을 발생시킨 것이다(Box 13.2). 유럽의 많은 핵 원자로는 강과 같은 국경지대나 국경 25km 이내에 위치하여, 또 다른 국가 간 사고위기를 안고 있다.

산업관리에서 현실적 문제는 핵발전소와 독성 폐기물 처리장 위험에 대한 대중의 극단적인 공포에서 나온다. 이런 기술에 대한 반대는 위기가 매우 거대하다는 걱정에서 시작된다(Slovic et al., 1991). 일본과 미국에서 행한 광범위한 연구에서 Hinman et al.(1993)은 양국에서 사람들이 범죄나 에이즈 공포를 뛰어넘는 수준으로 핵폐기물과 핵사고를 무서워한다는 것을 알아냈다. 미국에서 수행된 대중 의견청취에서 위험 폐기물 저장소가 가장 걱정스러운 환경문제로 인용되어 왔다(Dunlap and Scarce, 1991). 그러나 Lewis(1990)에 따르면, 적절히 건설된 핵폐기물 저장소의 위기는 '위기가 없다고 상상할 정도로 무시할 만한' 수준이었다.

원자력은 지구와 대기의 기본 수준 이상의 다량 전리 방사선으로 인간을 위협한다. 고농도 핵폐기물은 1,000년 이상 방사능 반감기(원자 절반이 붕괴되는 데 걸리는 시간)를 갖는 핵반응로에서 나온 물질이며, 다 쓴 연료를 포함한다. 중간단계 폐기물은 짧은 반감기를 갖지만, 대규모로 존재한다. 핵폐기물 처리에 대한 일반적인 해법은 수년간 발전소 근처 물 저장소에 담가 온도가 떨어지고 방사능도 어느 정도 감소되게 하는 것이다. 그다음 공공의 도로를 통해 다른 저장소로 영구히 이송된다.

폐기물 운송은 그 자체로 대단히 논쟁이 많은 '위험한 이슈'이다. MacGregor et al.(1994)은 오리건 주를 대상으로 행한 방사능 폐기물 운송 연구에서 교통로에서 떨어져 있는 곳이라고 해서 관심이 줄어드는 것은 아니라는 것을 발견하였다. 영구 저장으로부터의 위기는 더 큰 걱정을 불러일으켰다. 2000년까지 미국에는 약 70개 장소에서 처리를 기다리는 40,000t 정도의 사용 후 핵폐기물이 있었다. 2002년 미 의회가 네바다 유카 산에 국가의 고농도 핵폐기물을 저장하는 유일한 사이트로 지정하였을 때, 대중과 기술위원회 간 극명한 의견 차이가 부각되었다. 1,500m 높이의 기다란 화산재 산등성이인 유카 산에 수년간 미국의 전체 폐기물을 이송할 계획으로 2017년에 처리장이 문을 열 예정이었다. 저장 터널 안에서 70,000t까지 사용 후 연료가 티타늄 막의 튜브 안에 놓이게 되고, 그 산이 봉인될 때까지 300년이 걸릴 것으로 계획되었다. 이 계획은 논쟁을 불러일으켰다. 환경주의자와 시민들은 반대하였으며, 이들 중 일부는 라스베이거스에서 160km 떨어진 곳에 있는 사람들이었다(Flynn et al., 1993a, 1993b). 반면 다른 사람들은 영구 저장소에 저장하기 전 앞으로 100년간 땅 위에 핵폐기물을 저장하는 것이 유카 산 프로젝트보다 100억~500억$ 저렴할 것이라고 주장하였다(Keeney and von Winterfeldt, 1994). 이 계획은 현재 연방정부가 반대하고 있고, 2011년 9월에 자금지원이 취소되었다.

F. 보호

기술재해는 지물리적 재해에서 발생하는 것 이상 근원적인 잠재성을 안고 있다. 어떤 연구자는 내재적인 안전성이나 1차 억제정책을 지지하는데, 이는 실질적으로 기술재해를 없애는 것을 의미한다(Hansson, 2010). 예를 들면, 가연재료와 같은 위험물질을 덜 위험한 대체재로 바꾸는 것이다. 이를 위한 기술 범위는 제한되어 있으며, 많은 기술 사고가 잘못된 엔지니어링과 인간의 나약함에 의한 것이다. 후자는 믿을 만한 방지책이 없는 욕심과 부주의 등 흔한 인간의 잘못을 포함하고 있으므로 성공확률을 높이기 위한 더 나은 길은 엔지니어링에서 찾아야 한다.

모든 유형의 기술에서 위기가 없는 설계와 건설이 불가능하다. 모든 실패 가능성을 염두에 둔 작업은 단지 너무 비용이 많이 드는 것이라 불가능하다. 산업공장 설계가 사고 이후에 자주 바뀌어 왔다. 체르노빌 위기는 원자로가 보호막에 의해 둘러싸여 있었더라면 훨씬 덜했을 것이다. 보팔 위기는 공장이 야간 역전층을 꿰뚫고 훨씬 많은 양의 공기를 통해 독성물질을 분산시키는 높은 굴뚝이 설치된 효과적인 가스 소진장비를 갖추고 있었더라면, 완전히는 아니더라도 많이 감소시킬 수 있었을 것이다. 저개발국가에서 국제협력이 작동할 때에는 부속공장의 안전기준이 최소한 공장 본사와 같아야 한다는 것을 분명히 해야 한다.

도로 상에서 서리재해 완화는 선제적 재해저감 사례이다. 도로표면 결빙은 미끄러지는 사고에 의해 사망과 차량 파손위험을 증가시킨다. 저온기는 정확하게 예측할 수 있으며, 소금은 영하 21℃까지는 매우 효과적인 해동제 역할을 한다. 그러나 이는 재정부담과 환경부담으로 넓게 보급되지는 않는다. 도로에서 가장 효과적인 소금의 이용은 10g/m² 낮은 이용 비율로 결빙방지 물질로 사용할 수 있을 때이다. 이 양은 얼음이 얇은 막을 형성하는 것을 방지하는 데 충분하다. 얼음이 이미 형성되었다면, 소금은 단위면적당 다섯 배의 적용비율을 갖는 제빙제로 사용되어야 한다. 기술발전과 고속도로 기상학은 도로 기술자들이 국지적인 도로 온도를 모니터하고 예측할 수 있게 하였다. 이는 자동화된 얼음 감지센서 사용과 함께 유럽과 다른 지역에서 20% 이상에 이르는 겨울 소금 이용비용을 절감하게 하였다.

G. 완화

손실 분담 조치는 자연재해와 기술재해 간에 차이가 있다. 그런 것이 인간의 의사결정과 행동에 의한 것이라면, 기술사고 이후에 명시적으로 비난이 뒤따른다. 비난은 조직의 실패로 인한 기업의 대량 살상 책임에 대한 대중 압력으로 더 강화된다. 기술재해에서 인지된 기업과실로 인해 피해자는 자연재난으로 인한 피해자에 비해 대중의 지원을 덜 받는 경향이 있다. 보상기금은 책임져야 하는 사람들에게서 거두며, 국제 재난소송 역할이 크게 줄어든다.

하나의 예로, 1987년의 'Herald of Free Enterprise' 사건은 함수문을 닫지 못해 페리가 전복된 후 북해에서 193명이 사망한 것이다. 이는 1912년 타이타닉 침몰 이래 영국 국적 배로서는 평시에 일어난 최악의 해양재난이었다. 그러나 이어진 법정소송은 중간에 중단되었다. 1994년, 400년 법률 역사상 최초로 영국에서 기업에 의한 대량살상 책임이 인정되었는데, 이는 겨우 야외활동을 조직하는 작은 기업이 카누 사고로 인해 4명의 어린 학생들의 죽음에 책임이 있음을 확인하였다. 그 이후 다른 사건들도 증명되었다.

1. 보상

보상은 재난구호에 비해 덜 자발적인 손실분담 형태이다. 이는 실제로 기부자가 종종 거부하기도 하는데, 그럴 경우 법률로 강제 집행된다. 소송이 관련된 곳에 최종적인 정착에는 복구비용을 넘어서는 징벌적 요소가 포함될 것이다. 오늘날 중진국 사람들은 실질적이고 인지된 해악에 대한 보상을 추구하며, 여기에는 산업용 배기가스로 인한 감정적인 스트레스도 포함된다(Baram, 1987). 미국에서는 법제도가 부상당하거나 위기에 처한 사람들이 산업에 대해 '독극물 위반' 건 소송을 걸고 고액의 금전적 손실을 구제받게 한다. 또한 정부는 산업에 대해 대규모로 소송을 거는데, 위험한 폐기물 사이트를 없애기 위한 것이다. 관련된 몇몇 기업은 다국적이며, 이윤과 고용에 대한 이런 행동의 영향은 세계적이다.

법률적 보상으로 고액의 금전 환수를 가능케 하더라도, 손실분담이 항상 최선은 아니다. 그것이 신뢰를 상실한 산업공장이 직면한 비용을 떠나 재난 피해자에게 항상 효과적인 것은 아니다. 소송은 수년간 지불을 연기시킬 수 있다. 어떤 경우, 보상이 이루어지기 전에 원고가 죽거나 회사가 해당 업계를 떠날 수도 있다. 인도에서는 많은 보팔 피해자들이 공식적인 문서를 갖고 있지 않은 데다 관성과 비효율성까지 더해져 사고 이후 많은 소송이 10년 이상 정리되지 않고 있다. 분명히 보상금을 신속히 처리하는 보상틀을 갖는 것이 좋으며, 이로써 피해자를 돕고 위험물질을 생산하거나 이용한 회사의 미래도 금전적으로 보호할 수 있다.

그런 보상틀은 정부 개입 없이는 갖기 어렵다. 정부는 이론적으로 국가 기술재난 기금을 세울 수 있고, 화학공정과 같은 산업이 생산물에 주어진 부담금에 의해 조달된 금전 비축을 요구할 수 있다. 그런 비용을 납세자나 안전하게 운영되고 있는 산업공장과 같은 제3자에게 떠넘기기 때문에 이런 조치 중 어떤 것도 완벽하게 만족스러울 수 없다. 이는 국가 전체를 대신해서 원자력 발전소에 의한 국지적 위험을 가정하는 한 공동체를 일반 조세로 보상하는 것과 같다. 그러나 이상적으로 정부의 직접적인 개입은 위험 제공자가 부담하도록 하는 원칙이 동기가 되어야 한다. 이는 정부개입이 각 공장의 산업활동과 배기가스로 초래된 사망, 부상, 환경파괴에 대한 민사상 책임에 대한 완전한 보험을 수행할 수 있다는 것을 잘 보여 준다.

2. 보험

보험은 기술재해와 관련된 금전위기를 분산시키는 데 이용된다. 중진국에서는 많은 사람들이 '모든 위기'를 보장할 수 있는 개인 생명과 사고 관련 규약을 통해 보험에 가입하기 쉽다. 비록 규약이 방사능 노출은 항상 제외하고 있지만, 위험물질에 노출되는 것에 대한 보장은 일반적으로 가능하다. 재산보험도 마찬가지 경향이며, 모든 위기를 보장하고 특별히 배제되지 않는다면, 위험한 물질도 포함된다. 반대로 개인보험은 현실적으로 불리하다. 예를 들어, 법적 책임과 피해 간 관련성을 설명하기 어려울 수 있다. 발암물질과 같은 독성을 포함하여 지연되어 나타나는 효과의 사례가 더욱 그렇다. 이는 손해가 즉각적으로 단기간에 나타나는 사고가 아니라 장기간 낮은 수준의 누출로 나타나는 것일 때 특히 그렇다.

산업에서도 보험을 요구할 수 있다. 기업안전에 대한 요구 증가와 함께 공장이 사람의 부상과 환경오염에 대한 민사상 책임에 대하여 완벽하게 보험 책임을 가질 필요가 있다. 산업과 보험자 간 적극적인 동반자 관계가 재해저감을 향한 책임 있는 태도를 북돋는다. 그러나 다른 유형의 재해보험과 같이 산업이 지불할 수 있는 현실적 보험조건을 만들기 어렵다. 보험조건이 완전히 경제적이지 않는 한 산업은 기술재해를 심각하게 받아들이지 않을 것이고 보험회사는 상업적으로 손해를 보던지 시장에서 퇴출될 것이다. 마찬가지로 보험조건이 각 공장 수준에서 실제 위기에 따라 가중치가 주어지지 않는다면, 보험은 그 산업 내에서 안전하고 잘 관리되는 곳에 대한 불공정한 조세와 다를 바가 없게 될 것이다.

H. 적응

1. 준비

영국 산업계에서 재해가 잦은 부문의 위기에 대한 심도 깊은 관리는 1974년 건강과 안전에 관한 근로자보호법으

표 13.8. 20세기 영국에서 사망을 기록한 대형 기술사고

연도	기술사고	사망자 수
1974	플릭스버러 화학물질 폭발	28
1979	골본 탄광폭발	10
1984	아베이스테드 취수 펌프장	16
1985	퍼트니 가정용 가스폭발	8
1986	클래펌 열차추돌	35
1987	킹스크로스 지하철역 화재	31
1988	Piper Alpha 해저 석유폭발 및 화재	167
1999	래드브로크그로브 열차추돌	31

로부터 시작되었다(Health and Safety Executive, 2004). 이 법률에 의해 두 기관이 건립되었다. 그중 건강안전위원회(Health and Safety Commission; HSC)는 새로운 법률, 기준의 수립, 연구, 정보에 대한 책임을 지며, 건강과 안전에 관한 법률(Health and Safety Executive; HSE)은 지방 담당과 함께 규제의 실행과 HSC에 대한 권고에 대하여 책임지게 하였다. 처음 30년간 몇 가지 큰 치명적 사고가 발생하였다(표 13.8). 이 중 일부는 에너지 부문에서 파이퍼 알파(Piper Alpha) 사고와 교통부문에서 킹스크로스(King's Cross)와 클래펌(Clapham) 철도재난과 같이 HSE에 더 큰 책임을 부여하였다.

주로 화학산업 재해빈도가 높은 장소에 대해서 다음 두 가지 법률 조항이 중요하다.

• 대형산업사고재해규제법(Control of Industry Major Accident Hazards Regulations; CIMAH). 1984년 제정된 규정으로 영국 내에서 EC의 '세베소 명령'을 실행하도록 설계되었다. 이 명령은 1976년 이탈리아 세베소에서 갑작스럽게 대규모 오염을 초래한 다이옥신 배출 때

문에 만들어졌다. 대형공장의 소유주들과 특정한 위험물질을 취급하는 창고 관리자들은 고빈도 재난 사이트들을 확인하고 적절한 통제방법이 대형 사고를 방지할 수 있도록 조치되었음을 보여 주기 위한 증거를 확보하고, 일어날 수 있는 어떤 사고의 영향도 제한하는 것 등이 요구된다(Welsh, 1994).

• 대형사고재난규제법(Control of Major Accident Hazards Regulations; COMAH). 1999년 제정된 규정으로 CIMAH 규제를 대체하고 '세베소 명령 II'로 알려진 새로운 EC 법규를 실행하는 것이다. 이 규정은 화학산업에 적용되며, 또 다른 높은 위기를 안고 있는 활동과 핵 사이트도 포함한다. 이는 염소, 액화 석유가스, 폭발물과 같이 위험한 물질의 위협 가능성을 경감하는 데 목적을 둔다. 이 규정은 영국환경청(Environment Agency in England and Wales)과 스코틀랜드 환경보호청(Scottish Environment Protection Agency)과 함께하는 HSE에 의해 집행된다. 명령의 토지이용 계획 측면은 총리실, 스코틀랜드 법률, 웨일스 의회의 별도 토지법규에 의해 행해진다. 2005년 법령에 의해 부분적인 수정이 이루어져 적용되었다.

기술재해에 대하여 사전에 계획되고 예방적인 접근법이 필수적이다. 영국에서는 안전성을 높이기 위한 법적 노력이 합리적인 수준 이상으로 요구된다(96쪽 참조). EC 내에서 통제수단 간 조화에도 주의를 기울여 왔다. 1982 '세베소 명령'에 대한 수정은 지정된 '대형 재해 사이트'에 매우 위험한 물질의 특정 양 이상을 저장하거나 이용을 요구하였다. 그런 사이트 운영자는 반드시 응급계획을 준비해야 하며, 위험을 주변 시민들에게 알려야 한다. 미국에서는 화학에너지 대비계획(Chemical Emergency Preparedness Program; CEPP)이 환경보호청(Environmental Protection Agency)에 의해 개발되었으며, 이는 화학산업의 위

협을 줄이기 위한 것이다. 주요 사항은 사고에 의한 공기 중 누출사건에서 공중 건강에 해를 미칠 수 있는 강한 독성인 화학물질 목록을 준비하는 것이다. 저개발국에서는 위험한 산업 사이트에 대한 응급반응 계획이 부족하다. 인도에서는 일부 진전이 있다(Ramabrahmam and Swamina-than, 2000). 그러나 그런 계획은 우선권이 거의 없으며, 국가나 지방정부 당국 모두 아무런 행동을 취하지 않을 수 있다(de Souza, 2000).

각각 사이트에서 준비성이 높다 하여도 종종 공동체 수준에서 화학적 응급상황에 대한 준비 수준이 낮을 수 있다. 화학적 응급상황에서 가장 취약한 집단의 필요성에 대해 별 관심을 두지 않는다. Phillips et al.(2005)은 미국 앨라배마에서 화학무기를 비축한 육군 보급창을 둘러싸고 있는 긴급반응구역(Immediate Response Zone) 반경 13~16km 이내에 위치한 약 31,000가구의 10%를 대상으로 임의 표본조사를 시행하였다. 조사는 가구의 43%를 포함하면서 화학적 응급상황에서 특별한 도움이 필요한 소득 4분위 저소득층에 초점을 두었다. 이들은 다른 주민들보다 화학사고 위협에 대해 더 많이 걱정하지만(그림 13.4a), 일부는 실제 그 집단을 돕기 위해 설계된 연방정부의 화학

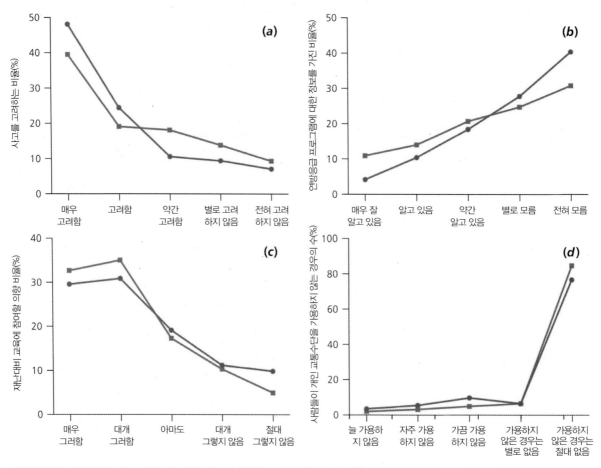

그림 13.4. 앨라배마의 화학무기 창고 근처에 사는 사람들 중 나머지 인구와 비교한 4분위 최저소득 계층의 재난 준비성. (a) 사고를 고려하는 비율 (b) 적절한 연방응급 프로그램에 대한 정보를 가진 비율 (c) 재난대비 교육에 참여할 의향의 비율 (d) 사람들이 개인 교통수단을 가용하지 않는 경우의 수(Phillips et al., 2005).

비축에너지 준비계획(Chemical Stockpile Emergency Preparedness Program; CSEPP)이 제공하는 정보를 잘 모르고 있었다(그림 13.4b). 저소득 가구는 준비 훈련에 참여하는 것도 주저하였으며(그림 13.4c), 대피경고를 접했을 때 교통수단에 대한 접근성도 떨어졌다(그림 13.4d).

새로운 접근법이 필요하다. 예를 들어, 취약인구 집단의 빈곤에 대하여 고심하지 않는다면, 준비성을 높이기 위한 시도가 비효율적일 것이다. 지역에서 응급상황 책임자들(경찰, 소방서, 의료 서비스 등)을 더욱 더 과학적으로 교육하는 것에도 우선순위를 두어야 한다. 거기에 더해, 효과적인 시민반응은 산업재해 관련 '정보의 자유성'에 달려 있다. 미국 등 일부 국가에 의한 이런 방향으로의 법제적 노력에도 불구하고 상업적 경쟁력이나 테러리스트 활동이 개입될 때는 심각한 제약이 따른다.

산업시설 밖의 안전성에 관련해서는 핵발전 산업에 최선의 응급대응 계획이 있다. 1979년 펜실베이니아의 스리마일 섬(Three Mile Island) 핵발전소 사고 경험에 비추어 보면, 미국의 모든 원자로는 연방에너지관리청(Federal Emergency management Agency)과 핵규제위원회(Nuclear Regulatory Commission; NRC)에 의해 주어진 기준을 충족하는 응급대응 계획을 만들 필요가 있다. 이런 계획에 대한 공식적인 승인은 상업 원자력발전소에 대한 운영허가를 내주고 유지하기 위한 조건이다. 계획은 보통 어떤 방사능 응급상황에서도 세 개의 보호수단을 포함한다. 즉 방사능 핵종의 단기적 누출에 대하여 방어하기 위한 가정 대피소, 갑상선 차단 물질로서 요오드화칼륨을 사용한 의학적 처치, 오염기둥에 대한 노출에서 인구를 격리시키는 대피 등이다. 이런 수단은 두 개의 표준화된 응급계획구역(Emergency Planning Zones; EPZs)의 맥락에서 보아야 한다. 최초의 갑상선 노출경로에 대한 EPZs는 공장에서 대략 반경 16km 너머에 이른다. 이는 전체 신체노출

과 입자흡입이 발생할 것으로 예상되는 지역을 나타낸다. 두 번째 소화 노출경로에 대한 EPZs는 대부분 물 공급이나 곡물 오염에 의한 재난이 있을 수 있는 공장에서부터 약 80km 떨어진 곳으로 확대된다.

2. 예측과 경보

1986년 체르노빌 사고 후 위성영상에서 비정상적인 열방출이 감지되었지만, 산업 폭발과 같은 대부분 기술사고는 예측과 경보에 대한 관심을 받지 못한다(Givri, 1995). 특정 유형의 구조적 실패와 산업공장에서 독극물 누출에 대해 지역 주민에 대한 경고는 사이렌이나 기타 청각 수단을 통해서 할 수 있지만, 최초 사건과 재해 간 제한적인 시간 때문에 종종 방지조치를 취하기 어렵다. 더 긴 선행시간이 있다면, 경보가 이로울 수 있다. Smith(1989)는 미국에서 급작스런 홍수에 의한 큰 댐 붕괴에 대한 경보체계 연구를 인용하였다. 90분 이상 경고가 가능할 경우, 평균 사망사고는 10,000명 중 2명으로 매우 낮다. 지방 공동체가 90분 이하의 시간이나 경고 자체를 받지 못하면, 평균 사망자 수는 10,000명당 250명에 이를 수 있다.

핵 응급상황에서 경고 효율성을 위한 미 연방 가이드라인은 다음과 같다.

- 15분 이내 16km 구역 안에 있는 인구에 대한 메시지를 전달할 능력
- 공장 주변 8km 이내 인구 100%에 전달
- 반경 16km 이내에 살면서 초기경고를 듣거나 접하지 못한 사람들에게 45분 이내로 100% 전달을 보장하는 조치

이 계획은 비난받았으며, 대피 기대와 관련해서 더욱 그렇다. Cutter(1984)는 시민이 당국에 의해 주어진 대피절차

를 따를 것이라는 증거는 미약하다고 보았다. 여기에는 지정된 시간 계획, 확인된 경로 등이 포함된다. 남부 캘리포니아 해변의 디아블로캐니언(Diablo Canyon) 원자력 발전소에 대한 응급 대응계획의 영향을 받는 인구에 대한 초기조사는 가구의 1/3만이 그 계획에 대해 조금이라도 알고 있었으며, 응급상황에서 취해야 할 행동에 대한 정보를 갖고 있는 가구는 6%가 채 되지 않는다는 것을 확인하였다(Belletto de Pujo, 1985). 대응에 관련해서 조사된 가구의 40%가 이 발전소에서 대형 사고위기가 높거나 매우 높다고 인식하고 있었음에도 불구하고, 조사된 가구 절반만이 당국 응급지시를 따를 것이라고 하였다.

자연재난 경험이 바로 기술재해로 전이된다고 오해를 불러일으키지만, 자연재난 이후 대피 대응에서 교훈을 얻지 못하였다고 종종 이야기된다. 핵 방사능 공포는 매우 커서 스리마일 섬 사건에서 196,000명이 공식적인 대피명령이 전혀 없었지만, '그림자(shadow)' 유형의 대피를 실행하였다. 지역 인구비율로 볼 때, 사람들이 자연재난 후에 대피할 것을 명령받았을 때 반응하는 것보다 훨씬 더 큰 대응이었다.

3. 토지이용 계획

토지이용 계획의 목적은 위험시설 입지와 관련된 충돌을 해소하고 위기를 저감시키는 것이다. 대부분 지역주민들이 위험성 높은 설비는 거의 기피한다. 핵폐기물과 독성 화학 처리 사이트, 화학공정 공장, 원자력 발전소, 연료 저장창고 등이 가장 받아들이기 어려운 시설이다. 대형 산업사고는 계획결정 단계에서 위험한 기술을 적절하지 않은 장소에 위치시키고, 이어서 해당 사이트 주변지역으로 들어오는 조밀한 토지이용을 통제하지 못하면서 초래되는 경향이 있다.

그 밖의 산업활동과 주택, 사람들을 재해위험이 높은 사이트에서 충분히 떨어져 위기가 전혀 없도록 위치시키는 것은 거의 불가능하다. 가장 단순한 수준에서 보면, 토지이용 계획은 인구밀집지역을 매우 위험성이 높은 시설과 교통경로로 분리시켜 완충지대를 활용하여 어떤 주거지에 대한 위협도 감소시키는 것을 목표로 한다. 화학공장이 학교, 병원, 인구조밀지역 근처에 입지해서는 안 된다는 것은 명백하다. 그러나 정확히 어디에 개발해야 한다는 유효한 규칙이 없다. 이상적으로는 준비 수준과 주변 공동체의 인구 특징과 같은 모든 취약성 이슈를 고려해야 한다. 그러나 기술위기의 공간적 맥락이 잘 이해되지 않는 것으로 보인다. 결과적으로 위기는 저개발국에서 토지이용 계획에도 제대로 반영되지 않았으며, 이는 도시 토지시장에서 재정적인 기득권에 기인한다(Walker et al., 2000). 더 나은 계획을 위해서는 기술위기 평가와 진전된 공공정보 및 수용에 쓰이는 서로 다른 접근법의 장단점에 대한 더 많은 이해가 필요하다.

1974년 영국에서 사망 29명, 부상 100명 이상을 기록한 플릭스버러 화학공장 재난은 정책적으로 하나의 분수령이 되었다. 이 일이 있은 후, 건강과 안전에 관한 법률(HSE)은 대형 산업위기의 입지를 다른 토지이용을 가진 재해 위험성이 높은 사이트와 통합하는 관점으로 검토하였다. 현재 시스템은 특정 양을 넘어서는 위험물질을 포함하는 어떤 사이트도 책임 당국, 일반적으로 지역계획부(local authority planning department; LPA)의 동의를 얻을 것을 요구한다. LPA는 그런 계획실행에서 HSE의 권고를 받는다. HSE는 위기를 제한하기 위해 어떤 동의에 대해서도 조건을 달 것을 제안할 수 있다. 예를 들어, 사이트에 저장되는 물질의 양과 특성을 제한하거나 현장 저장 대신 탱크 운송을 요구할 수 있다. 이 시스템은 번스필드(Buncefield) 사고에 따라 새롭게 조사 중이다(Box 13.3과 그림 13.5).

Box 13.3. 2005년 영국 번스필드 연료 사이트에서 폭발과 화재

2005년 12월 11일, 하트퍼드셔 헤멜헴프스테드의 교외에서 번스필드 석유 저장고와 환적시설에서 심각한 폭발과 화재가 발생하였다 (Buncefield Major Incident Investigation Board, 2006a). 이 COMAH 시설은 1968년 작동하기 시작하였으며, 당시 근처에는 다른 활동이나 건물이 별로 없었다. 모든 증거에 따르면, 큰 폭발은 Bund A의 Tank 912에서 나온 증기구름 발화에 기인하였다(그림 13.5). 이어서 탱크에 있는 300t가량의 무연 휘발유가 누출되었다. 이는 이와 같은 사고를 방지하기 위해 설계된 안전 시스템의 고장으로 기름이 과도하게 들어갔기 때문이다. 총 20개 이상의 대형 연료 저장탱크가 사고와 관련이 되었다. 그 결과, 평시 유럽에서 가장 큰 규모의 화재가 발생하여 1,000명 소방관의 노력에도 불구하고, 32시간 동안 연소되었고 M1 자동차도로 구간이 폐쇄되었다.

인명피해는 43명이 다치고 2,000명이 대피하였다. 500명을 고용하는 20개 영업소가 파괴되고 3,500명을 고용하는 60개 영업점이 피해를 보았다. 최소 300개 주택이 피해를 입었고, 런던과 히드로 공항을 포함한 남동 잉글랜드 지역으로 연료공급이 심각하게 단절되었다. 주로 호흡에 문제가 있는 응급 서비스 환자 244명이 지역 병원에서 심각한 의료서비스 영향을 받았다(Hoek et al., 2007). 경제손실은 대략 10억£였고, 주로 부지 운영자에 대한 보상요구 및 응급대응 비용, 항공 부문 손실, 그에 따른 조사비용 등이었다. 보건과 안전절차를 무시한 이유로 5명이 형사재판에 피소되었다. 복잡한 형사재판 이후 2010년 6월 피고에 유죄가 선고되었다.

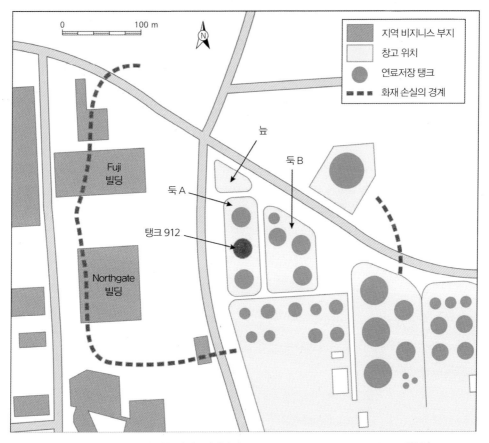

그림 13.5. 화재 손해의 경계를 보여주는 번스필드 연료 창고의 사고 전 배치도(Buncefield Major Incident Investigation Board, 2006b).

사진 13.3. 2005년 12월 11일 영국 헤멜헴프스테드 근처의 번스필드 기름 저장 터미널에서의 화재 모습. 번스필드는 영국에서 5번째로 큰 석유 상품 저장 창고인데, 일련의 폭발로 인해 파괴되었음(사진: www.buncefieldinvestigation.gov.uk/images/index.htm).

이 재난은 재해 위험성이 높은 지점에 대한 많은 관심을 불러일으켰다. 이런 시설의 설계와 운영에 관련된 기술적 이슈와 별도로 응급 준비와 토지이용 계획의 개선에 대한 많은 권고가 있었다(Buncefield Major Incident Board, 2008a). 번스필드를 둘러싼 지역은 최근 수십 년간 점진적으로 개발되었으며, 더 많은 사람과 재산이 위험에 놓이게 되었다. 조사당국의 주요 권고사항은 재해 위험성이 높은 지점을 위한 기존 토지계획 시스템을 철저히 다시 검토하는 것이었다. 특히 '위험한 양'이라는 용어로 위해를 표현하는 대신, 사망 위험, COMAH 규제와 더 나은 토지이용 계획 통합, 대상 지점 주변 인구규모와 분포를 고려하는 사회적 위험 계산, 위험한 지점 주변 개발을 제한하고 전체 과정을 일반 주민에게 더욱 투명하고 접근 가능하게 만드는 비용-편익 분석을 적절히 시행하는 것 등을 포함할 것이 제안되었다(Buncefield Major Incident Board, 2008b). 영국과 같이 인구가 조밀한 섬나라에서는 재해 위험성이 높은 시설에 의해 위험에 처한, 특히 번스필드와 같이 해당 지점 외 개발이 이미 시작된 곳에 있는 인구에 더 많은 주의가 필요해 보인다.

COMAH 법규에 의해 통제되는 위험한 공장 주변의 계획 의사결정을 돕기 위하여, HSE는 보통 사이트 주변에 협의거리(Consultation Distance; CD) 지도를 만든다. 이 구역 내 새로운 개발을 위한 계획 실행은 HSE와 자문을 얻기 위해 LPA가 참조해야 한다. 전형적인 지도는 세 개의 등위기선을 통해 1년 동안 어떤 사람이 '위험한 양'의 화학물질이나 다른 위해의 특정 수준을 접할 확률을 보여 준다. '위험한 양'은 어느 정도 사망확률(최소 1%)을 초래하는 것으로 병원치료를 포함하는 의료적 주의를 상당히 요구하는 것이며, CD 내 전형적인 가정 거주자에게 심각한 고통이 되는 수준이다. 위험한 양을 접할 가능성은 사이트에 가까워질수록 증가하며, 위기는 일반적으로 '연간 100만 명당 건수(chances per million per annum; cpm)'로 표현된다.

그림 13.6은 세 개의 등치선을 보여 주며, 외부구역

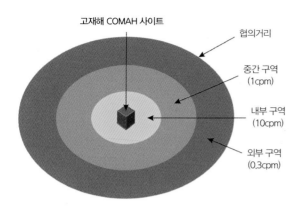

고재해 COMAH 사이트

협의거리

중간 구역
(1cpm)

내부 구역
(10cpm)

외부 구역
(0.3cpm)

그림 13.6. 영국의 전형적인 고위험 화학물질 사이트 주변의 협의거리 내의 모식적 등위기선. 위험한 양을 얻게 된 사람의 연중 위기는 내부 구역에서의 10cpm 으로부터 중간 구역의 1cpm, 외부 구역의 0.3cpm 으로 줄어든다(Buncefield Major Incident Investigation Board, 2006b).

0.3cpm에서 내부구역 의 10cpm까지 증가하는 위험한 양으로 위기수준을 나타낸다. 원칙적으로 이런 위기수준은 사회 경제적 자료 및 그 외 토지이용 정보와 결합되어 HSE가 LPA에 제공한 권고를 누그러뜨릴 수 있다. 그러나 '위험한 양'의 개념이 CD 내에서 개인 사망이나 부상위기를 추

정하여 얻어지는 사회적 위기에 대하여 일관성 있는 척도를 제공하지 않는다. 중요한 사실은 이 접근법이 개인 계획 의사결정을 COMAH에 충분히 연계시키지 않았다는 것이다. 계획 승인은 사례별 접근법에 대하여 종종 발전을 가져오게 한다. 이는 현재 진행 중인 검토나 누적 위기 통제에 우선순위를 두지 않는다. 이것은 위험성이 높은 재해 사이트에 가까운 곳에서 다른 토지이용을 개발할 수 있게 한다.

유럽과 그 외 지역에서 정량적인 위기평가 방법을 조화시켜 재해 위험성이 높은 사이트 주변의 사회와 환경에 대한 다양한 관점의 위협을 만들어 내려는 경향이 있다. 이런 접근법은 위기 수용 기준, 즉 견딜 수 있고 실행할 수 있는 사회적 위기수준의 정의를 정하는 것에 달려 있다(Duijim, 2009). 여기에는 특정 안전거리 결정을 포함한다. 안전거리란 그 안에서 시설의 입지, 특정 자연 서식지, 인간의 이동 등에 명시적인 제한이 주어져 위기 수용 기준에 의해 정의된 대로 과다한 입지 기반 위기에 노출되는 것을 막도록 하는 것이다. 모든 현장 외의 위기는 인구밀도에 따라 결정되

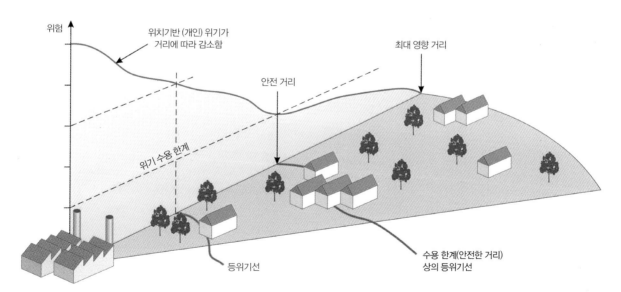

위험

위치기반 (개인) 위기가
거리에 따라 감소함

최대 영향 거리

안전 거리

위기 수용 한계

등위기선

수용 한계(안전한 거리)
상의 등위기선

그림 13.7. 대형 재해 발생 주변의 위험 수용과 토지 계획의 사례. 안전거리는 위기가 수용 한계 이하인 곳이다(더 먼 거리들에서 개인에 대한 위기는 수용 가능한 것으로 간주함). 위기는 최대 영향 거리 이상에서 0이다. 등위기선은 개인 위기의 패턴을 보여 준다(Duijim, 2009).

며, 다른 취약성 기준은 최대 영향거리 내에 있다. 여기에 더해 위기는 견딜 수 있어야 한다. 입지 기반 위기와 최대 영향거리 간 관계는 그림 13.7에 나타나 있다. 특히 위험한 사이트의 경우, 사람들은 공장에서 멀리 떨어져서 보통 안전거리 이내에 위치할 것이다. 이 경우 사회적 위기는 안전거리와 최대 영향 거리 사이 인구밀도에 의해 결정된다.

토지계획에서 중앙정부와 공동체 이익 간 충돌이 자주 발생한다. 멕시코시티의 멕시코 국영 석유회사(PEMEX)에 의해 운영되는 액화 석유가스 공장에서 일어난 1984년 11월 재난이 그 예이다. 이 사건에서 일련의 폭발로 약 500명이 사망하고 2,500명이 부상당하였으며, 인근 근로자 계층 지구 일부가 파괴되었다(Johnson, 1985). 정부는 이 사건이 있고 수일 내로 파괴된 지역을 다시 짓지 않기로 결정하고, 14ha의 '기념공원'을 건설토록 하였다. 그러나 이 계획은 PEMEX 시설의 완전한 재입지에 대한 주민의 희망을 반영하지 않은 것이며, 피해를 입은 지대의 모든 주택을 파괴하고 도시의 다른 지역에 거의 200가구를 재정착하도록 하였다. 이렇게 멀리 떨어지게 되는 공동체가 아직도 재난의 즉각적인 후유증으로부터 회복되고 있을 때 내려지는 의사결정이 지역주민의 관점에서는 임의적이며 적절하지 않은 것으로 보일 수 있다.

수용 가능한 토지이용 통제는 독극물의 대량 방출이나 사이트의 폭발 가능성, 대형 사고의 국지적 영향, 지역이나 국가 이해에서 볼 때 특정 유형에 대한 위험한 활동 필요성 등에 대한 균형 잡힌 평가에 달려 있다. 규모 경제는 대규모 사이트들이 종종 값싼 제조 및 운송비용을 제공하는 것을 의미하며, 대규모 운영은 동시에 더 큰 위기를 만들어내는 경향이 있다. 미국 환경보호청은 GIS를 이용하여 8개 주에서 독성 화학물질의 누출을 지도화하였다. 이는 대규모 누출이 인구밀집 지역 근처에서 발생하였음을 보여 준다(Stockwell et al., 1993). 위험한 산업 사이트가 저소득,

소수 인구집단의 지역에서 확산된 몇 가지 증거가 있다. 예를 들어, 애리조나 피닉스에서 일부 사회적 혜택을 받지 못하는 공동체가 위험한 물질의 누출에 가까워 도시의 다른 사회 집단에 비해 더 큰 잠재적 위기를 안고 있다(Bolin et al., 2000).

원자력에 대한 위기인식은 이들 시설 입지가 상대적으로 떨어져 있거나 농촌지역에 있도록 하였지만, 녹지산업 사이트조차 개발을 지체시키고 계획에 긴장감을 조장하는 경향이 있다. 영국에서 하나의 기존 재해위험성이 높은 사이트 주변에서 후속 개발을 허용하는 문제는 Box 13.3에 표시되어 있다. 강력한 계획 통제가 없어서 주민 반발이 다른 후보 사이트보다 적은 곳에서 원치않은 위험한 시설이 개발자들과 정부에 의해 계속 세워질 개연성이 높다. 따라서 정치적 영향에서 멀리 떨어진 저소득 고실업의 소규모 농업 공동체는 미래에 산업재해를 겪을 가능성이 가장 높다.

더 읽을거리

Chapman, J. (2005) Predicting technological disasters: mission impossible? *Disaster Prevention and Management* 14: 343-52. An attempt to place these risks within a wider framework.

Cozzani, V., Campedel, M., Renni, E. and Krausman, E. (2010) Industrial accidents triggered by flood events: analysis of past accidents. *Journal of Hazardous Materials* 175: 501-9. This paper illus trates the current level of concern about na-tech disasters.

Duijm, N. J. (2009) *Acceptance Criteria in Denmark and the EU.* Environmental Project Report No. 1269, Danish Environmental Protection Agency, Ministry of the Environment, Copenhagen. One of the best explanations of the planning restrictions necessary for high-hazard industrial sites.

Mannan, M.S. et al. (2005) The legacy of Bhopal: the impact over the last 20 years and future direction. *Journal of Loss Prevention in the Process Industries* 18: 218-24. The worst-ever industrial disaster in Asia viewed with hindsight.

Phillips, B.D., Metz, W.C. and Nieves, L.A. (2005) Disaster threat: preparedness and potential response of the lowest income quartile. *Environmental Hazards 6*: 123-33. A reminder that technological disasters, like natural disasters, strike most severely at disadvantaged social groups.

Stanton, N.A. and Walker, G.H. (2011) Exploring the psychological factors in the Ladbroke Grove rail accident. *Accident Analysis and Prevention* 43: 1117-27. A specific example that reinforces the views of the Normal Accidents School.

웹사이트

Bhopal Disaster Information Centre www.bhopal.com

International Information Centre on the Chernobyl disaster www.chernobyl.inf

International Atomic Energy Authority www.iaea.org

List of recent technological disasters compiled through UNEP www.unepie.org/pc/apell/disasters/lists/technological

Chapter Fourteen
Environmental hazards in a changing world

변화하는 세계에서 환경재해

A. 서론

최근 환경재해는 강력한 재난과 위기에 대한 새로운 관점의 등장과 미래 추이에 대한 우려 등으로 무대 중심에 서게 되었다. 모든 안전이슈가 정부에 의해서 우선순위로 등장하고 있다. 위기에 대한 공공의 관심도 언론과 SNS에 의한 정보확산으로 크게 늘고 있다. '위기경관' 변천이 재해와 재난의 포괄적인 '탈지방화'를 초래하였다. 사회과학자들은 재난과 광범위한 현대화과정 간의 관계를 보다 잘 인식하게 되었으며, 자연과학자들은 극한 자연사건의 배후로 전구적 원인을 찾고 있다. 간단히 말해 재해와 재난은 기후변화의 결과와 지속가능한 인간개발 등 오늘날 많은 사회, 환경이슈들의 이해에 점점 더 관련성이 커지고 있다.

학문적 관점과 정책 실행도 변화하고 있다. 재난저감과 기후변화 적응에 대한 공식 반응은 전통적으로는 서로 다른 영역에서 이루어졌다. 재난계획과 응급작전은 민간 방제조직이 담당하는 것이 전형적이었으며, 장기적인 기후변화 이슈는 중앙정부 부서의 관리하에 있었다. 이때 우선순위는 어느 경우이든 물리, 생물 시스템과 인간 공동체 간 상호작용으로 미래에 발생할 수 있는 부정적 효과를 저감시키는 것이다. 불확실성하에서 위기와 인간 취약성, 의사결정은 시간 규모나 인과관계 등과 무관한 공통 주제이다. 보험, 예측과 경고, 토지계획 등의 '자연재난 응급'에 필요한 대부분 도구도 '기후변화에 대한 적응'에 적절하다. 점차 이런 도구가 재난의 응급대응을 뛰어 넘어 미래 지속가능한 발전을 보장하기 위하여 공동체 상향식 방법의 기초로 채택되고 있다. 이런 보완관계 인식이 포괄적인 통합재난위기관리를 지향하게 하고 있다. 모든 환경위협으로부터 사망과 파손, 그 외 부정적인 영향을 줄이기 위해서는 재난위기저감(disaster risk reduction; DRR)이 기후변화 적응(cliamte chang adaption; CCA)과 더욱 긍정적으로 상호작용할 때 보다 큰 시너지가 있다(Mercer, 2010; Romieu et al., 2010).

이 장에서는 보다 개선된 틀로 재해와 재난을 검토하고자 한다. 세계화 이슈를 간단히 설명하고, 이미 기록된 재난과 관련된 환경변화 특성을 논의하고 미래 변화를 예측하는 증거를 검토하려고 한다. 인간 취약성이 어떻게 재난 결과에 영향을 미치는지에 대해 이미 알려진 사실을 정리하고 핵심적인 지물리적 원인, 특히 전구적 기후와 관련된 수문기상학적 위기와 관련된 것을 자세히 관찰한다.

B. 재해의 세계화

오늘날 세계화는 다양한 현상을 포괄하는 용어이다. 원래 이 용어는 경제적 힘의 지리적 확산이 완전히 새로운 것은 아니지만, 공산주의의 퇴조로 등장하기 시작한 상업적 교환의 창궐을 묘사하는 단어였다(Pelling, 2003). Giddens(1990)는 공간상 멀리 떨어진 인간사회 사이 상호작용과 무역을 제한하는 시공간 제약을 없애는 핵심요소로 전자적 의사소통과 정보흐름을 포함하는 새로운 교통 시스템을 관찰하였다. 그 후 이 용어는 상품의 흐름(무역), 사람의 흐름(이주), 금융과 문화 교환(국제적 대부, 개발원조) 등 모든 종류의 전구적 흐름을 포괄하게 되었다. 서구식 민주주의와 자유시장 윤리가 전 세계에 퍼지면서 이와 같은 교류가 증가했다. 이런 흐름은 KOF 세계화지수로 측정할 수 있다(Dreher, 2006). 이 지수는 매년 각국이 세계에서 상호 연결성과 상호 의존성을 만들어 내는 전구적 경제, 사회, 정치 네트워크 각 역할을 통합한 것이다(그림 14.1). 당연히 서구 민주주의 국가가 높은 점수를 받았고, 가난한 국가 혹은 독재국가들이 낮은 점수를 받았다. 여기서 중요한 것은 낮은 점수 국가들이 재난에 취약할 가능성이 높다는 것이다.

세계화는 현대화와 연계되어 있다. 서구국가에서 위기에 대한 태도는 Beck(1992)의 연구와 그의 '위기 사회' 개념(제4장 81쪽 참조)으로 수정되었다. Beck은 현대화 초기에는 위기가 과소평가되며, 이는 압도적인 우선과제가 물질적 변영 역할을 하기 때문이라 하였다. 그 결과로 환경 질 저하 등 경제성장 부작용이 무시된다. 20세기 말에 이르러 균형이 바뀌면서 안전이슈가 더 중요하게 되었다. 공공 및 민간 부문에서 다양한 활동에 대한 위기평가가 법적인 요구 사항이 되었다. 이런 변화는 과학적 전문성에 대한 불신의 증가와 죽음에 대한 공포나 복잡한 기술과 질병, 테러 등과 같은 '새로운' 재해로 나타났다.

Beck의 연구는 부유한 주민들이 핵발전이나 식량안전 등과 같은 이슈를 우려하는 유럽적 사고에서 출발하였다. 오늘날 이런 우려들은 대부분 서구에서 볼 수 있는 적극적인 건강과 안전문화를 가져왔다. 중진국에서 위험에 대하여 커진 혐오는 보다 길어진 기대수명 동안 미래 가치에서 나온 것이다. 세계인구의 3/4이 살고 있고, 재해 영향이 더 빈번한 저개발국에서는 이런 관점이 그리 보편적이지 않다. 도시 슬럼이나 고립된 농촌에 사는 빈곤한 사회 구성원들에게는 관심 없는 이야기이다. 실제로 현대화는 일부 사람들에게 안전이나 기대수명을 개선하기보다 위험을 가하기도 한다.

일부 사회과학자와 정치경제학자들은 세계화가 어떻게 빈곤하고 소외된 사람들에게 위기를 재분배하고 더 강화하는지 설명하기 위하여 근본적인 취약성의 원인을 파악하였다. 이 논쟁은 1980년대 급진적 관점에 공명을 일으켰다. 당시는 선택된 일부가 다수의 취약성 증가로 안전과 변영을 누릴 수 있게 물질성장을 극대화한다고 자본주의가 비판받던 시기였다(Hewitt, 1983). 오늘날 비슷한 우려는 경제활동 증가와 관련된 온실기체 배출 증가가 모든 사람, 특히 이미 불이익을 받은 사람들에 대한 위험을 초래할 수 있는 기후변화에 기여한다는 것이다.

세계화는 자연자원 고갈을 가속화하였으며 빈국과 부국 간, 사람들 간 거대한 불평등을 공고히 하고 있다. 더 많은 세계인구의 생활수준 향상을 위한 개발계획을 기대하지만, 현재와 같이 지속된다면 미래 지속가능성이 위협받을 수 있다. 빈곤한 국가에서 재난 발생빈도가 높은 것이 사실이며 너무 오래 지속되어 왔다. 일부 연구자들은 보다 큰 정치적 의지와 새로운 사고가 적용될 수 있다면, 새롭고 더욱 도덕적인 것에 기초한 과제가 기존 재난손실 상당 부분을 경감할 수 있을 것이라 믿는다(Wisner, 2003).

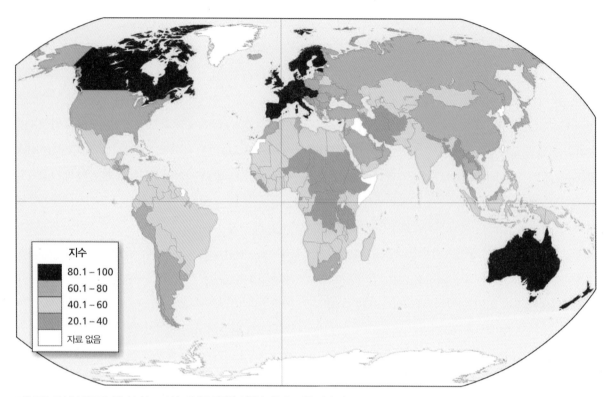

그림 14.1. 2011년 KOF 세계화지수 분포. 지수는 경제적, 정치적, 사회적 기준에 근거한 개별 국가의 연결 정도를 측정한다. 지도는 2008년 KOF 세계화지수(http://www.kof.rthz.ch)의 자료로 정리되었다(Dreher and Axel, 2006).

반면 자본주의적 이상에 기초한 무제한적인 성장 목표와 재해와 재난에 대한 기존의 정책적 태도에 대한 비판은 거의 없다(Newell, 2011). 일부 저자들(Pelling, 2003; Adger and Brooks, 2003)은 UN 기구와 기타 국제단체의 반응에 숨어 있는 위기에 주의를 기울여 왔다. 이런 기관들은 국지적 문제에 대한 해법으로 전구규모의 행동을 촉구해 왔다. 최악의 경우 그런 정책은 중진국에서 성공적인 것으로 알려진 토착적이고 저비용이 드는 해법에 기초한 대안을 선호하는 부적절한 해법을 내놓을 수 있다. 모든 규모(국지, 국가, 전구)를 아우르는 노력이 필요하며, 그럼으로써 가난한 수십억 명이 자신의 미래에 더 큰 소유권을 갖고, 필요할 경우 감당할 수 있는 보험이나 재해극복 가정과 같이 다른 곳에서 효과가 증명된 재난저감 대응에 접근할 수 있다. 대

부분 제한 조건이 이미 알려져 있다. 오늘날 기존 지식과 전문가 지원의 실패로 많은 공동체에서 재난에 대응할 준비가 되어 있지 않다.

위기의 세계화는 지물리적 재해, 특히 기후 관련 위협에 적용된다. 이는 광범위하게 여러 부분으로 나뉜 세계에서 바다와 대기 간 원격상관과 관련 있다. 이런 연계의 일부는 일상적인 재해평가에 포함되어 있다. ENSO와 같은 기후변동을 초래하는 해양과 대기 간 반구규모 상호작용이 그 예이다. 세계적으로 놀랄 만한 또 다른 위협이 있다. 외계의 혜성충돌과 소위 슈퍼 화산분출이 지구 지질역사의 일부이다. 마찬가지로 14세기 흑사병과 같은 질병유행의 역할도 문헌기록으로 추적할 수 있다. 그런 전구적 재앙이 역사에만 한정되지 않는다. 기후 시스템의 비선형 특성이 과

거 '빙하시대'에 급격한 기후변화를 일으킬 수 있으며, 지속적인 지구 온난화는 궁극적으로 대서양의 열염순환과 ENSO와 몬순 시스템의 주요 결과로 '티핑 포인트'까지 만들어 갈 수 있다(Lenton *et al.*, 2008).

C. 환경변화

지구 전체에서 역사상 전례 없는 규모의 미래 환경변화가 예상되고 있다. 이것이 재해와 재난에 관련되어 있는 불확실성을 키울 것이다. 지구 온난화에 의한 일부 가능한 결과들이 재난의 위기평가와 깊은 관련이 있다. 다양한 기후변화 시나리오의 신뢰수준이 낮고 지역에 따라 긍정적 영향과 부정적 영향 간 균형관계도 다르지만, 대부분 변화는 중요한 인간 조정과 적응 조치를 위한 대규모 자본투자를 필요로 할 것이다. 이 정도로 지구환경변화(global environmental change; GEC) 자체가 환경재해로 간주될 수 있다.

세계화는 세계 전체를 더욱 복잡하고 취약한 곳으로 만들었다. 대형 재난은 현대 기술에 의한 통신과 공급사슬에 대한 '에코 붕괴'와 상호 연결성을 통해 원거리 경제까지 파괴한다. 1999년 9월 타이완을 강타한 진도 7.6의 치치 지진으로 컴퓨터 메모리칩을 만드는 하이테크 설비가 파괴되었다. 칩 생산이 붕괴되자, 판매업자들은 사재기에 나섰다. 이로 인하여 가격이 5배까지 솟았고 세계적으로 상품 품귀가 나타났다(OECD, 2003a). 1999년 8월 터키 지진으로 99%의 성공률을 가진 일일 약 300만 건의 전화 통화를 감당하는 텔레콤 망이 파괴되었다. 지진으로 일일 통화량은 5,000만 건 이상으로 폭증하였고 이 중 11%만 연결되어 응급서비스가 심각한 타격을 받았다. 2006년 12월 26일 타이완 남서해안 형춘 해저에 발생한 진도 7.1의 지진은 동아시아와 동남아시아 대부분 지역으로 연결되는 해저통신케이블을 파손하여 국제 화폐시장 거래를 단절시켰다. 2005년 허리케인 '카트리나' 이후 국제에너지기구(International Energy Agency)는 유럽과 아시아 석유비축량을 고의적으로 6,000만bbl까지 떨어뜨려 가격인상을 촉발하였다고 보고하였다.

환경변화는 전적으로 자연적인 프로세스와 인간에 의해 조정된 자연적 프로세스, 사회 경제적 프로세스 등을 포함한다. Turner *et al.*(1990)은 체계적인 변화와 누적적인 변화 사이의 유용한 구분법을 제시하였다.

- 체계적 변화는 온실기체(GHG) 배출, 산업에서 오존층파괴 가스 배출, 토지피복 변화 등과 같은 인간활동으로 전 구규모 시스템에 직접적으로 영향을 미치는 것.
- 누적적 변화는 인간에 의한 생물다양성 상실, 물 오염, 삼림 황폐화, 토양파괴 등과 같이 모든 요소들이 작은 규모로 작동하지만, 이들이 모든 곳에 빈번하게 나타나서 심각한 것.

그러므로 체계적인 변화는 전체 시스템의 잠재적 파괴위험을 말하는 것이고, 누적적인 손실은 시스템 내 요소를 가리킨다. 위험은 구성요소 간 연계에 의해 증폭되며, 대규모 급격한 사건이나 일정 기간 동안 작은 변화가 누적되어 촉발된다. 이와 같은 인간에 의해 유도된 변화는 극한사건을 만들어 내는 지물리적 시스템에서 자연변동 위에 겹쳐진다. 지역 생태 시스템의 퇴화에 인간행동이 재난 가능성을 더하면, 곧바로 불가역적인 전구 기후변화를 위협하는 온실가스 배출이 나타난다. 즉 인간에 의해 유도된 지구환경변화(GEC)는 자연적 지구 시스템의 행태에 대해 아직도 더 배워야 할 내용에 불확실성의 한 면을 더한다. 일부 상호작용은 기존 재난 가능성에 묻혀 버린다.

표 14.1. 환경재해 증가에 영향을 미치는 전구 변화 경로

변화의 유형과 경로	위험한 변동과 변화의 주된 원인	재해 관련 요인
사회 경제적 경로		
더 많은 사람들에게 재해를 증가시키는 누적적 효과를 갖는 광범위하게 퍼진 인간 기반의 경향과 행위이다.	현대의 세계화와 경제발전(기후변화에 대한 온실기체 배출의 기여 포함)	대기오염 수질오염 생물다양성 상실 사막화
이 요소들은 주로 국지적 혹은 지역적 규모에 의 저강도 재해에 인간이 노출되는 것을 증가시킨다.	인구증가, 사회 경제 요인들 산업화, 토지압, 기술혁신, 도시화	토양침식 토지퇴화
지물리적 경로		
자연의 지구·생물 시스템의 기능에서 변동과 변화로서, 인간행위로 인한 수정이 포함된다. 이 요소들은 대규모 생명과 재산의 대규모 손실을 초래하는 고강도 재해의 시공간적 변동에 영향을 미친다.	전구적 지물리학 시스템, 주로 구조, 수문 기상 프로세스 ENSO, NAO, 해양순환 인위적 기후변화 소행성 충돌에 의한 외계로부터의 위협	원격상관과 대기권–수권의 상호작용 기후변화 홍수와 기근의 규모와 빈도 질병 해수면 상승 외계로부터의 위협

출처: Turner *et al.*(1990).

표 14.1은 재난을 초래하는 두 가지 동일한 주요 경로를 이용하여 재해 기반 관점의 전구 변화를 나타낸 것이다. 사회 경제 경로는 인구증가, 도시화, 불평등에 의해 취약성을 키운다(제3장 G 참조). 생물다양성 상실과 대기오염 같은 특정 사회요인은 자연 프로세스를 변형시키기도 한다. 그런 것에 근원을 둔 지속적 변화는 점진적 위기를 통해 천천히 축적된다. 예를 들어, 기후변화와 환경악화가 대규모 이주난민을 일으킬 수 있다(Warner *et al.*, 2010). 지물리적 경로는 재난을 야기하는 전통적 자연재해의 통로이다. 구조적 재해와 같은 일부 재해는 인간활동의 영향을 거의 받지 않는다. 수문기상 재해나 산사태와 같이 지표면을 위협하는 재해는 의도치 않은 인간활동의 영향을 받는다. 현재로서는 그런 변화가 어느 정도까지 재난빈도에 영향을 미칠 것인지 예측하기 어렵다.

D. 대기오염과 기후변화

지역규모 대기오염은 1960년대 중반 수백km 밖의 산업활동에 의한 황과 질소 산화물의 이동으로 유럽과 북아메리카 농촌지역에 산성 침전물이 낙하하면서 알려졌다. 오늘날에는 대기 질이 다른 지역의 기후교란을 위협한다. 삼림과 농업 폐기물 소각도 도로 상의 자동차, 산업, 발전소, 비효율적인 가정 취사기구 등에 의한 화석연료 배출과 함께 대기오염의 주범이 되었다. 저개발 국가에서는 1인당 화석연료 소비가 비교적 낮지만, 일산화탄소와 에어로졸과 같은 배출기체의 오염물질이 급속히 증가하여 지역의 안개, 오존층 파괴, 지구 온난화 등에 영향을 미친다(UNEP and C4, 2002). 각 분진은 겨우 며칠 동안 공기 중에 남아있지만, 안개와 구름을 발달시켜 태양광을 흡수하면서 온

사진 14.1. 인도네시아 이스트칼리만탄에서 토지개발을 위해 1997년 의도적으로 시작된 산불을 소방대원들이 통제하려 하고 있다. 수천 건의 산불이 수개월 동안 거세게 일어났으며, 동남아시아 상당 부분 대기오염의 짙은 구름을 만들어 냈다(사진: Panos/Dermot Tatlow DTA00167INN).

실기체 배출에 의한 온난화효과와 반대되는 냉각효과를 만들어 내기도 한다. 또한 에어로졸은 수문순환을 약화시켜 강수를 감소시킨다(Ramanathan *et al.*, 2001).

대기오염 문제는 아시아에서 가장 심각하며, 간헐적으로 '아시아 갈색구름(Asian brown cloud)'으로 알려진 안개층이 파키스탄에서부터 중국의 하늘을 덮는다. 1997~1998년간 인도네시아에서 바이오매스 화재로 스모그가 동남아시아로 퍼지면서 다양한 방식으로 계절적인 몬순순환과 상호작용하였다(Koe *et al.*, 2001). 이런 오염은 숲 개간과 관련되었지만, 대부분 물이 빠진 늪지 식물지대에서 화재에 의한 것이다. 과거에는 농민들이 재난이 발생하지 않는 건기에 화전농법을 행하였다. 그러나 목재, 팜유, 고무 생산을 늘리기 위한 정부 노력으로 삼림벌채가 산업 규모로 벌어졌고, 통제가 거의 없었다(Harwell, 2000).

1997~1998년간 31,500건 이상의 화재가 900만ha 이상 토지를 파괴하였다(Stolle and Tomich, 1999). 화재로 인한 직접 사망이 1,000명 정도로 추산되었고, 2,000만 명 이상이 고농도 오염물질에 노출되었으며, 약 40,000명이 연기흡입으로 병원치료를 받았다. 직접적인 경제손실은 대략 93억$로 추정되었다. 2002년 6월 '국경을 넘는 안개오염에 대한 협정'이 서명되었다. 이는 화재진압 능력과 국지적 화재를 인지할 수 있는 위성 이미지를 활용한 조기경보 시스템 개발을 통한 이웃 국가 간 협력을 향상시키기 위해 동남아시아국가연합(ASEAN) 일부 국가가 참여하였다. 인도네

시아는 협정에 서명하지 않았으며, 2006년에 40,000건 이상 화재가 다시 발생하였다.

아시아 갈색구름의 3/4은 인간활동에 의한 것으로 추정된다. 최대 두께가 3km에 이르는 이런 안개층은 겨울몬순 기간(12월에서 4월까지) 동안 지표면에 도달하는 태양광과 태양 에너지를 10~15% 줄일 수 있다. 특히 해수면에서 증발을 감소시켜 지구 온난화로 일어나는 지역 규모 기후변화와 수문효과를 초래한다. 일부 과학자들(Fu et al., 1998; Xu, 2001; Bollasina, 2011)은 남부아시아에서 여름 강수 감소 경향을 파악하였으며, 이는 여름몬순 강우벨트 이동 및 약화와 관련이 있다. 대기오염 효과는 아시아를 넘어서 오스트레일리아 강수패턴까지 붕괴시켰다(Rotstayn, 2007). 또한 Ramanathan(2007)은 아시아 갈색구름과 관련 있는 히말라야 온난화가 고산지대 융빙을 초래한다고 하였다. 안개층이 호흡기 질환과 관련된 건강재해에 미치는 영향에 대한 우려가 있다. 베이징, 델리, 자카르타, 콜카타, 뭄바이 등 아시아 일부 거대도시는 대기 중 부유물질과 이산화황의 농도가 WHO 권고기준을 넘어섰으며, 이런 오염물질 증가가 추가적인 위기를 만들어 낼 것이다.

1. 전구적 대기오염

기후변화는 기온, 일조, 강수 등 기후요소 하나 혹은 복합된 평균값이 지속적으로 변화하는 것으로 정의된다. 이런 변화는 세계기상기구와 기타 단체에 의해 30년 이상 기간 동안 평균으로 구해진 정상기후에 의해 측정할 수 있도록 충분히 긴 시간 동안 지속적인 관측이 필요하다. 반대로, 기후변동은 한 해에서 다음 해 동안 기후요소 차이로 표현된다. 단기간 이상은 수년 기간 동안 묶여질 수 있으며, 하나 추이의 일부로 잠정적으로 잘못 판단할 수 있으나, 지속적이지 않으며 정상기후에 별 영향을 미치지 못한다.

오늘날 기후변화는 인간활동에 의한 지구 온난화(anthropogenic global warming; AGW)로 공통적으로 세계가 직면한 가장 심각한 환경위협으로 인식되고 있다. 지구 온난화는 지표면 평균기온 관측기간이 길어지면서 인식되었고, 자연 프로세스와 (혹은) 인간의 영향으로 초래되었을 수 있다. 현재 변동은 전 세계적 온실기체(GHGs) 배출 증가와 그로 인하여 지표면에서 방출되는 적외선을 흡수함으로써 기후조건을 변화시키는 것과 관련되어 있다. 앞으로 수십 년간의 기온상승은 과거 10,000년간의 어느 때보다도 더 크고 빠를 것으로 예상된다. 그로 인하여 나타날 수 있는 효과는 저지대 해안, 특히 해안 소택지나 맹그로브 등 자연생태 시스템이 제거된 곳 등에서보다 빈번한 범람부터 고산지대 눈이 녹아 강물이 불어나는 것까지 다양하다. 또한 질병패턴도 변할 것이다. 자연자원 이용에 의존하는 국가에서 심각한 영향이 있을 것으로 예상된다. 저개발국가와 중간수준 개발국가 간 차이가 더 벌어질 것이며, 경제 시스템에 대한 영향은 이미 변화에 적응하거나 완화하기에 자원이 빈약한 국가에 가해지는 압박으로 차이가 커지고 있다.

Callendar(1938)가 화석연료 사용과 지구 온난화 사이의 분명한 관련성을 최초로 밝혔다. 그는 19세기 대기 중 이산화탄소 수준을 정확하게 290ppm으로 추정하였으며, 1900~1935년간 기록된 10% 증가가 연료사용 증가와 근사하게 일치한다는 것을 밝혔다. 하와이 마우나로아 관측소 자료를 이용한 Keeling(1960)의 연구에서 오늘날까지 대기 중 이산화탄소 농도가 전반적으로 증가하였음이 확인되었다(그림 14.2). 전체 추이 내에서 규칙적인 변동은 육지가 많이 분포하는 북반구에서 식물이 계절별로 이산화탄소를 흡수하고 방출하는 것을 반영한다. 오늘날 대기 중 이산화탄소 농도는 과거 산업화 이전 수준보다 1/3 이상 높고, 대기오염이 원인인 온실효과 증가의 2/3 정도를 설명한

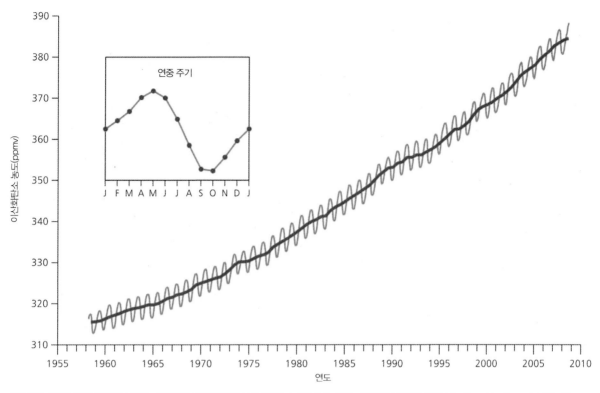

그림 14.2. 하와이 마우나로아에서 1960~2010년간 관측된 대기 중 이산화탄소 농도의 증가. 삽도는 이산화탄소의 연중 주기. http://en.wikipedia.org/wiki/File:Manua_Loa_Carbon_Dioxide.png에서 재구성.

다. 이산화탄소 외에도 메탄, 이산화질소, 오존 등 온실기체가 산업화된 지역에서 심각한 수준으로 증가하였다. 온실기체 농도 증가는 인간활동 추이에 상응한다. 예를 들어, 석탄, 석유, 천연가스 등 화석연료 연소는 인간이 배출하는 모든 이산화탄소의 70~90%를 차지한다. 아시아 안개구름 내 에어로졸과 달리, 온실기체는 대기 중에 오랫동안 지속적으로 지구 전체에 고르게 퍼진다.

지난 19세기 이후 지구 평균기온은 0.8℃ 상승하였다. 그런 상승은 자연변동에 의한 것보다 큰 것으로 대기 중 온실기체 농도의 증가와 부합한다. 그림 14.3은 1951~1980년의 복합적인 지구의 육지와 해양 표면의 연간 온도 기록을

평균에 대한 편차를 나타낸 것이다(Hansen et al., 2006). 육지에서 인구가 많은 지역은 더 조밀하게 관측하는 방법으로, 모두 3,000개 이상 관측지점이 사용되었다. 해양 자료세트는 훨씬 적고 배와 위성관측으로 얻어진 해수면온도(SST) 측정치에서 도출하였다. 온난한 해는 1990년대와 2000년대에 발생하였다. 온실기체 배출이 줄지 않는다면, 2100년까지 지표면 평균기온이 1.4℃에서 5.8℃ 증가할 것으로 예상된다. 배출이 안정화되더라도 세계 해양의 반응에 지체가 있기 때문에 기온은 계속 오를 것으로 예상된다. 지구 온도의 점진적 상승으로 극한기후가 복잡하고 다양한 방식으로 변화될 것이다(제14장 F 참조).

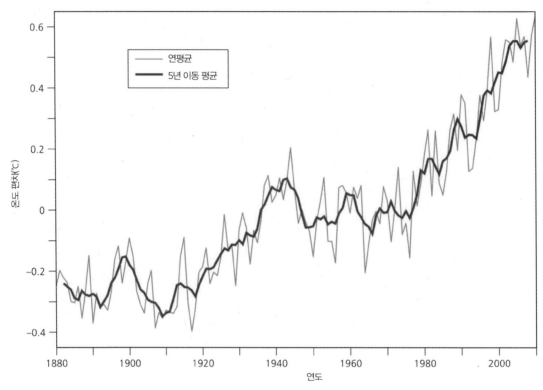

그림 14.3. 1880~2010년간 전구 육지-해양 온도 변화. 연평균치와 5년 이동 평균은 지수의 지속적인 증가와 1970년 이후 가속화를 보여 준다. http://www.giss.nasa.gove/gistemp/에서 NASA Goddard Institute for Space Studies의 허가하에 재구성.

E. 지물리적 경로

1. 시·공간 규모

지물리적 경로는 상당히 다양하며, 체계적 재해와 무작위적 재해를 구분하는 데 유용하다.

체계적 재해는 지권과 생물권의 일상적 특징이다. 구조적 재해는 이상기후와 극한기후를 만드는 대기-해양 간 상호작용보다 더 가변적이며 예측하기 어렵다. 재해 가능성을 키울 수 있는 장기적 변화가 단기적 대기 변동성보다 더 중요할 수 있다. 기후변화는 단기적 사건들의 의미를 찾을 수 있게 하는 틀로서 트렌드로 볼 수 있다. 지구 온난화와 심한 폭풍 간 관련성을 예측하는 것과 같이 미래 재난의 영

향을 계량화하는 것은 어렵다. 해수면 상승과 해안침수 간 관련성은 해수면 상승 과학과 가능성 있는 사회 경제적인 영향 측면에서 보다 명확하다.

무작위적 재해는 파멸적인 전구규모 손실을 야기할 만큼 상당히 드문 사건이다(Coates, 2009). 이런 슈퍼재해의 증거는 인간 경험보다 지질기록으로 찾을 수 있다. 쓰나미와 같은 지물리적 불안정성에 의한 해양재해와 지구-외계 물체 간 충돌 등이 관심을 끄는 내용이다. 이런 것은 상당히 놀라울 정도로 새로운 관심사이다. 지난 20세기에 들어서 과거 화산분출에 의한 것처럼 보이는 지표면의 수많은 분화구와 같은 분지가 소행성, 혜성, 행성 잔해 등과 충돌에 의한 것이라 간주되었다. 가능성 있는 미래 재앙으로 미국 태평양 연안 북서부 거대 지진과 라팔마 카나리 섬의 쿰브

레비에하 화산폭발 등이 예로 꼽히며, 이들 모두 대규모 쓰나미를 발생시킬 수 있다.

2. 엘니뇨 남방진동과 라니냐

ENSO(El Niño Southern Oscillation; 엘니뇨 남방진동) 시스템은 모든 대양과 대륙은 물론, 성층권을 포함하여 지구 상에서 매년 중요한 기후변화를 초래한다(McPhaden et al., 2006). ENSO는 크리스마스경에 발생하여 '아기 예수(El Niño)'라는 이름을 얻은 열대 태평양의 순환변화를 의미하며, 주기는 2~7년이다. 남방진동이라는 용어는 인도-오스트레일리아 저기압부와 남태평양 고기압부 사이의 기압경도 크기의 변화주기를 가리킨다. ENSO의 초기 징후는 페루 해안을 따라서 남쪽 방향으로 비정상적으로 따뜻한 표층수가 국지적으로 갑자기 출현하는 것이며, 이는 태평양을 가로지르는 공기 흐름 패턴 변화에 의한 것이다. 이런 엘니뇨는 1년간 더 넓게 확대되면서 지속될 수 있다.

그림 14.4a와 같이 ENSO 조건이 아닐 때는 기압경도가 남동 무역풍과 서태평양에서 하층대기의 수렴으로 특징지어 지는 워커세포순환을 만든다. 그런 순환이 습윤한 공기를 상승하게 하여 동남아시아의 광범위한 지역과 오스트레일리아 동부 등에 계절적인 폭우를 가져온다. 상층에서 되돌아오는 편서풍 흐름이 동태평양에서 침강하여 워커세포가 만들어진다. 페루 연안 바람은 서태평양의 물보다 최소 5℃ 더 차가운 용승류 위를 가로지른다. 이와 같이 낮은 해수면온도와 안정적인 하강기류로 남아메리카 해안이 건조하다. 이 차가운 용승류는 영양분이 풍부해 페루 어업에 중요한 역할을 한다.

엘니뇨 기간에는 서태평양에서 기압이 상승하고 동태평양에서 기압이 하강하면서 적도를 따라 무역풍이 약화된

다. 태평양 일대의 기압경도 변화는 워커세포를 약화시키고 난 후 방향을 바꾼다(그림 14.4b). 페루 해안에서 차가운 물의 용승이 중단되고, 비정상적으로 따뜻한 물이 태평양 전 해역으로 퍼진다. 이는 남아메리카 해안을 따라 습윤하고 불안정한 하층의 연안 바람을 만든다. 이 공기가 페루와 에콰도르의 평상시 건조한 지역에 전염병을 동반한 폭우와 홍수를 초래하고 페루 어업을 망친다. 동시에 서태평양에서 해수면온도가 비정상적으로 낮아지면서 오스트레일리아 북부와 인도네시아 중간에 발달하는 대류층을 다른 곳으로 이동시킨다.

ENSO가 정상 시보다 더 강한 대기활동을 만들지 않을 수 있지만, 대형 재해를 초래할 수 있음을 시사한다(Goddard and Dilley, 2005). ENSO 순환은 열대 태평양 상층에 모인 열 양에 의해 만들어지며, 기후변동과 관련된 재난대비의 개선과 예측에 도움을 준다. 이와 관련된 기후변동의 예는 다음과 같다.

- 수많은 태평양 섬에서 심각하게 혼란스러워지는 강우패턴, 미크로네시아와 하와이 여러 곳에서 주요 농산물 생산 실패와 산불을 동반하는 가뭄
- 뉴질랜드 일대 기온하강, 뉴질랜드 북동부에서 건조 상황 심화
- 페루와 에콰도르 해안에서 12월에서 2월 사이 홍수를 동반한 무덥고 습한 여름, 특히 봄과 초여름 브라질 남부와 아르헨티나 북부에서 이와 유사한 효과, 칠레 중부에서 많은 비를 동반한 온화한 겨울
- 아마존 유역, 콜롬비아, 중앙아메리카 여러 곳에서 뜨겁고 건조한 상황, 동남아시아 일부와 오스트레일리아 여러 곳에서 산불과 대기 질 악화를 동반한 비슷한 효과
- 북아메리카 미국 중서부, 북동부, 캐나다에서 평년보다 따뜻한 겨울, 캘리포니아 중부 및 남부, 멕시코 북서부,

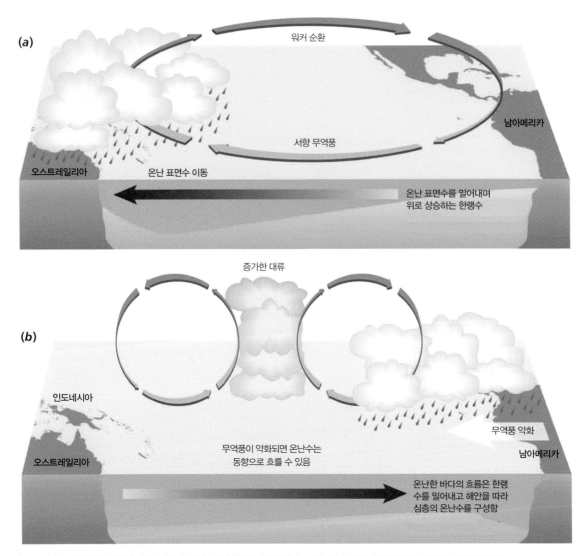

그림 14.4. 남반구 남반진동을 구성하는 두 가지 워커순환의 도식. (a) 정상 패턴 (b) 엘니뇨 상황. 워커순환이 매우 강해졌을 때 라니냐 상황이 일어남.

미국 남서부에서 차고 습한 상황

강력한 엘니뇨는 오랫동안 기후 관련 재난과 관련이 있었으며, 특히 1982~1983년, 1997~1998년이 대표적이다. 1997~1998년에는 홍수, 가뭄, 산불, 질병으로 20,000명 이상이 사망했고, 80억$가 넘는 재산피해가 있었다(IFR-CRCS, 1999). 남아메리카에서 피해가 가장 심했다. 페루

홍수는 이재민 50만 명과 GDP의 5%에 이르는 26만$ 상당의 공공시설물 파괴를 초래하였다. 페루는 1998년 1월에서 3월 사이 어획량이 전년 대비 96% 감소하였다. ENSO와 관련된 재해는 다음과 같은 것이 있다.

가뭄은 ENSO와 관련이 깊다(Dilley and Heyman, 1995; Bouma et al., 1997). 1877~1878년 사이 중국 북부에서 1,000만, 인도에서 800만, 브라질에서 100만, 아프리

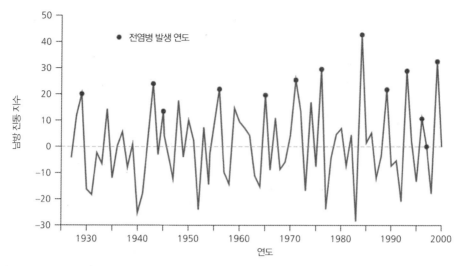

그림 14.5. 강력한 엘니뇨와 남동 오스트레일리아에서 1928~1999년 사이에 발생한 로스 강 사건에 의한 전염병 간 관계(McMichael, 2001).

카에서 엄청나게 많은 사람들이 가뭄과 기근으로 죽었다. 인도에서는 심각한 가뭄이 엘니뇨와 연관되기도 하지만, 항상 그런 것은 아니다(Kumar *et al.*, 2006).

홍수도 ENSO와 연관된다. Trenberth *et al.*(2002)은 엘니뇨 해에 대류활동 증가로 전구 평균기온이 높고 강우강도가 증가한다는 것을 밝혔다(Zhang *et al.*, 2007). 하나의 예로 미국 중서부의 1993년 하천범람은 엘니뇨와 관련이 있다(Lott, 1994). 열대폭풍에 의한 해안범람은 ENSO출현의 신호이며, ENSO 해에는 대서양에서 사이클론 빈도는 감소하지만(Tang and Neelin, 2004), 라니냐 동안 위험이 증가한다. 1997년 후반, 페루에서 엘니뇨 시 해안폭풍이 내륙 15km까지 이르는 거대한 파도를 일으켜 해안도시인 트루히요 중심 광장이 물에 잠겼다. 콜롬비아의 태평양 연안을 따라 일시적으로 해수면이 약 30cm 상승하기도 했다. 해양침식과 보초섬 침수로 마을이 다른 보초섬을 따라 이동하거나 본토 해안사구로 이주하기도 한다(Correa and Gonzalez, 2000). 칠레의 치명적인 산사태와 홍수도 엘니뇨와 상관관계가 있다(Sepulveda *et al.*, 2006).

질병도 엘니뇨와 분명한 관계가 있다(Kovats *et al.*, 2003). 강수량과 습도 증가는 열대와 아열대에서 매개체에 의하여 감염되는 질병 전파에 유리한 조건이 된다. 1878년 미국에서 온난 습윤한 여름기후로 모기를 매개로 하는 황열병이 널리 전파되어 테네시 주 멤피스에서 20,000명이 목숨을 잃었다(McMichael, 2001). ENSO 기간에 모기와 설치류가 매개하는 여러 가지 질병이 더욱 확대된다(Bouma *et al.*, 1997). 그 예로 벵갈에서 콜레라 발병과 인도네시아 및 남아메리카 북부 뎅기열 발생을 들 수 있다(Bouma and Pascual, 2001; Gagnon *et al.*, 2001). 1982~1983년 남아메리카 서안에서는 광범위한 홍수로 급성 설사병이 발생하였다. 그림 14.5는 오스트레일리아 남동부에서 ENSO와 로스 강 바이러스 전염 간에 다양한 관련성이 있다는 것을 보여 준다. 이는 오스트레일리아에서 모기를 매개로 하는 가장 흔한 바이러스성 질병이며, 해마다 5,000건 이상이 보고되고 있다.

산불재해는 가뭄기에 증가한다. 1983년 '재의 수요일(Ash Wednesday)' 재앙과 같은 오스트레일리아 몇몇 최악의 산불이 엘니뇨가 있는 해에 발생하였다. 1997~1998년 동남아시아 일부 지역은 50년 이래 최악의 가뭄을 겪었다. 무분별한 삼림개간이 벌어지면서 열대우림이 마르고, 대규모 산불이 발생하였다. 칼리만탄과 수마트라에서 여러 멸종위기 생물을 포함한 500만ha 이상의 삼림이 소실되었다(Siegert et al., 2001).

엘니뇨와 반대 개념의 대기상태를 라니냐라 부른다. 이는 더욱 강력한 워커순환 상태에서 발생한다. 남아메리카 앞바다의 차가운 표층수가 정상 시보다 북쪽으로 진출하여 적도 부근 위도 1~2° 대역을 덮으면서 해수면온도를 20℃ 정도로 낮춘다.

이와 같은 정상보다 낮은 해수면온도가 적도 중태평양에서 비를 만드는 구름 발달을 억제한다. 그러나 오스트레일리아 북부, 인도네시아, 말레이시아에서는 북반구 겨울기간에 강수량이 증가하고, 필리핀과 인도대륙에서는 북반구 여름 동안 강수량이 증가한다. 강수량 증가는 북반구 겨울 동안 아프리카 남동부와 브라질 북부에서도 나타난다. 북아메리카의 알래스카, 캐나다 서부, 대평원 북부, 미국 서부 등지에는 낮은 기온이 나타난다. 이에 반해, 미국 남동부는 정상보다 더 따뜻하고 건조하다. 2007년 라니냐 때는 인도대륙에서 비정상적으로 강력한 여름몬순이 발생하였고, 이로 인해 수백만 명이 홍수와 산사태로 이재민이 되었으며, 아프리카 중부에서는 집중적인 강우가 있었다.

3. 북대서양진동

북대서양진동(The North Atlantic Oscillation; NAO)는 대기와 해양의 규칙적인 진동으로 유럽과 아시아 서부의 광대한 지역에 기후변동을 초래한다. 이는 북쪽의 극 영향과 남쪽의 아열대 영향이 서로 교대하는 것으로, 대서양

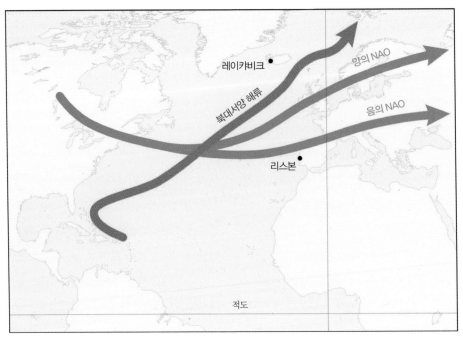

그림 14.6. 북대서양 겨울 폭풍우의 평균 경로. NAO 징후와 북대서양 난류 역류와 관련지어 표현. 영국 및 서부유럽 여러 나라에서 대형 재해 영향을 발견할 수 있다 (McPhaden et al., 2006).

동부에서 서부로 향하는 저기압 강도와 경로를 조절한다. NAO는 유럽 북서부의 폭풍재해에 중요한 역할을 하면서 겨울철 재해에 큰 영향을 미친다(제9장 참조).

NAO는 ENSO에 비해 단순하다. 이는 대서양이 태평양에 비해 훨씬 작고 기후에 미치는 영향이 적기 때문이다(Visbeck, 2002). 북대서양에는 반영구적인 아이슬란드 저기압계와 아조레스 고기압계가 있다. NAO지수는 이 두 기압계의 상대적 힘의 함수로 포르투갈 리스본과 아이슬란드 레이캬비크의 기압차이로 구해진다. 양의 지수는 평균보다 강한 기압경도이며, 정상보다 대서양 더 북쪽을 가로지르는 경로를 취하면서 더욱 강력한 겨울 폭풍을 일으킨다(그림 14.6). 유럽의 겨울은 온화하며 강우량이 많고, 여름은 서늘한 경향이 있다. 음의 지수는 아조레스와 아이슬란드 사이에 약한 기압경도를 반영하며 동–서를 가로지르는 경로를 취하고 빈도도 낮고 강도도 약한 겨울 폭풍을 일으킨다. 이에 따라 여름철 기온은 비교적 높고, 겨울철에는 기온이 낮고 강수량은 평균 이하이다. NAO 예측이 어느 정도 가능하며 일부 강수모델이 개발되었지만, 보다 세밀한 수정이 필요하다(Murphy et al., 2001).

NAO도 일부 기후재해와 관련 있다. 영국에서는 Woodworth et al.(2007)이 해수면 변동이 극단적이지 않았지만, 극단적인 해수면 변동과 폭풍발생이 지수와 어떤 관련이 있는가를 보여 주었다. 일부 학자는 영국에서 하천 유출량과(Macklin and Rumsby, 2007) 이베리아 반도에서 하천 유출량(Trigo et al., 2004) 사이 관계를 밝혔다. NAO 효과는 유럽의 해안으로 확대된다. Fagherazzi et al.(2005)은 베니스의 홍수를 NAO와 연관지었고, Kaczmare(2003)는 폴란드 홍수와, Cullen et al.(2002)은 중동의 강 범람과 Karabork(2007)는 터키 가뭄 발생과 NAO를 각각 연관지었다. 포르투갈(Zezere et al., 2005)과 이탈리아(Clarke and Rendell, 2006)에서는 몇 가지 증거를 들어서 산사태

에 대한 NAO 역할이 증명되기도 하였다. 북반구 다른 곳에서도 NAO가 위험한 사건에 영향을 미쳤다. 즉 중국 남부(Xin et al., 2006)와 북서부(Lee and Zhang, 2011)에서 NAO와 가뭄 발생 간에 상관관계가 나타난다. 앞으로도 더 많은 상관관계가 밝혀질 것이다.

4. 급격한 해양순환 변화

지질적 시간규모로 보아 제4기 동안에 있었던 갑작스런 기후변화는 갑작스런 전구 해류변화와 관련 있다. 특히 전구규모 한랭기가 약 20,000년 전 최후빙기 최전성기(LGM) 이래 해류 변화와 관련이 있다(US National Academy of Science, 2002).

열염해양순환(thermohaline ocean circulation; THC)과 북대서양 멕시코 만류에 대한 중요성이 관심을 끈다(Broecker, 1991). THC는 세계 바다에서 담수를 운반하는 전구적 컨베이어벨트이다(그림 14.7). 북대서양 해류가 연결되는 것은 이 표층류가 북대서양의 고밀도 염수가 대규모로 침강하면서 만들어진 것이라는 사실을 보여 준다. 이 물의 염분이 높은 것은 멀리 남쪽에서 흘러온 따뜻한 표층수(북대서양 해류/멕시코 만류)로 구성되었기 때문이며, 따뜻한 물 표면에서 많은 증발이 염도를 높였다. 침강한 다음 담수는 인도양을 따라 남쪽과 동쪽으로 흘러 태평양 서부에서 솟아오른다. 이 순환은 북쪽으로 향하여 다시 북대서양에 이르기 전에 인도양을 지나면서 서향 표층류로 되돌아오는 것으로 순환을 마친다. 이런 해양 컨베이어벨트는 열대에서 아극지역으로의 열 재분배에 중요하다. 해류변화는 이런 열분배를 크게 바꾸면서 대기 시스템에까지 영향을 미친다.

북대서양과 북서 유럽지역이 THC의 영향을 가장 크게 받는다. 이 지역은 멕시코 만류 영향으로 연평균기온이 동

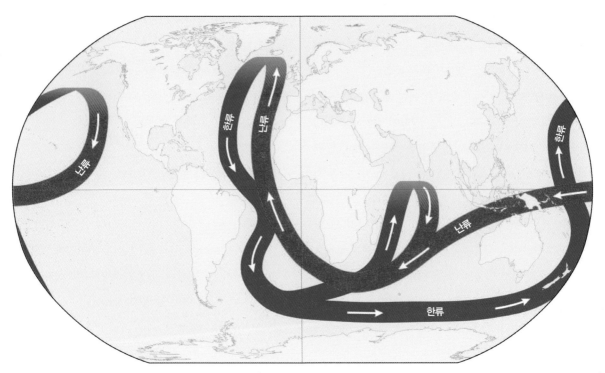

그림 14.7. 북대서양의 차고 염도가 높은 물의 침강과 관련된 해양 컨베이어벨트 개념도. 이 해류 변동은 해수면온도에 영향을 미치며, 대서양 허리케인 빈도와 아프리카 남부 사하라의 가뭄 지속시간 등에 영향을 줄 것이다(Broecker, 1991).

일 위도대 전구 평균보다 9℃ 높다. 과거 급작스런 기후 악화 증거가 있다. 이는 지질기록에서 발견되는 주요 빙기 시작에서부터 역사시대 200년 기간 정도의 소빙하기에 이르기까지 포함된다. 그런 기후는 하강은 해류의 역학적 변화와 관련이 있을 것이다(Broecker, 2000; Alley, 2007).

북대서양 순환속도가 느려져서 1957년에서 2004년 사이에 무려 30%가량 늦어진 것 같다(Stree-Perrott and Perrott, 1990; Bryden *et al.*, 2005). 이는 심각한 변화로, Lund *et al.*(2006)은 대서양 순환의 힘과 냉량기 발생 사이에 강한 음 상관이 있음을 확인하였다. 종종 미디어에서 보도되는 파멸 시나리오인 완전한 해류패턴 변화 가능성은 그리 크지 않지만, 작은 규모의 변화도 기후에 영향을 미칠수 있다(Broecker, 1997). 예를 들어, 인위적 지구 온난화(AGW)에 의해 대기 중 온실기체 농도가 증가하여 강우량을 증가시킴으로써 대서양의 염도의 저하를 초래할 수 있다. 이는 이어서 멕시코 만류를 약화시키고 극쪽으로 향하는 따뜻한 물과 공기흐름을 줄일 것이다.

5. 소행성과 혜성의 영향

아주 드문 재해로 '슈퍼화산'이나 우주로부터 거대한 물체가 지구에 충격을 주는 경우가 있다. 지질기록을 통하여 지구 상 '생명 대멸종'을 초래하는 전구적 재앙 증거를 찾아볼 수 있다. 두 개의 거대 지질시기인 페름기와 트라이아스기 경계인 2억 5,100만 년 전 가장 극한 사건이 발생하였다. 화석증거에 의하면, 이 사건으로 모든 바다 생물의 96%와 식물, 곤충, 척추동물 등 모든 육지생물의 70%가 사라졌다. K/T 멸종은 가장 많이 인용되는 사건으로 백악기와 제3기경계인 6,500만 년 전에 일어났으며, 지구 상 생물 절반 이상이 멸종되었다. 이 사건은 외계 물체 충격 의한 것으로 알려져 있다.

지구는 우주에서 쏟아지는 잔해에 지속적인 위협을 받고 있지만 접근하는 대부분 물질은 대기 중에 타버리고, 일부 아주 큰 덩어리만 지표에 도달한다. 이들은 소행성(직경 1km 미만에서 1,000km 이상의 것까지 다양한 단단한 물질)이나 혜성(태양을 도는 가스와 단단한 물질로 구성된 성긴 물체)인 경향이다. 최근까지 거대 우주물질이 지구에 충돌할 가능성은 희박하다. 이는 과거에 충격을 받은 표면적인 증거로 확인되었다. 우주로부터 어떤 충돌물질이 해양에 떨어지면 표면에 흔적이 거의 없지만, 큰 충격을 줄 가능성이 있다. 설령 그 물질이 땅에 도달한다 하여도 최소한 과거에 사람이 살지 않았던 지역에 충격을 줄 경우는 모른 채 지나갈 것이다.

침식과정과 식물성장으로 대부분 충격 분화구의 가시적 증거가 사라져 버린다. 실제로 겨우 지표면의 15%(대부분 건조한 지역)만 장기적으로 충격의 증거를 유지할 수 있다고 추정된다. 지질학자들은 충격 분화구가 발견되더라도 그 기원이 외계의 힘이 아닌 더욱 빈번한 화산활동과 같은 지구 내부 프로세스라고 생각하는 경향이 있다. 고립된 경우는 관심을 얻기 힘들다. 1908년 시베리아 하층 대기에서 한 바위로 구성된 충격물질이 폭발하여 2,000km² 이상 침엽수림을 초토화하였다. 이는 20세기 후반에 기록된 세 개의 유사한 사건과 같이 주요 도시를 파괴할 수 있었으나, 사회적 영향이 적어 거의 무시되었다.

소행성과 혜성충격은 알려진 모든 자연사건 중 가장 큰 재난 가능성을 갖는 '슈퍼재해'이다. 추가적인 화석 분화구에 대한 인식과 함께 지구 근접 물체(Near-Earth Objects; NEOs)에 대한 우주탐색용 망원경 기술 향상으로 위기평가가 바뀌었다. McGuire et al.(2002)에 의하면, 현재

160개 지점 이상에서 충격 흔적이 확인되었고, 더 많이 발견될 가능성이 있다. 슈퍼재해 중 13%만 바다에서 발생하였고 나머지 대부분 육지에서 발생하였으며, 비교적 안정적인 바위에 증거가 잘 보존된 스칸디나비아, 오스트레일리아, 북아메리카에서 그 예를 볼 수 있다. 표 14.2는 그런 장소의 사례를 규모와 연대별로 나열한 것이다. 전구적으로 영향을 미칠 수 있는 가장 최근 충격물체는 약 90만 년 전 형성된 분화구 'Zhamanshin'을 만들었다. 어떻든 외계 물체 충돌이 약 6,500만 년 전 K/T 지질경계에서 생명의 대규모 멸종을 초래하였다는 제안으로 과학적 사고가 바뀌었다(Alvarez et al., 1980). 이 이론은 멕시코 만 칙술루브 분지의 발견과 연관되어 있다. 이 거대한 충격 분화구는 그 후 침전물 아래 묻혔고 멸종에 대한 역할에 대해 논쟁이 있지만, 대규모 멸종과 같은 시기에 형성된 것은 분명하다.

소행성이나 유성충돌 시 그 규모는 인류생명과 재산에

표 14.2. 현재 이전의 100만 년 단위로 순위를 매긴 일부 알려진 충돌 분화구

분화구명	국가	직경(km)	연령(ma)
Barringer	미국	1.1	0
Zhamanshin	카자흐스탄	14	0.9
Ries	독일	24	15
Popigai	러시아	100	35.7
Chicxulub	멕시코	170	65
Gosses Bluff	오스트레일리아	22	214
Manicouagan	캐나다	100	290
West Clearwater	캐나다	36	290
Acraman	오스트레일리아	90	>450
Kelly West	오스트레일리아	10	>550
Sudbury	캐나다	250	1,850
Vredefort	남아프리카	300	2,023

출처: Grieve(1998)

표 14.3. 개연적 에너지 방출, 환경효과, 지구에 대한 외계 충돌의 여러 규모에 대한 가능한 치사율

대략적인 충돌 규모	충돌 지름	에너지 (mt)	빈도 (년)	환경 효과	사망
퉁구스카 규모 사건	50~ 300m	9~2000	250	지역적 재앙: 도쿄나 뉴욕 규모의 완파된 도시 지역에서 수많은 사상자 발생. 해양 충돌이 일어난다면 거대 쓰나미 발생	$5×10^3$
대규모 아-전구적 사건	300~ 600m	2000~ $1.5×10^4$ $35×10^3$	$35×10^3$	지역적 재앙: 지표 충돌이 에스토니아 크기의 지역을 파괴시킴. 거대 충돌 파편, 지진, 104~$105km^2$를 넘는 지역 화재, 내륙 1km를 들어오는 거대 쓰나미	$3×10^5$
명목적 전구 임계치	>1.5km	$2×10^5$	$5×10^5$	전구적 재앙: 지표 충돌이 프랑스 규모의 지역을 파괴시킴. 충돌로 인한 화재의 분진과 그을음이 대기의 광학 깊이를 바꾸며 대기의 지연된 냉각으로 오존층을 잃게 할 수 있음.	$1.5×10^9$
높은 전구적 기준	>10km	10^7	$6×10^6$	전구적 재앙: 지표 충돌이 인도 규모의 지역을 파괴시킴. 고농도의 분진과 황산염이 일사를 감소시키고 광합성을 중단시킴. 앞을 보는 것이 어렵게 되고 생태계가 파괴됨.	$1.5×10^9$
드문 K/T 규모 사건		10^8	10^8	전구적 재앙: 지표 파괴는 대륙 규모에 가깝고, 거대 지진과 지구적 화재. 100m 높이의 쓰나미 파도가 내륙 20km까지 들어오고 인간이 앞을 볼 수 없게 됨. 모든 고등생물이 위기에 처함.	$5×10^9$

출처: Chapman and Morrison(1994); Toon *et al.*(1997).

대하여 부분적으로만 영향을 미친다. 다른 요소로 충돌속도, 충돌지역의 지리적 위치(육지 혹은 바다) 특히 육지일 경우 인구밀집지역인지 등을 포함한다. 그러나 재난규모 가능성은 충격물체의 대략적인 크기와 방출되는 에너지 양에 의해 추정될 수 있다(표 14.3). 직경 200m에서 2km 사이 소행성 충돌 시에 쓰나미가 가장 중요한 재해일 것이다(Hills and Goda, 1998).

Chapman and Morrison(1994)이 정의한 바에 의하면, 세계인구의 1/4인 약 15억 명 이상을 사망하게 하는 전구규모 재앙이 발생하기 위해서는 충돌물체 직경이 0.5~5km가 되어야 한다. Toon *et al.*(1997)은 그 이상 범위에서 대기구성을 바꾸고 기후변화를 일으키는 또 다른 프로세스도 확인하였다. 폭발 시 파동이 먼지와 물을 대기로 뿜어 내고, 숲이 타면서 그을음을 만들고, 산성비와 오존층이 파괴될 수 있다. 이런 조건하에서 세계인구 대부분은 몇 달 혹은 몇 년 내에 모두 사망할 것이다.

UK Task Force(2000)에 의하면, NEOs가 지구 밖 750만 km 이내에서 궤도 상 직경이 150m 이상이면 재해가 발생할 수 있다. 혜성충격의 위험성은 소행성의 10~30%로 평가된다. 이런 재해는 부분적으로라도 전통적인 재난관리 전략에 수용될 수 있다. 일부 예측과 경고가 가능하다. 예를 들어, 장기간 혜성의 경우 포착에서부터 충돌까지 소요 시간이 250~500일로 추정되었으나(Marsden and Steel, 1994), 소행성의 경우는 수십 년 혹은 그 이상 길어질 수 있다. NEOs는 우주를 관찰하기 위한 거대한 망원경으로 일찍 포착될 수 있다. 1995년 이래 운영 중인 NASA 스페이스가드 서베이(Spaceguard Survey)는 크기 1km 이상 NEOs에 관심을 갖고 있다. 오늘날까지 지구와 충돌할 수 있는 궤도를 가진 것은 발견되지 않았다. 그런 물체가 나타난다면, 적절한 조치가 취해져야 할 것이다.

실질적인 재난저감 정책에는 상당한 불확실성이 있다. 소규모 위협일 경우는 예상되는 충격 지역과 쓰나미로 위기에 처할 수 있는 해안 저지대에서 사람들을 소개시키는 것이 가능할 수 있다. 그러나 지역적이나 전구규모 위협일 경우 유일한 대안은 충돌을 방지하는 것뿐이다. 일부 연구자들은 큰 덩어리의 방향을 바꾸고 파쇄하고 분해해 버릴 수 있는 1mt급 이상의 핵폭탄으로 NEOs를 맞출 수 있는 방어 시스템 개발을 제안하였다(Simonenko et al., 1994). 그러나 분해된 물질조차도 위기를 안고 있다. 하나의 대안 전략은 여러 달이나 여러 해 동안 그 물질과 나란히 나는 우주선을 띄우고 훨씬 작은 폭발이나 다른 방법을 이용하여 NEO를 새롭고 안전한 궤도로 조정해 가는 것이다. 현재는 인간활동에 의한 기후변화로 나타날 수 있는 미래 외계 위협을 완화하기 위하여 합의된 국제적 노력은 거의 없다.

F. 기후변화와 환경재해

기후변화에 관한 정부 간 협의체(International Panel on Climate Change; IPCC)는 지역별로 차이는 있으나 지난 150년 동안 지표면온도가 상승했음을 보여 주었다(Solomon et al., 2007). 이런 상승은 두 가지 중요 국면으로 진행되었다. 즉 1910년대부터 1940년대까지(0.35℃ 증가)와 더 강력하게 상승한 1970년대 이후 경향(0.55℃ 증가)이다. 전 세계적으로 장기적인 강수량 추이는 1900년 이후 상승하는 것이 확인되었으며, 남·북아메리카, 북유럽, 북·중아시아는 더 습윤한 조건으로, 사하라 주변과 남부 아프리카, 지중해와 남부 아시아 등은 더 건조한 조건으로 변했다. 전 세계적으로 집중호우가 증가하였다. 1900년 이래 해수의 열팽창과 육지에서 융설수가 해수면을 연간 약 3mm씩 상승시켜 왔다.

IPCC는 인간활동에 의한 지구 온난화(AGW)가 자연적 기후인자보다 이런 추이에 더 영향이 크다고 결론지었다. 지난 50만 년 이래 이산화탄소와 그 밖의 대기 중 온실기체 농도가 가장 높으며, 20세기 후반은 지난 1,300년 중 북반구에서 가장 더운 50년 기간이었다. 자연적 인자만을 쓰는 기후모델은 온난화 추이를 재생산하지 못하며, 온실기체 농도 증가를 포함하는 모델이 온도변화의 공간패턴을 직접 관측에서 구한 것과 유사하게 재생산해 낸다. 오늘날 AGW 시나리오가 대부분 기후학자들에 의해 받아들여지고 있으며, 지구 온난화는 현 세기 마지막까지 지속될 것으로 예상된다. Trenberth(2011)와 같은 이들은 현재 기후변화에 인간의 영향이 없다고 주장하는 사람들에 대해 증명하려 애쓸 필요 없을 정도로 AGW의 증거가 충분히 강력하다고 믿는다. 불가피하게 회의적인 생각이 대중들의 마음에 오래 남는다(Poortinga et al., 2011; McCright and Dunlap, 2011).

AGW가 기후 관련 재난을 더 일으킬 우려가 있다. IPCC는 약 1950년 이래 특정 극한기후 사건 빈도가 증가하였다고 보고하였다(Solomon et al., 2007). 예를 들어, 열파 빈도가 늘었고, 중위도에서 집중호우도 증가하였다. 어떤 지역에서는 파머 가뭄심도지수(PDSI)에 의해 측정된 가뭄 빈도도 증가하였다. 미래에도 대기조건 변화로 날씨 관련 재난이 더욱 빈번해질 것이다. 높아진 전구 온도가 더 강한 생리적 열 스트레스를 만들어 낼 수 있다. 지표에서 증발량 증가로 더 많은 가뭄을 초래할 것이다. 높아진 대기습도가 집중호우와 범람을 초래할 수 있다. 더 많아진 대기의 에너지는 허리케인, 토네이도, 기타 심각한 폭풍 발생에 기여할 것이다. 높아진 해수면과 폭풍이 더 빈번한 해안범람을 초래할 것이다(van Aslast, 2006).

IPCC는 2012년 3월에 기후 변화 적응 특별보고서(SREX)를 발표하여 극한기상, 기후변화, 재난 간의 관련성에 대한 증거를 제시하였다(Field *et al.*, 2012). 이 특별 보고서는 관측된 값의 상한과 하한의 통계 범위에 가까운 날씨와 기후변동에 초점을 두었으며, 특히 그런 현상으로 인한 나쁜 사회 영향과 미래 기후 관련 재난위기 가능성을 관리하는 데 필요한 전략 등을 논의하였다. 이는 기후 관련 재해에 대한 더욱 개선된 이해의 결과로 특히 사회과학자의 기여가 포함된 것이다. 보고서는 분명히 재해를 시사할 수 있는 극한대기 관찰과 기획된 변화에 해당하는 신뢰수준에 대한 중요한 증거를 포함하고 있다.

그러나 보고서는 수많은 극한기상 자체가 재난을 만들어 낼 만큼은 아니라는 것도 분명히 알리고 있다. 비록 가난한 사람들이 다른 사람들에 비해 좀 더 약한 극한기상의 영향을 받을 가능성도 있지만, 보고서에 채택된 재난의 일반화된 정의(즉 인간, 물질, 경제, 환경에 대한 광범위한 악영향)는 이 책에서 사용되는 기준과 충격 임계치에는 다소 미치지 못한다. 보고서는 경제적 파괴에는 많은 주의를 기울이면서도, 극한사건을 인명피해나 물질적 손실에 대한 전통적 재난 임계치와 관련지으려 하지 않았다. 결과적으로 보고서와 긴급사건 데이터베이스(EM-DAT) 등 인도주의 기초 재난 문서 보관소의 내용에서는 많은 극한사건 간 관계가 제한적으로만 논의되었다. 어떤 통계규모가 채택되든 재난은 극한 사건에 대한 복잡한 사회 경제적 반응이자 그 결과임에도 극한기후는 물리적 특성을 유지한다는 것을 기억하는 것도 중요하다.

1. 극한에 대한 관측 변화

극한기후에 대한 이해는 관측된 변동범위 한계에 가까운 값의 통계 해석에 달려 있다. 경향 파악을 포함하여 분석의 신뢰도는 자료 질(관찰의 일관성과 보고 신뢰성)과 자료 양(표본 크기와 지역 범위)에 달려 있다. 정의상으로 극한

은 드문 사건이어서 확률통계 값이 잘 정리되어 있지 않다. 자료 특성이 해, 계절, 지역마다 변하며, 각 극한별로도 다를 것이다. 예를 들어, 기온 측정치는 하천 흐름 자료보다 더 많고, 가뭄에 비해 열대성 저기압이 더 나은 정보를 갖는다. 토네이도와 싸락눈 폭풍과 같은 소규모 재해는 아주 빈약한 관측망을 갖는다.

그러므로 증거는 종종 공간적으로 국지적이 되며, 짧은 기간의 자료세트는 변동과 추이 간 혼동을 불러일으킨다. 예를 들어, 열대성 저기압과 그 재난 영향은 해마다 차이가 크고, 언제 어디서 파괴적인 폭풍이 육지에 상륙했는가에 따라 크게 달라진다. 불가피하게 서로 다른 재해 간에 과학적 이해 수준이 다르다. 현재까지 일부 극한기상과 그와 관련된 재난에 대하여 수십 년 기간의 분석을 시도한 연구자는 거의 없다. 수많은 극한기상이 이 책에서 받아들인 재난 임계치를 넘지 못할 것이다. 미래에는 보다 더 극한 사건들이 발생하지만, 그런 것이 계속 빈번한 상태는 아닐 것이며 재난의 심각성 평가도 어려울 것이다. 이는 일부 물리적 프로세스에 대한 지식의 부족도 문제이지만, 그보다 지속적인 사회 경제적 변화 때문일 것이다.

2. 극한에 대한 예상된 변화

서로 다른 수많은 기후시뮬레이션 모델이 관측된 극한기후를 설명하고 미래 추이를 추정하기 위해 사용된다. 이런 모델은 전구순환모델(Global Circulation Models; GCMs)과 GCMs의 결과를 다운스케일링하는 데 사용되는 지역기후모델(Regional Climate Models; RCMs)로 구분된다. 시뮬레이션 결과는 물리량, 대기의 연직고도, 임계치 세트 등 모델의 입력 내용에 따라 다르다. 더욱이 모델 신뢰성은 시·공간 해상도와 다루어지는 극한현상의 유형에 따라 다르다. 모든 모델에서 부족한 내용은 구름, 대류 시스

템, 핵심적 피드백을 포함하는 대기와 육지 혹은 바다 표면 간 상호작용 등 소규모 대기 프로세스를 완벽히 재현하지 못하는 것이다. 일반적으로 GCMs는 열대성 저기압과 토네이도와 같은 재해현상을 재현하는 데 어려움이 있으며, 모든 모델은 집중호우의 추이보다 극한 기온의 변화를 더 잘 시뮬레이션하는 경향이 있다(Field et al., 2012).

각 모델마다 서로 다른 결과가 나타나는 것이 당연하다. 대부분 모델은 21세기 말까지 일최고기온 상승과 일강수 강도가 증가할 것임을 보여 준다. 가뭄은 일부 계절과 지역에서 강화되고, 해수면이 높은 지역에서 지속적으로 발생하기 쉽다는 것은 중간 정도 신뢰 수준에서 합의하는 정도이다. 전구기후 시스템 내 복잡성과 과학자들 간 의견 불일치가 다른 대부분 예측에 대한 신뢰도를 떨어뜨린다. 더구나 모든 미래 극한 추정치는 수년 내 온실기체 배출과 관련된 가정에 달려 있다. 여기에서 현재 상태 지식하에서 어떤 극한기후나 극한기상 관련 재난도 온실효과에 의한 온난화에 직접적으로 관련지을 수 없다는 것을 언급하는 것이 중요하다. 자료와 모델은 시간 경과에 따라 개선되므로 보다 개선된 이해가 과거 반복적 실험에 달려 있음이 분명하다.

모델에 의한 시뮬레이션의 신뢰성과 모델 합치 정도는 미래 시나리오의 신뢰를 평가하는 데 결정적이다. 많은 경우, 극한사건 예측에서 자연변동에 비해 작은 추이를 제시한다. 어떤 극한사건의 경우, 변화 방향(증가 혹은 감소)마저도 불분명하다. 예를 들어, 지구 온난화에 따른 ENSO의 변화에 대해 의견이 분분하다. ENSO 사건의 빈도와 강도는 증가하는 경향이 있으며, 20세기 후반 절반 시기에 12건의 엘니뇨 사건이 기록되었다(1951, 1953, 1957~1958, 1963, 1965, 1969, 1972, 1976~1977, 1982~1983, 1986~1987, 1990~1995, 1997~1998). 4건의 강력한 엘니뇨와 4건의 긴 엘니뇨가 모두 1980년 이후에 발생하였다. Collins et al.(2005)은 지구 온난화가 엘니뇨의 순 변동에

영향을 미친 증거가 거의 없다고 밝혔다.

3. 극한기후와 재난

극한사건 자체가 재난의 방아쇠 역할은 할 수 있지만, 재난을 만들어 내지는 못한다는 인식이 중요하다. 그림 14.8은 극한사건이 사회 취약성과 재난저감 방법과 어떻게 상호작용하고 그것에 의해 어떻게 조절되는지를 보여 준다. 이런 요인들이 지속적으로 불변은 아니며, 실제로 이런 요인들은 일부 위치에서 수년 만에 급속히 변할 것이다. 기후사건 변화 없이도 한 지역에서 인간 취약성 증가가 재난위기를 증폭시킬 것이며, 마찬가지로 재난저감 방법 실행이 손실을 줄일 것이다. 인간 개입과 사회 변화는 홍수와 같은 수문기상 극한사건의 위험 시나리오와 가장 관련이 크다. 관측이든 예측이든 기후추이가 보다 강화된 강수 사건을 나타낼 때에도 보다 나은 토지계획이나 더 나은 홍수방지 공학이 이루어진다면, 홍수재난은 증가하지 않을 것이다. 마찬가지로 범람원이나 해안에 대한 추가적인 침수가 극한기후로부터 더 큰 손실을 초래할 수 있다.

항상 정확하게 경제 정보를 파악하고 파손을 추정하는 것이 믿을 만한 것은 아니며, 기후 관련 재난은 최근 수십 년간 더 많은 비용이 드는 것으로 나타났다. 그 이유는 논쟁 소지가 있다. 대부분 경우 자료는 극한기후와 같은 물리적 요인들이 사회변화에 의해서 어떻게 극복될 수 있는지 보여 준다. EM-DAT 정보는 기후 관련 사건들과 같은 자연재난에 의한 사망이 극한사건의 빈번한 출현과 세계인구 증가에도 불구하고 사라지거나 줄어든다고 제안하고 있다. 이는 조기경보와 응급대피 방법에 의한 인명구조와 같은 재난저감 정책 도입과 통하는 것이다. 반대로 안전한 곳으로 기반시설과 기타 고정자산을 이동시키는 것은 쉽지 않다.

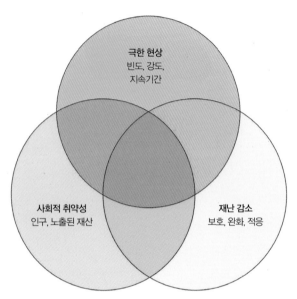

그림 14.8. 극한 현상, 사회적 취약성, 재난감소 척도 간의 상호작용 다이어그램. 극한 현상은 단독으로 재난 규모를 결정하지 않는다. 사회적 취약성은 극한 현상의 재해 충격을 증가시키는 경향이 있다. 재난감소 척도는 극한 현상의 재해 충격을 줄이는 경향이 있다.

재해지대의 증가는 더 큰 부나 기타 자산과 결합되어 재난 손실증가의 중요 원인이 된다. 대부분 연구가 시간에 따라 금전적 손실증가 경향을 보였지만, 노출된 인구 증가와 재해를 당한 자본, 자산가치 증가를 함께 고려한 자료로 표준화한다면, 기후변화에 따른 손실 증가를 찾지 못한다 (Bouwer, 2011). 물론 극한기후 경향과 재난손실 간에 분명한 관련성이 나타날 수 있지만, 시간이 필요할 것이다. 예를 들어, Crompton et al.(2011)은 명확한 기후변화 신호가 미국에서 표준화한 열대성 저기압 손실의 시계열 자료에 반영되어 나타나려면 최소 120년이 걸릴 것이라고 결론지었다. 유사한 시간범위가 다른 날씨 관련 재난 손실에도 적용될 수 있다.

4. 미래 기후 관련 재난

표 14.4는 IPCC가 1950년 이후 관측과 미래 추이 예측에

적용한 신뢰수준에 근거한, 증가하고 있는 재난 가능성으로 특히 우려스러운 극한기후를 나열한 것이다. 지역의 사례는 자료가 충분한 육지에 한정되어 있다. 일반적으로 열파, 해안 만조와 같은 높은 신뢰 수준의 추이는 지구 온난화 (AGW)로 나타난 기후변화에 의한 예상과 부합한다. 그렇더라도 아직까지 어떤 단일 극한기후도 AGW에 직접적으로 관련지을 수 있는 것은 없다. 다른 재해의 경우 증가한다는 증거가 불확실하다. 예를 들어, 하천범람 추이는 신뢰도가 낮으며, 이는 관측망 분산과 통제 작업의 복잡성, 토지 이용 변화 등에 기인한다. 토네이도와 우박 폭풍과 같은 아주 작은 규모의 재해자료 표본은 분석하기에는 너무 제한되어 있다.

간단히 말해서 기후변화 연구를 조화시키고 신뢰할 수 있는 극한사건의 추이를 포착하기는 아직 어려우며, 이는 탐구방법 차이와 사용되는 자료세트의 다양성에 기인한다. 미래 경제적 파괴를 추정하기 위해서 기후자료를 서로 다른 폭풍손실모델과 결합시키면 불확실성이 더 커진다. 미래조건에 대한 모든 모델링은 기후의 자연변동성과 온실기체 배출에 대한 가정에 의해 좌우된다. 이런 문제점을 고려하여 다음 절은 재난 가능성이 있는 극한기상이 지난 50여 년 동안 어떻게 변해 왔고 미래에 어떻게 변해 갈지 예를 보여 준다. 가능하다면 그런 추정의 신뢰도와 관련된 재난위기 수준에 따라 평가가 이루어진다.

5. 열 스트레스와 그 밖의 건강재해

극한 열파와 같은 기후변화가 인간 건강에 미치는 영향은 매우 흥미롭다(제10장 275~277쪽 참조). 기존 열 관련 질병과 사망률이 잘 기록되어 있다. 추정치에 의하면, 오스트레일리아에서 이미 연중 열 스트레스 및 관련 질병으로 사망자 1,000명이 발생하였다. IPCC는 21세기 말까지 크

표 14.4. 1950년 이래 관측된 극한기후의 일반화된 변화와 2100년에 예상되는 재난 가능성

극한 기후요소나 재해	관찰되거나 예상되는 변화의 유형	주로 영향받는 지역	관찰과 예측 모두에 대한 신뢰 수준
따뜻한 날씨(열파)	증가: 일상 온도의 변화	전구	증가 가능성 높음
폭우	불균형적인 증가: 중/고위도 지역 급작스런 홍수 증가와 거대 홍수	중/고위도	가능성 있으나 지역 간 큰 편차, 더 큰 홍수에 대해서는 중위 신뢰로 한정
가뭄(계절적/연중)	영향받는 지역 증가	많은 육지 지역	일부 세계 지역에 대해서는 중위 신뢰
열대 저기압	폭풍 생존과 4~5급 폭풍의 증가, 해수면 상승으로 영향 더욱 악화	열대	최대 풍속 증가 가능성, 그러나 변화한 장기간 활동은 낮은 신뢰
극한 온대 대폭풍	빈도와 강도 증가, 극지쪽으로 경로 이동	북반구 육지 지역	주 경로가 양반구에서 모두 극지쪽으로 이동 가능성
산불(가뭄과 연관)	빈도와 강도 증가	가뭄 발생 지역	가능성 있으나 가뭄 발생과 긴밀한 연관
높은 해수면	대부분 해양에서 증가, 폭풍 발생과 연관된 해안수가 가장 높은 증가	해발고도 낮은 섬, 삼각주, 해안	가능성 높음, 부정적인 효과가 증가할 높은 신뢰수준

출처: Solomon *et al.*(2007); Field *et al.*(2012).
주: 신뢰수준.
• 가능성 높음: 90~100%의 가능성을 언급
• 가능함: 66~90%의 가능성을 언급
• 중위 신뢰: 가능성을 추정하지 않고 변화의 방향을 언급

게 증가한 열파빈도와 함께 최고기온이 더 높아질 것이라 확신하였다. 어떤 연구자들은 2020년까지 세계적으로 두 배의 사망률을 경고하였다.

이미 지구 여러 곳에서 열파가 더 빈번해진 증거가 있다. Grundstein and Dowd(2011)는 열 기반 생물지표를 사용하여 1949~2010년 동안 미국 전역에서 극한 기온에 의한 열 관련 재해일수 증가가 뚜렷함을 제시하였다. Schar *et al.*(2004)은 전반적인 온난화 경향에도 불구하고, 2003년 유럽의 열파재난은 통계적으로 이례적이며 온실기체에 의해 유럽 여름기후의 변동성이 커진다고 결론지었다. 온도 변동성 및 평균값 변화에 의한 통계적 복잡성이 있기는 하지만 주요 건강재해는 장기간의 열파로 발생하는 것이며, 이런 사건들이 기존의 지역 기후모델로도 믿을 만하게 시뮬레이션할 수 있다는 것에 대하여 대부분 동의하게 하였

다(Fischer and Schar, 2010). 결론적으로 이베리아와 지중해 지역에서 여름철 열파일수는 1961~1990년간 평균 2일에서 2071~2100년 사이에는 약 40일로 증가할 것이다.

실제 결과는 사회 요인에 의해 수정될 수 있다. 위기는 도시에 거주하는 노령인구에서 더 높다. 이는 세계 전체에서 고령인구가 가장 많으면서 2050년까지 중위연령이 47세에 이를 것으로 예상되는 유럽에 불행한 소식이다. Ballester *et al.*(2011)은 유럽 200여 개 지역에서 일일 사망자를 검토하고, 2050년까지 열 스트레스 증가로 여름 사망이 늘고 겨울 사망이 감소하면서 균형을 이루기 시작할 것으로 예상하였다. 예를 들어, 비정상적인 여름 열파는 6,000명까지 초과사망을 초래할 수 있다(Kovats, 2008). 사회가 변화하는 기후조건에 잘 적응한다면, 세기말에 유럽에서 온도 관련 사망률이 더 낮아질 것이다. 이는 냉/난방 기술 발달과

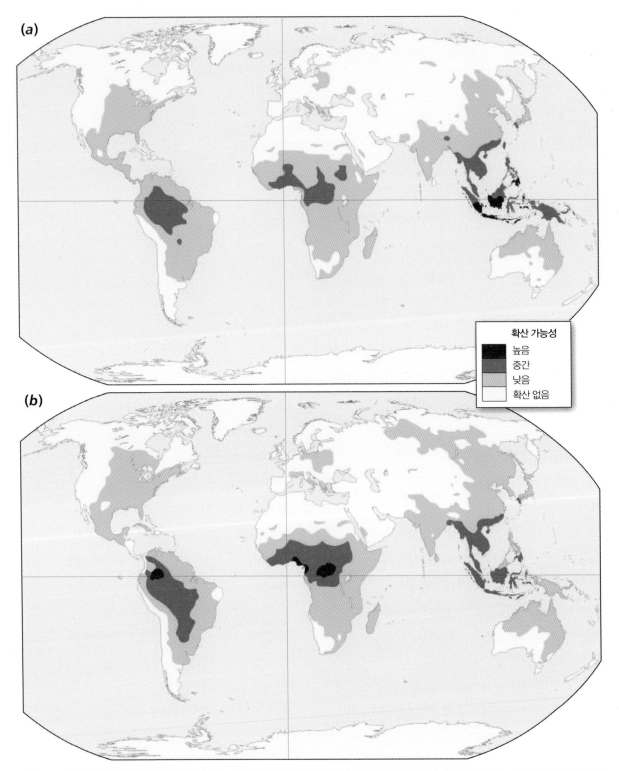

그림 14.9. 기후변화에 의한 말라리아 확산 가능성. (a) 1961∼1990년간 기본 조건 (b) 2050년대 추정 재해 지역 시나리오. 대부분 재해 증가는 오늘날 한계 지역 근처에서 발생(Martens *et al*., 1998).

취약인구의 위험성 감소를 반영한 것이다.

온도상승으로 일부 중요한 매개 인자성 질병의 고위도 쪽 확산이 촉진될 것이다. 열대에서 따뜻하고 습한 계절에 질병에 대한 면역력이 약하고 보건의료가 발달하지 못한 새로운 지역인 고위도로 말라리아의 계절적 확산이 나타날 수 있다(Martens et al., 1998). 모기에서 인간으로 전염되는 말라리아는 온도 영향을 받으며, 이 모기는 상대습도 50~60%와 기온 15~32℃ 범위 내에서 가장 활동적이다(Weihe and Martens, 1991). 오늘날 위기지역 주변에서 말라리아의 영향이 가장 클 것으로 예상된다.

다른 경우처럼 이런 추정치의 정확성은 기후모델의 실행성, 미래 온실기체 배출에 대한 가정, 사회 변화 등에 좌우된다. 그림 14.9는 열대열 말라리아 확산 가능성을 보여 준다. 이는 더 광범위하게 분포하는 삼일열 말라리아보다 임상적으로 더 위험하며, 현재 경계인 남·북위 50°를 넘어서고 있다. 최악의 시나리오로는 2080년까지 전 세계에서 추가적으로 2억 9,000만 명이 위기에 처할 것이며, 중국과 중앙아시아에서 미국 동부, 유럽과 함께 위험성이 크게 증가할 수 있다. 말라리아는 효과적인 보건 서비스를 갖고 있는 중진국에서는 창궐하지 않겠지만, 예방보건 프로그램이 수용되지 않을 경우, 이르면 2100년에 세계인구의 60%가 재해에 처할 수 있다.

6. 강수와 홍수

20세기 동안 강수량 증가와 일부 지역에서 집중호우의 강화 경향에 관한 증거가 있다. 강수량은 대략 유럽에서 10~40%, 미국에서는 10% 증가하였다. Zhang et al.(2007)은 14개의 다른 기후 시뮬레이션에서 얻은 결과와 관측된 변화를 분석하여 강수강도 증가가 기후변화에 기인하는 것으로 보았다. 그러나 일부 지역 패턴은 공간적으로 균질하지 않다. 인도 남서부에서 극한강우 추이 연구에서 지역 내 큰 차이점이 발견되었다(Pal and Al-Tabba, 2009).

홍수가 과거 기후 시스템의 변화와 관련성이 있다고 여겨졌지만, 강수량 추이를 더 빈번해지는 홍수위기로 해석하는 것은 간단한 문제가 아니다. Knox(2000)에 따르면, 지질적 증거를 통해서 홍수 강도와 빈도가 21세기에 예상되는 것보다 과거 기후변화에 민감하다는 것을 확인할 수 있다. 홍수는 대기순환 변화에 반응하는 것으로, 미국 미시시피 강 상류에서 연중 대규모 홍수가 1950년 이후 더욱 빈번하다(그림 14.10). 1950년 이후, 중서부로 향하는 상층 편서풍이 비교적 강한 남북성분을 가지면서 기단의 뚜렷한 남북 교류와 많은 강수량을 유발하였다. 마찬가지로 Petrow et al.(2009)은 독일에서 대기순환 패턴 변동이 겨울철 홍수재해를 어느 정도 강화시키는지 설명하였다.

영국에서는 기후 시나리오가 앞으로 100년 동안 겨울철 강수량이 다섯 배 증가할 것이라 내다보았고, 보험산업에서는 겨울철에만 기존 홍수의 위험성이 두 배가 될 것이라 예상하고 있다(ABI, 2004). 일반적으로 기존 기후모델이 개별인 파괴적 홍수와 AGW를 명시적으로 연관 짓는 능력이 부족하다는 것에 동의한다. 예외적으로 Pall et al.(2011)은 2000년 잉글랜드와 웨일스에서 광범위한 홍수를 규명하기 위한 계산능력을 제시하였다. 극한의 하천흐름 시뮬레이션은 열 중 아홉의 경우 온실기체 배출이 2000년 가을 홍수 위험성을 20% 이상 증가시켰으며, 2/3 이상의 경우 90% 이상 증가시켰음을 보여 주었다.

열대지방은 수많은 통제하기 어려운 큰 하천으로 인해 미래의 수문 관련 기후변화에 취약하다. 예를 들어, 갠지스-메그나-브라마푸트라 하천 시스템 유역 90% 이상이 상류에 위치하며 방글라데시에서 조절할 수 있는 범위 밖이다. 이미 홍수체계가 바뀌고 있을 것이며, 이는 1980~1999년 사이 방글라데시 연평균 침수면적이

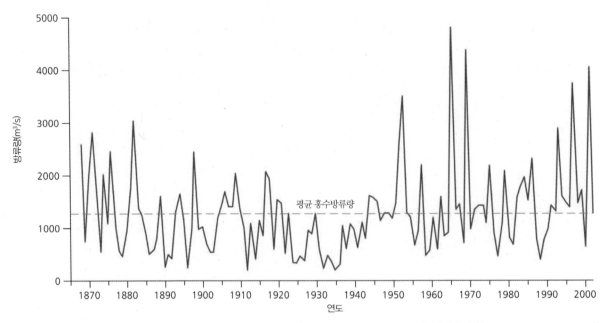

그림 14.10. 미시시피 강 세인트폴의 1893~2002년간 연중 최대 범람 자료. 거대 홍수는 19세기 말 동안, 특히 1950년 이후의 특징이다. US Geological Survey. http://www.waterdate.usgs.gov/mn/nwis//peak (2003년 8월 1일 접속).

1960~1980년간 평균에 비해 더 커졌고 더욱 가변적이라는 데서 확인할 수 있다. 기후변화 시나리오는 미래에 하천 첨두유출량이 상당량 증가할 것임을 보여 준다(Mirza, 2002).

다양한 연구에서 홍수와 홍수손실 증가가 예상된다. 그 결과는 사회 변화에 의해 크게 영향을 받을 것이다. 예를 들어, 인구증가, 경제발전, 토양침하, 해수면 상승 등으로 네덜란드 델타지역에서 미래 홍수위험에 대한 우려가 있다. Moel et al.(2011)에 의하면, 바다나 하천범람으로부터 위험한 도시 총면적이 20세기에 6배로 늘어났으며, 21세기 동안 다시 2배가 더 늘 것이다. Bouwer et al.(2010)은 폴더지역 연구에서 추가로 홍수방지 수단이 취해지지 않으면, 기후와 사회변화의 결합으로 발생하는 연평균 경제손실이 2000~2040년 사이에 96~719%나 증가할 것이라 추정하였다. 대부분 예상비용 증가는 위기에 처한 자산가치 증가로 설명된다.

7. 가뭄과 산불

가뭄추이와 그와 관련된 재난추이는 확인조차도 어렵다. 가뭄은 비정상적인 대기순환이 지속되면서 나타나고, 열대 해수면온도(SSTs) 변화로 촉발될 수 있다. 가뭄은 아시아 몬순 시스템과 관계 및 엘니뇨 조건과 강한 연계가 있으며, 이런 요인 간 상호작용은 더욱 복잡하다. Dai(2011)는 1970년대 이래 전구 건조도 증가에 관심을 기울였다. 그는 최근 온난화가 증발을 증가시키고, 대기순환 패턴을 변화시켜 전반적인 건조효과를 만들어 낸 것으로 보았다. 예를 들어, 지중해지역의 겨울 가뭄은 1970년대 이래 더욱 보편적이 되었다(그림 14.11). 1902년 이래로 지난 20년 사이에 10개의 가장 건조한 겨울이 있었으며, 기후 모델링은 대략 절반의 건조상태가 온실기체 증가에 의한 기후변화에 기인하였음을 보여 준다(Hoerling et al., 2012).

기후모델은 21세기 동안 아프리카 상당 부분과 남부 유럽, 중동, 미국 대부분, 동남아시아, 오스트레일리아에서 건조도가 증가하였음을 보여 준다(Dai, 2011). 시뮬레이션에 의하면 미국 남서부에서 12년 이상 지속되는 가뭄이 예측된다. 이는 봄에 눈 덮인 들판과 그 해 후반부 토양습도를 감소시키는 전구적 기온상승에 의해 악화된 상황이다(Cayan *et al.*, 2010). 기후변화는 NAO와 같은 전통적인 가뭄의 연결고리를 교란시킬 수 있다. Folland *et al.*(2009)은 보다 긍정적인 미래의 NAO 지수를 예상하였는데, 이는 북서 유럽에서 여름 가뭄 위험성 증가를 보여 줄 수 있다.

건조도 증가는 다양한 재해 결과를 초래할 것이며, 여기에는 산불이 포함된다. 산업시대 이전에는 산불이 강수 패턴 변화의 영향을 받았다. 점차 산불이 기온상승의 영향을 받게 되었고, 21세기에 들어서 그 위기가 높아졌다

(Pechony and Shindell, 2010). 가장 큰 발화지역은 기온 28℃ 이상이면서 가뭄조건과 관련이 크고, 남아메리카에서는 토지개간 범위가 기후조건을 훨씬 벗어나 있어서 특별한 위험에 처해 있다(Aldersley *et al.*, 2011). 전반적으로 GCM 시뮬레이션은 산불 가능성이 미국, 남아메리카, 중앙아시아, 남부유럽, 남부 아프리카, 오스트레일리아 등 지구상 여러 곳에서 심각하게 증가할 것임을 보여 준다(Liu *et al.*, 2010).

그 밖의 영향은 약 3억 5,000만 명이 사는 열대 건조 및 반건조 지역에서 예상되며, 그런 지역 주민들은 대부분 빈곤 상태에서 살고 있다. 예를 들어, 가용 물 자원의 20% 이상(물 스트레스의 일반적인 지표)을 사용하는 국가에 사는 인구는 인구증가에 따라 2025년까지 50억 명 이상으로 증

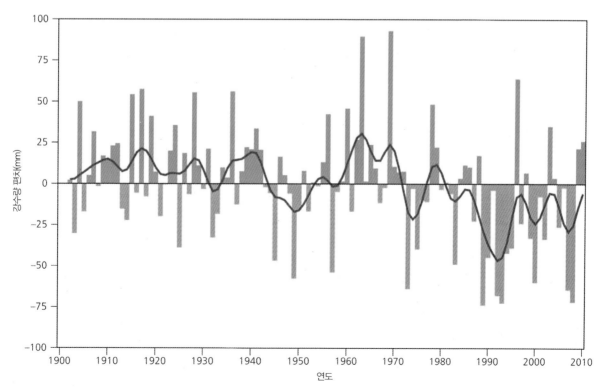

그림 14.11. 지중해 지역에서 1902~2010년간 겨울(11~4월) 강수량. 굵은 실선은 9점 가우스 필터를 사용한 평활시계열임. 1970년 이래로 강우 감소가 뚜렷하다(Hoerling *et al.*, 2012). ⓒ American Meteorological Society.

가할 것이다. 이는 이미 심각한 건조도에 적응하기 힘들어하는 에티오피아와 같은 국가에 짐이 될 것이다(Conway and Schipper, 2011). 질병에 대한 위기 특성도 변화할 것이다. 예를 들어, Lloyd et al.(2007)은 가뭄 동안에 설사병에 의한 사망률이 가장 높으며, 이는 정화되지 않은 물 자원의 사용 증가와 악화된 위생상황에 기인하는 것이라고 하였다.

8. 열대성 저기압

20세기와 21세기 초 미국으로 상륙한 대형 허리케인(3, 4, 5급)의 빈도와 강도의 급격한 증가는 지구 온난화의 영향 가능성에 대한 논쟁을 촉발하였다. 2005년 대서양의 허리케인 시즌은 매우 활동적이었으며, 26개의 폭풍과 5개의 허리케인, 3개의 열대 폭풍이 있었다. 이론적으로는 해수면온도가 상승하고 하층 대류권에서 증발량이 증가하면 더 큰 폭풍 활동이 야기될 수 있다. 그러나 그런 증거는 논쟁거리가 될 수 있다. 사실 이 주제는 기후과학에서 가장 논쟁적인 이슈의 하나였다.

이 논쟁은 Emanuel(1987, 2000)이 전구적 해수면온도 상승이 열대성 저기압의 풍속을 10~20% 증가시키고 파괴 가능성을 훨씬 더 키울 수 있다는 것을 이론화하면서 시작되었다. 1970년대 중반부터 허리케인의 활동 증가추이가 확인되었다(Emanuel, 2005). Webster et al.(2005)은 10년간 전 세계 대부분 해양에서 4, 5급 폭풍이 증가하였다고 보고하였고, Hoyos et al.(2006)은 이런 활동을 해수면온도 상승추이와 관련지었다. 해수면온도 변화가 비교적 작다는 것을 고려할 때, 폭풍활동 증가는 놀라운 일이다. 이는 어느 정도 과거의 관점과 충돌된다. 과거에는 허리케인이 활성과 비활성의 주기적인 패턴으로 나타나며, ENSO 및 NAO와 연결시켰다. 결과적으로 Emanuel의 가설은 다른

연구자들에 의해 기각되었다(Elsner et al., 2000; Pielke et al., 2005; Landsea, 2007).

AGW가 궁극적으로 허리케인 활동을 증가시키겠지만, 그런 사례가 증명되지 않았기 때문에 추가적인 연구가 필요하다(Shepherd and Knutson, 2007). Elsner(2003)와 Trenberth(2005)는 수십 년간의 시간 범위에서 허리케인 거대한 변동을 강조하였으며 어떤 추이도 낮은 것일 가능성이 크다고 주장하였다. Landsea(2005)도 데이터베이스 유효성에 의문을 던지며, 현재까지 사용된 것에 비해 훨씬 더 긴 시간범위로도 지구 온난화와 관련된 어떤 추이도 보여 주지 않는다고 주장하였다. 이런 관점은 Nyberg et al.(2007)에 의해 지지되었으며, 그들은 프록시 기후기록을 이용하여 대형 대서양 허리케인 빈도가 19세기부터 점차 줄어들며, 1970년대와 1980년대에 비정상적으로 낮은 값이 나타났음을 보여 주었다. 이런 맥락에서 1995년 이래로 관측된 활동증가는 인간활동에 의한 기후변화의 결과라기보다 정상적인 허리케인 패턴으로 복귀한 것이라고 해석될 수 있다.

9. 중위도 폭풍

서유럽을 강타한 겨울폭풍은 AGW와 관계 가능성에 대해 질문을 던졌다. 북대서양 북동부에서 폭풍은 자연 기후변동과 밀접한 관련이 있으며, 종종 NAO 기압경도와 관련이 있다. Wang et al.(2009)은 북해에서 1874~2007년간 겨울폭풍 활동에서 10년 주기의 상당한 변동을 발견하였으며, 그런 활동은 1990년대 초반 겨울에 최고를 보였다. 이런 일반적인 패턴은 85년 기간 동안 영국에 영향을 미친 극심한 가을 및 겨울 폭풍에서 확인된다. 높은 변동성은 어떤 장기적인 인간활동의 신호도 모호하게 할 수 있다(Allan et al., 2009).

그러나 미래 폭풍 활동과 관련될 수 있는 몇 가지 요인이 있다. Dong *et al.*(2011)은 1970년대 중반에 NAO 행동이 변화하였는데, 경년변동이 극지 지향이면서 동쪽 방향으로 이동을 확인하였다. 그런 이동은 대기 중 온실기체 농도 증가를 시뮬레이션한 기후모델 반응과 부합하는 것이다(그림 14.2). 북동 대서양 경로인 폭풍 궤적의 극지 지향 이동은 겨울에 더 많은 폭풍이 발생하면서 남쪽으로 이동하고, 영국으로 더 자주 강한 바람을 불게 하며, 이는 북대서양 중심부에서 해양 온난화에 대한 대응으로 제트기류가 남방으로 이동하는 것과 관련 된다(McDonald, 2011; Ulbrich *et al.*, 2009).

기후 시뮬레이션은 영국, 프랑스 북부와 덴마크, 독일 북부와 동유럽을 포함하는 넓은 지역에 대해 더욱 극단적인 풍속을 예상하였다. 연구자들이 GCMs와 RCMs 시뮬레이션의 풍속 결과를 21세기 말의 미래 손실을 추정하기 위해 폭풍손실모델과 연관 지었다. 그 결과 가장 극단적인 사건에서 손실 증가가 비례적이지 않으며 지리적 변동성이 있다는 것을 보여 주었다. 예를 들어, Donat *et al.*(2011)은 독일에서 손실 증가를 약 25%로 보았다. 유럽 전역에 대한 연구로서 Schierz *et al.*(2010)은 보험 처리되는 손실의 평균 증가가 104%이며, 덴마크와 독일은 각각 116%와 114%로 가장 클 것임을 주장하였다.

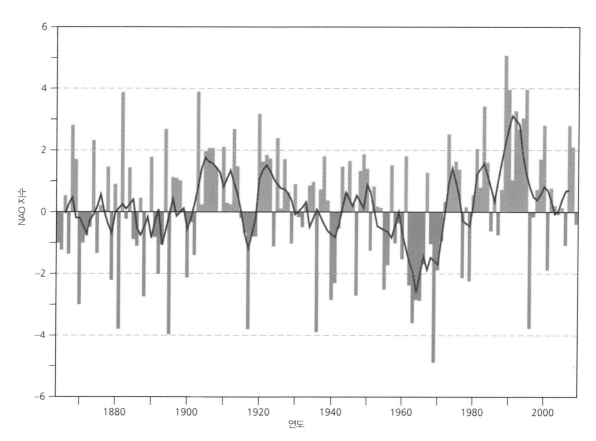

그림 14.12. 1870~2010년간 NAO 지수의 변동. 1970년 이래 강력한 양의 지수값이 보고되었다. http://upload.wikipedia.org/wikipedia/commons/8/87/Winter-NAO.

10. 해수면 상승과 해안재해

해수면 상승은 가장 분명한 지구 온난화의 결과 중 하나이다. 19세기 이래로 전구 평균해수면이 상승하였으며, 이런 과정이 21세기에 더욱 빨라질 것으로 예상된다. 이는 많은 지역에 해양범람과 해안침식 위험을 초래할 것이다. McGranahan et al.(2007)에 따르면, 해발 10m 이하의 해안지대에 세계인구의 10%가 거주한다. 저개발국가에서 홍수에 더 높은 비율로 노출되어 있으며, 특히 해안의 대규모 도시들이 그런 상황이다. 작은 도서국에 상대적으로 위험이 집중되어 있다.

20세기 후반부 절반에 평균해수면 상승(SLR) 비율이 1.8±0.5mm/년으로 계산되었다. 1990년대부터 고정밀 고도측정 위성에 의해 해수면 변동을 더욱 정확하게 측정할 수 있게 되었다. 1993~2009년간 자료는 SLR의 비율이 3.3±0.4mm/년으로 빨라지고 있음을 보여 준다. 이는 이미 상승에 가속이 시작되었음을 보여 준다(그림 14.13). IPCC(2007) 예측으로는 2080년대까지 1990년보다 약 0.2~0.6m 상승하지만, 더욱 빠른 극지 얼음 감소와 더불어 해수의 열팽창으로 2100년까지는 SLR의 1m 이상 상승할 수 있다(Nicholls and Cazenave, 2010).

미래 해수면 추정치는 제한 조건에 달려 있다. 예를 들어, 국지적인 토양침식이 특정 지역의 위기를 증가시키지만, 주요 하천을 따라 지표수를 저수하기 위한 댐 건설은 해수면 상승비율을 감소시킬 것이다. 재난 위기평가는 해수면뿐만이 아니라 폭풍 강타의 예상빈도, 미래 해안보호 기준 등 해안지대에 대한 가정에도 달려 있다. 폭풍이 일정하게 발생하고 위기에 처한 인구비율이 두 배로 증가한다면, 대부분 불확실성은 해양방어에 대한 가정에 달려 있다. 개선된 해양방어나 관리에 의한 해안선 후퇴 등 적응 반응이 없다면, 2080년대까지 전형적인 폭풍 출현에 의한 홍수피해를 입는 인구수는 1990년의 5배까지 증가할 것이다(Nicholls et al., 1999).

Nicholls(1998)는 두 개의 시나리오를 제시하였다.

- 일정한 보호: 1990년 수준에서 변화가 없는 것이 가정되는 곳
- 개선되는 보호: GDP 평가로 예상되는 경제성장에 따라 해양방어가 강화되는 곳. 이는 역사 발전을 모방하는 것이지만, 미래 해수면의 추가적인 상승은 없다.

표 14.5는 모든 잠재적 범람 희생자 90% 이상을 포함하는 세계 5개 지역을 목록화한 것이다. 위 가정하에 일정한 보호로 매년 위험에 처한 사람 수는 1990년에 700만에서 2080년대에는 2억 2,000만 명으로 증가할 것이다. 홍수에 대하여 개선되는 보호하에서는 1억 명 이하로 증가한다.

가장 심각한 영향은 이집트나 방글라데시 델타지역과 같이 인구밀도가 높은 해안 저지대에서 나타날 것이다. 이집트는 비옥한 토양 중 200만ha를 잃고 800만~1,000만 명의 인구를 이주시켜야 할 수 있다. 남아메리카 기아나에서는 해수면 1m 상승이 인구 80%인 약 60만 명을 이주시킬

표 14.5. 미래 해수면 상승에 의한 해안범람에 가장 취약한 지역

지역	연평균 범람피해 인구수(백만)		
		1990	2080년대
		일정한 보호	개선되는 보호
남부 지중해	0.2	13	6
서아프리카	0.4	36	3
동아프리카	0.6	33	5
남아시아	4.3	98	55
남동아시아	1.7	43	21

출처: Nicholls et al.(1999).

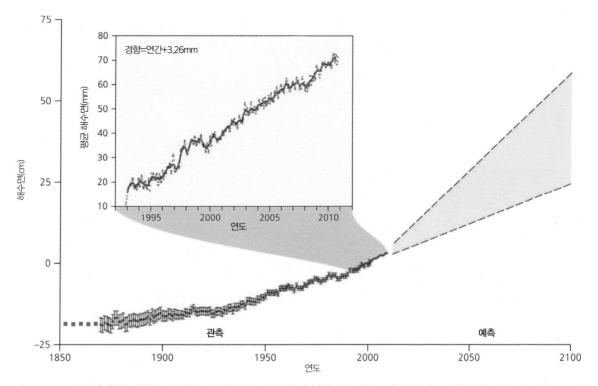

그림 14.13. 2100년까지의 예상을 포함한 19세기 후반 이래 기록된 전구 평균 해수면의 상승. 적색 선은 조류 측정 자료에 근거. 흑색 선은 상세한 삽도 경향으로 나타남. 1993~2009년간 고도측량 기록. 그늘진 청색 구간은 A1F1 온실가스배출 시나리오에 대한 IPCC AR4 예측 범위를 나타냄(Nicholls and Cazenave, 2010). AAAS 허가하에 재구성.

수 있다(IFRCRCS, 2002). 이런 지대는 긴 해안선 및 해안 장벽 뒤의 지속적인 담수관리를 위해서 많은 비용이 든다. 해수면에 마을이 위치하고 있는 인도양 몰디브와 남태평양 피지와 같은 작은 도서국은 심각한 위협에 직면해 있다. 10,000명의 국가인 투발루는 불과 해발 수m인 환상 산호도에 자리하고 있다. 국민들은 빗물을 식수로 사용하고 몇 안 되는 기초 생산품에 의존하고 있으며, 저질 농업용지와 높은 해수면으로 인한 지하수 염분 함유로 어려움을 겪고 있다. 기술력에 의존하는 해안방어 비용이 부족하며, 관리에 의한 해안선 후퇴는 사실상 불가능하다. 사이클론 대피소와 안전한 물 저장을 위한 지원 없는 오스트레일리아나 뉴질랜드 등 다른 국가로 이주 외에는 해결 방법이 없다(Campbell *et al.*, 2005).

심지어 미래에 더 큰 위기가 있을 수 있다. 과거 간빙기 해수면은 현재에 비해 20m까지 더 높았다. 지구 기후가 계속 더워진다면 극빙하가 줄어들 것이다. 예를 들어, 그린란드와 남극 서부 빙하가 완전히 녹는다면, 해수면이 10m 이상 상승할 것이다. 이는 오늘날 미국 전체 인구의 1/4가량을 잠기게 하는 것으로 주로 멕시코 만과 동부 해안에 위치한 주가 여기에 해당한다. 2100년까지 극지 기온은 13만~12만 7,000년 전과 동일한 값에 이를 것이다. 당시 해수면은 현재에 비해 수m 더 높았다. 현재에 비해 5m 이상 해수면이 상승하는 것은 다음 밀레니엄 이내로 가능할 것이다(Overpeck *et al.*, 2006).

2,500만km³로 추정되는 물 혹은 지구 담수 저장량의 약 70%를 포함하고 있는 서쪽 남극빙하(West Antarctic Ice

사진 14.2. 태평양 투발루의 푸나푸티에 사는 남성들은 산호 덩어리로 그들의 작은 방호벽을 강화한다. 벽은 환상 산호도의 바다쪽에 세워지는데, 조금이나 폭풍우에 대항하여 재산을 지키기 위한 것이다(사진: Panos/Jocelyn JCR00072TUV).

Sheet; WAIS)의 안정성에 대한 우려가 있다. 이 빙하 대부분은 해수면 아래의 육지에 의지하고 있으며, 내륙에서 기울어져 있고, 그 가장자리는 해안으로 흐르면서 떠다니는 빙붕(氷棚)이 된다. 이론적으로 이 특성은 빙하를 불안정하게 하며 급속하게 분해될 수 있다. 이 빙하가 20,000년 전 지구의 마지막 빙기 최성기에서부터 얼마나 많이 얇아졌는가와 현재 녹는 속도 등에 대한 상당 정도의 의견 불일치가 있다. 그러나 대부분 추정은 빙하 손실이 가속화되고 있으며, 바닷물의 열팽창보다는 융해수가 21세기 해수면 상승을 주도할 것이라 주장하고 있다. 모델은 부분적인 WAIS 융해가 해수면을 약 3m가량 상승시킬 것이고, 완전한 융해는 전구 해수면을 4.8m 상승시킬 것이라 한다. 수많은 환경재해와 함께 미래 빙하의 움직임도 대부분 알지 못하는 불확실한 위협임을 보여 준다.

더 읽을거리

Bouwer, L.M. (2011) Have disaster losses increased due to anthropogenic climate change? *Bulletin of the American Meteorological Society* 92: 39-46. A final cautionary note about the dangers of misinterpreting disaster data.

Huppert, H.E and Sparks, S.J. (2006) Extreme natural hazards: population growth, globalization and

environmental change. *Philosophical Transactions of the Royal Society A: Mathematical, Physical and Engineering Sciences* 364: 1875-88. An impressive sweep through the key issues.

IPCC (2012) *Managing the Risk of Extreme Events and Disasters to Advance Climate Change Adaptation (SREX)* Special Report compiled by Working Groups I and II. The best indicator of future climaterelated hazards currently available.

Knutson, T.R. *et al.* (2010) Tropical cyclones and climate change. *Nature Geoscience* 3: 152-63. This is a magisterial review of the science relating to this key hazard.

Trenberth, K.E. (2011) Attribution of climate variations and trends to human influences and natural

variability. *WIRES Climate Change* 2: 925-30. A direct challenge to the climate-change doubters.

웹사이트

Intergovernmental Panel on Climate Change http://www.ipcc.org

World Meteorological Organization http://www.wmo.ch/pages/index_en.html

International Strategy for Disaster Reduction http://www.unisdr.org

NOAA El Niño page http://www.elnino.noaa.gov

NOAA Space Environment Center (SEC) www.sec.noaa.gov

National Oceanographic Data Center natural hazards page http://www.nodc.noaa.gov/General/Oceanthemes/hazards.html

The Spaceguard Foundation http://spaceguard.esa.int

The Earth Impact database http://www.unb.ca/passc/ImpactDatabase/index.html

참고문헌

※ 5인 이상의 저작물은 주저자만 표시하였음.

Abersten, L. (1984) Diversion of a lava flow from its natural bed to an artificial channel with the aid of explosives: Etna, 1983. *Bulletin of Volcanology* 47: 1165-74.

ABI (Association of British Insurers) (2004) *Review of Planning Policy Guidance Note* 25: Development and Flood Risk. Consultation Response. ABI, London.

Abraham, J. *et al.* (2000) *Windstorms Lothar and Martin, December 26-28, 1999*. Risk Management Solutions, Newark, CA.

Abrahams, J. (2001) Disaster management in Australia: the national emergency management system. *Emergency Medicine* 13: 165-73.

Adams, J. (1995) *Risk*. UCL Press, London.

Adams, J., Maslin, M. and Thomas, E. (1999) Sudden climate transitions during the Quaternary. *Progress in Physical Geography* 23: 1-36.

Adams, W.C. (1986) Whose lives count? TV coverage of natural disasters. *Journal of Communication* 36: 113-22.

Adams, W.M. (1993) Indigenous use of wetlands and sustainable development in West Africa. *Geographical Journal* 159: 209-18.

Adger, W.N. (2006) Vulnerability. Global Environmental Change 16: 268-81.

Adger, W.N. and Brooks, N. (2003) Does global environmental change cause vulnerability to disaster? In Pelling, M. (ed.) *Natural Disasters and Development in a Globalizing World*, Routledge, London and New York, 19-42.

Adger, W.N. and Brown, K. (2010) Progress in global environmental change. *Global Environmental Change* 20: 547-9.

Adger, W.N., Hughes, T.P., Folke, C., Carpenter, S.R. and Rock-

ström, J. (2005) Social-ecological resilience to coastal disasters. *Science* 309: 1036-9.

Ahern, M., Kovats, R.S., Wilkinson, P., Few, R. and Matthies, F. (2005) Global health impacts of floods: epidemiologic evidence. *Epidemiologic Reviews* 27: 36-46.

Ahmadizadeh, M. and Shakib, H. (2004) On the December 26 2003 South-Eastern Iran earthquake in Bam region. *Engineering Structures* 26: 1055-70.

Aini, M.S., Fakhru'l-Razi, A., Daud, M., Adam, N.M. and Kadir, R.A. (2005) Analysis of royal inquiry report on the collapse of a building in Kuala Lumpur. *Disaster Prevention and Management* 14: 55-79.

Akbari, M.E., Farshad, A.A. and Asadi-Lari, M. (2004) The devastation of Bam: an overview of health issues one month after the earthquake. *Public Health* 18: 403-8.

Aldersley, A., Murray, S.J. and Cornell, S.E. (2011) Global and regional analysis of climate and human drivers of wildfire. *Science of the Total Environment* 409: 3472-81.

Allan, R., Lindesay, J. and Parker, D. (1996) *The El Niño-Southern Oscillation and Climatic Vulnerability*. CSIRO Publishing, Collingwood, Victoria.

Allan, R., Tett, S. and Alexander, L. (2009) Fluctuations in autumn-winter severe storms over the British Isles 1920 to present. *International Journal of Climatology* 29: 357-71.

Alley, R.B. (2007) Wally was right: predictive ability of the North Atlantic 'conveyor belt' hypothesis for abrupt climate change. *Annual Review of Earth and Planetary Sciences* 35: 241-72.

Alley, W.M. (1984) The Palmer drought severity index: limitations and assumptions. *Journal of Climatology and Applied Meteorology* 23: 1100-9.

Alvarez, L., Alvarez, W., Asaro, F. and Michel, H.V. (1980) Extra-terrestrial cause for the Cretaceous. Tertiary extinction. *Science* 208: 1095-1108.

Angeli, M-G., Gasparetto, P., Menotti, R.M., Pasuto, A. and Silvano, S. (1994) A system of monitoring and warning in a complex landslide in North-Eastern Italy. *Landslide News* 8: 12-15.

Anonymous (2007a) *Natural Disaster Preparedness and Education for Sustainable Development*. UNESCO, Bangkok.

Anonymous (2007b) *The Role of Land-use Planning in Flood Management*. WMO/GWP Associated Programme on Flood Management, World Meteorological Organization, Geneva.

Anonymous (2009) *Flooding in England: A National Assessment of Flood Risk*. Environment Agency, Bristol.

Antonioni, G., Bonvinici, S., Spadoni, G. and Cozzani, V. (2009) Development of a framework for the risk assessment of NaTech accidental events. *Reliability Engineering and System Safety* 94: 1442-50.

Araña, V., Felpeto, A., Astiz, M., Ga_ia, A., Ortiz, R. and Abella, R. (2000) Zonation of the main volcanic hazards (lava flows and ashfall) in Tenerife, Canary Islands: a proposal for a surveillance network. *Journal of Volcanology and Geothermal Research* 103: 377-91.

Araya, A. and Stroosnijder, L. (2011) Assessing drought risk and irrigation need in northern Ethiopia. *Agricultural and Forest Meteorology* 151: 425-36.

Artunduaga, A.D.H. and Jiménez, G.P.C. (1997) Third version of the hazard map of Galeras volcano, Colombia. *Journal of Volcanology and Geothermal Research* 77: 89-100.

Associated Programme on Flood Management (2008) *Urban Flood Risk Management: A Tool for Integrated Flood Management*. AFPM Technical Document No, 11 - Flood Management Tools Series, World Meteorological Organization, Geneva.

Audru, J-C. *et al.* (2010) Major natural hazards in a tropical volcanic island: a review for Mayotte Island, Comoros Archipelago, Indian Ocean. *Engineering Geology* 114: 364-81.

Autier, P., D'Altilia, J-P., Delamalle, J-P. and Vercruysse, V. (1989) The food and nutrition surveillance systems of Chad and Mali: the 'SAP' after two years. *Disasters* 13: 9-32.

Autier, P. *et al.* (1990) Drugs supply in the aftermath of the 1988 Armenian earthquake. *The Lancet* (9 June): 1388-90.

Ayscue, J.K. (1996) Hurricane damage to residential structures: risk and mitigation. *Working Paper* 94. Natural Hazards Research and Applications Information Center, Boulder, CO.

Badia, A., Sauri, D., Cerdan, R. and Llurdes, J-C. (2002) Causality and management of forest fires in Mediterranean environments: an example from Catalonia. *Global Environmental Change B: Environmental Hazards* 4: 23-32.

Baker, E.J. (2000) Hurricane evacuation in the United States. In Pielke, R.A. Jr and Pielke, R.A. Sr (eds.) *Storms*, vol. 1. Routledge, London and New York, 306-19.

Baker, E.J. (2011) Household preparedness for the aftermath of hurricanes in Florida. *Applied Geography* 31: 46-52.

Ballester, J. *et al.* (2011) Long-term projections and acclimatization scenarios of temperature-related mortality in Europe. *Nature Communications* 2: 1-8.

Bandyopadhyay, S., Kanji, S. and Wang, L. (2012) The impact of rainfall and temperature variation on diarrheal prevalence in sub-Saharan Africa. *Applied Geography* 33: 63-72.

Bankoff, G., Frerks, G. and Hilhorst, D. (2004) *Mapping Vulnerability: Disasters, Development and People*. Earthscan, London.

Baram, M.S. (1987) Chemical industry hazards: liability, insurance and the role of risk analysis. In Kleindorfer, P.R. and Kunreuther, H.C. (eds.) *Insuring and Managing Hazardous Risks*. Springer-Verlag, New York, 415-42.

Barberi, F. and Carapezza, M.L. (1996) The problem of volcanic unrest: the Campi Flegrei case history. In Scarpa, R. and Tilling, R.I. (eds.) *Monitoring and Mitigation of Volcano Hazards*, Springer-Verlag, Berlin, 771-86.

Barclay, J., Johnstone, J.E. and Matthews, A.J. (2006) Meteorological monitoring of an active volcano: implications for eruption prediction. *Journal of Volcanology and Geothermal Research* 150: 339-58.

Bardsley, K.L., Fraser, A.S. and Heathcote, R.L. (1983) The second Ash Wednesday: 16 February 1983. *Australian Geographical Studies* 21: 129-41.

Barnett, A., Menighetti, J. and Prete, M. (1992) The market response to the Sioux Cityii DC-10 crash. *Risk Analysis* 12: 45-52.

Barnett, A.G., Tong, S. and Clements, A.C.A. (2010) What measure of temperature is the best predictor of mortality? *Environ-*

mental Research 110: 604-11.

Barnett, B.J. (1999) US government natural disaster assistance: historical analysis and a proposal for the future. *Disasters* 23: 139-55.

Barredo, J.I. (2010) No upward trend in normalized windstorm losses in Europe: 1970-2008. *Natural Hazards and Earth System Sciences* 10: 97-104.

Barry, R.G. and Chorley, R.J. (1987) *Atmosphere, Weather and Climate*. Methuen, London.

Basher, R. (2006) Global early warning systems for natural hazards: systematic and people-centred. *Philosophical Transactions of the Royal Society (A)* 364: 2167-82.

Batterbury, S. and Warren, A. (2001) The African Sahel 25 years after the great drought: assessing progress and moving towards new agendas and approaches. *Global Environmental Change* 11: 1-8.

Baum, R.L. and Godt, J.W. (2010) Early warning of rainfall-induced shallow landslides and debris flows in the USA. *Landslides* 7: 259-72.

Bechtol, V. and Laurian, L. (2005) Restoring straight ened rivers for sustainable flood mitigation. *Disaster Prevention and Management* 14: 6-19.

Beck, U. (1992) *Risk Society: Towards a New Modernity*. Sage Publications, New Delhi.

Bedford, D. and Faust, L. (2011) Role of online com munities in recent responses to disasters: tsunami, China, Katrina and Haiti. *Proceedings of the American Society for Information Science and Technology* 47: 1-3.

Beechley, R.W., van Bruggen. J. and Truppi, L.E. (1972) Heat island = death island? *Environmental Research* 5: 85-92.

Belletto de Pujo, J. (1985) Emergency planning: the case of Diablo Canyon nuclear power plant. *Natural Hazard Research Working Paper 51*. Institute of Behavioural Sciences, University of Colorado, Boulder, CO.

Below, R., Grover-Kopec, E. and Dilley, M. (2007) Documenting drought-related disasters. *The Journal of Environment and Development* 16: 328-44.

Below, R., Vos, F. and Guha-Sapir, D. (2010) Moving towards Harmonization of Disaster Data: A Study of Six Asian Databases. CRED Working Paper No. 272. *Centre for Research on the Epidemiology of Disasters*, Brussels.

Belt, C.B. Jr (1975) The 1973 flood and man's constriction of the Mississippi river. *Science* 189: 681-4.

Beringer, J. (2000) Community fire safety at the urban/rural interface: the bushfire risk. *Fire Safety Journal* 35: 1-23.

Bettencourt, S. *et al.* (2006) *Not If but When: Adapting to Natural Hazards in the Pacific Islands Region*. The World Bank, Washington, DC.

Bhowmik, N.G. (ed.) (1994) *The 1993 Flood on the Mississippi River in Illinois*. Miscellaneous Publication 151, Illinois State Water Survey, Champaign-Urbana, Il.

Binder, D. (1998) The duty to disclose geologic hazards in real estate transactions. *Chapman Law Review* 1: 13-56.

Bird, D.K., Gisladdottir, G. and Dominey-Howes, D. (2009) Resident perceptions of volcanic hazards and evacuation procedures. *Natural Hazards and Earth System Sciences* 9: 251-66.

Birkmann, J. (ed.) (2006) *Measuring Vulnerability to Natural Hazards: Towards Disaster Resilient Societies*. Teri Press, New Delhi.

Birkmann, J. (2011) First and second-order adaptation to natural hazards and extreme events in the context of climate change. *Natural Hazards* 58: 811-40.

Blaikie, P., Cannon, T., Davis, I. and Wisner, B. (1994) *At Risk: Natural Hazards, People's Vulnerability and Disasters*. Routledge, London and New York (new edn 2004).

Blanchard-Boehm, R.D., Berry, K.A. and Showalter, P.S. (2001) Should flood insurance be mandatory? Insights in the wake of the 1997 New Year's Day flood in Reno-Sparks, Nevada. *Applied Geography* 21: 199-221.

Bluestein, H.B. (1999) *Tornado Alley: Monster Storms of the Great Plains*. Oxford University Press, New York.

Bohonos, J.J. and Hogan, D.E. (1999) The medical impact of tornadoes in North America. *The Journal of Emergency Medicine* 17: 67-73.

Bolin, B. *et al.* (2000) Environmental equity in a sunbelt city: the spatial distribution of toxic hazards in Phoenix, Arizona. *Environmental Hazards* 2: 11-24.

Bollasina, M.A., Ming, Y. and Ramaswamy, V. (2011) Anthropogenic aerosols and the weakening of the South Asian summer monsoon. *Science* 334: 502-5.

Bollinger, G.A., Chapman, M.C. and Sibol, M.S. (1993) A comparison of earthquake damage areas as a function of magnitude across the United States. *Bulletin of the Seismological Society of America* 83: 1064-80.

Bolt, B.A. (1999) *Earthquakes*. W.H. Freeman, New York.

Bolt, B.A., Horn, W.L., Macdonald, G.A. and Scott, R.F. (1975) *Geological Hazards*. Springer-Verlag, Berlin.

Bommer, J.J. and Rodríguez, C.E. (2002) Earthquake-induced landslides in Central America. *Engineering Geology* 63: 189-220.

Born, P. And Viscusi, W.K. (2006) The catastrophic effects of natural disasters on insurance markets. *Journal of Risk and Uncertainty* 33: 55-72.

Bosher, L., Carrill, P., Dainty, A., Glass, J. and Price, A. (2007) Realising a resilient and sustainable built environment: towards a strategic agenda for the United Kingdom. *Disasters* 31: 236-55.

Botterill, L.C. (2003) Uncertain climate: the recent history of drought policy in Australia. *Australian Journal of Politics and History* 49: 61-74.

Bouchon, M., Hatzfeld, D., Jackson, J.A. and Haghshenas, E. (2006) Some insight on why Bam (Iran) was destroyed by an earthquake of relatively moderate size. *Geophysical Research Letters* 33: L09309.

Bouma, M.J. and van der Kaay, H.J. (1996) The El Niño-Southern Oscillation and the historic malaria epidemics on the Indian sub-continent and Sri Lanka: an early warning system for future epidemics? *Tropical Medicine and International Health* 1: 86-96.

Bouma, M.J. and Pascual, M. (2001) Seasonal and interannual cycles of epidemic cholera in Bengal 1891-1940 in relation to climate and geography. *Hydrobiologia* 460: 147-56.

Bouma, M.J., Kovat, R.S., Gobet, S.A., Cox, J.S.H. and Haines, A. (1997) Gobal assessment of El Niño's disaster burden. *The Lancet* 350: 1435-8.

Bouska, A. *et al.* (2005) *Hurricane Katrina: Analysis of the Impact on the Insurance Industry*. Towers Perrin, New York.

Bouwer, L.M. (2011) Have disaster losses increased due to anthropogenic climate change? *Bulletin of the American Meteorological Society* 92: 39-46.

Bouwer, L.M., Bubeck, P. and Aerts, J.C.J.H. (2010) Changes in future flood risk due to climate and development in a Dutch polder area. *Global Environmental Change* 20: 463-71.

Brabec, B., Meister, R., Stöckli, U., Stoffel, A. and Stucki, T. (2001) RAIFOS: Regional Avalanche Inform ation and Forecasting System. Cold Regions Science and Technology 33: 303-11.

Brabolini, M. and Savi, F. (2001) Estimate of uncertainties in avalanche hazard mapping. *Annals of Glaciology 32*: 299-305.

Bradley, J.T. (1972) Hurricane Agnes: the most costly storm. *Weatherwise* 25: 174-84.

Bradstock, R.A., Gill, A.M., Kenny, B.J. and Scott, J. (1998) Bushfire risk at the urban interface estimated from historical weather records: consequences for the use of prescribed fire in the Sydney region of South-Eastern Australia. *Journal of Environmental Management* 52: 259-71.

Brambilla, S. and Manca, D. (2010) The Viarregio LPG railway accident: event reconstruction and modelling. *Journal of Hazardous Materials* 182: 346-57.

Brammer, H. (2000) Flood hazard vulnerability and flood disasters in Bangladesh. In Parker, D.J. (ed.) *Floods*, vol. 1. Routledge, London and New York, 100-15.

Bridger, C.A. and Helfand, L.A. (1968) Mortality from heat during July 1966 in Illinois. *International Journal of Biometeorology* 12: 51-70.

Briët, J.T. *et al.* (2008) Temporal correlation between malaria and rainfall in Sri Lanka. *Malaria Journal* 7: 1-14.

Brightmer, M.I. and Fantato, M.G. (1998) Human and environmental factors in the increasing incidence of dengue fever: a case study from Venezuela. *Geojournal* 44: 103-9.

Brodie, M.E., Weltzien, D., Altman, R.J. and Blendon, J.M. (2006) Experiences of Hurricane Katrina evacuees in Houston shelters: implications for future planning. *American Journal of Public Health* 96: 1402-8.

Broecker, W.S. (1991) The Great Ocean Conveyor. *Oceanography* 4: 79-89.

Broecker, W.S. (1997) Thermohaline circulation, the Achilles heel of our climate system: will man-made carbon dioxide upset the current balance? *Science* 278: 1582-88.

Broecker, W.S. (2000) Was a change in thermohaline circulation responsible for the Little Ice Age? *Proceedings of the National*

Academy of Science 97: 1339-42.

Brooks, N. (2004) *Drought in the African Sahel: Long-term Perspectives and Future Prospects*. Working Paper 61, Tyndall Centre for Climate Change Research, University of East Anglia, Norwich.

Brotak, E.A. (1980) Comparison of the meteorological conditions associated with a major wild land fire in the United States and a major bushfire in Australia. *Journal of Applied Meteorology* 19: 474-6.

Brouwer, R. and Nhassengo, J. (2006) About bridges and bonds: community responses to the 2000 floods in Mabalane District, Mozambique. *Disasters* 30: 234-55.

Brown, J. and Muhsin, M. (1991) Case study: Sudan emergency flood reconstruction program. In Kreimer, A. and Munasinghe, M. (eds.) *Managing Natural Disasters and the Environment*. Environment Department, World Bank, Washington, DC, 157-62.

Brugge, R. (1994) The blizzard of 12-15 March 1993 in the USA and Canada. *Weather* 49: 82-9.

Brundl, M., Romang, H.E., Bischif, N. and Rheinberger, C.M. (2009) The risk concept and its application in natural hazard risk management in Switzerland. *Natural Hazards and Earth System Sciences* 9: 801-13.

Brunetti, M.T., Peruccacci, S., Rossi, M., Luciani, S. and Guzetti, F. (2010) Rainfall thresholds for the possible occurrence of landslides in Italy. *Natural Hazards and Earth System Sciences* 10: 447-58.

Bryden, H.L., Longworth, H.R. and Cunningham, S.A. (2005) Slowing of the Atlantic meridional over turning circulation at 25 degrees N. *Nature* 438: 655-7.

Buchroithner, M.F. (1995) Problems of mountain hazard mapping using spaceborne remotesensing techniques. *Advances in Space Research* 15: 57-66.

Buller, P.S.J. (1986) *Gale Damage to Buildings in the UK: An Illustrated Review*. Building Research Establishment, Watford, Herts.

Buncefield Major Incident Investigation Board (2006a) *The Buncefield Investigation: Progress Report*. 21 February, Health and Safety Executive, London.

Buncefield Major Incident Investigation Board (2006b) *Buncefield Major Incident Investigation: Initial Report*. 13 July, Health and Safety Executive, London.

Buncefield Major Incident Investigation Board (2008a) *The Buncefield Incident 11 December 2005: Final Report*. Health and Safety Executive, London.

Buncefield Major Incident Investigation Board (2008b) *Recommendations on Land Use Planning and the Control of Societal Risk Around Major Hazard Sites*. July, Health and Safety Executive, London.

Burby, R.J. (2000) Land-use planning for flood hazard reduction. In Parker, D.J. (ed.) *Floods*, vol 2. Routledge, London and New York, 6-18.

Burby, R.J. (2001) Flood insurance and floodplain management: the US experience. *Environmental Hazards* 3: 111-22.

Burby, R.J. and Dalton, L.C. (1994) Plans can matter! The role of land use plans and state planning mandates in limiting the development of hazard ous areas. *Public Administration Review* 54: 229-37.

Burby, R.J. *et al.* (1991) *Sharing Environmental Risks: How to Control Governments' Losses in Natural Disasters*. Westview Press, Boulder, CO.

Burton, I. and Kates, R.W. (1964a) The perception of natural hazards in resource management. *Natural Resources Journal* 3: 412-41.

Burton, I. and Kates, R.W. (1964b) The floodplain and the seashore: a comparative analysis of hazard-zone occupante. *Geographical Review* 54: 366-85.

Burton, I., Kates, R.W. and White, G.F. (1978) *The Environment as Hazard*, 2nd edn. Guildford Press, New York and London (rev. edn, 1993).

Bush, D.M., Webb, C.A., Young, R.S., Johnson, B.D. and Bates, G.M. (1996) Impact of hurricane 'Opal' on the Florida-Alabama coast. *Quick Response Report* 84. Natural Hazards Research and Applications Information Center, Boulder, CO.

Butler, I. (1997) Selected internet sites on natural hazards and disasters. *International Journal of Mass Emergencies and Disasters* 15: 197-215.

Buxton, M., Haynes, R., Mercer, D. and Butt, A. (2010) Vulnerability to bushfire risk at Melbourne's urban fringe: the failure of regulatory land use planning. *Geographical Research* 49:

1-12.

Cairncross, S., Hardoy, J.E. and Satterthwaite, D. (eds.) (1990) *The Poor Die Young: Housing and Health in Third World Cities*. Earthscan, London.

Callendar, G.S. (1938) The artificial production of carbon dioxide and its influence on climate. *Quarterly Journal of the Royal Meteorological Society* 64: 223-40.

Campbell, D., Barker, D. and McGregor, D. (2011) Dealing with drought: small farmers and environ mental hazards in southern St Elizabeth, Jamaica. *Applied Geography* 31: 146-58.

Campbell, G.L., Marfin, A.A., Lanciotti, R.S. and Gubler, D.J. (2002) West Nile virus. *The Lancet Infectious Diseases* 2: 519-29.

Campbell, J.R., Goldsmith, M. and Koshy, K. (2005) *Community Relocation as an Option for Adaptation to the Effects of Climate Change and Climate Variability in Pacific Island Countries (PICs)*. Final report to the Asia-Pacific Network, Bangkok.

Canuti, P., Casaglia, N., Canuti, F. and Fanti, R. (2000) Hydrogeological hazard and risk in archeological sites: some case studies in Italy. *Journal of Cultural Heritage* 1: 117-25.

Capra, L., Poblete, M.A. and Alvarado, R. (2004) The 1997 and 2001 lahars of Popocatepetl volcano (central Mexico): textural and sedimento logical constraints on their origin and hazards. *Journal of Volcanology and Geothermal Research* 131: 351-69.

Cardona, O.D. (1997) Management of the volcanic crises of Galeras volcano: social, economic and institutional aspects. *Journal of Volcanology and Geothermal Research* 77: 313-24.

Carn, S.A., Watts, R.B., Thompson, G. and Norton, G.E. (2004) Anatomy of a lava dome collapse: the 20 March 2000 event at Soufriere Hills volcano, Montserrat. *Journal of Volcanology and Geo thermal Research* 131: 241-64.

Casagli, N., Catani, F., Ventisette, C.D. and Luzi, G. (2010) Monitoring, prediction and early warning using ground-based interferometry. *Landslides* 7: 291-301.

Cayan, D.R. *et al.* (2010) Future dryness in the south west US and the hydrology of the early 21st century drought. *Proceedings of the National Academy of Sciences of the United States of America* 107: 21271-6.

Cekan, J. (1992) Seasonal coping strategies in Gental Mali: five vil-lages during the 'Soudiere'. *Disasters* 16: 66-73.

Cenderelli, D.A. and Wohl, E.E. (2001) Peak discharge estimates of glacial-lake outburst floods and 'normal' climatic floods in the Mount Everest region, Nepal. *Geomorphology* 40: 57-90.

Chadambuka, A. *et al.* (2012) The need for innovative strategies to improve immunisation services in rural Zimbabwe. *Disasters* 36: 161-73.

Chakraborty, J., Tobin, G.A. and Montz, B.E. (2005) Population evacuation: assessing spatial variability in geophysical risk and social vulnerability to natural hazards. *Natural Hazards Review* 6: 23-33.

Chambers, R. and Conway, G.R. (1992) *Sustainable Rural Livelihoods: Practical Concepts for the 21st Century*. Discussion Paper 296, Institute for Development Studies, University of Sussex.

Chang, Y., Wilkinson, S., Brunsden, D., Seville, E. and Potangaroa, R. (2011) An integrated approach: managing resources for post-disaster reconstruction. *Disasters* 35: 739-65.

Changnon, S.A. (2000) Impacts of hail in the United States. In Pielke, R.A. Jr and Pielke, R.A. Sr (eds.) *Storms*, vol. 2. Routledge, London and New York, 163-91.

Changnon, S.A. and Semonin, R.G. (1966) A great tornado disaster in retrospect. *Weatherwise* 19: 56-65.

Changnon, S.A. and Changnon, D. (2005) Snowstorm catastrophes in the United States. *Environmental Hazards* 6: 158-66.

Changnon, S.A., Pielke, R.A. Jr, Changnon, D., Sylves, R.T. and Pulwarty, R. (2000) Human factors explain the increased losses from weather and climate extremes. *Bulletin of the American Meteorological Society* 81: 437-42.

Chapman, C.R. and Morrison, D. (1994) Impacts on the Earth by asteroids and comets: assessing the hazard. *Nature* 367: 33-9.

Chapman, D. (1999) *Natural Hazards*. Oxford University Press, Melbourne.

Chapman, J. (2005) Predicting technological disasters: mission impossible? *Disaster Prevention and Management* 14: 343-52.

Chappelow, B.F. (1989) Repair and restoration of supplies in Jamaica in the wake of hurricane Gilbert. *Distribution Developments* (June): 10-14.

Chen, C.C. *et al.* (2001) Psychiatric morbidity and post-traumatic symptoms among survivors in the early stage following the 1999 earthquake in Taiwan. *Psychiatry Research* 105: 13-22.

Chester, D. (1993) *Volcanoes and Society*. E. Arnold, London.

Chester, D.K. and Duncan, A.M. (2010) The impact of Eyjafjalla-jokull volcanic eruption on air transport. *Geographical Journal (Commentary)*. Online at http://geographicaljournal.rgs.org/index.php/home /93-the-impact-of-the-eyjafjallajoekull-volcaniceruption-on-air-transport

Chester, D.K., Dibben, C.J.L. and Duncan, A.M. (2002) Volcanic hazard assessment in Western Europe. *Journal of Volcanology and Geothermal Research* 115: 411-35.

Chester, D.K., Degg, M., Duncan, A.M. and Guest, J.E. (2001) The increasing exposure of cities to the effects of volcanic eruptions: a global survey. *Global Environmental Change B: Environmental Hazards* 2: 89-103.

Childs, D.Z., Cattadori, I.M., Suwonkerd, W., Prajakwong, S. and Boots, M. (2006) Spatiotemporal patterns of malaria incidence in northern Thailand. *Transactions of the Royal Society of Tropical Medicine and Hygiene* 100: 623-31.

Chotard, S., Mason, J.B., Oliphant, N.P., Mebrahtu, S. and Hailey, P. (2010) Fluctuations in wasting in vulnerable child populations in the Greater Horn of Africa. *Food and Nutrition Bulletin* 31: S219-S233.

Choudhury, N.Y., Paul, A. and Paul, B.K. (2004) Impact of coastal embankment on the flash flood in Bangladesh; a case study. *Applied Geography* 24: 241-58.

Clapperton, C.M. (1986) Fire and water in the Andes. *Geographical Magazine* 58: 74-9.

Clark, K.M. (1997) Current and potential impact of hurricane variability on the insurance industry. In Diaz, H. and Pulwarty, R.S. (eds.) *Hurricanes: Climate and Socioeconomic Impacts*. Springer-Verlag, Heidelberg.

Clarke, M.L. and Rendell, H.M. (2006) Hindcasting extreme events: the occurrence and expression of damaging floods and landslides in southern Italy. *Land Degradation and Development* 17: 365-80.

Clay, E. *et al.* (1999) *An Evaluation of HMG's Response to the Montserrat Volcanic Emergency*. Vol. I. Department for International Development, London.

Clermont, C., Sanderson, D., Sharma, A. and Spraos, H. (2011) *Urban Disasters - Lessons from Haiti*. Disasters Emergency Committee, London.

Coates, J.F. (2009) Risks and threats to civilization, humankind and the earth. *Futures* 41: 694-705.

Colby, J.D., Mulcahy, K.A. and Yong, W. (2000) Modelling flooding extent from hurricane Floyd in the coastal plain of North Carolina. *Global Environmental Change B: Environmental Hazards* 2: 157-68.

Collins, M. and CMIP Modelling Groups (2005) El Niño or La Nina-like climate change? *Climate Dynamics* 24: 89-104.

Collins, T.W. (2005) Households, forests and fire hazard vulnerability in the American West: a case study of a California community. *Environmental Hazards* 6: 23-37.

Colwell, R.R. (1996) Global climate and infectious disease: the cholera paradigm. *Science* 274: 2025-31.

Comfort, L.K. (1996) Self-organisation in disaster response: the Great Hanshin, Japan, earthquake of January 17, 1995. Quick Response Report 78. Natural Hazards Research and Applications Information Center, Boulder, CO.

Comfort, L.K. (1999) *Shared Risk: Complex Systems in Seismic Response*. Pergamon Press, Oxford.

Comfort, L.K. (2006) Cities at risk: Hurricane Katrina and the drowning of New Orleans. *Urban Affairs Review* 41: 501-16.

Conlon, K.C., Rajkovich, N.B., White-Newsome, J.L., Larson, L. and O'Neill, M.S. (2011) Preventing cold-related morbidity and mortality in a changing climate. *Maturitas* 69: 197-202.

Conway, D. and Schipper, E.L.F. (2011) Adaptation to climate change in Africa: challenges and opportunities identified from Ethiopia. *Global Environ mental Change* 21: 227-37.

Cook, B.I., Seager, R. and Miller, R.L. (2011) Atmospheric circulation anomalies during two persistent North American droughts; 1932-1939 and 1948-1957. *Climate Dynamics* 36: 2339-55.

Cook, E.R., Seager, R., Cane, M.A. and Stahle, D.W. (2007) North American drought: reconstructions, causes and consequences. *Earth Sciences Review* 81: 93-134.

Cordes, J.J., Gatzlaff, D.H. and Yezer, A.M. (2001) To the water's edge and beyond: effects of shore protection projects on beach development. *Journal of Real Estate Finance and Economics* 22: 287-302.

Correa, I.D. and Gonzalez, J.L. (2000) Coastal erosion and village relocation: a Colombian case study. *Ocean and Coastal Man-*

agement 43: 51-64.

Council for Reducing Major Industrial Accidents (2002) *Risk Management Guide for Major Industrial Accidents.* Montreal, Canada.

Cova, T.J. (2005) Public safety in the urban-wildland interface: should fire-prone communities have a maximum occupancy? *Natural Hazards Review* 6: 99-107.

Cova, T.J., Drews, F.A., Siebeneck, L.K. and Musters, A. (2009) Protective actions in wildfires: evacuation or shelter in place? *Natural Hazards Review* 10: 151-62.

Covello, V.T. and Mumpower, J. (1985) Risk analysis and risk management: an historical perspective. *Risk Analysis* 5: 103-20.

Cox, D. *et al.* (1992) Estimation of risk from observation on humans. In *Risk.* Royal Society, London, 67-87.

Cozzani, V., Campedel, M., Renni, E. and Krausman, E. (2010) Industrial accidents triggered by flood events: analysis of past accidents. *Journal of Hazardous Materials* 175: 501-9.

Crandell, D.R., Mullineaux, D.R. and Miller, C.D. (1979) Volcanic-hazards studies in the Cascades Range of the western United States. In Sheets, P.D. and Grayson, D.K. (eds.) *Volcanic Activity and Human Ecology.* Academic Press, London, 195-219.

CRED (2005) Are natural disasters increasing? *CRED Crunch* 2. Centre for Research on the Epidemiology of Disasters, Universite Catholique de Louvain, Louvain-la-Neuve.

CRED (2012) Natural Disasters in 2011. *CRED Crunch* 27. Centre for Research on the Epidemiology of Disasters, Universite Catholique de Louvain, Louvain-la-Neuve.

Crompton, R.P. and McAneney, K.J. (2008) Normalized Australian insured losses for meteorological hazards 1967-2006. *Environmental Science and Policy* 11: 371-8.

Crompton, R.P., Pielke, R.A. and McAneney, K.J. (2011) Emergence timescales for detection of anthropogenic climate change in US tropical cyclone loss data. *Environmental Research Letters* 6:014003, 4pp.

Cross, J.A. (1985) *Residents' Acceptance of Hurricane Hazard Mitigation Measures.* Final Summary Report, NSF Grant no. CEE-8211441, University of Wisconsin, Oshkosh.

Cross, J.A. (2001) Megacities and small towns: different perspectives on hazard vulnerability. *Environmental Hazards* 3: 63-

80.

Cruden, D.M. and Krahn, J. (1978) Frank rockslide, Alberta, Canada. In Voight, B. (ed.) *Rockslides and Avalanches*, vol. 1 Natural Phenomena. Elsevier, Amsterdam, 97-112.

CSSC (California Seismic Safety Commission) (1995) *Northridge Earthquake: Turning Loss to Gain.* Report CSSC95.01, Governors Executive Order W-78.94. Sacramento, CA.

CSSC (California Seismic Safety Commission) (2003) *Status of the Unreinforced Masonry Building Law.* Report CSSC 2003.03, Sacramento, CA.

CSSC (California Seismic Safety Commission) (2006) *Status of the Unreinforced Masonry Building Law.* Progress Report SSC 2006-04 to the Legislature, Sacramento, CA.

CSSC (California Seismic Safety Commission) (2009) *The Study of Household Preparedness: Preparing California for Earthquakes.* Report CSSC 09-03, Sacramento, CA.

Cullen, H.M., Kaplan, A., Arkin, P.A. and Demenocal, P.B. (2002) Impact of the North Atlantic Oscillation on Middle Eastern climate and streamflow. *Climatic Change* 55: 315-38.

Cummins, J. and Mahul, O. (2009) *Catastrophe Risk Financing in Developing Countries: Principles for Public Intervention.* World Bank, Washington, DC.

Cunningham, C.J. (1984) Recurring natural fire hazards: a case study of the Blue Mountains, New South Wales, Australia. *Applied Geography* 4: 5-57.

Cutter, S.L. (1984) Emergency preparedness and planning for nuclear power plant accidents. *Applied Geography* 4: 235-45.

Cutter, S.L. (1993) *Living with Risk: The Geography of Technological Hazards.* E. Arnold, London and New York.

Cutter, S.L. (1996) Vulnerability to environmental hazards. *Progress in Human Geography* 20: 529-39.

Cutter, S.L. (2003) GI science, disasters and emergency management. *Transactions in GIS* 7: 439-45.

Cutter, S.L. and Ji, M. (1997) Trends in US hazardous materials transportation spills. *Professional Geographer* 49: 318-31.

Cutter, S.L., Boruff, B.J. and Shirley, W.L. (2003) Social vulnerability to environmental hazards. *Social Science Quarterly* 84: 242-61.

Cutter, S.L. *et al.* (2008) A place-based model for understanding community resilience to natural disasters. *Global Environmen-*

tal Change 18: 598-606.

Dai, A. (2011) Drought under global warming. *WIRES Climate Change* 2: 45-65.

Daley, W.R., Smith, A., Paz-Argandona, E., Malily, J. and McGeehin, M. (2000) An outbreak of carbon monoxide poisoning after a major ice storm in Maine. *The Journal of Emergency Medicine* 18: 87-93.

Daly, M., Poutasi, N., Nelson, F. and Kohlhase, J. (2010) Reducing the climate vulnerability of coastal communities in Samoa. *Journal of Sustainable Development* 22: 265-81.

Dando, W.A. (1980) *The Geography of Famine*. Edward Arnold, London.

Daniel, H. 2001. Replenishment versus retreat: the cost of maintaining Delaware's beaches. *Ocean and Coastal Management* 44: 87-104.

Darcy, J. and Hofmann, C-A. (2003) *According to Need? Needs Assessment and Decision-making in the Humanitarian Sector*. Report 15, Humanitarian Policy Group. Overseas Development Institute, London.

Dash, N. and Morrow, B.H. (2000) Return delays and evacuation order compliance: the case of Hurricane Georges and the Florida Keys. *Global Environmental Change B: Environmental Hazards* 2: 119-28.

da Silva Curiel, A., Wicks, A., Meerman, M., Boland, L. and Sweeting, M. (2002) Second generation disaster-monitoring microsatellite platform. *Acta Astronautica* 51: 191-7.

David, E. and Mayer, J. (1984) Comparing costs of alternative flood hazard mitigation plans. *Journal of the American Planning Association* 50: 22-35.

Davies, J.B., Sandstrom, S., Shorrocks, A. and Wolff, E. (2009) The global pattern of household wealth. *Journal of International Development* 21: 1111-24.

Davis, I. (1978) *Shelter after Disaster*. Oxford Polytechnic Press, Oxford.

Day, J.W. *et al.* (2007) Restoration of the Mississippi delta: lessons from hurricanes Katrina and Rita. *Science* 315: 1679-84.

Decker, R.W. (1986) Forecasting volcanic eruptions. *Annals and Review of Earth and Planetary Science* 14: 267-91.

de Loë, R. and Wojtanowski, D. (2001) Associated benefits and costs of the Canadian Flood Damage Reduction Program. *Applied Geography* 21: 1-21.

de Moel, H., Aerts, J.C.J.H. and Koomen, E. (2011) Development of flood exposure in the Netherlands during the 20th and 21st century. *Global Environmental Change* 21: 620-7.

Department of Humanitarian Affairs (1994) *Strategy and Action Plan for Mitigating Water Disasters in Vietnam*. United Nations Development Programme, New York and Geneva.

de Scally, F.A. and Gardner, J.S. (1994) Characteristics and mitigation of the snow avalanche hazard in Kaghan valley, Pakistan Himalaya. *Natural Hazards* 9: 197-213.

de Sherbinin, A., Schiller, A. and Pulsipher, A. (2007) The vulnerability of global cities to climate hazards. *Environment and Urbanization* 19: 39-64.

de Souza, A.B. Jr (2000) Emergency planning for hazardous industrial areas: a Brazilian case study. *Risk Analysis* 20: 483-93.

de Vries, J. (1985) Analysis of historical climate. society interaction. In Kates, R.W., Ausubel, J.H. and Berberian, M. (eds.) *Climate Impact Assessment*. New York, John Wiley, 273-91.

de Waal, A. (1989) *Famine that Kills: Dorfur, Sudan, 1984-85*. Clarendon Press, Oxford.

Di, J. and Jian, L. (2011) Managing tsunamis through early warning systems: a multidisciplinary approach. *Ocean and Coastal Management* 54: 189-99.

Dilley, M. and Heyman, B.N. (1995) ENSO and disaster: droughts, floods and E1 Niño-Southern Oscillation warm events. *Disasters* 19: 181-93.

Dilley, M., Chen, R.S., Deichmann, U., Lerner-Lam, A. and Arnold, M. (2005) *Natural Disaster Hotspots: A Global Risk Analysis*. World Bank Publications, Washington, D.C.

Dinar, A. and Keck, A. (2000) Water supply variability and drought impact and mitigation in sub-Saharan Africa. In Wilhite, D.A. (ed.) *Drought: A Global Assessment*, vol. 2. Routledge, London and New York, 129-48.

Dohler, G.C. (1988) A general outline of the ITSU master plan for the tsunami warning system in the Pacific. *Natural Hazards* 1: 295-302.

Dolan, J.F. *et al.* (1995) Prospects for larger or more frequent earthquakes in the Los Angeles Metropolitan Region. *Science* 267: 199-205.

Dolan, M.A. and Krug, S.E. (2006) Paediatric disaster prepared-ness in the wake of Katrina: lessons to be learned. *Clinical Pediatric Emergency Medicine* 7: 59-66.

Dominey-Howes, D. and Minos-Minopoulos, D. (2004) Percep-tions of hazard and risk on Santorini. *Journal of Volcanology and Geothermal Research* 137: 285-310.

Donald, J.R. (1988) Drought effects on crop production and the US economy. *The Drought of 1988 and Beyond*. Proceedings of a Strategic Planning Seminar, 18 October 1988, Rockville, MD: National Climate Program Office, 143-62.

Donat, M.G. *et al.* (2011) Future changes in European winter storm losses and extreme windspeeds inferred from GCM and RCM multi-model simulations. *Natural Hazards and Earth System Sciences* 11: 1351-70.

Dong, B., Sutton, R.T. and Woollings, T. (2011) Changes in inter-annual NAO variability in response to greenhouse gas forcing. *Climate Dynamics* 37: 1621-41.

Donovan, A.R. and Oppenheimer, C. (2011) The 2010 Eyjafjal-lajökull eruption and the reconstruction of geoegraphy. *The Geographical Journal* 177: 4-11.

Doocy, S., Gabriel, M., Collins, S., Robinson, C. and Stevenson, P. (2006) Implementing cash-for-work programmes in post-tsunami Aceh: experiences and lessons learned. *Disasters* 30: 277-96.

Douglas, M. and Wildavsky, A. (1982) *Risk and Culture*. University of California Press, Berkeley, CA.

Dow, K. and Cutter, S.L. (1997) Repeat Response to Hurricane Evacuation Orders. *Quick Response Report* 101. Natural Haz-ards Research and Applications Information Center, Boulder, CO.

Dow, K. and Cutter, S.L. (2000) Public orders and personal opin-ions: household strategies for hurricane risk assessment. *Glob-al Environmental Change B: Environmental Hazards* 2: 143-55.

Drabek, T.E. (1991) *Microcomputers in Emergency Management*. Monograph no. 51. Institute of Behavioral Science, University of Colorado, Boulder, CO.

Dreher, A. (2006) Does globalization affect growth? Evidence from a new Index of Globalization. *Applied Economics* 38: 1091-110.

Drury, A.C., Olson, R.S. and Van Belle, D.A. (2005) The politics of humanitarian aid: US foreign disaster assistance 1964-

1995. *The Journal of Politics* 67: 454-73.

Duijm, N.J. (2009) *Acceptance Criteria in Denmark and the EU*. En-vironmental Project Report No. 1269, Danish Environmental Protection Agency, Ministry of the Environment, Copenha-gen.

Duijsens, R. (2010) Humanitarian challenges of urbanization. *In-ternational Review of the Red Cross* 92: 351-68.

Dumas, L.J. (1999) *Lethal Arrogance: Human Fallibility and Dan-gerous Technologies*. St. Martin's Press, New York.

Dunlap, R.E. and Scarce, R. (1991) The polls-poll trends: environ-mental problems and protection. *Public Opinion Quarterly* 55: 651-72.

Dunning, S.A., Rosser, N.J., Petley, D.N. and Massey, C.R. (2006) Formation and failure of the Tsatichhu landslide dam Bhutan. *Landslides* 3: 107-13.

Dymon, U.J. (1999) Effectiveness of geographic information sys-tems (GIS) applications in flood management during and af-ter hurricane 'Fran'. *Quick Response Report* 114. Natural Haz-ards Research and Applications Information Center, Boulder, CO.

Dynes, R. (2004) Expanding the horizons of disaster research. *Natural Hazards Observer* 28 (4): 1-2.

Earth Policy Institute (2005) *World Economic Outlook Database*. From International Monetary Fund at www.imf.org/external/pubs/ft/weo (updated April 2005).

EERI (Earthquake Engineering Research Institute) (2004) *Prelim-inary Observations on the Bam, Iran, Earthquake of December 26, 2003*. Earthquake Engineering Research Institute, Oak-land, CA.

Eisensee, T. and Strömberg, D. (2007) News droughts, news floods and US disaster relief. *The Quarterly Journal of Economics* 122: 693-728.

Ellemor, H. (2005) Reconsidering emergency management and indigenous communities in Australia. *Environmental Hazards* 6: 1-7.

Elliott, J.R. and Pais, J. (2006) Race, class and Hurricane Katrina: social differences in human responses to disaster. *Social Science Research* 35: 295-321.

Elliott, J.R. and Pais, J. (2010) When nature pushes back: environmental impact and the spatial redistribution of socially vulnerable populations. *Social Science Quarterly* 91: 1187-202.

El-Masri, S. and Tipple, G. (2002) Natural disaster, mitigation and sustainability: the case of developing countries. *International Planning Studies* 7: 157-75.

Elsner, J.B. (2003) Tracking hurricanes. *Bulletin of the American Meteorological Society* 84: 353-6.

Elsner, J.B., Jagger, T. and Niu, X-F. (2000) Changes in the rates of North Atlantic major hurricane activity during the 20th century. *Geophysical Research Letters* 27: 1743-6.

Emanuel, K.A. (1987) The dependence of hurricane intensity on climate. *Nature* 326: 483-5.

Emanuel, K.A. (2000) A statistical analysis of tropical cyclone intensity. *Monthly Weather Review* 128: 1139-52.

Emanuel, K.A. (2005) Increasing destructiveness of tropical cyclones over the past 30 years. *Nature* 436: 686-8.

Emery, A.C. (2005) *Good Practice in Emergency Preparedness and Response*. UNEP and International Council on Mining and Metals, London.

Emmi, P.C. and Horton, C.A. (1993) A GIS-based assessment of earthquake property damage and casualty risk: Salt Lake City, Utah. *Earthquake Spectra* 9: 11-33.

Eraybar, K. *et al.* (2010) An exploratory study on perceptions of seismic risk and mitigation in two districts of Istanbul. *Disasters* 34: 71-92.

Ericksen, N.J. (1986) *Creating Flood Disasters? New Zealand's Need for a New Approach to Urban Flood Hazard*. National Water and Soil Conservation Authority, Wellington.

Fagherazzi, S., Fosser, G., D'Alpaos, L. and D'Odorico, P. (2005) Climatic oscillations influence the flooding of Venice. *Geophysical Research Letters* 32: L19710.

Falck, L.B. (1991) Disaster insurance in New Zealand. In Kreimer, A. and Munasinghe, M. (eds.) *Managing Natural Disasters and Environment*. Environment Department, World Bank, Washington, DC, 120-5.

Fang, H., Han, D., Guojian, H. and Chen, M. (2012) Flood management selections for the Yangzte River midstream after the Three Gorges Project operation. *Journal of Hydrology* 433: 1-11.

FEMA (Federal Emergency Management Agency) (1989) *Alluvial Fans: Hazards and Management*. Federal Emergency Management Agency, Washington, DC.

Fell, R. (1994) Landslide risk assessment and acceptable risk. *Canadian Geotechnical Journal* 31: 261-72.

Federal Interagency Stream Restoration Working Group (2001) *Stream Corridor Restoration: Principles, Processes and Practices*. USDA. Natural Resources Conservation Service, http://www.nrcs.usda.gov/Internet/FSE_DOCUMENTS/stelprdb1044574.pdf (accessed 17 July 2012).

Ferris-Morris, M. (2003) Planning *for the Next Drought: Ethiopia Case Study*. United States Agency for International Development, Washington, DC.

Field, C.B. *et al.* (2012) *Managing the Risks of Extreme Events and Disasters to Advance Climate Change Adaptation* (SREX). A Special Report of Working Groups I and II of the IPCC, Cambridge University Press, Cambridge.

Field, R.D., van der Werf, G.R. and Shen, S.S.P. (2009) Human amplification of drought-induced biomass burning in Indonesia since 1960. *Nature Geoscience* 2: 185-8.

Finch, C., Emrich, C.T. and Cutter, S.L. (2010) Disaster disparities and differential recovery in New Orleans. *Population and Environment* 31: 179-202.

Fischer, E.M. and Schär, C. (2010) Consistent geographical patterns of changes in high-impact European heatwaves. *Nature Geoscience* 3: 398-403.

Fischer, G.W., Morgan, M.G., Fischhoff, B., Nair, I. and Lave, L.B. (1991) What risks are people concerned about? *Risk Analysis* 11: 303-14.

Fischhoff, B., Lichtenstein, S., Slovíc, P., Derby, S.L. and Keeney, R.L. (1981) *Acceptable Risk*. Cambridge University Press, Cambridge.

Florida Department of Community Affairs (2005) *Protecting Florida's Communities: Land Use Planning Strategies and Best Development Practices for Minimizing Vulnerability to Flooding and Coastal Storms*. Florida Department of Community Affairs, Tallahassee, FL.

Flynn, J., Slovic, P. and Mertz, C.K. (1993a) Decidedly different: expert and public views of risks from a radioactive waste repository. *Risk Analysis* 13: 643-8.

Flynn, J., Slovic, P. and Mertz, C.K. (1993b) The Nevada initiative: a risk communication fiasco. *Risk Analysis* 13: 497-502.

Folland, C.K. *et al.* (2009) The summer North Atlantic Oscillation: past, present and future. *Journal of Climate* 22: 1082-103.

Fothergill, A. and Peek, L.A. (2004) Poverty and disasters in the United States: a review of recent sociological findings. *Natural Hazards* 32: 89-110.

Fouchier, R., Kuiken, T., Rimmelzwaan, G. and Osterhaus, A. (2005) Global task force for influenza. *Nature* 435 (26 May): 419-20.

Fouillet, A.R. *et al.* (2008) Has the impact of heat waves on mortality changed in France since the European heat wave of summer 2003? A study of the 2006 heat wave. *International Journal of Epidemiology* 37: 309-17.

Foxworthy, B.L. and Hill, M. (1982) *Volcanic Eruptions of 1980 at Mount St Helens: The First 100 Days*. Geological Survey Professional Paper 1249. Government Printing Office, Washington, DC.

Francis, P.W. (1989) Remote sensing of volcanoes. *Advances in Space Research* 9: 89-92.

Fratkin, E. (1992) Drought and development in Marsabit District, Kenya. *Disasters* 16: 119-30.

Friis, H. (2007) International nutrition and health. *Danish Medical Bulletin* 54: 55-7.

Fritzsche, A.F. (1992) Severe accidents: can they occur only in the nuclear production of electricity? *Risk Analysis* 12: 327-9.

Fu, C.B., Kim, J-W. and Zhao, Z.C. (1998) Preliminary assessment of impacts of global change on Asia. In Galloway, J.N. and Melillo, J.M. (eds.) *Asian Change in the Context of Global Climate Change*. Cambridge University Press, Cambridge.

Fuchs, S. and McAlpin, M.C. (2005) The net benefit of public expenditures on avalanche defence struc tures in the municipality of Davos, Switzerland. *Natural Hazards and Earth System Sciences* 5: 319-30.

Fujita, T.T. (1973) Tornadoes around the world. *Weatherwise* 26: 56-62, 79-83.

Fukuchi, T. and Mitsuhashi, K. (1983) Tsunami counter measures in fishing villages along the Sanriku coast, Japan. In Iida, K. and Iwasaki. T. (eds.) *Tsunamis*. D. Reidel, Boston, MA, 389-96.

Gabriel, K.M.A. and Endlicher, W.R. (2011) Urban and rural mortality rates during heat-waves in Berlin and Brandenburg, Germany. *Environmental Pollution* 159: 2044-50.

Gadgil, S., Vinayachandran, P.N. and Francis, P.A. (2003) Droughts of the Indian summer monsoon: role of clouds over the Indian Ocean. *Current Science* 85: 1713-19.

Gagnon, A.S., Bush, A.B.G. and Smoyer-Tomic, K.E. (2001) Dengue epidemics and the El Niño Southern Oscillation. *Climate Research* 19: 35-43.

Gall, M., Borden, K.A. and Cutter, S.L. (2009) When do losses count? *Bulletin of the American Meteoro logical Society* 90: 799-809.

Galle, B. *et al.* (2003) A miniaturised ultraviolet spectrometer for remote sensing of SO2 fluxes: a new tool for volcanic surveillance. *Journal of Volcanology and Geothermal Research* 119: 241-54.

Galloway, G.E., Boesch, D.F. and Twilley, R.K. (2009) Restoring and protecting coastal Louisiana. *Issues in Science and Technology* 25: unpaginated.

Gardner, G.T. and Gould, L.C. (1989) Public perceptions of the risks and benefits of technology. *Risk Analysis* 9: 225-42.

Gardoni, P. and Murphy, C. (2010) Gauging the societal impacts of natural disasters using a capability approach. *Disasters* 34: 619-36.

Garner, A.C. and Huff, W.A.K. (1997) The wreck of Amtrak's Sunset Limited: news coverage of a mass transport disaster. *Disasters* 21: 4-19.

Garside, R., Johnston, D., Saunders, W. and Leonard, G. (2009) Planning for tsunami evacuations: the case of the Marine Education Centre, Wellington, New Zealand. *The Australian Journal of Emergency Management* 24: 28-31.

Garvin, T. (2001) Analytical paradigms: The epistemiological distances between scientists, policy makers and the public. *Risk Analysis* 21: 443-55.

Gaume, E. *et al.* (2009) A compilation of data on European flash floods. *Journal of Hydrology* 367: 70-8.

Gayá, M. (2011) Tornadoes and severe storms in Spain. *Atmospheric Research* 100: 334-43.

Gehrels, T. (ed.) (1994) *Hazards due to Asteroids and Comets*. University of Arizona Press, Tucson.

Gemmell, I., McLoone, P., Boddy, F.A., Dickinson, G.J. and Watt, G.C.M. (2000) Seasonal variation in mortality in Scotland. *International Journal of Epidemiology* 29: 274-9.

Giannini, A., Saravanan, R. and Chang, P. (2003) Oceanic forcing of Sahel rainfall on inter-annual to inter-decadal time scales. *Science* 302: 1027-30.

Giddens, A. (1990) *The Consequences of Modernity*. Polity Press, Cambridge.

Gill, A.M. (2005) Landscape fires as social disasters: an overview of the bushfire problem. *Environmental Hazards* 6: 65-80.

Gillespie, T.W., Chu, J., Frankenburg, E. and Thomas, D. (2007) Assessment and prediction of natural hazards from satellite imagery. *Progress in Physical Geography* 31: 459-70.

Gislason, S.R. *et al.* (2011) Characterization of Eyjafjallajokull volcanic ash particles and a protocol for rapid risk assessment. *Proceedings of the National Academy of Sciences* 108: 7307-12.

Givri, J.R. (1995) Satellite remote sensing data on industrial hazards. *Advances in Space Research* 15: 87-90.

Glantz, M.H. (ed.) (1988) *Drought and Hunger in Africa: Denying Famine a Future*. Cambridge University Press, Cambridge.

Glickman, T.S., Golding, D. and Silverman, E.D. (1992) *Acts of God and Acts of Man: Recent Trends in Natural Disasters and Major Industrial Accidents*. Discussion Paper CRM 92-02. Resources for the Future, Washington, DC.

Goddard, L. and Dilley, M. (2005) El Niño: catastrophe or opportunity? *Journal of Climate* 18: 651-65.

Goff, F. *et al.* (2001) Passive infrared remote sensing evidence for large intermittent CO_2 emissions at Popocatepetl volcano, Mexico. *Chemical Geology* 177: 133-56.

Gokceoglu, C. and Sezer, E. (2009) A statistical assessment on international landslide literature (1945-2008). *Landslides* 6: 349-51.

Goldberg, M.S., Gasparrini, A., Armstrong, B. and Valois, M-F. (2011) The short-term influence of temperature on daily mortality in the temperate climate of Montreal, Canada. *Environmental Research* 111: 853-60.

Golding, B.W. (2009) Long lead-times for flood warnings: reality or fantasy? *Meteorological Applications* 16: 3-12.

Gonzalez, F.I. (1999) Tsunami. *Scientific American* 280: 56-65.

Goosse, H., Barriat, P.Y., Lefebvre, W., Loutre, M.F. and Zunz, V. (2008) *Introduction to Climate Dynamics and Climate Modelling*. Online textbook at http://www.climate.be/textbook Universite Catholique de Louvain, Belgium (accessed 4 September 2011).

Gouveia, C., Trigo, R.M. and Dacamara, C.C. (2009) Drought and vegetation stress monitoring using satellite data. *Natural Hazards and Earth System Sciences* 9: 185-95.

Govaerts, A. and Lauwerts, B. (2009) *Assessment of the Impact of Coastal Defence Structures*. OSPAR Commission, London.

Govere, J.M., Durrheim, D.N., Coetzee, M. and Hunt, R.H. (2001) Malaria in Mpumalanga Province, South Africa, with special reference to the period 1987-1999. *South African Journal of Science* 97: 55-8.

Graham, N.E. (1977) Weather surrounding the Santa Barbara fire: 26 July 1977. *Weatherwise* 30 (4): 158-9.

Gray, W.M. and Landsea, C.W. (1992) African rainfall as a precursor of hurricane-related destruction on the US east coast. *Bulletin of the American Meteorological Society* 73: 1352-64.

Green, C.H., Parker, D.J. and Tunstall, S.M. (2000) *Assessment of Flood Control and Management Options*. Working Paper IV (4), prepared for World Commission on Dams, Cape Town.

Greenberg, M.R., Sachsman, D.B., Sandman, P.M. and Salomone, K.L. (1989) Network evening news coverage of environmental risk. *Risk Analysis* 9: 119-26.

Greene, J.P. (1994) Automated forest fire detection. *STOP Disasters* 18: 18-19.

Gregg, C.E., Houghton, B.F., Johnston, D.M., Paton, D. and Swanson, D.A. (2004) The perception of volcanic risk in Kona communities from Mauna Loa and Hualalai volcanoes, Hawaii. *Journal of Volcanology and Geothermal Research* 130: 179-96.

Grieve, R.A.F. (1998) Extra-terrestrial impacts on earth: the evidence and the consequences. In Grady, M.M., Hutchinson, R., McCall, G.J.H. and Rothery, D.A. (eds.) Meteorites: Flux with Time and Impact Effects. Special Publication 140, Geological Society of London, London, 105-31.

Griffiths, J.S., Hutchinson, J.N., Brundsen, D., Petley, D. and Fookes, P.G. (2004) The reactivation of a landslide during the construction of the Ok Ma tailings dam, Papua New Guinea. *Quarterly Journal of Engineering Geology and Hydro geology* 37:

173-86.

Gruber, U. and Haefner, H. (1995) Avalanche hazard mapping with satellite data and a digital elevation model. *Applied Geography* 15: 99-114.

Grundstein, A. and Dowd, J. (2011) Trends in extreme apparent temperatures over the United States 1949-2010. *Journal of Applied Meteorology and Climatology* 50: 1650-3.

Gruntfest, E. (1987) Warning dissemination and response with short lead times. In Handmer, J.W. (ed.) *Flood Hazard Management*. Geo Books, Norwich, 191-202.

Guffanti, M., Ewert, J.W., Gallina, G.M., Bluth, G.J.S. and Swanson, G.L. (2005) Volcanic ash hazard to aviation during the 2003-2004 eruptive activity of Anatahua volcano, Commonwealth of the Northern Marianas Islands. *Journal of Volcanology and Geothermal Research* 146: 241-55.

Guha-Sapir, D. and Below, R. (2002) *The Quality and Accuracy of Disaster Data: A Comparative Analysis of Three Global Data Sets*. Working Paper prepared for the Disaster Management Facility, World Bank, CRED, Brussels.

Guha-Sapir, D. and Below, R. (2006) Collecting data on disasters: easier said than done. *Asian Disaster Management News* 12: 9-10.

Guha-Sapir, D., Hargitt, D. and Hoyois, P. (2004) *Thirty Years of Natural Disasters 1974-2003*. Presses Universitaires de Louvain, Louvain-la-Neuve, France.

Guintran, J-O., Delacollette, L. and Trigg, P. (2006) *Systems for the Early Detection of Malaria Epidemics in Africa*. World Health Organization, Geneva.

Guo, H., Hu, Q., Zhang, Q. and Feng, S. (2012) Effects of the Three Gorges Dam on Yangtze River flow and river interaction with Poyang Lake, China: 2003-2008. *Journal of Hydrology* 416: 19-27.

Gupta, J.P. (2002) The Bhopal tragedy: could it have happened in a developed country? *Journal of Loss Prevention in the Process Industries* 15: 1-4.

Guttman, N.B. (1997) Comparing the Palmer drought index and the standardized precipitation index. *Journal of the American Water Resources Association* 34: 113-21.

Guzzetti, F. (2000) Landslide fatalities and the evaluation of landslide risk in Italy. *Engineering Geology* 58: 89-107.

Haile, M. (2005) Weather patterns, food security and humanitarian response in sub-Saharan Africa. *Philosophical Transactions of the Royal Society B*. Biological Sciences 360: 2169-82.

Haines, A., Kovacs, R.S., Cambell-Lendrum, D. and Corvalan, C. (2006) Climate change and human health: impacts, vulnerability and mitigation. *Lancet* 367: 2101-9.

Hall, J.W. *et al.* (2003) Quantified scenarios analysis of drivers and impacts of changing flood risk in England and Wales 2030-2100. *Environmental Hazards* 5: 51-65.

Hamilton, L.S. (1987) What are the impacts of Himalayan deforestation on the Ganges-Brahmaputra lowlands and delta? Assumptions and facts. *Mountain Research and Development* 7: 256-63.

Hammer, B.O. and Schmidlin, T.W. (2000) Vehicle-occupant deaths caused by tornadoes in the United States 1900-1998. *Global Environmental Change B: Environmental Hazards* 2: 105-18.

Hammer, B.O. and Schmidlin, T.W. (2002) Response to warnings during the 3 May 1999 Oklahoma City tornado: reasons and relative injury rates. *Weather and Forecasting* 17: 577-81.

Hammond, L. and Maxwell, D. (2002) The Ethiopian crisis of 1991-2000: lessons learned, questions unanswered. *Disasters* 26: 262-79.

Hancox, G.T. (2008) The 1979 Abbotsford landslide, Dunedin, New Zealand: a retrospective look at its nature and causes. *Landslides* 5: 177-88.

Handmer, J.W. (1987) Guidelines for floodplain acquisition. *Applied Geography* 7: 203-21.

Handmer, J.W. (1999) Natural and anthropogenic hazards in the Sydney sprawl: is the city sustainable? In Mitchell, J.K. (ed.) *Crucibles of Hazard*. United Nations University Press, Tokyo, 138-85.

Handmer, J.W. and Tibbits, A. (2005) Is staying at home the safest option during bushfires? Historical evidence for an Australian approach. *Environ mental Hazards* 6: 81-91.

Hansen, J. *et al.* (2006) Global temperature change. *Proceedings of the National Academy of Sciences of the USA* 103: 14288-93.

Hanson, S. (2011) A global ranking of port cities with high exposure to climate extremes. *Climatic Change 104*: 89-111.

Hansson, S.O. (2010) Promoting inherent safety. *Process Safety and*

Environmental Protection 88: 168-72.

Harlan, S.L., Brazel, A.J., Prashad, L., Stefanov, W.L. and Larsen, L. (2006) Neighbourhood micro climates and vulnerability to heat stress. *Social Science and Medicine* 63: 2847-63.

Harp, E.L., Reid, M.E., McKenna, J.P. and Michael, J.A. (2009) Mapping of hazard from rainfall-triggered landslides in developing countries: examples from Honduras and Micronesia. *Engineering Geology* 104: 295-311.

Harwell, E.E. (2000) Remote sensibilities: discourses of technology and the making of Indonesia's natural disaster. *Development and Change* 31: 307-40.

Haskell, R.C. and Christiansen, J.R. (1985) Seismic bracing of equipment. *Journal of Environmental Sciences* 9: 67-70.

Haug, R. (2002) Forced migration, processes of return and livelihood construction among pastoralists in northern Sudan. *Disasters* 26: 70-84.

Hay, I. (1996) Neo-liberalism and criticisms of earth quake insurance arrangements in New Zealand. *Disasters* 20: 34-48.

Hay, S.I. *et al.* (2009) A world malaria map: Plasmodium falciparum endemicity in 2007. *PLoS Med* 6: 286-302.

Hayes, B.D. (2004) Interdisciplinary planning of non-structural flood hazard mitigation. *Journal of Water Resources Planning and Management* 130: 15-25.

Haylock, H.J.K. and Ericksen, N.J. (2000) From state dependency to self-reliance. In Wilhite, D.A. (ed.) *Drought*, vol. 2. Routledge, London and New York, 105-14.

Haynes, K., Handmer, J., McAneney, J., Tibbits, A. and Coates, L. (2010) Australian bushfire fatalities 1900-2008: exploring trends in relation to the 'Prepare, Stay and Defend or Leave Early' policy. *Environmental Science and Policy* 13: 185-94.

Hazard Mitigation Team (1994) *Southern California Firestorms*. FEMA-1005-DR-CA Report. Federal Emergency Management Agency, San Francisco, CA.

Hazarika, S. (1988) *Bhopal: The Lessons of a Tragedy*. Penguin Books, New Delhi.

Hazell, P.B.R. and Hess, U. (2010) Drought insurance for agricultural development and food security in dryland areas. *Food Security* 2: 395-405.

Healey, D.T., Jarrett, F.G. and McKay, J.M. (1985) *The Economics of Bushfires: The South Australian Experience*. Oxford University Press, Melbourne.

Health and Safety Executive (1978) *Canvey: An Investigation of Potential Hazards from Operations in the Canvey Island/Thurrock Area*. HMSO, London.

Health and Safety Executive (2004) *Thirty Years On and Looking Forward*. Health and Safety Executive, London.

Healy, J.D. (2003) Excess winter mortality in Europe: a cross-country analysis identifying key risk factors. *Journal of Epidemiology and Community Health* 57: 784-9.

Heim, R. (2002) A review of twentieth-century drought indices used in the United States. Bulletin of the *American Meteorological Society* 83: 1149-65.

Helm, P. (1996) Integrated risk management for natural and technological disasters. *Tephra* 15: 4-13.

Heltberg, R. (2007) Helping South Asia cope better with natural disasters: the role of social protection. *Development Policy Review* 25: 681-98.

Hemrich, G. (2005) Matching food security analysis to context: the experience of the Somalia Food Security Assessment Unit. *Disasters* 29 (Supplement 1): 567-91.

Hendrickson, D., Armon, J. and Mearns, R. (1998) The changing nature of conflict and famine vulner ability: the case of livestock raiding in Turkana District, Kenya. *Disasters* 22: 185-99.

Hewitt, K. (ed.) (1983) *Interpretations of Calamity*. Allen and Unwin, Boston, MA and London.

Hewitt, K. and Burton, I. (1971) *The Hazardousness of a Place: A Regional Ecology of Damaging Events*. Department of Geography, University of Toronto, Toronto.

Hilker, N., Badoux, A. and Hegg, C. (2009) The Swiss flood and landslide damage database 1972-2007. *Natural Hazards and Earth System Sciences* 9: 913-25.

Hills, J.G. and Goda, M.P. (1998) Tsunami from asteroid and comet impacts: the vulnerability of Europe. *Science of Tsunami Hazards* 16: 3-10.

Hinkel, J. (2011) Indicators of vulnerability and adaptive capacity: towards a clarification of the science-policy interface. *Global Environmental Change* 21: 198-208.

Hinman, G.W., Rosa, E.A., Kleinhesselink, R.R. and Lowinger, T.C. (1993) Perceptions of nuclear and other risks in Japan and the United States. *Risk Analysis* 14: 449-55.

Hochrainer-Stigler, S. *et al.* (2011) *The Costs and Benefits of Reducing Risk from Natural Hazards to Residential Structures in Developing Countries.* Working Paper 2011-01. Wharton Risk Management and Decision Processes Center, University of Pennsylvania, Philadelphia.

Hoek, M.R., Bracebridge, S. and Oliver, I. (2007) Health impacts of the Buncefield oil depot fire, December 2005: study of accident and emergency records. *Journal of Public Health* 29: 298-302.

Hoerling, M. *et al.* (2012) On the increased frequency of Mediterranean drought. *Journal of Climate* 25: 2146-61.

Hohenemser, C., Kates, R.W. and Slovic, P. (1983) The nature of technological hazard. *Science* 220: 378-84.

Hohl, R., Schiesser, H-H. and Knepper, I. (2002) The use of weather radars to estimate hail damage to automobiles: an exploratory study in Switzerland. *Atmospheric Research* 61: 215-38.

Holcombe, E. and Anderson, M. (2010) Tackling landslide risk: helping land use policy to reflect unplanned housing realities in the Eastern Caribbean. *Land Use Policy* 27: 798-800.

Holzer, T.L. (1994) Loma Prieta damage largely attributed to enhanced ground shaking. *EOS: Transactions of the American Geophysical Union* 75 (26): 299-301.

Hoque, B.A. *et al.* (1993) Environmental health and the 1993 Bangladesh cyclone. *Disasters* 17: 144-52.

Horikawa, K. and Shuto, N. (1983) Tsunami disasters and protection measures in Japan. In Iida, K. and Iwasaki, T. (eds.) *Tsunamis.* D. Reidel, Boston, MA, 9-22.

Horney, J.A., MacDonald, P.D.M., Willigen, M.U., Berke, P.R. and Kaufman, J.S. (2010) Individual actual or perceived property flood risk: did it predict evacuation from Hurricane Isabel in North Carolina in 2003? *Risk Analysis* 30: 501-11.

Houze, R.A. Jr *et al.* (2007) Hurricane intensity and eyewall replacement. *Science* 315 (2 March): 1235-9.

Howe, P. and Devereux, S. (2004) Famine intensity and magnitude scales: a proposal for an instrumental definition of famine. *Disasters* 28: 353-72.

Howe, P.D. (2011) Hurricane preparedness as anticipatory adaptation: a case study of community businesses. *Global Environmental Change* 21: 711-20.

Hoyos, C.D., Agudelo, P.A., Webster, P.J. and Curry, J.A. (2006) Deconvolution of the factors contributing to the increase in global hurricane intensity. *Science* 312: 94-7.

Huang, Z., Rosowsky, D.V. and Sparks, P.R. (2001) Long-term hurricane risk assessment and expected damage to residential structures. *Reliability Engineering and System Safety* 74: 239-49.

Hughes, P. (1979) The great Galveston hurricane. *Weatherwise* 32: 148-56.

Hulme, M. (2001) Climatic perspectives on Saharan desiccation: 1973-1998. *Global Environmental Change* 11: 19-29.

Hung, J.J. (2000) Chi-Chi earthquake-induced landslides in Taiwan. *Earthquake Engineering and Engineering Seismology* 2: 25-33.

Hungr, O., Corominas, J. and Eberhardt, E. (2005) Estimating landslide motion mechanism, travel distance and velocity. In Hungr, O., Fell, R., Couture, R. and Eberhardt, E. *Landslide Risk Management.* Taylor and Francis, London, 99-128.

Hunt, E.D., Hubbard, K.G., Wilhite, D.A., Arkebauer, T.J. and Dutcher, A.L. (2009) The development and evaluation of a soil moisture index. *International Journal of Climatology* 29: 747-59.

Hupp, C.R., Osterkamp, W.R. and Thornton, J.L. (1987) *Dendrogeomorphic Evidence and Dating of Recent Debris Flows on Mount Shasta, Northern California.* US Geological Survey Professional Paper 1396-B, Washington, DC.

Hurlimann, M., Copons, R. and Altimir, J. (2006) Detailed debris flow hazard assessment in Andorra: a multidisciplinary approach. *Geomorphology* 78: 359-72.

Hurrell, J.W., Kushnir, Y. and Visbeck, M. (2001) The North Atlantic Oscillation. *Science* 291: 603-4.

Hwang, S., Xi, J., Cao, Y., Feng, X. and Qia, X. (2007) Anticipation of migration and psychological stress and the Three Gorges project, China. *Social Science and Medicine* 65: 1012-24.

Institution of Civil Engineers (1995) *Megacities: Reducing Vulnerability to Natural Disasters.* Thomas Telford, London.

Interagency Performance Evaluation Taskforce (2006) *Performance Evaluation of the New Orleans and Southeast Louisiana Hur-*

ricane Protection System. Draft Final Report. Vol. I, Executive Summary and Overview. US Army Corps of Engineers.

Intergovernmental Oceanographic Commission (2008) *Tsunami Preparedness: Information Guide for Disaster Planners*. Manuals and Guides 49, UNESCO, Paris.

IFRCRCS (1994) *World Disasters Report 1994*. Martinus Nijhoff, Dordrecht.

IFRCRCS (1999) *World Disasters Report 1999*. International Federation of Red Cross and Red Crescent Societies, Geneva.

IFRCRCS (2000) *World Disasters Report 2000*. International Federation of Red Cross and Red Crescent Societies, Geneva.

IFRCRCS (2002) *World Disasters Report 2002*. International Federation of Red Cross and Red Crescent Societies, Geneva.

IFRCRCS (2004) *World Disasters Report 2004*. International Federation of Red Cross and Red Crescent Societies, Geneva.

IFRCRCS (2005) *World Disasters Report 2005*. International Federation of Red Cross and Red Crescent Societies, Geneva.

IFRCRCS (2006) *World Disasters Report 2006*. International Federation of Red Cross and Red Crescent Societies, Geneva.

IFRCRCS (2009) *World Disasters Report 2006*. Geneva, International Federation of Red Cross and Red Crescent Societies.

IFRCRCS (2010) *World Disasters Report 2010*. International Federation of Red Cross and Red Crescent Societies, Geneva.

IPCC (2007) Summary for policymakers. In Parry, M.L., Canziani, O.F., Palutikof, J.P., van der Linden, P.J. and Hanson, C.E. (eds.) *Climate Change 2007: Impacts, Adaptation and Vulnerability*. Contribution of Working Group II to the Fourth Assessment Report, Intergovernmental Panel on Climate Change, Cambridge University Press, Cambridge, 7-22.

ISDR Secretariat (2003) *Living with Risk: Turning the Tide on Disasters towards Sustainable Development*. United Nations, Geneva.

ISDR Secretariat (2006) Support for Sri Lanka from the United Nations University. *Disaster Reduction in Asia Pacific-ISDR Informs* 2: 63-5.

Isler, P.L., Merson, J. and Roser, D. (2010) 'Drought proofing' Australian cities: implications for climate change adaptation and sustainability. *World Academy of Science, Engineering and Technology* 70: 352-60.

Ives, J.D. and Messerli, B. (1989) *The Himalayan Dilemma: Recon-ciling Development and Conservation*. Routledge, London.

Jackson, E.L. and Burton, I. (1978) The process of human adjustment to earthquake risk. In *The Assessment and Mitigation of Earthquake Risk*. UNESCO, Paris, 241-60.

Javelle, P., Fouchier, C., Arnaud, P. and Lavabre, J. (2010) Flash flood warning at ungauged locations using radar rainfall and antecedent soil moisture estimations. *Journal of Hydrology* 394: 267-74.

Jayaraman, V., Chandrasekhar, M.G. and Rao, V.R. (1997) Managing the natural disasters from space technology inputs. *Acta Astronautica* 40: 291-325.

Jiang, T., Zhang, Q., Zhu, D. and Wu, Y. (2006) Yangtze floods and droughts (China) and teleconnections with ENSO activities (1470-2003). *Quaternary International* 144: 29-37.

Jibson, R.W. and Baum, R.L. (1999) *Assessment of Landslide Hazards in Kaluanui and Maakua Gulches, Oahu, Hawaii Following the 9 May Sacred Falls Landslide*. Open File Report 99-364, US Geological Survey, Reston, VA.

Jóhannesdóttir, G. and Gisladóttir, G. (2010) people living under threat of volcanic hazard in southern Iceland: vulnerability and risk perception. *Natural Hazards and Earth System Sciences* 10: 407-20.

Johannesson, T. (2001) Run-up of two avalanches on the deflecting dams at Flateyri, north-western Iceland. *Annals of Glaciology* 32: 350-4.

Johnson, D.P. and Wilson, J.S. (2009) The sociospatial dynamics of extreme urban heat events: the case of heat-related deaths in Philadelphia. *Applied Geography* 29: 419-34.

Johnson, K. (1985) *State and Community during the Aftermath of Mexico City's November 19, 1984, Gas Explosion*. Special Publication 13, Institute of Behavioral Science, University of Colorado, Boulder, CO.

Jones, D.K.C. (1992) Landslide hazard assessment in the context of development. In McCall, G.J.H., Laming, J.C. and Scott, S.C. (eds.) *Geohazards*, Chapman and Hall, London, 117-41.

Jones, D.K.C. (1995) The relevance of landslide hazard to the International Decade for Natural Disaster Reduction. In *Landslide Hazard Mitigation with Particular Reference to Developing Countries, Proceedings of a Conference*. Royal Academy of Engineering, London, 19-33.

Jones, D.K.C., Lee, E.M., Hearn, G.J. and Gene, S. (1989) The Catak landslide disaster, Trabzon province, Turkey. *Terra Nova* 1: 84-90.

Jones, F.O. (1973) *Landslides of Rio de Janeiro and the Serra das Araras escarpment*. Professional Paper 697, US Geological Survey, Washington, DC.

Jones, S.R. and Mangun, W.R. (2001) Beach nourishment and public policy after Hurricane Floyd: where do we go from here? *Ocean and Coastal Management* 44: 207-20.

Jones-Lee, M.W., Hammerton, M. and Philips, P.R. (1985) The value of safety: the results of a national survey. *Economic Journal* 95: 49-72.

Jonkman, S.N., Kok, M. and Vrijling, J.K. (2008) Flood risk assessment in the Netherlands: a case study for the Dike Ring, South Holland. *Risk Analysis* 28: 1357-74.

Jonkman, S.N., Maaskant, B., Boyd, E. and Levitan, M.L. (2009) Loss of life caused by the flooding of New Orleans after Hurricane Katrina: analysis of the relationship between flood characteristics and mortality. *Risk Analysis* 29: 676-98.

Jowett, A.J. (1989) China: the demographic disaster of 1958-1961. In Clarke, J.L, Curson, P., Kayastha, S.L. and Nag, P. (eds.) *Population and Disaster*, Basil Blackwell, Oxford, 137-58.

Joyce, K.E., Belliss, S.E., Samsonov, S.V., McNeil, S.J. and Glassey, P.J. (2009) A review of the status of remote sensing and image processing techniques for mapping natural hazards and disasters. *Progress in Physical Geography* 33: 183-207.

Kaczmarek, Z. (2003) The impact of climate variability on flood risk in Poland. *Risk Analysis* 3: 559-66.

Kafali, C. (2011) *Regional Wind Vulnerability in Europe*. Report 04.2011, AIR Currents, AIR Worldwide, Boston.

Kahn, M. (2005) The death toll from natural disasters: the role of income, geography and institutions. *The Review of Economics and Statistics* 87: 271-84.

Kaiser, R., Spiegel, P.B., Henderson, A.K. and Gerber, M.L. (2003) The application of Geographic Information Systems and Global Positioning Systems in humanitarian emergencies: lessons learned, programme implications and future research. *Disasters* 27: 127-40.

Kajoba, G.M. (1992) Food security and the impact of the 1991-92 drought in Zambia. Unpublished text of lecture delivered at the University of Stirling, October.

Karabork, M.C. (2007) Trends in drought patterns of Turkey. *Journal of Environmental Engineering and Science* 6: 45-52.

Karanci, A.N. and Rustemli, A. (1995) Psychological consequences of the 1992 Erzincan (Turkey) earthquake. *Disasters* 19: 8-18.

Karpisheh, L., Mirdamadi, M., Hosseini, J.F. and Chizari, M. (2010) Iranian farmers' attitudes and management strategies dealing with drought: a case study in Fars Province. *World Applied Sciences Journal* 10: 1122-8.

Karter, M.J. (1992) *Fire Loss in the United States during 1991*. Fire Analysis and Research Division, National Fire Protection Association, Quincy, MA.

Kaskaoutis, D.G. *et al*. (2011) Satellite monitoring of the biomass-burning aerosols during the wildfires of August 2007 in Greece: climate implications. *Atmospheric Environment* 45: 716-26.

Kasperson, R.E. *et al*. (1988) The social amplification of risk: a conceptual framework. *Risk Analysis* 8: 177-87.

Kassahun, A., Snyman, H.A. and Smit, G.N. (2008) The impact of rangeland degradation on the pastoral production systems, livelihoods and perceptions of the Somali pastoralists in Eastern Ethiopia. *Journal of Arid Environments* 72: 1265-81.

Kates, R.W. (1962) *Hazard and Choice Perception in Flood Plain Management*. Paper 78, Department of Geography, University of Chicago, Chicago, IL.

Kates, R.W. (1971) Natural hazard in human ecological perspective: hypotheses and models. *Economic Geography* 47: 438-51.

Kates, R.W. *et al*. (2001) Sustainability science. *Science* 292: 641-2.

Keating, B.H. and McGuire, W. (2000) Island edifice failures and associated tsunami hazards. *Pure and Applied Geophysics* 157: 899-955.

Keefer, D.K. (1984) Landslides caused by earthquakes. *Bulletin of the Geological Society of America* 95: 406-21.

Keefer, D.K. *et al*. (1987) Real-time landslide warning during heavy rainfall. *Science* 238: 921-5.

Keeling, C.D. (1960) The concentration and isotopic abundance of carbon dioxide in the atmosphere. *Tellus* 12: 200-3.

Keeney, R.L. (1995) Understanding life-threatening risks. *Risk*

Analysis 15: 627-37.

Keeney, R.L. and von Winterfeldt, D. (1994) Managing nuclear waste from power plants. *Risk Analysis* 14: 107-8.

Keeves, A. and Douglas, D.R. (1983) Forest fires in South Australia on 16 February 1983 and consequent future forest management aims. *Australian Forestry* 46: 148-64.

Kellet, J. (2010) *The Pakistan Flooding: Three Months on and the Inequitable Response Remains.* Global Humanitarian Assistance at http://www.global humanitarianassistance.org (accessed 27 March 2011).

Kelly, M. (1992) Anthropometry as an indicator of access to food in populations prone to famine. *Food Policy* 17: 443-54.

Kelly, M. and Buchanan-Smith, M. (1994) Northern Sudan in 1991: food crisis and the international relief response. *Disasters* 18: 16-34.

Kerle, N. and Oppenheimer, C. (2002) Satellite remote sensing as a tool in lahar disaster management. *Disasters* 26: 140-60.

Kervyn, F. (2001) Modelling topography with SAR interferometry: illustrations of a favourable and less favourable environment. *Computers and Geosciences* 27: 1039-50.

Key, D. (ed.) (1995) *Structures to Withstand Disaster.* Institution of Civil Engineers and Thomas Telford, London.

Keyantash, J. and Dracup, J.A. (2002) The quantification of drought: an evaluation of drought indices. *Bulletin of the American Meteorological Society* 83: 1167-80.

Khan, F.I. and Abbasi, S.A. (2001) An assessment of the likelihood of occurrence and the damage potential of domino effect (chain of accidents) in a typical cluster of industries. *Journal of Loss Prevention in the Process Industries* 14: 283-306.

Kick, E.L., Fraser, J.C., Fulkerson, G.M., McKinney, L.A. and de Vries, D.H. (2011) Repetitive flood victims and acceptance of FEMA mitigation offers: an analysis with community-system policy implications. *Disasters* 35: 510-39.

Kidon, J., Fox, G., McKenney, D. and Rollins, K. (2002) An enterprise-level economic analysis of losses and financial assistance for eastern Ontario maple syrup producers from the 1998 ice storm. *Forest Policy and Economics* 4: 201-11.

Kilburn, C.R.J. and Petley, D.N. (2003) Forecasting giant catastrophic slope collapse: lessons from Vajont, northern Italy. *Geomorphology* 54: 21-32.

Kim, N. (2012) How much more exposed are the poor to natural disasters? Global and regional measurement. *Disasters* 36: 195-211.

Kintisch, E. (2005) Levees came up short, researchers tell Congress. *Science* 310: 953-5.

Kirchsteiger, C. (1999) Trends in accidents, disasters and risk sources in Europe. *Journal of Loss Prevention in the Process Industries* 12: 7-17.

Kitler, M.E., Gavinio, P. and Lavanchy, D. (2002) Influenza and the work of the World Health Organisation. *Vaccine (Supplement 2)* 20: 5-14.

Kiyono, J. and Kalantari, A. (2004) Collapse mechanism of adobe and masonry structures during the 2003 Iran Bam earthquake. *Bulletin of Earthquake Research Institute, University of Tokyo* 13: 157-61.

Klein, R.J.T., Nicholls, R.J. and Thomalla, F. (2003) Resilience to natural hazards: how useful is this concept? *Environmental Hazards* 5: 35-45.

Kleinberg, E. (2002) *Heat Wave: A Social Autopsy of Disaster in Chicago.* University of Chicago Press, Chicago and London.

Kling, G.W. *et al.* (2005) Degassing Lakes Nyos and Momoun: defusing certain disaster. *Proceedings of the National Academy of Sciences of the USA* 102: 1485-90.

Knox, J.C. (2000) Sensitivity of modern and Holocene floods to climate change. *Quaternary Science Reviews* 19: 439-57.

Knutson, T.R. *et al.* (2010) Tropical cyclones and climate change. *Nature Geoscience* 3: 152-63.

Kobayashi, Y. (1981) Causes of fatalities in recent earthquakes in Japan. *Journal of Disaster Science* 3: 15-22.

Kocin, P.J. and Uccellini, L.W. (2004) A snowfall impact scale derived from North-East storm snow fall distributions. *Bulletin of the American Meteorological Society* 85: 177-94.

Koe, L.C.C., Arellano, A.F. Jr and McGregor, J.L. (2001) Investigating the haze transport from 1997 bio mass burning in south-east Asia: its impact upon Singapore. *Atmospheric Environment* 35: 2723-34.

Kuhn, K., Campbell-Lendrum, D., Haines, A. and Cox, J. (2005) *Using Climate to Predict Infectious Disease Epidemics.* World Health Organization, Geneva.

Kummu, M. and Varis, O. (2010) The world by latitudes: a global analysis of human population, development level and environment across the north-south axis over the past half century. *Applied Geography* 31: 495-507.

Korecha, D. and Barnston, A.G. (2007) Predictability of June-September rainfall in Ethiopia. *Monthly Weather Review* 135: 628-50.

Kovats, R., Bouma, M., Hajat, S., Worrall, E. and Haines, A. (2003) El Niño and health. *The Lancet* 362: 1481-9.

Kovats, S. (2008) *Health Effects of Climate Change in the UK*. Health Protection Agency, London.

Kreibich, H., Christenberger, S. and Schwarze, R. (2011) Economic motivation of households to undertake private precautionary measures against floods. *Natural Hazards and Earth System Sciences* 11: 309-21.

Krewski, D., Clayson, D. and McCullough, R.S. (1982) Identification and measurement of risk. In Burton, I., Fowle, C.D. and McCullough, R.S. (eds.) *Living with Risk*. Environmental Monograph 3. Institute of Environmental Studies, University of Toronto, Toronto, 7-23.

Krishnamurthy, P.K., Fisher, J.B. and Johnson, C. (2011) Mainstreaming local perceptions of hurricane risk into policy-making: a case study of community GIS in Mexico. *Global Environmental Change* 21: 143-53.

Kuhn, K., Campbell-Lendrum, D., Haines, A. and Cox, J. (2005) *Using Climate to Predict Infectious Disease Epidemics*. World Health Organization, Geneva.

Kumar, K.K., Rajagopatan, B., Hoerling, M., Bates, G. and Cane, M. (2006) Unravelling the mystery of Indian monsoon failure during El Niño. *Science* 314: 115-19.

Kunii, O., Nakamura, S., Abdur, R. and Wakai, S. (2002) The impact on health and risk factors of the diarrhoea epidemics in the 1998 Bangladesh floods. *Public Health* 116: 68-74.

Kunreuther, H. (2008) Reducing losses from catastrophic risk through long-term insurance and mitigation. *Social Research* 75: 905-30.

Kunreuther, H. and Pauly, M. (2006) Rules rather than discretion: lessons from Hurricane 'Katrina'. *Journal of Risk and Uncertainty* 33: 101-16.

Kusler, J. and Larson, L. (1993) Beyond the ark: a new approach to US floodplain management. Environment 35: 7-34.

Lacoursiere, P.E.J-P. (2005) Bhopal and its effects on the Canadian regulatory framework. *Journal of Loss Prevention in the Process Industries* 18: 353-9.

Lagadec, P. (1982) *Major Technological Risk: An Assessment of Industrial Disasters*. Pergamon Press, Oxford.

Lagadec, P. (1987) From Seveso to Mexico and Bhopal: learning to cope with crises. In Kleindorfer, P.R. and Kunreuther, H.C. (eds.) *Insuring and Managing Hazardous Risks*. Springer-Verlag, New York, 13-27.

Lagadec, P. (2004) Understanding the French 2003 heat wave experience: beyond the heat, a multi-layered challenge. *Journal of Contingencies and Crisis Management* 12: 160-9.

Lambert, S.J. (1996) Intense extratropical northern hemisphere winter cyclone events: 1899-1991. *Journal of Geophysical Research* 101: 21319-25.

Lander, J.F., Whiteside, L.S. and Lockridge, P.A. (2003) Two decades of global tsunamis 1982-2002. *Science of Tsunami Hazards* 21: 3-88.

Landsea, C.W. (2000) Climate variability of tropical cyclones. In Pielke, R.A. Jr and Pielke, R.A. Sr (eds.) *Storms*, vol. 1. Routledge, London and New York, 220-41.

Landsea, C.W. (2005) Meteorology: hurricanes and global warming. *Nature* 438: E11-E12.

Landsea, C.W. (2007) Counting Atlantic tropical cyclones back to 1900. *Eos* 88: 197-202.

Landsea, C.W., Harper, B.A., Hoarau, K. and Knaff, J.A. (2006) Can we detect trends in extreme tropical cyclones? *Science* 313: 452-4.

Lane, L.R., Tobin, G.A. and Whiteford, L.M. (2003) Volcanic hazard or economic destitution: hard choices in Banos, Ecuador. *Environmental Hazards* 5: 23-34.

Langenbach, R. (2005) Performance of the earthen Arg-e-Bam (Bam citadel) during the Bam, Iran, earthquake. *Earthquake Spectra* 21: S345-74.

Larsen, J.C., Dennison, P.E., Cova, T.J. and Jones, C. (2011) Evaluating dynamic wildfire evacuation triggers using the 2003 Cedar Fire. *Applied Geography* 31: 12-19.

Lavigne, F., Thouret, J.C., Voight, B., Suwa, H. and Sumaryono, A. (2000) Lahars at Merapi volcano, central Java: an overview. *Journal of Volcanology and Geothermal Research* 100: 423-56.

Lazo, J.K. and Waldman, D.M. (2011) Valuing improved hurricane forecasts. *Economics Letters* 111: 43-6.

Le, T.V.H., Nguyen, H.N., Wolanski, E., Tran, T.C. and Haruyama, S. (2006) The combined impact on the flooding of Vietnam's Mekong river delta of local man-made structures, sea level rise and dams upstream in the river catchment. *Estuarine, Coastal and Shelf Science* 65: 1-7.

Leader, N. (2000) *The Politics of Principle: The Principles of Humanitarian Action in Practice*. Report 2, Humanitarian Policy Group, Overseas Development Institute, London.

Ledoux, L., Cornell, S., O'Riordan, T., Harvey, R. and Banyard, L. (2005) Towards sustainable flood and coastal management: identifying drivers of, and obstacles to, managed realignment. *Land Use Policy* 22: 129-44.

Lee, H.F. and Zhang, D.D. (2011) Relationship between NAO and drought disasters in north-western China in the last millennium. *Journal of Arid Environments* 75: 1114-20.

Leimena, S.L. (1980) Traditional Balinese earthquake-proof housing structures. *Disasters* 4: 147-50.

Lein, J.K. and Stump, N.I. (2009) Assessing wildfire potential within the wildland-urban interface: a south-eastern Ohio example. *Applied Geography* 29: 21-34.

Lenton, T.M. *et al.* (2008) Tipping elements in the Earth's climate system. *Proceedings of the National Academy of Sciences* 105: 1786-93.

Leone, F. and Lesales, T. (2009) The interest of cartography for a better perception and management of volcanic risk: from scientific to social representations. The case of Mt Pelee volcano, Martinique (Lesser Antilles). *Journal of Volcanology and Geothermal Research* 186: 186-94.

Lewis, H.W. (1990) *Technological Risk*. W.W. Norton, New York.

Liao, Y-H. *et al.* (2005) Deaths related to housing in 1999 Chi-Chi, Taiwan, earthquake. *Safety Science* 43: 29-37.

Ligon, B.L. (2004) Dengue fever and dengue hemorrhagic fever; a review of the history, transmission, treatment and prevention. *Seminars in Paediatric Infectious Diseases* 15, Elsevier, 60-5.

Ligon, B.L. (2006) Infectious diseases that pose specific challenges after natural disasters; a review. *Seminars in Paediatric Infectious Diseases*, 17, Elsevier, 36-45.

Lin, F.C., Zhu, W. and Sookhanaphibarn, K. (2011) Observation of tsunami radiation at Tohoku by remote sensing. *Science of Tsunami Hazards* 30: 223-32.

Lindell, M.K. and Perry, R.W. (1996) Identifying and managing conjoint threats: earthquake-induced hazardous materials releases in the US. *Journal of Hazardous Materials* 50: 31-40.

Lindell, M.K. and Perry, R.W. (2000) Household adjustment to earthquake hazards: a review of research. *Environment and Behavior* 32: 461-501.

Lindell, M.K. and Whitney, D.J. (2000) Correlates of household seismic hazard adjustment adoption. *Risk Analysis* 20: 13-25.

Lindell, M.K., Lu, J-C. and Prater, C.S. (2005) Household decision-making and evacuation in response to Hurricane Lili. Natural Hazards Review 6: 171-9.

Linnerooth-Bayer, J., Mechler, R. and Pflug, G. (2005) Refocusing disaster aid. *Science* 309: 1044-6.

Litman, T. (2006) Lessons from Katrina and Rita: what major disasters can teach transportation planners. *Journal of Transportation Engineering* 132: 11-18.

Liu, W.T. and Kogan, F.N. (1996) Monitoring regional drought using the Vegetation Condition Index. *International Journal of Remote Sensing* 17: 2761-82.

Liu, Y., Stanturf, J. and Goodrick, S. (2010) Trends in global wildfire potential in a changing climate. *Forest Ecology and Management* 259: 685-97.

Lloyd, S.J., Kovats, R.S. and Armstrong, B.G. (2007) Global diarrhoea morbidity, weather and climate. *Climate Research* 34: 119-27.

Lott, J.N. (1994) The US summer of 1993: a sharp contrast in weather extremes. *Weather* 49: 370-83.

Loughnan, M., Nicholls, N. and Tapper, N. (2010) Mortality-temperature thresholds for ten major populations centres in rural Victoria, Australia. *Health and Place* 16: 1287-90.

Lounibos, L.P. (2002) Invasions by insect vectors of human disease. Annual Review of Entomology 47: 233-66.

Lucas-Smith, P. and McRae, R. (1993) Fire risk problems in Australia. *STOP Disasters* 11: 3-4.

Luke, R.H. and McArthur, A.G. (1978) *Bushfires in Australia*. Australian Government Publishing Service, Canberra.

Luna, E.M. (2001) Disaster mitigation and preparedness: the case of NGOs in the Philippines. *Disasters* 25: 216-26.

Lund, D.C., Lynch-Stieglitz, J. and Curry, W.B. (2006) Gulf Stream density structure and transport during the past millennium. *Nature* 444: 601-4.

Maantay, J. and Maroko, A. (2009) Mapping urban flood risk: flood hazards, race and environmental justice. *Applied Geography* 29: 111-24.

McAneney, J., Chen, K. and Pitman, A. (2009) 100-years of Australian bushfire losses: is the risk significant and is it increasing? *Journal of Environmental Management* 90: 2819-22.

McCabe, G.J., Palecki, M.A. and Betancourt, J.L. (2004) Pacific and Atlantic Ocean influences on multidecadal drought frequency in the United States. *Proceedings of the National Academy of Sciences* 101: 4136-41.

McCright, A.M. and Dunlap, R.E. (2011) Cool dudes: the denial of climate change among conservative white males in the United States. *Global Environmental Change* 21: 1163-72.

McDaniels, T.L., Karalet, M.S. and Fischer, G.W. (1992) Risk perception and the value of safety. *Risk Analysis* 12: 495-503.

McDonald, R.E. (2011) Understanding the impact of climate change on Northern Hemisphere extra-tropical cyclones. *Climate Dynamics* 37: 1399-425.

McEntire, D.A. (2004) Development, disasters and vulnerability: a discussion of divergent theories and the need for their integration. *Disaster Prevention and Management* 13: 193-8.

McGee, T.K. (2005) Completion of recommended WUI fire mitigation measures within urban households in Edmonton, Canada. *Environmental Hazards* 6: 147-57.

McGee, T.K. and Russell, S. (2003) 'It's just a natural way of life…' An investigation of wildfire pre paredness in rural Australia. *Environmental Hazards* 5: 1-12.

McGranahan, G., Balk, D. and Anderson, B. (2007) The rising tide: assessing the risks of climate change and human settlements in low elevation coastal zones. *Environment and Urbanization* 19: 17-37.

MacGregor, D. *et al.* (1994) Perceived risks of radio active waste transport through Oregon: results of a state-wide survey. *Risk Analysis* 14: 5-14.

McGregor, A. (2010) Sovereignty and the responsibility to protect: the case of Cyclone Nargis. *Political Geography* 29: 3-4.

McGuire, B., Mason, I. and Kilburn, C. (2002) *Natural Hazards and Environmental Change*. E. Arnold, London.

McGuire, L.C., Ford, E.S. and Okoro, C.A. (2007) Natural disasters and older US adults with disabilities: implications for evacuation. *Disasters* 31: 49-56.

McKay, J.M. (1983) Newspaper reporting of bushfire disaster in south-eastern Australia: Ash Wednesday 1983. *Disasters* 7: 283-90.

McLennan, J. and Birch, A. (2005) A potential crisis in wildfire emergency response capability? Australia's volunteer firefighters. *Environmental Hazards* 6: 101-7.

McMichael, T. (2001) *Human Frontiers, Environments and Disease: Past Patterns, Uncertain Futures*. Cambridge University Press, Cambridge.

McNutt, S.R. (1996) Seismic monitoring and eruption forecasting of volcanoes: a review of the state of the art and case histories. In Scarpa, R. and Tilling, R.I. (eds.) Monitoring and Mitigation of Volcano Hazards, Springer-Verlag, Berlin, 99-146.

McPhaden, M.J., Zebiak, S.E. and Glantz, M.H. (2006) ENSO as an integrating concept in earth science. *Science* 314: 1740-5.

Macrae, J. *et al.* (2002) *Uncertain Power: The Changing Role of Official Donors in Humanitarian Action*. Report 12, Humanitarian Policy Group, Overseas Development Institute, London.

McSaveney, M.J. (2002) Recent rockfalls and rock avalanches in Mount Cook National Park, New Zealand. In Evans, S.G. and DeGraff, J.V. (eds.) *Catastrophic Landslides: Effects, Occurrence and Mechanisms*. Geological Society of America, Boulder, CO, 35-70.

Macklin, M.G. and Rumsby, B.T. (2007) Changing climate and extreme floods in the British uplands. *Transactions of the Institute of British Geographers* 32: 168-86.

Major, J.J., Schilling, S.P., Pullinger, C.R., Escobar, C.D. and Howell, M.M. (2001) *Volcano-Hazard Zonation for San Vicente Volcano, El Salvador*. Open-File Report 01-387, US Geological Survey, Vancouver, Washington.

Malheiro, A. (2006) Geological hazards in the Azores archipelago: volcanic terrain instability and human vulnerability. *Journal of Volcanology and Geothermal Research* 156: 158-71.

Malingreau, J.P. and Kasawanda, X. (1986) Monitoring volcanic eruptions in Indonesia using weather satellite data: the Colo eruption of July 28 1983. *Journal of Volcanology and Geothermal Research* 27: 179-94.

Malmquist, D.L. and Michaels, A.F. (2000) Severe storms and the insurance industry. In Pielke, R.A. Jr and Pielke, R.A. Sr (eds.) *Storms*, vol.1. Routledge, London and New York, 54-69.

Malone, A.W. (2005) The story of quantified risk and its place in slope safety policy in Hong Kong. In Glade, T., Anderson, M.G. and Crozier, M. (eds.) *Landslide Hazard and Risk*. John Wiley, Chichester, 643-74.

Maneyena, S.B. (2006) The concept of resilience revisited. *Disasters* 30 (4): 433-50.

Mann, M.E. (2007) Climate over the past two millenia. *Annual Review of Earth and Planetary Sciences* 35: 111-36.

Mannan, M.S. *et al.* (2005) The legacy of Bhopal: the impact over the last 20 years and future direction. *Journal of Loss Prevention in the Process Industries* 18: 218-24.

Marchi, L., Borga, M., Preciso, E. and Gaume, E. (2010) Characterization of selected extreme flash floods in Europe and implications for flood risk management. *Journal of Hydrology* 394: 118-33.

Marco, J.B. (1994) Flood risk mapping. In Rossi, G., Harmancioglu, N. and Yevjevich, V. (eds.) *Coping with Floods*. Kluwer, Dordrecht, 353-73.

Margreth, S. and Funk, M. (1999) Hazard mapping for ice and combined snow/ice avalanches-two case studies from the Swiss and Italian Alps. *Cold Regions Science and Technology* 30: 159-73.

Marinos, P., Bouckovalas, G., Tsiambaos, G., Sabatakakis, N. and Antoniou, A. (2001) Ground zoning against seismic hazard in Athens, Greece. *Engineering Geology* 62: 343-56.

Marsden, B.G. and Steel, D.I. (1994) Warning times and impact probabilities for long-period comets. In Gehrels, T. (ed.) *Hazards due to Asteroids and Comets*. University of Arizona Press, Tucson, 221-39.

Marsh, G.P (1864) *Man and Nature. Charles Scribner*, New York.

Martens, P., McMichael, A., Kovats, S. and Livermore, M. (1998) Impacts of climate change on human health: malaria. In *Climate Change and Its Impacts. Meteorological Office and Department of Energy*, Transport and the Regions, Bracknell, Berks.

Martin, W.E., Martin, I.M. and Kent, B. (2009) The role of risk perception in the risk mitigation process: the case of wildfire in high risk communities. *Journal of Environmental Management* 91: 489-98.

Mason, J. and Cavalie, P. (1965) Malaria epidemic in Haiti following a hurricane. *American Journal of Tropical Medicine and Hygiene* 14: 533-9.

Mathur, K. and Jayal, N.G. (1992) Drought management in India: the long term perspective. *Disasters* 16: 60-5.

Mattinen, H. and Ogden, K. (2006) Cash-based interventions: lessons from southern Somalia. *Disasters* 30: 297-315.

Matzarakis, A., Muthers, S. and Koch, E. (2011) Human biometeorological evaluation of heat-related mortality in Vienna. *Theoretical and Applied Climatology* 105: 1-10.

Maxwell, D. (2007) Global factors shaping the future of food aid: the implications for WFP. *Disasters* 31 (Supplement 1): S25-S39.

Meehl, G.A., Karl, T., Easterling, D.R. *et al.* (2000) An introduction to trends in extreme weather and climate events: observations, socio-economic impacts, terrestrial ecological impacts and model projections. *Bulletin of the American Meteoro logical Society* 81: 413-16.

Mejia-Navarro, M. and Garcia, L.A. (1996) Natural hazard and risk assessment using decision-support systems: Glenwood Springs, Colorado. *Environmental and Engineering Geoscience* 1: 291-98.

Meltsner, A.J. (1978) Public support for seismic safety: where is it in California? *Mass Emergencies* 3: 167-84.

Menoni, S. (2001) Chains of damages and failures in a metropolitan environment: some observations on the Kobe earthquake in 1995. *Journal of Hazardous Materials* 86: 101-19.

Mercer, D. (1971) Scourge of an arid continent. *Geographical Magazine* 45: 563-7.

Mercer, J. (2010) Disaster risk reduction or climate change adaptation: are we reinventing the wheel? *Journal of International Development* 22: 247-64.

Merz, B., Kreibich, H., Schwarze, R. and Thieken, A. (2010) Assessment of economic flood damage. *Natural Hazards and Earth System Sciences* 10: 1697-724.

Messerli, B., Grosjean, M., Hofer, T., Lautaro, N. and Pfister, C. (2000) From nature-dominated to human-dominated environmental changes. *Quaternary Science Reviews* 19: 459-79.

Meyer, S.J. (1993) A crop specific drought index for corn: application in drought monitoring and assessment. *Agronomy Journal* 85: 396-9.

Meze-Hausken, E. (2004) Contrasting climate variability and meteorological drought with perceived drought and climate change in northern Ethiopia. *Climate Research* 27: 19-31.

Mileti, D.S. and Darlington, J.D. (1995) Societal responses to revised earthquake probabilities in the San Francisco Bay area. *International Journal of Mass Emergencies and Disasters* 13: 119-45.

Mileti, D.S. and Myers, M.F. (1997) A bolder course for disaster reduction: imagining a sustainable future. *Revista Geofísica* 47: 41-58.

Mileti, D.S., Darlington, J.D., Passerine, E., Forrest, B.C. and Myers, M.F. (1995) Toward an integration of natural hazards and sustainability. *Environmental Professional* 17: 117-26.

Mileti, D.S. *et al.* (1999) *Disasters by Design: A Reassessment of Natural Hazards in the United States.* Joseph Henry Press, Washington, DC.

Miller, A. and Goidel, R. (2009) News organizations and information gathering during a natural disaster; lessons from Hurricane Katrina. *Journal of Contingencies and Crisis Management* 17: 266-73.

Miller, C.D., Mullineaux, D.R. and Crandell, D.R. (1981) Hazards assessments at Mount St Helens. In Lipman, R.W. and Mullineaux, D.R. (eds.) *The 1980 Eruption of Mount St Helens, Washington.* US Geological Survey Professional Paper 1250: 789-802.

Millist, N. and Abdalla, A. (2011) *Benefit-cost Analysis of Australian Locust Control Operations for 2010-11.* ABARES Report, Australian Plague Locust Commission, Canberra.

Mills, E. (2005) Insurance in a climate of change. *Science* 309: 1040-3.

Mills, J.W., Curtis, A., Kennedy, B., Kennedy, S.W. and Edwards, J.D. (2010) Geospatial video for field data collection. *Applied Geography* 30: 533-47.

Mirza, M.M. Q. (2002) Global warming and changes in the probability of occurrence of floods in Bangla desh and implications. *Global Environ mental Change* 12: 127-38.

Mirza, M.M.Q., Warrick, R.A., Ericksen, N.J. and Kenny, G.J. (2001) Are floods getting worse in the Ganges, Brahmaputra and Meghna basins? *Environmental Hazards* 3: 37-48.

Mishra, A.K. and Singh, V.P. (2010) A review of drought concepts. *Journal of Hydrology* 391: 202-16.

Mitchell, J.K. (1999) Natural disasters in the context of mega-cities. In Mitchell, J.K. (ed.) *Crucibles of Hazard.* United Nations University Press, Tokyo, 15-55.

Mitchell, J.K. (2003) European river floods in a changing world. *Risk Analysis* 23: 567-71.

Mitsch, W.J. and Day, J.W. (2006) Restoration of wetlands in the Mississippi-Ohio-Missouri (MOM) River Basin: experience and needed research. *Ecological Engineering* 26: 55-69.

Mizutani, T. and Nakano, T. (1989) The impact of natural disasters on the population of Japan. In Clarke, J.I., Curson, P., Kayastha, S.L. and Nag, P. (eds.) *Population and Disaster.* Oxford, Basil Blackwell, 24-33.

Molyneux, D.H. (1998) Vector-borne parasitic diseases. an overview of recent changes. *International Journal of Parasitology* 28: 927-34.

Montero, J.C., Mir_n, I.J., Criado-Alvarez, J.J., Linares, C. and Diaz, J. (2010) Mortality from cold waves in Castile-La Mancha, Spain. *Science of the Total Environment* 408: 5768-74.

Montz, B.E. and Gruntfest, E.C. (1986) Changes in American floodplain occupancy since 1958: the experiences of nine cities. *Applied Geography* 6: 325-38.

Montz, B.E. and Gruntfest, E.C. (2002) Flash flood mitigation: recommendations for research and applications. *Environmental Hazards* 4: 15-22.

Montz, B.E. and Tobin, G.A. (2011) Natural hazards: an evolving tradition in applied geography. *Applied Geography* 31: 1-4.

Moore, P.G. (1983) *The Business of Risk.* Cambridge University Press, Cambridge.

Morris, A. (2003) Understandings of catastrophe: the landslide at La Josefina, Ecuador. In Pelling, M. (ed.) *Natural Disasters and Development in a Globalizing World.* Routledge, London, 157-69.

Morris, J. *et al.* (1982) Cholera among refugees in Rangsil, Thailand. *Journal of Infectious Diseases* 1: 131-4.

Morris, S.S. *et al.* (2002) Hurricane 'Mitch' and the livelihoods of the rural poor in Honduras. *World Development* 30: 49-60.

Morrison, D. (2006) Asteroid and comet impacts: the ultimate environmental catastrophe. Philosophical Transactions of the Royal Society A: Mathematical, *Physical and Engineering Sciences* 364: 2041-54.

Morrow, B.H. (1999) Identifying and mapping community vulnerability. *Disasters* 23: 1-18.

Mortimore, M.J. and Adams, W.M. (2001) Farmer adaptation, change and 'crisis' in the Sahel. *Global Environmental Change* 11: 49-57.

Morton, A. (1998) Hong Kong: managing slope safety in urban systems. *STOP Disasters* 33: 8-9.

Morton, J. and Barton, D. (2002) Destocking as a drought-mitigation strategy: clarifying rationales and answering critiques. *Disasters* 26: 213-28.

Mosquera-Machado, S. and Dilley, M. (2009) A comparison of selected global disaster risk assessment results. *Natural Hazards* 48: 439-56.

Moszynski, P. (2004) Cold is the main health threat after the Bam earthquake. *British Medical Journal* 328: 66.

Mothes, P.A. (1992) Lahars of Cotopaxi volcano, Ecuador: hazard and risk evaluation. In McCall, G.J.H., Laming, D.J.C. and Scott, S.C. (eds.) *Geohazards. Chapman and Hall*, London, 53-63.

Mozumber, P., Helton, R. and Berrens, R.P. (2009) Provision of a wildfire risk map: informing residents in the wildland.urban interface. *Risk Analysis* 29: 1588-600.

Msangi, J.P. (2004) Drought hazard and desertification management in the dry lands of Southern Africa. *Environmental Monitoring and Assessment* 99: 75-87.

Mulady, J.J. (1994) Building codes: they're not just hot air. *Natural Hazards Observer* 18: 4-5.

Munich Re (1999) *Topics 2000*. Report of the Geoscience Research Group, Munich Reinsurance Company, Munich.

Munich Re (2001) *Topics 2001*. Report of the Geoscience Research Group, Munich Reinsurance Company, Munich.

Munich Re (2002a) *Topics 2002*. Report of the Geoscience Research Group, Munich Reinsurance Company, Munich.

Munich Re (2002b) *Winter Storms in Europe (II): Analysis of 1999 Losses and Loss Potentials*. Geo Risks Research Department, Munich Re Group, Munich.

Munich Re (2005) *Topics Geo Annual Review: Natural Catastrophes 2005*. Geo Risks Research. Munich Re Group, Munich.

Munich Re (2006) *Topics Geo Annual Review: Natural Catastrophes 2006*. Geo Risks Research. Munich Re Group, Munich.

Muntán, E. *et al.* (2009) Reconstructing snow avalanches in the South-Eastern Pyrenees. *Natural Hazards and Earth System Sciences* 9: 1599-612.

Murphy, F.A. and Nathanson, N. (1994) The emergence of new virus diseases: an overview. *Seminars in Virology* 5: 87-102.

Murphy, S.J. *et al.* (2001) Seasonal forecasting for climate hazards: prospects and responses. *Natural Hazards* 23: 171-96.

Mustafa, D. (2003) Reinforcing vulnerability? Disaster relief, recovery and response to the 2001 flood in Rawalpindi, Pakistan. *Environmental Hazards* 5: 71-82.

Mustafa, D., Ahmed, S., Saruch, E. and Bell, H. (2011) Pinning down vulnerability: from narratives to numbers. *Disasters* 35: 62-86.

Nash, J.R. (1976) *Darkest Hours: A Narrative Encyclopaedia of Worldwide Disasters from Ancient Times to the Present*. Nelson Hall, Chicago, IL.

Nasrabadi, A.A., Naji, H., Mirzabeigi, G. and Dadbakhs, M. (2007) Earthquake relief: Iranian nurses' responses in Bam, 2003, and lessons learned. *International Nursing Review* 54: 13-18.

National Weather Service (2006) *Hurricane Katrina August 23-31 2005: Service Assessment*. National Oceanic and Atmospheric Administration, US Department of Commerce, Silver Spring, MD.

Neal, C.A. and Guffanti, M.C. (2010) *Airborne Volcanic Ash - A Global Threat to Aviation*. Fact Sheet 3116, US Geological Survey, Anchorage, AK.

Neal, J. and Parker, D.J. (1988) *Floodplain Encroachment: A Case Study of Datchet, UK*. Geography and Planning Paper 22, Middlesex Polytechnic, Enfield, Middlesex.

Nelson, A.C. and French, S.P. (2002) Plan quality and mitigating damage from natural disasters. *Journal of the American Planning Association* 68: 194-207.

Neumayer, E. and Barthel, F. (2011) Normalizing economic loss from natural disasters: a global analysis. *Global Environmental Change* 21: 13-24.

Newell, P. (2011) The elephant in the room: capitalism and global environmental change. *Global Environmental Change* 21: 4-6.

Newhall, C., Hendley, J.W. and Stauffer, P.H. (1997) *Benefits of Volcanic Monitoring Far Outweigh Costs - The Case of Mount Pinatubo*. Fact Sheet 115-97, US Geological Survey, Vancouver, WA.

Newhall, C., Stauffer, P.H. and Hendley, J.W. (1997) *Lahars of Mount Pinatubo*. Fact Sheet 114-97, US Geological Survey, Vancouver, WA.

Newhall, C.G. and Self, S. (1982) The Volcanic Explosivity Index (VEI): an estimate of explosive magnitude for historical volcanism. *Journal of Geophysical Research* 87: 1231-8.

Newman, C.J. (1976) Children of disaster: clinical observations at Buffalo Creek. *American Journal of Psychiatry* 133: 306-12.

Nicholls, N. (2011) What caused the eastern Australian heavy rains and floods of 2010/11? *Bulletin of the Australian Meteorological and Oceanographic Society* 24: President's Column, Friday March 11.

Nicholls, R.J. (1998) Impacts on coastal communities. In *Climate Change and its Impacts*. Meteorological Office and Department of Energy Transport and the Regions, Bracknell, Berks.

Nicholls, R.J. and Cazenave, A. (2010) Sea-level rise and its impact on coastal zones. *Science* (18 June): 1517-20.

Nicholls, R.J., Hoozemans, F.M.J. and Marchand, M. (1999) Increasing flood risk and wetland losses due to global sea-level rise: regional and global analyses. *Global Environmental Change* 9: S69-S87.

Njome, M.S., Suh, C.E., Chuyong, G. and de Wit, M.J. (2010) Volcanic risk perception in rural communities along the slopes of Mount Cameroon, West-Central Africa. *Journal of African Earth Sciences* 58: 608-622.

Noji, E.K. (ed.) (1997) *The Public Health Consequences of Disaster*. Oxford University Press, New York.

Noji, E.K. (2001) The global resurgence of infectious diseases. *Journal of Contingencies and Crisis Management* 9: 223-2.

Noji, E.K., Armenian, H.K. and Oganessian, A. (1993) Issues of rescue and medical care following the 1988 Armenian earthquake. *International Journal of Epidemiology* 22: 1070-6.

Nordhaus, W.D. (2010) The economics of hurricanes and implications of global warming. *Climate Change Economics* 1: 1-20.

Nordstrom, K.F., Jackson, N.L., Bruno, M.S. and de Butts, H.A. (2002) Municipal initiatives for man aging dunes in coastal residential areas: a case study of Avalon, New Jersey, USA. *Geomorphology* 47: 137-52.

Norris, F.H., Stevens, S.P., Pfefferbaum, B., Wych, K.F. and Pfefferbaum, R.L. (2008) Community resilience as a metaphor, theory, set of capacities and strategy for disaster readiness. *American Journal of Community Psychology* 41: 127-50.

Nowak, R. (2007) The continent that ran dry. *New Scientist* (16 June): 8-11.

Noy, I. and Vu, T. (2010) The economics of natural disasters in a developing country: The case of Vietnam. *Journal of Asian Economics* 21: 345-54.

Nyberg, J. *et al.* (2007) Low Atlantic hurricane activity in the 1970s and 1980s compared to the past 270 years. *Nature* 447 (7 June): 698-701.

OCHA (2010) *Pakistan: Initial Floods Emergency Response Plan*. UN Office for the Coordination of Humanitarian Affairs, New York and Geneva.

OECD (2003a) *Emerging Risks in the 21st Century: An Agenda for Action*. Organization for Economic Cooperation and Development, Publications Service, Paris.

OECD (2003b) *OECD Guiding Principles for Chemical Accident Prevention, Preparedness and Response*. Organization for Economic Cooperation and Development, Publications Service, Paris.

Oechsli, F.W. and Buechly, R.W. (1970) Excess mortality associated with three Los Angeles September hot spells. *Environmental Research* 3: 277-84.

OFDA (Office of US Foreign Disaster Assistance) (1994) *Annual Report Financial Year 1993*. Office of US Foreign Disaster Assistance, Agency for International Development, Washington, DC.

Ojaba, E., Leonardo, A.I. and Leonardo, M.I. (2002) Food aid in complex emergencies: lessons from Sudan. *Social Policy and Administration* 36: 664-84.

Okrent, D. (1980) Comment on societal risk. *Science* 08: 372-5.

Oliveira, S., Andrade, H. and Vaz, T. (2011) The cooling effect of green spaces as a contribution to the mitigation of urban heat: a case study of Lisbon. *Building and Environment* 46: 2186-94.

Olsen, G.R., Carstensen, N. and Høyen, K. (2003) Humanitarian crises: what determines the level of emergency assistance? Media coverage, donor interests and the aid business. *Disasters* 27: 109-26.

Olshansky, R.B. (2006) Planning after Hurricane Katrina. *Journal of the American Planning Association* 72: 147-54.

Olshansky, R.B. and Wu, Y. (2001) Earthquake risk analysis for Los Angeles County under present and planned land uses. *Environment and Planning B: Planning and Design* 28: 419-32.

Olurominiyi, O.I., Mushkatel, A. and Pijawka, K.D. (2004) Social and political amplification of technological hazards: the case of the PEPCON explosion. *Journal of Hazardous Materials* A114: 15-25.

Omachi, T. (1997) *Drought Conciliation and Water Rights: Japanese Experience*. Water Series 1, Infrastructure Development Institute, Tokyo.

O'Meagher, B., Stafford-Smith, M. and White, D.H. (2000) Approaches to integrated drought risk management. In Wilhite, D.A. (ed.) *Drought*, vol.2. Routledge, London and New York, 115-28.

Orindi, V.A., Nyong, A. and Herrero, M. (2007) *Pastoral Livelihood Adaptation to Drought and Institutional Interventions in Kenya*. Occasional Paper 54, Human Development Office, UNDP, Geneva.

O'Rourke, T.D., Hozer, T., Rojahn, T. and Tierney, K. (2008) *Contributions of Earthquake Engineering to Protecting Communities and Critical Infra structure from Multihazards*. Earthquake Engineering Research Institute, Oakland, CA.

Ostro, B.D., Roth, L.A., Green, R.S. and Basu, R. (2009) Estimating the mortality effect of the July 2006 California heat wave. *Environmental Research* 109: 614-19.

Othman-Chande, M. (1987) The Cameroon volcanic gas disaster: an analysis of a makeshift response. *Disasters* 11: 96-101.

Overpeck, J.T. *et al.* (2006) Paleoclimatic evidence for future ice-sheet instability and rapid sea-level rise. *Science* 311: 1747-50.

Pal, I. and Al-Tabba, A. (2009) Trends in seasonal precipitation extremes: an indication of 'climate change' in Kerala, India. *Journal of Hydrology* 367: 62-9.

Pall, P. *et al.* (2011) Anthropogenic greenhouse gas contribution to flood risk in England and Wales in autumn 2000. *Nature* 470: 382-5.

Palmer, W.C. (1965) *Meteorological Drought*. Research Paper 45, US Weather Bureau, Department of Commerce, Washington, DC.

Parasuraman, S. (1995) The impact of the 1993 Latur-Osmanabad (Maharashtra) earthquake on lives, livelihoods and property. *Disasters* 19: 156-69.

Parise, M. (2001) Landslide mapping techniques and their use in the assessment of landslide hazard. Solar, Terrestrial and Planetary Science 26: 697-703.

Park, S.K., Dalrymple, W. and Larsen, J.C. (2007) The 2004 Parkfield earthquake: test of the electromagnetic precursor hypothesis. *Journal of Geo physical Research-Solid Earth* 112: B05302.

Parker, D.J. (ed.) (2000) *Floods*, vols 1 and 2. Routledge, London and New York.

Parker, D.J., Priest, S.J. and Tapsell, S.M. (2009) Understanding and enhancing the public's behavioural response to flood warning information. *Meterological Applications* 16: 103-14.

Parker, D.J., Priest, S.J. and McCarthy, S.S. (2011) Surface water flood warning requirements and potential in England and Wales. *Applied Geography* 31: 891-900.

Pascual, M., Cazelles, B., Bouma, M.J., Chaves, L.F. and Koelle, K. (2008) Shifting patterns: malaria dynamics and rainfall variability in an African high land. *Proceedings of the Royal Society (B)* 275: 123-32.

Paté-Cornell, M.E. (1993) Learning from the Piper Alpha accident: a postmortem analysis of technical and organizational factors. *Risk Analysis* 13: 215-32.

Patel, T. (1995) Satellite senses risk of forest fires. *New Scientist* (11 March): 12.

Paul, A. and Rahman, M. (2006) Cyclone mitigation perspective in the islands of Bangladesh: a case study of Sandwip and Hatia Islands. *Coastal Management* 34: 199-215.

Paul, B.K. (1995) Farmers' and public responses to the 1994-95 drought in Bangladesh: a case study. *Quick Response Report* 76. Natural Hazards Research and Applications Information Center, Boulder, CO.

Paul, B.K. (1997) Survival mechanisms to cope with the 1996 tornado in Tangail, Bangladesh: a case study. *Quick Response Report* 92, Natural Hazards Research and Applications Information Center, Boulder, CO.

Paul, B.K. (2003) Relief assistance to 1998 flood victims: a comparison of the performance of the government and NGOs. *The Geographical Journal* 169: 75-89.

Paul, B.K. and Bhuiyan, R.H. (2004) The April 2004 tornado in north-central Bangladesh: a case for introducing tornado forecasting and warning systems. *Quick Response Report* 169. Natural Hazards Research and Applications Information Center, Boulder, CO.

Paul, B.K. and Dutt, S. (2010) Hazard warnings and responses to evacuation orders: the case of Bangladesh's cyclone 'Sidr'. *Geographical Review* 100: 336-55.

Paul, B.K., Brock, V.Y., Csiki, S. and Emerson, L. (2003) Public response to tornado warnings: a comparative study of the May 4 2003 tornadoes in Kansas, Missouri and Tennessee. *Quick Response Report 165*, Natural Hazards Research and Applications Information Center, Boulder, CO.

Peacock, W.G., Morrow, B.H. and Gladwin, H. (eds.) (1997) *Hurricane Andrew: Ethnicity, Gender and the Sociology of Disasters*. Routledge, London and New York.

Peacock, W.G., Brody, S.D. and Highfield, W. (2005) Hurricane risk perceptions among Florida's single family homeowners. Landscape and Urban Planning 73: 120-35.

Pechony, O. and Shindell, D.T. (2010) Driving forces of global wildfires over the past millennium and the forthcoming century. *Proceedings of the National Academy of Sciences of the United States of America* 107: 19167-70.

Peduzzi, P. (2006) The Disaster Risk Index: overview of a quantitative approach. In Birkmann, J. (ed.) *Measuring Vulnerability to Natural Hazards*, Teri Press, New Delhi, 265-89.

Peduzzi, P., Dao, H. and Herold, C. (2005) Mapping disastrous natural hazards using global datasets. *Natural Hazards* 35: 265-89.

Peduzzi, P., Dao, H., Herold, C. and Mouton, F. (2009) Assessing global exposure and vulnerability towards natural hazards: the Disaster Risk Index. *Natural Hazards and Earth System Sciences* 9: 1149-59.

Peduzzi, P. *et al.* (2011) *Preview Global Risk Data Platform*. UNEP/GRID and UN/ISDR, Geneva.

Peek-Asa, C., Ramirez, M., Shoaf, K. and Seligson, H. (2002) Population-based case-control study of injury risk factors in the Northridge earthquake. *Annals of Epidemiology* 12: 525-6.

Peel, M.C., McMahon, T.A. and Finlayson, B.L. (2002) Variability of annual precipitation and its relationship to the El Niño-Southern Oscillation. *Journal of Climate* 15: 545-51.

Peiris, L.M.N., Rossetto, T., Burton, P.W. and Mahmood, S. (2006) *EEFIT Mission: October 8 2005 Kashmir Earthquake. Preliminary Reconnaisance Report*, London.

Pelling, M. (2003) Introduction. In Pelling, M. (ed.) *Natural Disasters and Development in a Globalizing World*. Routledge, London and New York.

Pelling, M. (2007) Learning from others: the scope and challenges for participatory disaster risk assessment. *Disasters* 31: 373-85.

Pelling, M. and Uitto, J.I. (2001) Small island developing states: natural disaster vulnerability and global change. *Global Environmental Change B: Environ mental Hazards* 3: 49-62.

Penning-Rowsell, E.C. and Wilson, T. (2006) Gauging the impact of natural hazards: the pattern and cost of emergency response during flood events. *Transactions of the Institute of British Geographers* 31: 99-115.

Perla, R.I. and Martinelli, M. Jr (1976) *Avalanche Handbook*. Agriculture Handbook 489: US Department of Agriculture (Forest Service), Washington, DC.

Perrow, C. (1999) Natural Accidents: Living with High-risk Technologies (2nd edn). Princeton University Press, Princeton, NJ.

Perry, A.H. and Symons, L.J. (eds.) (1991) *Highway Meteorology*. E. and F.N. Spon, London.

Perry, C.A. (1994) *Effects of Reservoirs on Flood Discharges in the Kansas and the Missouri River Basins, 1993*. Circular 120E, US Geological Survey, Denver, CO.

Perry, R.W. and Lindell, M.K. (1990) Predicting long-term adjustment to volcano hazard. *International Journal of Mass Emergencies and Disasters* 8: 117-36.

Perry, R.W. and Godchaux, J.D. (2005) Volcano hazard management strategies: fitting policy to patterned human responses. *Disaster Prevention and Management* 14: 183-95.

Peterson, D.W. (1996) Mitigation measures and preparedness plans for volcanic emergencies. In Scarpa, R. and Tilling, R.I. (eds.) *Monitoring and Mitigation of Volcano Hazards*, Springer-Verlag, Berlin, 701-18.

Petley, D.N. (2005) Tsunami-how an earthquake can cause destruction thousands of kilometers away. *Geography Review* 18: 2-5.

Petley, D.N. (2009) Contribution to *Environmental Hazards: Assessing Risk and Reducing Disaster* (5th edn), Routledge, London and New York.

Petley, D.N. (2010) On the impact of climate change and population growth on the occurrence of fatal landslides in South, East and SE Asia. *Quarterly Journal of Engineering Geology and Hydrogeology* 43 (4): 487-96.

Petley, D.N., Hearn, G.J. and Hart, A. (2005) Towards the development of a landslide risk assessment for rural roads in Nepal. In Glade, T., Anderson, M. and Crozier, M.J. (eds.) *Landslide Hazard and Risk*, John Wiley, Chichester, 597-620.

Petley, D.N., Dunning, S.A., Rosser, N.J. and Kausar, A.B. (2006) Incipient earthquakes in the Jhelum valley, Pakistan, following the 8th October 2005 earthquake. In Marui, H. (ed.) *Disaster Mitigation of Debris Flows, Slope Failures and Landslides*. Frontiers of Science Series 47, Universal Academy Press, Tokyo, Japan, 47-56.

Petley, D.N. *et al.* (2007) Trends in landslide occurrence in Nepal. *Natural Hazards* 43: 23-44.

Petrazzuoli, S.M. and Zuccaro, G. (2004) Structural resistance of reinforced concrete buildings under pyroclastic flows: a study of the Vesuvian area. *Journal of Volcanology and Geothermal Research* 133: 353-67.

Petrow, T., Zimmer, J. and Merz, B. (2009) Changes in the flood hazard in Germany through changing frequency and persistence of circulation patterns. *Natural Hazards and Earth System Sciences* 9: 1409-23.

Peyret, M. *et al.* (2007) The source motion of 2003 Bam (Iran) earthquake constrained by satellite and ground-based geodetic data. *Geophysical Journal International* 169: 849-65.

Phillips, B.D., Metz, W.C. and Nieves, L.A. (2005) Disaster threat: preparedness and potential response of the lowest income quartile. *Environmental Hazards* 6: 123-33.

Phukan, A.C., Borah, P.K., Biswas, D. and Mahanta, J. (2004) A cholera epidemic in a rural area of northeast India. *Transactions of the Royal Society of Tropical Medicine and Hygiene* 98: 563-6.

Pidgeon, N. and O'Leary, M. (2000) Man-made disasters: why technology and organisations sometimes fail. *Safety Science* 34: 15-30.

Pielke, R.A. Jr (1997) Reframing the US hurricane problem. *Society and Natural Resources* 10: 485-99.

Pielke, R.A. Jr and Pielke, R.A. Sr (1997) *Hurricanes: Their Nature and Impacts on Society*. John Wiley, Chichester and New York.

Pielke, R.A. Jr and Landsea, C.W. (1998) Normalised hurricane damages in the United States 1925-95. *Weather and Forecasting* 13: 621-31.

Pielke, R.A. Jr and Pielke, R.A. Sr (2000) *Storms*, vols 1 and 2. Routledge, London and New York.

Pielke, R.A. Jr and Klein, R. (2005) Distinguishing tropical cyclone-related flooding in US Presidential Disaster Declarations. *Natural Hazards Review* 6: 55-9.

Pielke, R.A. Jr., Landsea, C.W., Mayfield, M., Laver, J. and Pasch, R. (2005) Hurricanes and global warming. *Bulletin of the American Meteorological Society* 86: 1571-5.

Pigram, J.J. (1986) *Issues in the Management of Australia's Water Resources*. Longman Cheshire, Melbourne.

Pingali, P., Alinovi, L. and Sutton, J. (2005) Food security in complex emergencies: enhancing food system resilience. *Disasters* 29 (SI): S5-S24.

Pinter, N. (2005) One step forward, two steps back on US floodplains. *Science* 308: 207-8.

Plafker, G. and Eriksen, G.E. (1978) Nevados Huascaran avalanches, Peru. In Voight, B. (ed.) *Rockslides and Avalanches*, vol. 1: Natural Disasters, Elsevier, Amsterdam, 48-55.

Platt, R.H. (1999) Natural hazards of the San Francisco Bay megacity: trial by earthquake, wind and fire. In Mitchell, J.K. (ed.) *Crucibles of Hazard,* United Nations University Press, Tokyo, 335-74.

Platt, R.H., Salvesen, D. and Baldwin, G.H. (2002) Rebuilding the North Carolina coast after Hurricane Fran: did public regulations matter? *Coastal Management* 30: 249-69.

Ploughman, P. (1995) The American print news media 'construction' of five natural disasters. *Disasters* 19: 308-26.

Pomonis, A., Coburn, A.W. and Spence, R.J.S. (1993) Seismic vulnerability, mitigation of human casualties and guidelines for low-cost earthquake resistant housing. *STOP Disasters* 12 (March. April): 6-8.

Poortinga, W., Spence, A., Whitmarsh, L., Capstick, S. and Pidgeon, N.F. (2011) Uncertain climate: an investigation into public scepticism about anthropogenic climate change. *Global Environ mental Change* 21: 1015-24.

Pottier, N., Penning-Rowsell, E., Tunstall, S. and Hubert, G. (2005) Land use and flood protection: contrasting approaches and outcomes in France and in England and Wales. *Applied Geography* 25: 1-27.

Poumadere, M., Mays, C., Le Mer, S. and Blong, R. (2005) The 2003 heat wave in France: dangerous climate change here and now. *Risk Analysis* 25: 1483-94.

Powell, M.D. (2000) Tropical cyclones during and after landfall. In Pielke, R. Jr and Pielke, R. Snr (eds.) *Storms*, vol. 1. Routledge, London, 196-219.

Pradhan, E.K. *et al.* (2007) Risk of flood-related mortality in Nepal. *Disasters* 31: 57-70.

Preuss, J. (1983) Land management guidelines for tsunami hazard zones. In Tida, K. and Iwasaki, T. (eds.) *Tsunamis*. Reidel, Boston, MA, 527-39.

Provention Consortium (2007) *Construction Design, Building Standards and Site Selection*. Guidance Note 12, Provention Consortium Secretariat, Geneva.

Pultar, E., Cova, T.J., Raubal, M. and Goodchild, M.F. (2009) Dynamic GIS case studies: wildfire evacuation and volunteered geographic information. *Transactions in GIS* 13: 85-104.

Pulwarty, R.S., Wilhite, D.A., Diodato, D.M. and Nelson, D.I. (2007) Drought in changing environments: creating a roadmap, vehicles and drivers. *Natural Hazards Observer* 31 (5): 10-12.

Purtill, A. (1983) A study of the drought. *Quarterly Review of the Rural Economy* 5: 3-11.

Pyle, A.S. (1992) The resilience of households to famine in El Fasher, Sudan, 1982-89. *Disasters* 16: 19-27.

Qi, R. *et al.* (2012) Challenges and needs for process safety in the new millennium. Process Safety and *Environmental Protection* 90: 91-100.

Quarantelli, E.L. (ed.) (1998) What is a Disaster? Routledge, London and New York. Rahn, P.H. (1984) Floodplain management program in Rapid City, South Dakota. *Bulletin of the Geological Society of America* 95: 838-43.

Rahu, M. (2003) Health effects of the Chernobyl accident: fears, rumours and the truth. *European Journal of Cancer* 39: 295-9.

Ramabrahmam, B.V. and Swaminathan, G. (2000) Disaster management plan for chemical process industries. Case study: investigation of release of chlorine to atmosphere. *Journal of Loss Prevention in the Process Industries* 13: 57-62.

Ramachandran, R. and Thakur, S.C. (1974) India and the Ganga floodplains. In White, G.F. (ed.) *Natural Hazards*. Oxford University Press, New York, 36-43.

Ramanathan, V. (2007) Warming trends in Asia amplified by brown cloud solar absorption. *Nature* 448: 575-8.

Ramanathan, V., Crutzen, P.J., Kiehl, J.T. and Rosenfeld, D. (2001) Aerosols, climate and the hydrological cycle. *Science* 294: 2119-24.

Ramsey, M.S. and Flynn, L.P. (2004) Strategies, insights and the recent advances in volcanic monitoring and mapping with data from NASA's Earth Observing System. *Journal of Volcanology and Geothermal Research* 135: 1-11.

Ranger, N. *et al.* (2011) An assessment of the potential impact of climate change on flood risk in Mumbai. *Climatic Change* 104: 139-67.

Rapanos, D. *et al.* (1981) *Floodproofing New Residential Buildings in British Columbia*. Ministry of Environment, Province of British Columbia, Victoria, BC.

Raphael, B. *et al.* Factors associated with population risk perceptions of continuing drought in Australia. *Australian Journal of Rural Health* 17: 330-7.

Raschky, P.A. (2008) Institutions and the losses from natural disasters. *Natural Hazards and Earth System Sciences* 8: 627-34.

Rashid, H. (2011) Interpreting flood disasters and flood hazard perceptions from newspaper discourse: tale of two floods in the Red River Valley, Manitoba. *Applied Geography* 31: 35-45.

Rasmussen, K. (1995) Natural events and accidents with hazardous materials. *Journal of Hazardous Materials* 40: 43-54.

Rauch, E. (2006) *Climate Change - Potential Impacts on the Insurance Industry*. Climate Change Seminar Report, Geo Risks Research, Munich Re Group, Munich.

Rauhala, J. and Schultz, D.M. (2009) Severe thunderstorm and tornado warnings in Europe. *Atmospheric Research* 93: 369-80.

Reason, J.T. (1990) *Human Error*. Cambridge University Press, Cambridge.

Reddick, C. (2011) Information technology and emergency management: preparedness and planning in US states. *Disasters* 35: 45-61.

Reichhardt, T., Check, E. and Marris, E. (2005) After the flood. *Nature* 437 (8 September): 174-6.

Renne, J. (2006) Evacuation and equity: a post-Katrina New Orleans diary. *Planning* 72: 44-6.

Renni, E., Krausman, E. and Cossani, V. (2010) Industrial accidents triggered by lightning. *Journal of Hazardous Materials* 184: 42-8.

Reyes, P.J.D. (1992) Volunteer observers' program: a tool for monitoring volcanic and seismic events in the Philippines. In G.J.H. McCall, D.J.C. Laming and S.C. Scott (eds.) *Geohazards*, Chapman and Hall, London, 13-24.

Rheinberger, C.M., Brundl, M. and Trasformi, E. (2009) Dealing with the white death: avalanche risk management for traffic routes. *Risk Analysis* 29: 76-94.

Rice, R. Jr *et al.* (2002) Avalanche hazard reduction for transportation corridors using real-time detection and alarms. *Cold Regions Science and Technology* 34: 31-42.

Robertson, I.N., Riggs, H.R., Yim, S. and Young, Y.L. (2006) Lessons from Katrina. *Civil Engineering*, April, 56-63.

Robock, A. (2000) Volcanic eruptions and climate. *Reviews of Geophysics* 38: 191-219.

Robock, A. (2002) Pinatubo eruption: the climatic aftermath. *Science* 295: 1242-4.

Rockstrom, J. *et al.* (2009) A safe operating space for humanity. *Nature* 461: 472-5.

Rodrigue, C.M. and Rovai, E. (1995) The 'Northridge' earthquake: differential geographies of damage, media attention and recovery. *National Social Science Perspectives Journal* 7: 98-111.

Rohrmann, B. (1994) Risk perception of different societal groups: Australian findings and cross-national comparisons. *Australian Journal of Psychology* 46: 150-63.

Rojas, O., Vrieling, A. and Rembold, F. (2011) Assessing drought probability for agricultural areas in Africa with coarse resolution remote sensing imagery. *Remote Sensing of Environment* 115: 343-52.

Roll Back Malaria Partnership (2011) *Global Malaria Action Plan*. World Health Organization, Geneva.

Romieu, E., Welle, T., Schneiderbauer, S., Pelling, M. and Vinchon, C. (2010) Vulnerability assessment within climate change and natural hazards contexts: revealing gaps and synergies through coastal applications. *Sustainability Science* 5: 159-70.

Romme, W.H. and Despain, D.G. (1989) The Yellow stone fires. *Scientific American* 261: 37-46.

Ropelewski, C.F. and Folland, C.K. (2000) Prospects for the prediction of meteorological drought. In Wilhite, D.A. (ed.) *Drought*, vol. 1. Routledge, London and New York, 21-40.

Rorig, M.L. and Ferguson, S.A. (2002) The 2000 fire season: lightning-caused fires. *Journal of Applied Meteorology* 41: 786-91.

Rose, G.A. (ed.) (1994) *Fire Protection in Rural America: A Challenge for the Future. Rural Fire Protection in America Steering Committee*, Report to Congress sponsored by the National Association of State Foresters, Washington, DC.

Rose, W.I. and Chesner, C.A. (1987) Dispersal of ash in the great Toba eruption, 75 k.a. *Geology* 15: 913-17.

Ross, S. (2004) *Toward New Understandings: Journalists and Humanitarian Relief Coverage*. Fritz Institute, San Francisco, CA.

Ross, T. and Lott, N. (2003) *A Climatology of 1980-2003 Extreme Weather and Climate Events*. Technical Report No. 2003-01, NOAA/NESDIS, National Climate Data Center, Ashville, NC.

Rotstayn, L. (2007) Have Australian rainfall and cloudiness increased due to the remote effects of Asian anthropogenic aerosols? *Journal of Geophysical Research* 112: DO9202.

Royal Society (1992) *Risk: Analysis, Perception and Management*. Report of a Royal Society Study Group. Royal Society, London.

Runqiu, H. (2009) Some catastrophic landslides since the twentieth century in the south-west of China. *Landslides* 6: 69-81.

Rural Fire Protection in America (1994) *Fire Protection in Rural America: A Challenge for the Future*. Rural Fire Protection in America, Washington, DC.

Russell, L.A., Goltz, J.D. and Bourque, L.B. (1995) Preparedness and hazard mitigation actions before and after two earthquakes. *Environment and Behaviour* 27: 744-70.

Sagan, L.A. (1984) Problems in health measurements for the risk assessor. In Ricci, P.F., Sagan, L.A. and Whipple, C.G. (eds.) *Technological Risk Assessment*, Martinus Nijhoff, The Hague, 1-9.

Sagan, S.D. (1993) *The Limits of Safety: Organisations, Accidents and Nuclear Weapons*. Prince ton University Press, Princeton, NJ.

Salcioglu, E., Basoglu, M. and Livanov, M. (2007) Post-traumatic stress disorder and comorbid depression among survivors of the 1999 earthquake in Turkey. *Disasters* 31: 115-29.

Sanchez, C., Lee, T.S., Batts, D., Benjamin, J. and Malilay, J. (2009) Risk factors for mortality during the 2002 landslides in Chuuk, Federated States of Micronesia. *Disasters* 33: 705-20.

Sanders, J.F. and Gyakum, J.R. (1980) Synoptic-dynamic climatology of the bomb. *Monthly Weather Review 108*: 1598-606.

Santella, N., Stenberg, L.J. and Sengul, H. (2010) Petroleum and hazardous material releases from industrial facilities associated with Hurricane Katrina. *Risk Analysis* 30: 635-49.

Sapir, D.G. and Misson, C. (1992) The development of a database on disasters. *Disasters* 16: 74-80.

Sass, O. (2005) Temporal variability of rockfall in the Bavarian Alps, Germany. *Arctic, Antarctic and Alpine Research* 37: 564-73.

Sauchyn, D.J. and Trench, N.R. (1978) LANDSAT applied to landslide mapping. *Photogrammetric Engineering and Remote Sensing* 44: 735-41.

Saunders, M.A. and Lea, A.S. (2005) Seasonal predictions of hurricane activity reaching the coast of the United States. *Nature* 434, April 21, 1005-8.

Scarpa, R. and Gasparini, P. (1996) A review of volcano geophysics and volcano-monitoring methods. In Scarpa, R. and Tilling, R.I. (eds.) *Monitoring and Mitigation of Volcano Hazards*, Springer-Verlag, Berlin, 3-22.

Schar, C. *et al.* (2004) The role of increasing temperature variability in European summer heatwaves. *Nature* 427: 332-6.

Schaerer, P.A. (1981) Avalanches. In Gray, D.M. and Male, D.H. (eds.) *Handbook of Snow*. Pergamon, Toronto, 475-518.

Schierz, C. *et al.* (2010) Modelling European winter storm losses in current and future climate. *Climate Change* 101: 485-514.

Schmidlin, T.W., King, P.S., Hammer, B.O. and Ono, Y. (1998) Risk factors for death in the 22-23 February 1998 Florida tornadoes. *Quick Response Report* 106. Natural Hazards Research and Applications Information Center, Boulder, CO.

Schmidtlein, M.C., Finch, C. and Cutter, S.L. (2008) Disaster declarations and major hazard occurrences in the United States. *The Professional Geographer* 60: 1-14.

Schuster, R.L. and Highland, L.M. (2001) *Socioeconomic and Environmental Costs of Landslides in the Western Hemisphere*. Open File Report 01.276, US Geological Survey, Reston, VA.

Schwartz, R.M. and Schmidlin, T.W. (2002) Climatology of blizzards in the coterminous United States 1959-2000. *Journal of Climate* 15: 1765-72.

Seaman, J., Leivesley, S. and Hogg, C. (1984) Epidemiology of natural disasters. In *Contributions to Epidemiology and Biostatistics*, vol. 5, S. Karger, Basel.

Selvaraju, R. (2003) Impact of El Niño-Southern Oscillation on Indian foodgrain production. *International Journal of Climatology* 23: 187-206.

Sepulveda, S.A., Rebolledo, S. and Vargas, G. (2006) Recent catastrophic debris flows in Chile: geo logical hazards, climatic relationships and human response. *Quaternary International* 158: 83-95.

Shaluf, I.M., Ahmadun, F.R. and Shariff, A.R. (2003) Technological disaster factors. *Journal of Loss Prevention in the Process Industries* 16: 513-21.

Shanmugasundaram, J., Arunachalam, S., Gomathin ayagam, S., Lakshmanan, N. and Harikrishna, P. (2000) Cyclone damage to buildings and structures. a case study. *Journal of Wind Engineering and Industrial Aerodynamics* 84: 369-80.

Shaw, B.E. (1995) Frictional weakening and slip complexity in earthquake faults. *Journal of Geophysical Research* 100: 18239-

52.

Shepherd, J.M. and Knutson, T. (2007) The current debate on the linkage between global warming and hurricanes. *Geography Compass* 1: 1-24.

Sherrie, B.K., Norris, F. and Galea, S. (2010) Measuring capacities for community resilience. *Social Indicators Research* 99: 227-47.

Showalter, P.S. and Myers, M.F. (1994) Natural disasters in the United States as release agents of oil, chemicals or radiological materials between 1980-89: analysis and recommendations. *Risk Analysis* 14: 169-81.

Shrubsole, D. (2000) Flood management in Canada at the crossroads. *Environmental Hazards* 2: 63-75.

Siebert, L. (1992) Threats from debris avalanches. *Nature* 356: 658-59.

Siebert, L., Simkin, T. and Kimberly, P. (2011) *Volcanoes of the World. Smithsonian Institution*, University of California Press, Berkeley, Los Angeles, London.

Siegert, F., Ruecker, G., Hinrichs, A. and Hoffman, A.A. (2001) Increased damage from fires in logged forests during droughts caused by El Niño. *Nature* 414: 437-40.

Siegrist, M. and Gutscher, H. (2008) Natural hazards and motivation for mitigation behaviour: people cannot predict the effect evoked by a severe flood. *Risk Analysis* 28: 771-8.

Sigurdsson, H. (1988) Gas bursts from Cameroon crater lakes: a new natural hazard. *Disasters* 12: 131-46.

Sigurdsson, H. and Carey, S. (1986) Volcanic disasters in Latin America and the 13 November eruption of Nevado del Ruiz volcano in Colombia. *Disasters* 10: 205-16.

Simkin, T., Siebert, L. and Blong, R. (2001) Volcano fatalities - lessons from the historical record. *Science* 291: 255.

Simmons, K.M. and Sutter, D. (2005) Protection from Nature's fury: analysis of fatalities and injuries from F5 tornadoes. *Natural Hazards Review* 6: 82-6.

Simmons, K.M. and Sutter, D. (2006) Direct estimation of the cost effectiveness of tornado shelters. *Risk Analysis* 26: 945-54.

Simonenko, V.A., Nogin, V.N., Petrov, D.V., Shubin, O.N. and Solem, J.C. (1994) Defending the earth against impacts from large comets and asteroids. In Gehrels, T. (ed.) *Hazards Due to Asteroids and Comets*. University of Arizona Press, Tucson,

929-53.

Simpson, D.M. (2002) Earthquake drills and simulations in community-based training and preparedness programmes. *Disasters* 26: 55-69.

Singhroy, V. (1995) SAR integrated techniques for geohazard assessment. *Advances in Space Research* 15: 67-78.

Sjoberg, L. (2001) Limits of knowledge and the limited importance of trust. *Risk Analysis* 21: 189-98.

Sjoberg, L., Moen, B-L. and Rundmo, T. (2004) *Exploring Risk Perception: An Evaluation of the Psychometric Paradigm in Risk Perception Research*. Rotunde Publications No. 84, Trondheim, Norway.

Skogdalen, J.E., Khorsandi, J. and Vinnem, J.E. (2012) Evacuation, escape and rescue experiences from offshore accidents including the Deepwater Horizon. *Journal of Loss Prevention in the Process Industries* 25: 148-58.

Slovic, P. (1986) Informing and educating the public about risk. *Risk Analysis* 6: 280-5.

Slovic, P., Flynn, J.H. and Layman, M. (1991) Perceived risk, trust, and the politics of nuclear waste. *Science* 254: 1603-7.

Small, C. and Naumann, T. (2001) The global distribution of human population and recent volcanism. *Global Environmental Change B: Environ mental Hazards* 3: 93-109.

Smets, H. (1987) Compensation for exceptional environmental damage caused by industrial activities. In Kleindorfer, P.R. and Kunreuther, H.C. (eds.) *Insuring and Managing Hazardous Risks*. Springer-Verlag, New York, 79-138.

Smith, B.G. (2010) Socially distributing public relations: Twitter, Haiti and interactivity in social media. *Public Relations Review* 36: 329-35.

Smith, B.J. and de Sanchez, B.A. (1992) Erosion hazards in a Brazilian suburb. *Geographical Review* 6: 37-41.

Smith, D.I. (1989) A dam disaster waiting to break. *New Scientist* (11 November): 42-6.

Smith, D.I. (2000) Floodplain management: problems, issues and opportunities. In Parker, D.J. (ed.) *Floods*, vol. 1. Routledge, London and New York, 254-67.

Smith, K. and Ward, R. (1998) *Floods: Physical Processes and Human Impacts*. John Wiley, Chichester and New York.

Smith, W.D. and Berryman, K.R. (1986) Earthquake hazard in

New Zealand: inferences from seismology and geology. *Bulletin of the Royal Society of New Zealand* 24: 223-42.

Smyth, C.G. and Royle, S.A. (2000) Urban landslide hazards: incidence and causative factors in Niteroi, Rio de Janeiro State, Brazil. *Applied Geography* 20: 95-117.

Snow, R.W., Guerra, C.A., Noor, A.M., Myint, H.Y. and Hay, S.I. (2005) The global distribution of clinical episodes of *Plasmodium falciparum* malaria. *Nature* 434 (10 March): 214-17.

Sokolowska, J. and Tyszka, T. (1995) Perception and acceptance of technological and environmental risks: why are poor countries less concerned? *Risk Analysis* 15: 733-43.

Solecki, W.D. *et al.* (2005) Mitigation of the heat island effect in urban New Jersey. *Environmental Hazards* 6: 39-49.

Solomon, S.D. *et al.* (2007) *Climate Change 2007: The Physical Science Basis*. Contribution of Working Group I to the Fourth Assessment Report of the IPCC, Cambridge University Press, Cambridge.

Solomon, T. and Mallewa, M. (2001) Dengue and other emerging flaviviruses. *Journal of Infection* 42: 104-15.

Sommer, A. and Mosely, W.H. (1972) East Bengal cyclone of November 1970: epidemiological approach to disaster assessment. *The Lancet* 1: 1029-36.

Sousa, P.M. *et al.* (2011) Trends and extremes of drought indices throughout the 20th century in the Mediterranean. *Natural Hazards and Earth System Sciences* 11: 35-51.

Southern, R.L. (2000) Tropical cyclone warning-response strategies. In Pielke, R.A. Jr and Pielke, R.A. Sr (eds.) *Storms*, vol. 1. Routledge, London and New York, 259-305.

Spangle, W. and Associates Inc. (1988) *California at Risk: Steps to Earthquake Safety for Local Government*. California Seismic Safety Commission, Sacramento, CA.

Spence, R.J.S., Baxter, P.J. and Zuccaro, G. (2004) Building vulnerability and human casualty estimation for a pyroclastic flow: a model and its application to Vesuvius. *Journal of Volcanology and Geothermal Research* 133: 321-43.

Stanton, N.A. and Walker, G.H. (2011) Exploring the psychological factors in the Ladbroke Grove rail accident. *Accident Analysis and Prevention* 43: 1117-27.

Stark, K.P. and Walker, G.R. (1979) Engineering for natural hazards with particular reference to tropical cyclones. In Heath-

cote, R.C. and Thoms, B.G. (eds.) *Natural Hazards in Australia*. Australian Academy of Science, Canberra, 189-203.

Starosolszky, O. (1994) Flood control by levees. In Rossi, G., Harmancogliu, N. and Yevjevich, V. (eds.) *Coping with Floods*. Kluwer, Dordrecht, 617-35.

Starr, C. (1969) Social benefit versus technological risk. *Science* 165: 1232-8.

Starr, C. and Whipple, C. (1980) Risk of risk decisions. *Science* 208: 1114-19.

Stephenson, R. and Anderson, P.S. (1997) Disasters and the information technology revolution. *Disasters* 21: 305-34.

Stockwell, J.R., Sorenson, J.W., Eckert, J.W. Jr and Carreras, E.M. (1993) The US EPA Geographic Information System for mapping environmental releases of toxic chemical releases. *Risk Analysis* 13: 155-64.

Stoddard, A. (2003) Humanitarian NGOs: Challenges and trends. In Macrae, J. and Harmer, A. (eds.) *Humanitarian Action and the 'Global War on Terror': A Review of Trends and Issues*. Report 14, Humanitarian Policy Group, Overseas Development Institute, London.

Stojanovic, T.A. and Ballinger, R.C. (2009) Integrated coastal management: a comparative analysis of four UK initiatives. *Applied Geography* 29: 49-62.

Stolle, F. and Tomich, T.P. (1999) The 1997-1998 fire event. *Nature and Resources* 35: 22-30.

Stott, P.A., Stone, D.A. and Allen, M.R. (2004) Human contribution to the European heatwave of 2003. *Nature* 432 (2 December): 610-14.

Street-Perrott, F.A. and Perrott, R.A. (1990) Abrupt climate fluctuations in the tropics: the influence of the Atlantic circulation. *Nature* 343: 607-12.

Strobl, E. (2012) The economic growth impact of natural disasters in developing countries: evidence from hurricane strikes in the Central American and Caribbean regions. *Journal of Development Economics* 97: 130-41.

Strömberg, D. (2007) Natural disasters, economic development and humanitarian aid. *Journal of Economic Perspectives* 21: 199-222.

Strunz, G. *et al.* (2011) Tsunami risk assessment in Indonesia. *Natural Hazards and Earth System Sciences* 11: 67-82.

Sullivent, E.E. *et al.* (2006) Non-fatal injuries following Hurricane Katrina, New Orleans, Louisiana, 2005. *Journal of Safety Research* 37: 213-17.

Sur, D. *et al.* (2006) The malaria and typhoid fever burden in the slums of Kolkata, India: data from a prospective community-based study. *Transactions of the Royal Society of Tropical Medicine and Hygiene* 100: 725-33.

Suryo, I. and Clarke, M.C.G. (1985) The occurrence and mitigation of volcanic hazards in Indonesia as exemplified at the Mount Merapi, Mount Kelut and Mount Galunggung volcanoes. *Quarterly Journal of Engineering Geology* 18: 79-98.

Sylves, R. (1996) The politics and administration of presidential disaster declarations. *Quick Response Report* 86. Natural Hazards Research and Information Center, Boulder, CO.

Tadesse, T., Haile, M., Senay, G., Wardlow, B.D. and Knutson, C.L. (2008) The need for integration of drought monitoring tools for proactive food security management in sub-Saharan Africa. *Natural Resources Forum* 32: 265-79.

Tang, B.H. and Neelin, J.D. (2004) ENSO influence on Atlantic hurricanes via tropospheric warming. *Geophysical Research Letters* 31: L24204.

Tanner, T.M. (2010) Shifting the narrative: child-led responses to climate change and disasters in El Salvador and the Philippines. *Children and Society* 24: 339-51.

Tayag, J.C. and Punongbayan, R.S. (1994) Volcanic disaster mitigation in the Philippines: experience from Mt Pinatubo. *Disasters* 18: 1-15.

Teka, O. and Vogt, J. (2010) Social perception of natural risks by local residents in developing countries - the example of the coastal area of Benin. *The Social Science Journal* 47: 215-24.

Tekeli-Ye_il, S., Dedeo_lu, N., Braun-Fahrlaender, C. and Tanner, M. (2010) Factors motivating individuals to take precautionary action for an expected earthquake in Istanbul. *Risk Analysis* 30: 1181-95.

Telford, J. and Cosgrave, J. (2007) The international humanitarian system and the 2004 Indian Ocean earthquake and tsunamis. *Disasters* 31: 1-28.

Teng, W.L. (1990) AVHRR monitoring of US crops during the 1988 drought. Photogrammetric *Engineering and Remote Sensing* 56: 1143-6.

Thieken, A.H., Petrow, T., Kreibich, H. and Merz, B. (2006) Insurability and mitigation of flood losses in private households in Germany. *Risk Analysis* 26: 383-91.

Thomalla, F. and Schmuck, H. (2004) 'We all knew that a cyclone was coming': disaster preparedness and the cyclone of 1999 in Orissa, India. *Disasters* 28: 373-87.

Thomas, M.F. (1994) *Geomorphology in the Tropics*. John Wiley, Chichester and New York.

Thomson, M.C. *et al.* (2006) Malaria early warnings based on seasonal climate forecasts from multi-model ensembles. *Nature* 439 (2 February): 576-9.

Thorarinsson, S. (1979) On the damage caused by volcanic eruptions with special reference to tephra and gases. In Sheets, P.D. and Grayson, D.K. (eds.) *Volcanic Activity and Human Ecology*, Academic Press, London, 125-59.

Tickner, J. and Gouveia-Vigeant, T. (2005) The 1991 cholera epidemic in Peru; not a case of precaution gone awry. *Risk Analysis* 25: 495-502.

Tierney, K., Bevc, C. and Kuligowski, E. (2006) Metaphors matter: disaster myths, media frames and their consequences in Hurricane Katrina. *Annals of the American Academy of Political and Social Science* 604: 57-81.

Timmerman, P. (1981) *Vulnerability, Resilience and the Collapse of Society*. Environmental Monograph 1. Institute for Environmental Studies, University of Toronto, Toronto.

Timmerman, P. and White, R. (1997) Megahydropolis: coastal cities in the context of global environ mental change. *Global Environmental Change* 7: 205-34.

Tinsley, J.C., Youd, T., Perkins, D.M. and Chen, A.T.F. (1985) Evaluating liquefaction potential. In Ziony, J.I. (ed.) *Evaluating Earthquake Hazards in the Los Angeles Region*. Department of the Interior, Washington, DC, 263-315.

Tobin, G.A. and Montz, B.E. (1997) The impacts of a second catastrophic flood on property values in Linda and Olivehurst, California. *Quick Response Report* 95. Natural Hazards Research and Applications Information Center, Boulder, CO.

Tobin, G.A. and Whiteford, L.M. (2002) Community resilience and volcano hazard: the eruption of Tungurahua and evacuation of the Faldas in Ecuador. *Disasters* 26: 28-48.

Todhunter, P.E. (2011) Caveant admonitus (Let the forewarned beware): the 1997 Grand Forks (USA) flood disaster. *Disaster Prevention and Management* 20: 125-39.

Tolhurst, K. (2010) *Report on Fire Danger Ratings and Public Warning.* University of Melbourne, Melbourne.

Toon, O.B., Zahnle, K., Morrison, D., Turco, R.P. and Covey, C. (1997) Environmental perturbations caused by the impacts of asteroids and comets. *Annals of the New York Academy of Sciences* 822: 403-31.

Toya, H. and Skidmore, M. (2007) Economic development and the impacts of natural disasters. *Economics Letters* 94: 20-5.

Tralli, D.M., Blom, R.G., Zlotnicki, V., Donnellan, A. and Evans, D.L. (2005) Satellite remote sensing of earthquakes, volcanoes, flood, landslide and coastal inundation hazards. *ISPRS Journal of Photogrammetry and Remote Sensing* 59: 185-98.

Treby, E.J., Clark, M.J. and Priest, S.J. (2006) Confronting flood risk: implications for insurance and risk transfer. *Journal of Environmental Management* 81: 351-9.

Trenberth, K. (2005) Uncertainty in hurricanes and global warming. *Science* 308: 1753-4.

Trenberth, K., Branstator, G.W. and Arkin, P.A. (1988) Origins of the 1988 North American drought. *Science* 242: 1640-5.

Trenberth, K., Caron, J.M., Stepaniak, D.P. and Worley, S. (2002) Evolution of El Niño.Southern Oscillation and global atmospheric surface temperatures. *Journal of Geophysical Research* 107: DO4065.

Trenberth, K.E. (2011) Attribution of climate variations and trends to human influences and natural variability. *WIRES Climate Change* 2: 925-30.

Trigo, R.M., Guveia, C.M. and Barriopedro, D. (2010) The intense 2007-2009 drought in the Fertile Crescent: impacts and associated atmospheric circulation. *Agricultural and Forest Meteorology* 150: 1245-57.

Trigo, R.M. *et al.* (2004) North Atlantic Oscillation influence on precipitation, river flow and water resources in the Iberian Peninsula. *International Journal of Climatology* 24: 925-44.

Tsai, F., Hwang, J-H., Chen, L-C. and Lin, T-M. (2010) Post-disaster assessment of landslides in southern Taiwan after 2009 typhoon Morakot using remote sensing and spatial analysis. *Natural Hazards and Earth System Sciences* 10: 2179-90.

Tschoegl, L., Below, R. and Guha-Sapir, D. (2006) *An Analytical Review of Selected Data Sets on Natural Disasters and Impacts.* Centre for Research on the Epidemiology of Disasters, Brussels.

Tuffen, H. (2010) How will melting of ice affect volcanic hazards in the twenty-first century? *Philosophical Transactions of the Royal Society* 368: 2535-58.

Turner, B.A. (1994) Causes of disaster: sloppy management. *British Journal of Management* 5: 215-19.

Turner, B.L. (2010) Vulnerability and resilience: coalescing or paralleling approaches for sustainability science? *Global Environmental Change* 20: 570-6.

Turner, B.L. *et al.* (1990) The types of global environmental change: definitional and spatial-scale issues in their human dimensions. *Global Environ mental Change* 1: 14-22.

UK Task Force (2000) *Report on Potentially Hazardous Near-Earth Objects.* HMSO, London.

Ulbrich, U. and Christoph, M. (1999) A shift of the NAO and increasing storm track activity over Europe due to anthropogenic greenhouse gas forcing. *Climate Dynamics* 15: 551-9.

Ulbrich, U., Leckebush, G.C. and Pinto, J.G. (2009) Extra-tropical cyclones in the present and future climate: a review. *Theoretical and Applied Climatology* 96: 117-31.

Ummenhofer, C.M., Sen Gupta, A., Li, Y., Taschetto, A.S. and England, M.H. (2011) Multi-decadal modulation of the El Niño-Indian monsoon relationship by Indian Ocean variability. *Environ mental Research Letters* 6: 1-8.

UN Department of Humanitarian Affairs (1994) *Strategy and Action Plan for Mitigating Water Disasters in Vietnam.* United Nations, New York and Geneva.

UNDP (1998) *Human Development Report 1998.* Oxford University Press, Oxford.

UNDP (United Nations Development Programme) (2004) *Reducing Disaster Risk: A Challenge for Development.* UN Bureau for Crisis Prevention and Recovery, New York.

UNDRO (United Nations Disaster Relief Organization) (1985) *Volcanic Emergency Management.* United Nations, New York.

UNDRO (United Nations Disaster Relief Organization) (1990) *Disaster Prevention and Preparedness Project for Ecuador and*

Neighbouring Countries. Project Report, Office of the Disaster Relief Coordinator, Geneva.

UNEP and C₄ (2002) *The Asian Brown Cloud: Climate and Other Environmental Impacts*. United Nations Environment Programme, Nairobi.

UNESCO (2007) *Natural Disasters Preparedness and Education for Sustainable Development*. UNESCO, Bangkok.

UNFPA (2007) *State of World Population*. United Nations Population Fund, New York.

Unganai, L.S. and Kogan, F.N. (1998) Drought monitoring and corn yield estimation in southern Africa from AVHRR data. *Remote Sensing of Environment* 63: 219-32.

UN/ISDR (UN/International Strategy for Disaster Reduction) (2004) *Living with Risk: A Global Review of Disaster Reduction Initiatives*. United Nations, Geneva.

UN/ISDR (UN/International Strategy for Disaster Reduction) (2007) *Building Disaster Resilient Com munities: Good Practices and Lessons Learned*. United Nations, Geneva.

UN/ISDR (UN/International Strategy for Disaster Reduction) (2009) *UNISDR Terminology on Disaster Risk Reduction*. United Nations, Geneva.

United Nations in Pakistan (2011) *Pakistan Floods One Year On*. United Nations Flood Response Team, Islamabad.

Urbina, E. and Wolshon, B. (2003) National review of hurricane evacuation plans and policies: a comparison and contrast of state practices. *Transportation Research A* 37: 257-75.

Usbeck, T. *et al.* (2010) Increasing storm damage to forests in Switzerland from 1858 to 2007. *Agricultural and Forest Meteorology* 150: 47-55.

US Department of Commerce (1994) *The Great Flood of 1993*. Natural Disaster Survey Report, Department of Commerce, Silver Spring, MD.

US National Academy of Sciences (2002) *Abrupt Climate Change: Inevitable Surprises*. National Research Council committee on Abrupt Climate Change, National Academy Press, Washington, DC.

Valery, N. (1995) Earthquake engineering: a survey. *The Economist* (22 April): 18-20.

van Aalst, M.K. (2006) The impact of climate change on the risk of natural disasters. *Disasters* 30: 5-18.

van Asch, T.W.J., Malet, J.P., van Beek, L.P.H. and Amittrano, D. (2007) Techniques, issues and advances in numerical modelling of landslide hazard. *Bulletin de la Societe Geologique de France* 178: 65-88.

van Dorp, J.R., Merrick, J.R.W., Harrald, J.R., Mazzuchi, T.A. and Grabowski, M. (2001) A risk management procedure for the Washington state ferry. *Risk Analysis* 21: 127-42.

Varnes, D.J. (1978) Slope movements and types of processes. In *Landslides: Analysis and Control*. Special Report 176, Transportation Research Board, National Academy of Sciences, Washing ton, DC, 11-13.

Vicente-Serrano, S.M. and L_pez-Moreno, J.I. (2006) The influence on atmospheric circulation at different spatial scales on winter drought variability through a semi-arid climatic gradient in north-east Spain. *International Journal of Climatology* 26: 1427-53.

Visbeck, M. (2002) The ocean's role in Atlantic climate variability. *Science* 297: 2223-4.

Vogel, G. (2005) Will a pre-emptive strike against malaria payoff? *Science* 310 (9 December): 1606-7.

Voight, B. (1996) The management of volcano emergencies: Nevado del Ruiz. In Scarpa, R. and Tilling, R.I. (eds.) *Monitoring and Mitigation of Volcano Hazards*. Springer-Verlag, Berlin, 719-69.

Vranes, K. and Pielke, R.A. (2009) Normalized earthquake damage and fatalities in the United States: 1900-2005. *Natural Hazards Review* 10: 84-101.

Wadge, G. (ed.) (1994) *Natural Hazards and Remote Sensing*. Royal Society and Royal Academy of Engineering, London.

Walker, G., Mooney, J. and Pratts, D. (2000) The people and the hazard: the spatial context of major accident hazard management in Britain. *Applied Geography* 20: 119-35.

Walmsley, L. (2010) *Humanitarian Aid in 2009: Headlines from the Latest DAC Release*. Global Humanitarian Assistance at http://www.globalh umanitarianassistance.org (accessed 27 March 2011).

Walmsley, L. (2011) *Data and Guides Workstream - Map of Aid Players Infographic*. Global Humanitarian Assistance at http://

www.global humanitarianassistance.org (accessed 27 March 2011).

Waltham, T. (2005) The flooding of New Orleans. *Geology Today* 21: 225-31.

Wang, J-F. and Li, L-F. (2008) Improving tsunami warning systems with remote sensing and geographical information system input. *Risk Analysis* 28: 1653-68.

Wang, X.L. *et al.* (2009) Trends and variability of storminess in the Northeast Atlantic region 1874-2007. *Climate Dynamics* 33: 1179-95.

Ward, S.N. and Day, S. (2001) Cumbre Vieja volcano - potential collapse and tsunami at La Palma, Canary Islands. *Geophysical Research Letters* 28: 3397-400.

Waring, S.C. and Brown, B.J. (2005) The threat of communicable diseases following natural disasters: a public health response. *Disaster Management and Response* 3: 41-7.

Warner, K. *et al.* (2010) Climate change, environmental degradation and migration. *Natural Hazards* 55: 689-715.

Water and Rivers Commission (2000) *Water Facts 14: Floodplain Management*. Water and Rivers Commission, Government of State of Western Australia, Perth.

Watson, J.T., Gayer, M. and Connolly, M.A. (2007) Epidemics after natural disasters. *Emerging Infectious Diseases* 13: 1-5.

Webb, J.D.C., Elsom, D.M. and Meaden, G.T. (2009) Severe hailstorms in Britain and Ireland: a climatological survey and hazard assessment. *Atmospheric Research* 93: 587-606.

Webster, P.J., Holland, G.J., Curry, J.A. and Chang, H R. (2005) Changes in tropical cyclone number, duration and intensity in a warming environment. *Science* 309: 1844-6.

Weihe, W.H. and Mertens, R. (1991) Human wellbeing, diseases and climate. In Jager, J. and Ferguson, H.L. (eds.) *Climate Change*. Cambridge University Press, Cambridge, 345-59.

Wells, L. (2002) Avalanche hazard reduction for transportation corridors using real-time detection and alarms. *Cold Regions Science and Technology* 34: 31-42.

Welsh, S. (1994) CIMAH and the environment. *Disaster Prevention and Management* 3: 28-43.

Wenger, D. (2006) Hazards and disasters research: How would the past 40 years rate? *Natural Hazards Observer* 31 (1): 1-3.

Werner, M., Reggiani, P., de Roo, A., Bates, P. and Sprokkereef, E. (2005) Flood forecasting and warning at the river basin and at the European scale. *Natural Hazards* 36: 25-42.

Werner, M., Cranston, M., Harrison, T., Whitfield, D. and Schellekens, J. (2009) Recent developments in operational flood forecasting in England, Wales and Scotland. *Meteorological Applications* 16: 13-22.

Wesolek, E. and Mahieu, P. (2011) The F4 tornado of August 3, 2008, in northern France: case study of a tornadic storm in a low CAPE environment. *Atmospheric Research* 100: 644-56.

Westerling, A.L., Hidalgo, H.G., Cayan, D.R. and Swetnam, T.W. (2006) Warming and earlier spring increase in western US forest wildfire activity. *Science* 313 (18 August): 940-3.

White, G.F. (1936) The limit of economic justification for flood protection. Journal of Land and Public Utility *Economics* 12: 133-48.

White, G.F. (1945) *Human Adjustment to Floods: A Geographical Approach to the Flood Problem in the United States*. Research Paper 29. Department of Geography, University of Chicago, Chicago, IL.

White, G.F. (ed.) (1974) *Natural Hazards: Local, National, Global*. Oxford University Press, New York.

White, I. and Howe, J. (2002) Flooding and the role of planning in England and Wales: a critical review. Journal of Environmental Planning and Management 45: 735-45.

White, P. (2005) War and food security in Eritrea and Ethiopia 1998-2000. *Disasters* 29 (SI): S92-S113.

Whitehead, J.C. *et al.* (2000) Heading for higher ground: factors affecting real and hypothetical hurricane evacuation. *Global Environmental Change B Environmental Hazards* 2: 133-42.

Whittow, J. (1980) *Disasters*. Penguin Books, Harmondsworth, Middlesex.

Whyte, A.V. and Burton, I. (1982) Perception of risk in Canada. In Burton, I., Fowle, C.D. and McCullough, R.S. (eds.) *Living with Risk*. Institute of Environ mental Studies, University of Toronto, Toronto, 39-69.

Wieczorek, G.F., Larsen, M.C, Eaton, L.S., Morgan, B.A. and Blair, J.L. (2001) *Debris-flow and Flooding Hazards Associated with the December 1999 Storm in Coastal Venezuela and Strategies for Mitigation*. Open File Report 01-144, US Geo logical Survey, Reston, VA.

Wigley, T.M.L. (1985) Impact of extreme events. *Nature* 316: 106-7.

Wilhite, D.A. (1986) Drought policy in the US and Australia: a comparative analysis. *Water Resources Bulletin* 22: 425-38.

Wilhite, D.A. (2002) Combating drought through preparedness. *Natural Resources Forum* 26: 275-85.

Wilhite, D.A. and Easterling, W.E. (eds.) (1987) *Planning for Drought: Toward a Reduction of Societal Vulnerability.* Westview Press, Boulder, CO. and London.

Wilhite, D.A. and Vanyarkho, O. (2000) Drought: pervasive impacts of a creeping phenomenon. In Wilhite, D.A. (ed.) *Drought*, vol.1. Routledge, London and New York, 245-55.

Wilkinson, P., Armstrong, B. and Landon, M. (2001) *Cold Comfort: The Social and Environmental Determinants of Excess Winter Deaths in England 1986-1996.* The Policy Press, Bristol.

Williams, R.S. Jr. and Moore, J.G. (1983) *Man Against Volcano: The Eruption on Heimaey, Vestmannaeyjar, Iceland* (2nd edn). USGS Information Services, Reston, VA.

Willis, M. (2005) Bushfires - how can we avoid the unavoidable? *Environmental Hazards* 6: 93-9.

Willoughby, H.E., Jorgensen, D.P., Black, R.A. and Rosenthal, S.L. (1985) Project STORMFURY: scientific chronicle 1962-1983. *Bulletin of the American Meteorological Society* 66: 505-14.

Wilson, S.G. and Fischetti, T.R. (2010) *Coastline Population Trends in the United States: 1960 to 2008.* Current Population reports. Census Bureau, US Department of Commerce, Washington, DC.

Wisner, B. (2003) Changes in capitalism and global shifts in the distribution of hazard and vulnerability. In Pelling, M. (ed.) *Natural Disasters and Development in a Globalizing World.* Routledge, London and New York, 43-56.

Wisner, B., Blaikie, P., Cannon, T. and Davis, I. (2004) *At Risk: Natural Hazards, People's Vulnerability and Disasters.* Routledge, London and New York.

Witham, C.S. (2005) Volcanic disasters and incidents; a new database. *Journal of Volcanology and Geothermal Research* 148: 191-233.

Witt, V.M. and Reiff, F.M. (1991) Environmental health conditions and cholera vulnerability in Latin America and the Caribbean. *Journal of Public Health Policy* 12: 450-64.

Wiwanitkit, V. (2006) Correlation between rainfall and the prevalence of malaria in Thailand. *Journal of Infection* 52: 227-30.

Wolshon, B., Urbina, E., Wilmot, C. and Levitan, M. (2005) Review of policies and practices for hurricane evacuation- I: Transportation planning, preparedness and response. *Natural Hazards Review* 6: 129-42.

Woodworth, P.L., Flather, R.A., Williams, J.A., Wakelin, S.L. and Jevrejeva, S. (2007) The dependence of UK extreme sea levels and storm surges on the North Alantic Oscillation. *Continental Shelf Research* 27: 935-46.

World Bank (2000) *Republic of Mozambique: A Preliminary Assessment of Damage from the Flood and Cyclone Emergency of Feb-March 2000.* World Bank, Washington, DC.

World Commission on Dams (2000) *Dams and Development: A New Framework for Decision-making.* United Nations Environment Programme, Nairobi.

World Economic Forum (2010) Global *Risks 2010: A Global Risk Network Report.* World Economic Forum, Geneva.

Wrathall, J.E. (1988) Natural hazard reporting in the UK press. *Disasters* 12: 177-82.

Wright, T.L. and Pierson, T.C. (1992) *Living with Volcanoes: The USGS Volcano Hazards Program.* Circular 1073, US Geological Survey, Reston, VA.

Wu, Q. (1989) The protection of China's ancient cities from flood damage. Disasters 13: 193-227.

Wu, Y.M. *et al.* (2004) Progress on earthquake rapid reporting and early warning systems in Taiwan. In Chen, T., Panza, G.F. and Wu, Z.L. (eds.) *Earthquake Hazard, Risk and Strong Ground Motion.* Seismological Press, Beijing, 463-86.

Xin, X.G., Yu, R.C., Zhou, T.J. and Wang, B. (2006) Drought in late spring of China in recent decades. *Journal of Climate* 19: 3197-206.

Xu, Q. (2001) Abrupt change of the mid-summer climate in central east China by the influence of atmospheric pollution. *Atmospheric Environment* 35: 5029-40.

Yagar, S. (ed.) (1984) *Transport Risk Assessment.* University of Waterloo Press, Waterloo, Ontario.

Yates, D. and Paquette, S. (2010) Emergency know ledge management and social media technologies: a case study of the 2010 Haitian earthquake. *Proceedings of the American Society for Information Science and Technology* 47: 1-9.

Young, S., Balluz, L. and Malily, J. (2004) Natural and technologic hazardous materials releases during and after natural disasters: a review. *Science of the Total Environment* 322: 3-20.

Zaman, M.Q. (1991) The displaced poor and resettlement policies in Bangladesh. *Disasters* 15: 117-25.

Zeckhauser, R. and Shepard, D.S. (1984) Principles for saving and valuing lives. In Ricci, P.F., Sagan, L.A. and Whipple, C.G. (eds.) *Technological Risk Assessment*, Martinus Nijhoff, The Hague, 133-68.

Zerger, A., Smith, D.I., Hunter, G.J. and Jones, S.D. (2002) Riding the storm: a comparison of uncertainty modelling techniques for storm surge risk management. *Applied Geography* 22: 307-30.

Zezere, J.L., Trigo, R.M. and Trigo, I.F. (2005) Shallow and deep landslides induced by rainfall in the Lisbon region (Portugal): assessment of relationships with the North Atlantic Oscillation. *Natural Hazards and Earth System Sciences* 5: 331-4.

Zhang, H-L. (2004) *China: Flood Management*. Case Study in Integrated Flood Management, WMO/GWP Associated Programme on Flood Management, Geneva.

Zhang, X. *et al.* (2007) Detection of human influence on twentieth-century precipitation trends. *Nature* 448: 461-5.

Zhang, Y., Prater, C.S. and Lindell, M.K. (2004) Risk area accuracy and evacuation from Hurricane Brett. *Natural Hazards Review* 5: 115-19.

Zimmermann, M., Pozzi, A. and Stoessel, F. (2005) Hazard Maps and Related Instruments: The Swiss System and its Application Abroad. National Platform for Natural Hazards, Swiss Agency for Development and Cooperation, Bern.

Zobin, V.M. (2001) Seismic hazard of volcanic activity. *Journal of Volcanology and Geothermal Research* 112: 1-14.

약어

약어	전체 이름	표기
AFM	Aucoustic-Flow Monitor	음향관측
AGW	Anthropogenic Global Warming	인위적 지구온난화
ARTEMIS	Africa Real Time Environmental Monitoring Information System	아프리카 실시간 환경정보 감시시스템
ASEAN	Association of South East Asian Nations	동남아시아국가연합
AVHRR	Advanced Very High Resolution Radiometer	첨단 고해상 방사계
CAA	Civil Aviation Authority	민간항공관리국
CCA	Climate Change Adaptation	기후변화 적응
CD	Consultation Distance	협의거리
CDC	Centres for Disease Control and Prevention	질병통제예방센터
CEPP	Chemical Emergency Preparedness Program	화학에너지 대비계획
CHES	Coupled Human-Environment System	인간-환경 연계 시스템
CHHA	Coastal High-Hazard Area	해안 고위험지역
CIMAH	Control of Industrial Major Accident Hazards Regulations	대형산업사고재해규제법
COMAH	Control of Major Accident Hazards Regulations	대형사고재난규제법
CPI	Corruption Perceptions Index	투명성의 부패지수
cpm	chances per million per annum	연간 100만 명당 건수
CPP	Cyclone Preparedness Programme	사이클론대비프로그램
CRED	Centre for Research on the Epidemiology of Disasters	재난전염병연구센터
CSDI	Crop-Specific Drought Index	특정작물가뭄지수
CSEPP	Chemical Stockpile Emergency Preparedness Program	화학비축에너지준비계획
CSSC	California Seismic Safety Commission	캘리포니아 지진안정성위원회
DAC	Development Assistance Committee	OECD 개발지원위원회
DART	Deep-ocean Assessment and Reporting of Tsunamis	쓰나미 보고
DEC	Disasters Emergency Committee	재난구호위원회
DHA	Department of Humanitarian Affairs	국제연합 인도주의 사무국
DRI	Disaster Risk Index	재난위기지수
DRR	Disaster Risk Reduction	재난위기저감

약어	전체 이름	표기
ECHO	European Community Humanitarian Office	유럽공동체인권보호청
EDM	Electronic distance meters	전자거리측정계
EER	Evacuation, escape and rescue	대피·탈출·구조
EMA	Emergency Management Australia	오스트레일리아 재난관리국
EM-DAT	The Emergency Events Database	긴급사건 데이터베이스
ENSO	El Niño Southern Oscillation	엘니뇨-남방진동
EOS	Earth Observing Systems	지구관측 시스템
EPZs	Emergency Planning Zones	응급계획구역
EQC	Earthquake Commission	지진위원회
ERAs	Extreme Rainfall Alerts	극한강수 경보
EWS	Early Warning Systems	조기경보 시스템
FAO	Food and Agriculture Organization	국제연합 식량농업기구
FEMA	Federal Emergency Management Administration	연방긴급사태관리국
FEWS NET	Famine Early Warning System	기근조기경보 시스템
FIRM	Flood Insurance Rate Map	홍수보험률 지도
FRA	Flood Risk Assessment	홍수위험평가
FWD	Floodline Warnings Direct	홍수발생 경계 경보
FWS	Forecasting and Warning Systems	예보경보 시스템
GCMs	general circulation models	대기순환모델
GDP	Gross Domestic Product	1인당 국내총생산
GEC	Global Environmental Change	지구환경변화
GEO	Geotechnical Engineering Office	정부 지질공학 기술사무소
GHG	'GreenHouse' Gas	온실기체
GIEWS	Global Information and Early Warning System	전구조기경보 시스템
GIS	Geographical Information System	지리정보시스템
GLASOD	The Gobal Assesment of Soil Degradation	인간이 유도한 토질저하 정도
HDI	Human Development Index	인간개발지수
HFA	the Hyogo Framework for Action	효고행동강령
HHD	High Human Development	높은 수준의 인간개발
HPI	Human Poverty Index	인간빈곤지수
HSC	Health and safety Commission	건강안전위원회
HSE	Health and Safety Executive	건강과 안전에 관한 법률
IAEA	International Atomic Energy Agency	세계원자력기구
ICAO	International Civil Aviation Organization	국제민간항공기구
ICPAC	Inter-governmental Climate Prediction and Applications Centre	정부 간 기후예측 및 응용센터

약어	전체 이름	표기
ICZM	Integrated Coastal Zone Management	연안통합관리정책
IDNDR	International Decade for Natural Disaster Reduction	자연재해 저감을 위한 국제적 시대
InSAR	radar satellite	레이더 위성
IOD	Indian Ocean dipole	인도양 쌍극자
IPCC	Intergovernmental Panel on Climate Change	기후변화에 관한 정부 간 협의체
LDCs	Least Developed Countries	후진국
LPA	Local authority Planning Department	지역계획부
L-waves	Love waves	L파
MARS	Major Accident Reporting System	대형 사건 보고 시스템
MDCs	More Developed Counties	중진국
MHIDAS	Major Hazard Incident Data Service	대형 재해사고 시스템
MIC	Methyl isocyanate	메틸 이소시아네이트
MM	Modified Mercalli	수정된 메르칼리
MMR	Measles, Mumps and Rubella	홍역 · 유행성 이하선염 · 풍진
NAO	North Atlantic Oscillation	북대서양진동
NAP	Normal Amsterdam Water Level	암스테르담 평균 해발고도
na-tech	natural-technological	자연-기술
NDVI	Normalized Difference Vegetation Index	정규화된 식생지수 편차
NEOs	Near-Earth Objects	지구 근접 물체
NESIS	Northeast Snowfall Impact Scale	북동 강설 영향 척도
NFIP	National Flood Insurance Program	국가 홍수보험 프로그램
NHC	National Hurricane Center	국립 허리케인 센터
NRC	National Response Center	국가대응센터
NRC	Nuclear Regulatory Commission	원자력 규제위원회
NTHMP	National Tsunami Hazard Mitigation Program	국가 쓰나미재해 완화프로그램
NWP	Numerical Weather Prediction	수치기상예측
OCHA	Office for the Coordination of Humanitarian Affairs	인도적지원조정국
ODA	Official Development Assistance	공적개발원조
OECD	Organisation for Economic Co-operation and Development	경제협력개발기구
OFDA	Office of Foreign Disaster Assistance	해외재난지원사무국
ONR	Office for Nuclear Regulation	핵통제성
PCDPPP	Pan Caribbean Disaster Preparedness and Prevention project	범 카리브 해 재난 대비 예방 프로젝트
PDD	the President can issue formal Disaster Declaration	대통령이 주지사 요청에 따라 해당 주에 공식적 재난 선언
PDSI	Palmer Drought Severity Index	파머 가뭄심도지수

약어	전체 이름	표기
PEMEX	Mexican national oil corporation	멕시코 국영 석유회사
PGA	Peak ground acceleration	정점지반가속도
pIOD	positive IOD years	양의 IOD
PPM	Programme to Prevent Malnutrition	영양실조 예방 프로그램
PTWS	The Pacific Tsunami Warning System	태평양 지진해일 경보 및 완화 시스템
P-waves	Primary waves	P파
QPF	Quantitative Precipitation Forecasting	강수량 정량적 예보
RCMs	Regional Climate Models	지역기후모델
RRV	Ross River virus	로스 리버 바이러스
SADC	Southern African Development Community	남아프리카 개발공동체
SDLE	Stay and Defend or Leave Early	준비하라, 머무르고 방어하거나 신속히 떠나라
SIDS	Small-Island Developing States	군소도서개발도상국
SLR	Sea-Level Rise	평균해수면 상승
SOI	Southern Oscillation Index	남방진동지수
SovI	Index of Social Vulnerability	사회취약성지표
SPI	Standardized Precipitation Index	표준강수지수
SST	sea-surface temperature	해수면온도
S-waves	Secondary waves	S파
THC	thermohaline ocean circulation	열염해양순환
UN/ISDR	The UN International Strategy for Disaster Reduction	재해저감을 위한 UN국제전략
UNDP	UN Development Programme	국제연합 개발계획
UNDRO	UN established the Disaster Relief Organization	국제연합 재해구제기관
UNFCCC	The UN Framework Convention on Climate Change	기후변화에 관한 UN기본협약
UNICEF	UN Children's Fund	국제연합 아동기금
URMs	Unreinforced Masonry Buildings	일부 비보강 석조 건물
URMs	Unreinforced Masonry Structures	비보강 석조 건물
VCI	Vegetation Condition Index	식생상태지수
VDRMT	Village Disaster Risk Management Training model	마을재난위기관리훈련모델
VEI	Volcanic Explosivity Index	화산폭발지수
WAIS	West Antarctic Ice Sheet	서쪽 남극빙하
WFP	World Food Programme	세계식량계획
WHO	World Health Organization	세계보건기구
WUI	Wildland-Urban Interface	황무지-도시 경계지역

색인